精品课程新形态教材
21世纪应用型人才培养教材
创新型人才培养精品教材

U0837639

传感器与检测技术

CHUANGANQI YU JIANCE JISHU

主　编　孙海明　时国平　叶宝林
副主编　黄书生　徐章程　李　鹏　蓝秀琼
韩　冰　石　澎　许　莎　尹玉梅
范　乐　陈秋菊　秦翠兰　王敬辉
贾　强　李　攀

哈爾濱工業大學出版社
HARBIN INSTITUTE OF TECHNOLOGY PRESS

内容简介

本书简要概述了传感器与检测技术的基本原理，以及传感器的分类依据，并重点介绍了电阻式传感器、电容式传感器、电感式传感器、压电式传感器、激光类传感器这5类常见传感器的工作原理、特性参数、测量电路和典型应用。其次，本书详细介绍了检测技术的基础知识，重点讲解了常见的温度检测、流量检测、零件表面缺陷检测、物位检测、成分检测等检测技术的检测原理、选用的传感器及相关仪器仪表，并且对最新的检测技术进行了总结和展望。最后，本书结合应用实例详细介绍了传感器与检测技术在现今汽车领域的应用。

本书可作为测控技术类、电气自动化类、机械类和汽车类等专业的教材，也可供从事检测仪表设计、使用和维护等领域的技术人员参考。

图书在版编目（CIP）数据

传感器与检测技术/ 孙海明，时国平，叶宝林主编. — 哈尔滨：哈尔滨工业大学出版社，2019.6（2025.1重印）

ISBN 978-7-5603-8345-3

Ⅰ.①传… Ⅱ.①孙… ②时… ③叶… Ⅲ.①传感器-检测 Ⅳ.①TP212

中国版本图书馆CIP数据核字（2019）第125109号

策划编辑　杨秀华
责任编辑　庞　雪　张艳丽
封面设计　唐韵设计
出版发行　哈尔滨工业大学出版社
社　　址　哈尔滨市南岗区复华四道街10号　邮编150006
传　　真　0451-86414749
网　　址　http：//hitpress. hit. edu. cn
印　　刷　北京俊林印刷有限公司
开　　本　787mm×1092mm　1/16　印张　27　字数640千字
版　　次　2019年6月第1版　2025年1月第4次印刷
书　　号　ISBN 978-7-5603-8345-3
定　　价　59.00元

（如因印装质量问题影响阅读，我社负责调换）

前　言

目前，国内传感器与检测技术的教材较多，这些教材一般分为两类：第一类着重介绍传感器的原理，并把检测技术部分的内容融入各章节；第二类将检测技术部分的内容单独成章，突出各种检测方法。这两类教材的编著方式各有特点，但是由于传感器的类别较多、型号复杂、所涉及的知识面较广，学生普遍反映学习难度较大，难以掌握这些知识。党的二十大报告中提出“深入实施科教兴国战略、人才强国战略、创新驱动发展战略，开辟发展新领域新赛道，不断塑造发展新动能新优势”等具体要求。

本书将常见的传感器原理、常用的检测方法和常用的仪器仪表有机地融合起来，将复杂的问题简单化，注重理论结合实际，更利于读者阅读。例如，本书引用了大量的汽车传感器，同时对汽车胎压监测、雨量检测、油量检测等做了详细阐述，具有很强的学科特色。

本书第 1 章由无人驾驶技术引入，概述了传感器与检测技术的一般原理，介绍了传感器的分类依据；第 2 章介绍了传感器的各项基本性质；第 3~9 章介绍了常见的电阻式传感器、电感式传感器、电容式传感器、光电式传感器、磁电式传感器、压电式传感器、激光类传感器及其他新型传感器等，并介绍了这些传感器的工作原理、特性参数、测量电路和典型应用等；第 10~14 章介绍了常见的温度检测、流量检测、表面质量检测、物位检测、成分检测等，包括检测原理、所用的传感器及相应的仪器仪表；第 15 章介绍了检测技术的新技术；第 16 章介绍了检测技术的基础知识；第 17 章介绍了传感器与检测技术在现代汽车领域的应用，给出了在发动机检测、底盘检测、电子系统检测等三个实例。

本书由孙海明、时国平、叶宝林担任主编，黄书生、徐章程、李鹏、蓝秀琼、韩冰、石澎、许莎、尹玉梅、范乐、陈秋菊、秦翠兰、王敬辉、贾强、李攀担任副主编。本书参阅了一些国内外相关书籍，已在参考文献中一一列出，在此一并致谢。本书的顺利出版得到了湖北汽车工业学院领导和师生的大力支持，在此表示感谢。

鉴于时间仓促和编者水平有限，书中难免存在疏漏和不妥之处，敬请广大读者批评和指正，并希望得到国内外同行的宝贵意见。此外，编者还为广大一线教师提供了服务于本教材的教学资源库，有需要者可致电 13810085723 或发邮件至 3806909879@ qq. com。

编　者

目 录

第1章 概 论

信息技术已成为全球性战略技术，作为各种信息感知、采集、转换、传输和处理的功能部件——传感器，已经成为各应用领域，特别是自动检测、自动控制、在线测量和人工智能等系统中不可缺少的核心部件。本章以无人驾驶汽车上的传感器与检测系统作为引例，简要介绍传感器和自动检测技术的基本知识。

1.1 传感器概述

1.1.1 传感器的作用

在现代工业自动化生产中，需要通过传感器来监测生产过程中的各种参数，以确保生产设备正常工作，从而保证产品的质量，例如，需要用传感器检测饮料罐装的充满程度。家用电器也是传感器广泛应用的领域之一，电冰箱的温度控制、电饭煲的温度控制、高压锅的压力控制、洗衣机自动称重等都需要用到传感器。汽车的车门关闭状态、前排座位安全带报警、胎压监测等也需要用到传感器。

现代信息技术主要是通过传感器来进行信息采集，随着信息量的不断增加，要求传感器技术要跟上信息化发展的需求。随着微电子技术的发展，传感器技术也得到不断的发展。传感器技术已经成为自动化系统中的关键技术，其技术水平的高低将直接影响自动化技术的水平，自动化技术水平越高则其对传感器的依赖程度也就越大。传感器是人类探索、认识自然的核心技术之一，在国民经济和国防科技的各个重要领域都有应用。

检测仪表是在模拟电路中将传感器采集到的信息进行抗干扰处理、放大以及传输，从而完成信息的采集、处理、传输和存储等功能。传感器技术是集机械、电子、信息、材料、自控（自动控制）和管理于一体的一个多学科交叉且具有多种高新科技的技术密集型产业，在工业生产和日常生活中广泛应用。

1.1.2 传感器的定义

传感器是一种以一定精确度将被测量（主要是非电量）转换为与之有确定关系、便于应用的某种物理量（主要是电量）的测量装置。这一定义包含了以下几方面的含义：①传感器是某种测量装置的一部分，能完成检测任务；②它的输入量是某一被测量，如物理量、化学量、生物量等；③它的输出量是某种物理量，这种量要便于传输、转换、处理、显示等，这种量可以是气、光、电量，但主要是电量；④输出与输入间有对应关系，且有一定的精确度。

在某些学科领域，传感器又称为敏感元件、检测器、转换器、探测器、探头等。这些不同提法的内涵是相同或相似的，只是在不同的技术领域中，根据传感器的用途对同一类型的器件使用不同的术语而已。

1.1.3 课程引例——无人驾驶汽车上的传感器及线控转向系统

传感器是汽车实现自动控制的关键元件，目前在车辆上的应用相当广泛，随着新能源汽车和无人驾驶汽车的不断推出，传感器的应用也在发生着变化。无人驾驶汽车能够解放操作者的双手，使汽车变得更加便捷和智能。无人驾驶汽车的组成按照功能可分为环境感知、决策规划和车辆控制三部分，其中环境感知部分是其他部分的基础。环境感知就是利用高精度传感器代替驾驶者来感知车辆周围环境，具体包括道路信息、车辆位置、障碍物、交通信号和交通标志等信息。决策和控制系统依据感知得到的环境信息合理规划方向和控制车辆速度，并严格遵守交通法规，使车辆能安全、合适地到达车载地图上的指定地点。无人驾驶汽车关键技术包括各种传感器、线控转向系统、高精度地图、高精度导航系统、智能感知算法、车辆控制系统和高级人工智能等。线控转向系统是无人驾驶汽车的重要执行系统，需要精确完成指定角度和角速度的转向。

1. 环境感知中的传感器

无人驾驶汽车需要知道自己当前所处的整体大环境和局部小环境，需要依靠传感器快速且准确地获取信息，目前常用的环境感知传感器包括超声波传感器、红外线传感器、激光测距雷达、毫米波传感器、微波传感器和立体视觉摄像机等。根据各传感器的特点，不同环境下选择不同的传感器，如图 1.1.1 和图 1.1.2 所示。例如，在高速公路上，由于车速较快，通常选用检测距离较大的微波雷达。在城市环境中，周围人和物的小环境比较复杂，通常选用检测角度较大的激光雷达，比较常用的激光雷达有 LMS511 二维激光雷达和 HDL-64E S2 三维激光雷达。

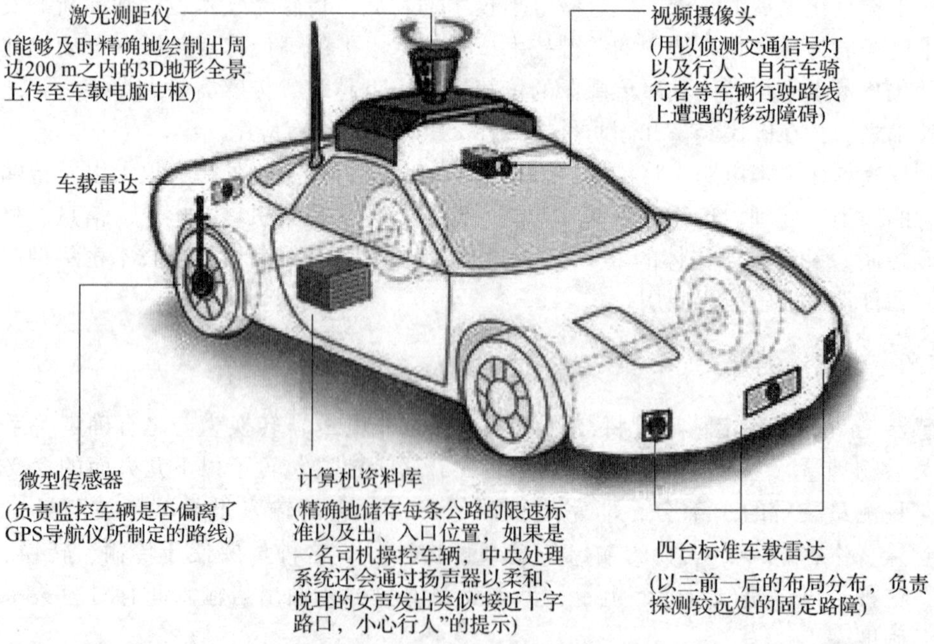

图 1.1.1 无人驾驶汽车环境感知传感器

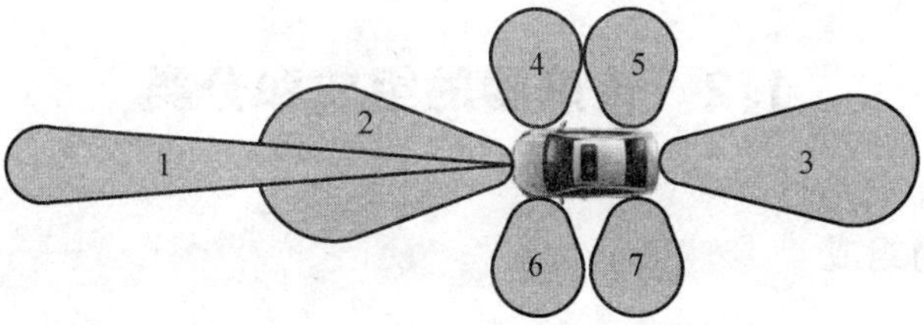

图 1.1.2　汽车防撞雷达位置图

2. 速度控制及测速传感器

为了能够让汽车在直道时高速行驶，弯道时稳定限速行驶，需要采用测速传感器对车速进行实时采样，并引入速度闭环控制系统。常用的速度传感器有非接触式测速计和接触式光电编码器两种。非接触式测速计主要是霍尔测速计，利用位置固定的霍尔元器件来检测车轮的转动，通过记录单位时间内的脉冲个数进行车速测量；接触式光电编码器利用齿轮啮合，精确的光栅码盘在齿轮转一圈时编码器输出上千个脉冲，其精度高，缺点是质量大，价格较贵。

3. 通信模块

无线数据传输被广泛应用在车辆监控、遥控、遥测、小型无线网络、无线数据通信、机器人控制、数字音频、数字图像的传输等领域中。在本系统中，可将速度、传感器状态、电池电压、舵机转角等信息传送给上位机实时显示，便于观测汽车的运行状态，以及实时调试参数等。

4. 线控转向系统

线控转向系统是更新一代的转向系统，其原理图如图 1.1.3 所示，线控转向系统取消了转向盘和转向前轮之间的机械连接，容易实现有人驾驶和无人驾驶的模式切换。当转向盘的转角传感器和电流传感器将当前方向信号传送给电子控制单元（Electronic Control Unit，ECU）后，按照预先设定的控制算法驱动转向电机实现角度和扭矩传递，将转向电机的转角信号和电流信号反馈给 ECU，从而实现转向的闭环控制。

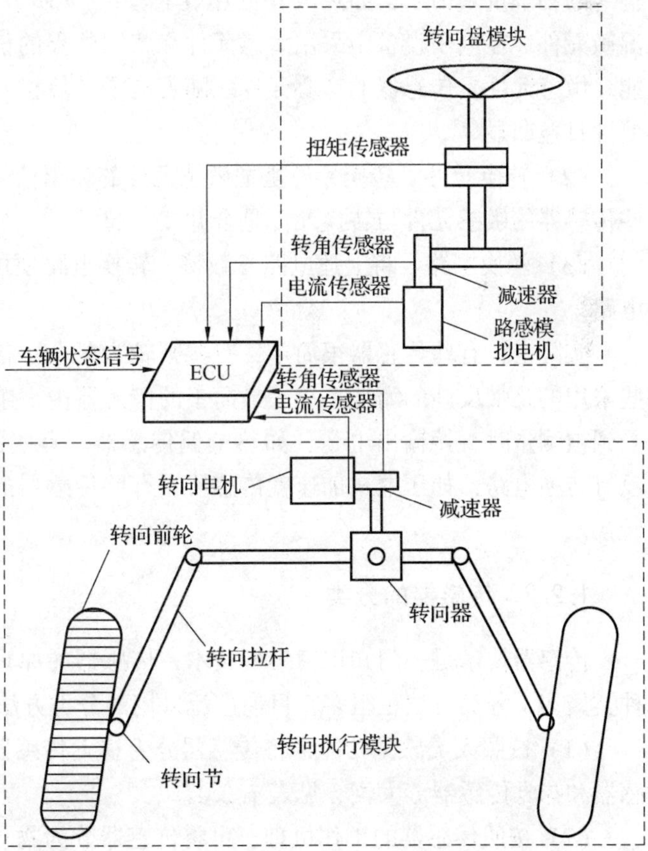

图 1.1.3　线控转向系统的原理图

1.2　传感器的组成和分类

1.2.1　传感器的组成

传感器一般由敏感元件、转换元件、转换电路三部分组成，其组成框图如图 1.2.1 所示。

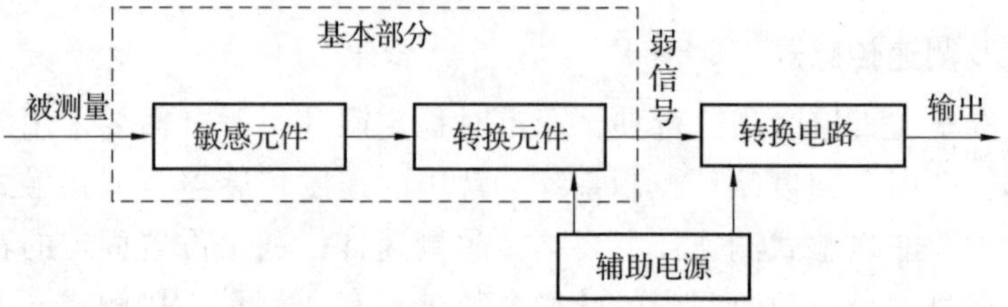

图 1.2.1　传感器组成框图

（1）敏感元件。敏感元件是指能够灵敏地感受被测量并做出响应的元件，是传感器中能直接感受被测量的部分，并输出与被测量成确定关系的某一物理量的元件。敏感元件可以按输入的物理量来命名，如热敏（见热敏电阻）、光敏、（电）压敏、（压）力敏、磁敏、气敏、湿敏元件。在电子设备中采用敏感元件来感知外界的信息可以达到或超过人类感觉器官的功能。敏感元件是传感器的核心元件。随着电子计算机和信息技术的迅速发展，敏感元件的重要性日益凸显。

（2）转换元件。转换元件是把敏感元件的输出信号转换成适合于传输和测量的元件。有些传感器的敏感元件与转换元件是合并在一起的。

（3）转换电路。将上述电路参数接入转换电路便可转换成电量输出，现在多用数字转换电路。

实际上，有些传感器很简单，有些则较为复杂。传感器大多数采用的是开环系统，也有些采用的是带反馈的闭环系统。最简单的传感器由一个敏感元件（兼转换元件）组成，它感受到被测量时直接输出电量，如热电偶传感器。有些传感器则由敏感元件和转换元件组成，没有转换电路，如压电式加速度传感器。有些传感器的转换元件不止一个，需要经过若干次转换。

1.2.2　传感器的分类

传感器技术是一门知识密集型技术，传感器的原理多种多样，与许多学科有关。传感器种类繁多，分类方法也很多，目前广泛采用的分类方法有以下几种：

（1）按照人类感觉功能，将传感器分为视觉传感器、听觉传感器、嗅觉传感器、触觉传感器和味觉传感器五大类，见表 1.2.1。

（2）按照传感器的工作机理，可将传感器分为物理型传感器、化学型传感器、生物型传感器等。

（3）按构成原理，可将传感器分为结构型传感器和物性型传感器两大类。

结构型传感器是利用物理学中场的定律构成的，包括力场的运动定律、电磁场的电磁定律等。这类传感器的特点是传感器的性能与它的结构材料没有多大关系，如差动变压器。物性型传感器是利用物理定律构成的，如欧姆定律等。物性型传感器的性能随材料的不同而异，如光电管、半导体传感器等。

（4）按传感器的能量转换情况，可将传感器分为能量控制型传感器和能量转换型传感器。

能量控制型传感器在信息变换过程中，其能量需外电源供给，如电阻、电感、电容等电路参量传感器都属于这一类传感器。能量转换型传感器主要是由能量变换元件构成，它不需要外电源，如基于压电效应、热电效应、光电效应、霍尔效应等原理构成的传感器属于此类传感器。

（5）按照物理原理分类，可将传感器分为电参量式传感器（包括电阻式、电感式、电容式等）、磁电式传感器（包括磁电感应式、霍尔式、磁栅式等）、压电式传感器、光电式传感器、气电式传感器、波式传感器（包括超声波式、微波式等）、射线式传感器、半导体式传感器及其他原理的传感器（如振弦式、振筒式等）。

（6）按照传感器的使用分类，可将传感器分为位移传感器、压力传感器、振动传感器、温度传感器等。

总之，传感器的分类方法很多，但比较流行的物理型传感器的分类方法有两种：一种是按照被测物理量分类，见表1.2.2；另一种是按照输出量的性质分类，见表1.2.3。

表1.2.1 按照人类感觉功能分类的传感器

感官	感觉传感器	被测对象	主要的传感器
眼	视觉传感器 接近觉传感器	光强和颜色，大小和形状，距离感觉和三维图像	光电二极管、光电倍增管、光敏二极管、光敏三极管、电荷耦合器件、图像传感器、感应线圈接近觉传感器和电容式接近觉传感器
耳	听觉传感器	声音信息	压电式传感器、拾音器、压磁式传感器、声表面波传感器、超声波传感器和语音识别系统
鼻	嗅觉传感器	气体和湿度	电阻式、电容式、电感式气敏传感器和电阻式湿度传感器
皮	触觉、滑觉、压觉、热觉传感器	表面特征 物理性能（滑、热、压）	压阻式传感器，压电式、光电式及电容式触觉传感器，位移传感器，振动传感器，热敏电阻、热电偶、继承温度传感器
舌	味觉传感器	成分和浓度	味敏传感器、生物传感器

表1.2.2 按照被测物理量分类的物理型传感器

基本物理量		派生的被测物理量	基本物理量		派生的被测物理量
位移	线位移	长度、厚度、应变、振动	加速度	线加速度	振动、冲击、质量、应力、力
	角位移	偏转角		角加速度	角振动、角冲击、力矩
速度	线速度	振动、流量、动量	力	压力	重力、密度、推力
	角速度	转速、角振动、角动量			力矩、应力

表 1.2.3　按照输出量性质分类的物理型传感器

传感器分类		变换原理	变换器名称	典型应用
电参数式传感器	电阻式	移动电位器触点改变电阻	电位器	位移、压力
		改变电阻丝或电阻片的几何尺寸	电阻丝应变片	位移、力、力矩、应变
			半导体应变片	
		改变电阻的温度系数（利用电阻的温度物理效应）	热丝计	气流速度、液体质量
			电阻温度计	温度、热辐射
			热敏电阻	温度
		利用电阻的光敏物理效应	光敏电阻	光强
		利用电阻的湿度物理效应	电阻湿度计	湿度
	电容式	改变电容的几何尺寸	电容式压力计	位移、压力
			电容式微音器	声强
		改变电容介质的性质和含量	电容式液固计	液位-厚度
			含水量测量仪	含水量
	电感式	改变磁路的几何尺寸，通过导磁体位置来改变变换器电感	电感变换器	位移、压力
		利用压磁物理效应	压磁计	力、压力
		改变互感	差动变压器	位移、压力
	频率式	利用改变电的或机械的固有参数来改变谐振频率	涡流传感器	位移、厚度
			振弦式压力传感器	压力
			振筒式压力传感器	气压
			石英晶体谐振式传感器	压力
电量传感器	电势	温差热电势	热电偶	温度、热流
			热电堆	热辐射
		电磁感应	感应式变换器	速度
		霍尔效应	霍尔片	磁通、电流
		光电效应	光电池	光强
	电荷	光电子发射	光发射管	光强、放射性
		辐射电离	电离室	离子计数、放射性
		压电效应	压电传感器	力、加速度

传感器技术包括设计和应用两方面，其中“用”传感器的人要比“做”传感器的人多得多。对于多数“用”传感器进行非电量测量的仪器仪表工作者来说，没有必要去过多关注传感器内部结构的设计理论和制造工艺，而应该从应用角度了解传感器的工作原理和传感器的外部连接（前端的敏感器和后端的接口电路）。因此，本书对传感器的理论阐述以“够用”

为准，并不详述传感器内部结构的设计计算和制造工艺，而是从应用角度讲述各类传感器的基本工作原理和“外部接口”电路。

1.2.3 传感器的命名法

一种传感器产品的名称应由主题词加四级修饰语构成。

（1）主题词——传感器。

（2）第一级修饰语——被测量，包括修饰被测量的定语。

（3）第二级修饰语——转换原理，一般可后续以“式”字。

（4）第三级修饰语——特征描述，指必须强调的传感器结构、性能、材料特征、敏感元件及其他必要的性能特征，一般可后续以“型”字。

（5）第四级修饰语——主要技术指标，如量程、精确度、灵敏度等。

例如，1~3 000 kPa 放大（型）应变（式）压力传感器。

1.3 检测系统概述

1.3.1 检测系统的组成

在自动检测系统中，各组成部分常以信息流的过程来划分，一般可分为信息的获取、转换、处理和输出几部分。它首先要获取被检测的信息，把它转换成电量，然后把已转换成电量的信息进行放大、整形等转换处理，再通过输出单元（如指示仪和记录仪）将信息显示出来，或者通过输出单元把已处理的信息送到控制系统其他单元使用，成为控制系统的一部分，其组成框图如图 1.3.1 所示。

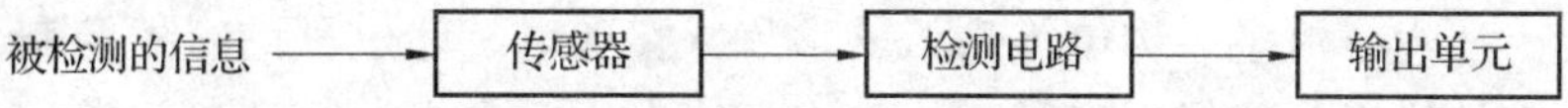

图 1.3.1 检测系统的组成框图

在检测系统中，传感器是把被测非电量转换成为与之有确定对应关系且便于应用的某些物理量（通常为电量）的检测装置。传感器获得信息的正确与否关系到整个检测系统的精度，如果传感器的误差很大，即使后续检测电路等环节精度很高，也难以提高检测系统的精度。

检测电路的作用是将传感器输出的变量转换成电压或电流信号，使之能在输出单元的显示仪上显示或记录仪上记录，或者能够作为控制系统的检测或反馈信号。检测电路的种类通常由传感器类型而定，如电阻式传感器需用一个电桥电路把电阻值变换成电流或电压输出，由于电桥输出信号一般比较微弱，常常要将电桥输出信号加以放大，因此在测量电路中一般还带有放大器。

输出单元可以是指示仪、记录仪、累加器、报警器、数据处理电路等。若输出单元是显示器或记录器，则该测试系统为自动检测系统；若输出单元是计数器或累加器，则该测试系统为自动计量系统；若输出单元是报警器，则该测试系统为自动保护系统或自动诊断系统；若输出单元是数据处理电路，则该测试系统为部分数据分析系统，或部分自动管理系统，或部分自动控制系统。

1.3.2 自动检测技术的重要性

在科学研究过程中，一些研究成果，必须要通过实验证实，这就需要通过一定的测试手段来完成。在工、农业生产中，为了保证能正常、高效地生产，要有一定的测试手段进行生产过程的检查和监视，这些测试手段就是仪器仪表。关于仪器仪表，最早得到广泛应用的是机械式仪器仪表，后来发展到光学、电学领域的仪器仪表等。仪器仪表也是随着科学技术的发展而发展的，每当科学技术前进一步，就要求能够提供新的测试手段，从而促进了仪器仪表的发展，而科学技术的成果也为发展新型的仪器仪表提供了条件。

由于微电子技术、计算机技术、通信技术及网络技术的迅速发展，对电量的测量技术相应地得到提高，如准确度高、灵敏度高、反应速度快、能够连续进行测量、自动记录、远距离传输和组成测控网络等。可是，在工程上所要测量的参数大多数为非电量，如机械量（位移、尺寸、力、振动、速度等）、热工量（温度、压力、流量、物位等）、成分量（化学成分、浓度等）和状态量（颜色、透明度、磨损量等），因而促使人们用电测的方法研究非电量，即研究用电测的方法测量非电量的仪器仪表，研究如何能正确而快速地测得非电量的技术。

非电量电测技术具有测量精度高、反应速度快、能自动连续地进行测量、可进行遥测、便于自动记录、可与计算机连接进行数据处理、可采用微处理器做成智能仪表、能实现自动检测与转换等优点，在国民经济各部门得到了广泛应用。

在机械制造业中，需要测量位移、尺寸、力、振动、速度、加速度等机械量参数，利用非电量电测仪器，监视刀具的磨损和工件表面质量的变化，防止机床过载，控制加工过程的稳定性。此外，还可用非电量电测单元部件作为自动控制系统中测量反馈量的敏感元件（如光栅尺、容栅尺等），以控制机床的行程、启动、停止和换向。在化工行业需要在线检测生产过程的温度、压力、流量、物位等热工量参数，实现对工艺过程的有效控制，确保生产过程能正常、高效地进行，确保生产安全，防止事故发生。在烟草行业，如卷烟包装等自动化生产线，利用非电量电测技术监控产品质量、剔除废品，并在线统计产品的产量、合格率等管理信息，为生产自动化、管理现代化提供可靠的技术保障。在环境保护等部门需要检测物质的化学成分、浓度等成分量。在现代物流行业，如在控制搬运机器人作业过程中，需要实时地检测工件安放的位置参数，以便准确地控制执行机构工作，可靠地安放货物。在科学研究和产品开发中，将非电量电测技术应用于逆向设计和逆向加工，可缩短产品设计和开发的周期。甚至在文物保护领域，研究人员已开始用非电量电测技术进行文物的保护和修复。

综上所述，自动检测技术与人们的生产、生活密切相关，它是自动化领域的重要组成部分，尤其在自动控制中，如果对控制参数不能有效、准确地检测，控制就会成为无源之水、无本之木。

1.3.3 传感器与检测技术的发展趋势

随着微电子技术、通信技术、计算机网络技术和人工智能技术的发展，人们对自动检测技术的要求也越来越高，这进一步推动了自动检测技术的发展，其发展趋势主要有以下几个方面：

（1）不断提高仪器的性能、可靠性，扩大应用范围。随着科学技术的发展，对仪器仪表的性能要求也相应地提高，如提高其分辨率、测量精度，提高系统的线性度、增大测量范围等，使其技术性能指标不断提高，应用领域不断扩大。

(2) 开发新型传感器。开发新型传感器主要包括利用新的物理效应、化学反应和生物功能研发新型传感器，采用新技术、新工艺填补传感器空白，开发微型传感器，仿照生物的感觉功能研究仿生传感器等。

(3) 开发传感器的新型敏感元件材料和采用新的加工工艺。新型敏感元件材料的开发和应用是非电量电测技术中的一项重要任务，其发展趋势为：从单晶体到多晶体、非晶体，从单一型材料到复合型材料、原子（分子）型材料的人工合成。其中，半导体敏感材料在传感器技术中具有较大的技术优势；陶瓷敏感材料具有较大的技术潜力；磁性材料向非晶体化、薄膜化方向发展；智能材料的探索在不断地深入。智能材料指具备对环境的判断和自适应功能、自诊断功能、自修复功能和自增强功能的材料，如形状记忆合金、形状记忆陶瓷等。

在开发新型传感器时，离不开新工艺。如把集成电路制造工艺技术应用于微机电系统中微型传感器的制造。

(4) 微电子技术、微型计算机技术、现场总线技术与仪器仪表和传感器技术相结合，构成新一代智能化测试系统，使测量精度、自动化水平进一步提高。

(5) 研究集成化、多功能和智能化传感器或测试系统。传感器集成化主要有两层含义：一层含义是同一功能的多元件并列化，即将同一类型的单个传感元件在同一平面上排列起来，排成一维构成线型传感器，排成二维构成面型传感器（如CCD）；另一层含义是功能一体化，即将传感器与放大、运算及误差补偿、信号输出等环节一体化，组装成一个器件（如容栅传感器动栅数显单元）。

(6) 研究基于多传感器数据的融合技术。它不同于一般信号处理，也不同于单个或多个传感器的监测和测量，而是基于多个传感器测量结果基础上的更高层次的综合决策过程。有鉴于传感器技术的微型化、智能化程度提高，在信息获取基础上，多种功能进一步集成以至于融合，这是必然的趋势。可将多传感器数据融合技术也促进了显示仪表技术的发展。多传感器数据融合的定义可概括为：把分布在不同位置的多个同类或不同类传感器所提供的局部数据资源加以综合，采用计算机技术对其进行分析，消除多传感器信息之间可能存在的冗余和矛盾，加以互补，降低其不确定性，获得对被测对象的一致性解释与描述，从而提高系统决策、规划、反应的快速性和正确性，使系统获得更充分的信息。其信息融合在不同信息层次上出现，包括数据层（像素层）融合、特征层融合、决策层（证据层）融合。由于它与单一传感器信息相比有如下优点，即容错性、互补性、实时性、经济性，因此数字压力表逐步得到推广应用。除军事领域外，数字压力表还适用于自动化技术、机器人、海洋监视、地震观测、建筑、空中交通管制、医学诊断、遥感技术等方面。

传感器多功能化是指一器多能，即用一个传感器可以检测两个或两个以上的参数。多功能化不仅可以降低生产成本、减小体积，还可以有效地提高传感器的稳定性、可靠性等性能指标。

传感器的智能化就是把传感器与微处理器相结合，使之不仅具有检测功能，还具有信息处理、逻辑判断、自动诊断等功能。

思考题与习题

1. 什么是传感器？
2. 传感器的组成部分有哪些？
3. 传感器是如何进行分类的？
4. 汽车上哪些地方用到了传感器，它们可分为哪几类？
5. 能用哪些方法对传感器的性能进行改进？

第 2 章　传感器的基本特性

在生产过程和科学实验中，需要对各种各样的参数进行检测和控制，这要求传感器能感受被测非电量的变化，并将其转换成与被测量成一定函数关系的电量。传感器所测量的非电量可分为静态量和动态量两类。静态量是指不随时间变化的信号或变化极其缓慢的信号（准静态），也称为常量；动态量通常是指周期信号、瞬变信号或随机信号，也称为变量。传感器的特性主要是指输出与输入之间的关系，当输入为常量时的关系称为静态特性，当输入为变量时的关系称为动态特性。传感器能否将被测非电量的变化不失真地变换成相应的电量，取决于传感器的基本特性，它是与传感器的内部结构参数有关的外部特性。一般来说，传感器的输出与输入关系可以用对时间的微分方程来描述。

2.1　传感器的静态特性

传感器的静态特性是指输入被测量不随时间变化，或随时间变化很缓慢时，传感器的输出与输入的关系。人们主观上总希望传感器的输出与输入具有确定的对应关系，最好是线性关系，但由于迟滞、蠕变、摩擦、间隙和温度变化等各种因素的影响，传感器的输出和输入线性关系难以实现。传感器的输出、输入关系如图 2.1.1 所示，其影响程度取决于传感器本身，可以通过改善结构来实现补偿和抑制，从而实现输出、输入之间的相对稳定和精度较高的微分方程。

衡量传感器静态特性的重要指标是线性度、灵敏度、迟滞、重复性、精度、零点漂移、温度漂移、抗干扰稳定性及静态测量不确定度等。

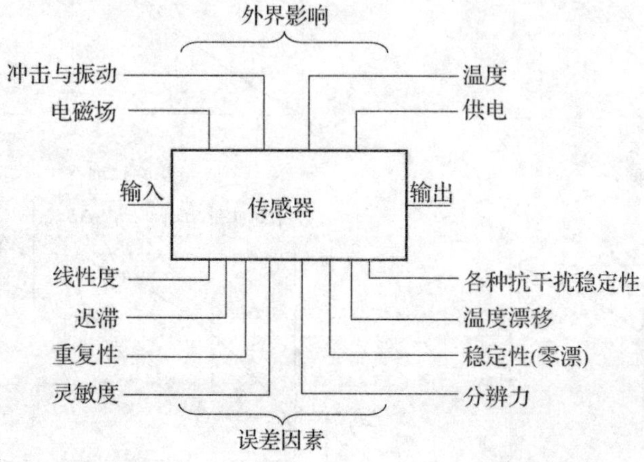

图 2.1.1　传感器的输出、输入关系

1. 线性度

如果不考虑传感器的迟滞和蠕变等因素，其静态特性可用以下多项式表示：

$$y=\alpha_0+\alpha_1x+\alpha_2x^2+\cdots+\alpha_nx^n \tag{2.1.1}$$

式中，x 为输入量（被测量）；y 为输出量；α_0 为零位输出；α_1 为传感器的灵敏度；α_2，α_3，…，α_n 为非线性项的待定常数。

传感器的线性度（也称非线性误差）是指传感器的输出与输入之间的线性程度。通常，为了方便标定和数据处理，理想的输出、输入关系应该是线性的，但实际遇到的传感器的输出、输入关系大多是非线性的，如式（2.1.1）所示。各项系数不同，决定了特性曲线的具体形状各不相同。理想特性方程为 $y=\alpha_1x$，其是一条经过原点的直线，传感器的灵敏度为一常数。当特性方程中仅含有奇次非线性项时，特性曲线关于坐标原点对称，且在输入量 x 相当大的范围内具有较宽的准线性。当非线性传感器以差动方式工作时，可以消除电气元件中的偶次分量，显著地改善线性范围，并可使灵敏度提高一倍。

传感器的静态特性曲线可通过实际测试获得。在实际应用中，为了得到线性关系，往往引入各种非线性补偿环节。如采用非线性补偿电路或计算机软件进行线性化处理，或采用差动结构，使传感器的输出、输入关系为线性或接近线性。

实际特性曲线与拟合直线之间的偏差称为传感器的非线性误差，如图 2.1.2 中 ΔL 值（取其中最大值）与满量程输出值之比可作为评价非线性误差（或线性度）的指标，即

$$y_{\mathrm{L}}=\pm\frac{\Delta L_{\max}}{Y_{\mathrm{FS}}}\times100\% \tag{2.1.2}$$

式中，y_{L} 为线性度；$\Delta L_{\max}$ 为最大非线性绝对误差；Y_{FS} 为满量程输出。

如果非线性项的方次不高，在输入量变化范围不大的条件下，可以用一条直线近似代表实际曲线的某一段，这种方法称为曲线拟合。目前常用的拟合方法有：理论拟合、过零旋转拟合、端点连线拟合、端点平移拟合、最小二乘法拟合和最小包容拟合，如图 2.1.2 所示。图中，x 是传感器的输入量，y 是传感器的输出量，x_m 是输入最大值。

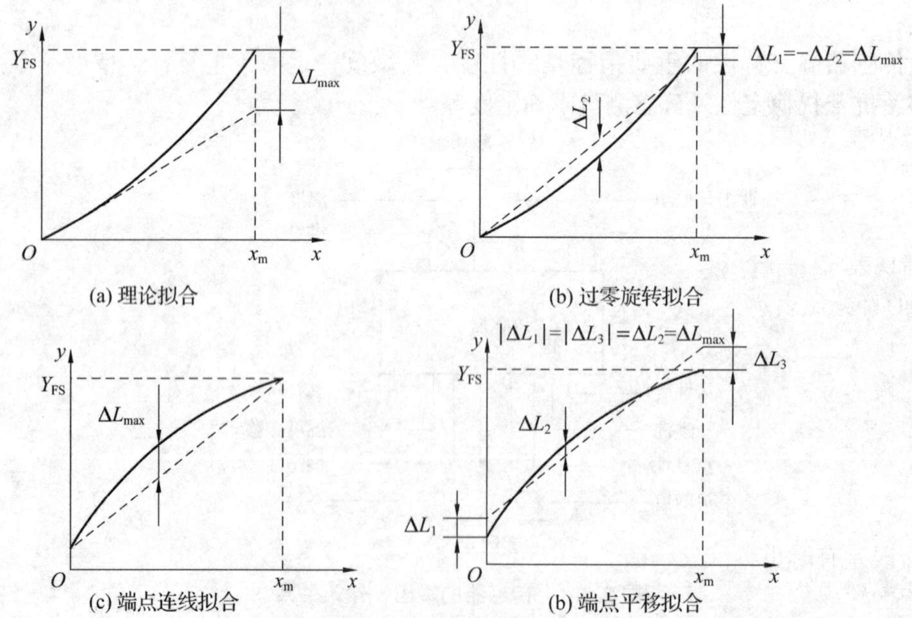

图 2.1.2　几种常用的拟合方法

几种拟合方法比较如下：①理论拟合法，计算简单，但是误差大；②过零旋转拟合法的误差比理论拟合法误差小很多，常用于曲线过零点的传感器，计算也很简单；③端点连线拟合法，计算简单，误差很大；④端点平移拟合是在图 2.1.2（c）的基础上，移动了 ΔL_{max} 的一半距离，曲线分布在两侧，非线性误差比端点连线法减小一半；⑤最小二乘法求取的拟合直线的拟合精度较高，但计算稍复杂。

由图 2.1.2 可见，非线性误差是以一定的拟合直线或理想直线为基准直线计算得出的。因而，即使是同类传感器，基准直线不同，所得的线性度也会不同。

2. 灵敏度

灵敏度是指传感器在稳态下的输出变化量 Δy 与输入变化量 Δx 之比，用 k 表示，即

$$k=\frac{\Delta y}{\Delta x} \tag{2.1.3}$$

它表征传感器对输入量变化的反应能力。对于线性传感器，灵敏度就是其静态特性的斜率，即 $k=y/x$ 为常数，而非线性传感器的灵敏度为变量，用 $k=\mathrm{d}y/\mathrm{d}x$ 表示。传感器的灵敏度如图 2.1.3 所示。一般希望传感器的灵敏度高，在满量程范围内是恒定的，即传感器的输出、输入特性为直线。

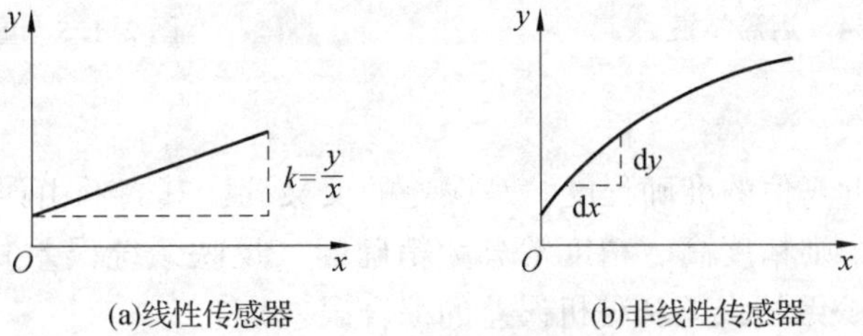

图 2.1.3　传感器的灵敏度

3. 迟滞

传感器在正（输入量增大）反（输入量减小）行程期间，其输出、输入特性曲线不重合的现象称为迟滞，如图 2.1.4 所示。也就是说，对于同一大小的输入信号，传感器的正、反行程输出信号大小不相等，产生这种现象的主要原因是传感器敏感元件材料的物理性质和机械零部件的缺陷，如弹性敏感元件的弹性滞后、运动部件的摩擦、传动机构的间隙、紧固件松动等。

迟滞误差 y_H 一般由实验方法确定，用正、反行程最大输出差值 ΔH_{max} 或其一半对满量程输出 Y_{FS} 的百分比表示，即

$$y_H=\pm\frac{\Delta H_{max}}{Y_{FS}}\times 100\% \tag{2.1.4}$$

或

$$y_H=\pm\frac{\Delta H_{max}}{2Y_{FS}}\times 100\% \tag{2.1.5}$$

迟滞误差有时也称为回程误差，用绝对误差表示，对应于每一个输入信号，传感器正行程及回程中输出信号差值的最大者即位回程误差。

4. 重复性

重复性 y_R 指在同一工作条件下，输入量按同一方向做全量程连续多次变化时，所得特性

曲线不一致的程度，如图 2. 1. 5 所示。重复性误差属于随机误差，常用标准偏差表示，也可用正、反行程中的最大偏差表示，即

$$y_R=\pm\frac{(2\sim3)\ \sigma}{Y_{FS}}\times100\% \qquad (2.1.6)$$

或

$$y_R=\pm\frac{\Delta R_{max}}{2Y_{FS}}\times100\% \qquad (2.1.7)$$

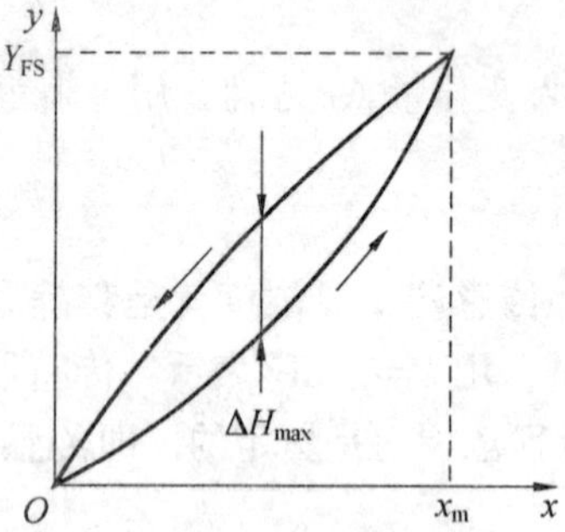

图 2. 1. 4　迟滞特性

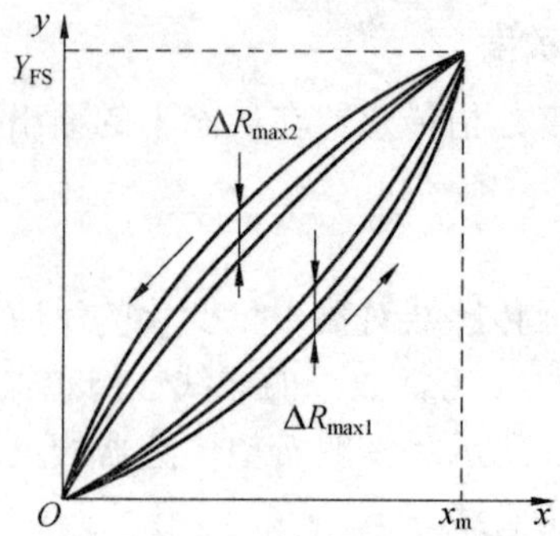

图 2. 1. 5　重复性

5. 精度

精度是测量值接近真值的准确程度，是误差的反义词，其高低由误差的大小来衡量，误差大则精度低，误差小则精度高。精度常分为精确度（反映系统误差）、精密度（反映随机误差）和准确度（反映系统误差和随机误差的综合误差）。

精度一般用方和根法或代数和法计算，即用线性度、重复性和迟滞三项的方和根法［式（2. 1. 8）］、三项简单代数和法［式（2. 1. 9）］表示。实际应用中，方和根法用得较多。

$$y=\sqrt{y_L^2+y_R^2+y_H^2} \qquad (2.1.8)$$

或

$$y=y_L+y_R+y_H \qquad (2.1.9)$$

6. 零点漂移

传感器无输入时，每隔一段时间进行读数，其输出偏离零值，即为零点漂移，其值为

$$\frac{\Delta Y_0}{Y_{FS}}\times100\% \qquad (2.1.10)$$

式中，ΔY_0 为最大零点偏差；Y_{FS} 为满量程输出。

7. 温度漂移

温度漂移也成为温度稳定性，表示温度变化时传感器输出值的偏离程度。一般以温度变化 1 ℃，输出最大偏差与满量程输出的百分比表示，即

$$\frac{\Delta_{max}}{Y_{FS}\cdot\Delta T}\times100\% \qquad (2.1.11)$$

式中，Δ_{max} 为输出最大偏差；ΔT 为温度变化值；Y_{FS} 为满量程输出。

测试时，先将传感器置于一定的温度环境中，如 20 ℃时，将其输出调整到零点或者某个

特定点，然后使环境温度上升或者下降一定的读数，在 10 ℃再读出输出值，前、后两次输出值之差即为温度漂移误差。

8. 抗干扰稳定性

抗干扰稳定性是指传感器对外界干扰的抵抗能力，如抗冲击和振动的能力、抗潮湿的能力、抗电磁场干扰的能力等。评价这些能力比较复杂，一般也不易给出数量概念，需要具体问题具体分析。

9. 静态测量不确定度

静态测量不确定度（传统上也称为静态误差）是指传感器在其全量程内任一点的输出值与其理论值的可能偏离程度。静态误差的求取方法为：把全部输出数据与拟合直线上对应值的残差看成随机分布，求出其标准偏差 σ，即

$$\sigma = \pm\sqrt{\frac{1}{n-1}\sum_{i=1}^{n}(\Delta y_i)^2} \tag{2.1.12}$$

式中，Δy_i 为各测试点的残差；n 为测试点数。

取 2σ 或 3σ 值即为传感器的静态误差。静态误差也可用相对误差来表示，即

$$\gamma = \pm\frac{3\sigma}{Y_{FS}}\times 100\% \tag{2.1.13}$$

静态误差是一项综合性指标，它基本上包括了前面叙述的非线性误差、迟滞误差、重复性误差、灵敏度误差等，若这几项误差是随机的、独立的、正态分布的，也可以把这几个单项误差综合起来，即

$$\gamma = \pm\sqrt{\gamma_L^2+\gamma_H^2+\gamma_R^2+\gamma_S^2} \tag{2.1.14}$$

式中，γ_L 为线性度；γ_H 为迟滞误差；γ_R 为重复性误差。

2.2　传感器的动态特性

在实际测量中，大量被测量是随时间变化的动态信号，要求传感器的输出不仅能精确地反映被测量的大小，还要正确地再现被测量随时间变化的规律。传感器的动态特性是指传感器的输出对随时间变化的输入量的响应特性，反映输出值真实再现变化着的输入量的能力。对于线性系统，其数学模型可以用常系数线性微分方程表示，即

$$a_n\frac{d^n y}{dt^n}+a_{n-1}\frac{d^{n-1}y}{dt^{n-1}}+\cdots+a_1\frac{dy}{dt}=b_m\frac{d^m x}{dt^m}+b_{m-1}\frac{d^{m-1}x}{dt^{m-1}}+\cdots+b_1\frac{dx}{dt}+b_0x \tag{2.2.1}$$

式中，x 为传感器的输入量；y 为输出量；a_i（$i=1,2,\cdots,n$）及 b_j（$j=1,2,\cdots,m$）为常数。其相应的传递函数为

$$H(s)=\frac{Y(s)}{X(s)}=\frac{b_m s^m+b_{m-1}s^{m-1}+\cdots+b_1 s+b_0}{a_n s^n+a_{n-1}s^{n-1}+\cdots+a_1 s+a_0} \tag{2.2.2}$$

一个动态特性好的传感器，其输出将再现输入量的变化规律，即具有相同的时间函数。实际上除了具有理想的比例特性环节外，由于传感器固有因素的影响，输出信号将不会与输入信号具有相同的时间函数，这种输出与输入之间的差异就是所谓的动态误差。研究传感器的动态特性主要是从测量误差角度分析产生动态误差的原因及改善措施。

由于绝大多数传感器都可以简化为一阶或二阶系统，因此一阶和二阶传感器是最基本的。研究传感器的动态特性可以从时域和频域两个方面，采用瞬态响应法和频率响应法来分析。

2.2.1 瞬态响应特性

在时域内研究传感器的动态特性时，常用的激励信号有阶跃函数、脉冲函数和斜坡函数等。传感器对所加激励信号的响应称为瞬态响应。一般认为，阶跃输入信号对于传感器来说是最严峻的工作状态。如果在阶跃函数的作用下，传感器能满足动态性能指标，那么在其他函数作用下，其动态性能指标也必定会令人满意。在理想情况下，阶跃输入信号的大小对过渡过程的曲线形状是没有影响的，但在实际做过渡过程实验时，应保持阶跃输入信号在传感器特性曲线的线性范围内。下面以传感器的单位阶跃响应来评价传感器的动态性能。

1. 一阶传感器的单位阶跃响应

设 $x(t)$ 和 $y(t)$ 分别为传感器的输入量和输出量，其均是时间的函数，则一阶传感器的传递函数为

$$H(s)=\frac{Y(s)}{X(s)}=\frac{k}{\tau s+1} \tag{2.2.3}$$

式中，τ 为时间常数；k 为静态灵敏度。

由于在线性传感器中灵敏度 k 为常数，在动态特性分析中，k 只起使输出量增加 k 倍的作用。因此，为方便起见，在讨论时采用 $k=1$。

对于初始状态为零的传感器，当输入为单位阶跃信号时，$X(s)=1/s$，传感器输出的拉氏变换为

$$Y(s)=H(s)X(s)=\frac{k}{\tau s+1}\cdot\frac{1}{s} \tag{2.2.4}$$

则一阶传感器的单位阶跃响应为

$$y(t)=L^{-1}[Y(s)]=1-\mathrm{e}^{-\frac{t}{\tau}} \tag{2.2.5}$$

一阶传感器的单位阶跃响应曲线如图 2.2.1 所示。由图可见，传感器存在惯性，输出的初始上升斜率为 $1/\tau$，若传感器保持初始响应速度不变，则在 τ 时刻输出将达到稳态值，但实际的响应速率随时间的增加而减慢。理论上传感器的响应在 t 趋于无穷时才达到稳态值，但实际上当 $t=4\tau$ 时，其输出已达到稳态值的 98.2%，可以认为已达到稳态。τ 越小，响应曲线越接近于输入阶跃曲线，因此，一阶传感器的时间常数 τ 越小越好。不带保护套管的热电偶是典型的一阶传感器。

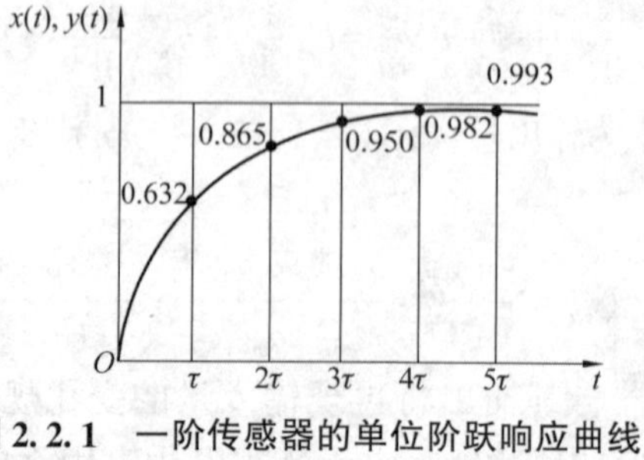

图 2.2.1 一阶传感器的单位阶跃响应曲线

2. 二阶传感器的单位阶跃响应

二阶传感器的传递函数为

$$H(s)=\frac{Y(s)}{X(s)}=\frac{\omega_{\mathrm{n}}^{2}}{s^{2}+2\xi\omega_{\mathrm{n}}s+\omega_{\mathrm{n}}^{2}} \tag{2.2.6}$$

式中，ω_{n} 为传感器的固有频率；ξ 为传感器的阻尼比。

在单位阶跃信号作用下，传感器输出的拉氏变换为

$$Y(s)=H(s)X(s)=\frac{\omega_{\mathrm{n}}^{2}}{s(s^{2}+2\xi\omega_{\mathrm{n}}^{2}+\omega_{\mathrm{n}}^{2})} \tag{2.2.7}$$

对 $Y(s)$ 进行拉氏反变换，即可得到单位阶跃响应。图 2.2.2 为二阶传感器的单位阶跃响应曲线。由图可知，传感器的响应在很大程度上取决于阻尼比 ξ 和固有频率 ω_{n}。ω_{n} 取决于传感器的主要结构参数，ω_{n} 越高，传感器的响应越快。阻尼比直接影响超调量和振荡次数。$\xi=1$ 时为临界阻尼，超调量为 100%，产生等幅振荡，达不到稳态；$\xi>1$ 时为过阻尼，无超调也无振荡，但反应迟钝，动作缓慢，达到稳态所需时间较长；$\xi<1$ 时为欠阻尼，衰减振荡，达到稳态值所需时间随 ξ 的减小而加长；$\xi=1$ 时响应时间最短。在实际使用中，为了兼顾有短的上升时间和小的超调量，一般传感器都设计成欠阻尼式的，阻尼比 ξ 一般取为 0.6~0.8。带保护套管的热电偶是一个典型的二阶传感器。

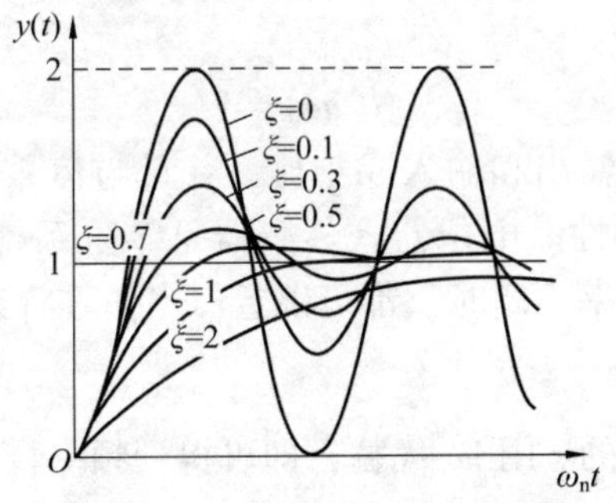

图 2.2.2　二阶传感器的单位阶跃响应曲线

3. 瞬态响应特性指标

时间常数 τ 是描述一阶传感器动态特性的重要参数，τ 越小，响应速度越快。二阶传感器阶跃响应的典型性能指标如图 2.2.3 所示，各指标定义如下：

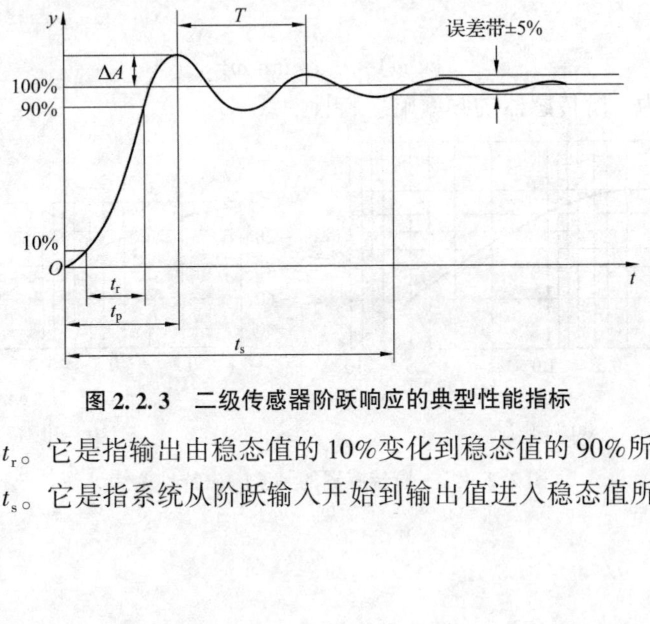

图 2.2.3　二级传感器阶跃响应的典型性能指标

（1）上升时间 t_{r}。它是指输出由稳态值的 10%变化到稳态值的 90%所用的时间。

（2）响应时间 t_{s}。它是指系统从阶跃输入开始到输出值进入稳态值所规定的范围内所需

的时间。

（3）峰值时间 t_p。它是指阶跃响应曲线达到第一个峰值所需的时间。

（4）超调量 σ。它是指传感器输出超过稳态值的最大值 ΔA，常用相对于稳态值的百分比 σ 表示，即

$$\sigma=\frac{y(t_p)-y(\infty)}{y(\infty)}=\frac{\Delta A}{y(\infty)}\times 100\% \tag{2.2.8}$$

2.2.2 频率响应特性

传感器对正弦输入信号的响应特性称为频率响应特性。频率响应法是从传感器的频率特性出发研究传感器的动态特性的方法。

1. 零阶传感器的频率特性

零阶传感器的传递函数为

$$H(s)=\frac{Y(s)}{X(s)}=k \tag{2.2.9}$$

频率特性为

$$H(\mathrm{j}\omega)=k \tag{2.2.10}$$

由此可知，零阶传感器的输出和输入成正比，并且与信号频率无关。因此，无幅值和相位失真问题具有理想的动态特性。电位器式传感器是零阶系统的一个例子。在实际应用中，许多高阶系统在变化缓慢、频率不高时，都可以近似当作零阶系统来处理。

2. 一阶传感器的频率特性

将一阶传感器传递函数中的 s 用 $\mathrm{j}\omega$ 代替，即可得到频率特性表达式

$$H(\mathrm{j}\omega)=\frac{1}{\tau(\mathrm{j}\omega)+1} \tag{2.2.11}$$

幅频特性为

$$A(\omega)=\frac{1}{\sqrt{1+(\omega\tau)^2}} \tag{2.2.12}$$

相频特性为

$$\varphi(\omega)=-\arctan\omega\tau \tag{2.2.13}$$

图 2.2.4 所示为一阶传感器的频率响应特性曲线。

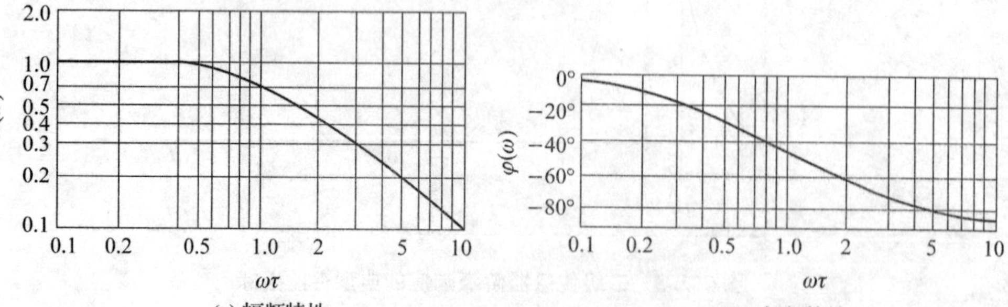

(a) 幅频特性　　(b) 相频特性

图 2.2.4　一阶传感器的频率响应特性曲线

从图2.2.4可以看出，时间常数 τ 越小，频率响应特性越好。当 $\omega\tau \leqslant 1$ 时，$A(\omega) \approx 1.0$，$\varphi(\omega) \approx -\omega\tau$，表明传感器的输出与输入为线性关系，相位差与频率 ω 呈线性关系，输出 $y(t)$ 比较真实地反映了输入 $x(t)$ 的变化规律。因此，减小 τ 可以改善传感器的频率特性。

3. 二阶传感器的频率特性

二阶传感器的频率特性表达式、幅频特性、相频特性分别为

$$H(\mathrm{j}\omega) = \left[1-\left(\frac{\omega}{\omega_n}\right)^2+2\mathrm{j}\xi\frac{\omega}{\omega_n}\right]^{-1} \tag{2.2.14}$$

$$A(\omega) = \left\{\left[1-\left(\frac{\omega}{\omega_n}\right)^2\right]^2+\left(2\xi\frac{\omega}{\omega_n}\right)^2\right\}^{-\frac{1}{2}} \tag{2.2.15}$$

$$\varphi(\omega) = -\arctan\left[\frac{2\xi\dfrac{\omega}{\omega_n}}{1-\left(\dfrac{\omega}{\omega_n}\right)^2}\right] \tag{2.2.16}$$

图2.2.5所示为二阶传感器的频率响应特性曲线。从式（2.2.15）、式（2.2.16）和图2.2.5可以看出，传感器频率特性的好坏主要取决于传感器的固有频率 ω_n 和阻尼比 ξ。当 $\xi<1$，$\omega_n \geqslant \omega$ 时，$A(\omega) \approx 1$，$\varphi(\omega)$ 很小，此时，传感器的输出 $y(t)$ 再现输入 $x(t)$ 的波形。通常固有频率 ω_n 至少应大于被测信号频率 ω 的3~5倍，即 $\omega_n \geqslant (3\sim5)\,\omega$。

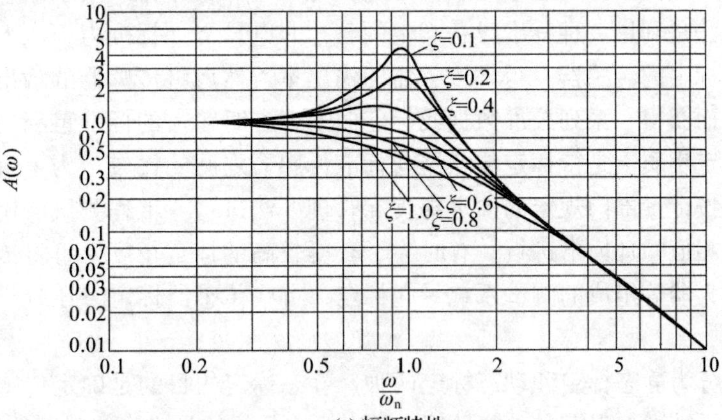

(a) 幅频特性

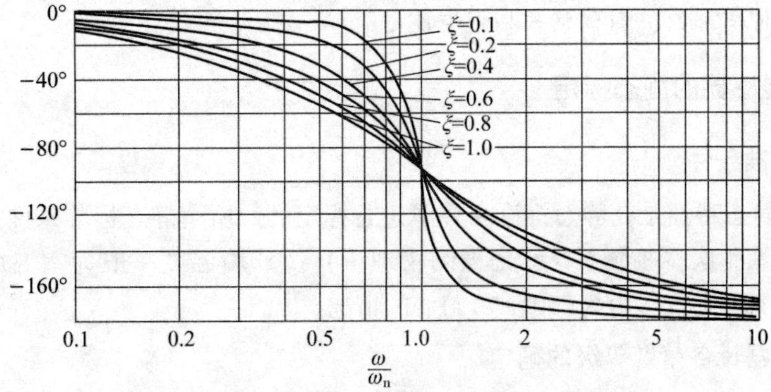

(b) 相频特性

图2.2.5　二阶传感器的频率响应特性曲线

由以上分析可知，为了减小动态误差和扩大频率响应范围，一般是提高传感器的固有频率 ω_n，但可能会使其他指标变差。因此，在实际应用中，应综合考虑各种因素来确定传感器的各个特征参数。

4. 频率响应特性指标

（1）频带。传感器增益保持在一定值内的频率范围，即对数幅频特性曲线上幅值衰减3dB 时所对应的频率范围，称为传感器的频带或通频带，对应有上、下截止频率。

（2）时间常数 τ。用时间常数 τ 表征一阶传感器的动态特性，τ 越小，频带越宽。

（3）固有频率 ω_n。二阶传感器的固有频率 ω_n 表征了其动态特性。

2.3 传感器的标定和校准

传感器在制造和装配完毕后都必须进行一系列实验，对其技术性能进行全面的检定，以确定传感器的实际性能。经过一段时间储存或使用的传感器也需对其性能进行复测。通常，在明确输入、输出变换对应关系的前提下，利用某种标准或标准器具对传感器进行标度称为标定；将传感器在使用中或存储后进行的性能复测称为校准。

传感器的标定有两个含义：通过实验以建立传感器输入量与输出量之间的对应关系，确定其性能指标；明确这些指标所适应的工作环境，明确不同使用条件下的误差关系。

标定的基本方法是利用一种标准设备产生的已知非电量（如标准力、压力、位移等）作为输入量，输入待标定的传感器，得到传感器的输出量。然后将传感器的输出量与输入的标准量进行比较，从而获得一系列校准数据或标定曲线。有时输入的标准量利用标准传感器检测而得，这时的标定实质上是待标定传感器与标准传感器之间的比较。为了保证各种量值的准确一致，标定应按计量部门规定的检定规程和管理办法进行。工程测试所用传感器的标定应在与其使用条件相似的环境下进行。有时为了获得较高的标定精度，可将传感器与配用的电缆、滤波器、放大器等组成的测试系统一起标定。有些传感器标定时还应十分注意规定的安装技术条件。

传感器的标定分为静态标定和动态标定两种。静态标定的目的是确定传感器的静态特性指标，如线性度、灵敏度、迟滞和重复性等。动态标定的目的是确定传感器的动态特性参数，如频率响应、时间常数、固有频率和阻尼比等。

2.3.1 传感器的静态标定

1. 静态标准条件

传感器的静态特性是在静态标准条件下进行标定的。所谓静态标准条件是指没有加速度、振动、冲击（除非这些参数本身就是被测物理量）及环境温度一般为室温(20±5) ℃、相对湿度不大于 85%、大气压力为(101±7) kPa 的情况。

2. 标定仪器设备精度等级的确定

对传感器进行标定，是根据实验数据确定传感器的各项性能指标，实际上也是确定传感器的测量精度。所以在标定传感器时，所用的测量仪器的精度至少要比被标定的传感器的精度高一个等级。这样，通过标定确定的传感器的静态性能指标才是可靠的，所确定的精度才是可信的。

3. 静态特性标定的方法

对传感器进行静态特性标定，首先，要创造一个静态标准条件；其次，要选择与被标定传感器的精度要求相适应的一定精度等级的标准设备；最后，对传感器进行静态特性标定。

传感器标定步骤如下：

(1) 将传感器全量程（测量范围）分成若干等间距点。

(2) 根据传感器量程分点情况，由小到大逐一地输入标准量值，并记录与各输入值相对应的输出值。

(3) 将输入值由大到小逐渐减小，同时记录与各输入值相对应的输出值。

(4) 按 (2)、(3) 所述过程，对传感器进行正、反行程往复循环多次测试，将得到的输出、输入测试数据用表格列出或作出曲线。

(5) 对测试数据进行必要的处理，根据处理结果就可以确定传感器的线性度、灵敏度、迟滞和重复性等静态特性指标。

2.3.2　传感器的动态标定

1. 动态标定的一般方法

传感器的动态标定主要是研究传感器的动态响应，而对于与动态响应有关的参数，一阶传感器只有一个时间常数 τ；二阶传感器则有固有频率 ω_n 和阻尼比 ξ 两个参数。

对传感器进行动态标定，需要对它输入一个标准激励信号。为了便于比较和评价，常常采用阶跃变化和正弦变化的输入信号，即以一个已知的阶跃信号激励传感器，使传感器按自身的固有频率振荡，并记录下运动状态，从而确定其动态参量；或者以一个振幅和频率均为已知、可调的正弦信号激励传感器，根据记录的运动状态确定传感器的动态特性。

对于一阶传感器，外加阶跃信号，测得阶跃响应之后，取输出值达到最终值的 63.2% 所经历的时间作为时间常数 τ，但这样确定的时间常数实际上没有涉及响应的全过程，测量结果仅取决于某些个别的瞬时值，可靠性较差。如果用下述方法确定时间常数，可以获得较可靠的结果。

一阶传感器的单位阶跃响应函数为

$$y(t)=1-e^{-\frac{t}{\tau}} \tag{2.3.1}$$

令 $Z=\ln[1-y(t)]$，则上式可变为

$$Z=-\frac{t}{\tau} \tag{2.3.2}$$

式 (2.3.2) 表明 Z 和时间 t 为线性关系，并且有 $\tau=\Delta t/\Delta Z$（图 2.3.1）。因此，可以根据测得的 $y(t)$ 值作出 Z–t 曲线，并根据 $\Delta t/\Delta Z$ 的值获得时间常数 τ，这种方法考虑了瞬态响应的全过程。

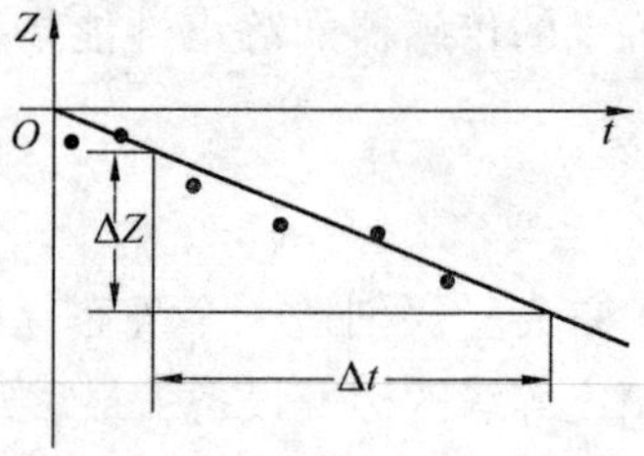

图 2.3.1　一阶传感器时间常数的求法

二阶传感器（$\xi<1$）的单位阶跃响应为

$$y(t)=1-\left[\frac{e^{-\xi\omega_n t}}{\sqrt{1-\xi^2}}\right]\sin\left(\sqrt{1-\xi^2}\,\omega_n t+\arcsin\sqrt{1-\xi^2}\right) \tag{2.3.3}$$

其相应的响应曲线如图 2.3.2 所示，其中

$$M=e^{-\left(\frac{\xi\pi}{\sqrt{1-\xi^2}}\right)} \tag{2.3.4}$$

或

$$\xi=\frac{1}{\sqrt{\left(\frac{\pi}{\ln M}\right)^2+1}} \tag{2.3.5}$$

因此，测得 ΔA 之后，便可按式（2.3.5）求得阻尼比 ξ。

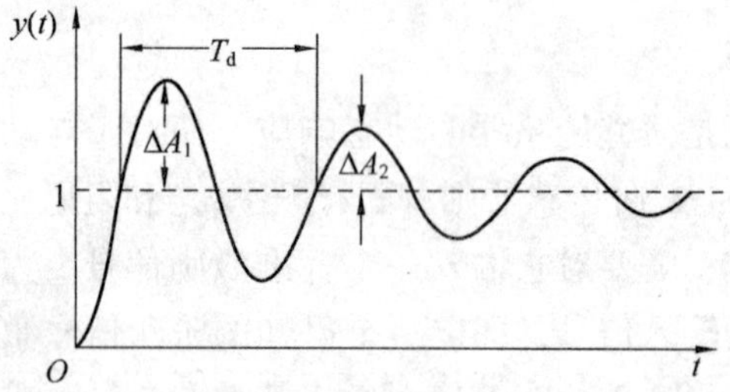

图 2.3.2　二阶传感器（$\xi<1$）的阶跃响应曲线

如果测得阶跃响应的瞬变过程较长，则可利用任意两个过冲量 M_i 和 M_{i+n} 按式（2.3.6）求得阻尼比 ξ，其中 n 是两峰值相隔的周期数（须为整数）。

$$\xi=\frac{\delta_n}{\sqrt{\delta_n^2+4\pi^2 n^2}} \tag{2.3.6}$$

式中

$$\delta_n=\ln\frac{M_i}{M_{i+n}} \tag{2.3.7}$$

当 $\xi<0.1$ 时，若考虑以 1 代替 $\sqrt{1-\xi^2}$，此时不会产生过大的误差（不大于 0.6%），则可得

$$\sqrt{1-\xi^2}=\sqrt{1-\frac{\delta_n^2}{\delta_n^2+4\pi^2 n^2}}=\frac{2\pi n}{\sqrt{\delta_n^2+4\pi^2 n^2}}\approx 1 \tag{2.3.8}$$

由此可见 $\delta^2\approx 0$，此时可用式（2.3.9）计算 ξ，即

$$\xi=\frac{\ln\frac{M_i}{M_{i+n}}}{2n\pi} \tag{2.3.9}$$

若传感器是精确的二阶传感器，则 n 值采用任意正整数所得的 ξ 值不会有差别。反之，若 n 取不同值获得不同的 ξ 值，则表明该传感器不是线性二阶系统。

根据响应曲线，不难测出振荡周期 T_{d}，于是有阻尼的固有频率 ω_{d} 为

$$\omega_{\mathrm{d}}=2\pi\frac{1}{T_{\mathrm{d}}} \tag{2.3.10}$$

无阻尼固有频率 ω_{n} 为

$$\omega_{\mathrm{n}}=\frac{\omega_{\mathrm{d}}}{\sqrt{1-\xi^2}} \tag{2.3.11}$$

当然，还可以通过给传感器施加一个振幅和频率均为已知且可调的正弦激励信号测定不同激励频率下输出和输入的幅值比和相位差，以确定传感器的幅频特性和相频特性。然后按照图 2.3.1 所示，根据对数幅频特性衰减 3 dB 所对应的频率 ω，求得一阶传感器的时间常数 τ；按照图 2.3.2 所示的幅频特性求得欠阻尼二阶传感器的固有频率 ω_{n} 和阻尼比 ξ。

2.4　传感器的技术指标与选用原则

传感器的类型较多，应用范围广泛，使用要求千差万别，所以用单一指标衡量传感器质量是难以实现的。表 2.4.1 给出了传感器的常用技术指标，将若干基本参数指标和比较重要的环境参数指标作为检验、使用和评价传感器的依据。

表 2.4.1　传感器的常用技术指标

基本参数指标	环境参数指标	可靠性指标	其他指标
量程指标： 量程范围、过载能力等 灵敏度指标： 灵敏度、分辨力、满量程输出等 准确度指标： 测量不确定度、误差、线性度、迟滞、重复性、灵敏度误差、稳定性 动态性能指标： 固有频率、阻尼比、时间常数、频率响应范围、频率特性、临界频率、临界速度、稳定时间等	温度指标： 工作温度范围、温度误差、温度漂移、温度系数、热滞后等 抗冲振指标： 容许各向抗冲振的频率、振幅及加速度、冲振所引入的误差 其他环境参数： 抗潮湿、抗介质腐蚀能力、抗电磁场干扰能力等	工作寿命、平均无故障时间、保险期、疲劳性能、绝缘电阻、耐压及抗电火花等	使用有关指标： 供电方式（直流、交流、频率及波形等）、功率、各项分布参数值、使用电压范围与稳定度等；外形尺寸、重量、客体材质、结构特点等安装方式

某种具体传感器并不是全部指标都是必需的。按照不同的需要，仅列出一些特殊含义的指标。使某一传感器的各项指标都是优良也是没有必要的，因为这必然导致设计和制造困难。不要选用“万能”的传感器去适合所用的场合，恰恰相反，应该根据实际需要，保证主要的参数，其余满足基本要求即可。即使是主要参数，也不必盲目追求单项指标的都优异，而主要关心其稳定性和变化规律，从而可在电路上或使用计算机进行补偿与修正，这样可使许多

传感器既可低成本又能有高精度。

思考题与习题

1. 什么是传感器的静态特性？传感器的静态特性有哪些主要指标？

2. 解释什么是灵敏度？

3. 什么是传感器的动态特性？如何对传感器的动态特性进行分析？

4. 在某二阶传感器的频率特性测试中发现，谐振发生在频率为 216 Hz 处，并得到最大幅值比为 1.4 : 1，试估算该传感器的阻尼比和固有角频率的大小。

5. 测得某检测装置的一组输入输出数据，见题表 1：

题表 1

x	0.9	2.5	3.3	4.5	5.7	6.7
y	1.1	1.6	2.6	3.2	4.0	5.0

试用最小二乘法拟合直线求其线性度和灵敏度。

第3章 电阻式传感器

电阻式传感器的基本原理是将被测的非电量的变化转变成电阻值的变化，通过测量电阻值达到测量非电量的目的。由于构成电阻的材料很多，如导体、半导体和电解质溶液等，因此引起电阻值变化的物理原因有很多，如电阻材料的长度变化、温度变化等，依据这些不同的工作原理就产生了各种电阻式传感器，具体包括变阻器式（电位器式）、电阻应变式、压阻式和热电阻式传感器等。利用电阻式传感器可以测量变形量、压力、力、位移、加速度和温度等非电量。本章介绍电阻应变片和压阻式传感器的原理和应用，热电阻式传感器在将温度检测部分介绍。

3.1 电阻应变式传感器概述

电阻应变式传感器由弹性元件和粘贴在其表面的电阻应变片构成，当弹性元件感受到被测物理量变化时，其表面将产生应变，粘贴在弹性元件表面的应变片的电阻值也产生相应变化，通过测量应变片电阻值的变化量即可测量位移、加速度、力、力矩和压力等各种非电参数。电阻应变式传感器具有结构简单、体积小、使用方便、性能稳定和动态响应快等优点，被广泛应用于工程测量和科学实验中。

3.1.1 电阻应变片的工作原理

1. 金属的应变效应

金属丝的电阻随其所受的机械形变（拉伸或压缩）的大小而发生相应变化的现象称为金属的电阻应变效应。若金属丝的电阻率为ρ、截面积为S、长度为l，则其电阻值R的表达式为

$$R=\rho\frac{l}{S} \tag{3.1.1}$$

如图3.1.1所示，一根金属电阻丝在拉力的作用下，其长度增加Δl，截面减小ΔS，电阻率的变化为$\Delta\rho$，则电阻的相对变化量为

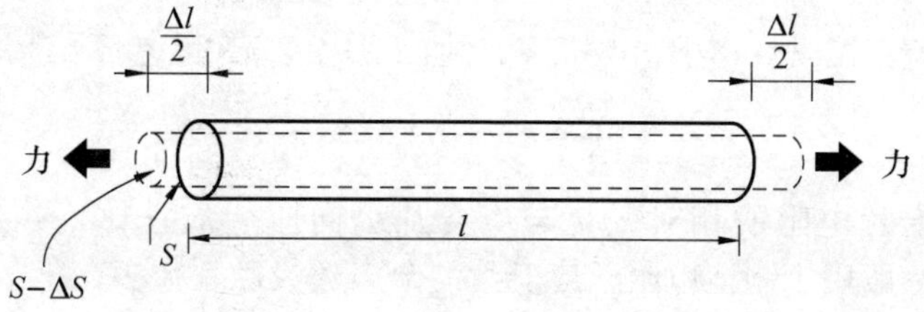

图3.1.1 金属电阻丝的应变效应

$$\frac{\Delta R}{R}=\frac{\Delta\rho}{\rho}+\frac{\Delta l}{l}-\frac{\Delta S}{S} \tag{3.1.2}$$

半径为 r 的电阻丝的截面积 $S=\pi r^2$，$\Delta S/S=2\Delta r/r$，在材料的弹性范围内，$\Delta l/l=\varepsilon$，$\Delta\gamma/\gamma=-\mu\varepsilon$，$\Delta\rho/\rho=\lambda\sigma=\lambda E_{\varepsilon}$，代入式（3.1.2）可得

$$\frac{\Delta R}{R}=(1+2\mu+\lambda E)\,\varepsilon \tag{3.1.3}$$

式中，ε 为导体的纵向应变，其数值一般很小，常以微应变度量；μ 为电阻丝材料的泊松比(横向变形系数)，对于一般金属 μ 为 0.3～0.5；λ 为压阻系数，与材质有关；σ 为应力值；E 为材料的弹性模量；$(1+2\mu)\varepsilon$ 表示由于几何尺寸变化而引起的电阻的相对变化量；$\lambda E\varepsilon$ 表示由于材料电阻率的变化而引起电阻的相对变化量，对于不同属性的导体，这两项所占的比例相差很大。

通常把单位应变所引起的电阻值相对变化称为电阻丝的灵敏系数，并用 K_0 表示，则

$$K_0=\frac{\frac{\Delta R}{R}}{\varepsilon}=1+2\mu+\lambda E \tag{3.1.4}$$

K_0 与金属材料和电阻丝形状有关，显然，K_0越大，单位纵向应变所引起的电阻值相对变化越大，说明应变片越灵敏。大量实验证明，在电阻丝拉伸极限内，电阻的相对变化与应变成正比，即K_0为常数。因此，式（3.1.3）可表示为

$$\frac{\Delta R}{R}=K_0\varepsilon \tag{3.1.5}$$

2. 应变片的结构与种类

金属电阻应变片分为丝式应变片、箔式应变片和薄膜应变片三种。金属电阻应变片的基本结构大体相同，使用最早的是电阻丝应变片，其基本结构如图 3.1.2 所示。将直径约为 0.025 mm 的高电阻率的电阻应变丝弯曲成栅状电阻体 2，粘贴在绝缘基片 1 和覆盖层 3 之间，由引线 4 与外部电路相连。这样构成的应变片再通过黏结剂与感受被测物理量的弹性体连接。

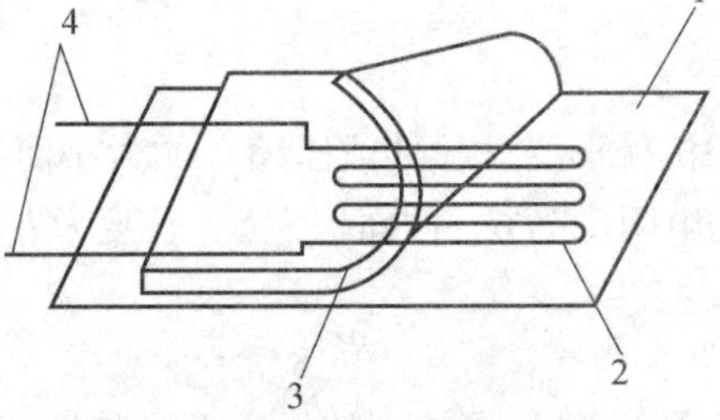

图 3.1.2　电阻丝应变片的基本结构

1—绝缘基片；2—栅状电阻体；3—覆盖层；4—引线

对于金属电阻应变片，材料电阻率随应变产生的变化很小，可忽略不计，由式（3.1.3）可得

$$\frac{\Delta R}{R}\approx(1+2\mu)\,\varepsilon=K_0\varepsilon \tag{3.1.6}$$

由此可见，应变片电阻的相对变化与应变片纵向应变成正比，并且对同一电阻材料，$K_0=1+2\mu$是常数。一般用于制造电阻丝应变片的金属丝灵敏系数多在 1.7～3.6。

箔式电阻应变片是利用照相制版或光刻腐蚀技术将电阻箔材（厚为 1～10 μm）在绝缘基底上制成各种形状的应变片，如图 3.1.3 所示。它具有尺寸准确、线条均匀、适应不同的测量要求、传递试件应变性能好、横向效应小、散热性能好、允许通过的电流较大、易于批量生产等诸多优点，因此得到了广泛应用，现已基本取代了金属丝电阻应变片。

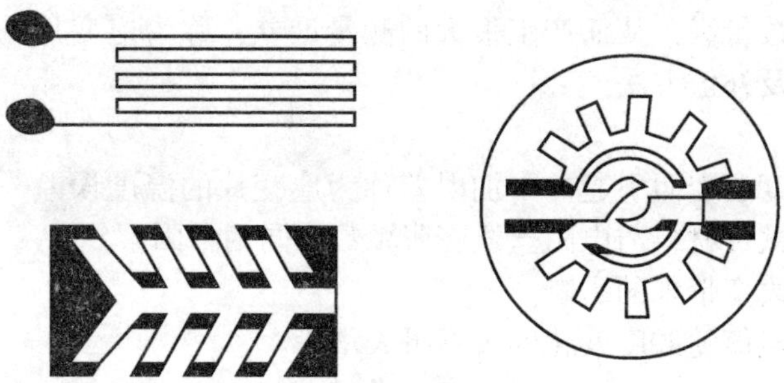

图 3.1.3　箔式电阻应变片

薄膜应变片是采用真空蒸镀、沉积或溅射的方法将金属材料在绝缘基底上制成一定形状的厚度在 0.1 μm 以下的薄膜，从而形成敏感栅，最后再加上保护层。它的优点是灵敏系数高，允许电流密度大，工作范围广，易实现工业化生产，是一种很有前途的新型应变片。

电阻应变片必须粘贴在试件或弹性元件上才能工作。黏结剂和粘贴技术对测量结果影响较大，因此，黏结剂的选择、粘贴技术、应变片的保护等方面必须认真做好。

3.1.2　电阻应变片的特性

在选用应变片时，要考虑应变片的性能参数，具体包括应变片的电阻值、灵敏度、允许电流和应变极限等，用于动态测量时还应当考虑应变片本身的动态响应特性。金属电阻应变片规格的电阻值已趋于标准化，主要规格有 60 Ω、120 Ω、350 Ω、600 Ω 和 1000 Ω 等，其中 120 Ω 规格的应用最多。

1. 应变片的灵敏系数

将电阻应变丝做成电阻应变片后，其电阻的应变特性与金属单丝是不同的，需要通过实验重新测定。$\frac{\Delta R}{R}$与 ε 的比值称为灵敏系数，即

$$\frac{\Delta R}{R}=K\varepsilon \text{ 或 } K=\frac{\frac{\Delta R}{R}}{\varepsilon} \tag{3.1.7}$$

实验表明，应变片的灵敏系数 K 恒小于电阻丝的灵敏系数 K_0，其原因主要是在应变片中存在着横向效应。应变片的灵敏系数 K 是通过抽样测定得到的，产品包装上标明的“标称灵敏系数”是出厂时测定的该批产品的平均灵敏系数值。

2. 横向效应

应变片的敏感栅除了有纵向丝栅外，还有圆弧形或直线形的横栅。横栅对应变片轴线方向的应变敏感，又对垂直于轴线方向的横向应变敏感。当电阻应变片粘贴在一维拉力状态下的试件上时，应变片的纵向丝栅因发生纵向拉应变 ε_x，使其电阻值增加，而应变片的横栅因同时感受纵向拉应变 ε_x 和横向压应变 ε_y 使其电阻值减小，因此，应变片的横栅部分将纵向丝栅部分的电阻变化抵消了一部分，从而降低了整个电阻应变片的灵敏度。这就是应变片的横向效应。

横向效应给测量带来了误差，其大小与敏感栅的构造及尺寸有关。敏感栅的纵栅越窄、越长，而横栅越宽、越短，则横向效应的影响越小。

3. 温度误差及其补偿

用应变片测量时，由于温度变化所引起的电阻变化与试件（弹性元件）应变所造成的电

阻变化几乎有相同的数量级，从而产生很大的测量误差，称为应变片的温度误差。下面分析产生温度误差的原因及补偿方法。

（1）温度误差。

由于测量环境温度改变而引起的附加误差称为应变片的温度误差，产生温度误差主要有电阻温度系数改变、试件材料与电阻丝线膨胀系数不同两种因素。

①电阻温度系数改变带来的影响。

敏感栅的电阻丝阻值随温度变化的关系可表示为

$$R_T=R_0（1+\alpha\Delta T） \tag{3.1.8}$$

式中，R_T 是温度为 T（℃）时的电阻值；R_0 是温度为 T_0（℃）时的电阻值；ΔT 为温度变化值，$\Delta T=T-T_0$；α 为敏感栅材料的电阻温度系数。

当温度变化 ΔT 时，电阻丝电阻的变化值为

$$\Delta R_{T_\alpha}=R_T-R_0=R_0\alpha\Delta T \tag{3.1.9}$$

由此可见，环境温度改变必定引起应变片电阻的改变，二者之间存在线性关系。

②试件材料与电阻丝线膨胀系数不同引起的误差。

当试件与电阻丝材料的线膨胀系数相同时，不论环境温度如何变化，电阻丝的变形仍和自由状态一样，不会产生附加变形；当试件与电阻丝材料的线膨胀系数不同时，由于环境温度的变化，电阻丝会产生附加变形，从而产生附加电阻。

设粘贴在试件上的应变丝的长度为 l_0，应变丝和试件的线膨胀系数分别为 β_s 和 β_g，当温度变化 ΔT 时，应变丝受热膨胀至 l_{T1}，而应变丝 l_0 下的试件伸长为 l_{T2}，则应变丝和试件的膨胀量分别为

$$\Delta l_{T1}=l_{T1}-l_0=l_0\beta_s\Delta T \tag{3.1.10}$$

$$\Delta l_{T2}=l_{T2}-l_0=l_0\beta_g\Delta T \tag{3.1.11}$$

由于应变丝和试件是连接在一起的，若 $\beta_s<\beta_g$，则应变丝被迫从 l_{T1} 拉长至 l_{T2}，从而使应变丝产生附加变形 $\Delta l_{T\beta}$、附加应变 $\varepsilon_{T\beta}$ 和附加电阻变化 $\Delta R_{T\beta}$，其表达式分别为

$$\varepsilon_{T\beta}=\frac{\Delta l_{T\beta}}{l_0}=（\beta_g-\beta_s）\Delta T \tag{3.1.12}$$

$$\Delta R_{T\beta}=R_0K_0\varepsilon_{T\beta}=R_0K_0（\beta_g-\beta_s）\Delta T \tag{3.1.13}$$

由式（3.1.9）、式（3.1.13）可得由于温度变化而引起的总电阻变化为

$$\Delta R_T=\Delta R_{T\alpha}+\Delta R_{T\beta}=R_0\alpha\Delta T+R_0K_0（\beta_g-\beta_s）\Delta T \tag{3.1.14}$$

总附加虚假应变量为

$$\varepsilon_T=\frac{\Delta R_T/R_0}{K_0}=\frac{\alpha\Delta T}{K_0}+（\beta_g-\beta_s）\Delta T \tag{3.1.15}$$

由式（3.1.15）可知，由温度变化而引起的附加电阻给测量带来误差，该误差除与环境温度有关外，还与应变片本身的性能参数（K_0，α，β_s）及试件的线膨胀系数 β_g 有关。

（2）温度补偿方法。

电阻应变片的温度补偿方法通常有电桥补偿和应变片自补偿两大类。

①电桥补偿法。

（a）差动电桥补偿法。

电桥补偿法也称补偿片法，其原理如图 3.1.4 所示。电桥输出电压 U_o 与桥臂参数的关系为

$$U_o=A（R_1R_4-R_BR_3） \tag{3.1.16}$$

式中，A 为由桥臂电阻和电源电压决定的常数。

由式（3.1.16）可知，当 R_3 和 R_4 为常数时，R_1 和 R_B 对电桥输出电压 U_o 的作用方向相反。利用这一基本关系可实现对温度的补偿。测量应变时，工作应变片 R_1 粘贴在被测试件表面，补偿应变片 R_B 粘贴在与被测试件材料完全相同的补偿块上，置于试件附近，且仅工作应变片承受应变。

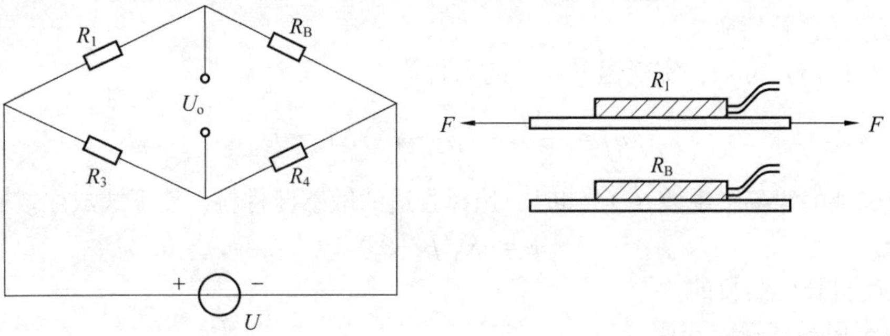

(a)结构图　　(b)原理图

图 3.1.4　差动电桥补偿法

R_1—工作应变片；R_B—补偿应变片

当被测试件不承受应变时，R_1 和 R_B 处于同一环境温度为 T（℃）的温度场中，调整电桥参数使之达到平衡，则有

$$U_o = A\ (R_1R_4 - R_BR_3) = 0 \tag{3.1.17}$$

工程上，一般按 $R_1 = R_B = R_3 = R_4$ 选取桥臂电阻，当温度升高或降低 ΔT 时，两个应变片因温度变化而引起的电阻变化量相同，电桥仍处于平衡状态，即

$$U_o = A[(R_1 + \Delta R_{1T})R_4 - (R_B + \Delta R_{BT})R_3] = 0 \tag{3.1.18}$$

若此时被测试件有应变 ε 的作用，则工作应变片电阻 R_1 又有新的增量 $\Delta R_1 = R_1K\varepsilon$，而补偿片因不承受应变，故不产生新的增量，此时电桥的输出电压为

$$U_o = AR_1R_4K\varepsilon \tag{3.1.19}$$

由式（3.1.19）可知，电桥输出电压 U_o 仅与被测试件的应变 ε 有关，而与环境温度无关。

电桥补偿法的优点是简单、方便，在常温下补偿效果较好，其缺点是在温度变化梯度较大的条件下，很难做到工作片与补偿片处于温度完全一致的情况，因而影响补偿效果。

（b）热敏电阻补偿法。

如图 3.1.6 所示，图中的热敏电阻 R_t 处在与应变片相同的温度条件下，当电桥的灵敏度随温度升高而下降时，热敏电阻 R_t 的阻值也下降，使电桥的输入电压随温度升高而增加，从而提高电桥的输出，补偿因应变片温度变化引起的输出下降。适当选择分流电阻 R_5 的值，可以得到良好的补偿。

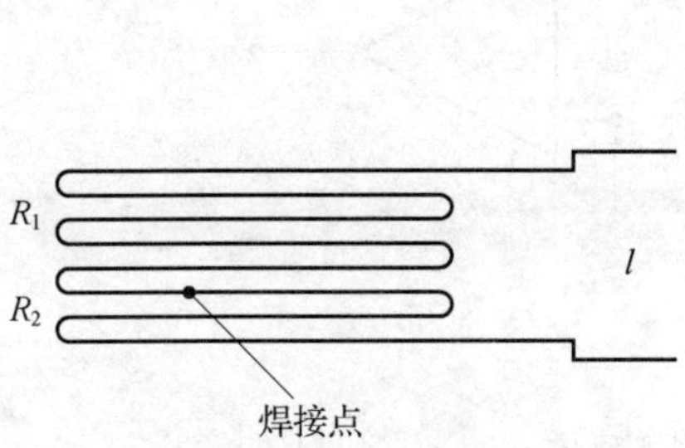

图 3.1.5　双金属丝栅法

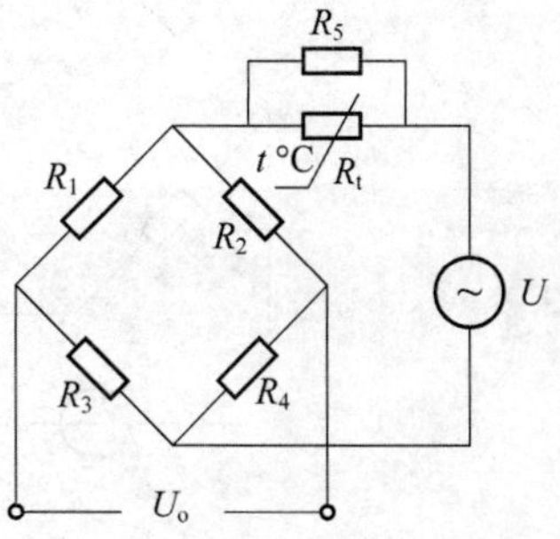

图 3.1.6　热敏电阻补偿法

②应变片自补偿法。

粘贴在被测部位上的是一种特殊应变片，当温度变化时，产生的附加应变为零或相互抵消，这种应变片称为温度自补偿应变片。利用这种应变片实现温度补偿的方法称为应变片自补偿法，下面介绍两种自补偿应变片。

(a) 选择式自补偿应变片。

由式（3.1.15）可知，实现温度补偿的条件为

$$\varepsilon_T = \frac{\varepsilon \Delta T}{K_0} + (\beta_g - \beta_s)\Delta T = 0 \tag{3.1.20}$$

当被测试件的线膨胀系数 β_g 已知时，选择合适的敏感栅材料，使下式成立。

$$\alpha = -K_0(\beta_g - \beta_s) \tag{3.1.21}$$

即可达到温度自补偿的目的。

(b) 双金属敏感栅应变片。

双金属敏感栅自补偿应变片也称为组合式自补偿应变片，它是利用两种电阻丝材料的电阻温度系数不同（一个为正，一个为负）的特性，将二者串联组成敏感栅，如图 3.1.5 所示。若两段敏感栅 R_1 和 R_2 由于温度变化而产生的电阻变化 ΔR_{1T}和 ΔR_{2T}大小相等而符号相反，则可在一定的温度范围内和一定的试件材料上实现温度补偿。两段敏感栅的电阻 R_1 与 R_2 的大小可按下式选择

$$\frac{R_1}{R_2} = -\frac{\Delta R_{2T}/R_2}{\Delta R_{1T}/R_1} = -\frac{\alpha_2 + K_2\ (\beta_g - \beta_2)}{\alpha_1 + K_1\ (\beta_g - \beta_1)} \tag{3.1.22}$$

这种补偿效果比前者好，在工作温度范围内通常可达到每摄氏度$\pm 0.14\times 10^{-6}\varepsilon$。

3.1.3 电阻应变片的测量电路

应变片可以将应变转换为电阻的变化，为了显示与记录应变的大小，还要把电阻的变化再转换为电压或电流的变化，因此，需要有专用的测量电路，通常采用直流电桥和交流电桥。为方便起见，下面仅以直流不平衡电桥为例进行介绍。

1. 电桥电路的工作原理

由于应变片电桥电路的输出信号比较微弱，因此目前大部分电阻应变式传感器的电桥输出端与直流放大器相连，如图 3.1.7 所示。

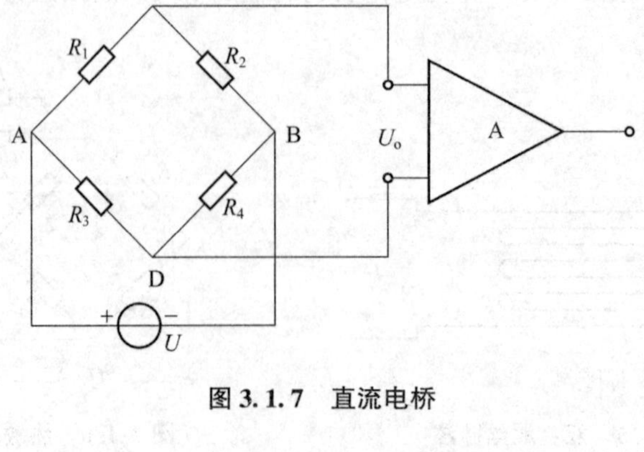

图 3.1.7　直流电桥

设电桥各臂的电阻分别为 R_1、R_2、R_3 和 R_4，它们可以全部或部分是应变片。由于直流放大器的输入电阻比电桥电阻大得多，因此可将电桥输出端看成开路，这种电桥称为“电压输出桥”，输出电压 U_o 为

$$U_o = U\frac{R_1R_4 - R_2R_3}{(R_1 + R_2)(R_3 + R_4)} \tag{3.1.23}$$

当 $R_1R_4 = R_2R_3$ 时，电桥处于平衡状态，输出电压 $U_o = 0$。若电桥各臂均有相应的电阻增量 ΔR_1、ΔR_2、ΔR_3 和 ΔR_4，则由式（3.1.23）得

$$U_o = U\frac{(R_1 + \Delta R_1)(R_4 + \Delta R_4) - (R_2 + \Delta R_2)(R_3 + \Delta R_3)}{(R_1 + \Delta R_1 + R_2 + \Delta R_2)(R_3 + \Delta R_3 + R_4 + \Delta R_4)} \tag{3.1.24}$$

实际使用中往往采用等臂电桥，即 $R_1 = R_2 = R_3 = R_4 = R$。此时式（3.1.24）可写为

$$U_o = U\frac{R(\Delta R_1 - \Delta R_2 - \Delta R_3 + \Delta R_4) + \Delta R_1\Delta R_4 - \Delta R_2\Delta R_3}{(2R + \Delta R_1 + \Delta R_2)(2R + \Delta R_3 + \Delta R_4)} \tag{3.1.25}$$

当 $\Delta R_i \leqslant R$（$i = 1，2，3，4$）时，略去上式中的高阶微小量，则

$$U_o = \frac{U}{4}\left(\frac{\Delta R_1}{R} - \frac{\Delta R_2}{R} - \frac{\Delta R_3}{R} + \frac{\Delta R_4}{R}\right) \tag{3.1.26}$$

利用式（3.1.7）、式（3.1.26）可进一步写为

$$U_o = \frac{UK}{4}(\varepsilon_1 - \varepsilon_2 - \varepsilon_3 + \varepsilon_4) \tag{3.1.27}$$

式（3.1.27）表明：

（1）$\Delta R_i \leqslant R$ 时，电桥的输出电压与应变成线性关系。

（2）若相邻两桥臂的应变极性一致，即同为拉应变或压应变时，输出电压为两者之差；若相邻两桥臂的应变极性不同，则输出电压为两者之和。

（3）若相对两桥臂应变的极性一致，输出电压为两者之和，反之则为两者之差。

（4）电桥供电电压 U 越高，输出电压 U_o 越大。但是，当 U 大时，电阻应变片通过的电流也大，若超过电阻应变片所允许通过的最大工作电流，传感器就会出现蠕变和零漂。

（5）增大电阻应变片的灵敏系数 K，可提高电桥的输出电压。

合理地利用上述特性，可以进行温度补偿和提高传感器的测量灵敏度。如安装敏感元件及接成电桥时，应当使得应变 ε_1、ε_2 与 ε_3、ε_4 的符号相反，这样便可增大电桥的输出电压。

2. 非线性误差及其补偿

式（3.1.27）的线性关系是在应变片的参数变化很小，即 $\Delta R_i \leqslant R$ 的情况下得出的。若应变片所承受的应变太大，则上述假设不成立，电桥的输出电压与应变之间成非线性关系。在这种情况下，用按线性关系刻度的仪表进行测量必然带来非线性误差。

当考虑电桥单臂工作时，即 R_1 桥臂变化 ΔR，由式（3.1.26）可得理想的线性关系为

$$U_o' = \frac{U}{4}\cdot\frac{\Delta R}{R} \tag{3.1.28}$$

而由式（3.1.25）得电桥的实际输出电压为

$$U_o = U\frac{\Delta R}{4R + 2\Delta R} = \frac{U}{4}\cdot\frac{\Delta R}{R}\left(1 + \frac{1}{2}\cdot\frac{\Delta R}{R}\right) \tag{3.1.29}$$

则电桥的相对非线性误差为

$$\gamma_L=\frac{U_o}{U_o}-1=\left(1+\frac{1}{2}\cdot\frac{\Delta R}{R}\right)^{-1}-1$$

$$\approx 1-\frac{1}{2}\cdot\frac{\Delta R}{R}-1=-\frac{1}{2}\cdot\frac{\Delta R}{R}=-\frac{1}{2}K\varepsilon \tag{3.1.30}$$

由上式可知，$K\varepsilon$ 越大，γ_L 也越大。为了消除非线性误差，在实际应用中，常采用半桥差动或全桥差动电路，如图 3.1.8 所示，以改善非线性误差和提高输出灵敏度。

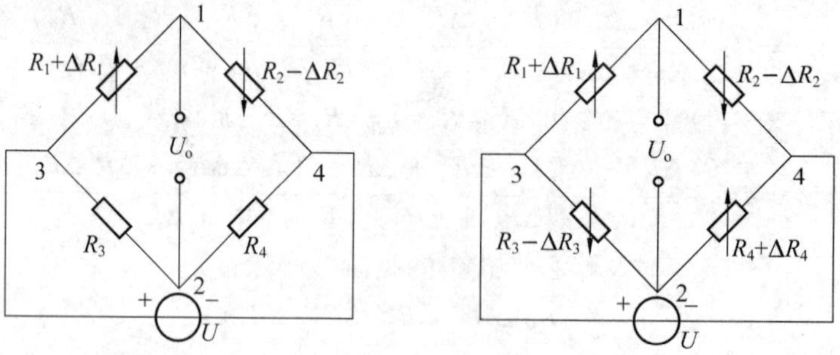

(a)半桥差动电路　　(b)全桥差动电路

图 3.1.8　差动电路

图 3.1.8（a）为半桥差动电路，在传感器中经常使用这种接法。粘贴应变片时，使两个应变片一个受拉，一个受压，应变符号相反，工作时将两个应变片接入电桥的相邻两臂。设电桥在初始时是平衡的，且为等臂电桥，考虑到 $|\Delta R_1|=|-\Delta R_2|=\Delta R$，则由式（3.1.25）得半桥差动电路的输出电压为

$$U_o=\frac{1}{2}U\frac{\Delta R}{R} \tag{3.1.31}$$

由上式可知，半桥差动电路不仅能消除非线性误差，而且还使电桥的输出灵敏度比单臂工作时提高了一倍，同时还能起温度补偿的作用。

如果按图 3.1.8（b）所示构成全桥差动电路，同样考虑到 $|\Delta R_1|=|-\Delta R_2|=|-\Delta R_3|=|\Delta R_4|=\Delta R$，则由式（3.1.25）得全桥差动电路的输出电压为

$$U_o=U\frac{\Delta R}{R} \tag{3.1.32}$$

可见，全桥的电压灵敏度是半桥电压的灵敏度的两倍，非线性误差也得以消除，同时还具有温度补偿的作用，该电路也得到了广泛的应用。

3.2　电阻应变式传感器的应用

金属应变片除了测量试件应力和应变外，还制造成多种应变式传感器用来测量力、扭矩、位移、压力、加速度等物理量。应变式传感器由弹性元件和粘贴于其上的应变片构成，弹性元件将获得与被测量成正比的应变，再通过应变片转换为电阻的变化后输出，下面介绍其典型应用。

3.2.1　应变式力传感器

被测量为荷重或力的应变式传感器统称为应变式力传感器，是工业测量中用得较多的一

种传感器，传感器量程从几克到几百吨，主要用作各种电子秤与材料实验机的测力元件、发动机的推力测试、水坝坝体承载状况监测等。应变式力传感器要求有较高的灵敏度和稳定性，当传感器受到侧向作用力或力的作用点发生轻微变化时，不应对输出有明显的影响。应变式力传感器的弹性元件有柱（筒）式、梁式、薄壁圆环式等。

1. 柱（筒）式力传感器

柱（筒）式力传感器的弹性元件分为实心和空心两种，其结构图如图 3. 2. 1 所示。实心圆柱可以承受较大的负荷，在弹性范围内，应力与应变成正比关系，即

$$\varepsilon=\frac{\Delta l}{l}=\frac{\sigma}{E}=\frac{F}{SE} \tag{3.2.1}$$

式中，F 为作用在弹性元件上的集中力；S 为圆柱的横截面积；E 为弹性元件的弹性模量。

空心圆筒多用于小集中力的测量，应变片粘贴在弹性体外臂应力分布均匀的中间部分，对称地粘贴多片，电桥接线时应尽量减小载荷偏心和弯矩的影响，贴片在圆柱面上的位置及其在桥路中的连接如图 3. 2. 1（c）和（d）所示，R_1 和 R_3 串接，R_2 和 R_4 串接，并置于桥路对臂上以减小弯矩影响，横向贴片做温度补偿用。

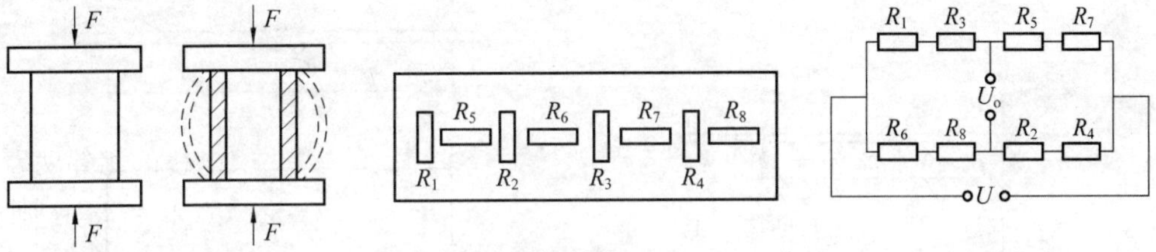

(a)柱式　(b)筒式　(c)圆柱面展开图　(d)桥路连接图

图 3. 2. 1　柱（筒）式力传感器的弹性元件结构图

2. 梁式力传感器

（1）等截面悬臂梁应变式力传感器。其结构图如图 3. 2. 2 所示，弹性元件为一端固定的悬臂梁，力作用在自由端。在悬臂梁固定端附近的上、下表面顺着 l 的方向各粘贴两片电阻应变片。此时，若 R_1 和 R_4 受拉，则 R_2 和 R_3 受压，两者发生极性相反的等量应变，四个电阻应变片组成图 3. 2. 3 所示的全桥测量电路。粘贴应变片处的应变为

$$\varepsilon=\frac{6lF}{bh^2E} \tag{3.2.1}$$

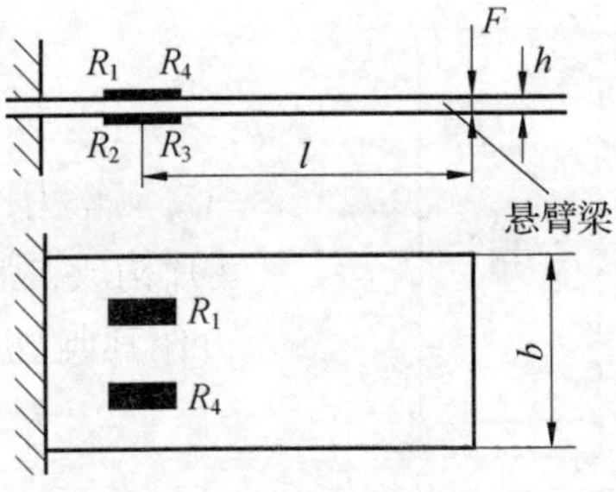

图 3. 2. 2　等截面悬臂梁应变式力传感器结构图

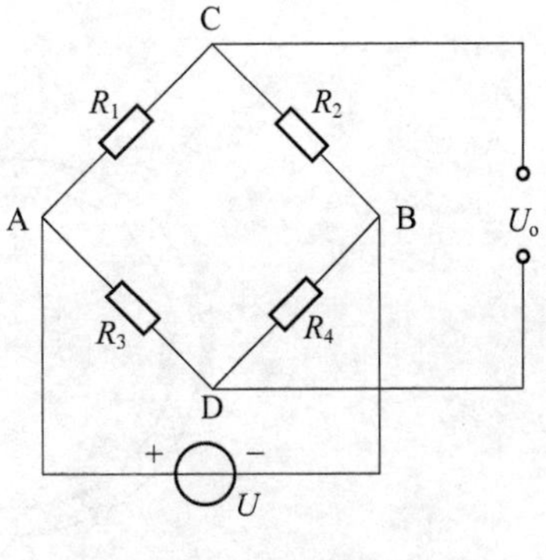

图 3. 2. 3　全桥测量电路

由梁式弹性元件制作的力传感器适用于测量 5 000 N 以下的载荷，最小可测零点几牛顿的力。这种传感器具有结构简单、加工容易、应变片容易粘贴、灵敏度高等特点。

（2）等强度悬臂梁应变式力传感器。其结构图如图 3.2.4 所示，应变片的组桥方式与等截面悬臂梁应变式力传感器相同。当在自由端加上作用力时，在悬臂梁上各处产生的应变大小相等。因此，应变片沿纵向的粘贴位置误差为零，但上、下片对应位置要求仍然严格。悬臂梁上各点的应变为

$$\varepsilon=\frac{6lF}{b_0h^2E} \tag{3.2.2}$$

（3）双端固定梁应变式力传感器。其结构图如图 3.2.5 所示，梁的两端都固定，中间加载荷，应变片粘贴在中间位置，并按图 3.2.3 组成全桥。

双端固定梁的应变为

$$\varepsilon=\frac{3lF}{4bh^2E} \tag{3.2.3}$$

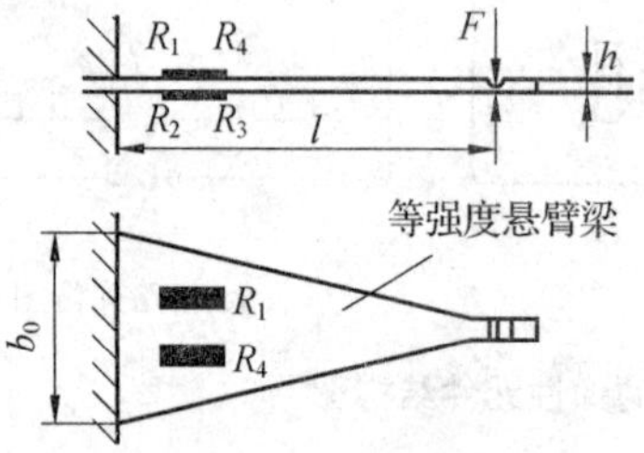

图 3.2.4　等强度悬臂梁应变式力传感器结构图

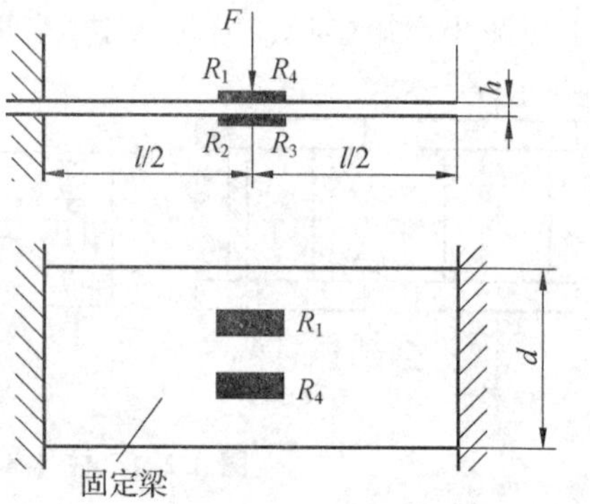

图 3.2.5　双端固定梁应变式力传感器结构图

3. 薄壁圆环式力传感器

薄壁圆环式力传感器结构图如图 3.2.6 所示，其特点是在外力作用下，各点的应力差别较大。应变片按图示位置粘贴，并按图 3.2.3 组成全桥。贴片处的应变值为

$$\varepsilon=\pm\frac{3F\left[R-\frac{h}{2}\right]}{bh^2E}\left(1-\frac{2}{\pi}\right) \tag{3.2.4}$$

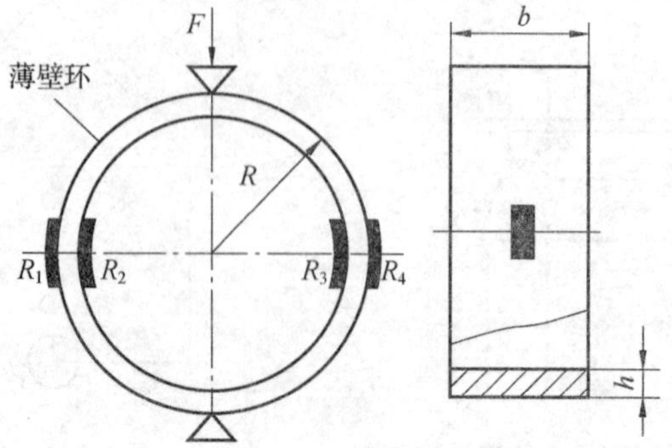

图 3.2.6　薄壁圆环式力传感器结构图

3.2.2　应变式压力传感器

应变式压力传感器主要用于液体、气体动态和静态压力的测量，如内燃机管道和动力设备管道的进气口、出气口的压力测量，以及发动机喷口的压力，枪、炮管内部压力的测量等。这类传感器主要采用膜片式、筒式、组合式的弹性元件。

1. 膜片式压力传感器

图3.2.7所示是膜片式压力传感器的结构及应力分布图，应变片贴在膜片内壁，在 p 的作用下，膜片产生径向应变 ε_r 和切向应变 ε_t，表达式分别为

$$\varepsilon_r = \frac{3p(1-\mu^2)(R^2-3x^2)}{8h^2E} \tag{3.2.5}$$

$$\varepsilon_t = \frac{3p(1-\mu^2)(R^2-x^2)}{8h^2E} \tag{3.2.6}$$

式中，p 为膜片上均匀分布的压强，Pa；R 和 h 为膜片的半径和厚度，m；x 为离圆心的径向距离，m。

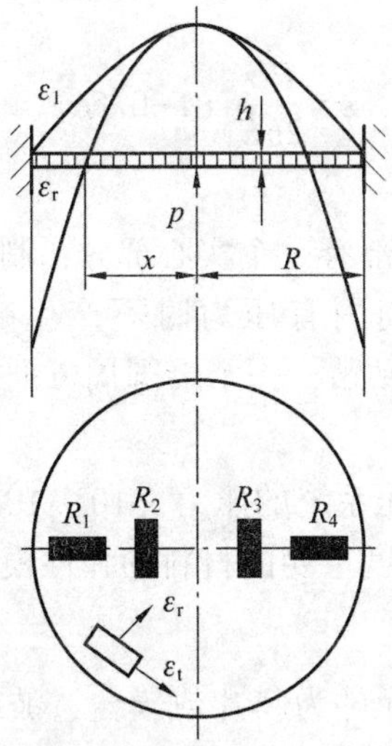

图3.2.7　膜片式压力传感器的结构及应力分布图

由应力分布图可知，膜片弹性元件承受压强 p 时，其应变变化曲线的特点为：当 $x=0$ 时，$\varepsilon_{rmax}=\varepsilon_{tmax}$；当 $x=R$ 时，$\varepsilon_t=0$，$\varepsilon_r=-2\varepsilon_{rmax}$。

根据以上特点，一般在膜片圆心处切向粘贴 R_2 和 R_3 两个应变片，在边缘处沿径向粘贴 R_1 和 R_4 两个应变片，接成全桥测量电路，以提高灵敏度和进行温度补偿。

2. 筒式压力传感器

当被测压力较大时，多采用筒式压力传感器，如图3.2.8所示。圆柱体内有一盲孔，一端由法兰盘与被测系统连接。被测压强 p 进入应变筒的腔内，使筒发生变形。圆筒外表面上的环向应变（沿着圆周线）为

$$\varepsilon = \frac{p(2-\mu)}{E(n^2-1)} \tag{3.2.7}$$

式中，$n=D_0/D$。

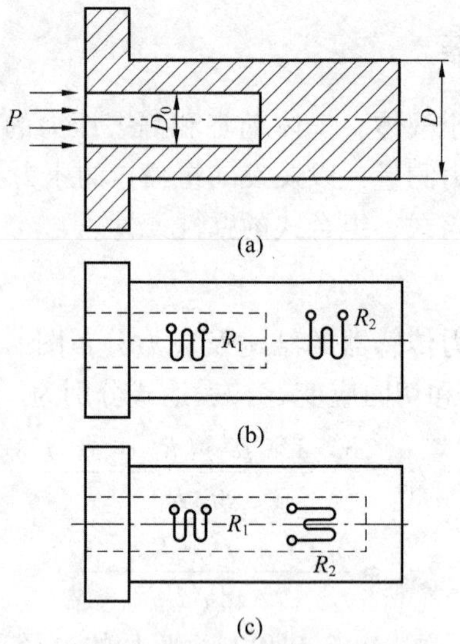

图 3.2.8　筒式压力传感器

对于薄壁筒，可用下式计算：

$$\varepsilon=\frac{PD}{2hE}(1-0.5\mu) \tag{3.2.8}$$

式中，$h=(D-D_0)/2$。

图 3.2.8（b）中在盲孔的外端部有一个实心部分，制作传感器时，在筒壁和端部沿圆周方向各粘贴一片应变片，端部在筒内有压力时不产生变形，只做温度补偿用。图 3.2.8（c）中没有端部，则 R_1 和 R_2 垂直粘贴，一个沿圆周方向，一个沿筒长方向，沿筒长方向的 R_2 用于温度补偿。

这类传感器可用来测量机床液压系统的压力（10^6～10^7 Pa），也可用来测量枪、炮的膛内压力（10^8 Pa），其动态特性和灵敏度主要由材料的弹性模量 E 和其尺寸决定。

3. 组合式压力传感器

组合式压力传感器的压力敏感元件为膜片或膜盒、波纹管、弹簧管等，应变片粘贴在悬臂梁上。利用弹性元件先将压力转换成力，然后再转换成应变，从而使应变片电阻发生变化，如图 3.2.9 所示。通常悬臂梁的刚度比压力敏感元件的刚度高得多，以抑制后者的不稳定性和迟滞等对测量的影响。这种传感器通常用于测量小压力，其缺点是固有频率低，不适于测量瞬态过程。

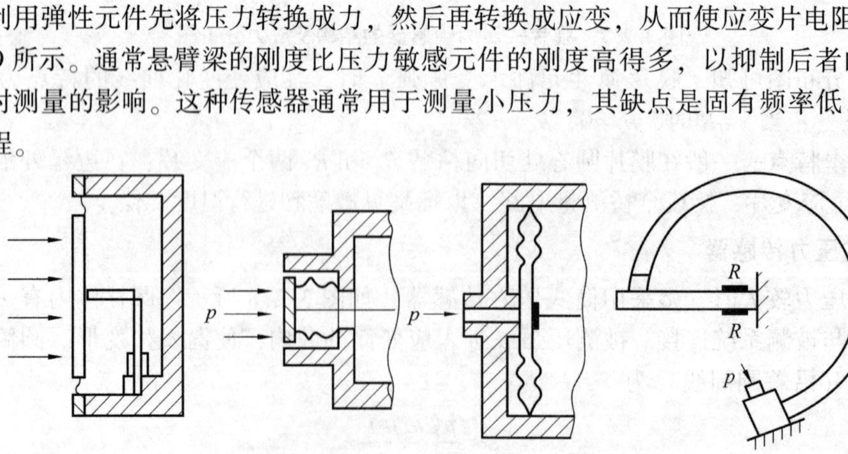

图 3.2.9　组合式压力传感器

3.2.3　应变式容器内液体重量（或液位）传感器

图 3.2.10（a）所示是插入式测量容器内液体重量（或液位）传感器的示意图。该传感器有一根传压杆，上端安装腰形筒微压传感器，下端安装感压膜，在三者空腔内充满传压介质并密封。传压介质的压力和被测溶液的压力作用在感压膜的内、外侧。由于空腔内传压介质的高度比被测溶液的高度高，因此腰形筒微压传感器处于负压状态。为了提高测量的灵敏度，共安装了两只性能完全相同的腰形筒微压传感器。

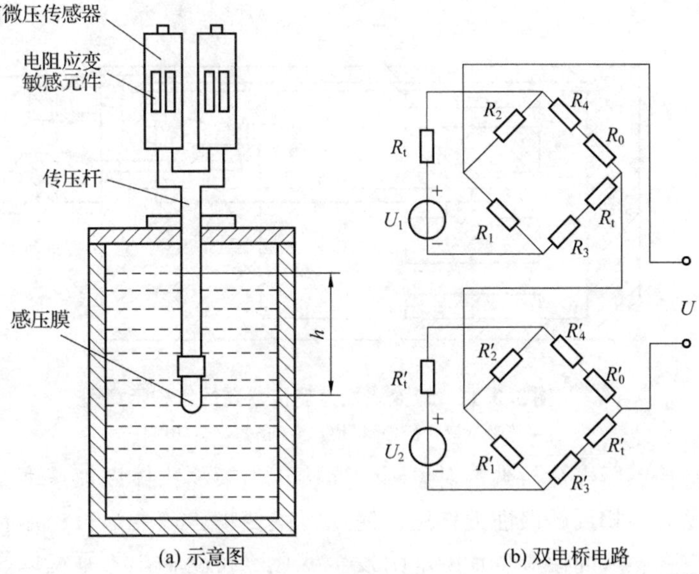

图 3.2.10　插入式测量容器内液体重量（或液位）传感器的示意图

当容器中的溶液多时，感压膜感受的压力就大。将两只微压传感器的电桥接成如图 3.2.10（b）所示的正向串接的双电桥电路，则输出电压为两个电桥输出电压之和，即

$$U_o = U_{1o} + U_{2o} = (A_1 + A_2)\rho gh \tag{3.2.9}$$

式中，A_1、A_2 为传感器的传输系数；g 为重力加速度，m/s^2；ρ 为被测溶液的密度，kg/m^3。

如果被测溶液的密度不变，当容器中溶液的液位 h 变化时，则输出电压也变化，这样就成为液位传感器。又由于 ρgh 表征着感压膜上面液体的压强，则对于等截面的柱形容器，有

$$\rho gh = \frac{G}{S} \tag{3.2.10}$$

式中，G 为容器内感压膜上面溶液的重力，N；S 为柱形容器的截面积，m^2。

将式（3.2.9）与式（3.2.10）联立，得到容器内感压膜上面溶液重力与电桥输出电压之间的关系式为

$$U_o = \frac{(A_1 + A_2)G}{S} \tag{3.2.11}$$

式（3.2.11）表明，电桥的输出电压与柱形容器内感压膜上面溶液的重力呈线性关系，因此，可以利用插入式传感器测量容器内存储的溶液重力。

3.2.4 应变式加速度传感器

应变式加速度传感器主要用于物体加速度的测量。其基本工作原理是：物体运动的加速度 a 与作用在它上面的力 F 成正比，与物体的质量 m 成反比，即 $a=F/m$。

图 3.2.11 所示为应变式加速度传感器的结构示意图，图中，自由端安装质量块 2，另一端固定在壳体 3 上。等强度梁 1 上粘贴四个电阻应变片 4，并组成全桥测量电路。为了调节振动系统阻尼系数，在壳体内充满了硅油 5。

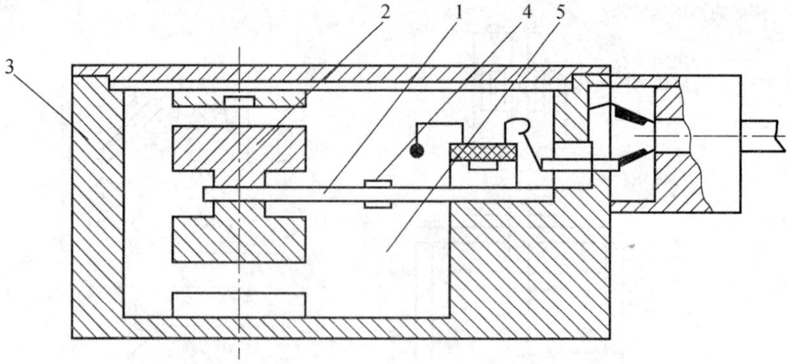

图 3.2.11　应变式加速度传感器的结构示意图

1—等强度梁；2—质量块；3—壳体；4—电阻应变片

测量时，将传感器壳体与被测对象刚性连接，当被测物体以加速度 a 运动时，质量块受到一个与加速度方向相反的惯性力作用，使悬臂梁变形，该变形被粘贴在其上的应变片感受到并随之产生应变，从而使应变片的电阻发生变化，桥路输出不平衡电压，即可得出加速度 a 值的大小。这种传感器在低频（10~60 Hz）振动测量中得到了广泛的应用，但不适用于频率较高的振动和冲击。

3.2.5 应变式扭矩传感器

扭矩与力矩一样，是用作用力 F 与作用距离 l 的乘积表示的，公式为

$$M=Fl \tag{3.2.12}$$

式中，M 为扭矩，N · m；F 为作用力，N；l 为作用距离，m。

扭矩是各类工作机械传动轴的基本载荷形式。在设计机械传动系统的各零部件时，必须满足强度或刚度的要求。另外在确定原动机时，为了合理选择容量，也需要测量扭矩，特别是运行过程中传动轴上所受的扭矩。因此，转轴上扭矩的测量具有重要意义。测量扭矩的方法是把转轴上的扭矩转化为与其有一定函数关系的物理量，然后再转化成相应的电量。

转轴上受扭矩作用后，在其表面产生剪切应变，这一应变可用电阻应变片测量。应变片可以粘贴在需测扭矩的传动轴上，也可贴在另外专用的传动轴上，制成一个应变式扭矩传感器。

由材料力学理论分析可知，轴体在扭矩 M 作用下，表面沿着与轴线成 45°和 135°斜角方向产生主应力，如图 3.2.12 所示。这一应力所对应的主应变分别为

$$\varepsilon_1=-\varepsilon_3=\left(\frac{1+\mu}{E}\right)\frac{M}{W}=KM \tag{3.2.13}$$

式中，E 为轴的弹性模量；μ 为轴的泊松比；ε_1、ε_3 分别为与主应力 σ_1、σ_3 对应的主应变；W 为轴的扭转断面系数。

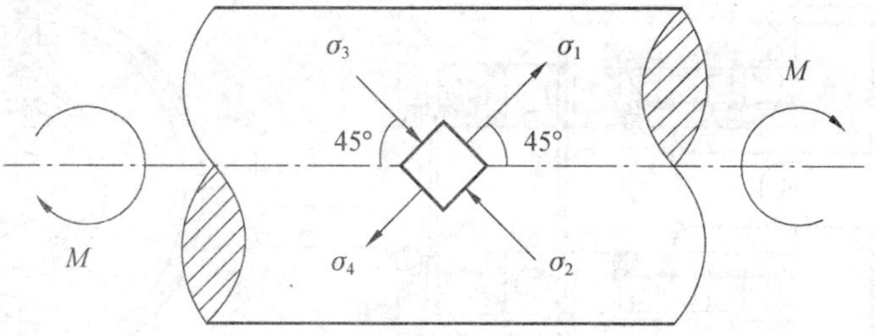

图 3.2.12　轴表面应力应变示意图

如果在主应变 ε_1、ε_3 方向上贴以应变片，测出主应变即可间接测出轴上所受的扭矩 M。

图 3.2.13 所示为一种应变式扭矩传感器。一般圆轴多是受拉、弯、扭的联合作用，为了测扭矩，要设法消除弯和拉的影响。在转轴的适当部位按图 3.2.14 粘贴四个应变片，进行全桥连接。若能保证应变片粘贴位置准确、应变片特性匹配，则这种装置具有良好的温度补偿和消除弯曲应力、轴向应力影响的功能。四个应变片必须准确与转轴线成 45°粘贴，而且应变片 R_1 和 R_3、R_2 和 R_4 都必须在直径方向上相对粘贴。采用特殊形式的应变花可以简化粘贴并易于获得准确的位置。集流环是将转动中轴体上的电信号与固定测量电路装置相联系的专用部件。四个集流环中的两个用于接入激励电压，两个用于输出信号。集流环按工作原理分有电刷-滑环式、水银式和感应式几种。集流环的转动部分和固定部分的接触器电阻应当变化很小，如果接触电阻不稳定，则这种变化会作为较大的噪声信号被记录下来，产生测量误差。为了避免集流环带来的弊端，国内已研制出遥测应变仪，它是在应变电桥后，将电桥输出电压通过压控振荡器转换为矩形波频率变化的信号，从而将应变信号载于脉冲波上，这一频率调制信号经发射片耦合到固定的接收片上，实现信号的无接触传输。接收的信号经鉴频电路将频率调制信号复原为与原应变信号成比例的电压信号，然后再记录、显示。

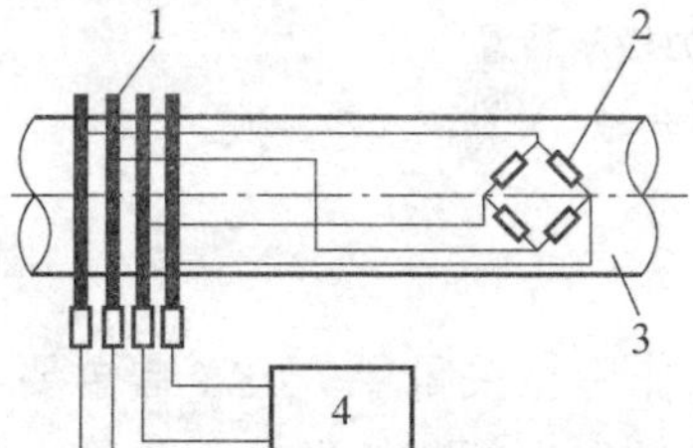

图 3.2.13　应变式扭矩传感器

1—集流环；2—应变片；3—回转轴；4—振荡器；5—放大器；6—显示记录器

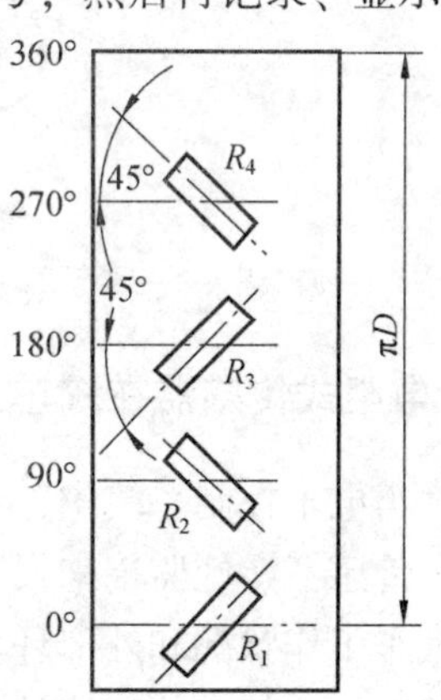

图 3.2.14　应变片粘贴方法

图 3.2.15 所示为一个带滑环的扭矩传感器。在测量轴上贴有与轴成 45°的应变片。轴一端支撑于壳体上，通过滚珠轴承来减小因摩擦产生的测量误差。轴上装有风扇，起散热作用。应变片电路与静止壳体的连接是经滑环和可移动电刷组来完成的。

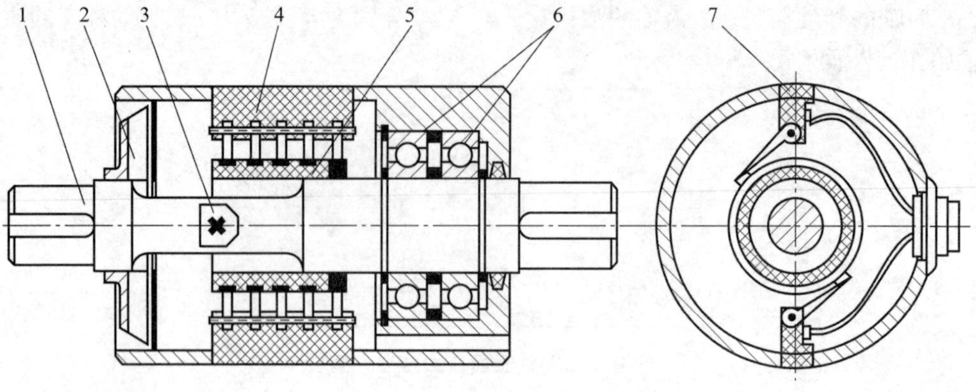

图 3.2.15　带滑环的扭矩传感器

1—测量轴；2—风扇；3—应变片；4—电刷组；5—滑环组；6—轴承；7—应变式张力传感器

将应变片粘贴于悬臂梁上，可用来检测张力。图 3.2.16 为纱线张力检测装置，检测辊 4 通过连杆 5 与悬臂梁 2 的自由端相连，连杆 5 同阻尼器 6 的活塞相连，纱线 7 通过导线辊 3 与检测辊 4 接触。当纱线张力变化时，悬臂梁随之变形，使应变片 1 的阻值发生变化，通过电桥可将其转换为电压的变化。必须指出的是，电阻应变片测出的是弹性元件上某处的应变，而不是该处的应力、力或位移。只有通过换算或标定，才能得到相应的应力、力或位移量。有关换算关系可查阅相关资料。

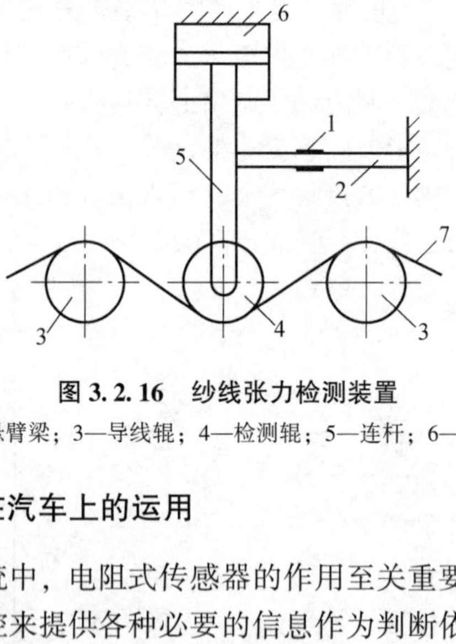

图 3.2.16　纱线张力检测装置

1—应变片；2—悬臂梁；3—导线辊；4—检测辊；5—连杆；6—阻尼器；7—纱线

3.2.6　电阻式传感器在汽车上的运用

在现今汽车电子控制系统中，电阻式传感器的作用至关重要。电子装置要实现各类精确控制，需利用传感器实施监控来提供各种必要的信息作为判断依据。如果没有各类传感器提供发动机、汽车工作状况和外部环境等信息，电子控制就失去了决策依据。因此，汽车电子技术在很大程度上依赖于传感器的发展。电阻式温度传感器的作用是把监测对象的冷热程度转化为电信号进行输出，广泛应用于汽车发动机、EGR（Exhaust Gas Recirculation）系统、空调系统中，在一定程度上提高了汽车的动力性、燃油经济性及乘坐舒适性。

1. 冷却液温度传感器

冷却液温度传感器的结构如图 3.2.17 所示，安装于发动机缸体、缸盖的水套或节温器内并伸向水套中，冷却液温度传感器将采集到的发动机冷却液温度信号转化为电信号输入

ECU，ECU 根据输入的电信号对喷油量进行修正以调整空燃比，并影响汽车空调系统及发动机冷却风扇的工作状态。冷却液温度传感器性能的好坏直接影响发动机的燃烧性能。若该传感器本身或线路发生故障，会造成发动机冷启动困难、运转不平稳、废弃物排放量增加等现象。

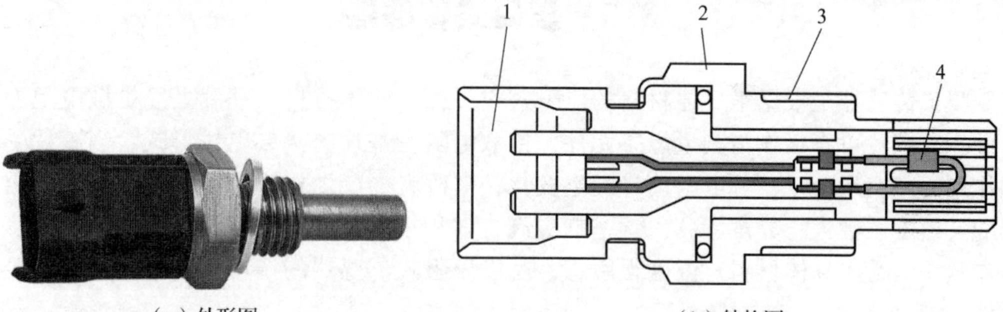

（a）外形图　　（b）结构图

3. 2. 17　冷却液温度传感器外形图及结构图

1—防水插座；2—铜外壳；3—紧固螺纹；4—热敏电阻

2. EGR 监测温度传感器

EGR 监测温度传感器的结构和安装位置分别如图 3. 2. 18、图 3. 2. 19 所示。该传感器安装于 EGR 阀下游，时刻监测 EGR 阀下游的再循环气体的温度，以判断 EGR 阀的工作情况，从而减少尾气中氮氧化合物的排放量。

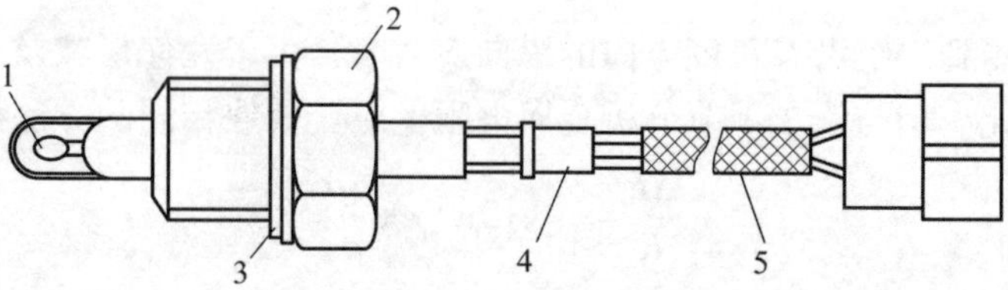

图 3. 2. 18　EGR 监测温度传感器的结构

1—热敏电阻；2—坚固螺帽；3—垫圈；4—辅助环；5—引线

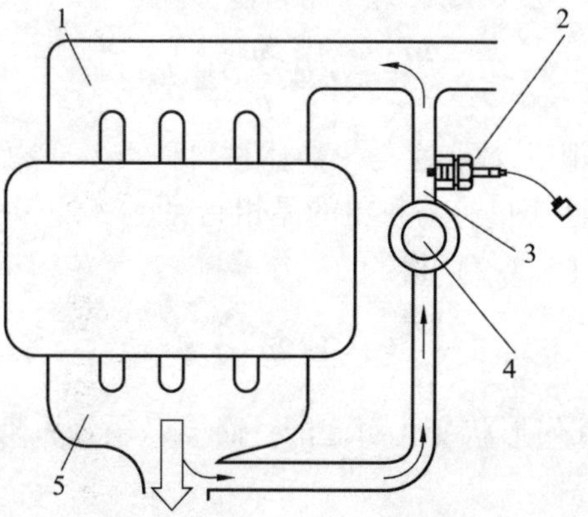

图 3. 2. 19　EGR 监测温度传感器的安装位置

1—进气歧管；2—EGR 温度传感器；3—EGR 管路；4—EGR 阀；5—排气歧管

在普通行车条件下，EGR 阀附近的废气温度约为 100~200 ℃，在车辆高速行驶以及大负荷的条件下行驶时，该阀附近温度上升到 300~400 ℃。当 EGR 控制系统停止工作或 EGR 管路中有沉淀物堵塞时，温度会下降到 50 ℃以下。EGR 监测温度传感器会将温度变化转化为电信号的变化来监测 EGR 阀的工作情况。

3.3　压阻式传感器

压阻式传感器是根据半导体材料的压阻效应，在半导体材料的基础上经扩散电阻而制成的器件。其基片可直接作为测量敏感元件，扩散电阻在基片内接成电桥形式。当基片受到外力的作用而产生形变时，各电阻值将发生变化，电桥就会产生相应的不平衡输出。压阻式传感器的灵敏度系数大，分辨率高，频率响应高，体积小。它主要用于测量压力、加速度和载荷等参数。因为半导体材料对温度很敏感，所以压阻式传感器的温度误差较大，必须要有温度补偿。

3.3.1　半导体的压阻效应

半导体的压阻效应是指单晶半导体材料在沿某一轴向受外力作用时，其电阻率发生很大变化的现象。不同类型的半导体，施加载荷的方向不同，压阻效应也不一样，目前使用最多的是单晶硅半导体。一个长为 L、横截面积为 S、电阻率为 ρ 的均匀条形半导体材料，其电阻值为 $R=\rho\dfrac{L}{S}$。

当该均匀条材受到一个沿着长度方向的纵向应力时，由于几何形状及内部结构发生变化，会引起其电阻值变化。用与第 3.1 节分析金属电阻丝应变效应相同的方法可以得到

$$\frac{\Delta R}{R}=(1+2\mu)\varepsilon+\frac{\Delta\rho}{\rho} \tag{3.3.1}$$

式中，ε 为纵向应变；μ 为泊松比，$\mu=\dfrac{dS/S}{dl/l}$；$\Delta\rho/\rho$ 为半导体材料的电阻率相对变化，其值与条形半导体材料纵向所受的应力 σ 之比为一个常数，即

$$\frac{\Delta\rho}{\rho}=\pi\sigma \text{ 或 } \frac{\Delta\rho}{\rho}=\pi_l E\varepsilon \tag{3.3.3}$$

式中，π_l 为半导体材料的压阻系数，它与半导体材料种类及应力方向与晶轴方向之间的夹角有关；E 为半导体材料的弹性模量，与材料的晶相有关。

将式（3.3.3）代入式（3.3.2）得

$$\frac{\Delta R}{R}=(1+2\mu+\pi_l E)\varepsilon \tag{3.3.4}$$

式中，$(1+2\mu)$ 项是由材料几何形状变化引起的，而 $\pi_l E$ 项为压阻效应的影响，随电阻率变化而变化。

实验表明，对半导体材料而言，$\pi_l E \geqslant (1+2\mu)$，故 $(1+2\mu)$ 项可以忽略，这时有

$$\frac{\Delta R}{R}=\pi_l E\varepsilon=\pi_l\sigma \tag{3.3.5}$$

可见，半导体材料的电阻值变化主要是由电阻率变化引起的，而电阻率 ρ 的变化是由应

变引起的。因此，半导体单晶的应变灵敏系数可表示为

$$K=\frac{\Delta R/R}{\varepsilon}=\pi_l E \tag{3.3.6}$$

半导体的应变灵敏系数还与掺杂浓度有关，它随杂质的增加而减小。

3.3.2　体型半导体电阻应变片

1. 结构形式及特点

体型半导体电阻应变片是从单晶硅或锗上切下薄片制成的应变片，结构形式如图 3.3.1 所示。

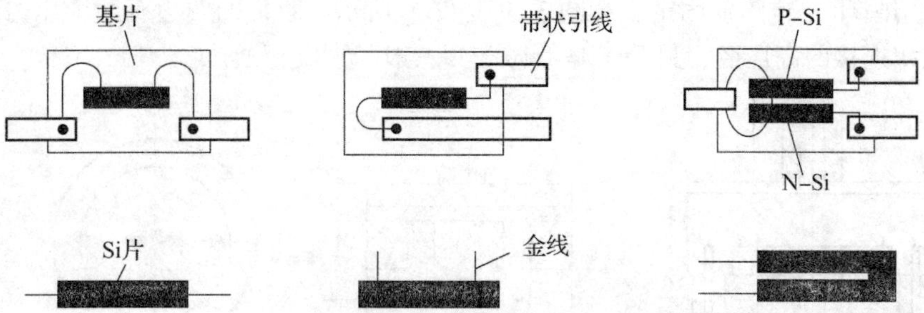

图 3.3.1　体型半导体电阻应变片的结构形式

半导体应变片的主要优点是灵敏系数比金属电阻应变片的灵敏系数大数十倍。通常不需要放大器就可以直接输入显示器或记录仪，可简化测试系统；另外它的横向效应和机械滞后极小。但是，半导体应变片的温度稳定性和线性度比金属电阻应变片差得多，很难用它制作高精度的传感器，只能作为其他类型传感器的辅助元件。近年来，由于半导体材料和制作技术的提高，半导体应变片的温度稳定性和线性度都得到了改善。

2. 测量电路

在半导体应变片组成的传感器中，均由四个应变片组成全桥电路，将四个应变片粘贴在弹性元件上，其中两个应变片在工作时受拉，而另外两个则受压，从而使电桥输出的灵敏度达到最大。电桥的供电电源可采用恒流源，也可以采用恒压源，因此，桥路输出的电压与应变片阻值变化的关系有所不同。

对于恒压源来说，考虑到环境温度变化的影响，其关系为

$$U_o=\frac{U\Delta R}{R+\Delta R_T} \tag{3.3.7}$$

式中，U_o 为电桥输出电压；U 为电桥供电电压；R 为应变片阻值；ΔR 为应变片阻值变化；ΔR_T 为应变片由于环境温度变化而引起的阻值变化。

式（3.3.7）说明，电桥输出电压与 $\Delta R/R$ 成正比，同时也说明采用恒压源供电时，桥路输出电压受环境温度的影响。

若电桥采用电流为 I 的恒流源供电，则桥路输出电压为

$$U_o=I\cdot\Delta R \tag{3.3.8}$$

式（3.3.8）说明，电桥输出电压与 ΔR 成正比，且环境温度的变化对其没有影响。

由于半导体应变片是采用粘贴的方法安装在弹性元件上的，因此存在着零点漂移和蠕变，

用它制成的传感器的长期稳定性差。

3.3.3　扩散型压阻式压力传感器

为了克服半导体应变片粘贴造成的缺点，采用 N 型单晶硅为传感器的弹性元件，在它上面直接蒸镀半导体电阻应变薄膜，制成扩散型压阻式传感器。扩散型压阻式传感器的原理与半导体应变片传感器相同，不同之处是前者直接在硅弹性元件上扩散出敏感栅，后者是用黏结剂粘贴在弹性元件上。

图 3.3.2（a）所示是扩散型压阻式压力传感器的总体结构简图，其核心部分是一块圆形硅膜片，在膜片上，利用扩散工艺设置有四个阻值相等的电阻，用导线将其构成平衡电桥。膜片的四周用圆环（硅环）固定，如图 3.3.2（b）所示。膜片的两边有两个压力腔，一个是与被测系统相连接的高压腔，另一个是低压腔，一般与大气相通。

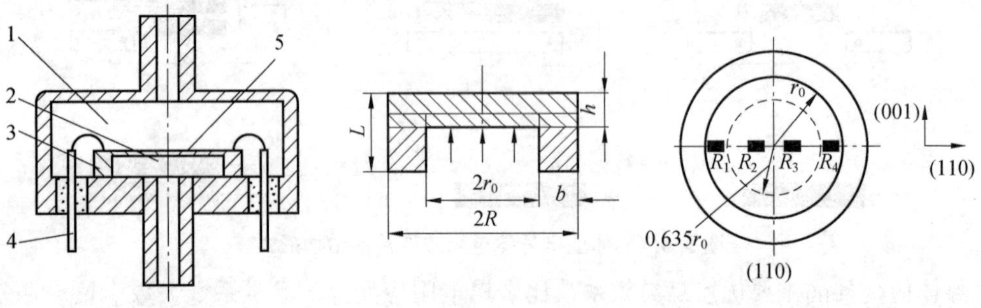

(a)总体结构简图　　(b)膜片图　　(c)电阻分布图

1—低压腔；2—高压腔；3—硅环；4—引线；5—硅膜片

图 3.3.2　扩散型压阻式压力传感器的结构简图

当膜片两边存在压力差时，膜片产生变形，膜片上各点产生应力。四个电阻在应力作用下，阻值发生变化，电桥失去平衡，输出相应的电压。该电压与膜片两边的压力差成正比。这样，测得不平衡电桥的输出电压就测出了膜片受到的压力差的大小。

四个电阻的配置位置按膜片上径向应力 σ_r 和切向应力 σ_t 的分布情况确定；当 $r=0.635r_0$ 时，$\sigma_r=0$；$r<0.635r_0$ 时，$\sigma_r>0$，为拉应力；$r>0.635r_0$ 时，$\sigma_r<0$，为压应力；当 $r=0.812r_0$ 时，$\sigma_t=0$，仅有 σ_r 存在，且 $\sigma_r<0$。

受均匀压力的圆形硅膜片上各点的径向应力 σ_r 和切向应力 σ_t 可分别用下式计算：

$$\begin{cases}\sigma_r=\dfrac{3p}{8h^2}[(1+\mu)r_0^2-(3+\mu)r^2]\\ \sigma_t=\dfrac{3p}{8h^2}[(1+\mu)r_0^2-(1+3\mu)r^2]\end{cases} \tag{3.3.9}$$

式中，p 为压强；r_0、r、h 分别为硅膜片的有效半径、计算点半径、厚度；μ 为硅材料的泊松比，$\mu=0.35$。设计时，适当安排电阻的位置，可以组成差动电桥。

扩散型压阻式压力传感器的主要优点是体积小，结构比较简单，动态响应好，灵敏度高，能测出十几帕的微压，长期稳定性好，迟滞和蠕变小，频率响应高，便于生产，成本低。因此，它是一种目前比较理想的、发展较为迅速的压力传感器。

这种传感器的测量准确度受到非线性和温度的影响。现在出现的智能压阻式压力传感器，利用微处理器对非线性和温度进行补偿，利用大规模集成电路技术，将传感器与计算机集成在同一片硅片上，兼有信号检测、处理、记忆等功能，从而大大提高了传感器的稳定性和测量准确度。

3.3.4　压阻式加速度传感器

压阻式加速度传感器的结构简图如图 3.3.3 所示。它的悬臂梁直接由单晶硅制成，四个扩散电阻扩散在其根部的两面（上、下面各两个等值电阻）。当梁的自由端的质量块受到加速度作用时，悬臂梁受到弯矩作用发生变形产生应力，使电阻值发生变化，由四个电阻组成的电桥产生与加速度成比例的电压输出。

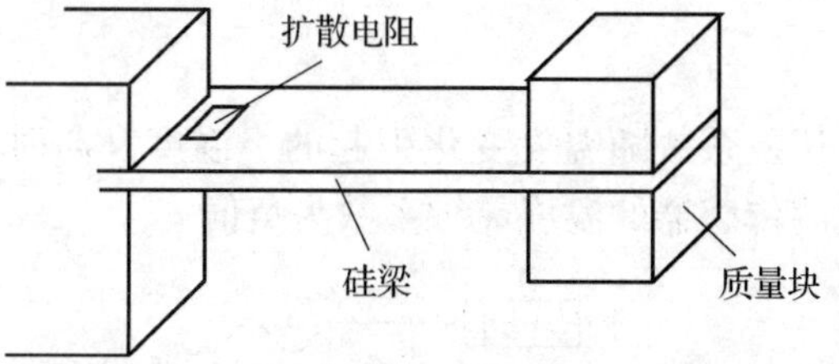

图 3.3.3　压阻式加速度传感器的结构简图

3.3.5　测量桥路及温度补偿

压阻式传感器的输出方式是将集成在硅片上的四个等值电阻连成平衡电桥，当被测量作用于硅片上时，电阻值发生变化，电桥失去平衡，产生电压输出。但是，由于制造、温度影响等原因，电桥存在失调、零位温度漂移、灵敏度温度系数和非线性等问题，影响传感器的准确性。因此，必须采取有效措施，减少与补偿这些因素影响带来的误差，提高传感器测量的准确性。

1. 测量电桥

如前所述，电桥的供电电源可采用恒压源，也可以采用恒流源。为了减少温度影响，压阻式传感器测量电桥一般采用恒流源供电。图 3.3.4 所示即为采用恒流源供电的全桥差动电路。

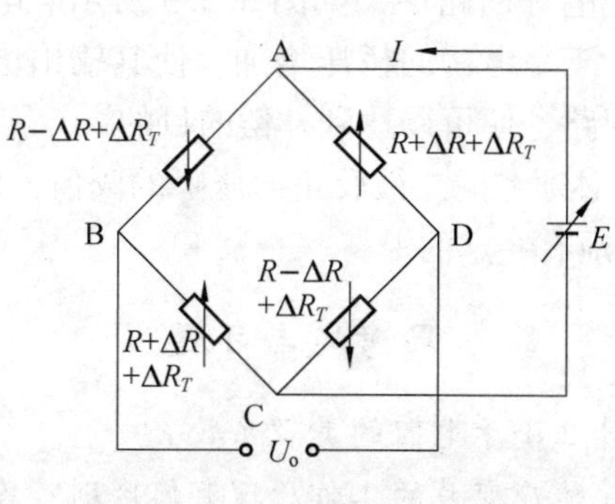

图 3.3.4　恒流源供电电桥

假设 ΔR_T 为温度引起的电阻变化，对于图示等臂电桥，有

$$I_{ABC}=I_{ADC}=\frac{1}{2}I \tag{3.3.10}$$

则电桥的输出为

$$U_o = U_{BD} = \frac{1}{2}I\ (R+\Delta R+\Delta R_T)\ -\frac{1}{2}I\ (R-\Delta R+\Delta R_T)\ = I\Delta R \tag{3.3.11}$$

由上式可知，电桥的输出电压与电阻变化成正比，与恒流源电流成正比，但与温度无关，因此测量不受温度的影响。

2. 零点温度补偿

零点温度漂移是由于四个扩散电阻的阻值及其温度系数不一致造成的。一般用串、并联电阻的方法进行补偿，如图 3.3.5 所示。其中串联电阻 R_s 主要起调零作用，并联电阻 R_p 主要起补偿作用。

3. 灵敏度温度补偿

灵敏度温度漂移是由压阻系数随温度变化引起的。温度升高时，压阻系数变小；温度降低时，压阻系数变大，说明传感器的温度灵敏系数为负值。

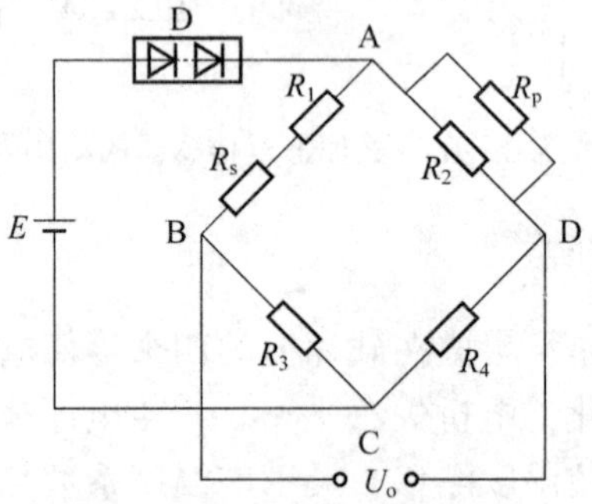

图 3.3.5　温度漂移的补偿

补偿灵敏度温度漂移可以利用在电源回路中串联二极管的方法。温度升高时，灵敏度降低，这时如果提高电源的电压，使电桥的输出适当增大，便可达到补偿的目的。反之，温度降低时，灵敏度升高，如果使电源电压降低，电桥的输出适当减小，同样可达到补偿的目的。由于二极管 PN 结的温度特性为负值，温度每升高 1 ℃时，正向压降减少 1.9~2.4 mV。将适当数量的二极管串联在电桥的电源回路中，如图 3.3.5 所示。电源采用恒压源，当温度升高时，二极管的正向压降减小，于是电桥的桥压增加，使其输出增大。只要计算出所需二极管的个数，将其串入电桥电源回路，便可以达到补偿的目的。

用这种方法进行补偿时，必须考虑二极管正向压降的阈值，硅管为 0.7 V，锗管为 0.3 V，因此，要求恒压源提供的电压应有一定的提高。

思考题与习题

1. 应变片的灵敏系数为什么小于电阻的灵敏系数 K？

2. 金属电阻应变片与半导体应变片的工作原理有何区别？各有何优、缺点？

3. 有一个金属电阻应变片，其灵敏系数 $K=2.5$，$R=120\ \Omega$，设工作时其应变为 1 200 $\mu\varepsilon$，则 ΔR 是多少？若将此应变片与 2 V 直流电源组成回路，试求无应变时和有应变时回路的电流。

4. 应变片称重传感器，其弹性体为圆柱体，直径 $D=100$ mm，材料弹性模量 $E=2.05\times10^{11}\ \text{N/m}^2$，用它称 500 kN 的物体，若用电阻丝式应变片，应变片的灵敏系数 $K=2$，

$R=120\ \Omega$，问电阻变化多少？

5. 试述应变片温度误差的概念、产生原因和补偿办法。

6. 拟在等截面的悬臂梁上粘贴四个完全相同的电阻应变片组成差动全桥电路，试问：

（1）四个应变片应怎样粘贴在悬臂梁上？

（2）画出相应的电桥电路图。

7. 题图 3.1 所示为一直流应变电桥。图中 $U=4\ \text{V}$，$R_1=R_2=R_3=R_4=120\ \Omega$，试求：

（1）R_1 为金属应变片，其余为外接电阻。当 R_1 的增量 $\Delta R_1=1.2\ \Omega$ 时，电桥输出电压 U_o 为多少？

（2）R_1 和 R_2 都是应变片，且批号相同，感受应变的极性和大小都相同，其余为外接电阻，电桥输出电压 U_o 为多少？

（3）题（2）中，如果 R_2 与 R_1 感受应变的极性相反，且 $|\Delta R_1|=|\Delta R_2|=1.2\ \Omega$，电桥输出电压 U_o 为多少？

8. 题图 3.2 所示为等强度梁测力系统，R_1 为电阻应变片，应变片灵敏系数 $K=2.05$，未受应变时，$R_1=120\ \Omega$。当试件受力 F 时，应变片承受平均应变 $\varepsilon=8\times10^{-4}$，求：

（1）应变片电阻变化量 ΔR_1 和电阻相对变化量 $\Delta R_1/R_1$。

（2）将电阻应变片 R_1 置于单臂测量电桥，电桥电源电压为直流 3 V，求电桥输出电压及电桥非线性误差。

（3）若要减小非线性误差，应采取何种措施？并分析其电桥输出电压及非线性误差的大小。

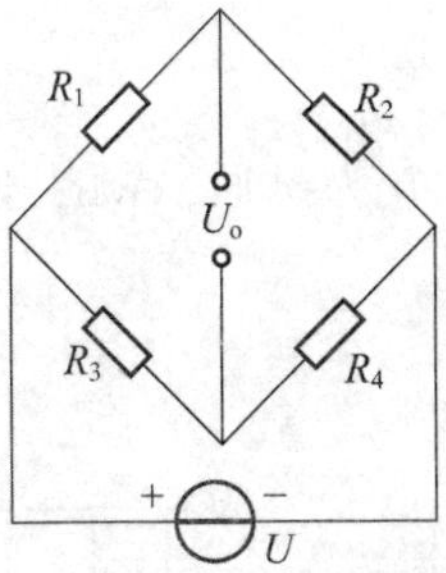

题图 3.1　直流应变电桥

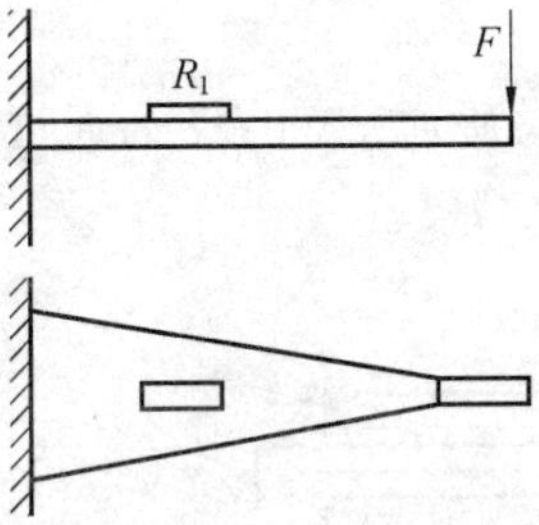

题图 3.2　等强度梁测力系统

9. 在上题条件下，如果试件材质为合金钢，线膨胀系数 $\beta_g=11\times10^{-6}/℃$；电阻应变片敏感栅材质为康铜，其电阻温度系数 $\alpha=15\times10^{-6}/℃$；线膨胀系数 $\beta_s=14.9\times10^{-6}/℃$。当传感器的环境温度从 10 ℃变化到 50 ℃时，引起附加电阻相对变化量$(\Delta R、R)_T$ 为多少？折合成附加应变 ε_T 为多少？

10. 在用应变仪测量机构的应力、应变时，如何消除温度变化所产生的影响？

11. 试解释应变式加速度传感器中质量块的作用，并说明该传感器为什么不适用于频率较高的振动和冲击的测量？

12. 试比较应变式压力传感器与扩散型压阻式压力传感器的工作原理和应用特点。

第 4 章　电感式传感器

电感式传感器是利用被测量改变磁路的磁阻从而导致线圈电感量的变化，或者利用被测量改变传感器的电容量，或者利用被测量改变线圈的等效阻抗等，实现对非电量的检测。电感式传感器种类较多，本章介绍自感式传感器、差动变压器、电涡流式传感器和电容式传感器的工作原理和应用。

4.1　自感式传感器概述

4.1.1　工作原理

自感式传感器是把被测量变化转换成自感 L 的变化，通过一定的转换电路将其转换成电压或电流输出。图 4.1.1 所示是自感式传感器的原理图，在图 4.1.1（a）和（b）中尽管在铁芯与衔铁之间有一个空气气隙，但由于其值不大，因此磁路是封闭的。根据电感的定义，线圈中的电感量可由下式确定：

$$L=\frac{\Psi}{I}=\frac{W\Phi}{I}=\frac{W^2}{R_m} \tag{4.1.1}$$

式中，Ψ 为线圈总磁通，Wb；I 为通过线圈的电流，A；Φ 为磁通，Wb；W 为线圈的匝数；R_m 为磁路总磁阻，H^{-1}。

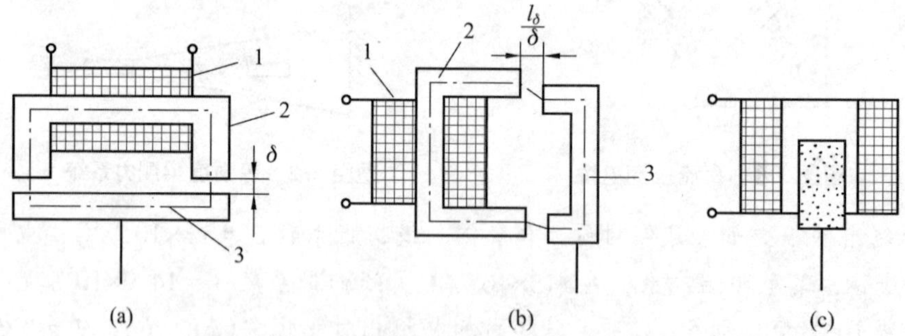

图 4.1.1　自感式传感器的原理图

1—线圈；2—铁芯；3—衔铁

对于图 4.1.1 的情况，因为气隙厚度 δ 较小，可以认为气隙磁场是均匀的，若忽略磁路铁损，则总磁阻为

$$R_m=\sum_{i=1}^{n}\frac{l_i}{\mu_i S_i}+\frac{2\delta}{\mu_0 S} \tag{4.1.2}$$

式中，l_i 为各段导磁体的长度，m；μ_i 为各段导磁体的磁导率，H/m；S_i 为各段导磁体的截面积，m^2；δ 为气隙的厚度，m；μ_0 为真空磁导率，$\mu_0=4\pi\times10^{-7}$ H/m；S 为气隙磁通的截面

积，m^2。

将 R_m 代入式（4.1.1）得

$$L=\frac{W^2}{\sum_{i=1}^{n}\frac{l_i}{\mu_i S_i}+\frac{2\delta}{\mu_0 S}} \tag{4.1.3}$$

当铁芯的结构和材料确定后，上式分母第一项为常数，此时自感 L 是气隙厚度和气隙磁通截面积 S 的函数，即 $L=f(\delta, S)$。如果保持 S 不变，则 L 为 δ 的单值函数，可构成变气隙型自感式传感器；如果保持 δ 不变，使 S 随位移而变，则可构成变截面型自感式传感器。如图 4.1.1（c）所示，线圈中放入圆柱形衔铁，当衔铁上、下移动时，自感量将相应变化，这就构成了螺线管式自感式传感器。

4.1.2　变气隙式自感式传感器

图 4.1.1（a）所示为变气隙式自感式传感器的结构简图，因为气隙小可视为气隙中磁场分布均匀，磁路总磁阻可改写为

$$R_m=\frac{l_1}{\mu_1 S_1}+\frac{l_2}{\mu_2 S_2}+\frac{2\delta}{\mu_0 S_0} \tag{4.1.4}$$

式中，μ_1 和 l_1 分别为铁芯材料的磁导率和磁通通过铁芯的长度；μ_2 和 l_2 分别为衔铁材料的磁导率和磁通通过衔铁的长度；S_1 和 S_2 分别为铁芯和衔铁的截面积；μ_0 为真空的磁导率；S_0 为气隙的截面积；δ 为气隙的宽度。

通常空气的磁阻远大于导磁材料的磁阻，气隙的磁阻远大于铁芯和衔铁的磁阻，即

$$\frac{2\delta}{\mu_0 S_0}\gg\frac{l_1}{\mu_1 S_1}$$

$$\frac{2\delta}{\mu_0 S_0}\gg\frac{l_2}{\mu_2 S_2}$$

则式（4.1.4）可写为

$$R_m\approx\frac{2\delta}{\mu_0 S_0} \tag{4.1.5}$$

将式（4.1.5）代入式（4.1.1）得

$$L=\frac{W^2}{R_m}=\frac{W^2\mu_0 S_0}{2\delta} \tag{4.1.6}$$

由式（4.1.6）可知，L 与 δ 之间是非线性关系，其特性曲线如图 4.1.2 所示。

设自感式传感器初始气隙为 δ_0，初始电感量为 L_0，衔铁位移引起气隙变化量为 $\Delta\delta$，当衔铁处于初始位置时，初始电感量为

$$L_0=\frac{W^2\mu_0 S_0}{2\delta_0} \tag{4.1.7}$$

当衔铁上移 $\Delta\delta$ 时，则将 $\delta=\delta_0-\Delta\delta$ 和 $L=L_0+\Delta L$ 代入式（4.1.6）并整理得

$$L=L_0+\Delta L=\frac{W^2\mu_0 S_0}{2(\delta_0-\Delta\delta)}=\frac{L_0}{1-\frac{\Delta\delta}{\delta_0}} \tag{4.1.8}$$

当 $\Delta\delta/\delta_0 \leqslant 1$ 时，式（4.1.8）用泰勒级数展开成如下的级数形式：

$$L=L_0+\Delta L=L_0\left[1+\frac{\Delta\delta}{\delta_0}+\left(\frac{\Delta\delta}{\delta_0}\right)^2+\cdots\right] \tag{4.1.9}$$

$$\Delta L=L_0\frac{\Delta\delta}{\delta_0}\left[1+\frac{\Delta\delta}{\delta_0}+\left(\frac{\Delta\delta}{\delta_0}\right)^2+\cdots\right] \tag{4.1.10}$$

$$\frac{\Delta L}{L_0}=\frac{\Delta\delta}{\delta_0}\left[1+\frac{\Delta\delta}{\delta_0}+\left(\frac{\Delta\delta}{\delta_0}\right)^2+\cdots\right] \tag{4.1.11}$$

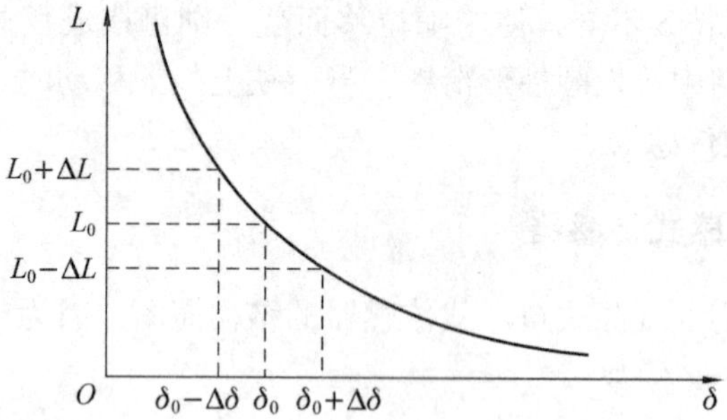

图 4.1.2　变气隙式电感传感器 L–δ 特性曲线

同理，当衔铁随被测物体的初始位置向下移动 $\Delta\delta$ 时，有

$$\Delta L=L_0\frac{\Delta\delta}{\delta_0}\left[1-\frac{\Delta\delta}{\delta_0}+\left(\frac{\Delta\delta}{\delta_0}\right)^2-\left(\frac{\Delta\delta}{\delta_0}\right)^3+\cdots\right] \tag{4.1.12}$$

$$\frac{\Delta L}{L_0}=\frac{\Delta\delta}{\delta_0}\left[1-\frac{\Delta\delta}{\delta_0}+\left(\frac{\Delta\delta}{\delta_0}\right)^2-\left(\frac{\Delta\delta}{\delta_0}\right)^3+\cdots\right] \tag{4.1.13}$$

对式（4.1.11）和式（4.1.13）做线性处理，即忽略高次项后可得

$$\frac{\Delta L}{L_0}=\frac{\Delta\delta}{\delta_0} \tag{4.1.14}$$

其灵敏度 k_0 为

$$k_0=\frac{\dfrac{\Delta L}{L_0}}{\Delta\delta}=\frac{1}{\delta_0} \tag{4.1.15}$$

由此可见，变气隙式自感式传感器的测量范围与灵敏度及线性度是矛盾的，因此，变气隙式自感式传感器适用于测量微小位移的场合。为了减小非线性误差，实际测量中广泛采用差动变隙式自感式传感器。图 4.1.3 所示为差动变隙式自感式传感器的原理结构图。由图可知，差动变隙式自感式传感器是由两个完全相同的电感线圈合用一个衔铁和相应的磁路组成的。测量时，衔铁与被测件相连，当被测件上下移动时，带动衔铁也以相同的位移上下移动，两个磁回路中的磁阻发生大小相等、方向相反的变化，导致一个线圈的电感量增加，另一个线圈的电感量减小，形成差动形式。使用时，两个电感线圈接在交流电桥的相邻桥臂，另两个桥臂接有电阻。

当衔铁向上移动时，两个线圈的电感变化量 ΔL_1 和 ΔL_2 分别由式（4.1.11）和式（4.1.13）表示，差动变隙式自感式传感器的电感总变化量为 $\Delta L=\Delta L_1+\Delta L_2$，即

$$\Delta L=\Delta L_1+\Delta L_2=2L_0\frac{\Delta\delta}{\delta_0}\left[1+\left(\frac{\Delta\delta}{\delta_0}\right)^2+\left(\frac{\Delta\delta}{\delta_0}\right)^4+\cdots\right] \tag{4.1.16}$$

对上式进行线性处理，即忽略高次项得

$$\frac{\Delta L}{L_0}=2\frac{\Delta\delta}{\delta_0} \tag{4.1.17}$$

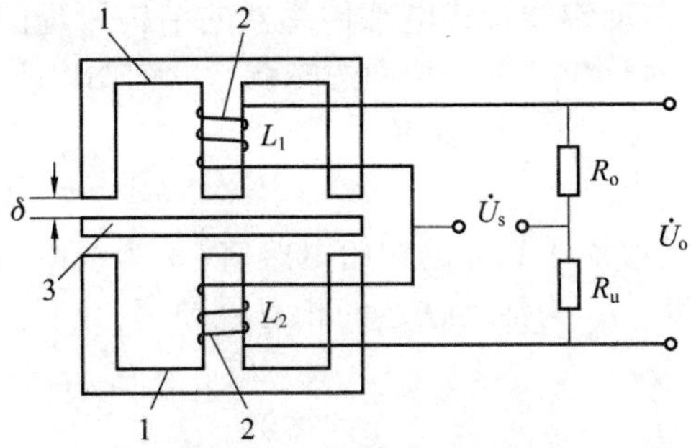

图 4.1.3　差动变隙式自感式传感器的原理结构图

1—铁芯；2—线圈；3—衔铁

其灵敏度 k_0 为

$$k_0=\frac{\frac{\Delta L}{L_0}}{\Delta\delta}=\frac{2}{\delta_0} \tag{4.1.18}$$

比较式（4.1.10）和式（4.1.16），可以得到以下结论：

（1）差动变隙式自感式传感器的灵敏度是单线圈式自感式传感器的两倍。

（2）差动变隙式自感式传感器，由于 $\Delta\delta/\delta_0\leqslant 1$，单线圈时忽略$\left(\frac{\Delta\delta}{\delta_0}\right)^2$以上的高次项，差动式时忽略$\left(\frac{\Delta\delta}{\delta_0}\right)^3$以上的高次项，因此差动变隙式自感式传感器的线性度得到明显改善。

4.1.3　变面积式自感式传感器

如图 4.1.1（b）所示，若传感器气隙厚度保持不变，令磁通截面积随被测非电量而变，设铁芯材料和衔铁材料的磁导率相同，则此变面积式自感式传感器的自感 L 为

$$L=\frac{W^2}{\frac{l_\delta}{\mu_0 S}+\frac{l}{\mu_0\mu_r S}}\approx\frac{W^2\mu_0}{l_\delta}S=K'S \tag{4.1.19}$$

式中，l_δ 为气隙总长度；l 为铁芯和衔铁中的磁路总长度；μ_r 为铁芯和衔铁材料相对磁导率；S 为气隙磁通截面积；S' 为铁芯和衔铁中磁通截面积；$K'=\frac{\mu_0 W^2}{l_\delta}$为常数。

对式（4.1.19）进行微分，得灵敏度 k_0 为

$$k_0=\frac{\mathrm{d}L}{\mathrm{d}S}=K' \tag{4.1.20}$$

可见，变面积式自感式传感器在忽略气隙磁通边缘效应的条件下，输入与输出呈线性关系，因此可以得到较大的线性范围。但是与变气隙式自感式传感器相比，其灵敏度降低。

4.1.4　螺线管式自感式传感器

螺线管式自感式传感器有单线圈［图 4.1.1（c）］和差动式两种结构形式。

图 4.1.1（c）所示的单线圈螺线管式自感式传感器由多层绕制的细长线圈、铁磁性壳体和可沿线圈轴向移动的活动衔铁组成。进行测量时，活动铁芯随被测体移动，导致线圈电感量发生变化，即线圈电感量与铁芯插入深度有关。

图 4.1.4 所示为开磁路差动螺线管式电感传感器的结构原理图。它是由两个完全相同的螺线管相连，铁芯初始处于对称位置上，使两边螺线管的初始电感值相等，即

$$L_0=L_{10}=L_{20}=\frac{\pi r^2\mu_0 W^2}{l}\left[1+(\mu_r-1)\left(\frac{r_c}{r}\right)^2\frac{l_c}{l}\right] \tag{4.1.21}$$

式中，L_{10} 和 L_{20} 分别为螺线管线圈Ⅰ和Ⅱ的初始电感值；r 为线圈内半径；$W=W_1=W_2$ 为每个线圈的匝数；l 为线圈的长度；μ_r 为活动铁芯的相对磁导率；r_c 为活动铁芯半径；$2l_c$ 为活动铁芯长度。

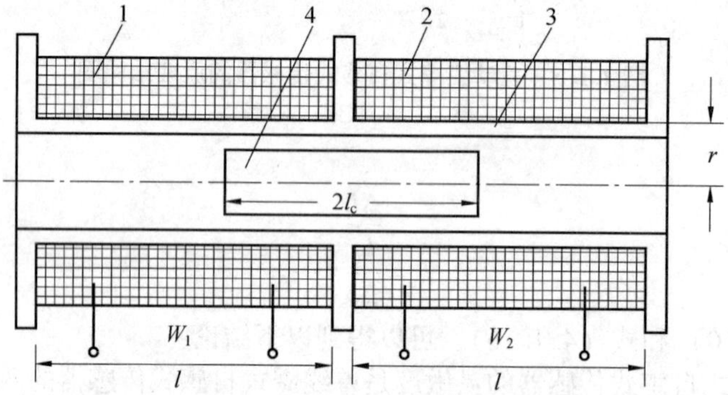

图 4.1.4　开磁路差动螺线管式电感传感器的结构原理图

1—螺线管线圈Ⅰ；2—螺线管线圈Ⅱ；3—骨架；4—活动铁芯

当铁芯移动 Δx（如右移）后，使右边电感值增加，左边电感值减小，即

$$L_1=\frac{\pi r^2\mu_0 W^2}{l}\left[1+(\mu_r-1)\left(\frac{r_c}{r}\right)^2\left(\frac{l_c-\Delta x}{l}\right)\right] \tag{4.1.22}$$

$$L_2=\frac{\pi r^2\mu_0 W^2}{l}\left[1+(\mu_r-1)\left(\frac{r_c}{r}\right)^2\left(\frac{l_c+\Delta x}{l}\right)\right] \tag{4.1.23}$$

根据式（4.1.22）和式（4.1.23）可以求得每个线圈的灵敏度为

$$k_1=-k_2=\frac{\mathrm{d}L_1}{\mathrm{d}x}=-\frac{\mathrm{d}L_2}{\mathrm{d}x}=-\frac{\pi\mu_0 W^2(\mu_r-1)r_c^2}{l^2} \tag{4.1.24}$$

上式表明两个线圈的灵敏度大小相等、符号相反，具有差动特征。

考虑到 $\mu_r\geqslant 1$，而 l_c 和 r_c 与 r 均为同数量级的量，则式（4.1.21）和式（4.1.24）可简化为

$$L_0=L_{10}=L_{20}\approx\frac{\pi\mu_0 W^2\mu_r r_c^2 l_c}{l^2} \tag{4.1.25}$$

$$k_1=-k_2\approx-\frac{\pi\mu_0 W^2\mu_r r_c^2}{l^2} \tag{4.1.26}$$

由此可见，当 l 与 l_c 为常数时，增加 W、μ_r、r_c 都可以使 L_0 和 k_1（或 k_2）提高。

4.1.5　自感式传感器的测量电路

自感式传感器实现了将被测量的变化转变为电感量的变化。为了测出电感量的变化，就

要用转换电路把电感量的变化转换成电压（或电流）的变化，最常用的转换电路有调幅、调频和调相电路。

1. **调幅电路**

调幅电路是把电感量的变化转化为电压的变化从而进行输出的，一般采用交流电桥电路作为此过程中的转换电路，这种电路通常有三种基本形式。

（1）变压器电路。

调幅电路的主要形式是交流电桥。关于交流电桥，前面已经讨论过，在此主要介绍在电感式传感器中经常使用的变压器电桥。

图4.1.5所示为变压器电桥，Z_1 和 Z_2 为传感器两个线圈的阻抗，另两臂分别为电源变压器二次侧线圈的一半，每半的电压为$\dot{U}/2$。输出空载电压为

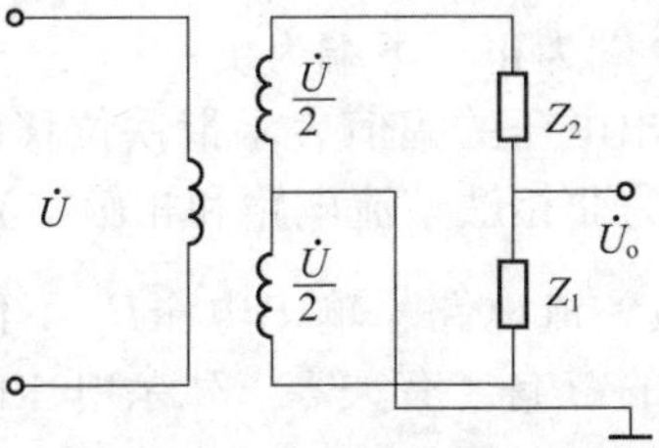

图4.1.5 变压器电桥

$$\dot{U}_o=\frac{\dot{U}}{Z_1+Z_2}Z_1-\frac{\dot{U}}{2} \tag{4.1.27}$$

在初始平衡状态下，$Z_1=Z_2=Z$，$U_o=0$。当衔铁偏离中间零点时，设 $Z_1=Z+\Delta Z$，$Z_2=Z-\Delta Z$，代入式（4.1.27）可得

$$\dot{U}_o=\frac{\dot{U}}{2}\frac{\Delta Z}{Z} \tag{4.1.28}$$

同理，当传感器衔铁移动方向相反时，则 $Z_1=Z-\Delta Z$，$Z_2=Z+\Delta Z$，代入式（4.1.27）可得

$$\dot{U}_o=-\frac{\dot{U}}{2}\frac{\Delta Z}{Z} \tag{4.1.29}$$

比较式（4.1.28）和式（4.1.29），说明这两种情况输出电压大小相等、方向相反，即相位相差180°，而这两个式子所表示的电压都为交流电压，如果用示波器看波形，结果是一样的。为了判别衔铁的移动方向，需要在后续电路中配相敏检波电路。

（2）相敏检波电路。

图4.1.6所示是相敏检波电路的原理图。电桥由差动式电感传感器线圈 Z_1 和 Z_2 以及平衡电阻 R_1 和 R_2 组成，$R_1=R_2$，$D_1\sim D_4$ 构成了相敏整流器，桥的一条对角线接有交流电源$\dot{U}$，另一个对角线接有电压表，当差动衔铁处于中间位置时，$Z_1=Z_2=Z$，输出电压$\dot{U}$为零。

当衔铁偏离中间位置而使 $Z_2=Z+\Delta Z$ 增加、$Z_1=Z-\Delta Z$ 减少时，这时当电源$\dot{U}$上端为正、下端为负时，电阻 R_2 上的压降大于 R_1 上的压降；当电源$\dot{U}$下端为正、上端为负时，电阻 R_1 上的压降大于 R_2 上的压降，则电压表输出下端为正，上端为负。

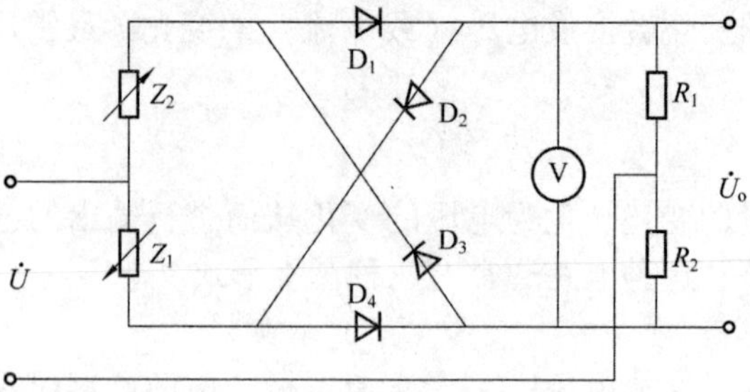

图 4.1.6　相敏检波电路的原理图

当衔铁偏离中间位置而使 $Z_1=Z+\Delta Z$ 增加，$Z_2=Z-\Delta Z$ 减少时，此时若电源$\dot{U}$上端为正、下端为负，则电阻 R_1 上的压降大于 R_2 上的压降；若$\dot{U}$上端为负、下端为正，则 R_2 上的压降大于 R_1 上的压降，电压表输出上端为正，下端为负。

比较上述两种情况可知，输出电压的幅值表示衔铁位移的大小，输出电压的极性反映了衔铁移动的方向。图 4.1.7 所示为非相敏整流电路和相敏整流电路输出电压特性曲线比较图。由图 4.1.7（b）可见，使用相敏整流电路，输出电压$\dot{U}_o$ 不仅能反映衔铁位移 x 的大小和方向，而且还消除了零点残余电压的影响（有关零点残余电压的知识将在本书差动变压器部分详细介绍）。

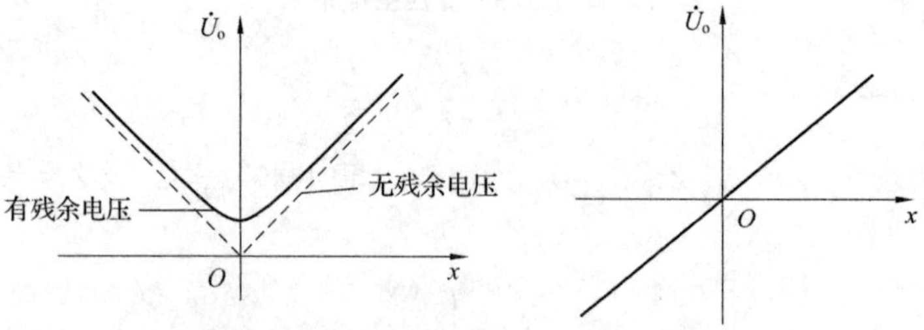

(a)非相敏整流电路　　(b)相敏整流电路

图 4.1.7　非相敏整流和相敏整流电路输出电压特性曲线比较图

（3）谐振式调幅电路。

图 4.1.8（a）所示为谐振式调幅电路的原理图。其中，传感器电感 L 与一个固定电容 C 和一个变压器 T 串联在一起，接入外接电源后，变压器二次侧将有电压$\dot{U}_o$ 输出，输出电压的频率与电源频率相同，幅值随 L 的变化而变化。图 4.1.8（b）为输出电压$\dot{U}_o$ 与电感 L 的关系曲线，其中 L_0 为谐振点的电感值。实际应用时可使用特性曲线一侧接近线性的一段。这种电路的灵敏度很高，但是线性差，适用于线性要求不高的场合。

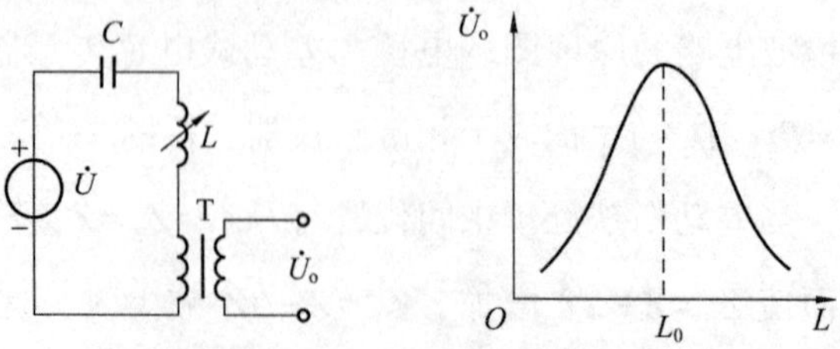

(a)原理图　　(b)输出电压$\dot{U}_o$与电感L的关系曲线

图 4.1.8　谐振式调幅电路

2. 调频电路

调频电路的基本原理是，传感器电感 L 的变化引起输出电压频率 f 的变化。一般是把传感器电感线圈 L 和一个固定电容 C 接入一个振荡电路中，如图 4.1.9（a）所示。图中 G 表示振荡电路，其振荡频率 $f=\dfrac{1}{2\pi\sqrt{LC}}$。当 L 变化时，振荡频率随之变化。根据 f 的大小即可测出被测量的值。当 L 微小变化 ΔL 后，频率变化 Δf 为

$$\Delta f=-\frac{(LC)^{-\frac{3}{2}}C\Delta L}{4\pi}=-\frac{f}{2}\frac{\Delta L}{L} \tag{4.1.30}$$

图 4.1.9（b）所示为 f 和 L 的特性曲线，它们具有明显的非线性关系，要求后续电路做适当线性化处理。

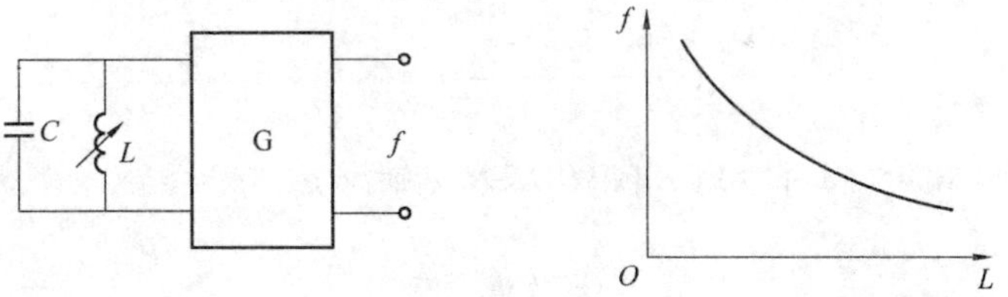

(a)原理图　　(b) f与L的特性曲线

图 4.1.9　调频电路

3. 调相电路

调相电路的基本原理是传感器电感 L 的变化将引起输出电压相位 φ 的变化。图 4.1.10（a）所示为一个相位电桥，一臂为传感器电感 L，另一臂为固定电阻 R，设计时使电感线圈具有高的品质因数。忽略其损耗电阻，则电感线圈与固定电阻上的压降 $\dot{U}_L$ 与 $\dot{U}_R$ 两个向量是相互垂直的，如图 4.1.10（b）所示。当电感 L 变化时，输出电压 $\dot{U}_o$ 的幅值不变，相位角 φ 随之变化。φ 与 L 的关系为

$$\varphi=-2\arctan\frac{\omega L}{R} \tag{4.1.31}$$

式中，ω 为电源角频率。

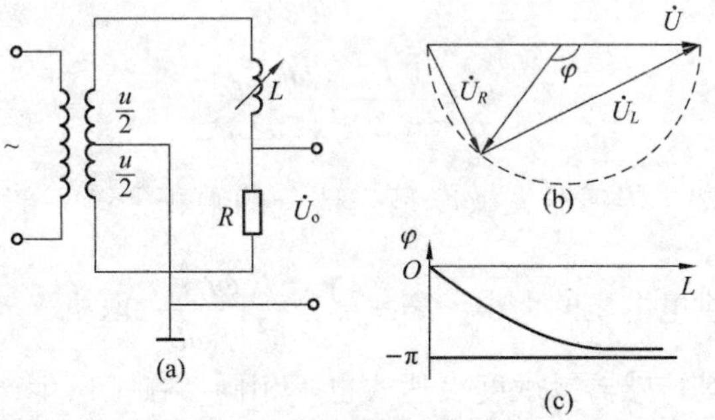

图 4.1.10　调相电路

在这种情况下，当 L 有微小的变化 ΔL 后，输出电压的相位变化 $\Delta\varphi$ 为

$$\Delta\varphi=-\frac{\frac{2\omega L}{R}}{1+\left(\frac{\omega L}{R}\right)^2}\frac{\Delta L}{L} \tag{4.1.32}$$

图 4.1.10（c）所示为 φ-L 特性关系曲线。

4. 自感式传感器的灵敏度

自感式传感器的灵敏度是指传感器结构（测头）和转换电路综合在一起的总灵敏度。下面以调幅电路为例讨论自感式传感器的灵敏度问题，对调频、调相电路可采用类似的方法进行研究。

自感式传感器结构灵敏度 k_0 可定义为电感值相对变化与引起这一变化的衔铁位移之比，即

$$k_0=\frac{\frac{\Delta L}{L}}{\Delta x} \tag{4.1.33}$$

转换电路灵敏度 k_c 定义为空载输出电压 U_o 与电感值相对变化之比，即

$$k_c=\frac{U_o}{\frac{\Delta L}{L}} \tag{4.1.34}$$

由式（4.1.33）和式（4.1.34）可得传感器灵敏度 k_Z 为

$$k_Z=k_0k_c=\frac{U_o}{\Delta x}$$

假定采用气隙型传感器，由式（4.1.15）知 $k_0=\frac{1}{\delta_0}$；采用图 4.1.5 所示的电压器电桥，由式（4.1.28）可得

$$U_o=\frac{u}{2}\frac{\Delta Z}{Z}$$

因为一般电感线圈设计时具有较高的品质因数 Q 值，则上式可变为

$$U_o=\frac{U}{2}\frac{(\omega L)^2}{R^2+(\omega L)^2}\frac{\Delta L}{L} \tag{4.1.35}$$

可得

$$k_c=\frac{U}{2}\frac{(\omega L)^2}{R^2+(\omega L)^2} \tag{4.1.36}$$

则传感器灵敏度 k_Z 为

$$k_Z=\frac{1}{\delta_0}\frac{U}{2}\frac{(\omega L)^2}{R^2+(\omega L)^2} \tag{4.1.37}$$

由式（4.1.37）可知，传感器灵敏度是三部分的乘积，第一部分 $\frac{1}{\delta_0}$ 取决于传感器的类型，第二部分 $\frac{U}{2}$ 取决于供电电压的大小，第三部分 $\frac{(\omega L)^2}{R^2+(\omega L)^2}$ 取决于转换电路的形式。传感器类型和转换电路不同，其传感器灵敏度表达式也不相同。在工厂生产中，测定传感器的灵敏度是在把传感器接入转换电路后进行的，而且规定传感器灵敏度的单位为（mV/μm）/V。即当电源电压为 1 V，衔铁移动 1 μm 时，输出电压为若干毫伏。

4.1.6 自感式传感器应用举例

1. 自感式位移传感器

图 4.1.11 所示为螺线管式差动自感式传感器。可换测端 10 用螺纹拧在测杆 8 上，测杆 8

可在钢球导轨 7 上做轴向移动，测杆上端固定着衔铁 3，当测杆移动时，带动衔铁 3 在电感线圈中移动，线圈 4 放在圆筒形磁芯 2 中，线圈配置成差动形式，即当衔铁 3 由中间位置向上移动时，上线圈的电感量增加，下线圈的电感量减少。两个线圈用导线 1 引出，以便接入测量电路。测量力由弹簧 5 产生。防转销 6 用来限制测杆 8 的转动，密封套 9 用来防止尘土等进入测量头内。滚动导轨消除了径向间隙，使测量精度提高，并且灵敏度和使用寿命能达到较高指标。该自感式传感器广泛应用于几何量测量领域，如位移、轴的跳动、零件的受温热变形等。

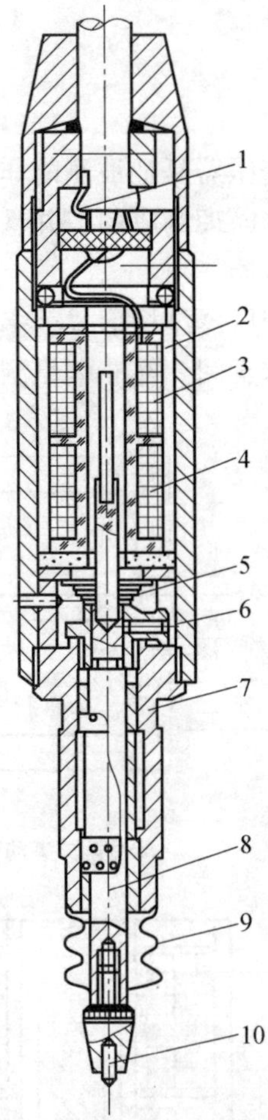

图 4.1.11　螺线管式差动自感式传感器

1—导线；2—磁芯；3—衔铁；4—线圈；5—弹簧；6—防转销；7—钢球导轨；8—测杆；9—密封套；10—可换测端

2. 自感式压力传感器

图 4.1.12 所示为变隙式自感压力传感器的结构图，它由膜盒、铁芯、衔铁及线圈等组成。衔铁与膜盒的上端连在一起，当压力进入膜盒时，膜盒的顶端在压强 p 的作用下产生与压强 p 大小成正比的位移，于是衔铁也发生移动，从而使气隙发生变化，流过线圈的电流也发生相应的变化，电流表的指示值反映了被测压力的大小。

图 4.1.13 所示为变隙差动式电感压力传感器，它主要由 C 形弹簧管、衔铁、铁芯和线圈等组成。当被测压力进入 C 形弹簧管时，C 形弹簧管产生变形，其自由端发生位移，带动与自由端连接成一体的衔铁运动，使线圈 1 和线圈 2 中的电感产生大小相等、符号相反的变化，即一个电感量增大，另一个电感量减小。电感的这种变化通过电桥电路转换成电压输出。再通过相敏检波电路等电路处理，使输出信号与被测压力之间成正比例关系，即输出信号换测端号的大小决定衔铁位移的大小，输出信号的相位决定衔铁移动的方向。

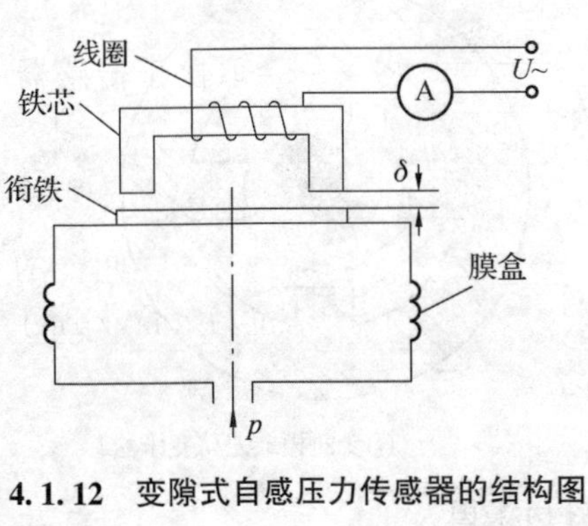

图 4.1.12　变隙式自感压力传感器的结构图

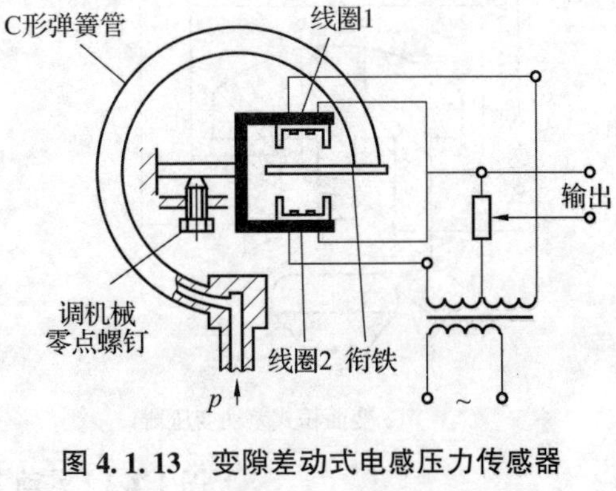

图 4.1.13　变隙差动式电感压力传感器

4.2 差动变压器

差动变压器是把被测的非电量变化转换成线圈互感量变化的装置。这种传感器是根据变压器的基本原理制成的，并且次级绕组用差动的形式连接，故称为差动变压器式传感器，简称差动变压器。

差动变压器结构形式较多，有变隙式、螺线管式和变面积式等，图 4.2.1 所示为差动变压器结构示意图。在非电量测量中，应用最多的是螺线管式，其次是变隙式。

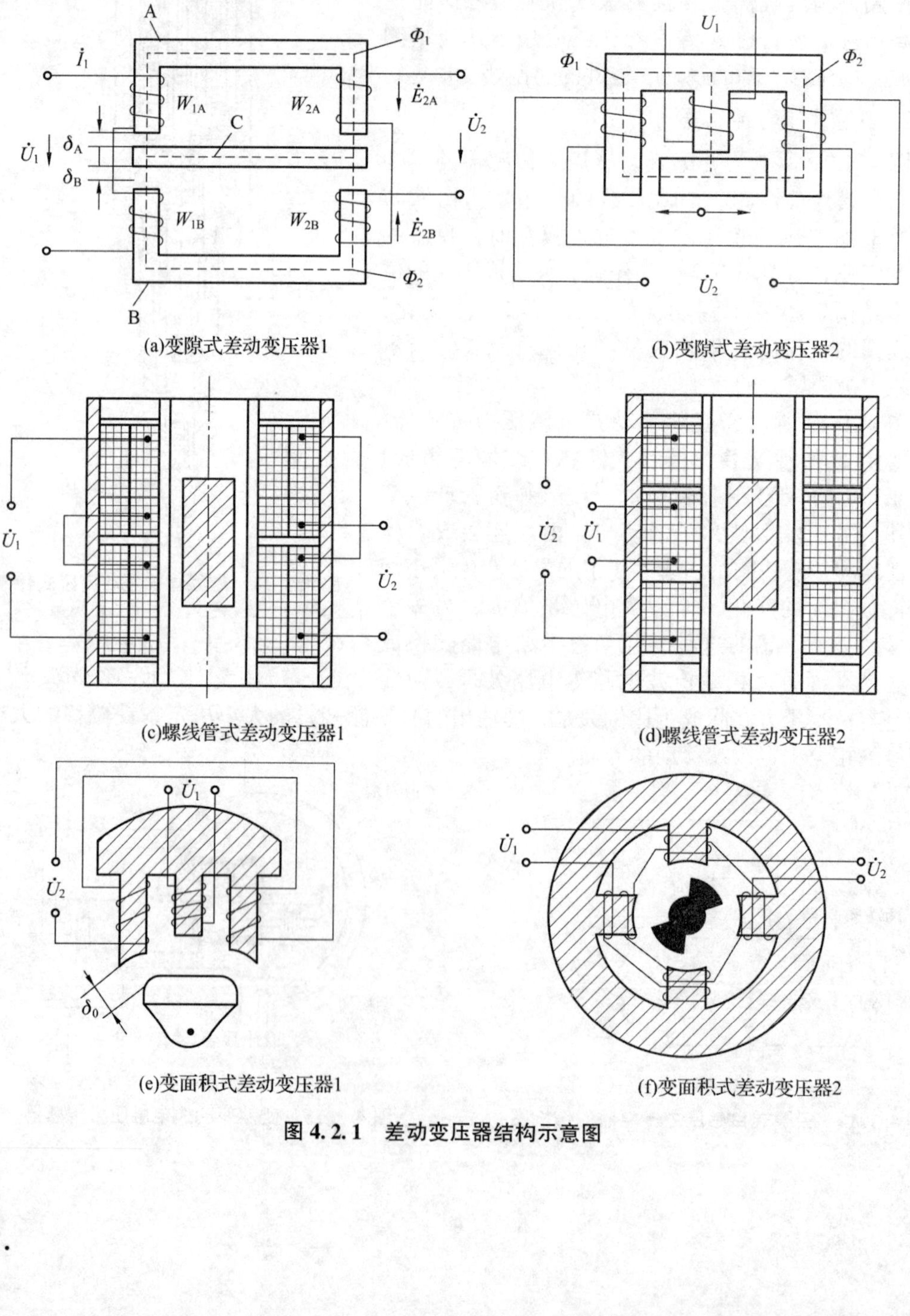

图 4.2.1　差动变压器结构示意图

4.2.1　变隙式差动变压器

1. 工作原理

设闭磁路变隙式差动变压器的结构如图 4.2.1（a）所示，在 A 和 B 两个铁芯上绕有 $W_{1A}=W_{1B}=W_1$ 的两个初级绕组和 $W_{2A}=W_{2B}=W_2$ 的两个次级绕组。两个初级绕组的同名端顺向串联，而两个次级绕组的同名端则反向串联。

当没有位移时，衔铁 C 处于初始平衡位置，它与两个铁芯的间隙为 $\delta_{A0}=\delta_{B0}=\delta_0$，则绕组 W_{1A} 和 W_{2A} 间的互感 M_A 与绕组 W_{1B} 与 W_{2B} 间的互感 M_B 相等，致使两个次级绕组的互感电势相等，即 $\dot{E}_{2A}=\dot{E}_{2B}$。由于次级绕组反向串联，因此，差动变压器输出电压 $\dot{U}_2=\dot{E}_{2A}-\dot{E}_{2B}=0$。

当被测体有位移时，与被测体相连的衔铁的位置将发生相应的变化，使 $\delta_A\neq\delta_B$，互感 $M_A\neq M_B$，两次级绕组的互感电势 $\dot{E}_{2A}\neq\dot{E}_{2B}$，输出电压 $\dot{U}_2=\dot{E}_{2A}-\dot{E}_{2B}\neq0$，电压的大小反映了被测位移的大小，对 $\dot{U}_2$ 用相敏检波等电路处理，使最终输出电压的极性能够反映位移的方向。

2. 输出特性

在忽略铁耗（即涡流与磁滞损耗忽略不计）、漏感及变压器次级开路的条件下，图 4.2.1（a）所示电路可用图 4.2.2 的等效电路表示。图中 r_{1A} 与 L_{1A}、r_{1B} 与 L_{1B}、r_{2A} 与 L_{2A}、r_{2B} 与 L_{2B} 分别为 W_{1A} 与 W_{1B}、W_{2A} 与 W_{2B} 绕组的直流电阻与电感。

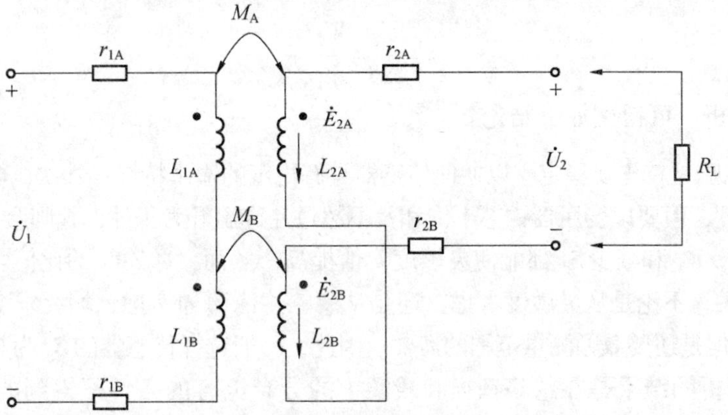

图 4.2.2　变隙式差动变压器等效电路

根据电磁感应定律和磁路欧姆定律，当 $r_{1A}\leqslant\omega L_{1A}$、$r_{1B}\leqslant\omega L_{1B}$ 时，如果不考虑铁芯与衔铁中的磁阻影响，对图 4.2.2 所示的等效电路进行分析，可得变隙式差动变压器输出电压 $\dot{U}_2$ 的表达式为

$$\dot{U}_2=\frac{\delta_B-\delta_A}{\delta_B+\delta_A}\frac{W_2}{W_1}\dot{U}_1 \tag{4.2.1}$$

由式（4.2.1）可知，当衔铁处于初始平衡位置时，因 $\delta_A=\delta_B=\delta_0$，则 $\dot{U}_2=0$。但是，如果被测体带动衔铁移动，例如，向上移动 $\Delta\delta$（假设向上移动为 iE）时，则有 $\delta_A=\delta_0-\Delta\delta$，$\delta_B=\delta_0+\Delta\delta$，代入式（4.2.1）得

$$\dot{U}_2=-\frac{W_2\dot{U}_1}{W_1\delta_0}\Delta\delta \tag{4.2.2}$$

式（4.2.2）为闭磁路变隙式差动变压器的输出特性。它表明输出电压$\dot{U}_2$与衔铁位移量$\Delta\delta$成正比，且当衔铁向上移动时，输出电压$\dot{U}_2$与输入电压$\dot{U}_1$反相（相位差为180°），当衔铁向下移动时，$\dot{U}_2$与$\dot{U}_1$同相。图4.2.3所示为变隙式差动变压器的输出特性（输出电压$\dot{U}_2$与位移$\Delta\delta$的关系曲线）。

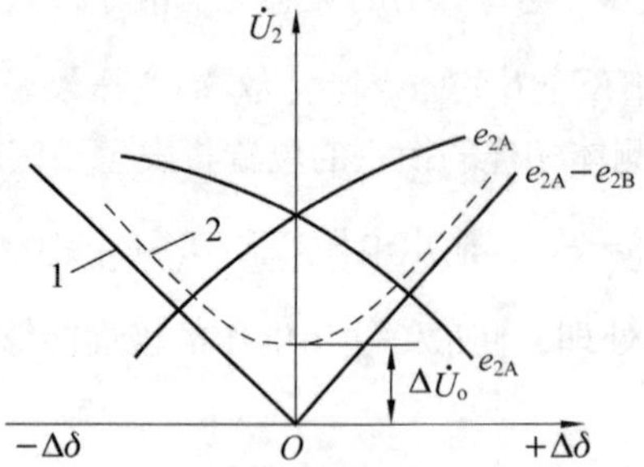

图4.2.3　变隙式差动变压器的输出特性

1—理想特性；2—实际特性

由式（4.2.2）可得变隙式差动变压器灵敏度k为

$$k=\frac{U_2}{\Delta\delta}=\frac{W_2U_1}{W_1\delta_0} \tag{4.2.3}$$

综合以上分析，可得到如下结论：

（1）供电电源$\dot{U}_1$首先要稳定，以便使传感器具有稳定的输出特性；其次，电源幅值的适当提高可以提高灵敏度，但要以变压器铁芯不饱和及不超过允许温升为条件，否则会引起附加误差。

（2）增加W_2/W_1和减少δ_0都能使灵敏度k值提高，然而，W_2/W_1的比值与变压器的体积及零点残余电压有关，不论是从灵敏度考虑，还是从忽略边缘磁通考虑，均要求变隙式差动变压器的δ_0越小越好，但是还要兼顾测量范围的需要。因此，一般选择传感器的δ_0为0.5 mm。

（3）以上分析的结果是在忽略铁损和线圈中的分布电容的条件下得到的，如果考虑到这些影响，将会使传感器性能变差，如灵敏度降低、非线性加大等。但是，其在一般工程应用中是可以忽略的。

（4）以上结果是在假定工艺上严格对称的前提下得到的，而实际上很难做到这一点，使传感器实际输出特性曲线如图4.2.3中曲线2所示，存在零点残余电压$\Delta\dot{U}_0$，需要采取措施减小或消除零点残余电压的影响。

（5）上述推导是在变压器副边开路的情况下得到的。如果直接配低输入阻抗电路，就必须考虑变压器副边电流对输出特性的影响

4.2.2　螺线管式差动变压器

1. 工作原理

螺线管式差动变压器的结构如图4.2.4所示，它由一个初级线圈、两个次级线圈和插入

线圈中央的圆柱形铁芯等组成。螺线管式差动变压器中的两个次级线圈反相串联，并且在忽略铁损、导磁体磁阻和绕组分布电容的理想情况下，其等效电路如图 4.2.5 所示。当初级绕组加以适当频率的电压激励时，根据变压器的工作原理，在两个次级绕组 W_{2A} 和 W_{2B} 中产生感应电势 $\dot{E}_{2A}$ 和 $\dot{E}_{2B}$。如果工艺上保证变压器结构完全对称，则当活动衔铁处于初始平衡位置时，必然会使两次级绕组磁回路的磁阻相等、磁通相同、互感系数 $M_1=M_2$，根据电磁感应原理，将有 $\dot{E}_{2A}=\dot{E}_{2B}$。由于变压器两个次级绕组反向串联，因此 $\dot{U}_2=\dot{E}_{2A}-\dot{E}_{2B}=0$，即差动变压器输出电压为零。

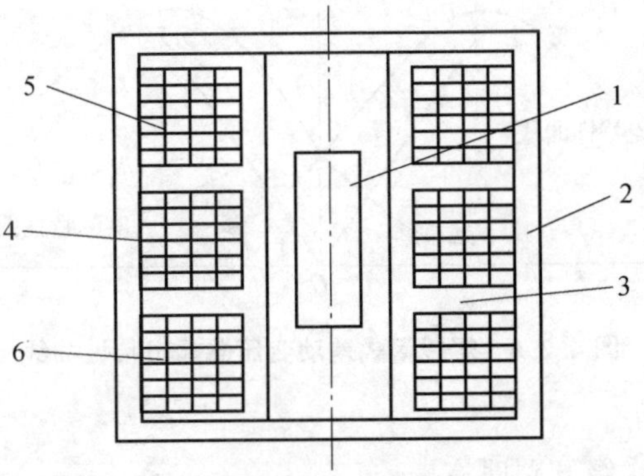

图 4.2.4　螺线管式差动变压器的结构

1—活动衔铁；2—导磁外壳；3—骨架；4—匝数为 W_1 的初级绕组；5—匝数为 W_{2A} 的次级绕组；6—匝数为 W_{2B} 的次级绕组

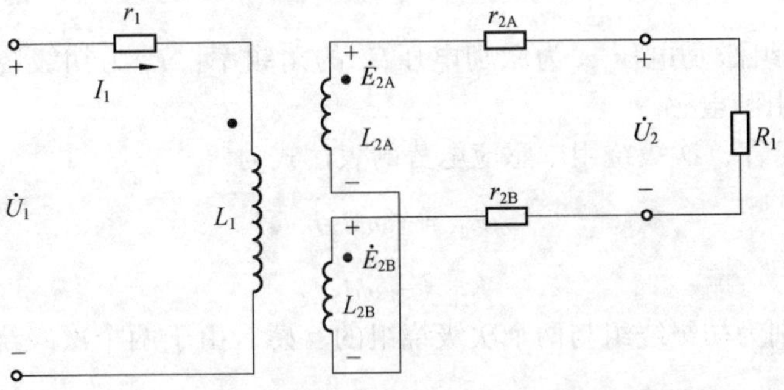

图 4.2.5　螺线管式差动变压器的等效电路

当活动铁芯向次级绕组 W_{2A} 方向移动时，由于磁阻的影响，W_{2A} 中的磁通将大于 W_{2B} 中的磁通，使 $M_1>M_2$，因而 $\dot{E}_{2A}$ 增加，$\dot{E}_{2B}$ 减小；反之，$\dot{E}_{2B}$ 增加，$\dot{E}_{2A}$ 减小。因为 $\dot{U}_2=\dot{E}_{2A}-\dot{E}_{2B}$，所以当 $\dot{E}_{2A}$ 和 $\dot{E}_{2B}$ 随着衔铁位移 x 变化时，$\dot{U}_2$ 也将随 x 变化。图 4.2.6 给出了螺线管式差动变压器输出特性曲线（输出电压 $\dot{U}_2$ 与活动衔铁位移缸的关系曲线）。图中实线为理论特性曲线，虚线为实际特性曲线。由图 4.2.6 可以看出，当衔铁处于中心位置时，输出电压并不等于零，把螺线管式差动变压器在零位移时的输出电压称为零点残余电压，记为 $\Delta \dot{U}_o$，它的存在使传感器的输出特性不经过零点，造成实际特性与理论特性不一致。在实际使用时，应设法减少零点残余电压，否则将会影响传感器的测量结果。

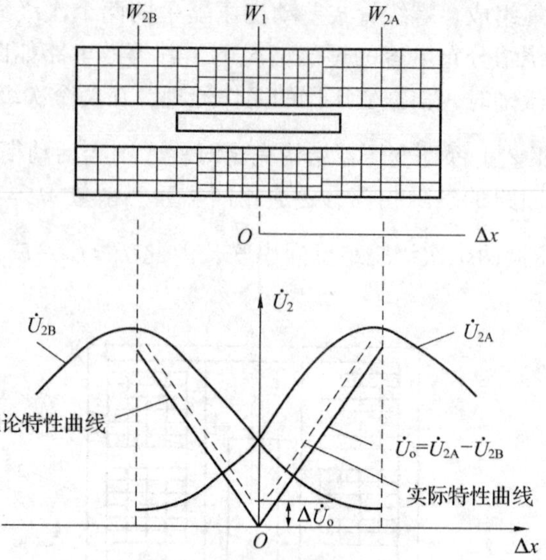

图 4.2.6　螺线管式差动变压器输出特性曲线

2. 基本特性

如图 4.2.5 所示，当次级开路时有

$$\dot{I}_1=\frac{\dot{U}_1}{r_1+j\omega L_1} \tag{4.2.4}$$

式中，$\dot{U}_1$ 为初级绕组激励电压 ω 为激励电压$\dot{U}_1$ 的角频率；$\dot{I}_1$ 为初级绕组激励电流；r_1 和 L_1 为初级绕组的电阻和电感。

根据电磁感应定律，次级绕组中感应电势的表达式为

$$\dot{E}_{2A}=-j\omega M_1\dot{I}_1 \tag{4.2.5}$$

$$\dot{E}_{2B}=-j\omega M_2\dot{I}_2 \tag{4.2.6}$$

式中，M_1 和 M_2 分别为初级绕组与两个次级绕组的互感。由于两个次级绕组反相串联，且考虑到次级开路，则

$$\dot{U}_2=\dot{E}_{2A}-\dot{E}_{2B}=-\frac{j\omega(M_1-M_2)\dot{U}_1}{r_1+j\omega L_1} \tag{4.2.7}$$

输出电压有效值为

$$U_2=\frac{\omega(M_1-M_2)U_1}{\sqrt{r_1^2+(\omega L_1)^2}} \tag{4.2.8}$$

式（4.2.8）表明，当激励电压幅值 U_{1m} 和角频率 ω、初级绕组的电阻 r_1 及电感 L_1 为定值时，螺线管式差动变压器的输出电压仅仅是初级绕组与两个次级绕组之间互感之差的函数。因此，只要求出互感 M_1 和 M_2 对活动衔铁位移 x 的关系式，再代入式（4.2.8），即可得到螺线管式差动变压器的输出特性表达式。下面对其基本特性进行分析：

（1）当活动衔铁处于中间位置时，$M_1=M_2=M$，则 $U_2=0$。

（2）当活动衔铁向 W_{2A} 方向移动时，$M_1=M+\Delta M$，$M_2=M-\Delta M$。

故
$$U_2=\frac{2\omega\Delta MU_1}{\sqrt{r_1^2+(\omega L_1)^2}}$$

由式（4.2.5）和式（4.2.6）可得，此时 $|\dot{E}_{2A}|>|\dot{E}_{2B}|$，又由式（4.2.7）可知，$\dot{U}_2$ 与 $\dot{E}_{2A}$ 同相。

（3）当活动衔铁向 W_{2B} 方向移动时，$M_1=M-\Delta M$，$M_2=M+\Delta M$。

故
$$U_2=-\frac{2\omega\Delta MU_1}{\sqrt{r_1^2+(\omega L_1)^2}}$$

同理可得，$\dot{U}_2$ 与 $\dot{E}_{2B}$ 同相。

3. 主要性能

（1）灵敏度。

螺线管式差动变压器灵敏度是指其在单位电压激励下，铁芯移动一个单位距离时的输出电压，以（V/mm）/V 表示。

在理想条件下，螺线管式差动变压器的灵敏度 k_E 正比于电源激励频率 f。但是由于实际工作中的诸多因素（传感器结构不对称、铁损、漏磁等）的影响，灵敏度与激励电压频率的关系曲线如图 4.2.7 所示。由图可见，在 f 从零开始增加的起始段（OA 段），k_E 随 f 的增加而增加；如果，再继续增加，导线铜损、涡流损耗、磁滞损耗明显增加，则 k_E 或趋于定值（AB 段），或下降（BC 段）。当 $f_L<f<f_H$ 时，不仅灵敏度 k_E 具有较大的稳定值，而且传感器输出、输入信号的相位也基本同相（或反相）。此类传感器所用激励电源频率，一般在 400 Hz~10 kHz 范围之内。

图 4.2.8 所示为螺线管式差动变压器灵敏度 k_E 与输入激励电压 U_1 的关系曲线。由曲线可知，提高输入激励电压，将使传感器灵敏度按线性增加。这是因为在其他条件不变的情况下，当增加 U_1 时，I_1 必然增加，k_E 也将随之增加。

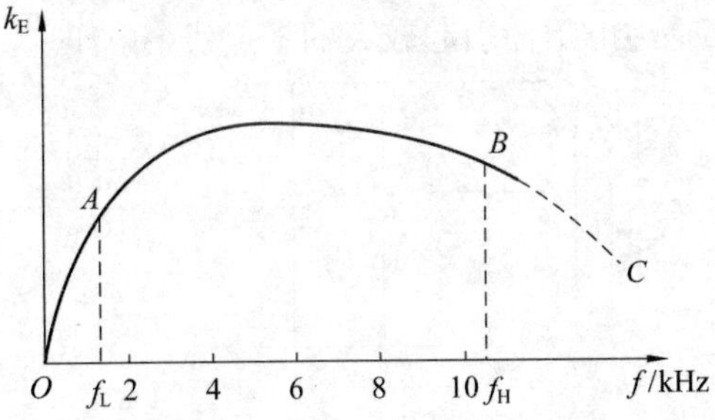

图 4.2.7　k_E 与 f 的关系曲线

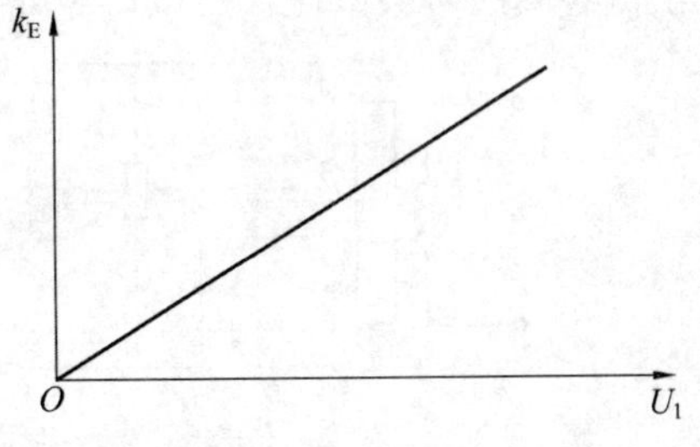

图 4.2.8　螺线管式差动变压器 k_E 与 U_1 的关系曲线

除激励频率和输入激励电压对差动变压器灵敏度有影响外，提高线圈的品质因数 Q 值，增大衔铁直径，选择导磁性能好、铁损小及涡流损耗小的导磁材料制作衔铁和导磁外壳等，也可以提高灵敏度。

（2）线性度。

在分析计算中，把传感器实际特性曲线与理论直线之间的最大偏差除以测量范围（满量程），并用百分数表示它的线性度。

影响螺线管式差动变压器线性度的因素很多，如骨架形状和尺寸的精确性、线圈的排列、铁芯的尺寸和材质、激励频率和负载状态等。为了使传感器具有较好的线性度，取测量范围为线圈骨架长度的1/10~1/4，激励频率采用中频，配用相敏检波测量电路等，均可改螺线管式差动变压器的线性度。

4. 零点残余电压及消除方法

零点残余电压的存在使传感器输出特性在零点附近不灵敏，限制着分辨率的提高。零点残余电压太大，将使线性度变坏，灵敏度下降，甚至会使放大器饱和，阻塞有用信号的通过，致使仪器不再反映被测量的变化。因此，零点残余电压是评定传感器性能的主要指标之一，必须设法减少和消除。产生零点残余电压的原因主要有两个方面：

（1）由于次级绕组两个测量线圈的等效参数不对称，使其输出的基波感应电势的幅值和相位不同，调整磁心位置时，不能达到幅值和相位同时相同。

（2）铁芯的 B-H 特性的非线性使其产生的高次谐波不同，不能互相抵消。

为了减小差动变压器的零点残余电压，可以采取下列措施：

①在设计和工艺上，力求做到磁路对称、线圈对称。铁芯材料要均匀，要经过热处理去除机械应力和改善磁性。次级绕组两个线圈窗口要一致，两个线圈绕制要均匀一致。次级绕组线圈绕制也要均匀。

②采用拆圈的实验方法减小零点残余电压。其思路是，由于次级绕组两个线圈的等效参数不相等，用拆圈的方法，使两者等效参数相等。

③在电路上进行补偿。线路补偿主要有加串联电阻、加并联电容、加反馈电阻或反馈电容等。

图 4.2.9 所示为补偿零点残余电压的几个电路。在图 4.2.9（a）中，在输出端接入电位器 R_P，调节 R_P，可使次级绕组两个线圈输出电压的大小和相位发生变化，从而使零点残余电压为最小值。这种方法对基波正交分量有明显的补偿效果，但对高次谐波无补偿作用。如果并联一个电容 C，就可以有效地补偿高次谐波分量，如图 4.2.9（b）所示。在图 4.2.9（c）中，串联电阻 R 用于调整次级绕组线圈的电阻值，并联电容可改变某一输出电势的相位，也能达到良好的零点残余电压补偿作用。在图 4.2.9（d）中，接入 R（几百千欧）减轻了两二次侧线圈的负载电压，可以避免外接负载不是纯电阻而引起较大的零点残余电压。

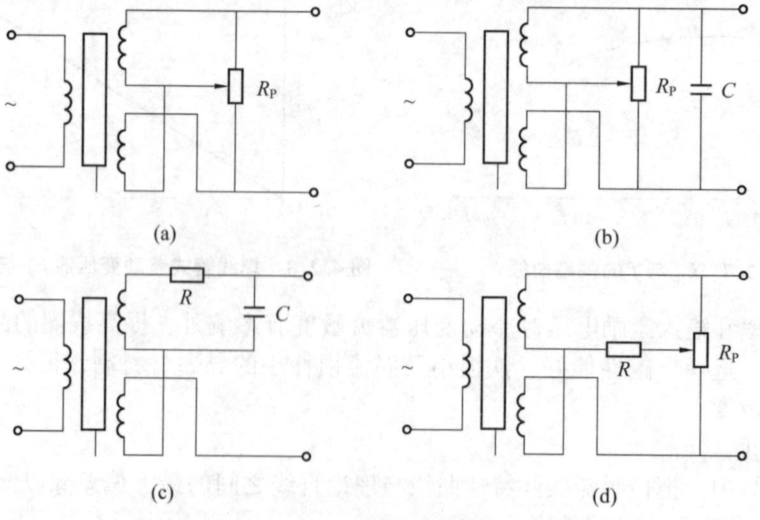

图 4.2.9　补偿零点残余电压的几个电路

5. 测量电路

由图 4.2.5 所示的等效电路可知，经反相串联后，螺线管式差动变压器的输出是交流电压，若用交流电压表测量，只能反映衔铁位移的大小，不能反映其移动方向。为了达到能辨别移动方向和消除零点残余电压的目的，实际测量时，常采用差动整流电路和相敏检波电路。

（1）差动整流电路。

差动整流电路是把差动变压器的两个次级输出电压分别整流，然后将整流的电压或电流的差值作为输出，图 4.2.10 给出了几种典型的电路形式，其中图 4.2.10（a）和（b）适用于高阻抗负载，图 4.2.10（c）和（d）适用于低阻抗负载，电阻 R_0 用于调整零点残余电压。

下面结合图 4.2.10（b）所示电路，分析差动整流电路的工作原理。

假定某瞬间载波为正半周，此时螺线管式差动变压器两个次级绕组线圈的相位关系为 A 正 B 负、C 正 D 负，则线圈供电的电流路径为 A→1→2→9→11→4→3→B，电容 C_1 两端的电压为 U_{24}。同理，电容 C_2 两端的电压为 U_{68}。螺线管式差动变压器的输出电压为上述两电压的代数和，即

$$U_2 = U_{24} - U_{68} \tag{4.2.9}$$

同理，当某瞬间为负半周时，即两次级线圈的相位关系为 A 负 B 正、C 负 D 正，按上述类似的分析，可得差动变压器输出电压 U_2 的表达式仍为式（4.2.9）。

当衔铁在零位时，因为 $U_{24} = U_{68}$，所以 $U_2 = 0$；当衔铁在零位以上时，因为 $U_{24} > U_{68}$，则 $U_2 > 0$；当衔铁在零位以下时，有 $U_{24} < U_{68}$，则 $U_2 < 0$。

由此可见，差动整流电路可以不考虑相位调整和零点残余电压的影响。此外，还具有结构简单、分布电容影响小和便于远距离传输等优点，从而获得了广泛的应用。

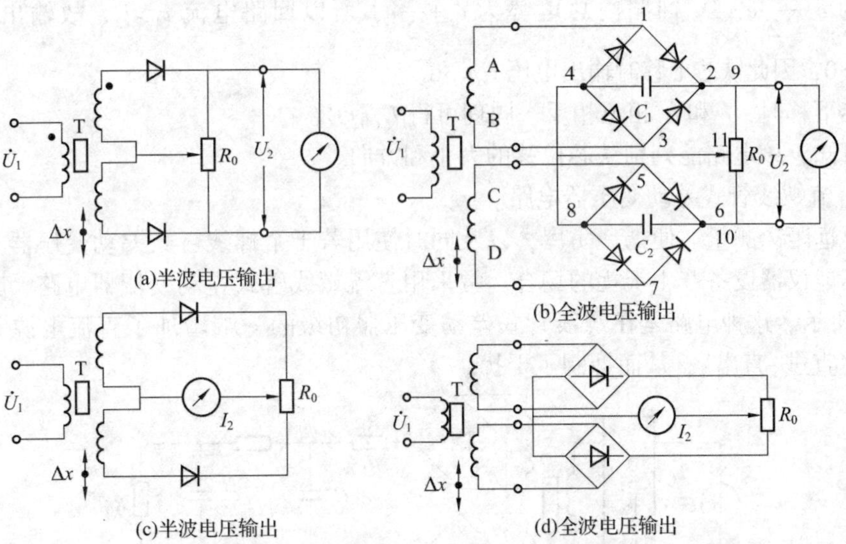

图 4.2.10　差动整流电路的典型电路形式

（2）相敏检波电路。

图 4.2.11 所示为二极管相敏检波电路。这种电路容易做到输出平衡，而且便于阻抗匹配。

图中，调制电压 e_r 和 e 同频，经过移相器使 e_r 和 e 保持同相或反相，且满足 $e_r \geqslant e$。调节电位器 R_P 可调电路平衡，电阻 $R_1 = R_2 = R_0$，电容 $C_1 = C_2 = C_0$，输出电压为 U_{CD}。

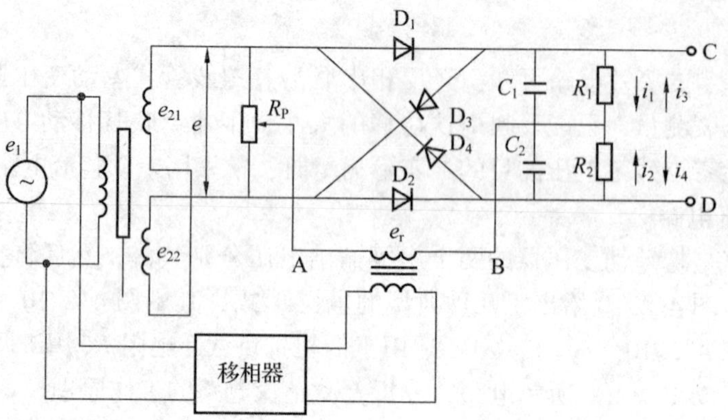

图 4.2.11　二极管相敏检波电路

电路的工作原理如下：当螺线管式差动变压器铁芯在中间位置时，$e=0$，只有 e_r 起作用，设此时 e_r 为正半周，即 A 为正、B 为负，D_1 和 D_2 导通，D_3 和 D_4 截止，流过 R_1 和 R_2 上的电流分别为 i_1 和 i_2，其电压降 U_{CB} 及 U_{DB} 大小相等、方向相反，故输出电压 $U_{CD}=0$。当 e_r 为负半周时，A 为负、B 为正，D_3 和 D_4 导通，D_1 和 D_2 截止，流过 R_1 和 R_2 上的电流分别为 i_3 和 i_4，其电压降 U_{BC} 与 U_{BD} 大小相等方向相反，故输出电压 $U_{CD}=0$。

若铁芯上移，$e\neq 0$，设 e 和 e_r 同相位，由于 $e_r \geqslant e$，因此 e_r 为正半周时，D_1 和 D_2 仍导通，D_3 和 D_4 截止，但 D_1 回路内总电势为 $e_r+\frac{1}{2}e$，而 D_2 回路内总电势为 $e_r-\frac{1}{2}e$，故回路电流 $i_1>i_2$，输出电压 $U_{CD}=R_0(i_1-i_2)>0$。当 e_r 为负半周时，D_3 和 D_4 导通，D_1 和 D_2 截止，此时 D_3 回路内总电势为 $e_r-\frac{1}{2}e$，D_4 回路内总电势为 $e_r+\frac{1}{2}e$，所以回路电流 $i_4>i_3$，故输出电压 $U_{CD}=R_0(i_4-i_3)>0$，因此铁芯上移时输出电压 $U_{CD}>0$。

当铁芯下移时，e 和 e_r 相位相反，同理可得 $U_{CD}<0$。

因此可知，该电路能判别铁芯位移的大小和方向。

（3）直流螺线管式差动变压器电路。

在需要远距离测量、便携、防爆，以及同时使用若干个螺线管式差动变压器且需避免相互间或对其他仪器设备产生干扰的场合，常采用直流螺线管式差动变压器电路，其原理图如图 4.2.12 所示。这种电路是在螺线管式差动变压器初级的一端增加了直流电源和多谐振荡器，形成“直进-直出”，从而抑制了干扰。

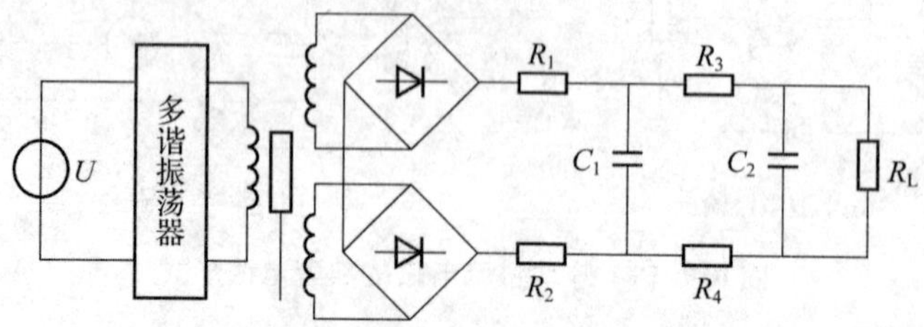

图 4.2.12　直流螺线管式差动变压器电路原理图

4.2.3　螺线管式差动变压器的应用

螺线管式差动变压器可以直接用于位移测量，也可以测量与位移有关的任何机械量，如力、力矩、压力、压差、振动、加速度、应变、液位等。下面介绍其几种常见的应用。

1. 力和力矩的测量

图 4.2.13 所示为差动变压器式力传感器。具有缸体状空心截面的弹性元件 3 发生形变，衔铁 2 相对线圈 1 移动，产生正比于力的输出电压。这种传感器的优点是承受轴向力时，应力分布均匀；当长径比较小时，受横向偏心分力的影响较小。对这种传感器结构做适当改进，使其可在电梯载荷测量中应用。

如果将弹性元件设计成敏感圆周方向变形的结构，并配成相应的电感传感器，就能构成力矩式传感器。这种传感器已成功地应用于船模运动的测试分析中。

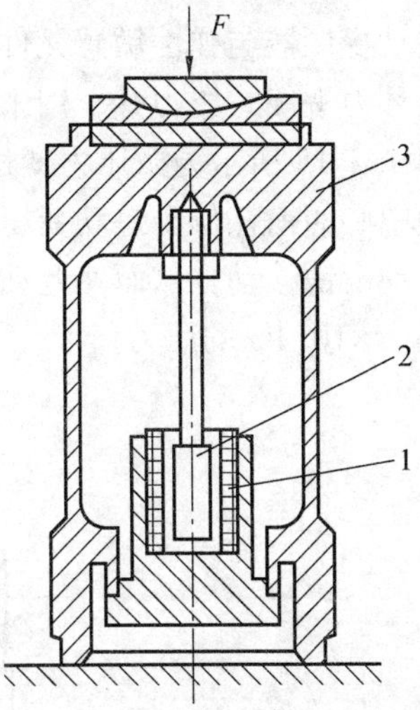

图 4.2.13　差动变压器式力传感器

1—绕组；2—衔铁；3—弹性元件

2. 微小位移的测量

图 4.2.14 所示为一个方形结构的差动变压器式传感器，可用于多种场合下测量微小位移。测杆 5 以圆片簧 4 导向，弹簧 9 产生测力。测端 1 通过轴套 3 与测杆相连。工作时，固定在测杆上的磁芯 7 在绕组 8 中移动。绕组及其骨架放在磁筒 6 内，并通过导线 10 接入电路，防尘罩 2 在外壳的侧面有螺纹孔，以便将其安装在基座上。

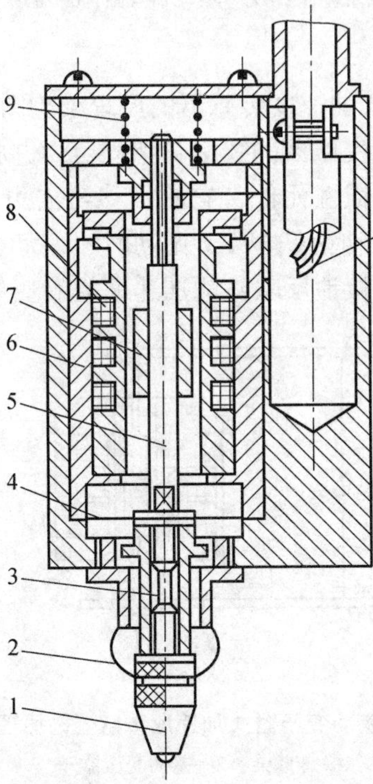

图 4.2.14　小位移测量用差动变压器式传感器

1—测端；2—防尘罩；3—轴套；4—圆片簧；5—测杆；6—磁筒；7—磁芯；8—绕组；9—弹簧；10—导线

3. 压力的测量

差动变压器与弹性敏感元件（膜片、膜盒和弹簧管等）相结合，可以组成开环压力传感器和闭环力平衡式压力计，用来测量压力或压差。

图 4. 2. 15 所示为微压力变送器结构示意图。在无压力作用时，膜盒处于初始状态，固连于膜盒中心的衔铁位于差动变压器线圈的中部，输出电压为零。当被测压力经接头输入膜盒后，推动衔铁移动，从而使差动变压器输出正比于被测压力的电压。这种微压力传感器可测（$-4 \sim 6$）$\times 10^4$ Pa 的压力。

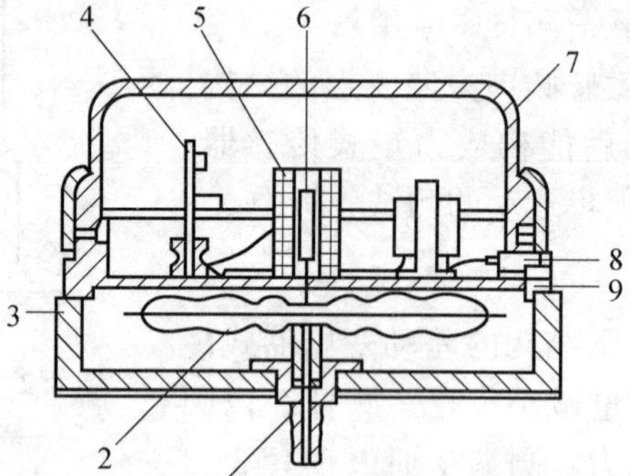

图 4. 2. 15　微压力变送器结构示意图

1—接头；2—膜盒；3—底座；4—线路板；5—差动变压器线圈；6—衔铁；7—罩壳；8—插头；9—通孔

4. 加速度的测量

图 4. 2. 16 所示为差动变压器式加速度传感器的原理结构图，它由悬臂梁和差动变压器构成。测量时，将悬臂梁底座及差动变压器的线圈骨架固定，并将衔铁的 A 端与被测振动体相连，此时衔铁作为加速度测量中的惯性元件，它的位移与被测加速度成正比，使加速度的测量转变为位移的测量。当被测体带动衔铁以 Δx 振动时，差动变压器的输出电压也按相同规律变化。通过输出电压值的变化间接地反映被测加速度值的变化。

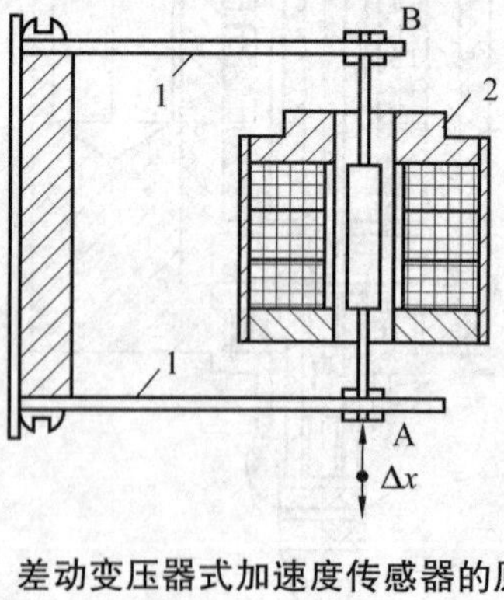

图 4. 2. 16　差动变压器式加速度传感器的原理结构图

1—悬臂梁；2—差动变压器

4. 3　电涡流式传感器

根据法拉第电磁感应定律，当块状导体在交变磁场或在固定磁场中运动时，导体内会产生感应电流，此电流在导体内闭合，称为涡流。电涡流式传感器是利用电涡流效应，将位移、厚度、材料损伤等非电量转换为电阻抗的变化（或电感、Q 值的变化），从而进行非电量的测量。

4.3.1　电涡流式传感器的工作原理

1. 工作原理

电涡流式传感器原理图如图 4.3.1（a）所示，它由传感器激励线圈和被测金属体组成。根据法拉第电磁感应定律，当传感器激励线圈中通以正弦交变电流时，线圈周围将产生正弦交变磁场，使位于该磁场中的金属导体中产生感应电流，该感应电流又产生新的交变磁场。新的交变磁场阻碍原磁场的变化，使得传感器线圈的等效阻抗发生变化。传感器线圈受电涡流影响时的等效阻抗 Z 为

$$Z=F\ (\rho,\ \mu,\ r,\ f,\ x) \tag{4.3.1}$$

式中，ρ 为被测体的电阻率；μ 为被测体的磁导率；r 为线圈与被测体的尺寸因子；f 为线圈中激磁电流的频率；x 为线圈与导体间的距离。

由此可见，线圈阻抗的变化完全取决于被测金属导体的电涡流效应，分别与以上因素有关。如果只改变式（4.3.1）中的一个参数，保持其他参数不变，传感器线圈的阻抗 Z 就只与该参数有关，如果测出传感器线圈阻抗的变化，就可以确定该参数。在实际应用中，通常是改变线圈与导体间的距离 x，而保持其他参数不变，来实现位移和距离的测量。

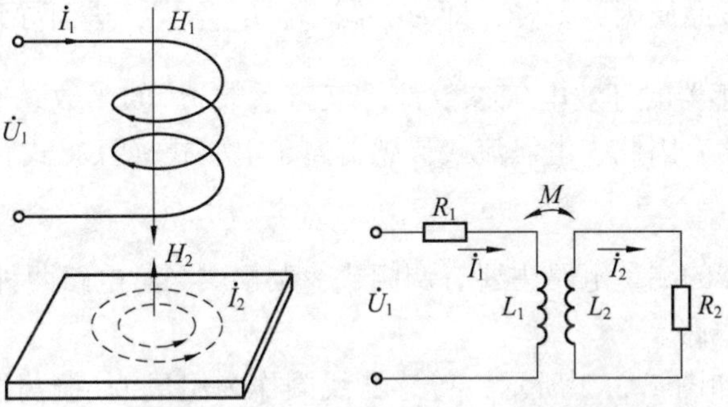

(a)原理图　　(b)等效电路

图 4.3.1　电涡流式传感器

2. 等效电路

讨论电涡流式传感器时，可以把产生电涡流的金属导体等效成一个短路环，即假设电涡流只分布在环体内。因此，电涡流式传感器的等效电路如图 4.3.1（b）所示。图中 R_2 为电涡流短路环等效电阻，其计算方法为

$$R_2=\frac{2\pi\rho}{h\ln\dfrac{r_a}{r_i}} \tag{4.3.2}$$

式中，R_2 为电涡流短路环等效电阻；h 为电涡流的深度$\left(h=\sqrt{\dfrac{\rho}{\pi\mu_0\mu_r f}}\right)$；$r_a$ 为短路环的外径；r_i 为短路环的内径。

由基尔霍夫电压定律有

$$\left.\begin{aligned}R_1\dot{I}_1+\mathrm{j}\omega L_1\dot{I}_1-\mathrm{j}\omega M\dot{I}_2=\dot{U}_1\\-\mathrm{j}\omega M\dot{I}_1+R_2\dot{I}_2+\mathrm{j}\omega L_2\dot{I}_2=0\end{aligned}\right\}\tag{4.3.3}$$

式中，ω 为线圈激磁电流的角频率；R_1、L_1 分别为线圈的电阻和电感；R_2、L_2 分别为短路环的等效电阻和等效电感；M 为线圈与金属导体间的互感系数。

由式（4.3.3）可得等效阻抗为

$$\begin{aligned}Z&=\frac{\dot{U}_1}{\dot{I}_1}=R_1+\frac{\omega^2M^2R_2}{R_2^2+(\omega L_2)^2}+\mathrm{j}\omega\left[L_1-\frac{\omega^2M^2L_2}{R_2^2+(\omega L_2)^2}\right]\\&=R_{eq}+\mathrm{j}\omega L_{eq}\end{aligned}\tag{4.3.4}$$

式中，R_{eq}为产生电涡流效应后线圈的等效电阻；L_{eq}为产生电涡流效应后线圈的等效电感。

$$R_{eq}=R_1+\frac{\omega^2M^2R_2}{R_2^2+(\omega L_2)^2}\tag{4.3.5}$$

$$L_{eq}=L_1-\frac{\omega^2M^2L_2}{R_2^2+(\omega L_2)^2}\tag{4.3.6}$$

由式（4.3.5）和式（4.3.6）可知：

（1）由于电涡流的影响，线圈复阻抗的实部（等效电阻）增大、虚部（等效电感）减小。因此，线圈的等效品质因数下降，即 ωL_{eq}减小，R_{eq}增大，进而导致 $Q_{eq}=\frac{\omega L_{eq}}{R_{eq}}$减小。

（2）电涡流式传感器的等效电气参数都是互感系数 M^2 的函数。通常总是利用其等效电感的变化组成测量电路，因此，电涡流式传感器属于电感式（互感式）传感器。

3. 测量电路

用于电涡流传感器的测量电路主要有调频式、调幅式测量电路两种。

（1）调频式测量电路。

调频式测量电路如图 4.3.2 所示，传感器线圈作为组成 LC 振荡器的电感元件，当传感器等效电感在涡流影响下因被测量变化而发生变化时，将导致振荡器的振荡频率发生变化，该频率可直接由数字频率计测得，或通过频率—电压变换后用数字电压表测量出对应的电压。

（2）调幅式测量电路。

调幅式测量电路如图 4.3.3 所示，它是由传感器线圈、电容和石英晶体组成的石英晶体振荡电路。石英晶体振荡器相当于一个恒流源。给谐振回路提供一个频率稳定（f_0）的激励电流 i_0。LC 回路的阻抗为

$$Z=\frac{\mathrm{j}\omega L}{1-\omega^2LC}\tag{4.3.7}$$

式中，ω 为石英晶体振荡器的振荡频率。

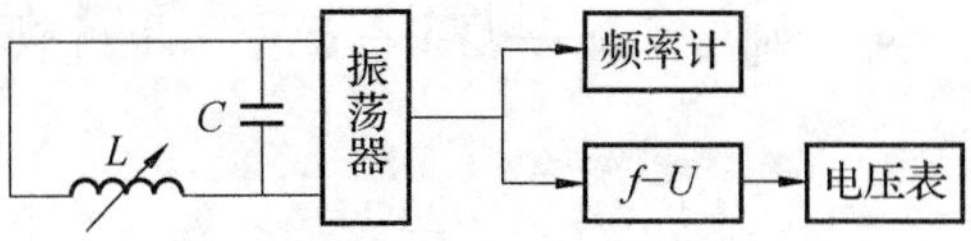

图 4.3.2　调频式测量电路

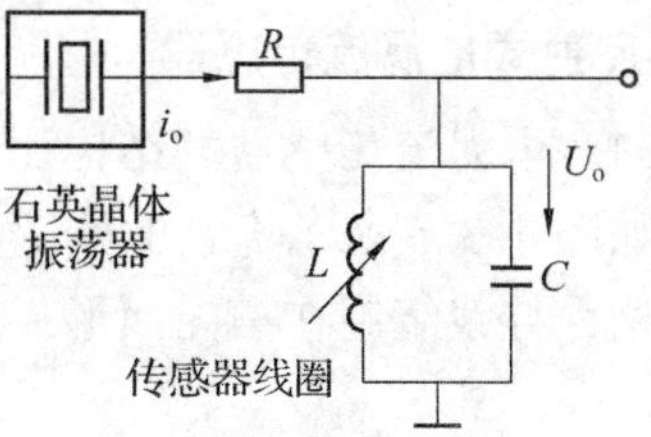

图 4.3.3　调幅式测量电路

LC 回路的输出电压为

$$U_o = i_o \cdot Z = i_o \cdot \frac{j\omega L}{1-\omega^2 LC} \tag{4.3.8}$$

由式（4.3.7）可知，当 $1-\omega^2 LC=0$ 时，即 $\omega=\frac{1}{\sqrt{LC}}$时，由于 $\omega=2\pi f_0$，因此有 $f_0=\frac{1}{2\pi\sqrt{LC}}$（此为 LC 振荡回路的谐振频率），此时阻抗值最大；此外，无论是 L 增加导致 $1-\omega^2 LC<0$ 还是 L 减小导致 $1-\omega^2 LC>0$，都将使振荡回路的阻抗值 Z 减小。由此可见，当金属导体与传感器的相对位置为某一个确定值时，LC 振荡回路的谐振频率恰好为激励频率（石英振荡频率）f_0；此时回路呈现的阻抗最大，谐振回路上的输出电压也最大。当被测金属导体靠近传感器线圈时，线圈的等效电感 L 发生变化，导致回路失谐，相应的谐振频率改变，等效阻抗将减小（图 4.3.4），从而使输出电压幅值减小。L 的数值随距离的变化而变化，因此，输出电压也随距离而变化，从而实现位移测量。

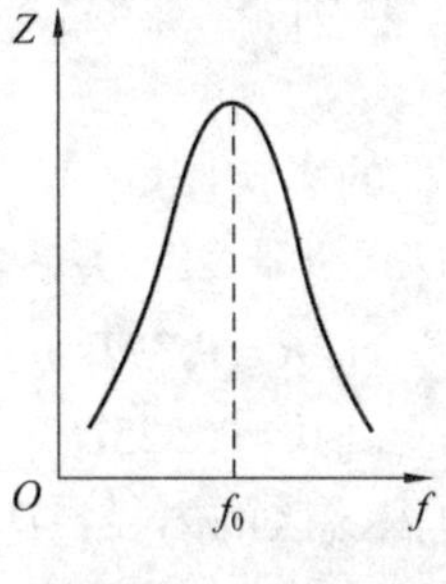

图 4.3.4　振荡同路阻抗与频率关系

4.3.2　电涡流式传感器的类型

涡流大小与导体电阻率 ρ、磁导率 μ、厚度 t、线圈与导体的距离 x 及线圈的激磁电流频率 f 等参数有关。磁场变化频率越高，涡流的趋肤效应越显著，即涡流穿透深度越小，其穿透深度 h（单位为 cm）可表示为

$$h=5\ 030\sqrt{\frac{\rho}{\mu_r f}} \tag{4.3.9}$$

式中，ρ 为导体电阻率，$\Omega\cdot$cm；μ_r 为导体相对磁导率；f 为交变磁场频率，Hz。

由式（4.3.9）可知，涡流穿透深度与激励电流频率 f 有关，所以电涡流式传感器根据激励频率高低，可以分为高频反射式和低频透射式两大类。

1. 高频反射式电涡流传感器

高频反射式电涡流传感器的结构比较简单，主要由一个安置在框架上的扁平圆形线圈构成，其结构如图 4. 3. 5 所示。它的电感线圈绕一个扁平圆形线圈粘贴于框架上，也可以在框架上开一条槽，导线绕制在槽内而形成一个线圈。

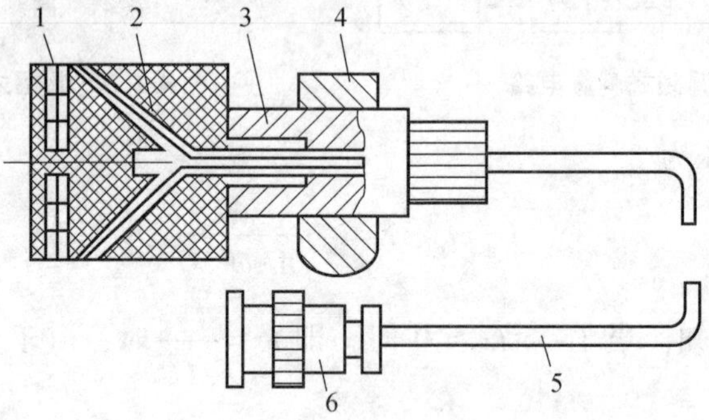

图 4. 3. 5　高频反射式电涡流传感器的结构

1—线圈；2—框架；3—框架衬套；4—支架；5—电缆；6—插头

需要指出的是，由于高频反射式电涡流传感器是利用传感器线圈与被测导体之间的电磁耦合进行工作的，因此作为传感器的线圈装置仅仅是“实际传感器”的一半，而另一半则是被测导体。所以，被测导体的材料物理性质、尺寸和形状等都与传感器的特性密切相关。

(1) 被测导体的材料对传感器特性的影响。

一般来说，被测导体的导电率越高，传感器的灵敏度也越高；但被测导体是磁性体时，磁导率越高，灵敏度越低，如被测导体有剩磁，将影响测量结果，所以，应该进行消磁处理。

(2) 被测导体的尺寸和形状对测量的影响。

研究结果表明，涡流区和线圈几何尺寸有如下关系：

$$\begin{cases} 2R = 1.39D \\ 2r = 0.525D \end{cases} \tag{4.3.10}$$

式中，$2R$ 为电涡流区的外径；$2r$ 为电涡流区的内径；D 为线圈的外径。

图 4. 3. 6 所示为电涡流密度的分布曲线。由图可见，在直径和线圈的外直径相等处的涡流区的涡流密度最大。在直径为线圈外直径的 1. 8 倍处和 0. 4 倍处，相对密度 j/j_0 已衰减到 5%以下。

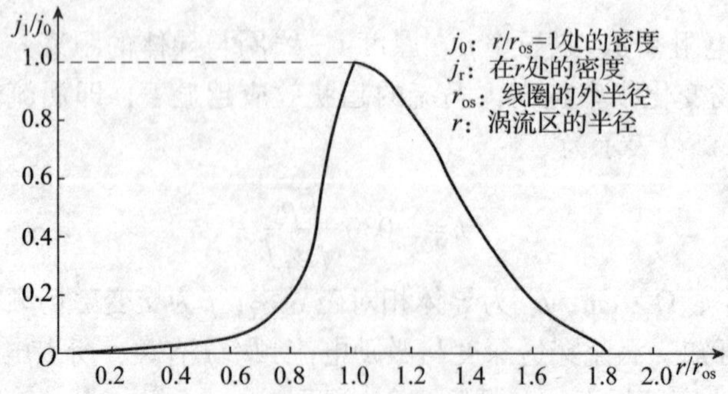

图 4. 3. 6　电涡流密度的分布曲线

根据分布曲线，可由线圈的大小确定被测区域的大小。同样，被测物体的厚度也不能太薄，一般应大于 0.2 mm（铜、铝箔等为 0.07 mm），才不影响测量结果。此外，对厚度的要求还与激励频率有关。

（3）被测导体表面镀层对测量精度的影响。

若被测表面有镀层，则由于镀层的性质和厚度不均匀，在测量转动或移动时，将出现周期性的干扰信号，影响测量精度，并且随着激励频率的升高，电涡流的贯穿深度减小，这种干扰影响更大。

（4）传感器的安装对测量精度的影响。

不适当的安装也将带来附加误差，降低灵敏度和线性范围。安装时，如传感器线圈本身未加屏蔽，那么不属于被测对象的金属物与线圈之间至少要相距一个线圈直径 d 的距离。

2. 低频透射式电涡流传感器

图 4.3.7 所示为低频透射式电涡流传感器的工作原理。发射线圈 L_1 和接收线圈 L_2 分别位于被测材料 M 的上、下方。由振荡器产生的音频电压 u 加到 L_1 的两端后，线圈中即流过一个同频的交变电流，并在其周围产生一交变磁场。如果两线圈间不存在被测材料 M，L_1 的磁场就能直接贯穿 L_2，于是 L_2 的两端会产生一交变电势 E。

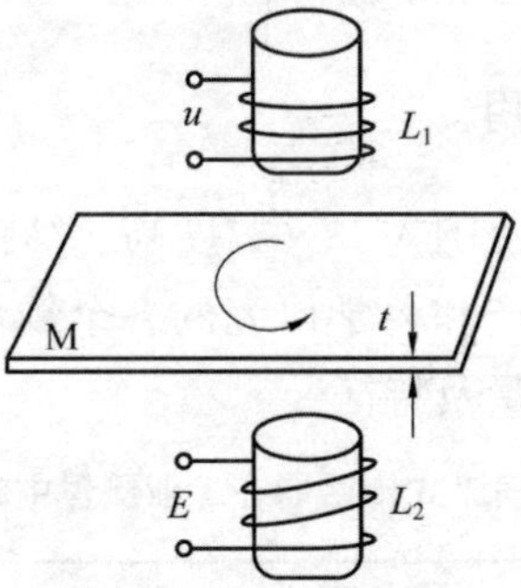

图 4.3.7　低频透射式电涡流传感器的工作原理

在 L_1 与 L_2 之间放置一金属板 M 后，L_1 产生的磁力线必然穿过 M（M 可以看作一匝短路线圈），并在 M 中产生涡流 i_o 这个涡流损耗了部分磁场能量，使到达 L_2 的磁力线减少，从而引起 E 的下降。M 的厚度 t 越大，涡流损耗也越大，E 就越小。由此可知，E 的大小间接反映了 M 的厚度 t，这就是测厚的原理。

M 中的涡流 i 的大小不仅取决于 t，且与 M 的电阻率 ρ 有关，而 ρ 又与金属材料的化学成分和物理状态——特别是温度有关，于是引起相应的测试误差，并限制了这种传感器的应用范围。补救的办法是对不同化学成分的材料分别进行校正，并要求被测材料温度恒定。

进一步的理论分析和实验结果证明，E 与 e^{-t/Q_s} 成正比，其中，t 为被测材料的厚度，Q_s 为涡流渗透深度。而 Q_s 又与 $\sqrt{\rho/f}$ 成正比，ρ 为被测材料的电阻率，f 为交变电磁场的频率，所以接收线圈的电势 E 随被测材料厚度 t 的增大而按负指数幂的规律减小，如图 4.3.8 所示。

对于确定的被测材料，其电阻率为定值，但当选用不同的激励频率 f 时，渗透深度 Q_s 的值是不同的，从而使 E-t 曲线的形状发生变化。

从图 4.3.9 中可以看到，在 t 较小的情况下，Q_{s3}曲线的斜率大于 Q_{s1}，曲线的斜率，而在 t 较大的情况下，Q_{s1}曲线的斜率大于 Q_{s3}曲线的斜率，其中，Q_{s3}、Q_{s2}、Q_{s1}曲线对应的激励频率分别为f_3、f_2、f_1。所以，测量薄板时应选较高的频率，而测量厚材时，应选较低的频率。

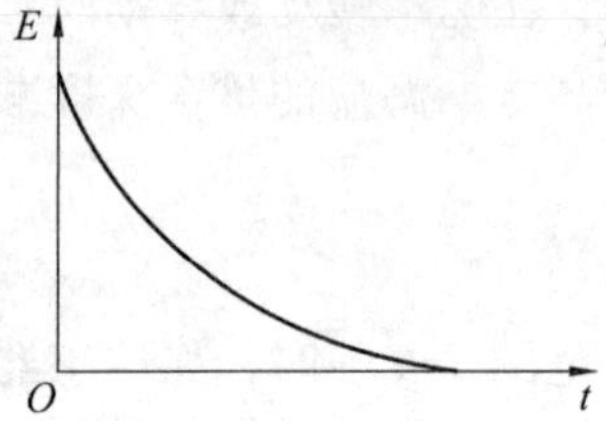

图 4.3.8　线圈感应电势与厚度关系曲线

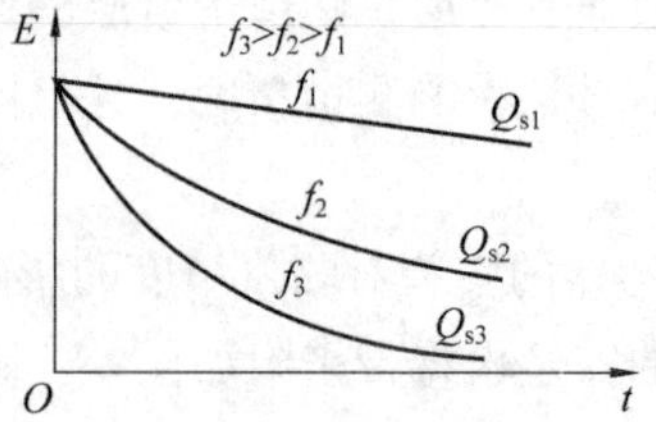

图 4.3.9　渗透深度对 E=f（t）曲线的影响

对于一定的激励频率f，当被测材料的电阻率ρ不同时，渗透深度 Q_s 的值也不相同，于是又引起 $E=f(t)$ 曲线形状的变化，为使测量不同ρ的材料时所得到的曲线形状相近，就需在ρ变动时保持 Q_s 不变，这时应该相应地改变f，即测ρ较小的材料（如紫铜）时，选用较低的f（500 Hz），而测ρ较大的材料（如黄铜、铝）时，则选用较高的f（2 kHz），从而保证传感器在测量不同材料时的线性度和灵敏度。

4.3.3　电涡流式传感器的应用

由于电涡流式传感器具有测量范围大、灵敏度高、结构简单、抗干扰能力强和可以非接触测量等优点，被广泛用于工业生产和科学研究的各个领域。表 4.3.1 给出了电涡流式传感器在工业测量中的被测参数、变换量及特征。

表 4.3.1　电涡流式传感器在工业测量中的应用及特征

被测参数	变换量	特征
位移、厚度、振动	x	（1）非接触测量，连续测量 （2）受剩磁的影响
表面温度、电解质浓度、材质判别	ρ	非接触测量，连续测量
应力硬度	μ	（1）非接触测量，连续测量 （2）受剩磁和材质影响
探伤	x、ρ、μ	可以定量判断

传感器在使用中，应该注意被测材料对测量的影响，被测体导电率越高，灵敏度越高，在相同量程下，其线性范围越宽。其次，被测体形状对测量也有影响，被测物体的面积远大于传感器检测线圈面积时，传感器灵敏度基本不发生变化；当被测物体面积为传感器线圈面积的一半时，其灵敏度减少一半；更小时，灵敏度则显著下降。如被测体为圆柱体时，当它的直径 D 是传感器线圈直径 d 的 3.5 倍以上时，不影响测量结果，在 $D/d=1$ 时，灵敏度降低至 70%。下面简略介绍几种主要的电涡流式传感器的应用实例。

1. 位移测量

电涡流式传感器可以用来测量各种形式的位移量，图 4. 3. 10 所示为位移计测量示意图。其中，图 4. 3. 10（a）为汽轮机主轴的轴向位移测量示意图；图 4. 3. 10（b）为磨床换向阀、先导阀的位移测量示意图；图 4. 3. 10（c）为金属试件的热膨胀系数测量示意图。

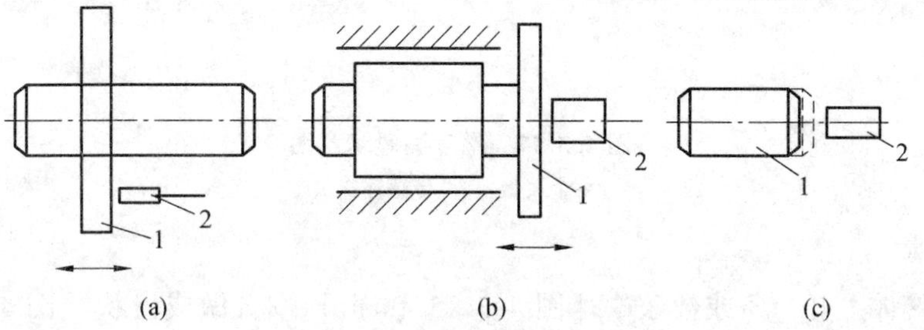

图 4. 3. 10　位移计测量示意图

1—被测件；2—传感器探头

2. 振幅测量

电涡流式传感器可以无接触地测量各种振动的幅值，图 4. 3. 11 所示为振幅测量示意图。图 4. 3. 11（a）为汽轮机和空气压缩机常用的以电涡流式传感器监控主轴的径向振动的示意图。图 4. 3. 11（b）为测量发动机涡轮叶片的振幅的示意图。在研究轴的振动时，常需要了解轴的振动形状，画出轴振形图。通常使用数个传感器探头并排地安置在轴附近，如图 4. 3. 11（c）所示，用多通道指示仪输出至记录仪。在轴振动时，可以获得各个传感器所在位置轴的瞬时振幅，从而画出轴振形图。

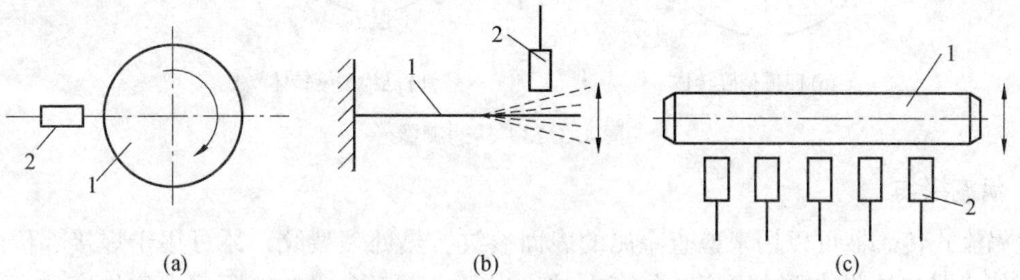

图 4. 3. 11　振幅测量示意图

1—被测件；2—传感器探头

3. 厚度测量

电涡流式传感器可以无接触地测量金属板厚度和非金属板的镀层厚度。图 4. 3. 12（a）所示为厚度测量的原理图。当金属板 1 的厚度变化时，将使传感器探头 2 与金属板间的距离改变，从而引起输出电压的变化。由于在工作过程中金属板会上下波动，这将影响测量精度，因此，一般电涡流式测厚计常用比较的方法测量，如图 4. 3. 12（b）所示。在被测板 1 的上、下方各装一个传感器探头 2，其间距离为 D，而它们与板的上、下表面分别相距 x_1 和 x_2，这样板厚 $t=D-(x_1+x_2)$，当两个传感器在工作时分别测得 x_1 和 x_2，转换成电压值后相加。相加后的电压值与两传感器间距离 D 对应的设定电压相减，就得到与板厚相对应的电压值。

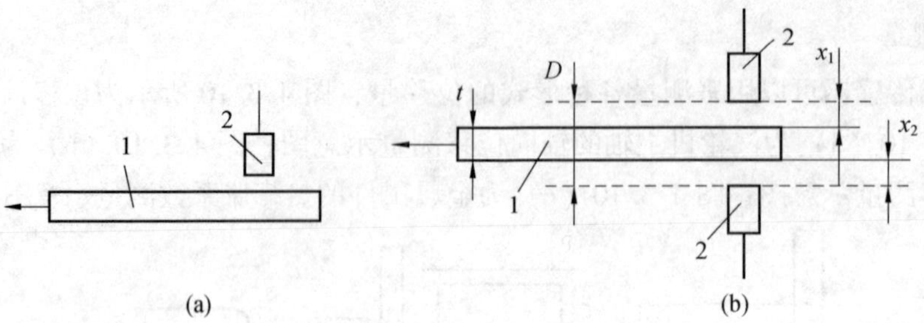

图 4.3.12　厚度测量示意图

1—金属板；2—传感器探头

4. 转速测量

在一个旋转体上开一条或数条槽［图 4.3.13（a）］或者做成齿状［图 4.3.13（b）］，旁边安装一个电涡流传感器，当旋转体转动时，电涡流式传感器将周期性地改变输出信号，此电压经过放大、整形，可用频率计指示出频率数值。此值与槽数和被测转速有关，即

$$n=\frac{f}{N}\times 60 \tag{4.3.11}$$

式中，f 为频率值，Hz；N 为旋转体的槽（齿）数；n 为被测轴的转速，r/min。

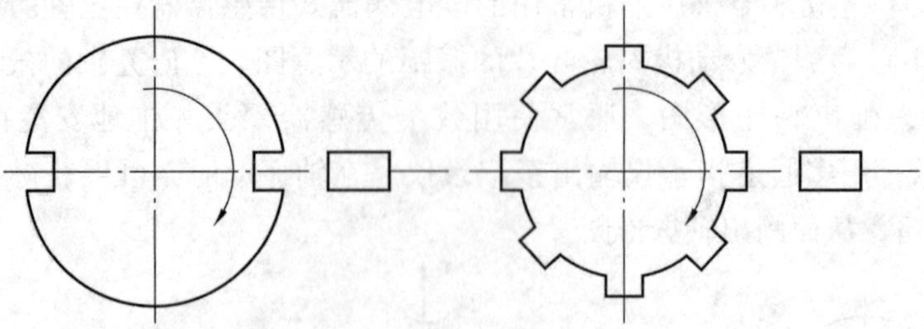

(a) 凹槽型旋转体　　(b) 凸齿型旋转体

图 4.3.13　转速测量

5. 涡流探伤

电涡流式传感器可以用来检查金属的表面裂纹、热处理裂纹，还可用于焊接部位的探伤等。使传感器与被测体距离不变，如有裂纹出现，将引起金属的电阻率、磁导率的变化。在裂纹处也可以说有位移值的变化。这些综合参数（x，ρ，μ）的变化将引起传感器参数的变化，通过测量传感器参数的变化即可达到探伤的目的。

在探伤时，导体与线圈之间是有相对运动速度的，在测量线圈上会产生调制频率，这个调制频率取决于相对运动速度和导体中物理性质的变化速度，如缺陷、裂缝，它们出现的信号总是比较短促。所以，缺陷、裂缝会产生较高的频率调幅波，剩余应力趋向于中等频率调幅波，热处理、合金成分变化趋向于较低的频率调幅波。在探伤时，重要的是缺陷信号和干扰信号比。为了获得需要的频率而采用滤波器，使某一频率的信号通过，而将干扰频率信号衰减。但对于比较浅的裂缝信号如图 4.3.14（a）所示，还需要进一步抑制干扰信号，可采用幅值甄别电路。把这一电路调整到裂缝信号正好能通过的状态，凡是低于裂缝信号的都不能通过，这样干扰信号就抑制掉了，如图 4.3.14（b）所示。

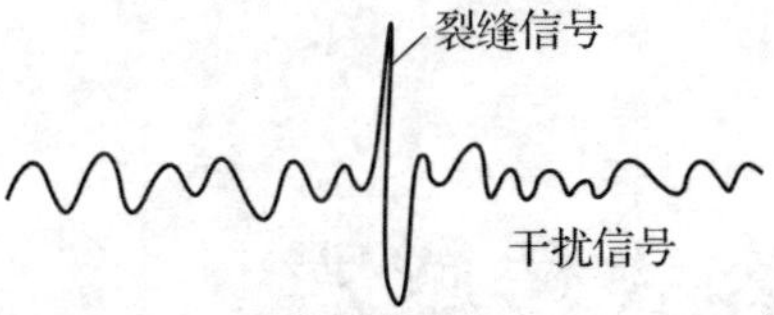

(a) 有干扰的裂缝信号

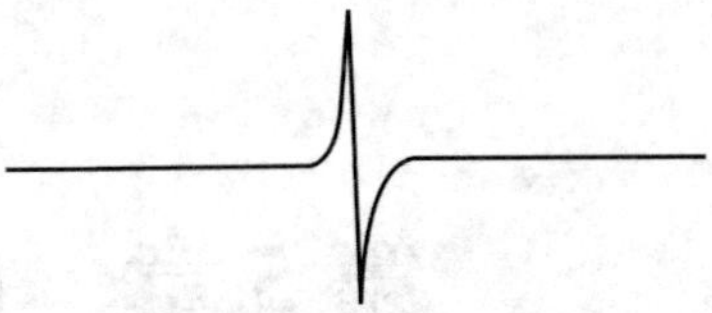

(b) 干扰抑制后的裂缝信号

图 4. 3. 14　涡流探伤时的测量信号

思考题与习题

1. 自感式传感器测量电路的主要任务是什么？变压器式电桥和带相敏检波的交流电桥哪个能更好地完成这一任务？为什么？

2. 根据螺线管式差动变压器的基本特性，说明其灵敏度和线性度的主要特点。

3. 请比较自感式传感器和差动变压器式传感器的异同。

4. 何谓零点残余电压？说明该电压产生的原因及消除方法。

5. 在差动变压器式传感器的测量电路中，有差动整流电路和相敏检波电路。请介绍这两种测量电路的工作原理，并比较它们的特点。

6. 差动变压器式传感器的励磁频率为 400 Hz，励磁电压为±3 V，假设活动衔铁的输入运动是频率 4 Hz 的正弦运动，位移幅值为±2 mm。采用相敏检波的测量电路，已知该传感器的灵敏度为 2 V/mm。试画出激励电压、输入位移、差动变压器式传感器输出、相敏检波电路参考电压和输出电压的波形示意图。

7. 电感式传感器（包括自感式传感器和差动变压器式传感器）和电容式传感器均可以测量压力，请比较它们的测量结构、测量原理和测量特点。

8. 高频反射式电涡流传感器的基本原理是什么？

9. 电涡流传感器有何特点？

10. 利用电涡流式传感器测量板材厚度的原理是什么？

11. 当电涡流式传感器应用于金属板厚度和非金属板的镀层厚度测量时，采用的是低频透射式还是高频反射式的测量原理？

12. 自感式传感器、差动变压器式传感器、电涡流式传感器的最基本测量量都是位移。请从测量原理、测量范围、测量精度、测量特点和测量电路这几方面，对这几种传感器测量位移进行比较。

第5章　电容式传感器

电容式传感器是将被测量的变化转换为电容量变化的一种装置，实质上就是一个具有可变参数的电容。它结构简单，体积小，分辨率高，具有平均效应，测量精度高，可实现非接触测量，并能在高温、辐射和强烈振动等恶劣条件下工作，广泛应用于压力、差压、液位、振动、位移、加速度、成分含量等测量中。

5.1　电容式传感器的工作原理和特性

5.1.1　工作原理和分类

由两块平行板组成一个电容，若忽略其边缘效应，其电容量为

$$C=\frac{\varepsilon S}{d} \tag{5.1.1}$$

式中，ε 为电容极板间介质的介电常数，$\varepsilon=\varepsilon_0\varepsilon_r$，其中 ε_0 为真空介电常数（$\varepsilon_0=8.85\times10^{-12}$ F/m），ε_r 为极板间介质的相对介电常数；S 为两平行板所覆盖的面积；d 为两平行板之间的距离。

由式（5.1.1）可见，当 S、d 和 ε 中任一参数发生变化时，电容量 C 也随之发生变化，通过测量电路就可以转换为电量输出。因此，电容式传感器可分为变极距型、变面积型和变介电常数型三种。表 5.1.1 为电容式传感器的结构形式。其中 δ 型和 S 型又可按位移的形式分为线位移和角位移两种。每一种又依据传感器极板形状分成平板圆板形或圆柱（圆筒）形，虽还有球面形和锯齿形等其他的形状，但一般很少用，故表 5.1.1 中未列出。每一种又分为单组式和差动式两种，其中差动式一般优于单组式的传感器，具有灵敏度高、线性范围宽、稳定性高的优点。

1. 变极距型电容式传感器

图 5.1.1 所示为变极距型电容式传感器的原理图。其中 A 为动极板，一般称为动片；B 为固定极板。当动片因被测量变化引起移动时，就改变了两极板间的距离 d，从而使电容量发生变化。设初始极距为 d，则

$$C_0=\frac{\varepsilon_0\varepsilon_r S}{d} \tag{5.1.2}$$

若电容极板间距离由初始值 d 缩小 Δd，电容量增大 ΔC，则有

$$C=C_0+\Delta C=\frac{\varepsilon_0\varepsilon_r S}{d-\Delta d}=\frac{C_0}{1-\dfrac{\Delta d}{d}}=\frac{C_0\left(1+\dfrac{\Delta d}{d}\right)}{1-\left(\dfrac{\Delta d}{d}\right)^2} \tag{5.1.3}$$

由式（5.1.3）可知，C 与 Δd 不是线性关系。但是，若 $\Delta d/d\leqslant1$ 时，则式（5.1.3）可简化为

$$C=C_0+C_0\frac{\Delta d}{d} \tag{5.1.4}$$

此时，C 与 Δd 近似为线性关系，所以变极距型电容式传感器只有在 $\Delta d/d$ 很小时，才有近似的线性关系，一般最大位移应小于间距的 1/10。

在实际应用中，为了改善非线性度、提高灵敏度和减少外界干扰的影响，电容式传感器常做成差动形式。

表 5.1.1　电容式传感器的结构形式

基本类型		单组式	差动式
δ 型	线位移	平板形 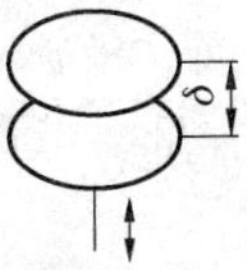	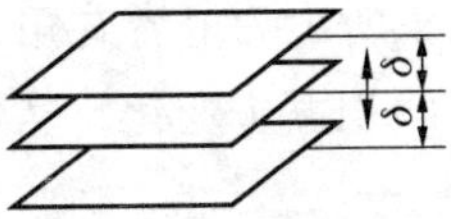
	角位移	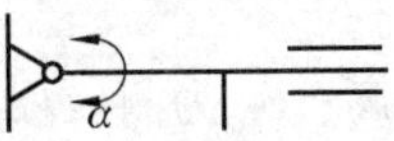	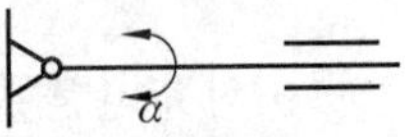
S 型	线位移	平板形 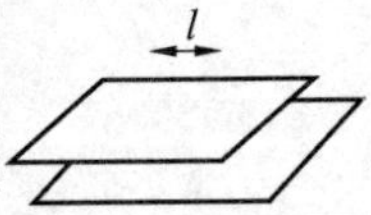	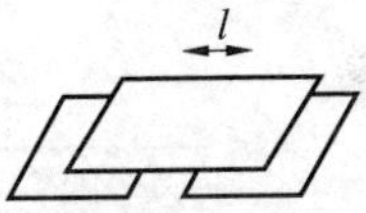
		圆柱形 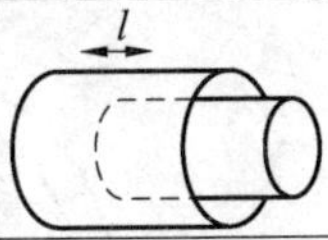	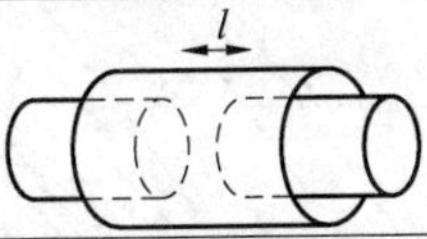
	角位移	平板形 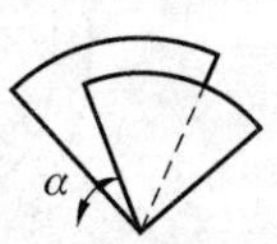	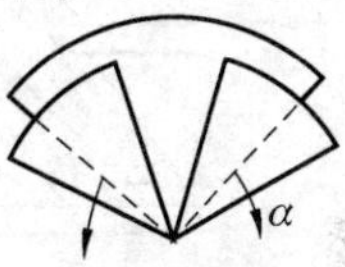
		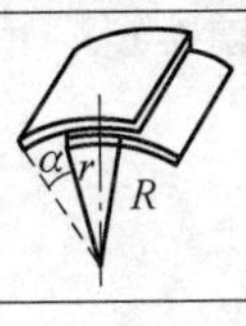	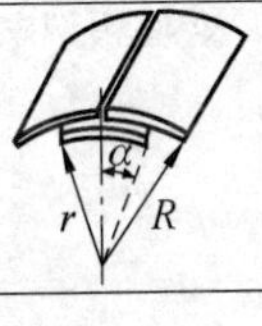
ε 型	线位移	平板形 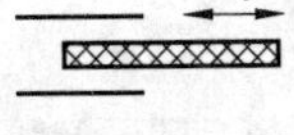	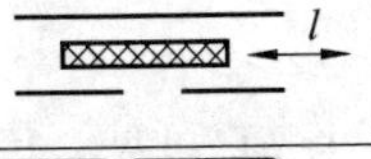
		圆柱形 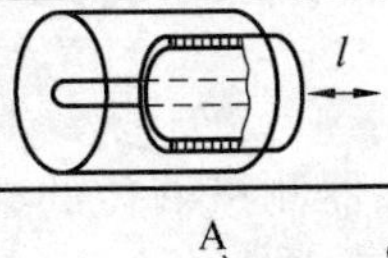	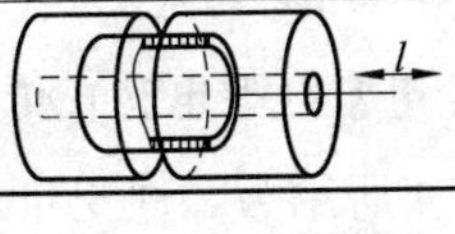

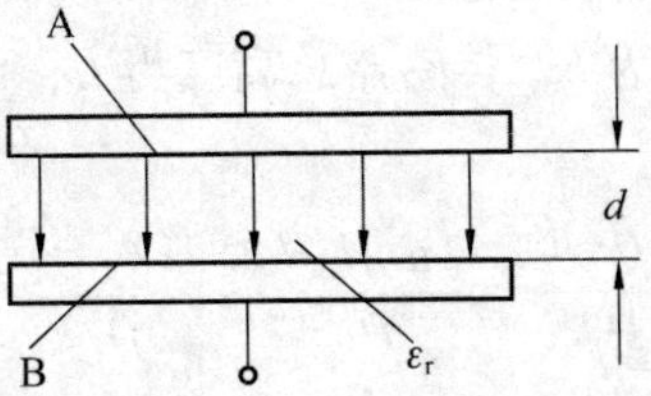

图 5.1.1　变极距型电容式传感器的原理图

2. 变面积型电容式传感器

图 5. 1. 2 所示为变面积型电容式传感器的原理图。被测量变化导致动极板移动，引起两极板间有效覆盖面积 S 的变化，从而得到电容量的变化。当动极板相对于定极板沿着长度方向平移 Δx 时，其电容变化量化为

$$\Delta C=C_0-C=\frac{\varepsilon_0\varepsilon_r ab}{d}-\frac{\varepsilon_0\varepsilon_r(a-\Delta x)b}{d}=\frac{\varepsilon_0\varepsilon_r b\Delta x}{d} \tag{5.1.5}$$

式中，$C_0=\varepsilon_0\varepsilon_r ba/d$ 为初始电容；a 为极板长度；b 为极板宽度；Δx 为极板水平位移。由式（5. 1. 4）可见，ΔC 与 Δx 间呈线性关系。

图 5. 1. 3 所示为电容式角位移传感器的原理图。当动极板有一个角位移 θ 时，与定极板间有效覆盖面积发生变化，从而改变了两极板间的电容量。当 $\theta=0$ 时，有

$$C_0=\frac{\varepsilon_0\varepsilon_r S_0}{d} \tag{5.1.6}$$

式中，ε_r 为介质相对介电常数；d_0 为两极板间的距离；S_0 为两极板间的初始覆盖面积。

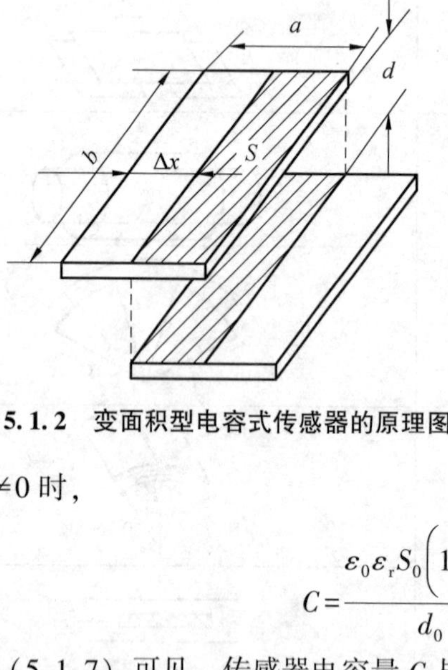

图 5. 1. 2　变面积型电容式传感器的原理图

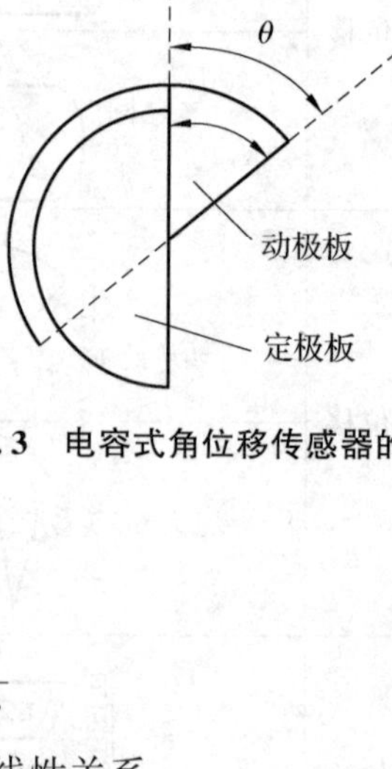

图 5. 1. 3　电容式角位移传感器的原理图

当 $\theta\neq 0$ 时，

$$C=\frac{\varepsilon_0\varepsilon_r S_0\left(1-\frac{\theta}{\pi}\right)}{d_0}=C_0-C_0\frac{\theta}{\pi} \tag{5.1.7}$$

由式（5. 1. 7）可见，传感器电容量 C 与角位移 θ 间呈线性关系。

3. 变介电常数型电容式传感器

图 5. 1. 4 所示为一种变介电常数型电容式传感器测量液位的结构原理图。设被测非导电液体的介电常数为 ε_1，液面高度为 h，传感器总高度为 H，内筒外径为 d，外筒内径为 D，此时电容值为

$$C=\frac{2\pi\varepsilon_1 h}{\ln\frac{D}{d}}+\frac{2\pi\varepsilon_1(H-h)}{\ln\frac{D}{d}}=\frac{2\pi\varepsilon H}{\ln\frac{D}{d}}+\frac{2\pi\varepsilon h(\varepsilon_1-\varepsilon)}{\ln\frac{D}{d}}=C_0+\frac{2\pi h(\varepsilon_1-\varepsilon)}{\ln\frac{D}{d}} \tag{5.1.8}$$

式中，ε 为空气介电常数；C_0 为由传感器的基本尺寸决定的初始电容值，$C_0=2\pi\varepsilon H/\ln\frac{D}{d}$。

由式（5.1.8）可见，此传感器的电容量正比于被测液位的高度 h。

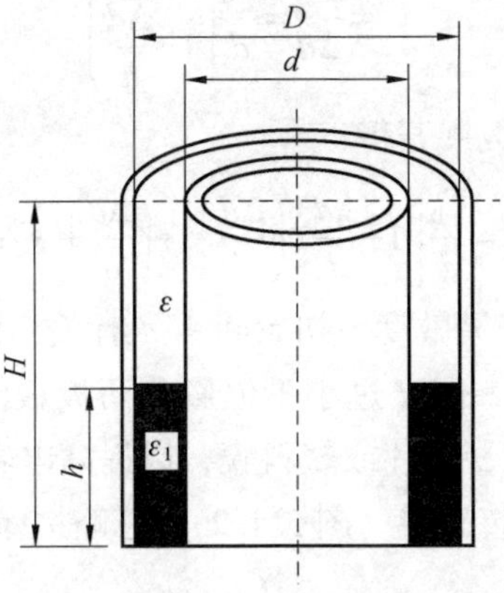

图 5.1.4　变介电常数型电容式传感器测量液位的结构原理图

图 5.1.5 所示是变介电常数型电容式传感器的另一种常用形式。图中，两极板固定不动，极距为 d_0，相对介电常数为 ε_{r2} 的电介质以不同深度插入电容中，从而改变了两种介质的极板覆盖面积。传感器总电容量 C 为

$$C=C_1+C_2=\varepsilon_0 b_0 \frac{\varepsilon_{r1}(L_0-L)+\varepsilon_{r2}L}{d_0} \tag{5.1.9}$$

式中，L_0 和 b_0 为极板的长度和宽度；L 为第二种介质进入极板的长度。

若电介质 $\varepsilon_{r1}=1$，当 $L=0$ 时，传感器的初始电容 $C_0=\varepsilon_0\varepsilon_{r1}L_0b_0/d_0=\varepsilon L_0b_0/d_0$。当被测电介质 ε_{r2} 进入极板间深度 L 后，引起的电容相对变化量为

$$\frac{\Delta C}{C_0}=\frac{C-C_0}{C_0}=\frac{(\varepsilon_{r2}-1)\ L}{L_0} \tag{5.1.10}$$

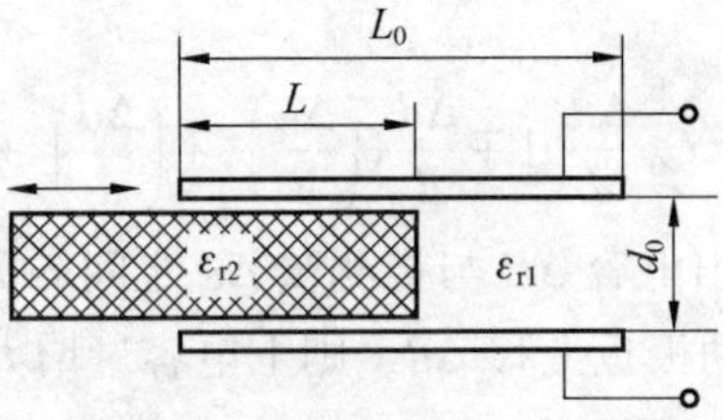

图 5.1.5　变介电常数型电容式传感器原理图

可见，电容变化量与电介质介电常数 ε_{r2} 的移动量 L 呈线性关系。

5.1.2　电容式传感器的主要特性

1. 静态灵敏度

静态灵敏度为被测量变化缓慢的状态下电容变化量与引起其变化的被测量之比。对于变极距型电容式传感器，由式（5.1.3）可得

$$\Delta C=C-C_0=C_0\frac{\Delta d}{d-\Delta d}$$

则变极距型电容式传感器静态灵敏度为

$$k_g = \frac{\Delta C}{\Delta d} = \frac{C_0}{d}\left(\frac{1}{1-\frac{\Delta d}{d}}\right)$$

因为 $\Delta d/d<1$，上式可按泰勒级数展开得

$$k_g = \frac{C_0}{d}\left[1+\frac{\Delta d}{d}+\left(\frac{\Delta d}{d}\right)^2+\left(\frac{\Delta d}{d}\right)^3+\cdots\right] \tag{5.1.11}$$

由式（5.1.11）可见，静态灵敏度与初始间距 d 有关，而且不是常数，随被测量变化而变化。要提高灵敏度，应减小 d，但 d 过小不但影响两极板间移动的平稳性，而且容易使电容击穿。一般可在两极板间放置云母片或塑料膜，以提高电容耐击穿的性能。

对于平板式变面积型电容式传感器（图 5.1.2），忽略边缘效应，其静态灵敏度为常数，即

$$k_g = \frac{C_0}{a} = \frac{\varepsilon b}{d} \tag{5.1.12}$$

此时，增大极板宽度 b、减小极板间距 d 可以提高灵敏度，而极板起始遮盖长度 a 的大小与灵敏度无关。但是 a 不能太小，必须保证 $a \geqslant d$ 否则因边缘电场影响增大而影响传感器的非线性。

除了减小 d、增大 b 等方法外，变极距型和变面积型电容式传感器可以采用差动结构形式提高其静态灵敏度。

2. 非线性

变极距型电容式传感器当极板间距 d 变化 $\pm\Delta d$ 时，电容量 C 随之变化，即

$$\Delta C = C_0\frac{\Delta d}{d\pm\Delta d} = C_0\left(\frac{1}{1\pm\frac{\Delta d}{d}}\right)\frac{\Delta d}{d}$$

因为 $\Delta d/d<1$，所以

$$\Delta C = C_0\frac{\Delta d}{d}\left(1\mp\frac{\Delta d}{d}+\left(\frac{\Delta d}{d}\right)^2\mp\left(\frac{\Delta d}{d}\right)^3+\cdots\right) \tag{5.1.13}$$

由式（5.1.13）可见，输出电容 ΔC 与被测量 Δd 之间的关系是非线性的。为了改善非线性可采用差动形式。假设中间动极板上移 Δd，则上电容量增大，下电容量减小，则差动电容总变化量 $\Delta C=\Delta C_1+\Delta C_2$，即

$$\Delta C = 2C_0\frac{\Delta d}{d}\left[1+\left(\frac{\Delta d}{d}\right)^2+\cdots\right] \tag{5.1.14}$$

比较式（5.1.13）与式（5.1.14）可见，采用差动形式的电容式传感器非线性得到了很大的改善，灵敏度也提高了一倍。

如果采用容抗 $X_C=\frac{1}{\mathrm{j}\omega C}$ 作为电容式传感器的输出量，那么被测量 Δd 就与 ΔX_C 呈线性关系，不一定要满足 $\Delta d \leqslant d$ 这一要求。

在忽略边缘效应的情况下，变面积型和变介电常数型电容式传感器具有很好的线性关系，但实际上由于边缘效应引起的漏电力线，导致了极板（或极筒）间电场分布不均匀，仍有非线性问题，且灵敏度下降，但比变极距型好得多。

5.2　电容式传感器的特点和设计要点

5.2.1　电容式传感器的特点

电容式传感器与电阻、电感等传感器相比有以下一些优点：

(1) 温度稳定性好。电容式传感器的电容值一般与电极材料无关，有利于选择温度系数低的材料，又因其本身发热极小，影响稳定性甚微。而电阻式传感器有电阻，电感式传感器有铜损等，易产生发热、零漂等情况。

(2) 结构简单，适应性强，能够承受很大的温度变化，能承受高压力、高冲击、过载等情况。

(3) 动态响应好。电容式传感器由于带电极板间的静电引力很小，需要的作用能量极小。又由于它的可动部分质量可以做得很轻，因此其固有频率很高，动态响应时间短，特别适用于动态测量。

(4) 可实现非接触测量，且具有平均效应，可以减小由于传感器极板加工过程中局部误差较大而对整体测量精度的影响。

电容式传感器存在如下主要缺点：

(1) 输出阻抗高，负载能力差。电容式传感器的容量受其电极的几何尺寸等限制，一般为几十到几百皮法，使传感器输出阻抗很高。因此传感器负载能力差，易受外界干扰影响而产生不稳定现象，严重时甚至无法工作，必须采取屏蔽措施。

(2) 寄生电容影响大。电容式传感器的初始电容量小，而连接传感器和电子线路的引线电缆电容、电子线路的杂散电容及传感器内极板与周围导体构成的电容等寄生电容却较大，这不仅降低了传感器的灵敏度，而且这些电容常常是随机变化的，使仪器工作很不稳定，影响测量精度。因此，电容式传感器对电缆的选择、安装、接法等都有要求。

5.2.2　设计要点

在设计传感器过程中，在所要求的量程、温度和压力范围内，应尽量使它具有低成本、高精度、高分辨率、稳定可靠和好的频率响应等，一般不易实现每项技术指标均为最优，因此常使用折中方案。在设计时可从以下几个方面考虑：

(1) 减小环境温度、湿度等变化所产生的误差，保证绝缘材料的绝缘性能。

温度变化使传感器内各零件的几何尺寸、相互位置及某些介质的介电常数发生改变，从而改变了传感器的电容量，产生温度误差。湿度也影响某些介质的介电常数和绝缘阻值，因此，必须从选材、结构、加工工艺等方面减小温度误差，保证绝缘材料具有高的绝缘性能。

电容式传感器的金属电极材料可以选用温度系数低的铁镍合金，也可采用在陶瓷或石英上喷镀金或银的工艺，这样电极可以做得很薄，有利于减小边缘效应。

在传感器内尽量采用差动对称结构，这样可以通过如电桥一类的电子线路减小温度误差的影响。传感器内所有的零件应进行清洗、烘干后再装配。传感器要密封以防水分进入内部而引起电容值变化和绝缘性能变坏。传感器壳体刚性要好，以免安装时变形。

(2) 消除和减小边缘效应。

边缘效应不仅使电容式传感器灵敏度降低，而且会产生非线性，因此应尽量将其消除或减小。

适当减小极间距，使极径与间距比很大，可以减小边缘效应的影响，但易发生击穿并有可能限制测量范围。

在结构上，通过增设等位环消除边缘效应，如图 5. 2. 1 所示。

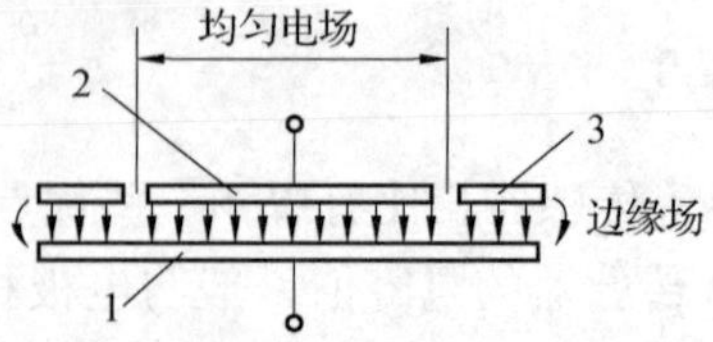

图 5. 2. 1　带等位环的电容式传感器原理图

1，2—电极；3—等位环

（3）消除和减小寄生电容的影响，防止和减少外界干扰，防止和减少外界干扰的措施归纳起来有几点：

①屏蔽和接地。用良导体做传感器壳体，将传感元件包围起来，并可靠接地；用屏蔽电缆且金属网可靠接地；用双层屏蔽线且可靠接地；用双层屏蔽罩壳且可靠接地；传感器与电子线路前置级一起装在良好屏蔽壳体内，壳体可靠接地等。

②增加初始电容值，降低容抗。

③导线间分布电容有静电感应，因此导线和导线距离要远，线要尽可能短，最好成直角排列，若采用平行排列时，可采用同轴屏蔽线。

④尽可能一点接地，避免多点接地。接地线要用粗的良导体或宽印制线。

（4）尽可能采用差动式电容式传感器。

这样可减小非线性误差，提高传感器灵敏度，减小寄生电容的影响和减小干扰。

5. 2. 3　电容式传感器等效电路

在大多数情况下，电容式传感器由于使用环境温度不高、湿度不大，若供电电源频率较合适，可用一个纯电容表示。但当供电电源频率较低或在高温、高湿环境下使用时，传感器可等效成如图 5. 2. 2（a）所示的电路，图中，C 是传感器电容，R_1 为电极间的等效漏电阻。随着供电电源频率增高，传感器容抗减小，R_1 的影响也就减弱。当电源频率高至几兆赫兹时，R_1 可以忽略，但电流的集肤效应使导体的电阻增加，必须考虑传输线的电感和电阻，这时电容式传感器等效为如图 5. 2. 2（b）所示的电路，图中，L 为传输线和电容本身电感之和，R_2 包括传输线电阻、极板电阻和金属支架电阻，该等效电路的谐振频率通常为几十兆赫兹，供电电源频率必须低于谐振频率，一般为谐振频率的 1/3~1/2，传感器才能正常工作。由图 5. 2. 2（b）可得

$$\frac{1}{\mathrm{j}\omega C_{\mathrm{e}}}=\mathrm{j}\omega L+\frac{1}{\mathrm{j}\omega L}+R \tag{5.2.1}$$

式中，ω 为传感器供电电源角频率；C_{e} 为传感器等效电容（即 AB 端电容）。

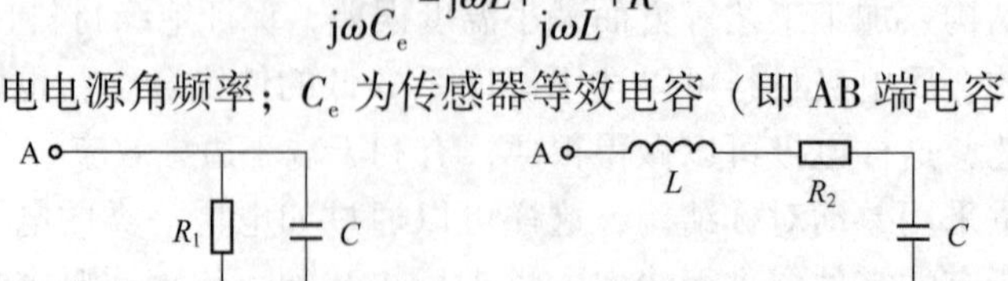

(a)考虑漏电阻　　(b)高频电源时考虑电感及电阻

图 5. 2. 2　特殊情况下电容式传感器的等效电路

由于电容式传感器电容量一般都很小，电源频率即使采用几兆赫兹，容抗仍很大，而 R 很小可忽略不计，因此

$$C_e = \frac{C}{1-\omega^2 LC}$$

此时电容式传感器的等效灵敏度为

$$k_e = \frac{\Delta C_e}{\Delta d} = \frac{\Delta C/\ (1-\omega^2 LC)^2}{\Delta d} = \frac{k_g}{(1-\omega^2 LC)^2} \tag{5.2.2}$$

式中，Δd 为被测变量；k_g 为电容式传感器静态灵敏度。

由式（5.2.2）可知，当电容式传感器的供电电源频率较高时，传感器的灵敏度由 k_g 变为 k_e。k_e 与传感器的固有电感（包括电缆电感）有关，且随 ω 的变化而变化。因此，改变传感器供电电源频率（即转换电路工作频率）或更换传感器至转换电路的引线电缆之后，必须对整个仪器重新标定。仪器测量时，应与标定时所处的条件相同，即电缆长度不能改变，供电电源频率不能改变。

5.3　电容式传感器的测量电路

将电容量转换成电压（或电流）的电路称为电容式传感器的转换电路。它们的种类很多，目前较常用的有调频电路、运算放大器电路、差动脉宽调制电路、双 T 形电桥电路等。

5.3.1　调频电路

将电容式传感器接入高频振荡器的 LC 振荡回路中，作为回路的一部分。当被测量变化使传感器电容改变时，振荡器的振荡频率 $f=1/2\pi\sqrt{LC}$ 也随之改变。测定频率经鉴频器将频率变化转换成电压幅值的变化，就可测得被测量的变化。调频电路原理如图 5.3.1 所示，图中 C_i 为寄生电容。设 $C=C_1+C_i+C_0\pm\Delta C$，$C_2=C_3\gg C$，则

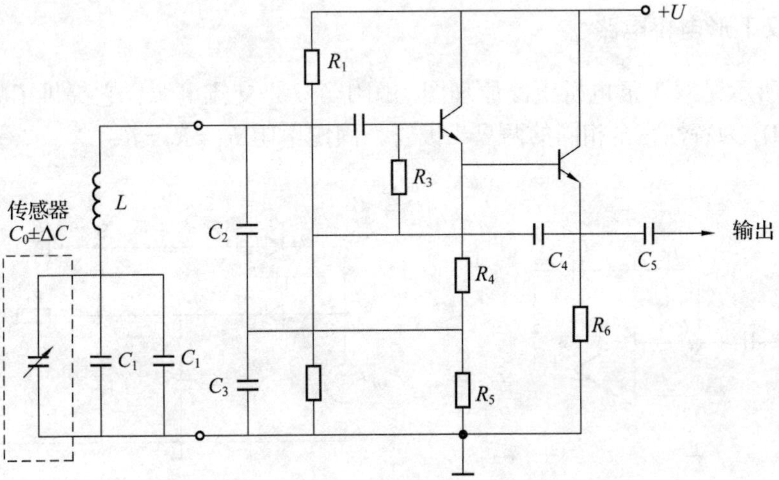

图 5.3.1　调频电路原理图

$$f=\frac{1}{2\pi\sqrt{LC}}=\frac{1}{2\pi\sqrt{L\ (C_1+C_i+C_0\pm\Delta C)}} \tag{5.3.1}$$

当被测信号为0时，$\Delta C=0$，振荡器有一个固有振荡频率f_0，其数值为

$$f_0=\frac{1}{2\pi\sqrt{L\ (C_1+C_i+C_0)}}$$

当被测信号不为0时，$\Delta C\neq0$，此时频率为

$$f=\frac{1}{2\pi\sqrt{L\ (C_1+C_i+C_0\pm\Delta C)}}=f_0\mp\Delta f \tag{5.3.2}$$

调频电路具有较高的灵敏度，可测至0.01 μm级的位移变化量。信号的输出易于用数字仪器测量，并可与计算机通信，抗干扰能力强，可以发送、接收，以达到遥测控制的目的。

5.3.2 运算放大器电路

将电容式传感器接入运算放大器电路中，作为电路的反馈元件，如图5.3.2所示。图中C是固定电容，C_x是传感器电容，$\dot{U}_i$是交流电压源，$\dot{U}_o$是输出信号电压。在开环放大倍数为A和输入阻抗Z_i较大的情况下，有

$$\dot{U}_o=-\frac{C}{C_x}\dot{U}_i \tag{5.3.3}$$

将$C_x=\frac{\varepsilon S}{d}$代入得

$$\dot{U}_o=-\dot{U}_i\frac{C}{\varepsilon S}d \tag{5.3.4}$$

式中，“-”表示输出电压$\dot{U}_o$的相位与电源电压$\dot{U}_i$反相。式（5.3.4）说明$\dot{U}_o$与d呈线性关系，表明运算放大器电路能克服变极距型电容式传感器C与d的非线性，但要求A及Z_i足够大。为保证仪器精度，还要求电源电压$\dot{U}_i$的幅值及固定电容C的稳定。

5.3.3 双T形电桥电路

图5.3.3所示是双T形电桥电路原理图。图中，u是交流电源，它提供了幅值为U的对称方波，D_1、D_2为特性完全相同的两只二极管，固定电阻$R_1=R_2=R$，C_1、C_2为传感器的两个差动电容。

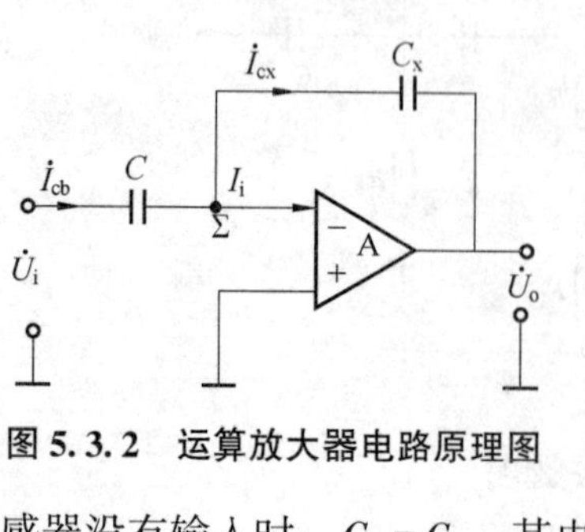

图5.3.2 运算放大器电路原理图

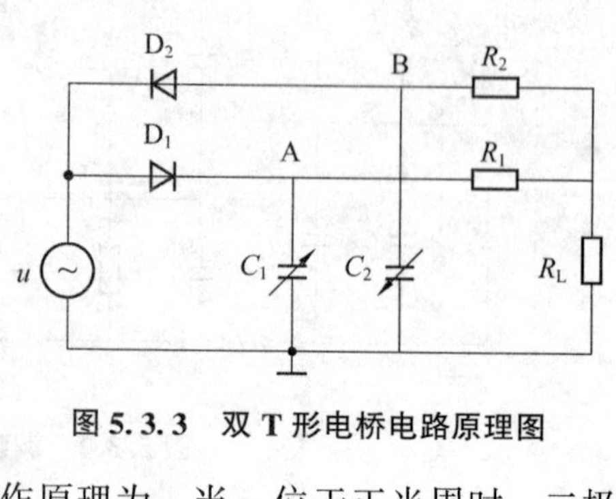

图5.3.3 双T形电桥电路原理图

当传感器没有输入时，$C_1=C_2$。其电路工作原理为：当u位于正半周时，二极管D_1导

通，D_2 截止，于是电容 C_1 充电；在随后出现的负半周，电容 C_1 上的电荷通过电阻 R_1、负载电阻 R_L 放电，通过 R_L 的电流为 I_1。当 u 位于负半周时，D_2 导通，D_1 截止，则电容 C_2 充电；在随后出现的正半周，C_2 通过电阻 R_2、负载电阻 R_L 放电，流过 R_L 的电流为 I_2。根据以上条件，电流 $I_1=I_2$，且方向相反，则在一个周期内流过 R_L 的平均电流为 0。

若传感器输入不为 0，则 $C_1 \neq C_2$，$I_1 \neq I_2$，此时在一个周期内通过 R_L 的平均电流不为零，因此产生输出电压 U_o，且输出电压 U_o 是电容 C_1 和 C_2 的函数。该电路输出电压较高，可用来测量高速的机械运动。

5.3.4　脉宽调制电路

脉宽调制电路原理如图 5.3.4 所示，图中，C_{x1}、C_{x2}也为差动式电容式传感器，电阻 $R_1=R_2$，A_1、A_2 为比较器。当双稳态触发器处于某一状态，$Q=1$，$\overline{Q}=0$，A 点高电位通过 R_1 对 C_{x1} 充电，时间常数为 $\tau_1=R_1C_{x1}$直至 F 点电位高于参比电位 U_r，比较器 A_1 输出正跳变信号。与此同时，因 $\overline{Q}=0$，电容器 C_{x2}上的已充电电压通过 D_2 迅速放电至零电平。A_1 正跳变信号激励触发器翻转，使 $Q=0$，$\overline{Q}=1$，于是 A 点为低电位，电容 C_{x1}上的已充电电压通过 D_1，迅速放电，因 B 点为高电位，通过 R_2 对 C_{x2}充电，时间常数为 $\tau_2=R_2C_{x2}$，直至 G 点的电位高于参比电位 U_r，比较器 A_2 输出正跳变信号，使触发器发生翻转。重复前述过程，电路各点波形如图 5.3.5 所示。当 $C_{x1}=C_{x2}$时，电路 A、B、F、G 各点波形如图 5.3.5（a）所示，A、B 两点间平均电压为 0。

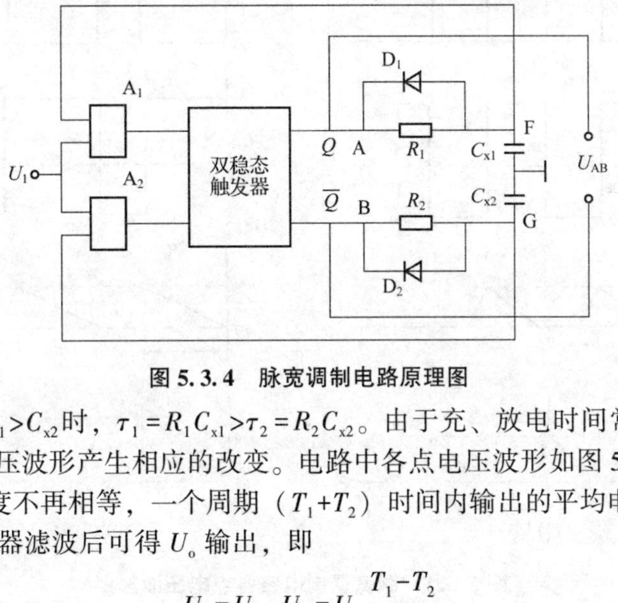

图 5.3.4　脉宽调制电路原理图

当 $C_{x1} \neq C_{x2}$且 $C_{x1}>C_{x2}$时，$\tau_1=R_1C_{x1}>\tau_2=R_2C_{x2}$。由于充、放电时间常数的变化，电路中 A、B、F、G 各点电压波形产生相应的改变。电路中各点电压波形如图 5.3.5（b）所示，此时 u_A、u_B 的脉冲宽度不再相等，一个周期（T_1+T_2）时间内输出的平均电压不为零。此时 A、B 间电压经低通滤波器滤波后可得 U_o 输出，即

$$U_o=U_A-U_B=U_1\frac{T_1-T_2}{T_1+T_2} \tag{5.3.5}$$

式中，U_1 为触发器输出高电平；T_1、T_2 分别为 C_{x1}、C_{x2}充电至 U_r 时所需的时间。由电路知识可知

$$T_1=R_1C_{x1}\ln\frac{U_1}{U_1-U_r} \tag{5.3.6}$$

$$T_2=R_2C_{x2}\ln\frac{U_1}{U_1-U_r} \tag{5.3.7}$$

将 T_1、T_2 代入式（5.3.5），考虑 $R_1=R_2$ 得

$$U_o=\frac{C_{x1}-C_{x2}}{C_{x1}+C_{x2}}U_1 \tag{5.3.8}$$

把平行板电容的电容公式代入式（5.3.8），在变极距的情况下可得

$$U_o=\frac{d_2-d_1}{d_1+d_2}U_1 \tag{5.3.9}$$

式中，d_1、d_2 分别为 C_{x1}、C_{x2}极板间的距离。

在变面积型差动式电容式传感器中，则有

$$U_o=\frac{S_1-S_2}{S_1+S_2}U_1 \tag{5.3.10}$$

由此可见，差动脉冲调制电路适用于变极距型及变面积型差动式电容式传感器，具有线性特性且转换效率高，经过低通滤波器就有较大的直流输出，脉宽频率的变化对输出没有影响。

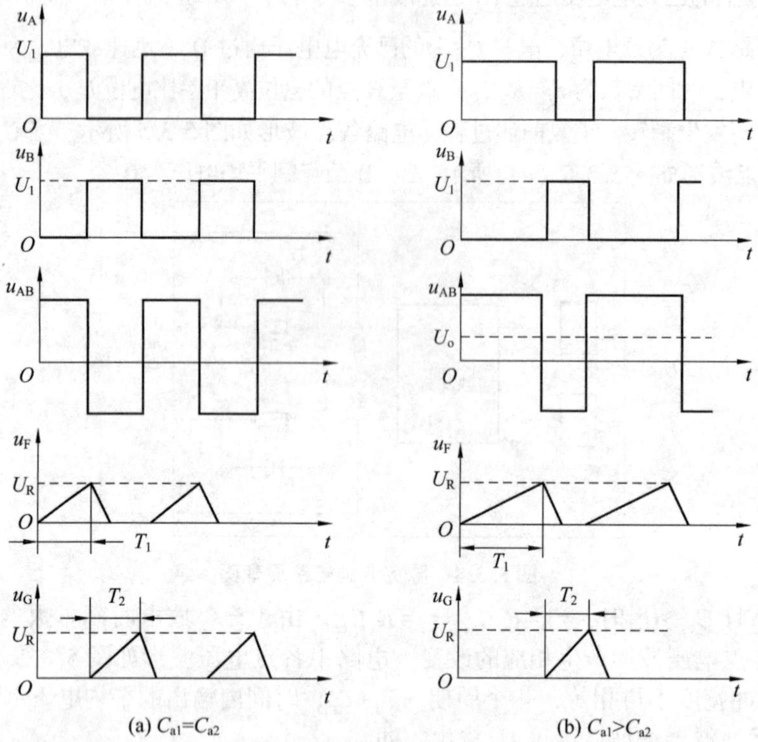

图 5.3.5　脉宽调制电路各点电压波形

5.4　电容式传感器的应用

5.4.1　电容式差压传感器

图 5.4.1（a）所示是电容式差压传感器的结构示意图，它由两个凹玻璃圆盘和一个金属膜片组成，两个凹玻璃圆盘上镀金作为电容式传感器的两个固定电极，而夹在两圆盘中

的金属膜片作为传感器的可动电极。当两边的压强 p_1 与 p_2 相等时，膜片处于中间位置，与左右固定电极间距相等，即 $C_{AB}=C_{DB}$，经图 5.4.1（b）的转换电路，输出 $u_o=0$；当 $p_1>p_2$（或 $p_2>p_1$）时，膜片弯向 p_2（或 p_1），$C_{AB}<C_{DB}$（或 $C_{AB}>C_{DB}$），u_o 输出与 $|p_1-p_2|$ 成正比的信号。这种差压传感器不仅用来测量 p_1 与 p_2 的压强差，还可以用来测量真空或微小绝对压力。

5.4.2　电容式加速度传感器

图 5.4.2 所示为电容式加速度传感器的结构图。它有两个固定极板（与壳体绝缘），中间有一用弹簧片支撑的质量块，此质量块的两个端面经磨平抛光后可作为动极板。当传感器壳体随被测对象沿垂直方向做直线加速运动时，质量块在惯性空间中相对静止，两个固定电极将相对于质量块在垂直方向产生大小正比于被测加速度的位移。此位移使 C_1、C_2 值随之改变，一个增大，一个减小，它们的差值正比于加速度。这种加速度传感器的精度较高，频率响应范围宽、量程大。

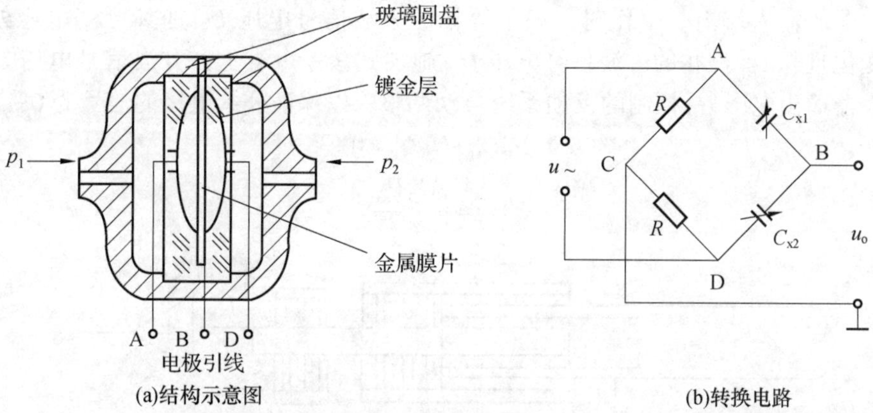

图 5.4.1　电容式差压传感器的结构示意图及转换电路

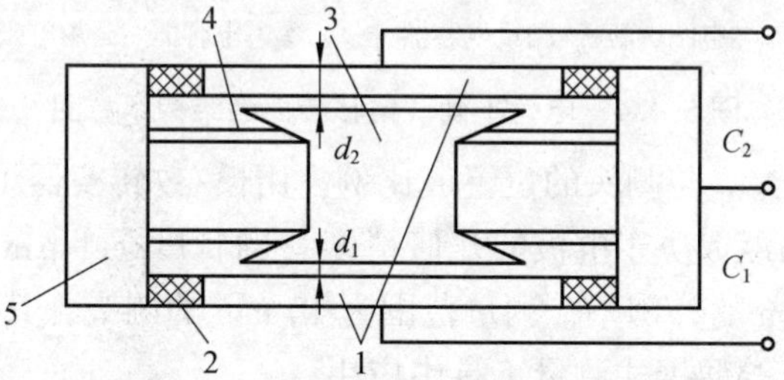

图 5.4.2　电容式加速度传感器的结构图

1—固定电极；2—绝缘垫；3—质量块；4—弹簧；5—壳体

5.4.3　电容式振动位移传感器

图 5.4.3 所示为电容式振动位移传感器应用示意图，其中传感器的一极是被测振动物表面，这种传感器不仅可以测量振动的位移，而且可以测量转轴的回转精度和轴心的动态偏摆。

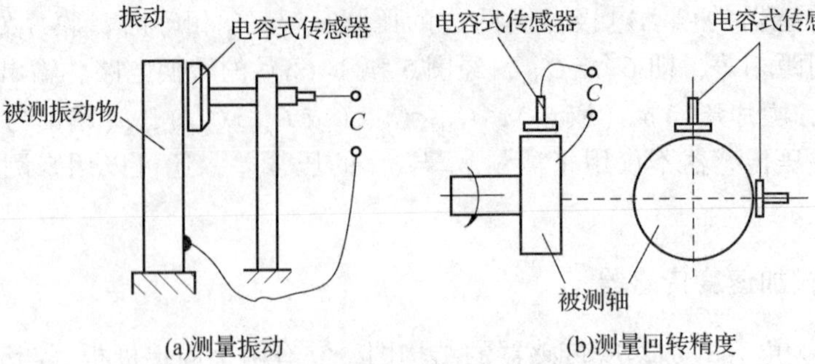

图 5.4.3　电容式振动位移传感器应用示意图

图 5.4.4 所示为电荷平衡式位移传感器结构示意图。这个系统安装在测头中，图中，x 表示测头的位移。其工作原理是：一块接地的导电圆屏蔽板在两块静止不动的同轴圆筒电极间移动，从理论上来说，这时电容量 C_M 与屏蔽板的位置成比例。具有电容量为 C_R 的参考电容也装在测头里，可变电容和参考电容具有一个公用电极，这个公用电极的输出连接到内置的前置放大器的输入端上。工作时，一个等幅的方波信号电压 U_R 加到可变电容外层极上，一个幅值变化且与 U_R 反相的方波信号电压 U_M 施加到参考电容上，方波信号电压 U_M 的幅值由前置放大器输出电压 U_b 控制的反馈系统自动调整，以保证公共电极的信号为 0，即

$$U_R C_M + U_M C_R = 0 \tag{5.4.1}$$

或

$$U_M = -\frac{C_M U_R}{C_R} \tag{5.4.2}$$

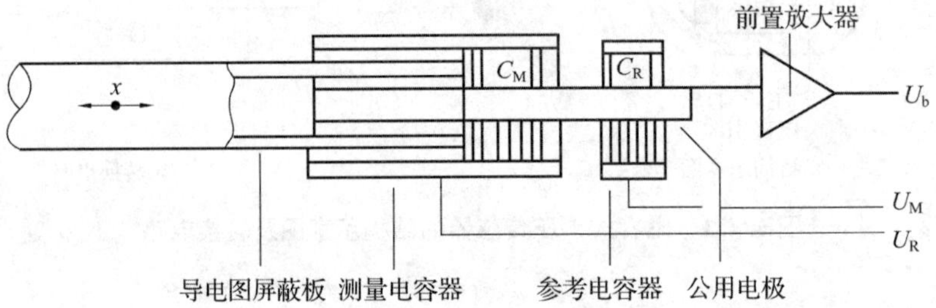

图 5.4.4　电荷平衡式位移传感器结构示意图

由此可见，可变电压 U_M 与测头的位置成比例，用模/数转换器可将电压量转变成数字量显示出来。这个系统的精度取决于电极的几何精度（网状度在 1 μm 以内）和电子部分的精度。这个系统具有 0.1 μm 的分辨率，测量范围为 10 mm 的测头，其线性误差为 1 μm。该系统已在类似于孔径测量仪等便携式测量工具中应用。

5.4.4　电容式物位传感器

利用物料介电常数恒定时电极间电容正比于物位的原理，可构成电容式物位传感器。电容式物位传感器无可动部件，电容与物料密度无关，但是，要求物料的介电常数与空气介电常数差别大，且需要高频测量电路。电容式物位传感器的电极结构如图 5.4.5 所示。图 5.4.5（a）适用于导电容中的绝缘性物料测量，且容器为立式圆筒形，其中容器壁为一极，容器壁与电极间构成的电容 C_x 与物位成比例，其电极也可用悬挂带重锤的软导线来代替。

图 5.4.5（b）适用于非金属容器，或虽为金属容器但非圆筒形，物料为绝缘性的。这时

在棒状电极周围用绝缘支架套装金属筒，筒上下开口，或整体上均匀分布多个孔，使内外物位相同。中央圆棒和与之同轴的套筒构成电极，其间电容和容器形状无关，只取决于物位。这种电极只用于液位、粉粒体不容易滞留在极间的情况。

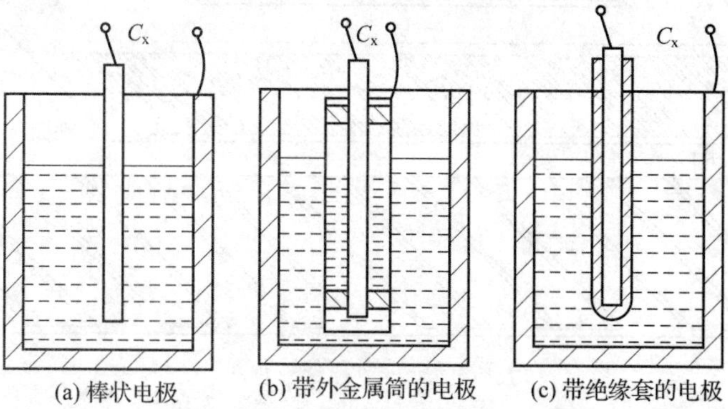

图 5.4.5　电容物位传感器的电极结构

图 5.4.5（c）用于导电性物料，其形状位置和图 5.4.5（a）一样。但是，中央网棒电极上包有绝缘材料。电容 C_x 是由绝缘材料的介电常数和物位决定的，与物料的介电常数无关，导电物料使筒壁与中央电极间的距离缩短为绝缘层的厚度，物位升降相当于电极面积改变。

电容法也用于粉粒体的料位测量，但是，应注意物料中含水分时将对测量结果影响很大。例如，干燥的土壤介电常数约为 1.9，含水量为 19%时其可达到 8，何况水分还会造成漏电。即使采用绝缘层的电极，效果也不佳。所以，电容法只宜用于干燥粉粒体或含水量恒定不变的粉粒体。稍有黏着性的不导电液体也可用裸露电极，若黏着性液体有导电性，即使采用绝缘层电极也不能工作，因为黏附在电极上的导电液不脱落会造成虚假液位。在这种情况下，只能借助隔离膜将压力传到非黏性液体上，再用电容法进行测量。

5.5　容栅式电容传感器及应用

5.5.1　基本类型及工作原理

在变面积型电容式传感器的基础上，20 世纪 80 年代又开发了容栅式电容传感器，它继承了电容式传感器的优点，如动态响应快和结构简单，能实现非接触测量，还因多极电容及其平均效应，使其具有抗干扰能力强、精度高、测量范围大等特点。容栅式电容传感器有长容栅和圆容栅两种，它们的结构原理如图 5.5.1 所示。图 5.5.1（a）是长容栅结构示意图，它由定栅尺和动栅尺组成，国内一般用敷铜板制造。在定栅尺上蚀刻反射电极（也称标尺电极）和屏蔽电极（或称屏蔽）；在动栅尺上蚀刻发射电极和接收电极。当定栅尺与动栅尺的栅极面相对放置，其间留有间隙时，其发射电极与反射电极形成一对对电容（即容栅），这些电容并联连接，忽略边缘效应，其最大电容量为

$$C_{max} = n\frac{\varepsilon ab}{\delta} \tag{5.5.1}$$

式中，n 为动栅尺栅极片数；a 和 b 分别为栅极片的长度和宽度；ε 为动栅尺和定栅尺间介质

的介电常数；δ 为动栅尺和定栅尺间的间隔距离。

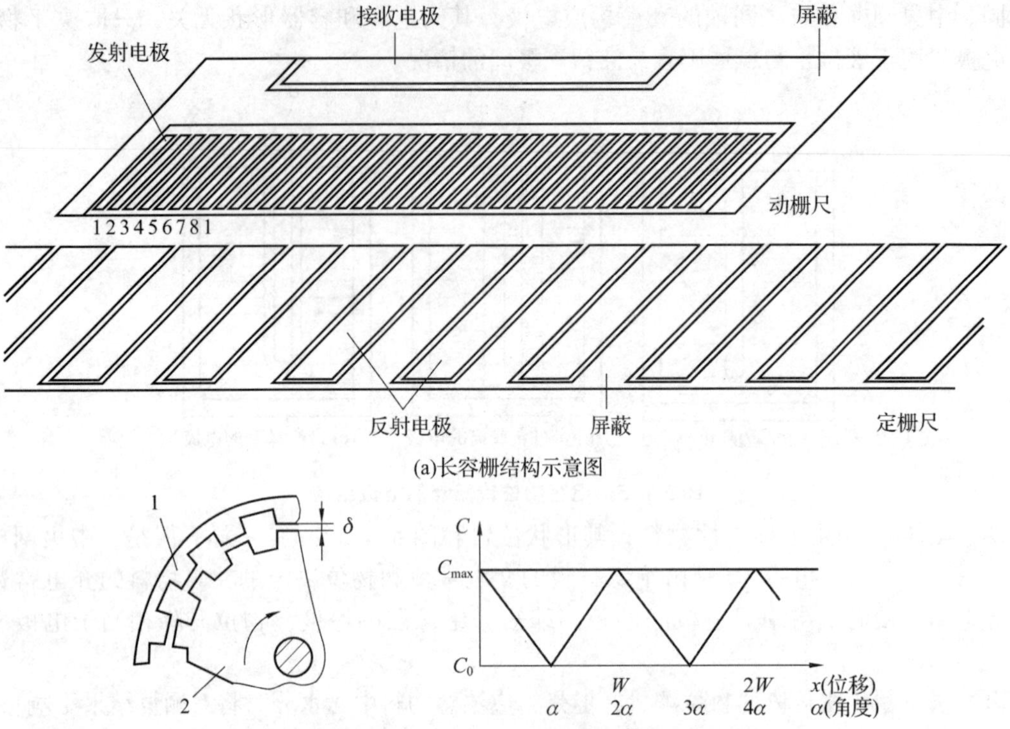

(a)长容栅结构示意图

(b) 柱状电容结构图　　(c) 电容量周期性变化

图 5.5.1　容栅式电容传感器的结构原理

1—定子；2—转子

最小电容量理论上为 0，实际上为固定电容 C_0，称为容栅固有电容。当动栅尺沿 x 方向平行于定栅尺移动时，每对电容的相对遮盖长度将由大到小、由小到大周期性变化，电容量也随之周期性变化，如图 5.5.1（c）所示，其中 W 为反射电极的极距（相邻两个反射电极间的距离）。经电路处理过后，可测得线位移值。

图 5.5.1（b）所示为柱状电容，可以测量角位移。它是由同轴安装的定子 1 和转子 2 组成，在它们的内、外柱面上刻制一系列宽度相等的齿和槽，当转子旋转时就形成了一个可变电容，当定子、转子齿面相对时电容量最大，错开时电容量最小。其转角 α 与电容量 C 的关系曲线如图 5.5.1（c）所示，图中 α 为齿或槽所对应的圆心角。

5.5.2　信号处理方式

容栅式传感器测量电路主要有鉴幅式测量电路和鉴相式测量电路两种形式。目前，鉴幅式测量系统可达到 0.01 mm 的分辨率，主要在测长仪上使用；鉴相式测量系统分辨率为 0.01 mm，主要在电子数字显示卡尺等数显量具上使用。下面以长容栅为例，讨论这两种信号处理方式。

1. 鉴幅式测量系统

图 5.5.2 所示为鉴幅式测量系统结构原理图，图中 A、B 为动栅尺上的两组电极片，P 为定栅尺上的一片电极片，它们之间构成差动电容 C_A 和 C_B。动栅尺上两组电极片各由四片小

电极片组成，如图 5.5.2（b）所示，在位置 a 时，一组为小电极片 1~4，另一组为 5~8，分别加以同频、反相矩形交变电压 U_{m1} 和 U_{m2}，U_1 和 U_2 为参考直流电压，当电极片 P 在初始位置（$x=0$），即 A 与 B 两组电极片中间时，测量转换系统输出初始电压 $U_{m0}=(U_1+U_2)/2$。此时，加在 A 和 B 电极片组的交变电压 U_{m1} 和 U_{m2} 是同频、等幅、反相的，如图 5.5.2（c）所示，通过电容耦合，在电极片 P 上产生电荷并保持不变，因而输出电压 U_{m0} 不发生变化。当电极片 P 相对于电极片组 A、B 有位移 x 时，电极片 P 上的电荷量发生变化，输出交变电压，经测量转换系统输出 U_m，通过电子开关 S_1 和 S_2，改变 U_{m1} 和 U_{m2} 的值，最终使电极片 P 上所产生的电荷变化为 0，即

$$(U_m-U_1)C_A+(U_m-U_2)C_B=0 \tag{5.5.2}$$

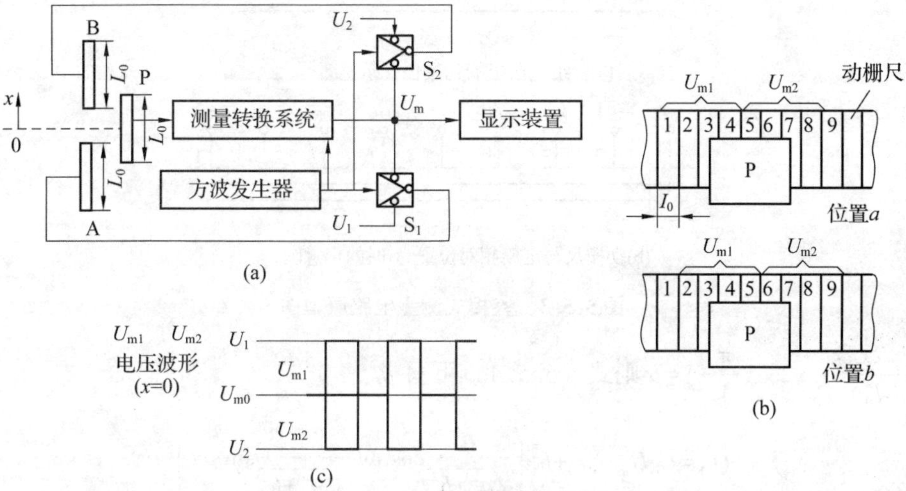

图 5.5.2　鉴幅式测量系统结构原理图

当位移 x 使电极片 P 和 B 的遮盖长度增加，且 $|x|\leqslant l_0/2$ 时，$C_A=C_0(1-x/l_0)$，$C_B=C_0(1+x/l_0)$。式中，C_0 为初始位置时的电容；l_0 为小电极片的间距。由式（5.5.2）可得

$$U_m=\frac{1}{2}(U_1+U_2)+\frac{(U_2-U_1)x}{l_0} \tag{5.5.3}$$

当相对位移 $|x|\geqslant l_0$（小极片间距）时，由控制电路自动改变小极片组接线，如图 5.5.2（b）所示，这时电极片组 A 由小电极片 2~5 构成，加电压 U_{m1}，电极片组 B 由小电极片 6~9 构成，加电压 U_{m2}，这样在电极片 P 相对移动的过程中，能保证始终与不同的小电极片形成差动电容，输出与位移呈线性关系的电压信号。

2. 鉴相式测量系统

容栅式传感器动栅尺上的发射电极 E 每八片为一组［图 5.5.1（a）］，分别加以 $u_1\sim u_8$。八个等幅、同频、相位依次相差 π/4 的调制方波电压，通过对方波电压信号进行谐波分析可知，调制方波由基波和奇次谐波之和组成，其中基波成分占主要部分，因此可用正弦波进行讨论。设动栅尺相对于定栅尺的初始位置及各小发射电极所加激励电压相位如图 5.5.3（a）所示，且各发射电极片与反射电极片（或称标尺电极片）M 全遮蔽时的电容均为 C_0，当位移 $x\leqslant l_0$（发射电极片间矩）时，如图 5.5.3（b）所示，在反射电极片 M 上的感应电荷为

$$Q_M=C_0\frac{x}{l_0}U_m\sin\left(\omega t-\frac{\pi}{2}\right)+C_0U_m\sin\left(\omega t-\frac{\pi}{4}\right)+$$

$$C_0U_m\sin\omega t+C_0U_m\sin\left(\omega t+\frac{\pi}{4}\right)+C_0\frac{l_0-x}{l_0}U_m\sin\left(\omega t+\frac{\pi}{2}\right)$$

$$=C_0U_m\left[\left(1-\frac{2x}{l_0}\right)\cos\omega t+\left(2\cos\frac{\pi}{4}+1\right)\sin\omega t\right] \tag{5.5.4}$$

式中，U_m 为发射电极激励信号基波电压幅值；ω 为发射电极激励信号基波电压的频率。

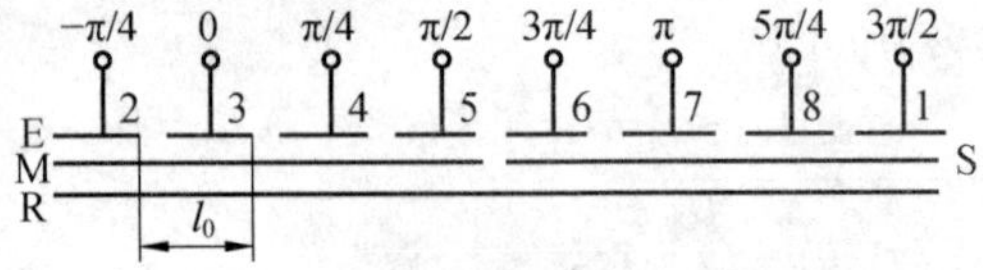

(a)一组电极板的初始位置示意图

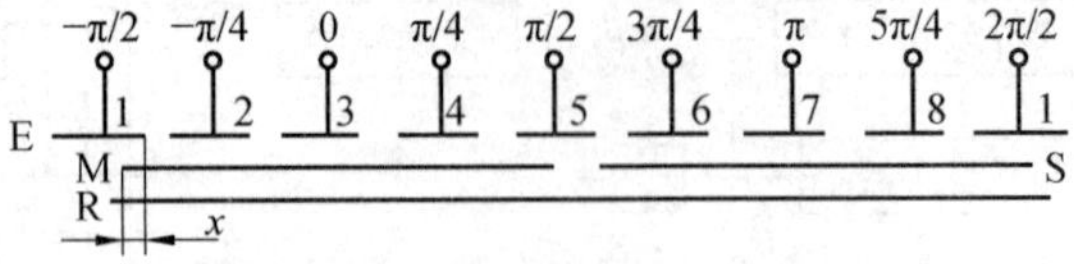

(b)动栅尺与定栅相对位置为x时的示意图

图 5.5.3　鉴相式测量电路原理图

设 $1-\frac{2x}{l_0}=\alpha$，$2\cos\frac{\pi}{4}+1=b$ 则式（5.5.4）可写成

$$Q_M=C_0U_m\sqrt{a^2+b^2}\left(\frac{a}{\sqrt{a^2+b^2}}\cos\omega t+\frac{b}{\sqrt{a^2+b^2}}\sin\omega t\right)$$

设 $\frac{a}{\sqrt{a^2+b^2}}=\sin\theta$，$\frac{b}{\sqrt{a^2+b^2}}=\cos\theta$，因此可得

$$Q_M=C_0U_m\sqrt{a^2+b^2}\sin(\omega t+\theta) \tag{5.5.5}$$

$$\theta=\arctan\frac{a}{b}=\arctan\frac{1-\frac{2x}{l_0}}{2\cos\frac{\pi}{4}+1} \tag{5.5.6}$$

由于静电感应，接收电极与反射电极耦合产生感应电荷，其接收电极输出电压正比于接收电极上电荷量，即与 Q_M 成正比，因此，θ 反映了传感器输出电压相位的变化规律，而 θ 又与位移 x 有关，故通过测量输出电压的相位就可间接地测出位移的大小。

鉴相式测量电路具有较强的抗干扰能力。由式（5.5.6）可知，鉴相式测量电路在理论上还存在非线性误差，同时由于激励电压含有高次谐波，影响了测量精度。

3. 容栅式传感器的应用

目前容栅式传感器主要应用于量具、量仪和机床数显装置。例如，角位移容栅传感器已在电子数显千分尺及机床分度盘中应用；线位移容栅传感器已在电子数显卡尺、数显深度尺、数显高度尺、机床数显标尺中应用。随着对容栅传感器研究的不断深入，其应用领域还会不断扩大，将会有更多的容栅传感器系列产品在仪器仪表中应用，实现产品的升级换代，如容栅式数显沟槽测量仪、容栅式棱角度错边量检测仪等。

思考题与习题

1. 为什么电容式传感器易受干扰？如何减小干扰？

2. 为什么高频工作时，电容式传感器连接电缆的长度不能随意变化？

3. 为什么说变间隙型电容传感器特性是非线性的？如何改善其非线性特征？

4. 分析差动形式的变极距型电容式传感器是如何克服单个的变极距型电容式传感器的缺点？

5. 试分析圆筒型电容传感器测量液面高度的基本原理？

6. 传感器采用差动形式有什么优点？试举例说明。

7. 画图说明电容式传感器高频和低频时的等效电路？

8. 说明驱动电缆技术的原理。

9. 有一只变极距型电容式传感器元件，两极板重叠的有效面积为 $8\times10^{-4}\ \mathrm{m}^2$，极板之间的距离为 1 mm，已知空气的相对介电常数为 1.000 6，试计算该传感器的位移灵敏度。

10. 已知圆盘电容极板直径 $D=50$ mm，极板间距 $d_0=0.2$ mm，在电极间置一块厚 $d_g=0.1$ mm 的云母片，其相对介电常数 $\varepsilon_{r1}=7$，空气相对介电常数 $\varepsilon_{r2}=1$。

1）求无、有云母片两种情况下电容值 C_1、C_2 各为多大？

2）当间距变化 $\Delta d=0.025$ mm 时，电容相对变化量 $\Delta C_1/C_1$ 与 $\Delta C_2/C_2$ 各为多大？

第 6 章　光电式传感器

光电传感器就是以光电器件为检测元件的传感器，它先将被测非电量转换成光量的变化，然后通过光电器件将相应的光量转换成电量。光电传感器具有结构简单、精度高、分辨率高、可靠性高、抗干扰性强和响应快等特点，可进行非接触测量。本章介绍光电效应、光电器件、光电码盘、电荷耦合器件、光纤传感器及光栅传感器等。

6.1　光电效应和光电器件

6.1.1　光电效应

光是由具有一定能量的粒子组成，根据爱因斯坦光粒子学说，每个光子所具有的能量 E 与其频率 f 的大小成正比（$E=hf$，式中 h 为普朗克常量，$h=6.626\times10^{-34}\ \text{J}\cdot\text{s}$）。光照射在物体上可看成连串具有能量的光子对物体的轰击，物体吸收光子能量而产生相应的电效应，即光电效应，这是实现光电转换的物理基础。光电效应依其表现形式的不同，通常可分为外光电效应和内光电效应。

1. 外光电效应

在光线作用下，物体内的电子逸出物体表面向外发射的现象，称为外光电效应或光电发射效应。其中，向外发射的电子称为光电子，能产生光电效应的物质称为光电材料。

根据爱因斯坦的假设，一个光子能量只能给一个电子。因此要使一个电子从物体表面逸出，必须使光子的能量 E 大于该物体的表面逸出功 A，这时逸出表面的电子就具有动能 E_{k}。

$$E_k=\frac{1}{2}mv^2=E-A \tag{6.1.1}$$

式中，m 为电子质量；v 为电子逸出物体表面时的初速度。

式（6.1.1）称为爱因斯坦的光电效应方程，由该式可知只有当光子的能量 E 大于电子逸出功 A 时，物质内的电子才能脱离原子核的吸引向外逸出。每一种物体都有一个对应的光频阈值，称为红限频率。当入射光的频率低于红限频率，光子的能量不足以使物体内的电子逸出，因而小于红限频率的入射光，无论入射光多强，照射时间多久，也不会有光电子发射出来。反之，入射光频率高于红限频率，即使光线微弱也会有光电子发射出来。

2. 内光电效应

在光线照射下，物体内的电子不能逸出物体表面，而使物体的电导率发生变化或产生光生电动势的效应称为内光电效应。内光电效应又可分为光电导效应和光生伏特效应。

（1）光电导效应。

在光线作用下，电子吸收光子能量后而引起物质电导率发生变化的现象称为光电导效应。

半导体光电导效应能带图如图 6.1.1 所示，这种效应在绝大多数的高电阻率半导体材料中都存在。半导体受光照时，其共价键中的价电子吸收光子能量，由价带穿越禁带到达导带，成为光生自由电子，使得半导体中自由电子-空穴对增加，引起材料的导电率提高，电阻值下降。光照停止时，失去光子能量的光生自由电子又重新跌落回价带与空穴复合，自由电子-空穴对减少，引起材料的导电率下降，电阻值提高。

图 6.1.1 中，E_g 称为禁带宽度，价电子吸收的光子能量 $E>E_g$ 时，才能穿越禁带成为自由电子，光照越强，E 越大，光生自由电子越多，电阻值越小。光照停止或光强减小使 $E<E_g$ 时，光生自由电子又跌回价带成为价电子，使电阻值增加或恢复高阻状态。

（2）光生伏特效应。

在光线照射下，半导体材料吸收光能后，引起 PN 结两端产生电动势的现象称为光生伏特效应。无光照时，两浓度差很大的杂质半导体 P 和 N 因扩散运动形成一个大面积的 PN 结，PN 结电场方向是由 N 区指向 P 区，如图 6.1.2 所示。当光照射到 PN 结上时，如果光子的能量大于半导体材料的禁带宽度，电子就能够从价带激发到导带成为自由电子，价带成为自由空穴。从而在 PN 结内产生大量的电子-空穴对。这些电子-空穴对在 PN 结电场作用下，电子移向 N 区，空穴移向 P 区，结果电子在 N 区积累，空穴在 P 区积累从而使 PN 结两端形成电位差，PN 结两端便产生了光生电动势。若用导线将 PN 结两端连接起来，连接电路中就有电流，此电流称为光生电流。显然，光照越强，激发的光生电子和空穴越多，所形成的光生电势或光生电流就越大。

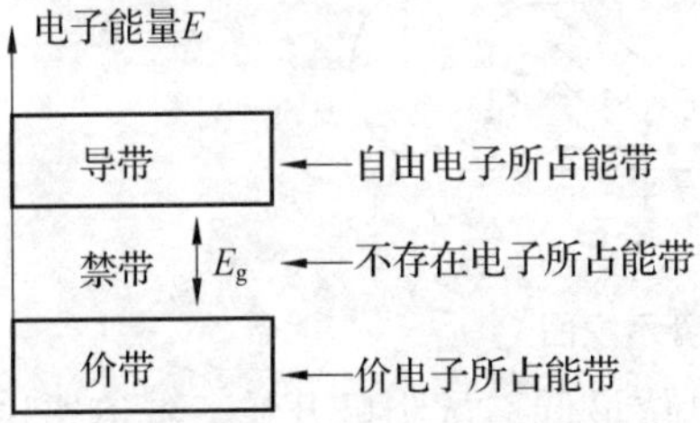

图 6.1.1　光电导效应能带图

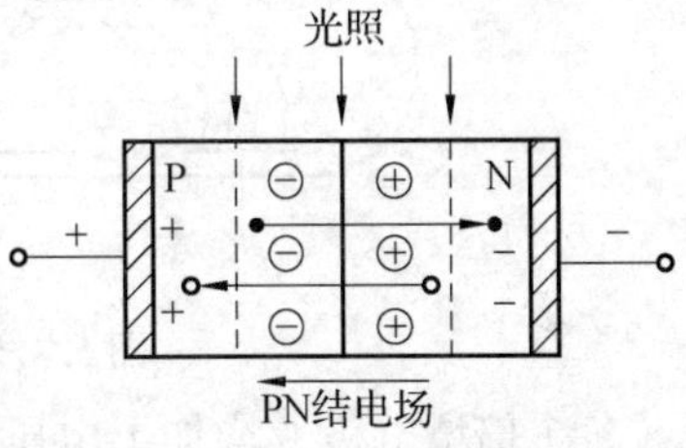

图 6.1.2　PN 结产生光生伏特效应

6.1.2　光电管和光电倍增管

1. 光电管

光电管的结构如图 6.1.3 所示，在一个真空的玻璃泡内装有两个电极：光电阴极和阳极。光电阴极是涂敷在玻璃泡内壁的光敏材料（如铯），也有的是涂在半圆筒形的金属片上，阴极对光敏感的一面是向内的，在阴极前装有单根金属丝或环状的阳极，当阴极受到适当波长的光线照射时便发射电子，电子被带正电位的阳极所吸引，在光电管内就产生了电子流，在外电路中便产生了电流。

当光通量一定时，阳极电压与阳极电流的关系曲线称为光电管的伏安特性曲线。图 6.1.4 所示为真空光电管的伏安特性曲线，光电管的工作点应选在曲线的直线段内。当往玻璃泡内充以少量的惰性气体（如氩或氖）时，可提高光电管的灵敏度，但其稳定性、频率特性等都比真空光电管差，所以在测试中一般选择真空光电管。

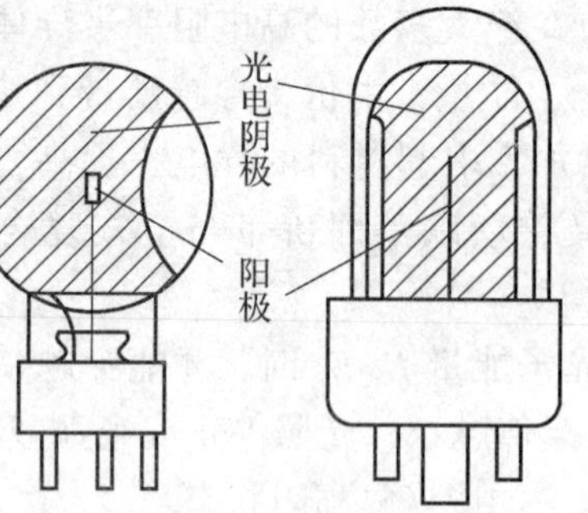

图 6.1.3　光电管的结构

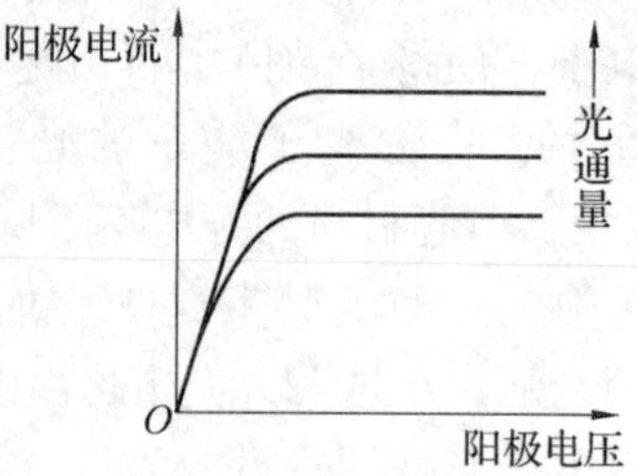

图 6.1.4　真空光电管的伏安特性

2. 光电倍增管

在入射光极为微弱时，光电管能产生的光电流很小，即使光电流能被放大，但噪声也同时被放大了，为了克服这个缺点，就需要采用光电倍增管。

光电倍增管示意图如图 6.1.5 所示，它由在光电阴极和阳极之间增加了 E_1，E_2，E_3 等若干倍增极组成。光电阴极是由半导体光电材料锑或铯制造的，入射光在它上面打出光电子。倍增极数目在 4~14 个，在各倍增极上加上一定的电压，阳极收集电子，外电路形成电流输出。

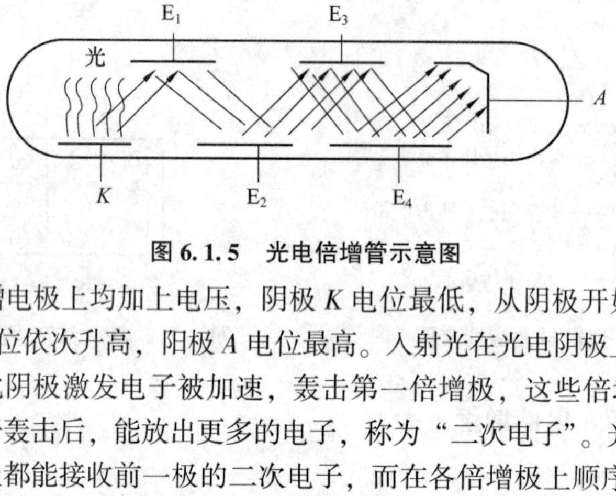

图 6.1.5　光电倍增管示意图

工作时，各个倍增电极上均加上电压，阴极 K 电位最低，从阴极开始，各倍增极 E_1、E_2、E_3 和 E_4（或更多）电位依次升高，阳极 A 电位最高。入射光在光电阴极上激发电子，由于各电极间有电场存在，因此阴极激发电子被加速，轰击第一倍增极，这些倍增极具有这样的特性，在受到一定数量的电子轰击后，能放出更多的电子，称为“二次电子”。光电倍增管倍增极的几何形状被设计成每个极都能接收前一极的二次电子，而在各倍增极上顺序加上越来越高的正电压。这样如果在光电阴极上由于入射光的作用发射出一个电子，这个电子将被第一倍增极的正电压所加速而轰击第一倍增极。设这时第一倍增极有 σ 个二次电子发出，这 σ 个电子又轰击第二倍增极，而其产生的二次电子又增加 σ 倍，经过 n 个倍增极后，原先一个电子将变为 σ^n 个电子，这些电子最后被阳极所收集而在光电阴极与阳极之间形成电流。构成倍增极材料的 $\sigma>1$，设 $\sigma=4$，在 $n=10$ 时，放大倍数为 $\sigma=4^{10}\approx10^6$，可见，光电倍增管的放大倍数是很高的。光电倍增管的伏安特性曲线的形状与光电管很相似，其他特性也基本相似。

6.1.3　光敏电阻

光敏电阻是用光电导体制成的光电器件，又称光导管，它是基于半导体内光电效应工作的。电阻没有极性，纯粹是一个电阻件，使用时可加直流偏压，也可加交流电压。图 6.1.6 所示为光敏电阻的工作原理图，当无光照时，光敏电阻值（暗电阻）很大，电路中电流很小，当光敏电阻受到一定波长范围的光照时，它的阻值（亮电阻）急剧减少，因此电路中的电流迅速增加。

光敏电阻的结构如图6.1.7所示，管心是一块安装在绝缘衬底上的带有两个欧姆接触电极的光电导体。半导体吸收光子而产生的光电效应，仅限于光照的表面薄层。虽然产生的载流子也有少数扩散到内部去，但深入厚度有限，因此光电导体一般都做成薄层。为了获得很高的灵敏度，光敏电阻的电极一般采用梳状，提高了光敏电阻的灵敏度。

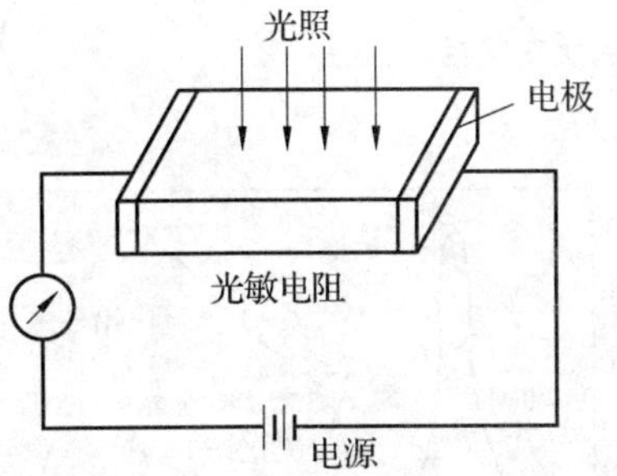

图6.1.6 光敏电阻的工作原理

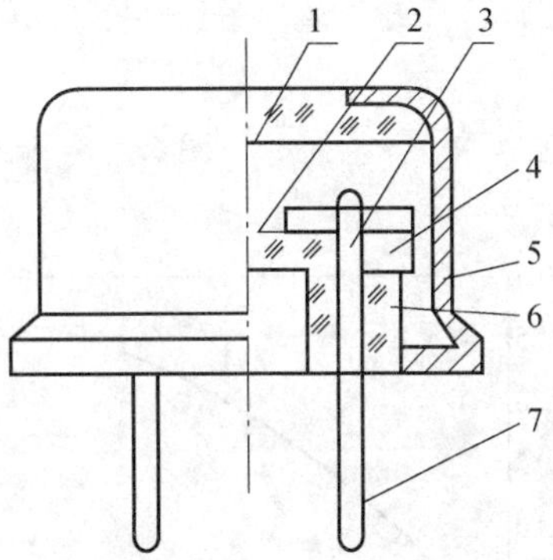

图6.1.7 光敏电阻的结构

1—玻璃；2—光电导层；3—电极；4—绝缘衬底；5—金属壳；6—黑色绝缘玻璃；7—引线

光敏电阻的灵敏度易受潮湿的影响，因此要将光电导体严密封装在带有玻璃的壳体中。光敏电阻具有很高的灵敏度和很好的光谱特性，光谱响应从紫外区一直到红外区，而且体积小、质量轻、性能稳定，因此在自动化技术中得到了广泛的应用。

光敏电阻的亮电流与暗电流之差称为光电流，光敏电阻的暗电阻越大，亮电阻越小，则性能越好。大多数光敏电阻的暗电阻往往超过1 MΩ，甚至高达100 MΩ，亮电阻即使在正常白昼条件下也可降到1 kΩ以下，可见光敏电阻的灵敏度较高。

光敏电阻的基本特性见表6.1.1，不同的光照、材料和温度都会引起光电流的变化，具体应用时需要依据实际情况选择合适的光敏电阻。

表6.1.1 光敏电阻的基本特性

序号	特性名称	特性描述或应用	对应的图形
1	伏安特性	给定电压下，光照越大，光电流也越大；给定光照下，电压越大，光电流也越大	图6.1.8
2	光照特性	光照增大，电流增大，呈非线性，不宜做测量元件，常用作开关式光电信号传感元件	图6.1.9
3	光谱特性	不同材料的光敏电阻对光波波长的灵敏度不同，从可见光到红外光区域均可选择到合适的光敏电阻	图6.1.10
4	响应时间	光照开始和结束时，电流均存在滞后显现，上升时间 t_1 和下降时间 t_2 越短，则响应快	图6.1.11
5	温度特性	温度升高，暗电阻和灵敏度都下降	图6.1.12

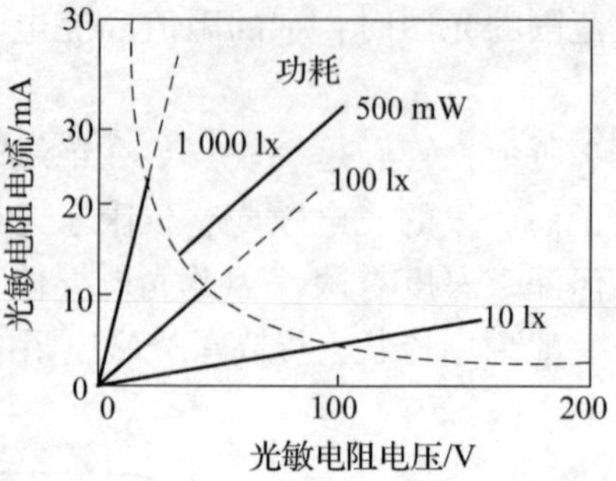

图 6.1.8　硫化镉光敏电阻的伏安特性

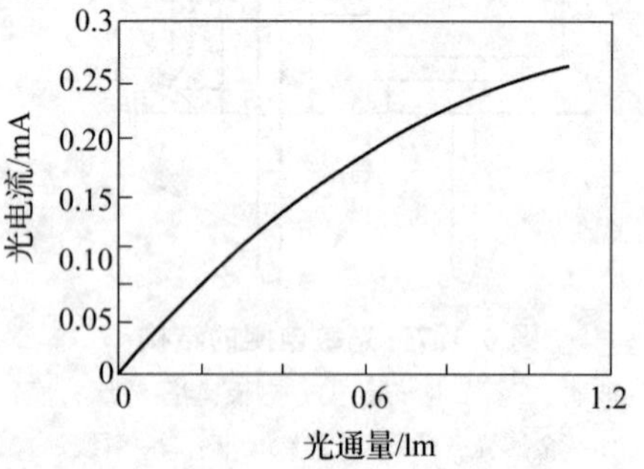

图 6.1.9　光敏电阻的光照特性

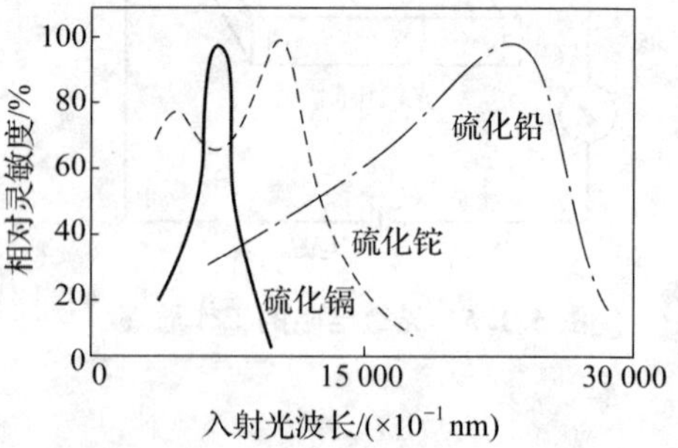

图 6.1.10　光敏电阻的光谱特性

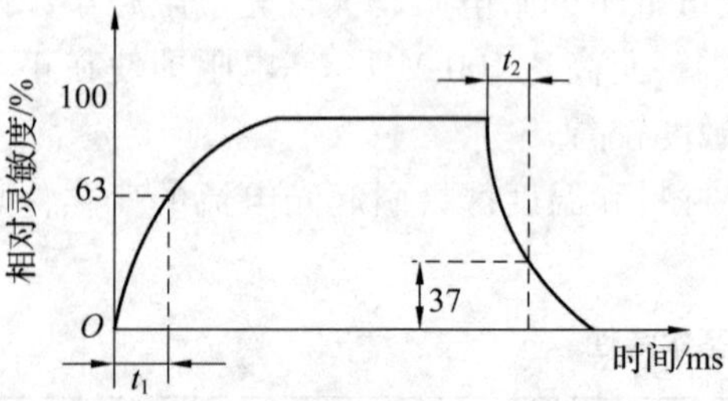

图 6.1.11　光敏电阻的时间响应

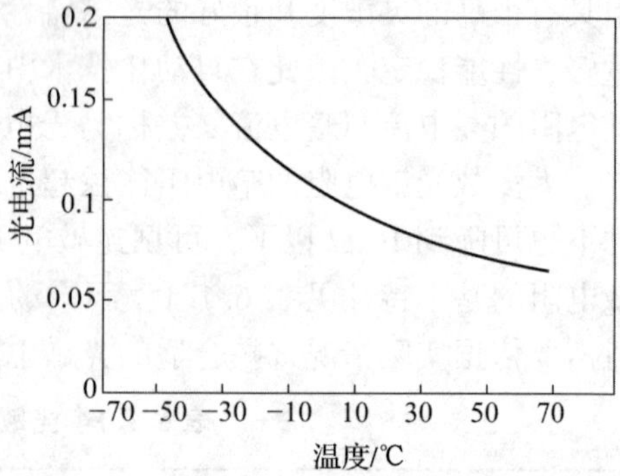

图 6.1.12　硫化镉光敏电阻的温度特性（光照一定）

6.1.4　光敏二极管和光敏晶体管

光敏二极管的结构与一般二极管相似，装在透明玻璃外壳中，如图 6.1.13（a）所示，它的 PN 结装在管顶，可直接受到光照射，光敏二极管在电路中一般是处于反向工作状态，如图 6.1.13（b）所示。

光敏二极管在电路中处于反向偏置，在没有光照射时，反向电阻很大，反向电流很小，称为暗电流。当光照射在 PN 结上，光子打在 PN 结附近时，使 PN 结附近产生光生电子和光生空穴对，使少数载流子的浓度大大增加，因此通过 PN 结的反向电流也随之增加。如果入射光照度变化，光生电子-空穴对的浓度也相应变动，通过外电路的光电流强度也随之变动。可见，光敏二极管能将光信号转换为电信号输出。

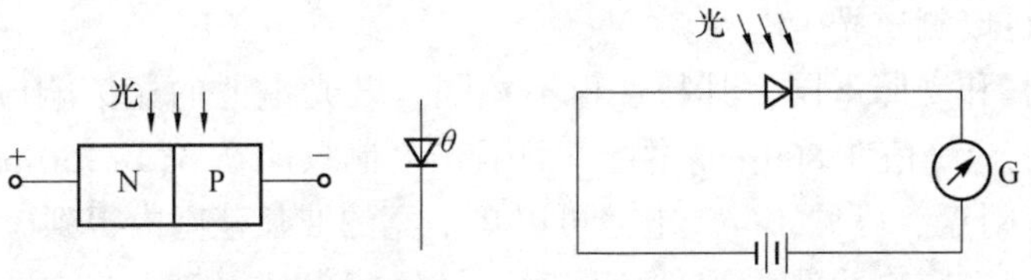

(a) 光敏二极管结构　　(b) 基本电路

图 6.1.13　光敏二极管

光敏晶体管与一般晶体管很相似，具有两个 PN 结。它在把光信号转换为电信号的同时，又将信号电流加以放大。图 6.1.14 所示为 NPN 型光敏晶体管的结构简化模型和基本电路。当集电极加上相对于发射极为正的电压而不接基极时，基极-集电极结就处于反向偏置。当光照射在基极-集电极结上时，就会在结附近产生电子-空穴对，从而形成光电流，输入到晶体管的基极，由于基极电流增加，因此集电极电流是光生电流的β倍，因此光敏晶体管有放大作用。

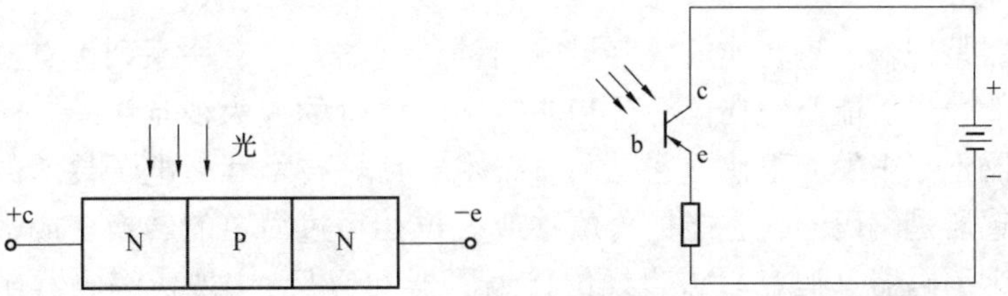

(a)结构简化模型　　(b)基本电路

图 6.1.14　NPN 型光敏晶体管

光敏晶体管的结构与普通晶体管十分相似，不同的是光敏晶体管的基极往往不接引线。实际上许多光敏晶体管仅集电极和发射极两端有引线，尤其是硅平面光敏晶体管，因为其泄漏电流很小（小于10^{-9}A），因此一般没有基极外接点。

6.1.5　光电池

光电池在光线作用下实质上就是电源，电路中有了这种器件就不再需要外加电源。光电池的种类很多，有硒光电池、氧化亚铜光电池、锗光电池、硅光电池、磷化镓光电池等。其中最受重视的是硅光电池，因为它具有稳定性好、光谱范围宽、频率特性好、换能效率高、耐高温辐射等一系列优点。

光电池是一种直接将光能转换为电能的光电器件，它是一个大面积的 PN 结。当光照射到 PN 结上时，便在 PN 结的两端产生电动势（P 区为正，N 区为负）。这是因为当 N 型半导体和 P 型半导体结合在一起构成一块晶体时，由于热运动，N 区中的电子就向 P 区扩散，而 P 区中的空穴则向 N 区扩散，结果在 P 区靠近交界处聚集起较多的电子，而在 N 区靠近交界处聚集起较多的空穴，于是在过渡区形成了一个电场，电场的方向由 N 区指向 P 区。这个电场阻止电子进一步由 N 区向 P 区扩散和空穴进一步由 P 区向 N 区扩散，但是，却能推动 N 区中的空穴（少数载流子）和 P 区中的电子（也是少数载流子）分别向对方运动。

当光照到 PN 结上时，如果光子能量足够大，将在 PN 结区附近激发电子-空穴对。在 PN 结电场作用下，N 区的光生空穴被拉向 P 区，P 区的光生电子被拉向 N 区。结果在 N 区就聚积了负电荷，带负电；P 区聚积了正电荷，带正电。这样 N 区和 P 区之间就出现了电位差。用导线将 PN 结两端连接起来，电路中就有电流流过，电流的方向由 P 区流经外电路至 N 区。

若将电路断开，就可以测出光生电动势。

光电池因为材料和光照不同，其特性也不相同。硅光电池的光谱响应波长范围从 400 ~ 1 200 nm，其光谱响应峰值在 800 nm 附近，而硒光电池只能在 380 ~ 750 nm 范围内，其光谱响应峰值在 500 nm 附近。可见，硅光电池可以在很宽的波长范围内得到应用。温度对光电池的工作有很大影响，当它作为测量器件应用时，最好能保证温度恒定或采取温度补偿措施。当光电池密封良好、电极引线可靠、应用合理时，光电池的性能是相当稳定的，使用寿命很长，而硅光电池的性能比硒光电池更稳定。光电池的性能和寿命除了与光电池的材料及制造工艺有关外，在很大程度上还与使用环境条件有密切的关系。如高温和强光照射，会使光电池的性能变坏，且降低使用寿命。

6.2 光电码盘

数字式传感器是把输入量转换成数字量输出的传感器，它有一系列优点：测量精度和分辨率高、抗干扰能力强、能避免在读标尺和曲线图时产生的人为视觉误差、便于用计算机处理。数字式传感器近年来发展很快，它是测量技术、计算技术和微电子技术的综合产物。最简单的数字式传感器是编码器，它能把角位移或线位移经过简单的转换变成数字量，相应的编码器是角度数字编码器（码盘）或直线位移编码器（码尺）。现代编码器比目前同样尺寸的任何模拟式传感器都具有更高的分辨率、更高的可靠性和更高的精度。由编码器制作的数字式传感器，其分辨率取决于码道的多少。编码器按原理分类有电触式、电容式、感应式和光电式等。这里只讨论光电式，称为光电编码器。

6.2.1 工作原理

光电码盘是用光电方法把被测角位移转换成以数字代码形式表示的电信号的转换部件。如图 6.2.1 所示为光电码盘的工作原理示意图。由光源 1 发出的光线，经柱面镜 2 变成一束平行光或会聚光，照射到光电码盘 3 上。光电码盘由光学玻璃制成，其上刻有许多同心码道，每位码道上都有按一定规律排列着的若干透光和不透光部分，即亮区和暗区。通过亮区的光线经狭缝 4 后形成一束很窄的光束照射在光电元件 5 上。光电元件的排列与码道一一对应。当有光照射时，对应于亮区和暗区的光电元件的输出相反，如前者为“1”，后者为“0”。光电元件的各种信号组合，反映出按一定规律编码的数字量，代表了光电码盘转角的大小。由此可见，码盘在传感器中是将轴的转角转换成代码输出的主要元件。

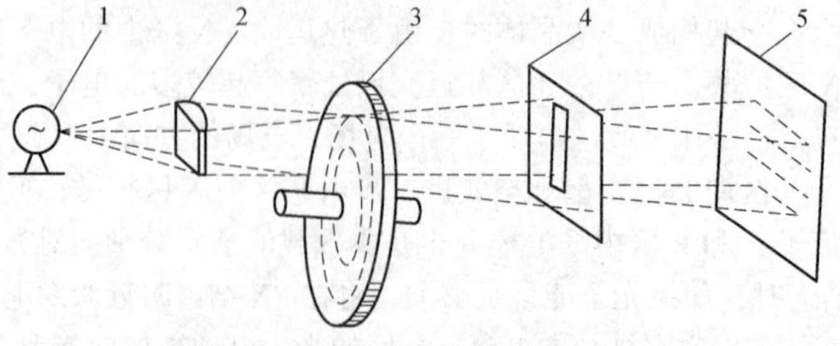

图 6.2.1 光电码盘的工作原理示意图

1—光源；2—柱面镜；3—光电码盘；4—狭缝；5—光电元件

6.2.2　码盘和码制

一个六位的二进制码盘如图 6.2.2 所示，最内圈称为 C_6 码道，一半透光，一半不透光，只有两种状态。最外圈称为 C_1 码道，一共分成 2^6（=64）个黑白间隔。每一个角度方位对应于不同的编码。例如，零位对应于 000000（全黑），第 23 个方位对应于（010111）。测量时，只要根据码盘的起始和终止位置即可确定转角，与转动的中间过程无关。

二进制码是有权码，由于微小的制作误差导致某一个码道提前或延后改变，就可能造成输出的粗大误差。为了达到 1″左右的分辨率，二进制码盘需要采用 20 或 21 位码盘。一个刻画直径为 400 mm 的 20 位码盘，其外圈一个间隔稍大于 1 μm。不仅要求各个码道刻画精确，而且要求彼此对准，这给码盘制作造成很大困难。

为了消除粗大误差，通常采用双读数头法，或者用循环码代替二进制码。六位循环码码盘如图 6.2.3 所示。循环码码盘具有以下特点：

（1）n 位循环码码盘，与二进制码一样具有 2^n 种不同编码。分辨率为 $\theta_1=360°/2^n$。最内圈为 R_n 码道，一半透光，一半不透光。其他第 i 码道相当于二进制码码盘第（i+1）码道向零位方向转过 θ_1 角，它的最外圈 R_1 码道的角节距为 $4\theta_1$。

（2）循环码码盘具有轴对称性，其最高位相反，而其余各位相同。

（3）循环码为无权码。

（4）循环码码盘转到相邻区域时，编码中只有一位发生变化，即使该位数值错误，也不会产生粗大误差，这一原因使得循环码码盘获得了广泛应用。

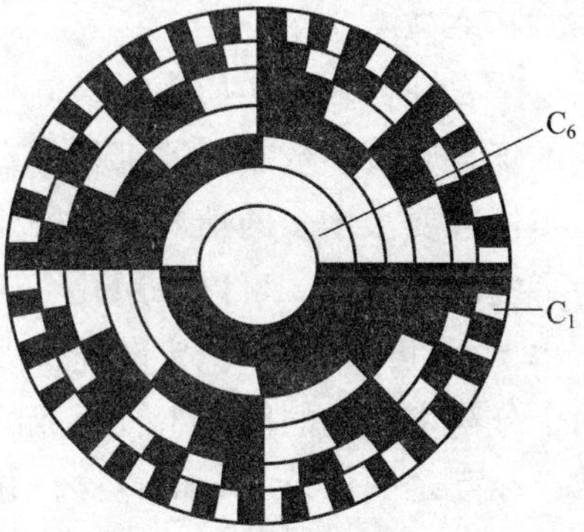

图 6.2.2　六位二进制码盘

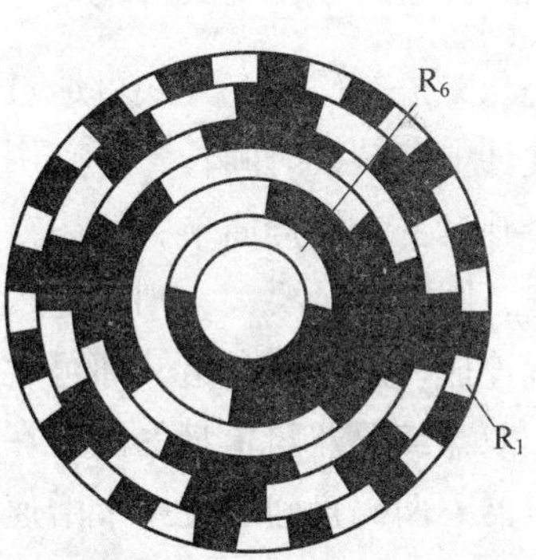

图 6.2.3　六位循环码码盘

6.2.3　二进制码与循环码的转换

循环二进制码也称为格雷码，译自英语 Gray mode。循环码是一种无权码，采用绝对编码方式，直接译码有困难，一般先把它转换为二进制码后再译码。这就决定了由循环码转换成二进制码的电路使用较多。并行转换速度快，所用元件较多；串行转换所用元件少，但速度慢，只能用于速度要求不高的场合。表 6.2.1 为四位二进制码与循环码的对照表。

表 6.2.1　四位二进制码与循环码的对照表

十进制数	二进制码	循环码	十进制数	二进制码	循环码
0	0000	0000	8	1000	1100
1	0001	0001	9	1001	1101
2	0010	0011	10	1010	1111
3	0011	0010	11	1011	1110
4	0100	0110	12	1100	1010
5	0101	0111	13	1101	1011
6	0110	0101	14	1110	1001
7	0111	0100	15	1111	1000

从表中可以看出，循环码和二进制码之间有对应的转换关系，即用异或公式转换，1 和 0 数值不同，其异或结果为 1，1 和 1 数值相同异或结果为 0，0 和 0 数值相同异或结果也为 0。由二进制转换成循环码时，最高位不变，二进制码的次高位与二进制码的最高位异或得到循环码的次高位，以此类推。循环码转换成二进制码是其逆过程，方法相同，如图 6.2.4 所示。

图 6.2.4　循环码与二进制码的转换

循环码与二进制码相互转换可通过软件或硬件电路实现，软件转换不需要额外的转换电路，但比硬件电路转换时间长，不宜用在快速检测的场合。大多数编码器都是单盘的，全部码道在一个圆盘上，结构简单，使用方便。但是，当位数要求增多的情况下，若要求具有很高的分辨率，圆盘直径要大，则制造困难。这时为了提高分辨率，可以采用几个码盘通过机械传动装置连成一起的码盘组，即可大大提高分辨率，而且可以用来测定转速，如常用的双盘编码器。双盘编码器与单盘的区别在于它是由两个分辨率较低的码盘组合而成的一种高分辨率的编码器。两码盘间通过一个增速轮系相连接，相互之间保持一定的速比，并采用电气逻辑纠错以消除编码器的进位误差。

6.2.4　光电码盘的应用

图 6.2.5 所示为光学码盘测角仪的原理图。光源 1 通过大孔径非球面聚光镜 2 形成均匀狭长的光束照射到码盘 3 上。根据码盘所处的转角位置，位于狭缝 4 后面的一排光电元件 5 输出相应的电信号。该信号经放大、鉴幅、整形后，再经当量变换，最后进行译码显示。在需要时采用纠错电路和寄存电路。

编码器的分辨率所代表的角度不是整数，例如一个 14 位的码盘，其分辨率为 $\theta_1 = 360°/2^n = 1/19''$，显示器总是希望以度、分、秒表示，为此需要使用脉冲当量变换电路。图 6.2.6 所示是当量变换的一个实例。

工作之前，先把二进制计数器与脉冲当量变换计数器同时复零，将由码盘来的二进制编码信号（若为循环码盘，先变为二进制码信号）输入。这时振荡器 D_1 发出的计数脉冲通过与门 D_2 同时进入这两个计数器。每进一个脉冲，脉冲当量变换计数器所计之数增大 θ_1，图中按 14 位码盘安排，分值计数板进 1 个脉冲，秒值的十位与个位分别进 1 个和 9 个脉冲，128 进制计数单元进 13 个脉冲。各计数单元之间具有进位关系。当二进制计数器所计之数与二进制编码输入相符时，相符比较电路发出一个脉冲，与门 D_2 关闭，停止计数，脉冲当量变换计数器所计之数值经译码输出显示。

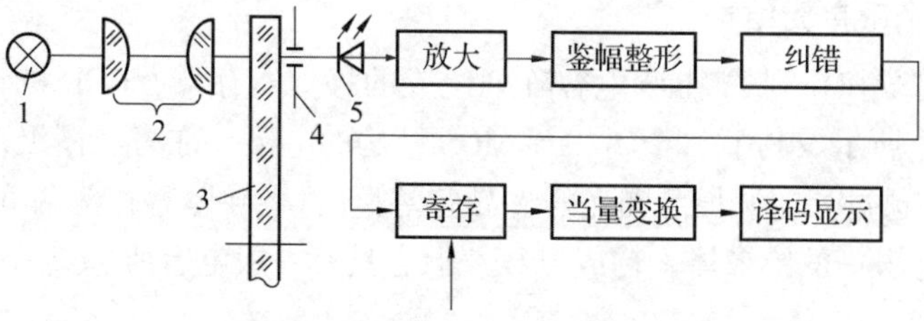

图 6.2.5　光学码盘测角仪的原理图

1—光源；2—大孔径非球面聚光镜；3—码盘；4—狭缝；5—光电二极管

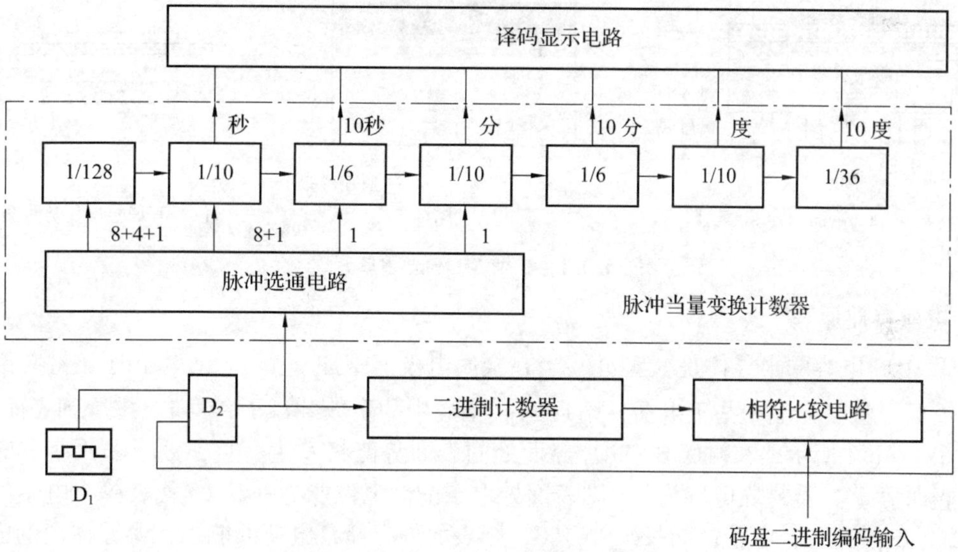

图 6.2.6　当量变换实例

6.3　电荷耦合器件

电荷耦合器件（Charged Couple Device，CCD）是一种大规模金属氧化物半导体集成电路器件。它以电荷为信号，具有光电信号转换、存储、转移及输出信号电荷的功能。CCD 于 1970 年在美国贝尔实验室被发现，随后其发展异常迅速，从 CCD 概念提出到商品化的电荷耦合摄像机出现只用了短短四年的时间。CCD 之所以发展迅速，其主要原因是它在数字信息存储、模拟信号处理以及作为传感器等方面都有着十分广泛的应用。

6.3.1 CCD 的工作原理

电荷耦合器件以电荷转移为核心，是一种使用非常广泛的固体图像传感器。CCD 的突出特点是以电荷作为信号，通常被称为“排列起来的 MOS 电容阵列”。一个 MOS 电容就是一个光敏单元，可以感应一个像素点，如某个图像有 1 024×768 个像素点，就需要同样多个光敏单元，即传递一幅图像需要由许多 MOS 光敏单元大规模集成的器件。因此，CCD 的基本功能是信号电荷的产生、存储、传输和输出。

1. CCD 的 MOS 光敏单元结构

CCD 是按照一定规律排列的 MOS 电容阵列组成的移位寄存器，CCD 的单元结构是 MOS 电容，如图 6.3.1（a）所示。其中“金属”为 MOS 结构的电极，称为“栅极”，此栅极通常不是金属材料，而是允许透过一定波长范围光的多晶硅薄膜；“半导体”作为衬底电极，在两电极之间有一层 SiO_2（氧化物）的绝缘体，构成电容，但它具有一般电容所不具有的耦合电荷的能力。

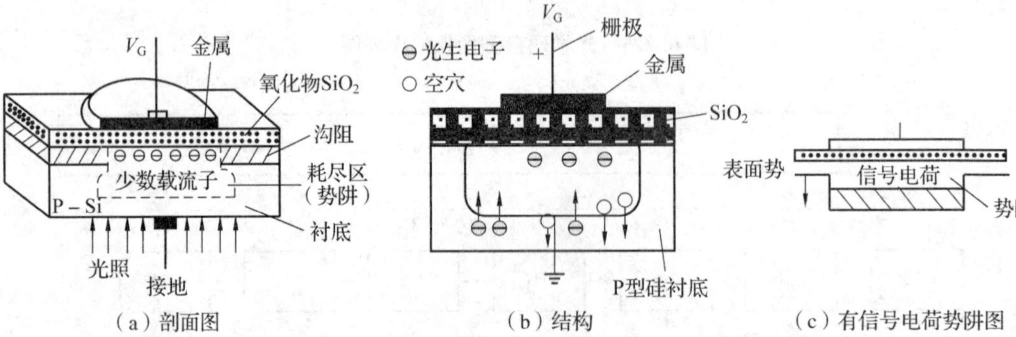

图 6.3.1　P 型 MOS 光敏单元

2. 电荷存储原理

如果 MOS 电容的半导体是 P 型硅，当在金属电极上施加一个 V_G 正电压时（衬底接地），金属电极板上就会充上一些正电荷，附近的 P 型硅中的多数载流子-空穴被排斥到表面入地，如图 6.3.1（b）所示，在衬底 Si-SiO_2 界面处的表面势能将发生变化，处于非平衡状态，表面区有表面势 φ_s，若衬底电位为 0，则表面处电子的静电位能为 $-e\varphi_s$（e 代表单个电子的电荷量）。因为 φ_s 大于 0，电子位能 $-e\varphi_s$ 小于 0，则表面处有储存电荷的能力，半导体内的电子被吸引到界面处来，从而在表面附近形成一个带负电荷的耗尽区（称为电子势阱或表面势阱），电子在这里势能较低，沉积于此，成为积累电荷的场所，如图 6.3.1（c）所示。势阱的深度与所加电压大小成正比，在一定条件下，若 V_G 增加，栅极上充的正电荷数目增加，在 SiO_2 附近的 P-Si 中形成的负离子数目相应增加，耗尽区的宽度增加，表面势阱加深。

如果此时有光照射在硅片上，在光子作用下，半导体硅吸收光子，产生电子-空穴对，其中的光生电子被附近的势阱吸收，吸收的光生电子数量与势阱附近的光强度成正比：光强度越大，产生电子-空穴对越多，势阱中收集的电子数就越多；反之，光越弱，收集的电子数越少。同时，产生的空穴被电场排斥出耗尽区。因此势阱中电子数目的多少可以反映光的强弱和图像的明暗程度，即这种 MOS 电容可实现光信号向电荷信号的转变。若给光敏单元阵列同时加上 V_G，整个图像的光信号将同时变为电荷包阵列。当有部分电子填充到势阱中时，耗尽层深度和表面势将随着电荷的增加而减小。势阱中的电子处于被存储状态，即使停止光照，一定时间内也不会损失，这就实现了对光照的记忆。

3. **电荷转移原理**

由于所有光敏单元共用一个电荷输出端，因此需要进行电荷转移。为了方便进行电荷转移，CCD 器件基本结构是一系列彼此非常靠近（间距为 15~20 μm）的 MOS 光敏单元，这些光敏单元使用同一半导体衬底；氧化层均匀、连续；相邻金属电极间隔极小。

若两个相邻 MOS 光敏单元所加的栅压分别为 V_{G1}、V_{G2}，且 $V_{G1}<V_{G2}$（图 6.3.2）。任何可移动的电荷都将力图向表面势大的位置移动。因 V_{G2} 高，表面形成的负离子多，则表面势 $\varphi_{s2}>\varphi_{s1}$，电子的静电位能 $-e\varphi_{s2}<-e\varphi_{s1}<0$，则 V_{G2} 吸引电子能力强，形成的势阱深，则 1 中电子有向 2 中转移的趋势。若串联很多光敏单元，且使 $V_{G1}<V_{G2}<\cdots<V_{Gn}$，可形成一个输运电子的路径，实现电子的转移。

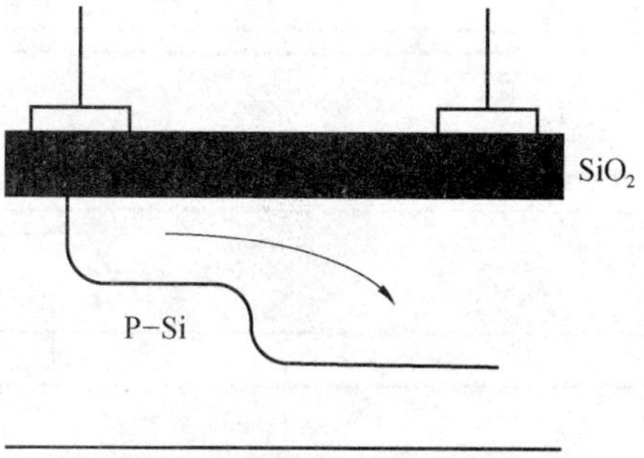

图 6.3.2　电荷转移示意图

由前面分析可知，MOS 电容的电荷转移原理是通过在电极上加不同的电压（称为驱动脉冲）实现的。电极的结构按所加电压的相数分为二相、三相和四相系统。由于二相结构要保证电荷单项移动，必须使电极下形成不对称势阱，通过改变氧化层厚度或掺杂浓度来实现，这两者都使工艺复杂化。为了保证信号电荷按确定的方向和路线转移，在 MOS 光敏单元阵列上所加的各路电压脉冲要求严格满足相位要求。

以图 6.3.3 的三相 CCD 器件为例说明其工作原理。设 ϕ_1、ϕ_2、ϕ_3 为三个驱动脉冲，它们的顺序脉冲（时钟脉冲）为 $\phi_1\rightarrow\phi_2\rightarrow\phi_3\rightarrow\phi_1$，且三个脉冲的形状完全相同，彼此间有相位差（差 1/3 周期），如图 6.3.3（a）所示。把 MOS 光敏单元电极分为三组，ϕ_1 驱动 1、4 电极，ϕ_2 驱动 2、5 电极，ϕ_3 驱动 3、6 电极，如图 6.3.3（b）所示。

三相时钟脉冲控制、转移存储电荷的过程如下：

（1）$t=t_1$：ϕ_1 相处于高电平，ϕ_2、ϕ_3 相处于低电平，因此在电极 1、4 下面出现势阱，存入电荷。

（2）$t=t_2$：ϕ_2 相也处于高电平，电极 2、5 下出现势阱。因相邻电极间距离小，电极 1、2 及 4、5 下面的势阱互相连通，形成大势阱。原来在电极 1、4 下的电荷向电极 2、5 下的势阱中转移。接着 ϕ_1 相电压下降，电极 1、4 下的势阱相应变浅。

（3）$t=t_3$：更多的电荷转移到电极 2、5 下势阱内。

（4）$t=t_4$：只有 ϕ_2 相处于高电平，信号电荷全部转移到电极 2、5 下的势阱内。

依此下去，通过脉冲电压的变化，在半导体表面形成不同的势阱，且右边产生更深势阱，左边形成阻挡势阱，使信号电荷自左向右做定向运动，在时钟脉冲的控制下从一端移位到另一端，直到输出。

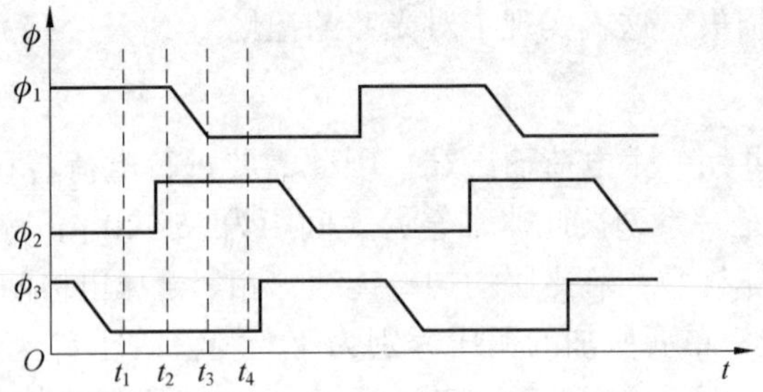

（a）三相时钟脉冲波形

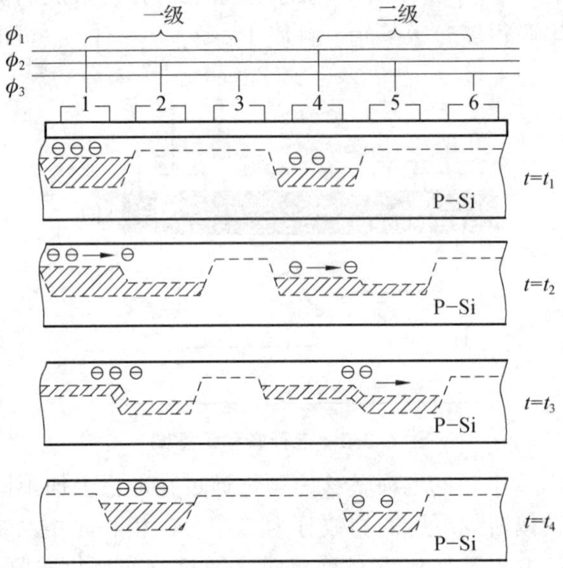

（b）电荷转移过程

图 6.3.3　三相时钟驱动电荷转换原理

4. 电荷的注入

（1）光信号注入。

当光信号照射到 CCD 衬底硅片表面时，在电极附近的半导体内产生电子-空穴对，空穴被排斥入地，少数载流子（电子）则被收集在势阱内，形成信号电荷存储起来。存储电荷的多少与光照强度成正比，如图 6.3.4（a）所示。

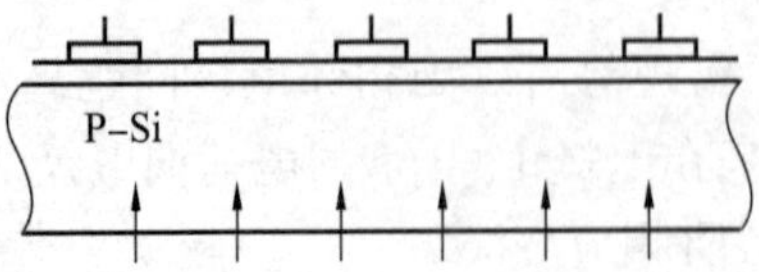

（a）背面光信号注入

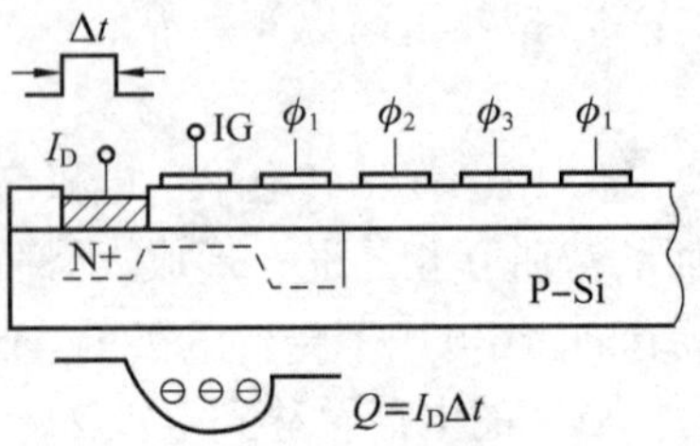

（b）电信号注入

图 6.3.4　CCD 电荷注入方法

（2）电信号注入。

CCD 通过输入结构（如输入二极管），将信号电压或电流转换为信号电荷，注入势阱中。如

图 6.3.4（b）所示，二极管位于输入栅衬底下，当输入栅 IG 加上宽度为 Δt 的正脉冲时，输入二极管 PN 结的少数载流子通过输入栅下的沟道注入 ϕ_1 电极下的势阱中，注入电荷量为 $Q=I_D \cdot \Delta t$。

5. 电荷的输出

CCD 信号电荷在输出端被读出的方法如图 6.3.5 所示。OG 为输出栅，它实际上是 CCD 阵列的末端衬底上制作的一个输出二极管，当输出二极管加上反向偏压时，转移到终端的电荷在时钟脉冲作用下移向输出二极管，被二极管的 PN 结所收集，在负载 R_L 上形成脉冲电流 I_o。输出电流的大小与信号电荷的大小成正比，并通过负载电阻 R_L 转换为信号电压 U_o 输出。

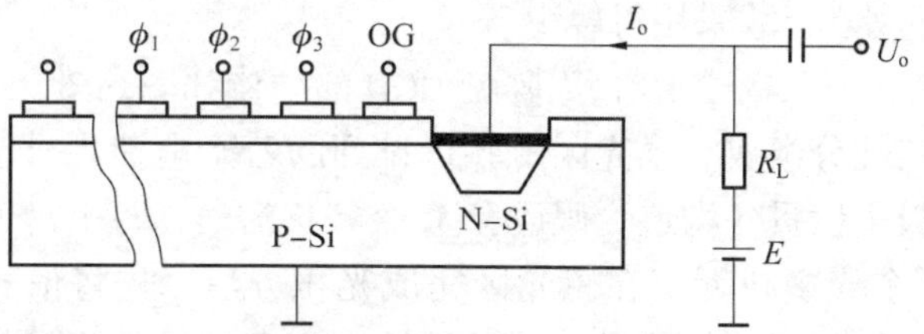

图 6.3.5　CCD 输出结构

6.3.2　CCD 图像传感器的分类

CCD 图像传感器从结构上可分为两类：一类用于获取线图像，称为线阵型 CCD；另一类用于获取面图像，称为面阵型 CCD。线阵型 CCD 目前主要用于产品外部尺寸非接触检测或产品表面质量评定、传真和光学文字识别技术等方面；面阵型 CCD 主要用于摄像领域。

1. 线阵型 CCD 图像传感器

对于线阵型 CCD，它可以直接接收一维光信息，而不能将二维图像转换为一维的电信号输出，为了得到整个二维图像，就必须采取扫描的方法来实现。线阵型 CCD 图像传感器由线阵光敏区、转移栅、模拟移位寄存器、偏置电荷电路、输出栅和信号读出电路等组成。

线阵型 CCD 图像传感器有两种基本形式，即单沟道和双沟道，其结构如图 6.3.6 所示，由感光区和传输区两部分组成。

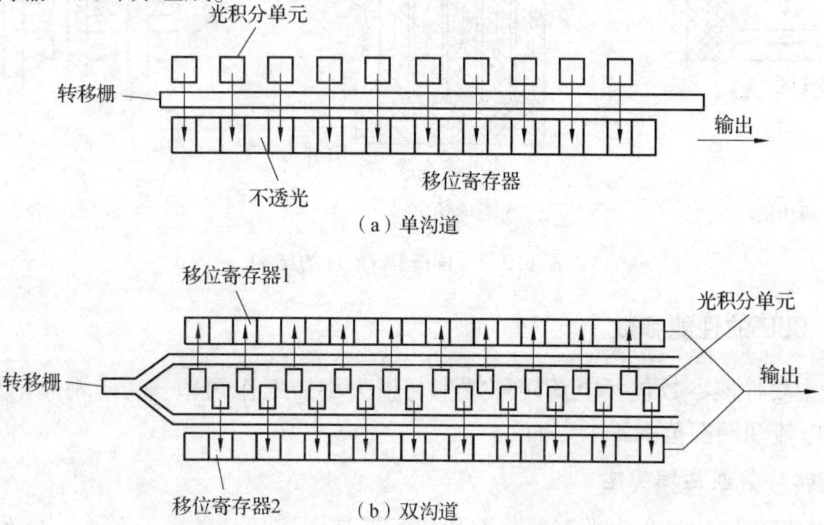

图 6.3.6　线阵型 CCD 图像传感器

2. 面阵型 CCD 图像传感器

面阵型 CCD 图像器件的感光单元呈二维矩阵排列，能检测二维平面图像。按传输和读出方式不同，可分为行传输、帧传输和行间传输三种。

行传输（Line Transmission，LT）面阵型 CCD 的结构如图 6.3.7（a）所示。它由行选址电路、感光区、输出寄存器组成。当感光区光积分结束后，由行选址电路一行一行地将信号电荷通过输出寄存器转移到输出端。行传输的特点是有效光敏面积大，转移速度快、转移效率高；但需要行选址电路，结构较复杂，且在电荷转移过程中，必须加脉冲电压，与光积分同时进行，会产生“拖影”，故采用得较少。

帧传输（Frame Transmission，FT）面阵型 CCD 的结构如图 6.3.7（b）所示。由感光区、暂存区和输出寄存器三部分组成。感光区由并行排列的若干电荷耦合沟道组成，各沟道之间用沟阻隔开，水平电极条横贯各沟道。假设有 M 个转移沟道，每个沟道有 N 个光敏单元，则整个感光区共有 $M \times N$ 个光敏单元。在感光区完成光积分后，先将信号电荷迅速转移到暂存区，然后再从暂存区一行一行地将信号电荷通过输出寄存器转移到输出端。设置暂存区是为了消除“拖影”，以提高图像的清晰度和与电视图像扫描制式相匹配。其特点是光敏单元密度高、电极简单；但增加了暂存区，器件面积相对于行传输型增大了一倍。

行间传输（Interline Transmission，ILT）面阵型 CCD 的结构如图 6.3.7（c）所示。它的特点是感光区和暂存区行与行相间排列。在感光区结束光积分后，同时将每列信号电荷转移人相邻的暂存区中，然后再进行下一帧图像的光积分，并同时将暂存区中的信号电荷逐行通过输出寄存器转移到输出端。其优点是不存在拖影问题，但这种结构不适宜光从背面照射。其特点是光敏单元面积小，密度高，图像清晰；但单元结构复杂。这是用得最多的一种结构形式。

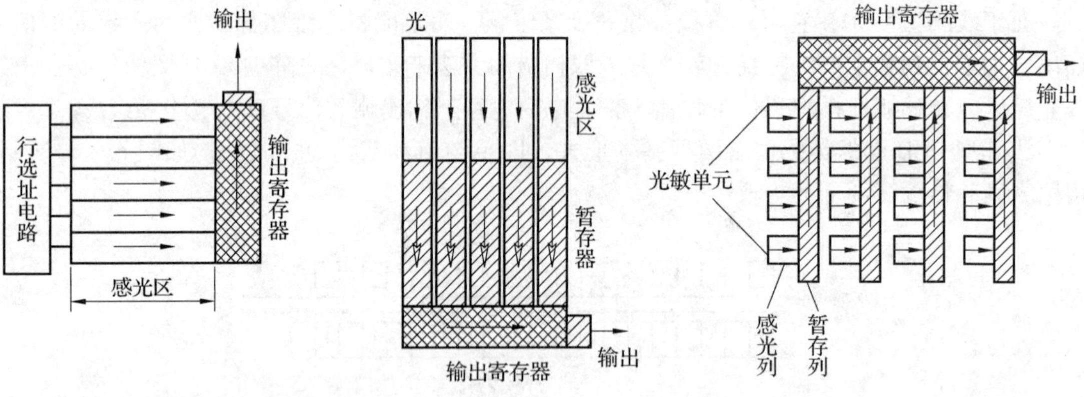

（a）行传输　　（b）帧传输　　（c）行间传输

图 6.3.7　面阵型 CCD 的结构

6.3.3　CCD 的性能参数

CCD 的主要性能参数包括电荷转移效率与损失率、工作频率、光谱响应率和干涉效应、分辨率、暗电流和动态范围 6 个方面。

1. 电荷转移效率与损失率

电荷包在每次转移过程中总有部分电荷残留下来混入后续的电荷包中，电荷转移效率是表征 CCD 器件性能好坏的一个重要参数。设原有的信号电荷为 Q_0，转移到下一个电极下的信号电荷 Q_1，其比值 η 称为电荷转移效率。

$$\eta=\frac{Q_1}{Q_0}\times 100\%$$

没有被转移的电荷 Q' 与原信号电荷之比称为转移损失率：

$$\varepsilon=\frac{Q'}{Q_0}$$

电荷转移效率与损失率的关系为

$$\eta=1-\varepsilon$$

当信号电荷转移 n 个电极后，总转移效率为

$$\frac{Q_n}{Q_0}=\eta^n=(1-\varepsilon)^n\approx e^{-n\varepsilon}$$

像素多的 CCD 元件信号传送次数也增多，最后输出的信号是受传递效率和传送次数影响的。传递效率越低，次数越多，信号衰减量越大。假设每次传递效率为 99.98%，那么传送 1 500 次后就将衰减到 74%，因此就产生了信号失真，对灵敏度和清晰度都有影响。影响转移效率的因素很多，其中最主要因素是表面态对信号电荷的俘获。为了提高传送效率，常采用“胖零”工作模式，所谓“胖零”工作模式就是让“零”信号也有一定的电荷来填补陷阱，这就能提高转移效率和速率。其次将电极加工成电极间不留间隙的重叠式电极，同时考虑信号电荷在硅基片表面传送时容易溢出丢失这一现象，设计出了在基片表面下 1～2 μm 处加工传送电荷的埋藏式信号电荷通道的方式，也可以提高电荷转移效率。

2. 工作频率

工作频率是指加在转移栅上的脉冲 CR1 和 CR2 的频率，CCD 利用极板下半导体表面势阱的变化来存储和转移电荷，它工作于非平衡态。时钟频率过低，深耗尽层状态向平衡态过渡，热生载流子就会混入信号电荷中。当时钟频率过高时，电荷包来不及转移，势阱就发生了变化，残留在原势阱中的电荷就会增多，损失率增大。

工作频率的下限满足电荷从一个电极转移到另一个电极所用的时间 t 必须小于平均载流子的平均寿命 τ_i，对于三相 CCD 有

$$f_{下}\geqslant\frac{1}{3\tau_i}$$

工作频率的上限要大于电荷从一个电极转移到另一个电极的固有时间 τ_g，也要大于表面态俘获电子的释放时间 τ_d，对于三相 CCD 需要同时满足

$$f_{上}\leqslant\frac{1}{3\tau_g},\ f\leqslant\frac{1}{3\tau_d}$$

因此，对于三相 CCD 的工作频率要满足 $\frac{1}{3\tau_i}\leqslant f\leqslant\frac{1}{3\tau_g}$。

3. 光谱响应率和干涉效应

CCD 受光照的方式有正面受光和背面受光两种。背面光照的光谱响应曲线与光电二极管相似，如图 6.3.8 中曲线 2。如果在背面镀以增透膜，则可减少反射损失而使响应率有所提

高，如图 6.3.8 中曲线 3。

正面照射时，由于 CCD 的正面布置着很多电极，光线被电极多次反射和散射，一方面使响应率减低，另一方面多次反射产生的干涉效应使光谱响应曲线出现起伏，如图 6.3.8 中曲线 1 所示。为了减小在短波方向多晶硅的吸收，用 SiO_2 薄膜代替多晶硅薄膜做电极，可以减小起伏幅度。

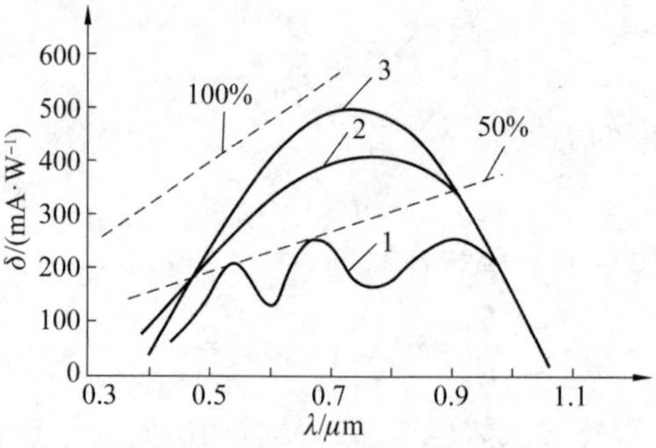

图 6.3.8　光谱效应特性

4. 分辨率

分辨率表示 CCD 分辨图像的能力，取决于像光敏单元（像素）之间的距离，常用单位面积上的像素来表示。根据奈奎斯特定律，极限分辨率为空间采样频率的一半，如果某方向上的象元间距为 p，则在此方向上象元的空间频率为 $1/p$（线/毫米），其极限分辨率将小于 $1/2p$（线对/毫米）。实际应用中，CCD 直接测量的是被测物体经光学系统后所形成的像，因而成像系统的放大倍数会直接影响系统的探测分辨。光学系统的放大倍数容易调节，而减小 CCD 像素距离来提高分辨率的成本较高，因此，实际应用中常用 CCD 的像光敏单元数（像素数）来替代 CCD 的分辨率。例如，一部 800 万像素的相机，其图像传感器上横向可以分布 3 264 个像素，竖向可以分布 2 448 个像素，拍出来的照片最大分别率就是 3 264×2 448，两者相乘值为 7 990 272，约等于 800 万像素。

5. 暗电流

暗电流是指在既无光注入又无电注人情况下输出的电流。暗电流主要来源有 3 个：半导体衬底的热激发、耗尽区内产生复合中心的热激发和耗尽区边缘的少子热扩散。暗电流产生是不均匀的，通常以平均暗电流密度来表征其大小，其数值一般在每平方厘米几十纳安之内。由于暗电流是热激发造成的，其大小与温度密切相关，温度越低则暗电流越小，品质好的 CCD 在液氮温度下，每小时每个单元产生的电子空穴在 1 个以下。

6. 动态范围

动态范围表征器件能在多大照度范围内正常工作，一般定义动态范围是输出饱和电压和暗场时噪声的峰值电压之比，即能检测出的最强信号与最弱信号之比。动态范围越大，成像的图像颜色层次细节越多。CCD 最小照度受噪声限制，最大照度受电荷处理容量的限制，增大动态范围的途径是降低暗电流，特别是控制暗电流的尖锋，不均匀的暗电流及尖峰都会构成图像噪声，从而影响像质，也影响动态范围。

6.3.4　图像传感器的应用

1. 尺寸测量

图6.3.9所示是用线型传感器测量物体尺寸的基本原理图。

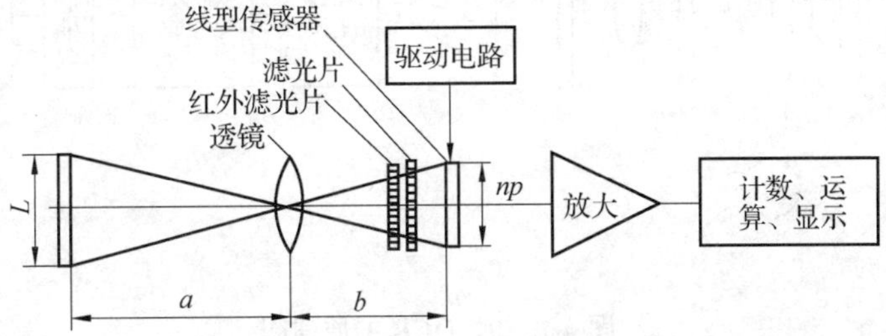

图6.3.9　用线型传感器测量物体尺寸的基本原理图

当所用光源含红外光时，可在透镜与传感器间加红外滤光片。利用几何光学知识可推导出被测对象长度 L 与系统诸参数之间的关系为

$$L=\frac{1}{M}np=\left(\frac{a}{f}-1\right)np \tag{6.3.1}$$

式中，f 为所用透镜焦距；a 为物距；b 为像距；M 为倍率；n 为线型传感器的像素数；p 为像素间距。

若选定透镜（即 f 和视场 l_1 已知）并且已知物距为 a，那么，所需传感器的长度（被测参数在传感器中反映出的长度）l_2 可由下式求出：

$$l_2=\frac{f}{a-f}l_1 \tag{6.3.2}$$

则有

$$\frac{l_1}{l_2}=\frac{a}{f}-1$$

代入式（6.3.1）得

$$L=\frac{l_1}{l_2}pn$$

测量精度取决于传感器像素数与透镜视场的比值。为提高测量精度，应当选用像素多的传感器，并且应当尽量缩小视场。

因为固态图像传感器所感知的光像之光强是被测对象与背景光强之差。因此，就具体测量技术而言，测量精度还与两者比较基准值的选定有关。

2. 用于光学文字识别装置

图像传感器还可用作光学文字识别装置的“读取头”。光学文字识别装置（Optical Character Recognition，OCR）的光源可用卤素灯。光源与透镜间设置红外滤光片以消除红外光影响。每次扫描时间为300 μs，因此，可做到高速文字识别。图6.3.10所示是OCR的原理图。经A/D转换后的二进制信号通过特别滤波后，文字更加清晰。下一步骤是把文字逐个断切出来。这些称为前处理。前处理后，用一定的算法对各个文字进行特征抽取。最后，将抽取所得特征与预先置入的诸文字特征相比较，以判断与识别输入的文字。

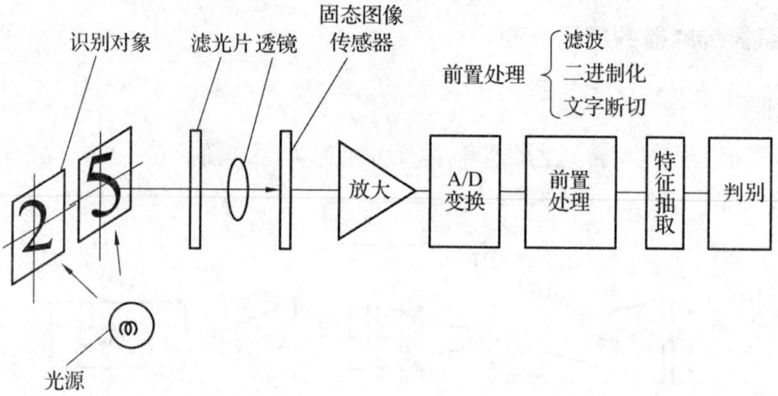

图 6.3.10　OCR 的原理图

6.4　光纤传感器

光纤传感器具有许多优点：灵敏度较高；几何形状具有多方面的适应性，可以制成任意形状的光纤传感器；可以制造传感各种不同物理信息（声、磁、温度、旋转等）的器件；光纤传感器可以用于高压、电气噪声、高温、腐蚀或其他恶劣环境；具有与光纤遥测技术的内在相容性。目前研制了多种不同的光纤传感器用于磁、声、压力、温度、加速度、陀螺、位移、液面、转矩、光、声、电流和应变等物理量的测量。

6.4.1　光纤及导光原理

1. 光纤的结构

光纤是用比头发丝还细的石英玻璃丝制成的，每一根光纤由一个圆柱形内芯和包层组成，而且内芯的折射率略大于包层的折射率，如图 6.4.1 所示。众所周知，真空中光是沿直线传播的，然而入射到光纤中的光线都能限制在光纤中，随光纤弯曲而走弯曲的路线，并能传送很远的距离。在光纤中，传输信息的载体为光，当光纤的直径比光的波长大得多时，可以用几何光学原理，说明光在光纤内的传播。

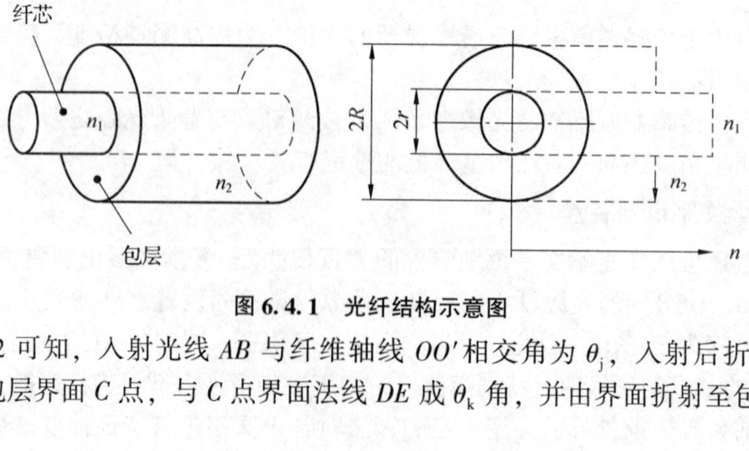

图 6.4.1　光纤结构示意图

由图 6.4.2 可知，入射光线 AB 与纤维轴线 OO' 相交角为 θ_j，入射后折射（折射角为 θ_j）至纤芯与包层界面 C 点，与 C 点界面法线 DE 成 θ_k 角，并由界面折射至包层，CK 与 DE 夹角为 θ_r，则

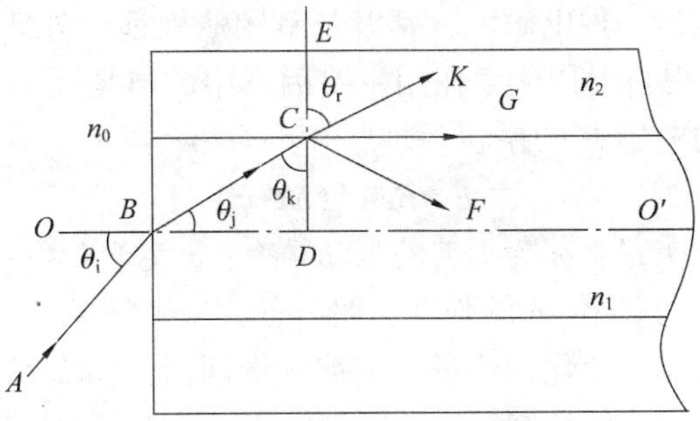

图 6.4.2　光纤导光示意图

$$\sin\theta_i=\sqrt{{n_1}^2-{n_2}^2} \tag{6.4.1}$$

工程光学中把式（6.4.1）中的 $\sin\theta_i$ 定义为数值孔径 NA（Numerical Aperture）。$\arcsin NA$ 是一个临界角，凡入射角 $\theta_i>\arcsin NA$ 的那些光线，进入光纤后都不能传播而在包层消失；相反，只有入射角 $\theta_i<\arcsin NA$ 的那些光线才可以进入光纤被全反射传播。

2. 光纤模式

光纤模式就是光波沿光导纤维传播的途径和方式。光的波动理论认为，在给定的光纤中，光线只是以某些角度入射时才会发生全反射，以不同角度入射的光线，在界面上的反射次数是不同的，传递的光波之间的干涉所产生的横向强度分布称为模式。在光纤中，传播模式很多对信息的传输是不利的，因为同一光信号采取很多模式传播，就会使这一光信号分为不同时间到达接收端的多个小信号，从而导致合成信号的畸变，所以模式数量越少越好。阶跃型的圆筒波导内传播的模式数量可以简单表示为

$$V=\frac{\pi d\ (n_1^2-n_2^2)^{\frac{1}{2}}}{\lambda_0}$$

式中，d 为光纤芯直径；λ_0 为光波波长。实际应用中希望 V 小，因此 d 不能太大，一般为几微米，不能超过几十微米。另外，n_2 与 n_1 之差很小，所以要求 n_2 与 n_1 之差不大于1%。

由于光纤纤芯材料的吸收、散射，光纤弯曲处的辐射损耗等的影响，光信号在光纤中的传播不可避免地要有损耗。

6.4.2　光纤传感器的结构原理

光纤传感器是一种把被测量的状态转变为可测的光信号的装置。由光发送器、敏感元件（光纤或非光纤的）、光接收器、信号处理系统及光纤构成，如图 6.4.3 所示。由光发送器发出的光经光纤引导至敏感元件。在这里，光的某一性质受到被测量的调制，已调光经接收光纤耦合到光接收器，使光信号变为电信号，最后经信号处理系统得到所期待的被测量。下面简单地分析光纤传感器光学测量的基本原理。

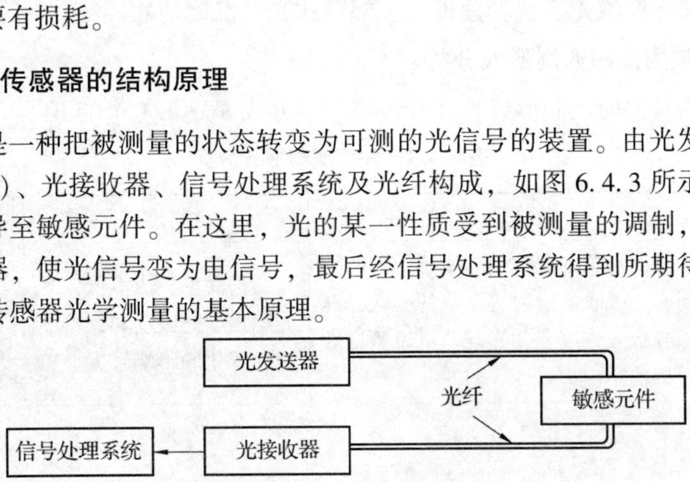

图 6.4.3　光纤传感器示意图

从本质上分析，光就是一种电磁波，其波长范围从极远红外区的 1 mm 到极远紫外区的 10 mm。电磁波的物理作用和生物化学作用主要因其中的电场而引起。因此，在讨论光的敏感测量时，必须考虑光的电场 $\boldsymbol{E}$ 的振动。通常用下式表示：

$$\boldsymbol{E}=\boldsymbol{B}\sin(\omega t+\varphi) \tag{6.4.2}$$

式中，$\boldsymbol{B}$ 为电场 $\boldsymbol{E}$ 的振幅矢量；ω 为光波的振动频率；φ 为光相位；t 为光的传播时间。

由式（6.4.2）可见，只要使光的强度、偏振态（振幅矢量 $\boldsymbol{B}$ 的方向）、频率和相位等参量之一随被测量状态的变化而变化，或者说受被测量调制，那么就有可能通过对光的强度调制、偏振调制、频率调制或相位调制等进行解调，获得所需要被测量的信息。

6.4.3　光纤传感器的分类

光纤传感器技术领域里可以利用的光学性质和光学现象很多，而且光纤传感器的应用领域极广，从最简单的产品统计，到对被测对象的物理、化学或生物等参量进行连续监测、控制等都可采用光纤传感器。因此，虽然只有十几年的历史，然而却已研制出了百余种光纤传感器，其分类法可根据光纤在其中的作用、光受被测量调制的形式或根据光纤传感器中对光信号的检测方法的不同划分。

1. 根据光纤在传感器中的作用分类

根据光纤在传感器中的作用，光纤传感器可分为功能型、非功能型和拾光型三大类。

①功能型（全光纤型）光纤传感器。光纤在其中不仅是导光介质，而且也是敏感元件，光在光纤内受被测量调制。此类传感器的优点是结构紧凑、灵敏度高，但是，它需用特殊光纤和先进的检测技术，因此成本高。其典型例子如光纤陀螺、光纤水听器等。

②非功能型（传光型）光纤传感器。光纤在其中仅起导光作用，光照在光敏感元件上受被测量调制。此类光纤传感器无须特殊光纤及其他特殊技术，比较容易实现，成本低，但灵敏度也较低，应用于对灵敏度要求不太高的场合。目前，已实用化或尚在研制中的光纤传感器，大多是非功能型的。

③拾光型光纤传感器。用光纤作为探头，接收由被测对象辐射的光或被其反射、散射的光。其典型例子如光纤激光多普勒速度计、辐射式光纤温度传感器等。

2. 根据光受被测量的调制形式分类

根据光受被测对象的调制形式，光纤传感器可分成表 6.4.1 中的五类。

表 6.4.1　按照调制形式分类

序号	类型	工作原理	特点	应用
1	强度调制型光纤传感器	被测对象的变化引起敏感元件的折射率、吸收或反射等参数的变化，继而导致光强度变化实现非电量测量的传感器	结构简单，成本低，受光源强度的波动和连接器损耗变化的影响较大	位移、压力、表面粗糙度、加速度、间隙、力、液位、振动、辐射等的测量

续表

序号	类型	工作原理	特点	应用
2	相位调制传感器	使敏感元件的折射率或传播常数发生变化，而导致光的相位变化，然后用干涉仪检测这种相位变化而得到被测对象的信息	灵敏度高，成本高，测量精确	检测声、压力、振动、电流、磁场等，应用广泛
3	频率调制光纤传感器	运动物体反射或散射光的多普勒频移效应来检测其运动速度	光频率与光接收器和光源间的运动状态有关	多用于测量物体运动速度和大气污染
4	偏振调制光纤传感器	利用光的偏振态的变化传递被测对象信息变化	避免光源强度变化的影响，灵敏度高	监测强电流
5	波长调制型光纤传感器	利用传感探头的光谱特性随外界物理量变化的性质来实现	光纤波长探测技术的关键是光源和频谱分析器的良好性能	光纤布拉格光栅传感器

6.4.4　光纤传感器的特点

(1) 电绝缘。因为光纤本身是电介质，而且敏感元件也可用电介质材料制作，因此光纤传感器具有良好的电绝缘性，特别适用于高压供电系统及大容量电机的测试。

(2) 抗电磁干扰。这是光纤测量及光纤传感器的极其独特的性能特征，因此光纤传感器特别适用于高压大电流、强磁场噪声、强辐射等恶劣环境中，能解决许多传统传感器无法解决的问题。

(3) 非侵入性。由于传感头可做成电绝缘的，而且其体积可以做得很小（最小可做到只稍大于光纤的芯径），因此它不仅对电磁场是非侵入式的，而且对速度场也是非侵入式的，故对被测场不产生干扰。这对于弱电磁场及小管道内流速、流量等的监测特别具有实用价值。

(4) 高灵敏度。高灵敏度是光学测量的优点之一，利用光作为信息载体的光纤传感器的灵敏度很高，它是某些精密测量与控制的必不可少的工具。

(5) 容易实现对被测信号的远距离监控。由于光纤的传输损耗很小，目前石英玻璃系光纤的最小光损耗可低达 0.16 dB/km，因此光纤传感器技术与遥测技术相结合，很容易实现对被测场的远距离监控，这对于工业生产过程的自动控制及对核辐射、易燃、易爆气体和大气污染等进行监测尤为重要。

6.4.5　光纤传感器的应用

光纤压力传感器主要有强度调制型、相位调制型和偏振调制型三类。强度调制型光纤压力传感器大多是基于弹性元件受压变形，将压力信号转换成位移信号来检测的，故常用于位移的光纤检测技术；相位调制型光纤压力传感器则是利用光纤本身作为敏感元件；偏振调制型光纤压力传感器主要是利用晶体的光弹性效应。

1. 采用弹性元件的光纤压力传感器

这类形式的光纤压力传感器都是利用弹性体的受压变形，将压力信号转换成位移信号，从而对光强进行调制的。因此，只要设计好合理的弹性元件及结构，就可以实现压力的检测。图6.4.4所示为膜片反射式光纤压力传感器示意图，它是利用Y形光纤束的光纤压力传感器。在Y形光纤前端放置一片感压膜片，当膜片受压变形时，使光纤束与膜片间的距离发生变化，从而使输出光强受到调制。弹性膜片材料可以是恒弹性金属，如殷钢、铍青铜等。但是，金属材料的弹性模量有一定的温度系数，因此，要考虑温度补偿。若选用石英膜片，则可以减小温度变化带来的影响。膜片的安装采用周边固定，焊接到外壳上。对于不同的测量范围，可选择不同的膜片尺寸。一般膜片的厚度在0.05~0.2 mm为宜。对于周边固定的膜片，在小挠度（$y<0.5t$，t为膜片厚度）的条件下，膜片的中心挠度y可按式（6.4.3）计算。

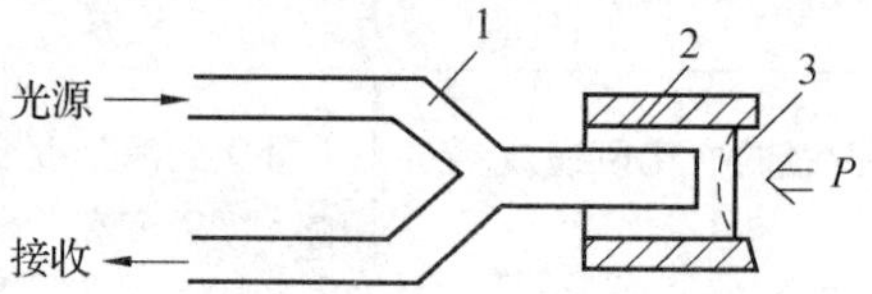

图6.4.4　膜片反射式光纤压力传感器示意图

1—Y形光纤束；2—壳体；3—膜片

$$y=\frac{3(1-\mu^2)R^4}{16Et^3}P \tag{6.4.3}$$

式中，R为膜片有效半径；t为膜片厚度；E为膜片材料的弹性模量；μ为膜片的泊松比；P为外加压力。

可见，在一定范围内，膜片中心挠度与所加的压力成线性关系。若利用Y形光纤束位移特性的线性区，则传感器的输出光功率亦与待测压力为线性关系。

传感器的固有频率可表示为

$$f_r=\frac{2.56tg\mathrm{E}}{\pi R^2 3\rho(1-\mu^2)} \tag{6.4.4}$$

式中，ρ为膜片材料的密度；g为重力加速度。

这种光纤压力传感器结构简单、体积小、使用方便，但是，如果光源不够稳定或长期使用后膜片的反射率有所下降，其精度就会受到影响。

图6.4.5（a）给出了改进型的膜片反射式光纤压力传感器的结构，其中采用了特殊结构的光纤束。该光纤束的一端分成三束，其中一束为输入光纤，两束为输出光纤。三束光纤在另一端结合成一束，并且在端面呈同心环排列分布，如图6.4.5（b）所示。其中最里面一圈为输出光纤束，中间一圈为输入光纤束，外面一圈为输出光纤束。当压差为零时，膜片不变形，反射回两束输出光纤的光强相等，即$I_1=I_2$。当膜片受压变形后，使得处于里面一圈的光纤束接收到的反射光强减小，而处于外面一圈的光纤束接收到的反射光强增大，形成差动输出。两个输出光纤束的光强比可表示为

$$\frac{I_2}{I_1}=\frac{1+AP}{1-AP} \tag{6.4.5}$$

式中，A为与膜片尺寸、材料及输入光纤束数值孔径等有关的常数；P为待测压力。

该式表明，输出光强比I_2/I_1与膜片的反射率、光源强度等因素均无关，因而可有效地消除这些因素的影响。

将式（6.4.5）两边取对数，在满足$(AP)^2\leqslant 1$时，等式右边展开后取第一项，得

$$\ln\frac{I_2}{I_1}=\frac{P}{2A} \tag{6.4.6}$$

这表明待测压力与输出光强比的对数呈线性关系。因此，若将 I_1 和 I_2 检出后分别经对数放大后，再通过减法器即可得到线性的输出。

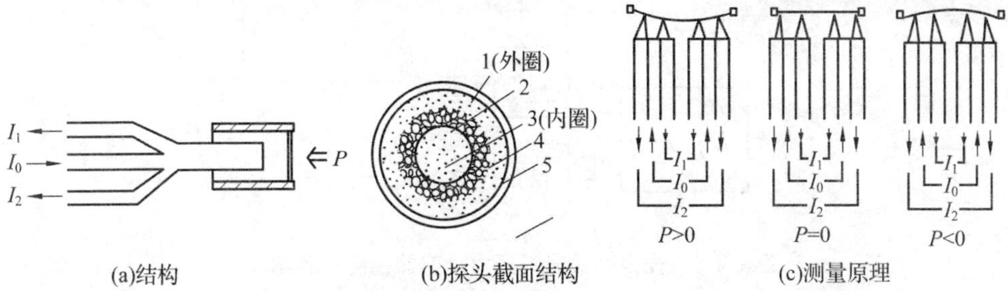

图 6.4.5 改进型的膜片反射型光纤压力传感器

1—输出光纤束；2—输入光纤束；3—输出光纤束；4—胶；5—膜片

若选用的光纤束中每根光纤的芯径为 70 μm，包层厚度为 3.5 μm，纤芯和包层折射率分别为 1.52 和 1.62，则该传感器可获得 115 dB 的动态范围，线性度为 0.25%。采用不同尺寸、材料的膜片，即可获得不同的测量范围。

2. 光弹性式光纤压力传感器

晶体在受压后其折射率发生变化，从而呈现双折射现象，这种效应称为光弹性效应。利用光弹性效应测量压力的原理及传感器结构如图 6.4.6 所示。发自 LED 的入射光经起偏器后成为直线偏振光。当有与入射光偏振方向呈 45°的压力作用于晶体时，使晶体呈双折射从而使出射光成为椭圆偏振光，由检偏器检测出与入射光偏振方向相垂直方向上的光强，即可测出压力的变化。其中，1/4 波长板用于提供一种偏置，使系统获得最大灵敏度。

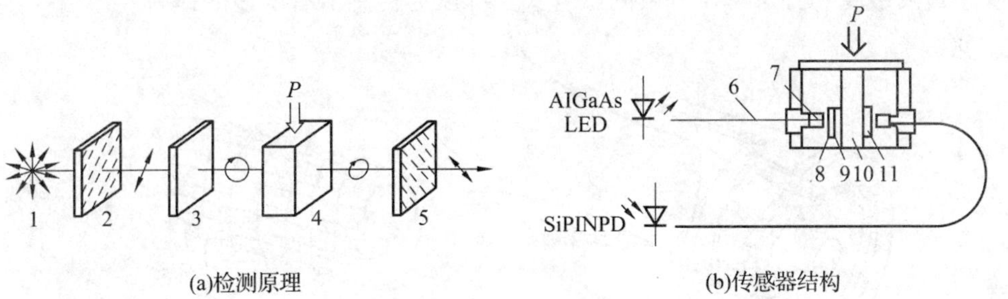

图 6.4.6 光弹性式光纤压力传感器结构

1—光源；2，8—起偏器；3，9—$\frac{1}{4}$波长板；4，10—光弹性元件；5，11—检偏器；6—光纤；7—自聚焦透镜

为了提高传感器的精度和稳定性，图 6.4.7 给出了另一种检测方法的结构。输出光用偏振分光镜分别检测出两个相互垂直方向的偏振分量，并将这两个分量经"差/和"电路处理，即可得到与光源强度及光纤损耗无关的输出。该传感器的测量范围为$10^3 \sim 10^6$ Pa，精度为±1%，理论上分辨率可达 1.4 Pa。

这种结构的传感器在光弹性元件上加上质量块后，也可用于测量振动和加速度。

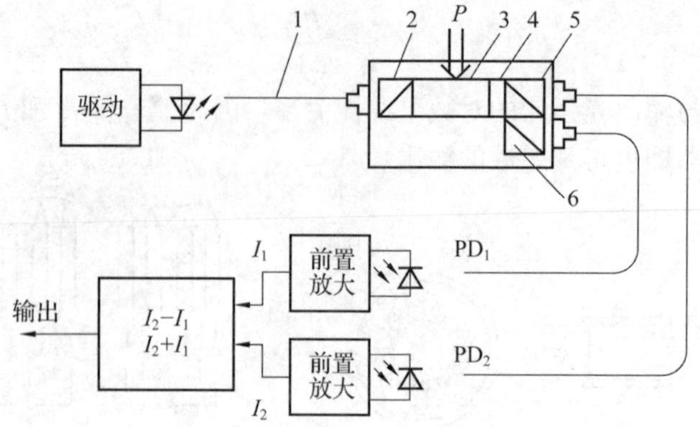

图 6.4.7　光弹性式光纤压力传感器的另一种结构

1—光纤；2—起偏器；3—光弹性元件；4—1/4 波长板；5—偏振分光镜；6—反射镜

3. 微弯式光纤压力传感器

微弯式光纤压力传感器仍基于光纤的微弯效应，即由压力引起变形器产生位移，使光纤弯曲而调制光强度。图 6.4.8 给出了两种可用于声压检测的微弯式光纤水听器的探头结构。

在图 6.4.8（a）所示的结构中，光纤从两块变形器中穿过，上面的变形板与弹性聚碳酸酯薄膜相连，随着声压作用而产生位移；下面的变形板固定在探头的十字底座上，借助于一可调节的螺钉，可给光纤施加一个初始压力，以设置传感器的直流工作点。该传感器当选用光纤 $NA=0.2$ 的多模光纤，光源为 1 mW 的 He-Ne 激光，变形器齿距为 2 mm，齿数为 10，受压面积为 1.3 mm^2 时，对 1.1 kHz 的声信号，最小可测微帕级的压力。

在图 6.4.8（b）所示的结构中，光纤绕在一开有凹槽的圆柱体上，光纤向凹槽内弯曲，使输出光强受到调制。这种结构的特点是通过增加光纤绕在圆柱体上的圈数便可以提高传感器的灵敏度。其灵敏度和分辨率比一般的微弯式光纤压力传感器有明显的提高。

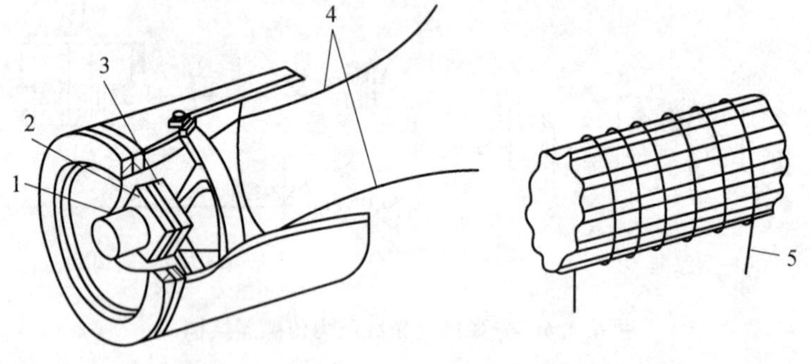

(a)结构1　　　　(b)结构2

图 6.4.8　微弯式光纤水听器的探头结构

1—聚碳酸酯薄膜；2—可动变形板；3—固定变形板；4，5—光纤

6.5　光栅传感器

光栅传感器是根据莫尔条纹原理制成的一种计量光栅，多用于位移、速度、加速度、振动、质量、表面轮廓等方面的测量。按光栅的形状和用途分为长光栅和圆光栅，分别用于线

位移和角位移的测量，按光线走向可分为透射光栅和反射光栅。

6.5.1　光栅传感器的结构

图 6.5.1 所示的光栅传感器由光源、透镜、光栅副（主光栅和指示光栅）和光电接收元件组成。光栅副是光栅传感器的主要部分。在长度计量中应用的光栅通常称为计量光栅，它主要由主光栅（也称标尺光栅）和指示光栅组成。当指示光栅相对于标尺光栅移动时，形成亮暗交替变化的莫尔条纹。利用光电接收元件将莫尔条纹亮暗变化的光信号，转换成电脉冲信号，并用数字显示，便可测量出标尺光栅的移动距离。

光栅的光源常用钨丝灯泡，其输出功率大，能在-40～130 ℃的范围内工作，但是它与光电元件组合的转换效率低。近年来，半导体发光器件发展很快，如砷化镓发光二极管可以在-66～100 ℃的温度下工作，发出的光为近似红外光（91～94 μm），接近硅光敏三极管的敏感波长。虽然砷化镓发光二极管的输出功率比钨丝灯泡低，但是它与硅光敏三极管相结合，具有很高的转换效率。此外，砷化镓发光二极管的脉冲响应时间约为几十纳秒，与光敏三极管组合可得到 2 μs 的响应速度。这种快速的响应特征，可以使光源工作在触发状态，从而减小功耗和热耗散。

图 6.5.2 所示为透射光栅，它是一个长光栅，在一块长方形的光学玻璃上均匀地刻上许多条纹，形成规则排列的明暗线条。图中，a 为刻线宽度，b 为刻线间的缝隙宽度，$a+b=W$ 称为光栅的栅距（或光栅常数）。通常情况下，$a=b=W/2$，也可以做成 $a:b=1.1:0.9$。刻线密度常用为每毫米 10、25、50 和 100 线。指示光栅一般比主光栅短得多，通常刻有与主光栅同样密度的线纹。

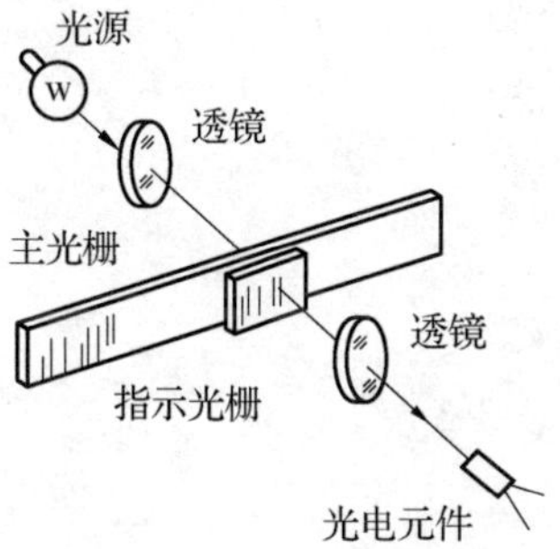

图 6.5.1　光栅传感器的结构

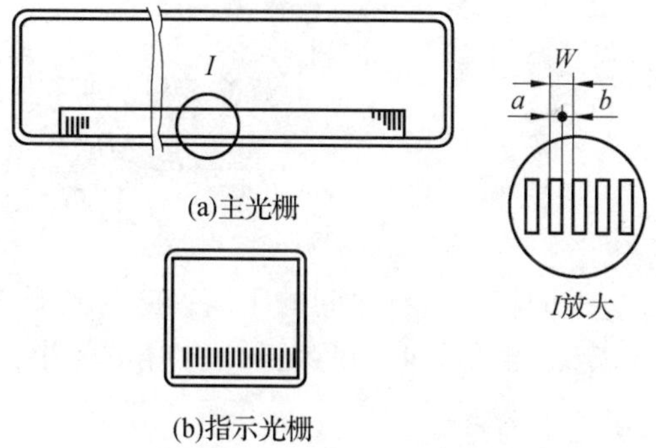

图 6.5.2　透射光栅

光电元件有光电池和光敏三极管等。在采用固态光源时，需要选用敏感波长与光源相接近的光敏元件，以获得高的转换效率。在光敏元件的输出端，常接有放大器，通过放大器得到足够的信号输出以防干扰的影响。

6.5.2　莫尔条纹形成的原理和特点

1. 莫尔条纹的形成原理

把光栅常数相等的主光栅和指示光栅相对叠合在一起，并使两者光栅刻线之间保持很小的夹角 θ，在近于垂直栅线的方向上出现明暗相间的条纹，如图 6.5.3 所示。在 $a-a'$线上，两光栅的栅线彼此重合，光线从缝隙中通过，形成亮带；在 $b-b'$线上，两光栅的栅线彼此错开，形成暗带。这种明暗相间的条纹称为莫尔条纹。莫尔条纹方向与刻线方向垂直，故又称横向莫尔条纹。

由图 6.5.3 可以看出，横向莫尔条纹的斜率为

$$\tan\alpha=\tan\frac{\theta}{2} \tag{6.5.1}$$

式中，α 为亮（暗）带的倾斜角；θ 为两光栅的栅线夹角。

横向莫尔条纹（亮带与暗带）之间的距离为

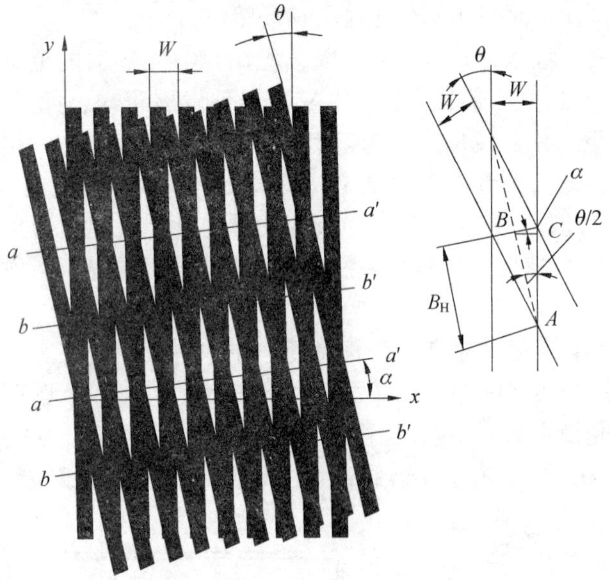

图 6.5.3　光栅和横向莫尔条纹

$$B_H=AB=\frac{BC}{\sin\frac{\theta}{2}}=\frac{W}{2\sin\frac{\theta}{2}}\approx\frac{W}{\theta} \tag{6.5.2}$$

式中，B_H 为横向莫尔条纹之间的距离；W 为光栅常数。

对于给定光栅常数 W 的两光栅，夹角 θ 越小，条纹宽度越大。

2. 莫尔条纹的特性

（1）运动对应关系。

莫尔条纹的移动量和方向与两光栅的相对运动存在对应关系，当主光栅向右移动时一个 W 时，莫尔条纹向下移动一个条纹间距 B。在使用光栅传感器测量时，由此可依据莫尔条纹的移动量和方向判别主光栅或指示光栅的移动。

（2）位移放大作用。

莫尔条纹的宽度 B_H 由光栅常数与光栅的夹角 θ 决定，虽然光栅常数 W 很小，但只要调整夹角 θ 即可得到很大的莫尔条纹宽度 B_H，就能把一个微小移动量的测量转变成一个较大移动量的测量，既方便又提高了测量精度。

（3）条纹细分作用。

莫尔条纹的光强度变化近似正弦变化，因此便于对信号做进一步细分，即采用“倍频技术”将计数单位变成比一个周期 W 更小的单位，如变成 $W/10$ 记一个数，这样可以提高测量

精度或可以采用较粗的光栅。

（4）误差平均效用。

光电元件接收的并不只是固定一点的条纹，而是在一定长度范围内所有刻线产生的条纹。这对于光栅刻线的误差起到了平均作用，刻线的局部误差和周期误差对于测量精度没有直接的影响，因此，就有可能得到比光栅本身的刻线精度高的测量精度。

径向光栅如图 6.5.4 所示，是在一圆盘面上刻有由圆心向四周辐射的等角间距的辐射线。当两块径向光栅重叠在一起时，如果使指示光栅刻线的辐射中心 C_2 略微偏离标尺光栅（度盘光栅）的中心 C_1，便形成莫尔条纹，条纹垂直于两中心连线的垂直平分线。当标尺光栅相对于指示光栅转动时，条纹即沿径向移动，测出条纹的移动数目，即可得到标尺光栅相对于指示光栅转动的角度，以刻线的角间距为单位表示。目前径向光栅的刻线角间距范围多为 20″~20′（相当于一个圆周内刻有 1 080~64 800 条线）。

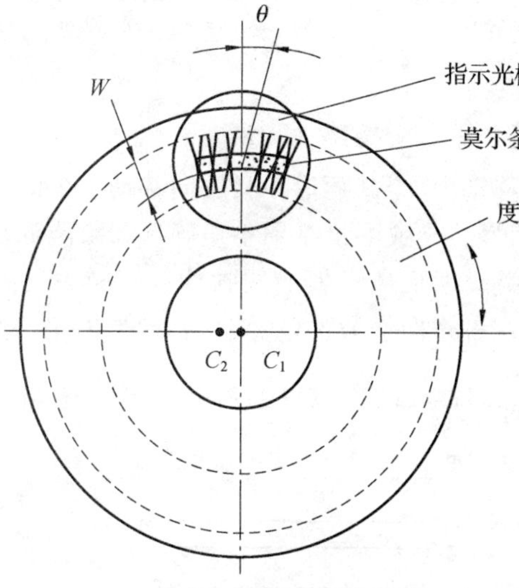

图 6.5.4　径向光栅

6.5.3　光栅的光路

光栅式传感器的光路通常有两种形式：透射式光路和反射式光路。

1. 透射式光路

在透明的玻璃上均匀地刻画间距、宽度相等的条纹而形成的光栅称为透射光栅。透射光栅的主光栅一般采用普通工业用白玻璃，而指示光栅最好用光学玻璃。图 6.5.5 所示为垂直透射式光路。光源 1 发出的光，经准直透镜 2 形成平行光束，垂直投射到光栅上，由主光栅 3和指示光栅 4 形成的莫尔条纹光信号由光电元件 5 接收。此光路适合于粗栅距的黑白透射光栅。这种光路特点是结构简单，位置紧凑，调整使用方便，目前应用比较广泛。

2. 反射式光路

在具有强反射能力的基体（不锈钢或玻璃镀金属膜）上，均匀地刻画间距、宽度相等的条纹而形成的光栅称为反射光栅，如图 6.5.6 所示。光源 6 经聚光镜 5 和场镜 3 后形成平行光束，以一定角度射向指示光栅 2，经反射主光栅 1 反射后形成莫尔条纹，再经反射镜 4 和物镜 7 在光电电池 8 上成像。该光路适用于黑白反射光栅。

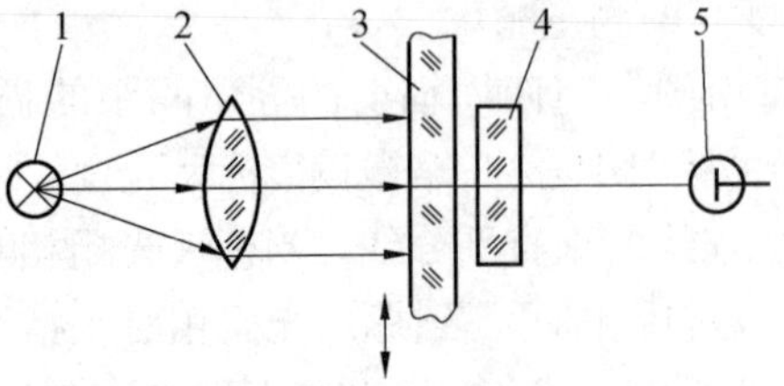

图 6.5.5　垂直透射式光路

1—光源；2—准直透镜；3—主光栅；4—指示光栅；5—光电元件

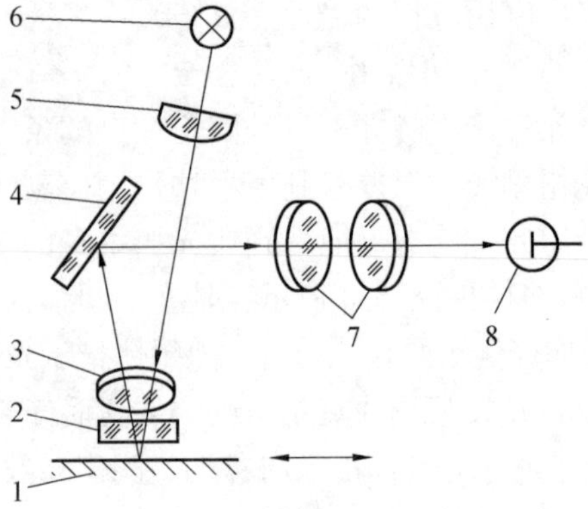

图 6.5.6　反射式光路

1—反射主光栅；2—指示光栅；3—场镜；4—反射镜；5—聚光镜；6—光源；7—物镜；8—光电池

6.5.4　辨向原理

若主光栅随被测部件正向移动 10 个栅距后，又反向移动 1 个栅距，光电元件由于缺乏辨向能力，总计得到 11 个条纹信号，导致测量结果不正确。如果能够在物体正向移动时，将得到的脉冲数累加，而物体反向移动时可从已累加的脉冲数中减去反向移动的脉冲数，这样就能得到正确的测量结果。完成这种辨向任务的电路就是辨向电路。为了能够辨向，应当在相距$\frac{1}{4}B_H$ 的位置上设置两个光电元件 1 和 2，以得到两个相位相差 90°的正弦信号，如图 6.5.7 所示，然后送到辨向电路中处理。

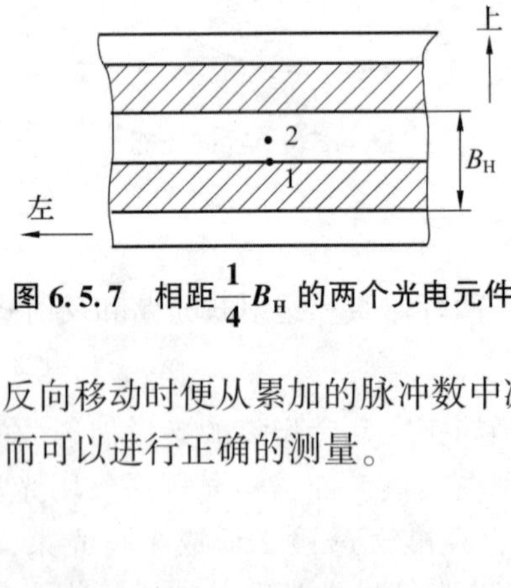

图 6.5.7　相距$\frac{1}{4}B_H$ 的两个光电元件

正向移动时脉冲数累加，反向移动时便从累加的脉冲数中减去反向移动所得到的脉冲数，这样光栅传感器即可辨向，因而可以进行正确的测量。

6.5.5　细分技术

利用光栅进行测量时，当运动部件移动一个栅距，输出一个周期的交变信号，也即产生一个脉冲间隔。那么每个脉冲间隔代表移过一个栅距，即分辨率（或称脉冲当量）为一个栅距。例如，每毫米 250 条栅线的长光栅，栅距为 4 μm，那么其分辨率（脉冲当量）为 4 μm。随着对测量精度要求的提高，分辨率为 4 μm 是不够的，希望提高到 1 μm，0.1 μm 或更高。如果以光栅的栅距直接作为计量单位，则对长光栅来说，这意味着栅线的密度要达到每毫米千条线到万条线之多。就目前先进的工艺水平看，栅线密度为每毫米 7 000 条线还能实现，但要达到每毫米万条线尚无法实现。另外，从经济角度看，采用密度太大的光栅作为标准器也不合适。

所谓细分就是在莫尔条纹变化一个周期时，不只输出一个脉冲，而是输出若干个脉冲，以减小脉冲当量来提高分辨率。例如，莫尔条纹变化一个周期内输出四个脉冲数称为四细分。在采用四细分的情况下，栅距为 4 pm 的光栅，其分辨率可从 4 μm 提高到 1 μm。细分越多，分辨率越高。

1. 直接细分

直接细分又称位置细分，常用的细分数为四。四细分可用四个依次相距 $B_H/4$ 的光电元件，这样可以获得依次有相位差 90°的四个正弦交流信号。用鉴零器分别鉴取四个信号的零电平，即在每个信号由负到正过零点时发出一个计数脉冲。这样，在莫尔条纹的一个周期内将产生四个计数脉冲，实现了四细分。

位置细分法的优点是：对莫尔条纹信号波形要求不严格，电路简单，可用于静态和动态测量系统；缺点是：由于光电元件安放困难，细分数不能太高。

由位置细分的分析可见，细分的关键是在莫尔条纹一个周期内得到彼此相差同一相位角的若干个正弦交流信号，从而通过电路处理，一个莫尔条纹周期就可得到若干个计数脉冲，从而达到细分的目的。

2. 电阻电桥细分法（矢量和法）

如图 6.5.8 所示，由同频率的两个信号源 e_1 和 e_2 及电阻 R_1 和 R_2 组成电桥，其输出电压为

$$U_{sc}=\frac{R_2}{R_1+R_2}e_1+\frac{R_1}{R_1+R_2}e_2 \tag{6.5.3}$$

若 $e_1=A\sin\theta$，$e_2=A\cos\theta$，同时又设 $\frac{R_1}{R_2}=\tan\alpha$，则

$$U_{sc}=\frac{A\sin(\theta+\alpha)}{\sin\alpha+\cos\alpha}$$

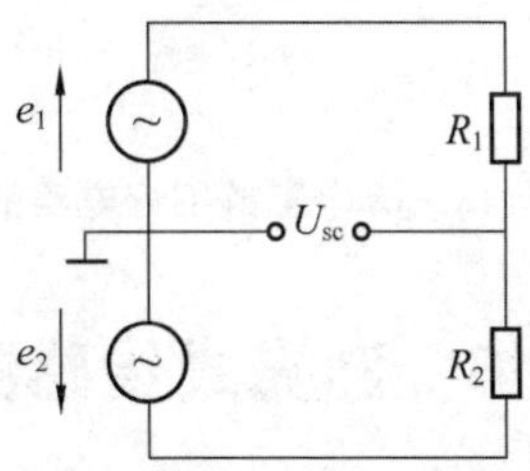

图 6.5.8　电阻电桥细分原理

用此信号去触发施密特电路，当 $\theta=-\alpha$（或 $\theta-360°=\alpha$）时，$U_{sc}=0$，施密特电路被触发（过零触发）后，发出脉冲信号。α 角按细分数选择，即事先安排好 $\frac{R_1}{R_2}$ 值。图 6.5.9 所示是这种电阻电桥细分法用于十细分的例子。

3. 电阻链细分法（电阻分割法）

这种方法的实质是用电阻衰减器进行细分。图 6.5.10 所示为等电阻链细分电路的原理，来自四个光电元件的信号 sin θ、cos θ、-sin θ、-cos θ，通过差分放大器提高了共模抑制能力，并得到 sin θ、cos θ、-sin θ 信号。通过电阻 $R_1\sim R_{10}$ 的分压（$R_1\sim R_{10}$ 为等值电阻），并分

别触发过零触发电路 $SM_1 \sim SM_{10}$，于是在 $SM_1 \sim SM_{10}$ 的输出端得到相位差为 18°的方形脉冲，即得到 10 倍频信号。

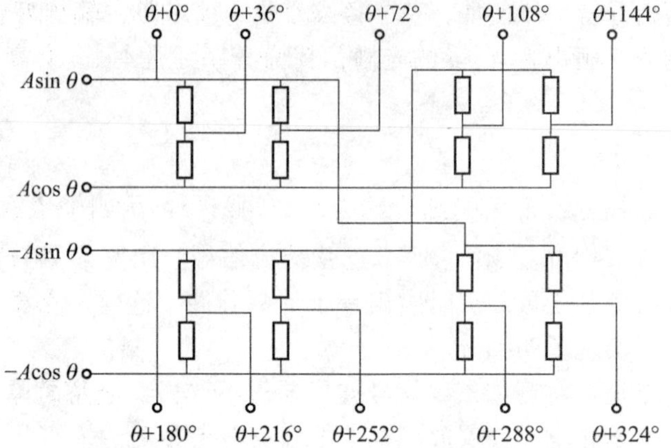

图 6.5.9　电阻电桥细分电路

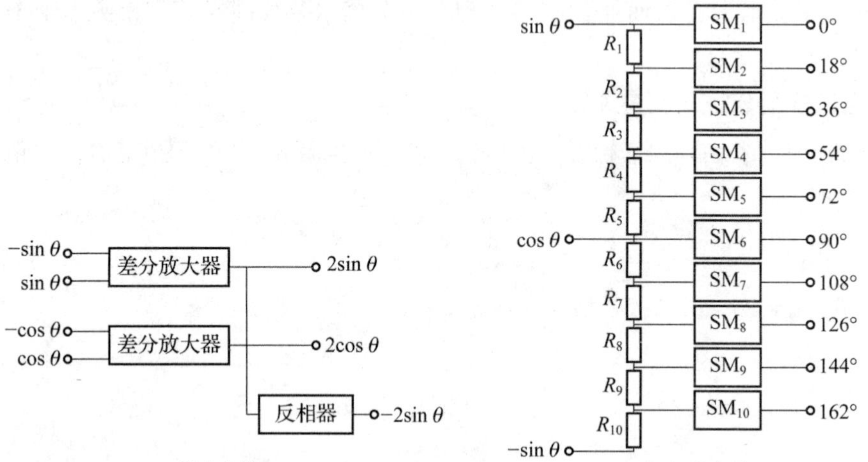

(a)放大电路　　(b)细分电路

图 6.5.10　等电阻链细分电路的原理

6.6　激光式传感器

激光具有方向性强、亮度高、单色性好、相干性好等特点，激光不仅作为一种新颖光源而且还发展成一种新技术——激光技术，广泛应用于工农业生产、国防军事、医学卫生、科学研究等各个方面，如用来测距、通信、准直、定向、打孔、切割、焊接，用来精密检测、定位等，还用作长度基准。激光器是发射激光的装置。由激光器、光学零件和光电器件所构成的激光测量装置能将被测量（如长度、流量、速度等）转换成电信号，因此广义上也可将激光测量装置称为激光式传感器。

6.6.1　激光干涉传感器

激光干涉传感器以激光为光源，测量精度高，测量精度可达 $10^{-7} \sim 10^{-8}$ 量级；分辨力高，可测出10^{-4} nm 以下的长度变化；量程大，可达几十米；便于实现自动测量。激光干涉传感器可用作普通干涉系统（迈克尔逊干涉系统）来测长，也可用作全息干涉系统，用来检测复杂表面等。

1. 单频激光干涉仪

图 6.6.2 所示为单频激光干涉仪光路原理图，常采用偏振干涉仪的形式。He-Ne 激光器发出线偏振光，经 1/4 波片 1 后变成圆偏振光，圆偏振光经偏振分光镜 2 分成两束偏振方向相互垂直的线偏振光，分别射向参考角锥镜 3 和测量角锥镜 4，两束光被反射后在偏振分光镜处重新汇合，这时两束光偏振方向仍相互垂直并不能产生干涉现象。为了产生干涉，在光路中放置一个 1/4 波片 5，它将相互垂直的两路偏振光转变为旋转方向相反的圆偏振光，然后用分光镜 6 将光束分成两路，两路光分别经过偏振片 8 和 9，被光电器件 10、11 所接收。偏振片 8、9 的偏振方向成 45°，因此接收到的两路信号具有 90°的相位差，它们可用于后续电路的细分和辨向。

单频激光干涉仪精度高，但对环境条件要求高，抗干扰（如空气湍流、热波动等）能力差，因此主要用于条件较好的实验室以及被测距离不太大的情况。

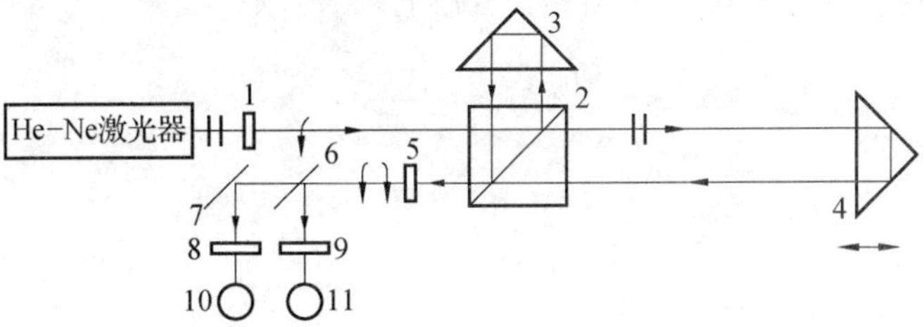

图 6.6.2　单频激光干涉仪光路原理图

1，5—1/4 波片；2—偏振分光镜；3—参考角锥镜；4—测量角锥镜；6—分光镜；7—反射镜；8，9—偏振片；10，11—光电器件

2. 双频激光干涉仪

双频激光干涉仪采用双频 He-Ne 激光器作为光源。通常将单频 He-Ne 氦氖激光器置于轴向磁场中，由于塞曼效应（外磁场使粒子获得附加能量而引起能级分裂和谱线分裂）使激光的谱线在磁场中分裂成两个旋转方向相反的圆偏振光，从而得到两种频率的双频激光。设它们的振幅相同为 A，频率分别为 f_1、f_2，相应初相角为 φ_1、φ_2，则振动方程为

$$y_1(t)=A\cos(2\pi f_1 t+\varphi_1) \tag{6.6.1}$$

$$y_2(t)=A\cos(2\pi f_2 t+\varphi_2) \tag{6.6.2}$$

f_1 与 f_2 的频率差与磁场强度及激光器增益有关，一般磁场强度约为 0.2~0.35 T，频差约为 1.2~1.8 MHz。由于激光时间相干性和空间相干性都很好，因此两种波长（或频率）稍有差异的激光也能相干，这种特殊的干涉称作“拍”。若两光波在垂直方向合成，按叠加原理，则由式（6.6.1）和式（6.6.2）可得合成振动为

$$y(t)=2A\cos\left(\pi\Delta ft+\frac{\Delta\varphi}{2}\right)+\cos(2\pi ft+\varphi) \tag{6.6.3}$$

式中，$\Delta\varphi=\varphi_1-\varphi_2$；$\varphi=(\varphi_1+\varphi_2)/2$，$f=(f_1+f_2)/2$；$\Delta f=f_1-f_2$。

由式(6.6.3)可知，合成振动仍可看作频率为 f 的高频简谐振动，其振幅 $2A\cos(\pi\Delta ft+\Delta\varphi/2)$ 随时间 t 做缓慢周期变化，变化频率为 $\Delta f=f_1-f_2$，这种现象就称为“拍”，幅值变化的频率 Δf

称为拍频。

合成振动的光强，可用振幅的平方表示为

$$I=4A^2\cos\left(\pi\Delta ft+\frac{\Delta\varphi}{2}\right)=2A^2\ [1+\cos(2\pi\Delta ft+\varphi)]\tag{6.6.4}$$

可知光强也是随时间 t 从 $0\sim4A^2$ 周期地变化，变化频率就是拍频 $\Delta f=f_1-f_2$。光强变化用光电器件接收，则可得到频率为拍频 Δf 的正弦电信号。

双频激光干涉仪的光路原理如图 6.6.3 所示。两个旋向相反的圆偏振光首先由分光镜 1 分成两路，反射的一路光（约 4%～10%）经检偏器（只让一个特定方向的线偏振光通过）8 在光电器件 9 上取得频率为 f_1-f_2 的拍频信号作为参考信号 $\cos 2\pi(f_1-f_2)t$，其余大部分光透过分光镜 1 进入干涉系统。旋向相反的圆偏振光经 1/4 波片 2（其光轴与水平方向 45°放置）后变成垂直和水平方向的两个线偏振光，偏振分光镜 3 对偏振面垂直于入射面频率为 f_1 的线偏振光产生全反射，使之进入固定角锥棱镜 4。同时，偏振分光镜 3 使偏振面在入射面内频率为 f_2 的线偏振光全透过，进入可移动角锥棱镜 5。f_1 和 f_2 分别经角锥棱镜 4、5 反射后，返回到偏振分光镜 3 的分光面的同一点上。当可移动角锥棱镜 5 随被测物以速度 v 移动时，根据多普勒效应，频率 f_2 将产生偏移，变成 $f_2\pm\Delta f_2$，则

$$f_2\pm\Delta f_2=\sqrt{\frac{c\pm2v}{c\mp2v}}$$

式中，c 为光速。

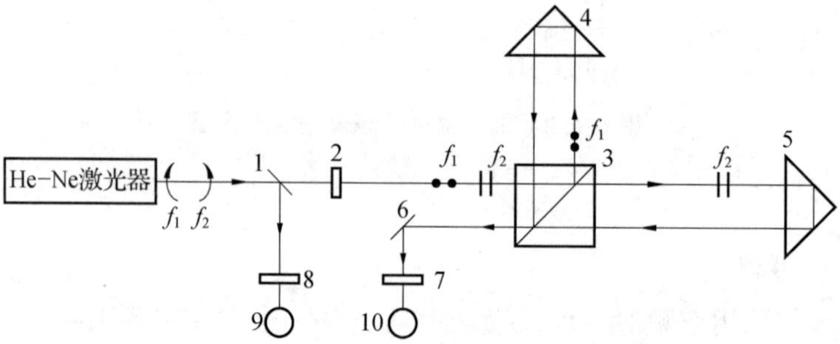

图 6.6.3　双频激光干涉仪的光路原理

1—分光镜；2—1/4 波片；3—偏振分光镜；4—固定角锥棱镜；5—可移动角锥棱镜；6—反射镜；7，8—检偏器；9，10—光电器件

当可移动角锥棱镜 5 移近分光镜 3 时，上式分子取 $(c+2v)$，分母取 $(c-2v)$；移动方向相反，符号也相反。由于 $c\gg2v$，上式可近似为

$$f_2\pm\Delta f_2=f_2\left(1+\frac{2v}{c}\right)\tag{6.6.5}$$

因此，汇合到分光镜 3 的两束光频率分别为 f_1、$f_2\pm\Delta f_2$，并且偏振方向互相垂直。它们在 45°方向上的投影经检偏器 7 检出，在光电器件 10 上获得频率为 $f_1-(f_2\pm\Delta f_2)$ 的测量信号 $\cos 2\pi[f_1-(f_2\pm\Delta f_2)]t$。参考信号和测量信号分别经放大、整形后输入差动计数器，差动计数器的输出就是多普勒频差 Δf_2 在时间 t 上的积分，即

$$N=\int_0^t\Delta f_2\mathrm{d}t=\int_0^t\frac{2v}{c}f_2\mathrm{d}t=\int_0^l\frac{2}{c}f_2\mathrm{d}l=\int_0^l\frac{2}{\lambda_2}\mathrm{d}l=\frac{2l}{\lambda_2}\tag{6.6.6}$$

式中，λ_2 为频率 f_2 的光波波长；l 为可移动角锥棱镜 5 在时间 t 内的位移，即被测位移，可

由 N 求得。

由上述分析可知，双频激光干涉仪处理的信号是频率为 f_1 及 $f_2 \pm \Delta f_2$ 的交流电信号，因此可用交流放大电路，克服了直流漂移的影响，在光强衰减90%的情况下仍能正常工作。所以，双频激光干涉仪抗干扰能力强，空气湍流、热波动等影响甚微，降低了对环境条件的要求，可在车间条件下进行大距离测量。

单频和双频激光干涉技术目前都比较成熟，在精密长度计量中得到了广泛的应用，如线纹尺、光栅的检定，量块自动测量，精密丝杆动态测量，工件尺寸、坐标尺寸的精密测量等。激光干涉仪还应用于精密定位，如感应同步器的刻画、集成电路制作等的定位。

6.6.2　激光测微测头

激光测微测头是一种绝对距离传感器，它利用了激光方向性好的特点，利用透镜将激光聚焦成很小的斑点，使传感器不仅具有很高的纵向灵敏度，也具有非常高的横向分辨力，这种测头常用作扫描测头。较常见的激光测微测头主要有三角法测头和离焦法测头。下面以三角法测头为例。

三角法测头是一种利用几何三角关系实现位移测量的传感器。图6.6.4所示为激光三角法测头原理图。

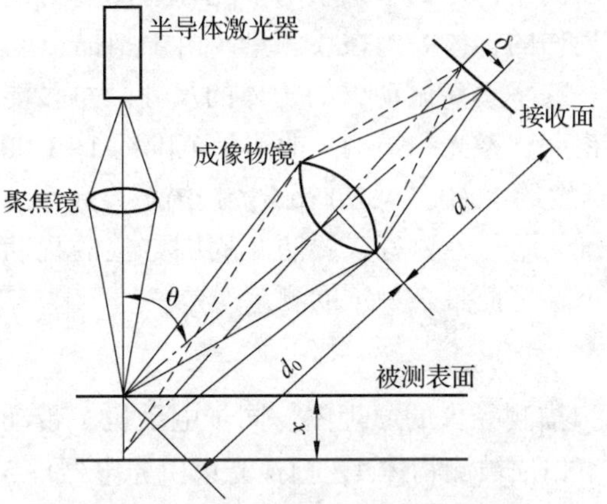

图6.6.4　激光三角法测头原理图

半导体激光器发出的激光被聚焦镜聚集成很小的光斑，光斑打在被测物体表面不大时，根据图中的几何关系，经成像透镜成像在光电探测器上，其中，投影光轴与成像光轴的夹角为 θ。当被测位移 x 变化时，有

$$x = \frac{d_0 \delta}{d_1 \sin\theta} \tag{6.6.7}$$

式中，d_0 为被测点到成像物镜的距离；d_1 为光电探测器到成像物镜的距离。因此，只要能够求得像点偏移 δ 即可实现对位移 x 的测量。如果选用电荷耦合器件（CCD）或位置敏感器件（Position Sensitive Device，PSD）作为光电器件，δ 可直接测得。

6.6.3　激光扫描传感器

激光束可以恒定的速度扫描被测物体（如圆棒），由于激光方向性好、亮度高，因此光束在物体边缘形成强对比度的光强分布，经光电器件转换成脉冲电信号，脉冲宽度与被测尺寸（如圆棒直径）成正比，从而实现了物体尺寸非接触自动测量。激光扫描传感器经常用于加工中（即在线）非接触主动测量，如热轧圆棒直径的测量、拉制粗导线线径的测量等。激光扫描传感器的精度可达0.01%~0.1%数量级。

1. 基本工作原理

图6.6.5（a）所示是激光扫描测长的原理图。He-Ne激光器发出的激光细束经扫描装置以恒定速度 v 对直径为 D 的被测物体进行扫描，并由光电器件接收，转换成图6.6.5（b）所示的电脉冲，由于扫描速度恒定，所以测出 Δt 即可求得被测直径 D。

$$D=v\Delta t \tag{6.6.8}$$

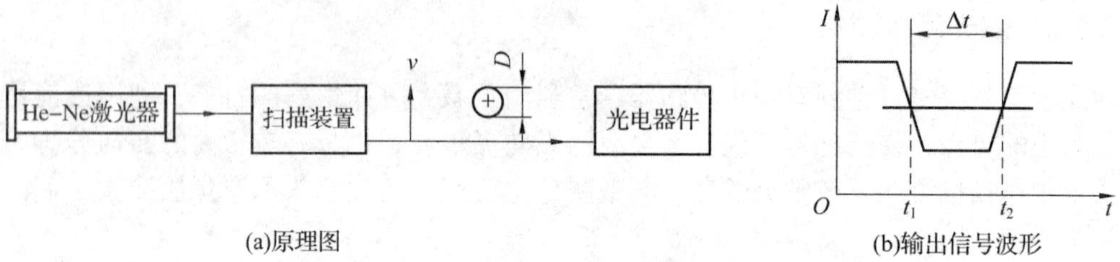

图6.6.5　激光扫描测长原理图及输出信号波形

激光扫描测长是非接触测量，适用于柔软的不允许有测量力的物体、不允许测头接触的高温物体以及不允许表面划伤的物体等的在线测量。由于扫描速度可高达95 m/s，因此允许测量快速运动或振幅不大、频率不高振动着的物体的尺寸。每秒能测150次，一般采用多次测量求平均可以提高测量精度。激光扫描测长的测量范围约1~1 000 mm，允许物体在光轴方向的尺寸小于1 m。测量精度约（±0.3~±7）μm，扫描宽度越小，精度越高。为了保证测量精度，要求激光扫描束要细、平行性要好，要防止周围空气的扰动。被测件在扫描区内纵向位置变化会因光束平行性不够好而带来一定的测量误差。

2. 应用举例

图6.6.6所示是激光扫描测径仪的原理图。同步电动机1带动位于透镜3焦平面上的多面反射镜2旋转，使激光束扫描被测物体4，扫描光束由光电器件5接收转换成电信号并被放大。为了确定被测物轮廓边缘在光电信号中所对应的位置，采用了两次微分电路，其输出波形如图6.6.7所示。由于物体轮廓的光强分布因激光衍射影响而形成缓慢的过渡区，如图6.6.7（a）所示，因此不能准确形成边缘脉冲。为此要尽量减小衍射图样，除了选取短焦距透镜外，还采用了电路处理方法。在一般的信号处理中，取最大输出的半功率点（即 $I_0/2$）作为边缘信号。这种方法受激光光强波动、放大器漂移等影响而不易得到高的精度。为了得到较高的测量精度，可对光电信号通过电路二次微分，图6.6.7（b）所示为一次微分电路的输出波形，图6.6.7（c）为二次微分电路的输出波形。可根据二次微分的过零点作为轮廓的边缘位置。这种方法在激光光束直径为0.8 mm情况下，可得到1 μm的分辨力和±31 μm的测量精度。用二次微分电路的输出控制门电路（图6.6.6），即在表征轮廓边缘的电脉冲之间让时钟脉冲通过，经电路运算处理，最后以数字形式显示出被测直径。

当被测直径较小时，如金属丝或光导纤维，直径在0.5 mm以下，若采用激光扫描法测量，由于线径小，扫描区间窄，扫描镜不需要大幅度的转动，因此可以采用音叉等作为镜偏转驱动装置。其测量范围为60~200 μm，测量精度1%。

当被测直径较大（大于 50 mm）时，可采用双光路激光扫描传感器，分别检测工件的上下边缘，工作原理同上，只是需将两个光路的光电信号合成，经电路处理则可测得被测直径。

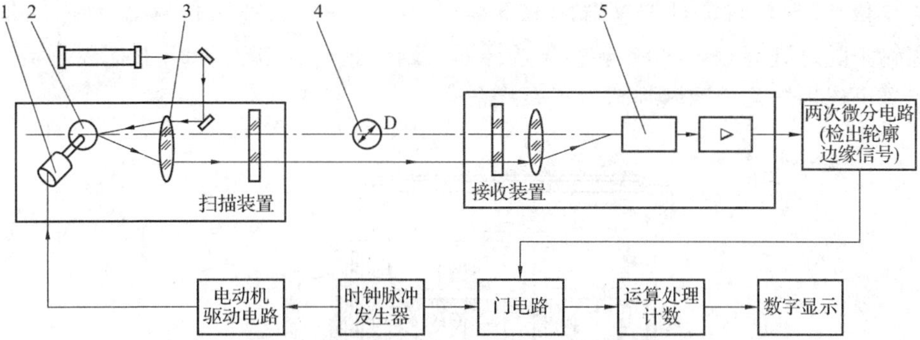

图 6.6.6　激光扫描测径仪的原理图

1—同步电动机；2—多面反射镜；3—透镜；4—被测物体；5—光电器件

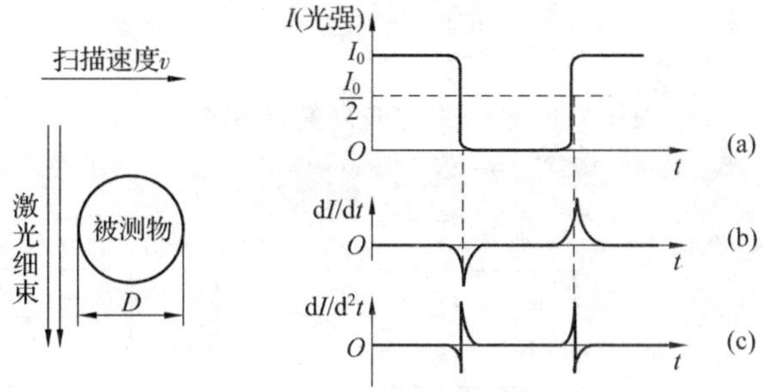

图 6.6.7　检出被测物轮廓边缘两次微分输出波形

6.7　光电式传感器在汽车上的应用

6.7.1　光电式车身高度传感器

1. 车身高度传感器的结构、原理

车身高度传感器一般安装在左、右前轮胎挡泥板上。它的作用是检测车身高度（汽车悬架装置的位移量），并将它转换成电信号输入控制装置。常用车身高度传感器有片簧开关式、霍尔集成电路式、光电式。其中光电式车身高度传感器是现代轿车上使用最多的一种高度传感器，所以在此进行详细介绍。光电式车身高度传感器的构造，如图 6.7.1 所示。

该传感器内部，有一边靠连杆带动转动的传感器轴，传感器轴上固定一开有许多窄槽的圆盘。遮光器由发光二极管和光敏晶体管组成，圆盘的转动可使遮光器的输出进行 ON、OFF 转换，并把此 ON、OFF 转换信号通过信号线输送给悬架电子控制装置。依靠这种 ON、OFF 转换，电子控制装置可以检测出圆盘的转动角度。当车身高度发生变化时，即悬架变形量发生变化时，圆盘在传感器轴带动下转动，从而使电子控制装置检测出车身高度的变化。光电式车身高度传感器的工作原理可由图 6.7.2 进行说明。

实际结构中，车身高度传感器固定在车架上，传感器轴的外端装有导杆，导杆的另一端通过连杆与独立悬架的下摆臂相连（图 6.7.2）。

根据传感器内使用的遮光器的数量，传感器可把车身高度状态分为不同数量的区域，以便对车身高度进行精确的控制。如传感器的遮光器有四个，当车身高度发生变化时（如汽车载荷发生变化），导杆将随悬架摆臂的上下移动而摆动。从而通过传感器轴驱动圆盘转动，各遮光器输出随之进行 ON、OFF 转换。这样通过四个遮光器 ON、OFF 状态的不同组合，电子控制装置可以根据几个区域判断出车高状态。

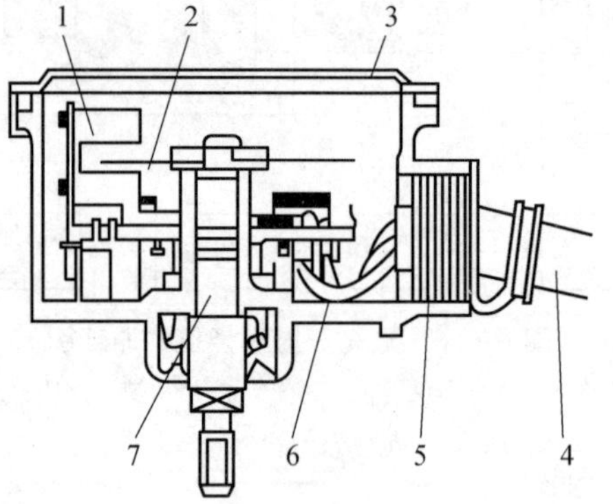

图 6.7.1　光电式车身高度传感器的结构

1—遮光器；2—圆盘；3—传感器盖；4—信号线；5—金属油封环；6—传感器壳；7—传感器轴

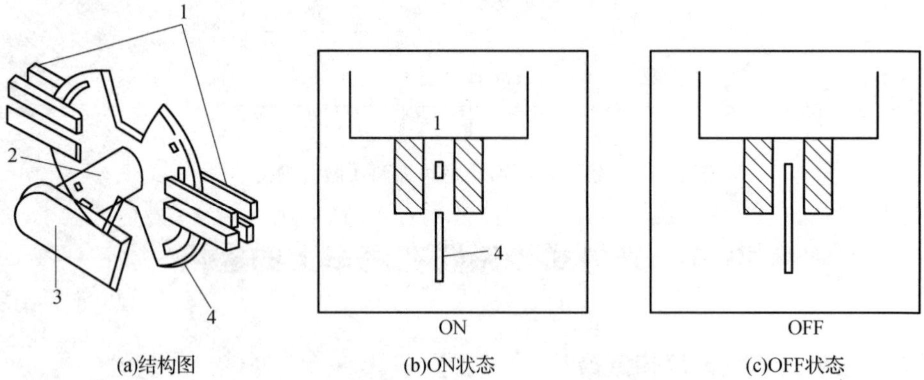

图 6.7.2　光电式车身高度传感器的工作原理

1—遮光器；2—传感器轴；3—导杆；4—圆盘

2. 车身高度传感器的检测

（1）电源的检测：拔下传感器插头，接通点火开关，检测线束连接器上的电源端子电压应为 12 V。

（2）信号电压的检测：拔下车高传感器连接插头，用导线将插头两端的电源连接起来，使传感器外壳搭铁，接通点火开关，慢慢转动传感器轴，用万用表测量插头上信号插孔输出的电压。如果电压在 0~1 V 之间变化，说明传感器工作性能良好，否则，应更换车高传感器。

（3）信号电压波形的检测：用汽车专用示波器检测，其输出信号应为矩形方波。

6.7.2　光电式转角传感器

1. 光电式转角传感器的结构、原理

光电式转角传感器安装在转向轴管上，它用于检测转向盘的中间位置、转动方向、转动

角度和转动速度。在电子控制悬架中，电子控制装置根据车速传感器信号和转角传感器信号，判断汽车转向时侧向力的大小，以控制车身的侧倾。

转向盘转角传感器用于检测汽车转向轮的偏转角度及偏转方向。在丰田轿车上装用的电子控制悬架系统（Toyota Electronically Modulated Suspension，TEMS）上应用的光电式转角传感器，其安装位置和结构如图 6.7.3 所示。

在压入转向轴的圆盘中间，装有带窄缝的圆盘，传感器的遮光器以两个为一组，从上面套装在窄缝圆盘之上。窄缝圆盘上等距离均匀排列着窄缝，窄缝圆盘随转向轴转动时，两个遮光器的输出端即可进行 ON、OFF 变换。光电式转角传感器的工作原理如图 6.7.4 所示。

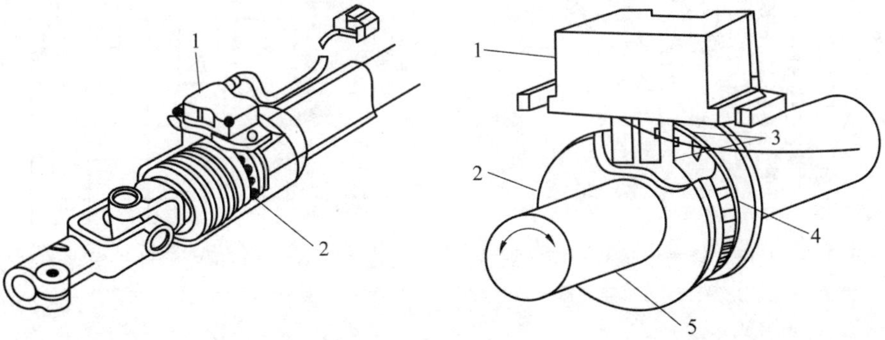

(a)安装位置　　(b)结构

图 6.7.3　转向盘转角传感器的安装位置和结构

1—转角传感器；2—传感器圆盘；3—遮光器；4—窄缝；5—转向

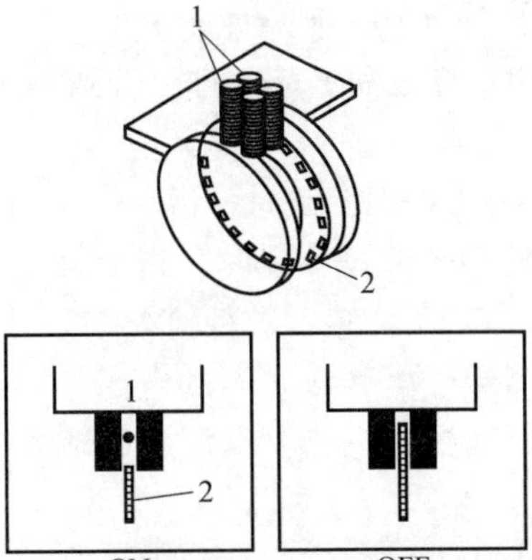

图 6.7.4　光电式转角传感器的工作原理

1—遮光器；2—窄缝圆盘

转动转向盘时，窄缝圆盘随之转动，使避光器之间的光束通/断变化，遮光器的这种反复开关动作产生与转向轴转角成一定比例的一系列数字信号，系统控制装置可根据该信号的变化来判断转向盘的转角和转速。同时，传感器在结构上采用两组光电耦合器，实现根据检测到的脉冲信号的相位差来判断转向盘的转动方向。图 6.7.5 所示为光电式转角传感器的电路图。

根据图 6.7.5 说明光电式转角传感器的工作过程。图中的光敏晶体管在遮光盘的作用下，或者导通，或者截止，根据晶体管的导通、截止速度可以检测出转向器的速度。在设计时使两个光电耦合元件（晶体管 T1 和 T2）之间的导通与截止，相位差 90°，根据先导通的脉冲信号可以检测出转向器的旋转方向。当汽车直线行驶时，如图 6.7.6 所示，信号 A 处于 OFF 状态（高电位）的中间位置。转向时，根据信号 A 下降沿处信号 B 的状态，即可判断出转向的方向，信号 A 由 OFF 状态变为 ON 状态（低电位）时，如果信号 B 为 ON 状态，则为左转向；如果信号 B 为 OFF 状态，则为右转向。

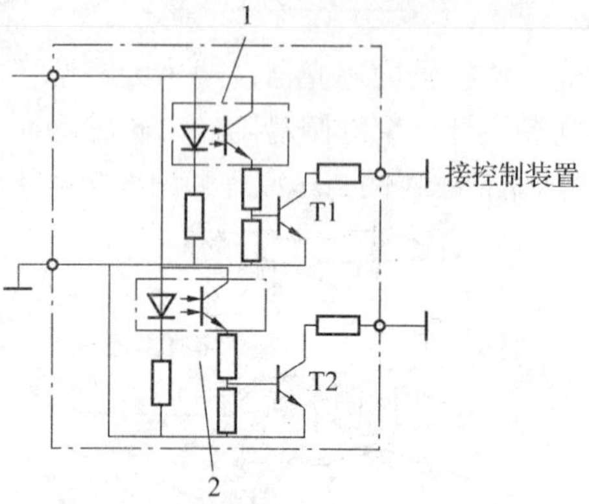

图 6.7.5　光电式转角传感器的电路图

1—1 号遮光器；2—2 号遮光器

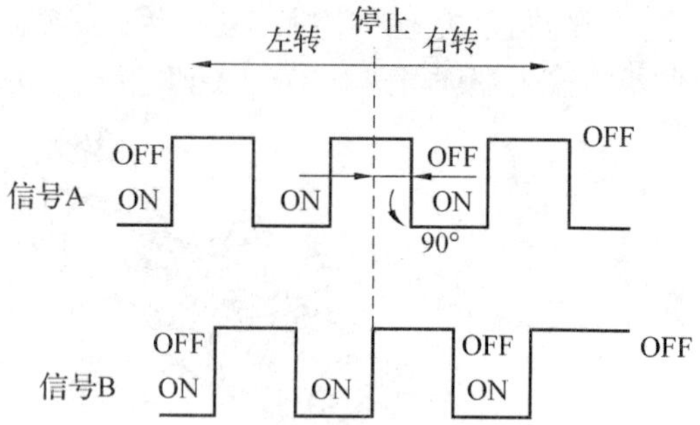

图 6.7.6　光电耦合元件输出端的动作状态

2. 光电式转角传感器的检测

（1）将转向盘置于汽车直线行驶位置。

（2）将模式选择开关切换到 NORMAL 位置。

（3）短接诊断连接器的端子 16（TS）和 3（E1）。

（4）接通点火开关。此时指示灯 S 和 F 应闪烁，否则，修理或更换模式选择开关，诊断连接器或 ECU。

（5）向右转动转向盘 0.01~0.08 rad，此时，指示灯 F 闪烁，指示灯 S 熄灭。

（6）重复以上步骤并向左转动转向盘，此时，指示灯 S 闪烁，指示灯 F 熄灭。否则应对转角传感器进行检查。

（7）检查转角传感器连接器端子 1 和 2 之间的电压应为 3.5~4.2 V，否则应修理或更换搭铁电路，电源电路或控制装置，如图 6.7.7 所示。

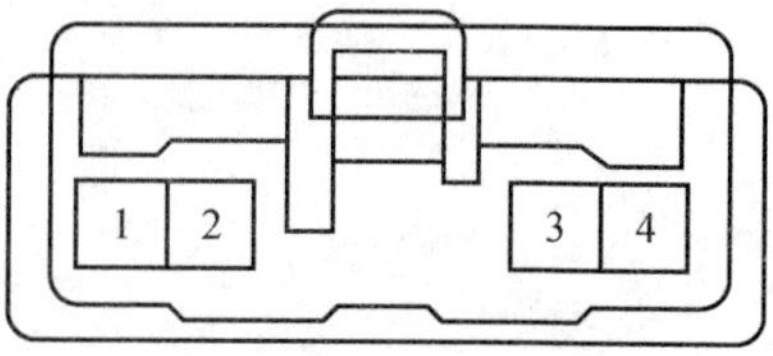

图 6.7.7　转角传感器连接器

（8）缓慢转动转向盘，用电压表检查连接器端子 3、4 与端子 2 之间的电压应在 5~0 V 之间变化（正极接端子 3、4），否则应修理或更换控制装置到转角传感器之间的电路。

（9）检查转角传感器的窄槽圆盘是否弯曲变形或表面上是否有杂质。

3. 具体车型检测示例

下面对凌志 LS400 轿车装用的光电式转角传感器检测方法进行讲解。

（1）输出信号检测。接通点火开关，用跨接线 SST 连接诊断连接器上的 TS 与 E1 端子，如图 6.7.8（a）所示，转动转向盘，若转角小于 45°，仪表板上的 NORMAL 灯亮，说明转向信号输出正常。

转角传感器信号是否输入悬架 ECU 的检查方法是：接通点火开关，慢慢转动转向盘，如

图 6.7.8（b）所示，在转动的同时分别用万用表测量 ECU 的 SS1、SS2 端子与搭铁间的电压，应为 0~5 V，否则说明转角传感器信号未输入悬架 ECU 或转角传感器信号出现故障。

(2) 转角传感器故障诊断与排除。对于转角传感器未输入信号故障，诊断方法为：拆下传感器连接器，接通点火开关，测量连接器 1 号端子和 2 号端子间电压，如图 6.7.8（c）所示，正常值应为蓄电池电压，否则应检查悬架 ECU 的 IG 熔丝是否良好，转角传感器与熔丝盒之间的连线是否存在断路、短路。

转角传感器故障排除方法为：拆下传感器连接器，在转角传感器 1 号、2 号端子间施加蓄电池电压，在慢慢转动转向盘时，用万用表测量传感器的 10 号、11 号端子与 2 号端子间的电阻，正常值应在 0~∞ 之间变化，否则说明转角传感器存在故障，应当更换。

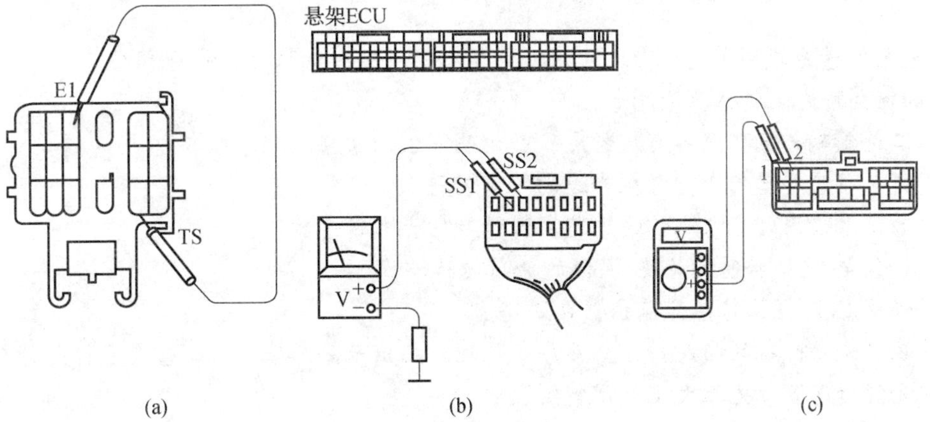

图 6.7.8　光电式转角传感器的检测

6.7.3　其他应用

除了上述长度等测量中的一些应用外，激光还可用来测量物体或微粒的运动速度，测量流速、振动、转速、加速度、流量等，并具有较高的测量精度。图 6.7.9 所示为激光多普勒测速示意图，当激光作为光源照射运动物体或流体时，由于多普勒效应被物体或流体反射或散射的光的频率将发生变化，将频率发生变化的光与入射光（作为参考光束）拍频，经光电转换得到与物体或流体运动速度成比例的电信号，由此测出速度。由于激光频率高，而频率的测量又可达到极高的精度，因此激光多普勒测速可用于高精度、宽范围（1 cm/h 的超低速到超音速的高速）非接触的测量。

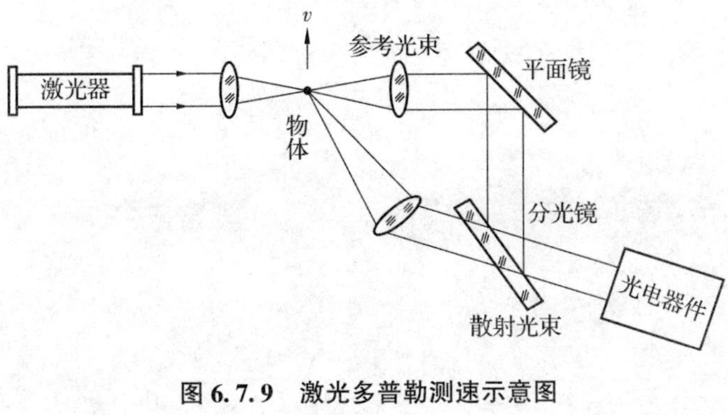

图 6.7.9　激光多普勒测速示意图

思考题与习题

1. 光电式传感器常用光源有哪几种？哪些光源可用作红外光源？

2. 光电式传感器常用接收器件有哪几种？各基于什么原理？各有什么特点？

3. 电荷耦合器件有哪几种，各由哪几部分组成？

4. 电荷耦合器件中的信号电荷是如何传输的？

5. 简述利用 CCD 进行工件尺寸测量的原理及测量系统的组成。

6. 试述用一维 PSD 进行距离测量的原理。

7. 利用由斯乃尔定律推导出的临界角 θ_c。表达式，计算水（$n=1.33$）与空气（$n\approx1$）分界面的 θ_c 的值。

8. 光电传感器的特点是什么？采用光电传感器可能测量的物理量有哪些？

9. 如何利用光电传感器检测颜色？

10. 二进制码与循环码各有何特点？并说明它们的互换原理。

11. 光电码盘是如何测量电机转速的？有何特点？

12. 为什么选用硅光电池作为进行高速计数的光电传感器？

13. 什么是 CCD 势阱？论述 CCD 的电荷转移过程。

14. 说明 CCD 图像传感器输出信号的特点。

15. 说明光导纤维的组成并分析其导光原理，指出光导纤维导光的必要条件是什么？

16. 光纤传感器分为几大类？试举例说明。

17. 计算 $n_1=1.64$，$n_2=1.45$ 的阶跃折射率光纤的数值孔径值。如果外部媒质为空气，$n_0=1$，求该光纤的最大入射角。

18. 光栅传感器的基本原理是什么？莫尔条纹是如何形成的？有何特点？

19. 分析光栅传感器为什么具有较高的测量精度？

20. 试从细分数大小、线路的复杂程度及抗干扰能力等方面比较书中给出的几种细分电路。

第 7 章　磁电式传感器

磁电式传感器是通过磁电作用将被测量转换成电信号的一种传感器，磁电感应式传感器、霍尔式传感器都属于磁电式传感器。磁电式传感器应用电磁感应原理工作，常用来测量振动与转速。霍尔元件的工作原理是霍尔效应，多用于测量位移和压力。

7.1　磁电感应式传感器概述

磁电感应式传感器简称感应式传感器，也称为电动式传感器。它是利用导体和磁场发生相对运动而在导体两端输出感应电势的，因此它是一种机-电能量变换型传感器，具有不需要电源、输出功率大、电路简单、性能稳定、输出阻抗小的优点，但只适合进行动态测量，工作频带一般为 10~1 000 Hz，且这种传感器的尺寸和质量都较大。

7.1.1　磁电感应式传感器的工作原理

磁电感应式传感器以电磁感应原理为基础，当线圈在均恒磁场内运动时，设穿过线圈的磁通为 Φ，则线圈内的感应电势 E 与磁通变化率 $\mathrm{d}\Phi/\mathrm{d}t$ 有如下关系：

$$E=-\frac{\mathrm{d}\Phi}{\mathrm{d}t} \tag{7.1.1}$$

如果线圈是 N 匝，磁感应强度是 B，每匝线圈的平均长度为 l_a，线圈相对磁场运动的速度为 $v=\mathrm{d}x/\mathrm{d}t$，则整个线圈中所产生的电动势为

$$E=-N\frac{\mathrm{d}\Phi}{\mathrm{d}t}=-NBl_a\frac{\mathrm{d}x}{\mathrm{d}t}=-NBl_a v \tag{7.1.2}$$

磁通量 Φ 的变化可以通过很多办法实现，如磁铁与线圈之间做相对运动、磁路中磁阻的变化、恒定磁场中线圈面积的变化等，因此可以制造不同类型的磁电感应式传感器。磁电感应式传感器可直接测定速度，但是由于速度与加速度间有积分或微分的关系，因此，如果在传感器的信号调理电路中接一个积分电路或微分电路就可以用来测量位移、加速度和振动。磁电感应式传感器用于振动测量时，其中惯性式的传感器不需要静止的基座作为参考基准，它直接安装在振动体上进行测量，因而在地面振动测量及机载振动监视系统中获得了广泛的应用。如航空发动机、各种大型电机、空气压缩机，机床、车辆、轨枕振动台，化工设备，各种水、气管道，桥梁，高层建筑等，其振动监测与研究都可使用磁电感应式传感器。

7.1.2　动圈式磁电传感器

1. 动圈式磁电传感器原理

动圈式磁电传感器工作原理图如图 7.1.1 所示。在永久磁铁（或电磁铁）产生的磁场中放置匝数为 N 的可动线圈，每匝线圈的平均长度为 l_a，如果在线圈运动部分的磁感应强度 B 是均匀的，则当线圈与磁场的相对速度为 v 时，线圈的感应电势为

$$E=NBl_{a}v\sin\alpha \tag{7.1.3}$$

式中，E 为感应电势，V；N 为匝数；B 为磁感应强度，T；l_a 为每匝线圈的平均长度，m；v 为线圈与磁场的相对运动速度，m/s；α 为运动方向与磁场方向间的夹角。

当 $\alpha=90°$ 时，线圈的感应电势为

$$E=NBl_{a}v \tag{7.1.4}$$

当 N、B 和 l_a 恒定不变时，E 与 v 成正比，根据感应电势 E 的大小即可知道被测速度的大小。

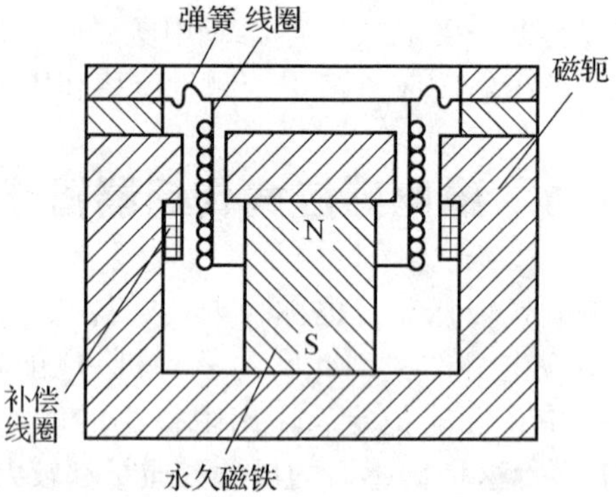

图 7.1.1　动圈式磁电传感器原理图

2. 动圈式磁电传感器结构

磁电感应式传感器由两个基本部分构成：一部分是磁路系统，由它产生恒定直流磁场，为减小传感器的体积，一般都采用永久磁铁；另一部分是线圈，由它运动切割磁力线产生感应电势。作为一个完整的磁电式传感器，除了磁路系统和线圈外，还有一些其他元件，如壳体、支承、阻尼器、接线装置等。

图 7.1.2 所示为磁电式振动传感器的结构原理图。该传感器在使用时，把它与被测物体紧固在一起；当物体振动时，传感器外壳随之振动，此时线圈、阻尼环和心杆的整体由于惯性而不随之振动，因此它们与壳体产生相对运动，位于磁路气隙间的线圈就切割磁力线，于是线圈就产生正比于振动速度的感应电势。该电动势与速度成一一对应关系，由此可直接测量速度，经过积分或微分电路便可测量位移或加速度。

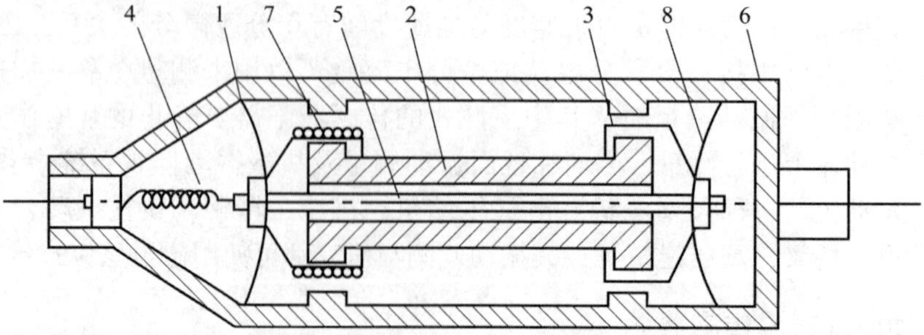

图 7.1.2　磁电式振动传感器的结构原理图

1—弹簧片；2—永久磁铁；3—阻尼环；4—引线；5—心杆；6—外壳；7—线圈；8—弹簧片

7.1.3　磁阻式磁电传感器

磁阻式磁电传感器线圈和磁铁部分都是静止的，与被测物连接而运动的部分是用导磁材

料制成的。在运动中，它们改变磁路的磁阻，因而可改变贯穿线圈的磁通量，在线圈中产生感应电势。磁阻式磁电传感器一般用来测量转速，将线圈中产生感应电势的频率作为输出，而电动势的频率取决于磁通变化的频率。

磁阻式转速传感器的结构有开磁路和闭磁路两种。图 7.1.3 所示为一种开磁路磁阻式转速传感器。传感器由永久磁铁 1、感应线圈 3、软铁芯 2 组成，齿轮 4 安装在被测转轴上并与其一起旋转。安装时把永久磁铁产生磁力线通过的软铁端部对准齿轮的齿顶，当齿轮旋转时，齿的凹凸引起磁阻的变化，使磁通量发生变化，因而在感应线圈 3 中感应出交变的电动势，其频率 f 等于齿轮的齿数 Z 和转速 n 的乘积，即

$$f=\frac{Zn}{60} \tag{7.1.5}$$

式中，Z 为齿轮的齿数；n 为被测轴转速，r/min；f 为感应电势频率，Hz。

这样当已知齿轮的齿数 Z 时，测得感应电势和频率就可知被测轴转速 n。

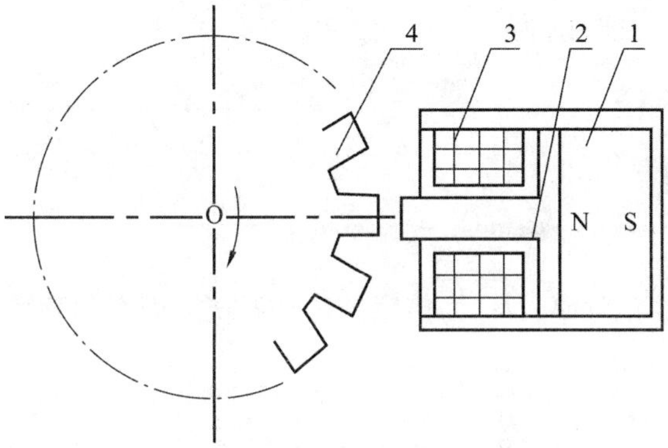

图 7.1.3　开磁路磁阻式转速传感器

1—永久磁铁；2—软铁芯；3—感应线圈；4—齿轮

开磁路转速传感器结构比较简单，但是，输出信号较小。另外，当被测轴振动较大时，传感器输出波形失真较大。因此在振动强的场合往往采用闭磁路转速传感器。

闭磁路磁阻式转速传感器的结构如图 7.1.4 所示，它由装在转轴上的内齿轮 1、永久磁铁 2、外齿轮 3 和感应线圈 4 构成，内、外齿轮的齿数相同，当转轴连接到被测轴上与被测轴一起转动时，内、外齿轮的相对运动使磁路气隙发生变化，因而磁阻发生变化并使贯穿于线圈的磁通量发生变化，在线圈中感应出电动势。与开磁路情况相同，也可通过感应电势和频率测量转速。

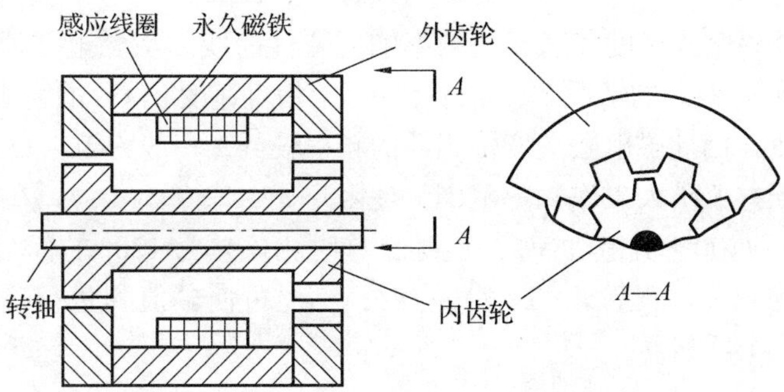

图 7.1.4　闭磁路磁阻式转速传感器的结构

磁阻式传感器的输出电动势取决于线圈中磁场变化速度，因而它是与被测速度成一定比例关系的。当转速太低时，输出电动势很小，以致无法测量。所以，这种传感器有一个下限工作频率，一般为 50 Hz 左右，闭磁路转速传感器的下限频率可降低到 30 Hz，其上限工作频率可达 100 Hz。

7.1.4 磁电感应式传感器的动态特性

磁电感应式传感器只适用于测量动态物理量，因此动态特性是这种传感器的主要性能。这种传感器是机-电能量变换型传感器，其等效的机械系统如图 7.1.5 所示，它是一个二阶系统。图中 $\boldsymbol{v}_0$ 为传感器外壳的运动速度，即被测物体的运动速度；$\boldsymbol{v}_m$ 为传感器惯性质量块的运动速度。若 $\boldsymbol{v}(t)$ 为惯性质量块相对外壳的运动速度，其运动方程为

$$m\frac{\mathrm{d}\boldsymbol{v}(t)}{\mathrm{d}t}+c\boldsymbol{v}(t)+K\int\boldsymbol{v}(t)\mathrm{d}t=-m\frac{\mathrm{d}\boldsymbol{v}_0(t)}{\mathrm{d}t} \tag{7.1.6}$$

其幅频特性与相频特性分别为

$$A_v(\omega)=\frac{(\omega/\omega_n)^2}{\sqrt{[1-(\omega/\omega_n)^2]^2+[2\zeta(\omega/\omega_n)^2]}}$$

$$\varphi_v(\omega)=-\arctan\frac{2\zeta(\omega/\omega_n)}{1-(\omega/\omega_n)^2} \tag{7.1.7}$$

式中，ω 为被测体振动的角频率；ω_n 为传感器运动系统的固有角频率，$\omega_n=\sqrt{K/m}$；ξ 为传感器运动系统的阻尼比，$\xi=c/(2\sqrt{mK})$。

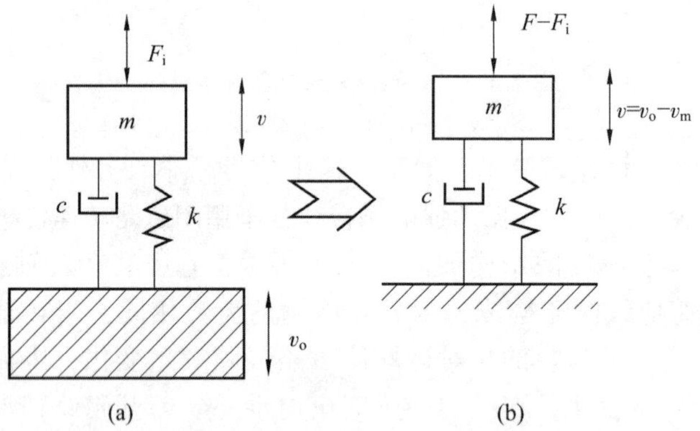

图 7.1.5 等效的机械系统

图 7.1.6 所示为磁电式速度传感器的频率响应特性曲线。从磁电式速度传感器的频率特性曲线可知，只有在 $\omega\geqslant\omega_n$ 的情况下，$A_v(\omega)\approx1$，相对速度 $\boldsymbol{v}(t)$ 的大小才可以作为被测振动速度 $\boldsymbol{v}_0(t)$ 的量度。因此磁电式速度传感器的频率较低，一般为 10~15 Hz。为了抑制共振峰值，从而减小值误差、扩大工作频率范围，使阻尼比 ξ 取 0.5~0.7。在 $\omega>1.7\omega_n$ 时，其幅值误差 $|A(\omega)-1|\times100\%$ 不超过 5%，但是，这时相位差为 120°左右。这样大的相位差根本无法精确测定振动相位。当 $\omega>(7\sim8)\omega_n$ 时，不但可使幅值测量精确。而且相位差接近 180°，传感器成为一个反相器。

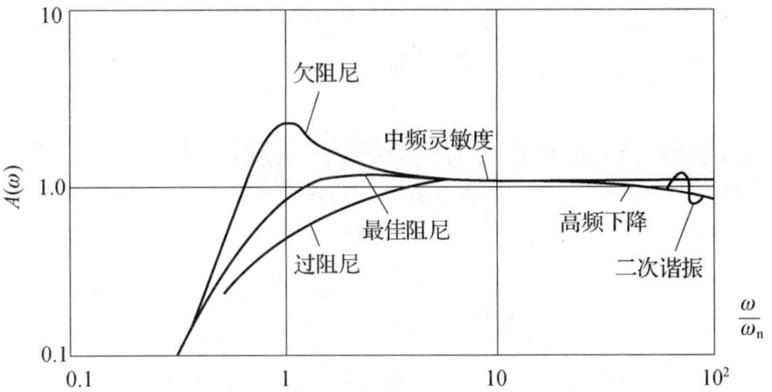

图 7.1.6　磁电式速度传感器的频率响应特性曲线

最后应该指出，相对运动速度 $v(t)$ 就是前面讨论的线圈相对磁场的运动速度 dx/dt，因此式（7.1.2）改为

$$E=NBl_a\frac{dx}{dt}=-NBl_a\boldsymbol{v}(t) \tag{7.1.8}$$

这时磁电式速度传感器的输出电动势 E 与相对速度 $\boldsymbol{v}(t)$ 成正比，而 $\boldsymbol{v}(t)$ 可以度量被测振动速度 $\boldsymbol{v}_0(t)$，所以，电动势 E 也可以度量 $\boldsymbol{v}_0(t)$。这就是磁电式速度传感器可以测量振动速度的原理。

7.2　霍尔传感器

霍尔传感器是利用霍尔效应原理将被测物理量转换为电动势输出的一种传感器。霍尔效应是 1879 年霍尔在金属材料中发现的，后来曾有人利用霍尔效应制成测量磁场的磁传感器，但是，终因金属的霍尔效应太弱而没有得到应用。随着半导体制造工艺的发展，人们又利用半导体材料制成霍尔元件，由于它的霍尔效应显著而得到了应用及发展，广泛用于电流、磁场、位移、压力等物理量的测量。

7.2.1　霍尔传感器的工作原理

将半导体薄片置于磁场中，当通过它的电流方向与磁场方向不一致时，半导体薄片上平行于电流和磁场方向的两个面之间会产生电动势，这种现象称为霍尔效应，该电动势称为霍尔电势，半导体薄片称为霍尔元件。

如图 7.2.1 所示，在垂直于外磁场磁感应强度 B 方向上放置半导体薄片，当半导体薄片流有电流 I 称为控制电流）时，在半导体薄片前、后两个端面之间会产生霍尔电势 U_H。由实验可知，霍尔电势的大小与激励电流 I 和磁场的磁感应强度 B 成正比，与半导体薄片厚度 d 成反比，即

$$U_H=R_H\frac{IB}{d} \tag{7.2.1}$$

式中，R_H 为霍尔常数。

霍尔效应是半导体中的载流子（电流的相反方向）在磁场中受洛伦兹力 F 作用发生横向漂移的结果。图 7.2.1 中，电流是半导体导电板中的载流子（电子），在电场的作用下做定

向运动的产物，若再在导电板的厚度方向上（垂直电流方向）作用一个磁感应强度为 B 的均匀磁场，则每个载流子受洛伦兹力 F 的作用为

$$F=e\bar{v}B \tag{7.2.2}$$

式中，e 为电子电量的绝对值；$\bar{v}$ 为电子定向运动的平均速度大小；B 为磁场的磁感应强度大小。

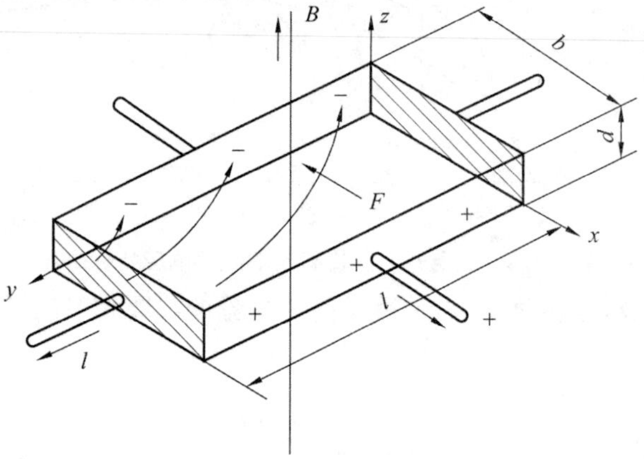

图 7.2.1　霍尔效应原理图

F 的方向在图 7.2.1 中是向后的，这时的电子除了沿电流反方向宏观的定向移动外，还向后漂移，结果使导电板的后表面相对前表面积累了多余的电子，前表面因缺少电子积累了多余的正电荷。这两种积累电荷在导电板内部宽度 b 的方向上建立了附加电场，称为霍尔电场。该电场的电场强度大小为

$$E_H=\frac{U_H}{b} \tag{7.2.3}$$

式中，U_H 为两种积累电荷间的电位差，即霍尔电势。

该电场的方向在图中是从前面指向后面。霍尔电场的出现，使定向运动着的电子除了受洛伦兹力作用外，还受到一个逆着电场方向的电场力，其大小为 eE_H。随着前、后表面上积累的多余电荷增加，霍尔电场的电场强度增加，电子受到的电场力也增加，最后电子受到的洛伦兹力和霍尔电场力的大小相等、方向相反，即

$$eE_H=e\bar{v}B$$

则

$$E_H=\bar{v}B \tag{7.2.4}$$

这时电子不再向后漂移，两表面上积累的电荷数量不再增加，达到平衡状态。

若导电板单位体积内电子数为 n（电子密度），电子定向运动的平均速度为 $\bar{v}$，则激励电流 $I=nbd\bar{v}e$，所以

$$\bar{v}=\frac{I}{bdne}$$

将上式代入式（7.2.4）后，再将所得的 E_H 代入式（7.2.3）得

$$U_H=\frac{IB}{ned} \tag{7.2.5}$$

将式（7.2.5）与式（7.2.1）比较，可得

$$R_{\mathrm{H}}=\frac{1}{ne} \tag{7.2.6}$$

由式（7.2.6）看出，霍尔常数 R_{H} 的大小取决于导体的载流子密度。金属的自由电子密度太大，因而霍尔常数小，霍尔电势也小，所以，金属材料不宜制作霍尔元件。霍尔电势 U_{H} 与导体厚度 d 成反比，为了提高霍尔电势值，霍尔元件制成薄片形状。

将式（7.2.5）改写成

$$U_{\mathrm{H}}=K_{\mathrm{H}}BI \tag{7.2.7}$$

其中

$$K_{\mathrm{H}}=\frac{R_{\mathrm{H}}}{d}=\frac{1}{ned} \tag{7.2.8}$$

式中，K_{H} 称为霍尔元件灵敏度（灵敏系数）。它表示一个霍尔元件在单位激励电流和单位磁感应强度时产生霍尔电势的大小。半导体中电子迁移率（电子定向运动的平均速度）比空穴迁移率高，因此 N 型半导体较适合于制造灵敏度高的霍尔元件，这一点可以从式（7.2.5）和式（7.2.4）中看出。不同的半导体材料，其电子迁移率差别较大，目前用得较多的材料有锗、硅、锑化铟和砷化铟等。

7.2.2　霍尔元件的结构和基本电路

霍尔元件的结构很简单，其外形结构示意图如图 7.2.2（a）所示。图 7.2.2（a）中，从矩形薄片半导体基片上的两个相互垂直方向侧面上，引出两对电极，其中 1-1′电极用于加控制电流，称为控制电极。另一对 2-2′电极用于引出霍尔电势，称为霍尔电势输出极。在基片外面用金属或陶瓷、环氧树脂等封装作为外壳。图 7.2.2（b）所示是霍尔元件通用的图形符号。

霍尔电极在基片上的位置及它的宽度对霍尔电势 U_{H} 数值影响很大。通常霍尔电极位于基片长度的中间，其宽度远小于基片的长度，如图 7.2.2（c）所示。

霍尔元件的基本测量电路如图 7.2.2（d）所示。控制电流 I 由电压源供给，其大小由可变电阻调节。霍尔电势 U_{H} 加在负载电阻 R_{L} 上，R_{L} 代表测量电路放大器的输入电阻。

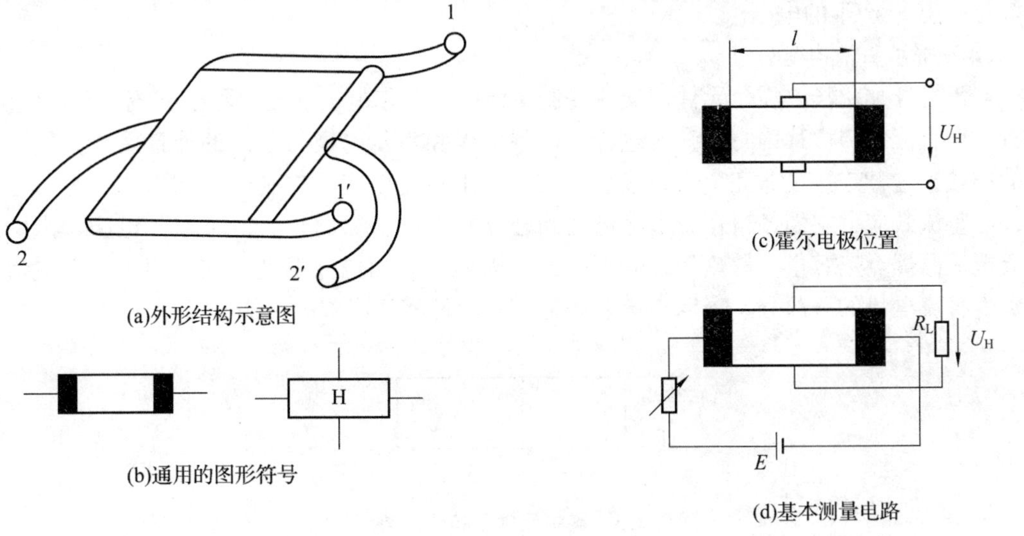

(a)外形结构示意图　(b)通用的图形符号　(c)霍尔电极位置　(d)基本测量电路

图 7.2.2　霍尔元件

由于建立霍尔电势所需的时间较短，为$10^{-14} \sim 10^{-12}$ s，因此它的频率响应很高。当控制电流采用交流时，它的频率可达几千兆赫兹。

7.2.3 霍尔元件的主要特性参数

由式（7.2.7）看出，当磁场和环境温度一定时，霍尔元件输出的霍尔电势与控制电流 I 成正比。同样，当控制电流和环境温度一定时，霍尔元件输出的霍尔电势与磁场的磁感应强度 B 成正比。当然，在环境温度一定时，输出的霍尔电势与 I 和 B 的乘积成正比。用上述的一些线性关系可以制作多种类型的传感器。请注意，只有磁感应强度小于 0.5 T 时，上述的线性关系才较好。

霍尔元件的主要特性参数如下：

（1）输入电阻和输出电阻。

霍尔元件工作时需要加控制电流，这就需要知道控制电极间的电阻，称为输入电阻。霍尔电极输出霍尔电势，对外它是电源，这就需要知道霍尔电极之间的电阻，称为输出电阻。测量以上电阻时，应在没有外磁场和室温变化的条件下进行。

（2）额定控制电流和最大允许控制电流。

当霍尔元件的控制电流使其本身在空气中产生 10 ℃温升时，称为额定控制电流。将元件允许的最大温升限制所对应的控制电流值称为最大允许控制电流。因为霍尔电势随控制电流的增加而线性增加，所以实际应用中总希望选用尽可能大的控制电流，因而需要知道元件的最大允许控制电流。当然，与许多电气元件一样，改善它的散热条件也可以增大最大允许控制电流值。

（3）不等位电势 U_0 和不等位电阻 r_0。

当霍尔元件的控制电流为额定值 I_N 时，若元件所处位置的磁感应强度为零，则它的霍尔电势应该为零。实际不为零，这时测得的空载霍尔电势称为不等位电势 U_0。这是由于两个霍尔电极安装时不在同一个电位面上所致，如图 7.2.3 所示。从图中可以看出，不等位电势是由霍尔电极 2–2′之间的电阻 r_0 决定的，r_0 称为不等位电阻。不等位电势就是控制电流 I 流经不等位电阻 r_0 产生的电压。

（4）寄生直流电势。

当没有外加磁场，霍尔元件用交流控制电流时，霍尔电极的输出除了交流不等位电势外，还有一个直流电势，称为寄生直流电势。控制电极和霍尔电极与基片的连接属于金属与半导体的连接，这种连接是非完全欧姆接触时，会产生整流效应。控制电流和霍尔电势都是交流时，经整流效应，它们各自在霍尔电极之间建立直流电势。此外，两个霍尔电极焊点的不一致会造成两焊点热容量、散热状态的不一致，因而引起两电极温度不同，产生温差电势，也是寄生直流电势的一部分。寄生直流电势是霍尔元件零位误差的一部分。

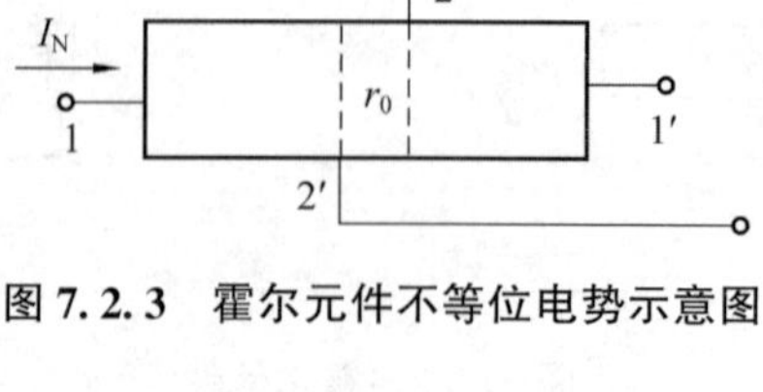

图 7.2.3　霍尔元件不等位电势示意图

（5）霍尔电势温度系数

在一定磁感应强度和控制电流下，温度每变化 1 ℃时，霍尔电势变化的百分率称为霍尔电势温度系数。由式（7.2.7）和式（7.2.8）可以看出，它也是霍尔常数的温度系数。

7.2.4　霍尔元件的误差及补偿

1. 不等位电势误差的补偿

不等位电势与霍尔电势具有相同的数量级，有时甚至超过霍尔电势。实际应用中，若想消除不等位电势是极其困难的，因而只有采用补偿的办法。由图 7.2.4 看出，不等位电势由不等位电阻产生，因此可以用分析电阻的方法找到不等位电势的补偿方法。一个矩形霍尔片有两对电极，各个相邻电极之间有四个电阻 R_1、R_2、R_3 和 R_4，因而可以把霍尔元件视为一个四臂电阻电桥，不等位电势就相当于电桥的初始不平衡输出电压。理想情况下，不等位电势为零，即电桥平衡，相当于 $R_1=R_2=R_3=R_4$，则所有能够使电桥达到平衡的方法均可用于补偿不等位电势，使不等位电势为零，所以补偿的方式很多，各有特点。由于霍尔元件的不等位电势是其工作温度的函数，因此，还要考虑温度补偿问题。图 7.2.5 所示是众多不等位电势补偿电路中的一种。它是对称电路，因而当温度变化时，补偿的稳定性要好些。

2. 温度误差及其补偿

霍尔元件的基片是半导体材料，因而对温度的变化很敏感。其载流子浓度和载流子迁移率、电阻率和霍尔常数都是温度的函数。当温度变化时，霍尔元件的一些特性参数，如霍尔电势 U_H、输入电阻和输出电阻等都要发生变化，从而使霍尔传感器产生温度误差。

为了减小霍尔元件的温度误差，除选用温度系数小的元件或采用恒温措施外，由 $U_H=K_HIB$ 可以看出，采用恒流源供电是一种有效的措施，可以使霍尔电势 U_H 稳定，但是，也只能减小由于输入电阻随温度变化引起控制电流 I 变化（恒压源供电时）带来的影响。

霍尔元件的灵敏系数 K_H 也是温度的函数，它随温度的变化引起霍尔电势的变化。霍尔元件的灵敏系数与温度的关系可写成

$$K_H=K_{H0}(1+\alpha\Delta T) \tag{7.2.9}$$

式中，K_{H0}为温度 T_0 时的 K_H 值；ΔT 为温度变化量 $\Delta T=T-T_0$；α 为霍尔电势的温度系数。

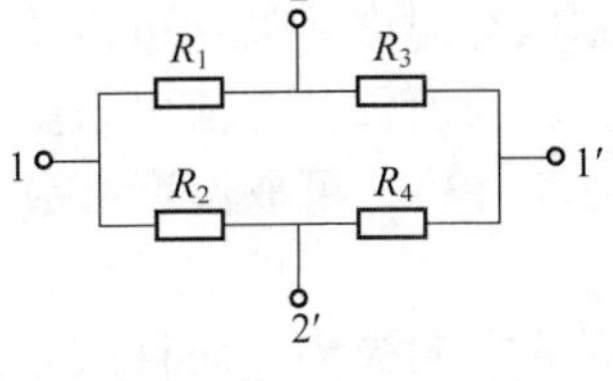

图 7.2.4　霍尔元件的等效电路

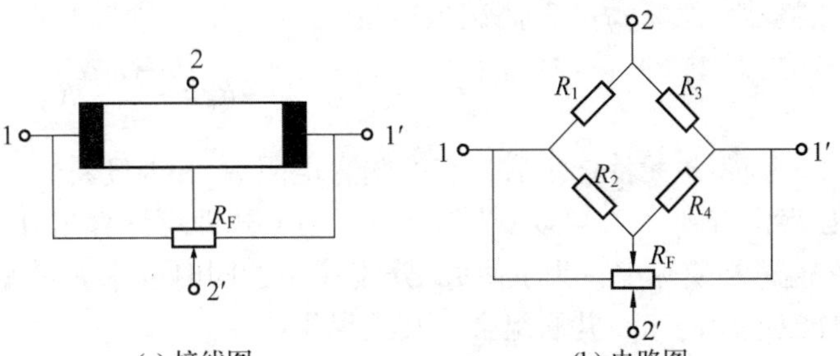

图 7.2.5　不等位电势的补偿电路

且大多数霍尔元件的温度系数 α 是正值时，它们的霍尔电势随温度的升高而增加到（$1+\alpha\Delta T$）倍。与此同时，如果让控制电流 I 相应地减小，能保持 K_HI 乘积不变，也就抵消了灵敏系数 K_H 值增加的影响。图 7.2.6 所示就是按此思路设计的一个简单、补偿效果又较好的补偿电路。电路中用一个分流电阻 R 与霍尔元件的控制电极并联。当霍尔元件的输入电阻随温度升高而增加时，分流电阻 R 自动地加强分流，减少了霍尔元件的控制电流 I，从而达到补偿的目的。

在图 7.2.6 所示的恒流源温度补偿电路中，设初始温度为 T_0、霍尔元件输入电阻为 R_{i0}、灵敏系数为 K_{H0}、控制电流为 I_{20}、分流电阻为 R_0，根据分流的概念得

$$I_{20}=\frac{R_0}{R_0+R_{i0}}I_s \tag{7.2.10}$$

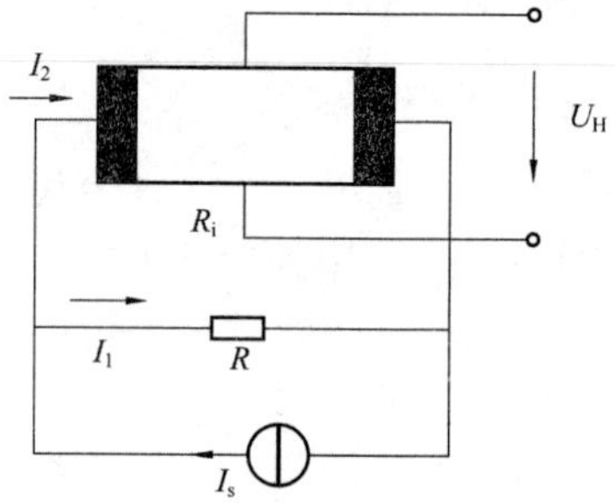

图 7.2.6　恒流源温度补偿电路

当温度升到 T 时，电路中各参数变为

$$R_i=R_{i0}\ (1+\delta\Delta T)$$

$$R=R_0\ (1+\beta\Delta T)$$

式中，δ 为霍尔元件输入电阻温度系数；β 为分流电阻温度系数，则

$$I_2=\frac{R}{R+R_i}I_s=\frac{R_0(1+\beta\Delta T)}{R_0(1+\beta\Delta T)\ +R_{i0}(1+\delta\Delta T)}I_s \tag{7.2.11}$$

虽然温度升高 ΔT，为使霍尔电势不变，补偿电路必须满足升温前、后的霍尔电势不变，即

$$U_{H0}=K_{H0}I_{20}B=U_H=K_HI_2B$$

则

$$K_{H0}I_{20}=K_HI_2 \tag{7.2.12}$$

将式（7.2.9）、式（7.2.10）、式（7.2.11）代入式（7.2.12），得

$$K_{H0}\frac{R_0}{R_0+R_{i0}}I_s=K_{H0}(1+\alpha\Delta T)\ \ \frac{R_0(1+\beta\Delta T)}{R_0(1+\beta\Delta T)\ +R_{i0}(1+\delta\Delta T)}I_s$$

经整理，忽略 $\alpha\beta\Delta T^2$ 高次项后得

$$R_0=\frac{\delta-\beta-\alpha}{\alpha}R_{i0} \tag{7.2.13}$$

当霍尔元件选定后，它的输入电阻 R_{i0} 和温度系数 δ 及霍尔电势温度系数 α 可以从元件参数表中查到（R_{i0} 可以测量出来），用上式即可计算出分流电阻 R_0 及所需的分流电阻温度系数 β 值。在实际中，为了使 R_0 分流较小，同时要求 β 满足式（7.2.13），可取温度系数不同的分流电阻的串、并联组合，其效果很好。

上述温度补偿电路的实验表明，补偿后的霍尔电势受温度的影响极小，而且该方法对霍尔元件的其他性能无影响，只是由于控制电流被分流了，霍尔电势的输出稍有下降，若需要，可以通过增大恒流源 I_s 的数值来达到原来的输出值。

7.2.5　霍尔式传感器的应用

1. 霍尔式位移传感器

保持霍尔元件的控制电流恒定，而使霍尔元件在一个均匀梯度的磁场中沿 x 方向移动，

如图 7.2.7 所示，则输出的霍尔电势为

$$U_H = kx \tag{7.2.14}$$

式中，k 为位移传感器的灵敏度。

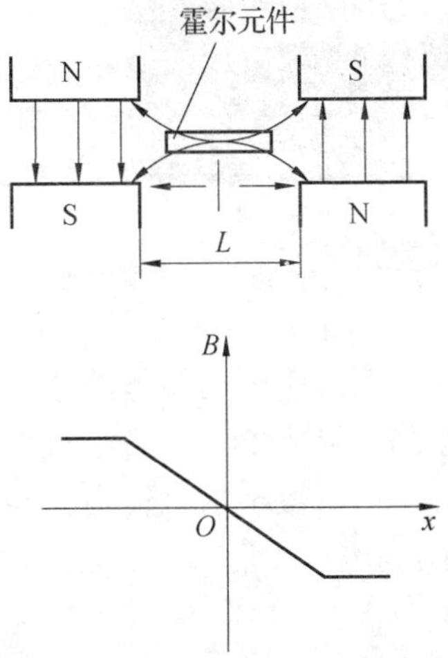

图 7.2.7　霍尔式位移传感器原理图

霍尔电势的极性表示了元件位移的方向。磁场梯度越大，灵敏度越高；磁场梯度越均匀，输出线性度就越好。为了得到均匀的磁场梯度，往往将磁钢的磁极片设计成特殊形状，如图 7.2.8（a）所示。这种位移传感器可用来测量±0.5 mm 的小位移，特别适合用于微位移、机械振动等测量。若霍尔元件在均匀磁场内转动，则产生与转角的正弦函数成比例的霍尔电压，因此可用来测量角位移。

2. 霍尔式压力传感器

任何非电量只要能转换成位移量的变化，均可利用霍尔式位移传感器的原理变化成霍尔电势。霍尔式压力传感器就是其中的一种，如图 7.2.8（b）所示。它首先由弹性元件（可以是波登管或膜盒）将被测压力变换成位移，由于霍尔元件固定在弹性元件的自由端上，因此弹性元件产生位移时将带动霍尔元件，使它在线性变化的磁场中移动，从而输出霍尔电势。

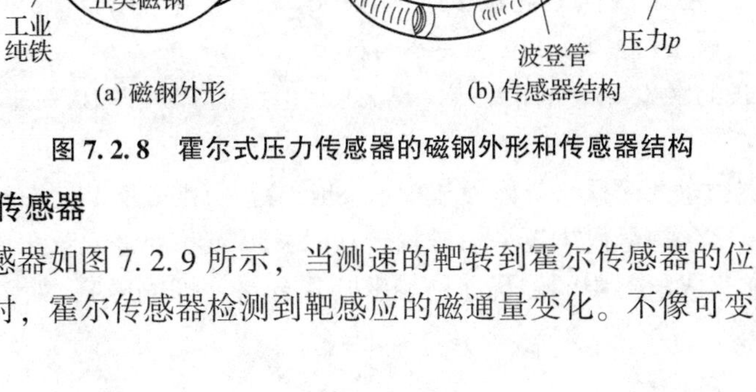

图 7.2.8　霍尔式压力传感器的磁钢外形和传感器结构

3. 霍尔式速度传感器

霍尔式速度传感器如图 7.2.9 所示，当测速的靶转到霍尔传感器的位置，即霍尔传感器位于靶及磁铁之间时，霍尔传感器检测到靶感应的磁通量变化。不像可变磁阻传感器，霍尔

传感器感测的是磁通量的大小，而可变磁阻传感器感测的是磁通量的变化率。

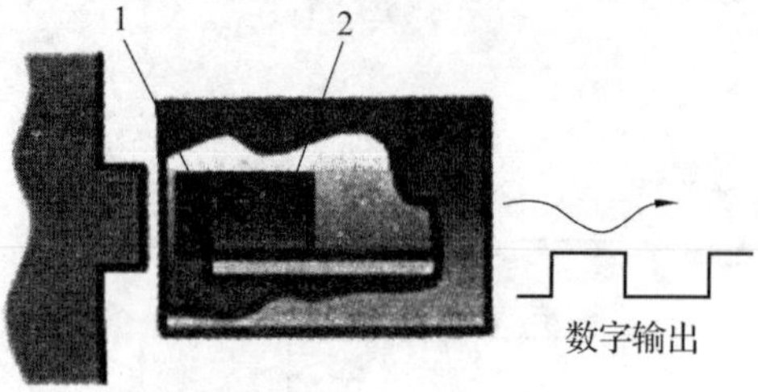

图 7.2.9　霍尔式速度传感器

1—霍尔传感器；2—磁铁

霍尔式速度传感器的特点是能检测慢速运动物体的速度。霍尔式速度传感器另一个重要特点是信号处理电路通常也集成在同一封装中，无须外加信号处理电路，提高了抗干扰能力，绝大多数的霍尔式速度传感器可直接提供数字信号输出，与数字逻辑、微机及可编程逻辑控制器（Programmable Logic Controller，PLC）兼容。

很多通用运动装置的工作温度范围为-40~150 ℃，由于受霍尔式速度传感器的工作范围所限，因此往往会限制霍尔式速度传感器特殊温度场合的应用。但因为霍尔式速度传感器集成了信号处理电路，能检测接近零速的运动物体速度，并且能输出数字信号，所以霍尔式速度传感器在汽车轮速检测中具有广泛的应用。

4. 霍尔式曲轴位置传感器

霍尔式曲轴位置传感器是利用霍尔效应原理产生与曲轴转角相对的电脉冲信号制成的，它有触发叶片式和触发轮齿式两种曲轴位置传感器。

霍尔式曲轴位置传感器就是利用触发叶片或触发轮齿改变通过霍尔元件的磁场强度，从而使霍尔元件产生脉冲电压，经放大整形后即为曲轴位置传感器的输出信号。

（1）触发叶片式霍尔曲轴位置传感器。

美国通用公司采用的触发叶片式霍尔曲轴位置传感器安装在曲轴前端，其结构如图 7.2.10 所示。在发动机曲轴带轮前端安装着内、外两个带触发叶片的信号轮，与曲轴一起转动。外信号轮边缘上均匀分布着 18 个触发叶片和 18 个窗口，每个触发叶片和窗口的宽度为 10°弧长。内信号轮外缘上有三个触发叶片和三个窗口，三个触发叶片的宽度分别是 100°、90°和 110°弧长，三个窗口的宽度分别为 20°、30°和 10°弧长。由于内信号轮的安装位置关系，宽度 100°弧长的触发叶片前沿位于一、四缸上止点前 75°，90°弧长的触发叶片前沿在六、三缸上止点前 75°、110°弧长的触发叶片前沿在五、二缸上止点前 75°。

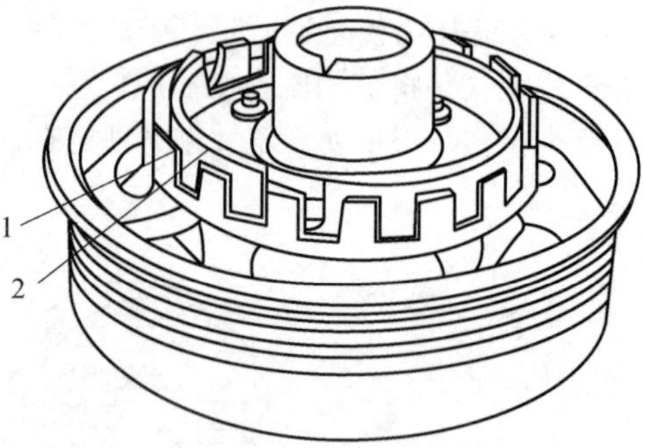

图 7.2.10　霍尔式曲轴位置传感器

1—外信号轮；2—内信号轮

霍尔信号发生器由永久磁铁、导磁板和霍尔集成电路等组成，如图 7.2.11 所示。在内、外信号轮侧面各有一个霍尔信号发生器。信号轮转动时，每当叶片进入永久磁铁与霍尔元件之间的空气间隙时，霍尔集成电路中的磁场即被触发叶片旁路（即隔磁），如图 7.2.11（a）所示，这时不产生霍尔电压。当触发叶片离开空气间隙时，永久磁铁的磁通便通过导磁板穿过霍尔元件，这时要产生霍尔电压。霍尔电压信号经霍尔集成电路放大整形后，即向ECU输入电压脉冲信号，如图7.2.12所示。外信号轮每旋转一周产生18个脉冲信号，称为18X信号。一个脉冲周期相当于曲轴旋转20°转角的时间，ECU再将一个脉冲周期均分20等份，即获得1°曲轴转角所对应的时间。ECU根据这个信号，控制发动机的点火时刻。18X信号的功能相当于光电式曲轴位置传感器产生1°信号的功能。内信号轮每旋转一周产生三个宽度不同的电脉冲信号，称为3X信号，脉冲周期均为120°曲轴转角的时间，脉冲上升分别产生于一、四缸，三、六缸和二、五缸上止点前75°，作为ECU判别气缸和计算点火时刻的基准信号。此信号相当于前述曲轴位置传感器的120°信号。

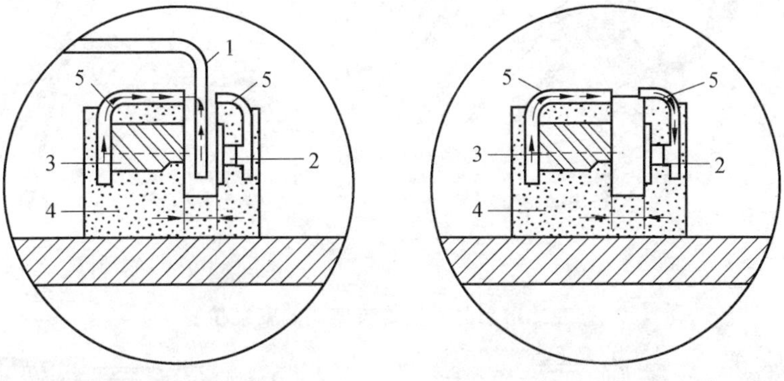

(a)触发叶片进入空气隙中，霍尔元件中的磁场被旁路　　(b)触发叶片离开空气隙，霍尔元件被磁场饱和

图7.2.11　霍尔信号发生器的工作原理

1—信号轮的触发叶片；2—霍尔元件；3—永久磁铁；4—底板；5—导磁板

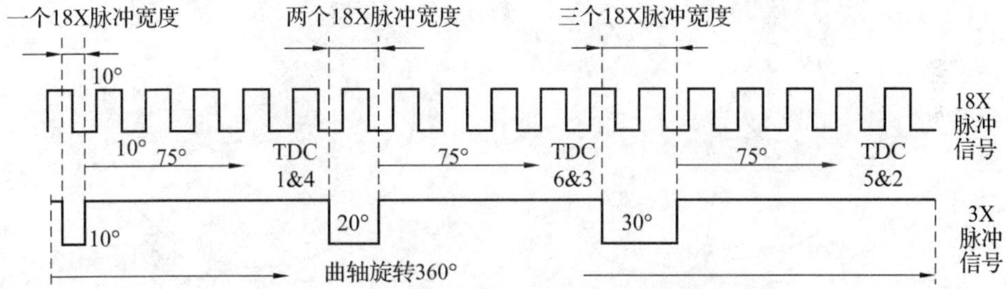

图7.2.12　霍尔式曲轴位置传感器输出信号（美国通用公司GM）

（2）触发轮齿式霍尔曲轴位置传感器。

克莱斯勒采用触发齿轮式霍尔曲轴位置传感器安装在飞轮壳上，北京切诺基吉普车2.5 L四缸发动机和4.0 L六缸发动机在分电器内还设置了凸轮轴位置传感器，用于协助曲轴位置传感器判定缸体活塞是否处在上止点位置。曲轴位置传感器的安装位置如图7.2.13所示。

触发轮齿式霍尔曲轴位置传感器结构示意图如图7.2.14所示。四缸机所用的曲轴位置传感器与六缸机所用的稍有不同。在2.5 L四缸机的飞轮上有八个槽，分为两组，四个槽为一组，两组间隔180°，每组中的每个槽相隔20°。在4.0 L六缸机的飞轮上有12个槽，四个槽为一组，分为三组，每组相隔120°，每组中的每个槽也相隔20°。

当飞轮齿槽通过传感器的信号发生器时，霍尔传感器输出5 V高电位；当飞轮齿槽间的金属与传感器成一条直线时，霍尔传感器输出0.3 V低电位。每当飞轮个齿槽之一通过传感器时，传感器便产生一个高低电位脉冲信号。当飞轮上每组槽通过传感器时，传感器将产生四个脉冲信号。四缸发动机每一转产生两组脉冲信号，六缸发动机每一转产生三组脉冲信号。传感器提供的每组信号，可被 ECU 用来确定两缸活塞的位置。例如，在四缸发动机上，利用一组信号，即利用同一时间的同一飞轮槽，可知 1 缸活塞和 4 缸活塞接近上止点，利用另一组信号，可知 2 缸活塞和 3 缸活塞接近上止点。在六缸发动机上，同样利用一组信号，在同一时间内可知两个活塞 3 和 4、活塞 2 和 5、活塞 1 和 6 接近上止点。

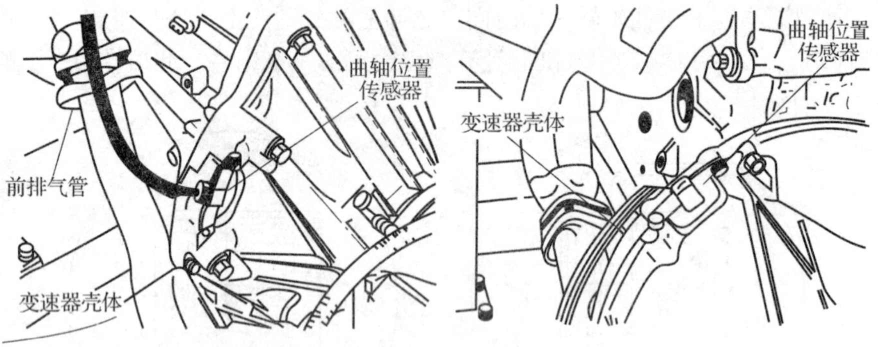

(a)2.5 L发动机　　(b)4.0 L发动机

图 7.2.13　曲轴位置传感器的安装位置

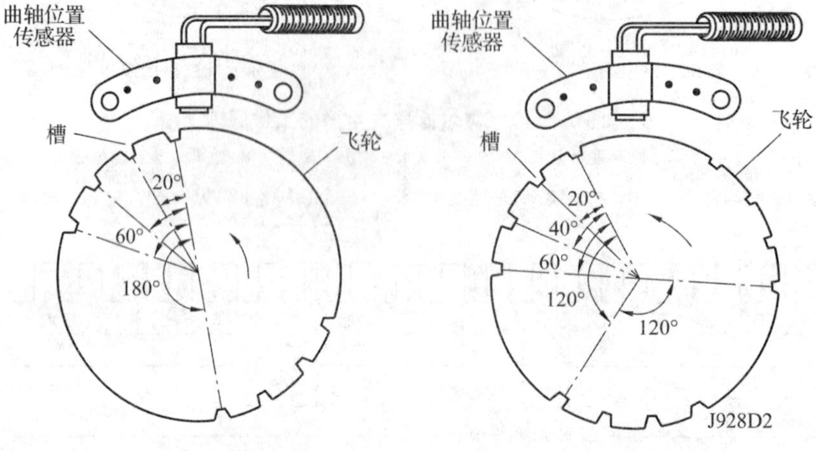

(a)2.5 L发动机　　(b)4.0 L发动机

图 7.2.14　触发齿轮式霍尔曲轴位置传感器结构示意图

利用曲轴位置传感器，ECU 可以知道有两个气缸的活塞在接近上止点。由于第四个槽的脉冲下降沿对应活塞上止点（TDC）前 4°，因此 ECU 根据脉冲情况，可以确定活塞在上止点前的位置。同时，ECU 根据各脉冲间的时间，计算发动机的转速。因为 ECU 是通过曲轴位置传感器，感知曲轴（或者活塞）运行的位置和发动机的转速，所以曲轴位置传感器信号是控制喷油和点火的重要信号。

思考题与习题

1. 简述磁电感应式传感器的工作原理。磁电感应式传感器有哪几种类型？

2. 某些磁电式速度传感器中线圈骨架为什么采用铝骨架？

3. 何谓磁电式速度传感器的线圈磁场效应？如何补偿？

4. 为什么磁电感应式传感器在工作频率较高时的灵敏度会随频率增加而下降？

5. 变磁通式传感器有哪些优缺点？

6. 什么是霍尔效应？霍尔式传感器有哪些特点？

7. 某霍尔元件 l、b、d 尺寸分别为 1.0 cm、0.35 cm、0.1 cm，沿 l 方向通以电流 $I=1.0$ mA，在垂直 lb 面方向加有均匀磁场 $B=0.3$ T，传感器的灵敏度系数为 22 V/（A·T），试求其输出霍尔电势及载流子浓度。

8. 试分析霍尔元件输出接有负载 R_L 时，利用恒压源和输入回路串联电阻 R 进行温度补偿的条件。

9. 试说明霍尔式位移传感器的输出 U_H 与位移 x 成正比关系。

10. 霍尔式速度传感器与磁电感应式传感器相比，各有哪些特点？

第8章 压电式传感器

压电式传感器的工作原理是以某些物质的压电效应为基础，它是一种发电式传感器，压电效应是可逆的，因此压电效应分正、逆压电效应，压电式传感器是一种典型的“双向传感器”。利用正压电效应可制作成压电电源和电压发生器；利用逆压电效应可制作成超声发生器和电声器件。压电式传感器具有体积小、质量轻、结构简单、工作可靠、动态特性好、静态特性差的特点。该传感器多用于加速度、压力、机械冲击和振动等的测量。

8.1 压电式传感器的工作原理

压电式传感器的工作原理以晶体的压电效应为理论依据。某些物质在沿一定方向受到压力或拉力作用而发生改变时，其表面上会产生电荷；若将外力去掉时，它们又重新回到不带电的状态，这种现象就称为正压电效应。在压电材料的极化方向上，如果加以交流电压，那么压电片能产生机械振动，即压电片在电极方向上有伸缩的现象，压电材料的这种现象称为电致伸缩效应，也称为逆压电效应。具有压电效应的物体则称为压电材料。常见的压电材料有石英、钛酸钡（$BaTiO_3$）、锆钛酸铅等。

8.1.1 石英晶体的压电效应

图8.1.1所示为天然结构的石英晶体，它是个六角形晶柱。在直角坐标系中，x 轴平行于正六面体的棱线，称为电轴或1轴；y 轴垂直于正六面体的棱面，称为机械轴或2轴；z 轴表示其纵向轴，称为光轴或3轴。通常把沿电轴（x 轴）方向的力作用下产生电荷的压电效应称为纵向压电效应；而把沿机械轴（y 轴）方向的力作用下产生电荷的压电效应称为横向压电效应，在光轴（z 轴）方向时则不产生压电效应。

从晶体上沿轴线切下的薄片称为晶体切片，图8.1.2所示为石英晶体切片的示意图。在每一切片中，当沿电轴方向加作用力 F_x 时，则在与电轴垂直的平面上产生电荷 Q_x，它的大小为

$$Q_x = d_{11} F_x \tag{8.1.1}$$

式中，d_{11} 为压电系数，C/N。

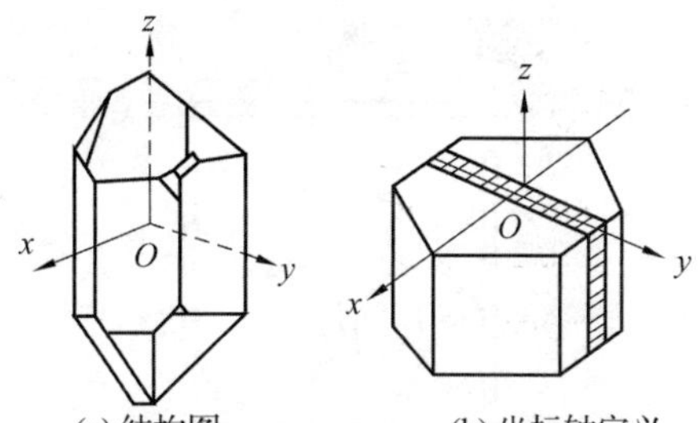

(a) 结构图　　(b) 坐标轴定义

图 8.1.1　天然结构的石英晶体

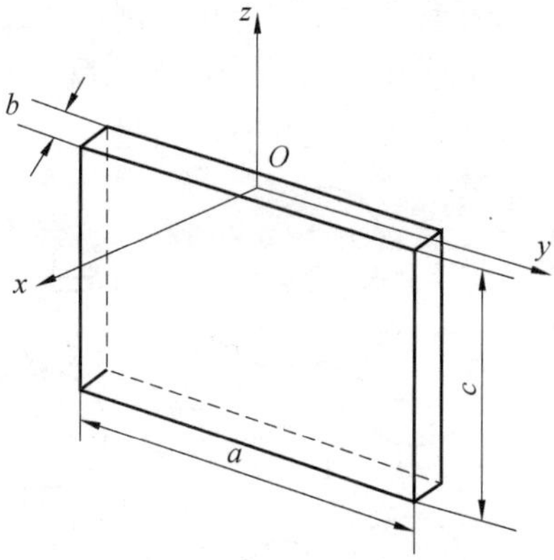

图 8.1.2　石英晶体切片的示意图

电荷 Q_x 的符号由 F_x 是受压还是受拉而决定的，从式（8.1.1）中可以看出，切片上产生的电荷大小与切片的几何尺寸无关。如果在同一切片上作用的力是沿着 y 轴方向的，其电荷仍在与 x 轴垂直的平面上出现，而极性方向相反，此时电荷的大小为

$$Q_x = d_{12}\frac{a}{b}F_y = -d_{11}\frac{a}{b}F_y \tag{8.1.2}$$

式中，a 和 b 分别为晶体切片的长度和厚度；d_{12} 为沿 y 轴方向受力时的压电系数，石英轴对称，$d_{12}=-d_{11}$。

从式（8.1.2）中可以看出，沿 y 轴方向的力作用在晶体上时，产生的电荷与晶体切片的尺寸有关。式中的负号说明沿 y 轴的压力所引起的电荷极性与沿 z 轴的压力所引起的电荷极性是相反的。

根据上面所讲，晶体切片上电荷的符号与受力方向的关系可用图 8.1.3 表示，其中，图 8.1.3（a）所示是在 x 轴方向上受压力，图 8.1.3（b）所示是在 x 轴方向上受拉力，图 8.1.3（c）所示是在 y 轴方向上受压力，图 8.1.3（d）所示是在 y 轴方向上受拉力。

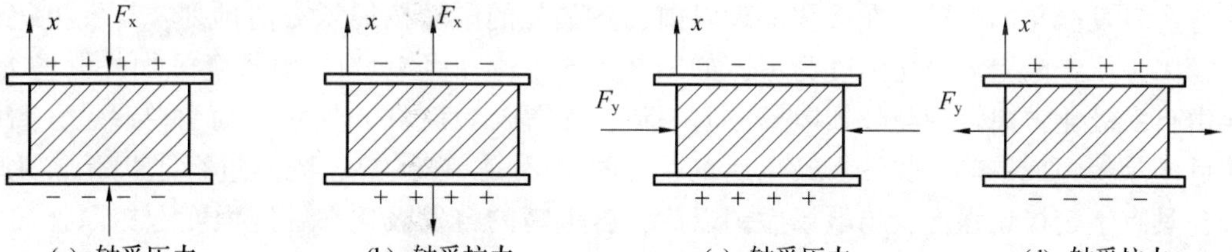

(a) x轴受压力　　(b) x轴受拉力　　(c) y轴受压力　　(d) y轴受拉力

图 8.1.3　晶体切片上电荷符号与受力方向的关系

下面以石英晶体为例说明压电晶体产生压电效应的实质。如图 8.1.4（a）所示，硅离子带有四个正电荷，每个氧离子带有两个负电荷，正、负电荷是互相平衡的，所以外部没有带电现象。

如果沿 x 轴方向压缩，如图 8.1.4（b）所示，则硅离子 1 就挤入氧离子对 2 和 6 之间，而氧离子对 4 就挤入硅离子 3 和 5 之间。在表面 A 上呈现负电荷，而在表面 B 上呈现正电荷。如果所受的力为拉伸，则硅离子 1 和氧离子对 4 向外移，在表面 A 和 B 上的电荷符号就与前者正好相反。如果沿 y 轴方向上压缩，如图 8.1.4（c）所示，硅离子 3 和氧离子对 2 以及硅离子 5 和氧离子对 6 都向内移动同一数值，故在电极 C 和 D 上仍不呈现电荷，而由于相对把硅离子1和氧离子对4向外挤，则在表面A和B上分别呈现正电荷和负电荷。若受拉力，则在表面A和B上电荷符号与前者相反。在z轴方向上受力时，由于硅离子和氧离子对是对称平移的，因此在表面上没有电荷呈现，因而没有压电效应。

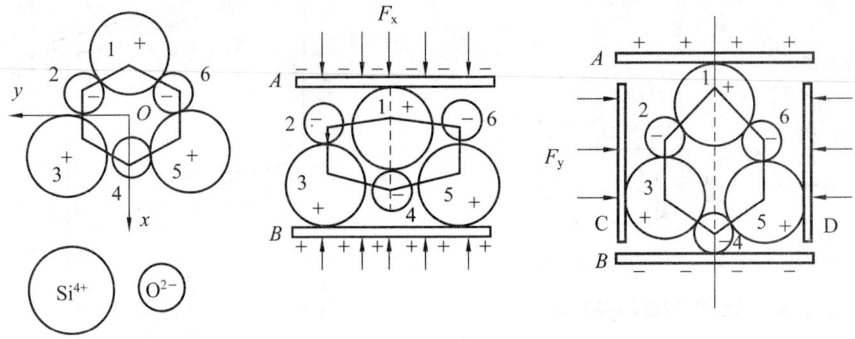

(a) 电荷图　　(b) x轴受压　　(c) y轴受压

图8.1.4　石英晶体的压电效应

1，3，5—Si^{4+}；2，4，6—O^{2-}

石英晶体是一种天然晶体，它的压电系数为$d_{11}=2.31\times10^{-12}$ C/N。石英晶体的莫氏硬度为7，熔点为1 750 ℃，膨胀系数仅为钢的1/30。作为常用的压电传感器，具有转换效率和转换精度高、线性范围宽、重复性好、固有频率高、动态特性好、工作温度高达550 ℃（压电系数不随温度变化而改变）、工作湿度高达100%等优点，它的稳定性是其他压电材料所无法比拟的。

铌酸锂晶体是人工拉制的，与石英一样也是单晶体，时间稳定性远比多晶体的压电陶瓷好，居里点高达1 200 ℃，适于做高温传感器。这种材料各向异性很明显，比石英脆，耐冲击性差，故加工和使用时要小心谨慎，避免急冷、急热。

8.1.2　压电陶瓷的压电效应

压电陶瓷是人工制造的多晶体，它的压电机理与压电晶体不同。如钛酸钡，它的晶体粒内有许多自发极化的电畴。在极化处理以前，各晶粒的电畴按任意方向排列，自发极化作用相互抵消，压电陶瓷内极化强度为零，如图8.1.5（a）所示。当压电陶瓷施加外电场E时，电畴由自发极化方向转到与外加电场方向一致，如图8.1.5（b）所示（为简单起见，图中将极化后的晶粒画成单畴，实际上极化后的晶粒往往不是单畴的），既然进行了极化，此时压电陶瓷具有一定极化强度，当电场撤销以后，各电畴的自发极化在一定程度上按原外加电场方向取向，强度不再为零，如图8.1.5（c）所示。这种极化强度，称为剩余极化强度。这样在压电陶瓷极化的两端就出现了束缚电荷，一端为正电荷，另一端为负电荷，如图8.1.6所示。由于束缚电荷的作用，在压电陶瓷的电极表面上很快就吸附了一层来自外界的自由电荷。这些电荷与陶瓷片内的束缚电荷方向相反而数值相等，它起着屏蔽和抵消陶瓷片内极化强度对外的作用，因此，压电陶瓷对外不表现出极性。如果压电陶瓷上加上一个与极化方向平行的外力，压电陶瓷将产生压缩变形，片内的正、负束缚电荷之间距离变小，电畴发生偏转，极化强度也变小，因此，原来吸附在极板上的自由电荷有一部分被释放而出现放电现象。当外力撤销后，压电陶瓷恢复原状，片内的正、负电荷之间的距离变大，极化强度也变大，因此，电极上又吸附一部分自由电荷而出现充电现象。这种由机械能转变为电能的现象，就是压电陶瓷的正压电效应。放电电荷的多少与外力的大小成比例关系，即

$$Q = d_{33} F \tag{8.1.3}$$

式中，Q 为电荷量；d_{33}为压电陶瓷的压电系数；F 为作用力。

应该注意的是，刚刚极化后的压电陶瓷的特性是不稳定的，经过两三个月以后，压电系数才近似保持为一个常数。经过两年以后，压电系数又会下降，所以，做成的传感器要经常校准。

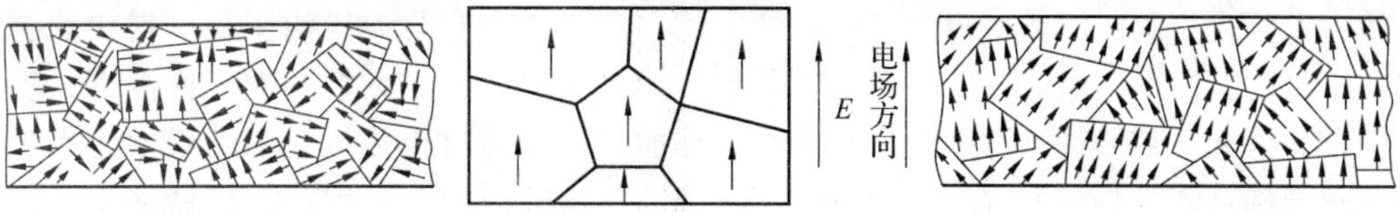

图 8.1.5　压电陶瓷的极化

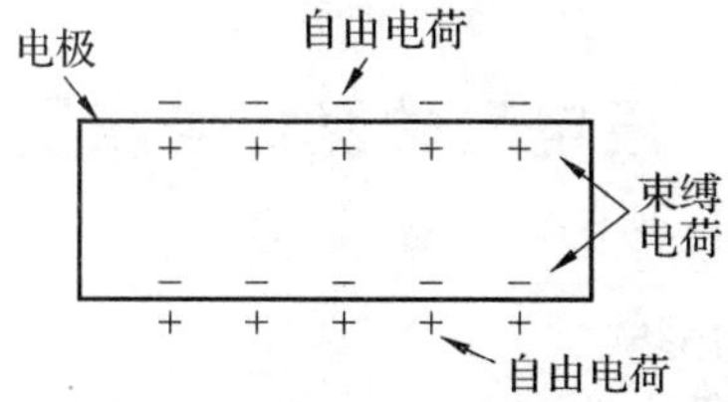

图 8.1.6　压电陶瓷片内束缚电荷与电极上吸附的自由电荷示意图

另外，压电陶瓷也存在逆压电效应，常见的压电陶瓷有以下几种：

（1）钛酸钡压电陶瓷。

钛酸钡压电陶瓷是由碳酸钡和二氧化钛按摩尔比为 1∶1 混合经烧结得到的，其机电耦合系数（K）、品质因数（Q）、压电系数（d）都很高，抗湿性好，价格便宜。但它的居里点只有 120 ℃，机械强度差，可以通过置换Ba^{2+}和Ti^{4+}以及添加杂质等方法来改善其特性。现在含 Ca 或者含钙(Ca) 和铅(Pb) 的钛酸钡压电陶瓷已得到广泛的应用。

（2）锆钛酸铅 $Pb(Zr, Ti)O_3$ 系压电陶瓷(PZT)。

锆钛酸铅系压电陶瓷（PZT）是由钛酸铅（$PbTiO_3$）和锆酸铅（$PbZrO_3$）按摩尔比为 47∶53 组成，居里点在 300 ℃以上，性能稳定，具有很高的介电常数与压电常数。用加入少量杂质或适当改变组分的方法能明显地改变机电耦合系数 K、介电常数 ε 等特性，得到满足不同使用目的的许多新材料。

（3）铌镁酸铅压电陶瓷（PMN）。

铌镁酸铅压电陶瓷就是在 $PbTiO_3$-$PbZrO_3$ 中加入一定量的 $Pb(Mg_{1/3}, Nb_{2/3})O_3$，$d_{33}$很高，居里点为 260 ℃，能承受 7×10^7 Pa 的压强。PMN 的出现增加了许多 $BaTiO_3$ 不可能有的新应用。

如果把 $BaTiO_3$ 作为单元系压电陶瓷的代表，则二元系代表就是 PZT，它是 1955 年以来压电陶瓷之王。PMN 属于三元系列，我国于 1969 年成功地研制出这种陶瓷，成为具有独特性能的、工艺稳定的压电陶瓷系列，已成功地用在压电晶体速率陀螺仪等仪器中。

还有一类钙钛矿型的铌酸盐和钽酸盐系压电陶瓷，如（K，Na）NbO_3 固溶体、（Na，Cd）NbO_3 等。尚有非钙钛矿型氧化物压电体，发现最早的是 $PbNbO_3$，其突出优点是居里点达到 570 ℃。

8.1.3　压电聚合物 PVDF

聚偏二氟乙烯（Polyvinylidene Fluoride，PVDF）是外观呈半透明或白色的粉体或颗粒，是一种有机高分子物性型敏感材料，其名称为聚偏二氟乙烯。1969 年，日本学者 Kawai 首先发现其具有很强的压电特性。将其与微电子技术结合，能够制成多功能传感元件，而与压电陶瓷结合，则开拓了复合材料的新领域。

PVDF 最早应用于电声器件中，近年来在压力、加速度、温度、水声探测方面的应用发展很快，尤其在生物医学领域得到了广泛的应用。这是由于它与无机的压电材料相比有许多优点：①具有较高的压电灵敏度，压电常数比石英高十多倍；②韧性和加工性能好，容易制成大面积元件和阵列元件；③声阻抗与水和人体肌肉的声阻抗很接近，因此可用作水听器和医用传感元件；④其频响宽，室温下$10^{-5}\sim5\times10^{8}$ Hz 范围内响应平坦；⑤机械强度高，耐冲击，具有突出的抗紫外线和耐气候老化的特性，化学稳定性能良好，在室温下不被酸、碱、强氧化剂和卤素所腐蚀，并具有良好的热稳定性。

8.2 压电元件及信号测量电路

8.2.1 压电元件常用结构形式

从压电常数矩阵可以看出，对能量转换有意义的石英晶体变形方式有以下几种：①厚度变形（TE 方式），该方式利用的是石英晶体的纵向压电效应；②长度变形（LE 方式），该方式利用的是石英晶体的横向压电效应；③面剪切变形（FS 方式）；④厚度剪切变形（TS 方式）；⑤体积变形（VE 方式）。图 8.2.1 示出了压电元件的受力状态及变形方式。

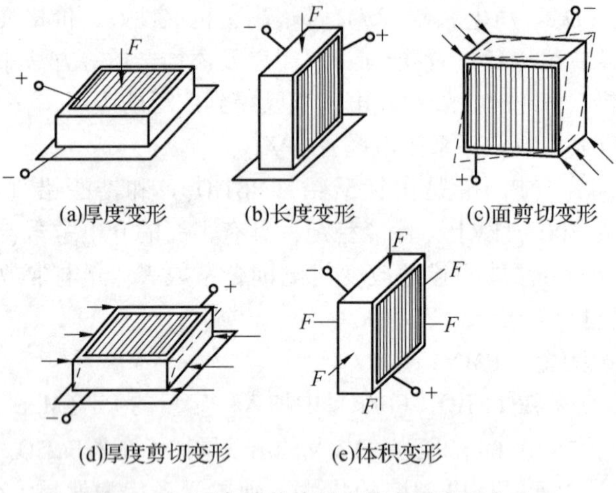

图 8.2.1　压电元件的受力状态及变形方式

在实际使用中，如仅用单片压电片工作的话，要产生足够的表面电荷就要有较大的作用力。而像用作测量粗糙度和微压差时所能提供的力是很小的，所以常把两片或两片以上的压电片组合在一起。图 8.2.2 所示为几种“双压电晶片”结构原理图。

图 8.2.2（a）所示为双片悬臂元件工作情况。当自由端受力 F 时，晶片弯曲，上片受拉，下片受压，但中性面 OO'的长度不变，如图 8.2.3（a）所示。每个单片产生的电荷和电压分别为

$$Q=\frac{3}{8}d_{31}\frac{l^2}{\delta^2}F \tag{8.2.1}$$

$$U=\frac{Q}{C}=\frac{3}{8}g_{31}\frac{l}{b\delta}F \tag{8.2.2}$$

式中，l、b、δ 分别是压电元件的长、宽和厚度；C 是压电元件本身的电容量；g_{31} 是压电常数，$g_{31}=\frac{d_{31}}{\delta_r\delta_o}$；$\delta_r$、$\delta_o$ 分别是相对介电常数和真空介电常数。

由于压电材料是有极性的，因此存在并联和串联两种接法。

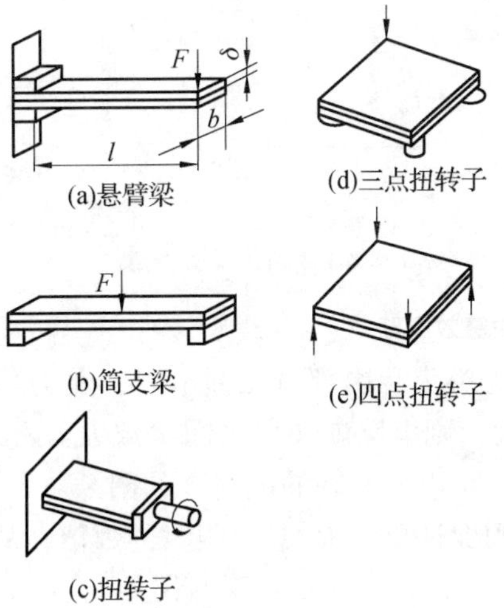

图 8.2.2　几种“双压电晶片”结构原理图

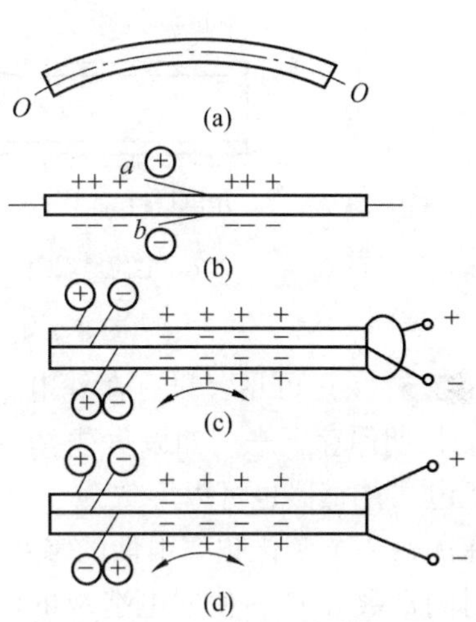

图 8.2.3　双晶片弯曲式压电元件工作原理

如图 8.2.3（b）所示，设单个晶片受拉力时，上面出现正电荷，下面为负电荷，分别称 a、b 面为⊕面和⊖面；受压力时则反之。图 8.2.3（c）所示为双晶片按⊕、⊖、⊕、⊖连接，当受力弯曲时，出现电荷为正、负、负、正，负电荷集中在中间电极，正电荷出现在两边电极。相当于两压电片并联，总电容量 C'、总电压 U'、总电荷 Q' 与单片的 C、U、Q 的关系为

$$C'=2C,\ U'=U,\ Q'=2Q \tag{8.2.3}$$

图 8.2.3（d）所示晶片按⊕、⊖、⊖、⊕连接，当受力弯曲时，正、负电荷分别在上、下电极。在中性面上，上片的负电荷和下片的正电荷相抵消，这就是串联，其关系是

$$C'=C/2,\ U'=2U,\ Q'=Q \tag{8.2.4}$$

上述两种方法的 C'、U' 和 Q' 是不同的，可根据测试要求合理选用。

双晶片是多晶片的一种特殊类型，多晶片已广泛应用于测力和加速度传感器中。为了保证双片悬臂元件连接后两电极相同，一般用导电胶黏结。并联接法时中间应加入一铜片或银片作为引出电极。

8.2.2　压电元件的等效电路

当压电片受力时，在两个电极上出现异性电荷。这两种电荷量相等，如图 8.2.4（a）所示。两极板间出现异性电荷，中间为绝缘体，等效为一个电容，如图 8.2.4（b）所示，其电容量为

$$C_a=\frac{\varepsilon S}{h}=\frac{\varepsilon_r\varepsilon_0 S}{h} \tag{8.2.5}$$

式中，C_a 为电容量；S 为极板面积；h 为压电片厚度；ε 为介质介电常数，ε_0 为空气介电常数，其值为 8.86×10^{-14} F/cm；ε_r 为压电材料的相对介电常数，随材料不同而改变。

两极板间电压为

$$U=\frac{Q}{C_a} \tag{8.2.6}$$

把压电式传感器等效成一个电源 $U=Q/C_a$ 和一个电容 C_a 的串联电路，如图 8.2.5（a）所示。

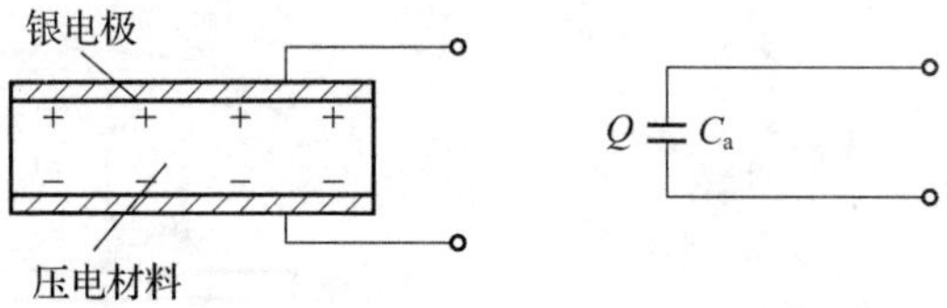

(a) 电荷呈现图　　(b) 等效电路图

图 8.2.4　压电元件的等效电路

由图 8.2.5（a）可见，只有在外电路负载 R_L 无穷大，内部也无漏电时，受力所产生的电压 U 才能长期保存下来。如果负载 R_L 不是无穷大，则电路就要以时间常数 R_LC_a 按指数规律放电。压电式传感器也可以等效为一个电荷源与一个电容并联的电路，如图 8.2.5（b）所示。为此在测量一个变化频率很低的参数时，就必须保证负载 R_L 具有很大的数值，从而保证有很大的时间常数 R_LC_a，使漏电造成的电压降很小，不至于造成显著的误差，这时 R_L 应达到数百兆欧以上。

(a)电压等效电路　　(b)电荷等效电路

图 8.2.5　压电式传感器的等效电路

在压电式传感器中，压电材料一般不用一片，而常常采用两片（或是两片以上）黏结在一起。由于压电材料的电荷是有极性的，因此有两种接法，如图 8.2.6 所示。图 8.2.6（a）所示的接法称为两压电片的并联，其输出电容 C' 为单片电容的两倍，但是，输出电压 U' 等于单片电压 U，极板上的电荷量 U' 为单片电荷量 Q 的两倍，总电容为单片电容的两倍，即 $Q'=2Q$，$U'=U$，$C'=2C$。

图 8.2.6（b）所示的接法称为两压电片的串联。从图中可知，出的总电荷 Q' 等于单片电荷 Q，而输出电压 U' 为单片电压 U 的 2 倍，总电容 C' 为单片电容 C 的一半，即 $Q'=Q$，$U'=2U$、$C'=C/2$。

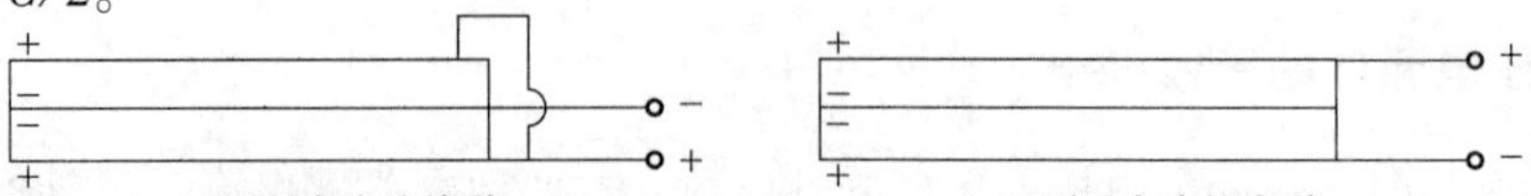

(a)两压电片的并联　　(b)两压电片的串联

图 8.2.6　两片压电片的连接方式

在这两种接法中，并联接法输出电荷大、本身电容大、时间常数大，适用于测量慢变信号并且以电荷作为输出量的场合；而串联接法输出电压大、本身电容小，适用于以电压作为输出信号并且测量电路输入阻抗很高的场合。

8.2.3　压电式传感器的信号调理电路

压电式传感器要求负载电阻 R_L 必须有很大的数值才能使测量误差小到一定数值以内。因此常在压电式传感器输出端后面，先接入一个高输入阻抗的前置放大器，然后再接一般的放大电路及其他电路。压电式传感器的测量电路关键在于高阻抗的前置放大器。前置放大器有两个作用：一是把压电式传感器的微弱信号放大；二是把压电式传感器的高阻抗输出变换为低阻抗输出。

压电式传感器的输出可以是电压，也可以是电荷。因此，它的前置放大器也有电压和电荷型两种形式。

1. 电压放大器

因为压电式传感器的绝缘电阻 $R_a \geqslant 10^{10}\,\Omega$，所以压电式传感器可近似看为开路。当压电式传感器与测量仪器连接后，在测量电路中就应当考虑电缆电容和放大器的输入电容、输入电阻对压电式传感器的影响。为了尽可能保持压电式传感器的输出值不变，要求放大器的输入电阻要尽量高，一般最低在$10^{11}\,\Omega$ 以上。这样才能减小由于漏电造成的电压（或电荷）损失，不致引起过大的测量误差。

图 8.2.7 所示为电压放大器输入端等效电路。在图 8.2.7（b）中，等效电阻为 $R=\dfrac{R_aR_i}{R_a+R_i}$，等效电容为 $C=C_a+C_c+C_i$。由等效电路可知，前置放大器输入电压$\dot{U}_i$为

$$\dot{U}_i=\dot{I}\frac{R}{1+\mathrm{j}\omega RC} \tag{8.2.7}$$

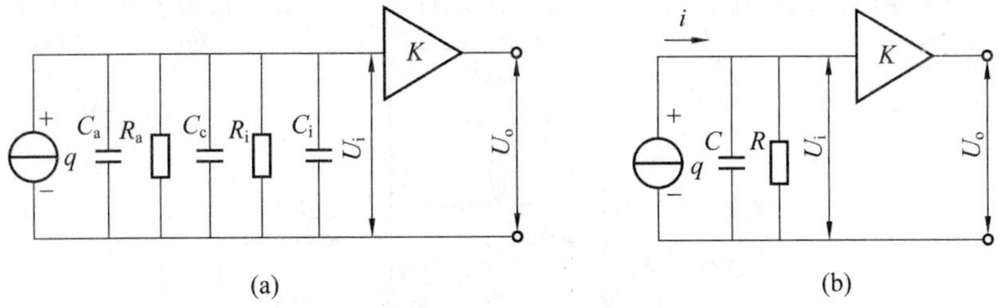

图 8.2.7　电压放大器输入端等效电路

C_a—传感器的电容；R_a—传感器的漏电阻；C_c—连接电缆的等效电容；

R_i—放大器的输入电阻；C_i—输入电容

假设作用在压电元件的力为 F，其幅值为 F_m，角频率为 ω，即 $F=F_m\sin\omega t$。若压电元件的压电系数为 d_{11}，则在力 F 的作用下产生的电荷为 $Q=d_{11}\mathrm{F}$。因此

$$i=\frac{\mathrm{d}Q}{\mathrm{d}t}=\omega d_{11}F_m\cos\omega t \tag{8.2.8}$$

将上式写成复数形式为

$$\dot{I}=\mathrm{j}\omega d_{11}\dot{F} \tag{8.2.9}$$

将式（8.2.9）代入式（8.2.7）得

$$\dot{U}_{\mathrm{i}}=d_{11}\dot{F}\frac{\mathrm{j}\omega R}{1+\mathrm{j}\omega RC} \tag{8.2.10}$$

因此，前置放大器的输入电压的幅值 U_{im} 为

$$U_{\mathrm{im}}=\frac{d_{11}F_{\mathrm{m}}\omega R}{\sqrt{1+(\omega R)^2(C_{\mathrm{a}}+C_{\mathrm{c}}+C_{\mathrm{i}})^2}} \tag{8.2.11}$$

由式（8.2.11）可知，当作用在压电元件上的力是静态力（$\omega=0$）时，则前置放大器的输入电压等于零。因为电荷会通过放大器的输入电阻和传感器本身的泄漏电阻漏掉，这也就从原理上决定了压电式传感器不能测量静态物理量。压电式传感器的高频响应好，这是压电式传感器的一个突出优点。

但是，如果被测物理量是缓慢变化的动态量，而测量回路的时间常数又不大，则造成传感器灵敏度下降。因此为了扩大传感器的低频响应范围，就必须尽量提高电路的时间常数。但不能靠增加测量电路的电容量提高时间常数，因为传感器的电压灵敏度与电容成反比。切实可行的办法是提高测量电路的电阻。由于传感器本身的绝缘电阻一般都很大，因此测量电路的电阻主要取决于前置放大器的输入电阻。放大器的输入电阻越大，测量回路的时间常数就越大，传感器的低频响应也就越好。

压电式传感器在与电压放大器配合使用时，连接电缆不能太长。电缆长，电缆电容 C_{c} 就大，电缆电容增大必然使传感器的电压灵敏度降低。电压放大器与电荷放大器相比，电路简单，元件少，价格便宜，工作可靠，但是电缆长度对传感器测量精度的影响较大，在一定程度上限制了压电式传感器在某些场合的应用。

解决电缆问题的办法是将放大器装入传感器之中，组成一体化传感器，如图 8.2.8 所示。压电式加速度传感器的压电元件是两片并联连接的石英晶片，放大器是一个超小型静电放大器。这样引线非常短，引线电容几乎等于零，这就避免了长电缆对传感器灵敏度的影响。放大器的输入端可以得到较大的电压信号，这样就弥补了石英晶体灵敏度低的缺陷。

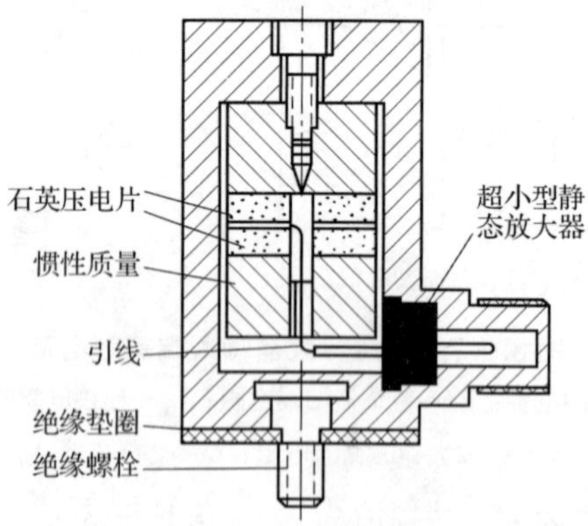

图 8.2.8　内部装有超小型阻抗变换器的压电式加速度传感器

2. 电荷放大器

电荷放大器是压电式传感器另一种专用的前置放大器。它能将高内阻的电荷源转换为低内阻的电压源，而且输出电压正比于输入电荷，因此电荷放大器同样也起着阻抗变换的作用，其输入阻抗高达$10^{10}\sim10^{12}\ \Omega$，输出阻抗小于 100 Ω。

电荷放大器一个突出的优点是：在一定条件下，传感器的灵敏度与电缆长度无关。电荷放大器实际上是一个具有深度电容负反馈的高增益放大器，其等效电路如图 8.2.9 所示。图中，K 是放大器的开环增益，$-K$ 表示放大器的输出与输入反相，若放大器的开环增益足够高，则放大器的输入端的电位接近地电位。由于放大器的输入级采用了场效应晶体管，因此放大器的输入阻抗极高，放大器输入端几乎没有电流，电荷 Q 只对反馈电容 C_f 充电，充电电压接近于放大器的输出电压，即

$$U_o \approx U_{cf} = -\frac{KQ}{C_a + C_c + C_i + (1+k)\,C_f} \approx -\frac{Q}{C_f} \tag{8.2.12}$$

式中，U_o 为放大器输出电压；U_{cf} 为反馈电容两端的电压。

由式（8.2.12）可知，电荷放大器的输出电压只与输入电荷量和反馈电容有关，而与放大器的放大系数的变化或电缆、电容等均无关系，因此只要保持反馈电容的数值不变，就可以得到与电荷量 Q 变化呈线性关系的输出电压。还可以看出，反馈电容 C_f 越小，输出就越大，因此要达到一定的输出灵敏度要求，就必须选择适当的反馈电容。要使输出电压与电缆电容无关是有一定条件的，当 $(1+K)\,C_f \geqslant (C_a + C_c + C_i)$ 时，放大器的输出电压和传感器的输出灵敏度就可以认为与电缆电容无关了。这是使用电荷放大器很突出的一个优点。

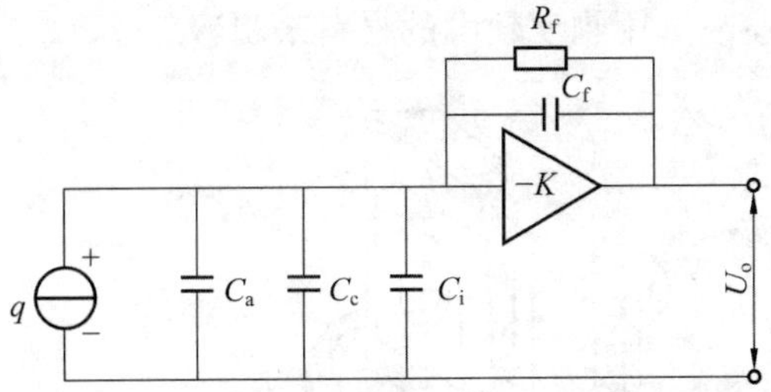

图 8.2.9　压电传感器与电荷放大器连接的等效电路

3. 差动式电荷放大器

在高温条件下工作的压电式传感器，其本身的绝缘电阻会显著下降，为避免地电场对测试系统的干扰，需要使压电晶体与传感器基座绝缘，这就要求传感器信号线采用双线引出，且电缆外屏蔽线仍与传感器基座相连接。此时单端输入式电荷放大器就无法满足要求，需要采用差动输入式电荷放大器。双点反馈式差动电荷放大器原理框图如图 8.2.10 所示。

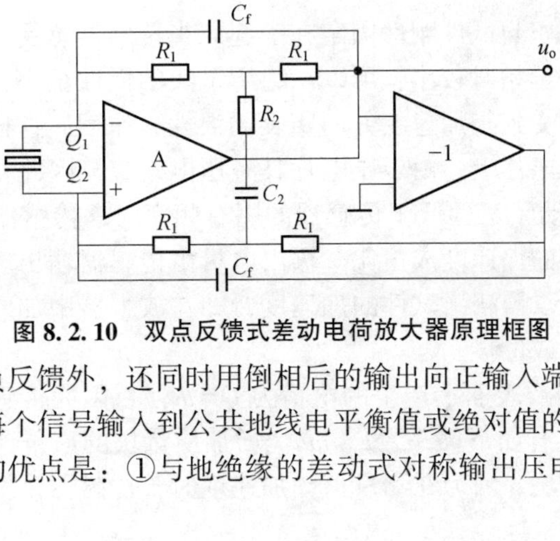

图 8.2.10　双点反馈式差动电荷放大器原理框图

双点反馈就是除了负反馈外，还同时用倒相后的输出向正输入端反馈。双反馈的优点是：放大器增益基本不受从每个信号输入到公共地线电平衡值或绝对值的影响。

差动式电荷放大器的优点是：①与地绝缘的差动式对称输出压电传感器联用可增加测试

系统的抗干扰能力；②仅感受传感器的差动输入电荷信号并将其转换为电压信号；③具有抑制共模电压干扰的能力，并可把杂散磁场和电缆噪声的影响减至最小。

8.3 压电式传感器的应用

压电式传感器高频响应好，如配备适当的电荷放大器能加大其应用范围。压电式传感器应用最多的是测力，凡是能转换成力的机械量，如位移、压力、冲击、振动、加速度等，都可用相应的压电式传感器测量，尤其是对冲击、振动、加速度的测量。

8.3.1 压电式加速度传感器

图 8.3.1 (a)所示为压缩式压电加速度传感器的结构原理图，压电元件一般由两片压电片组成。在压电片的两个表面上镀银层，并在银层上焊接输出引线，或在两个压电片之间夹一片金属，引线就焊接在金属片上，输出端的另一根引线直接与传感器基座相连。在压电片上放置一个密度较大的质量块，然后用一硬弹簧或螺栓、螺帽对质量块预加载荷。整个组件装在一个厚基座的金属壳体中，为了隔离试件的任何应变传递到压电元件上，避免产生假信号输出，所以一般要加厚基座或选用刚度较大的材料来制造。

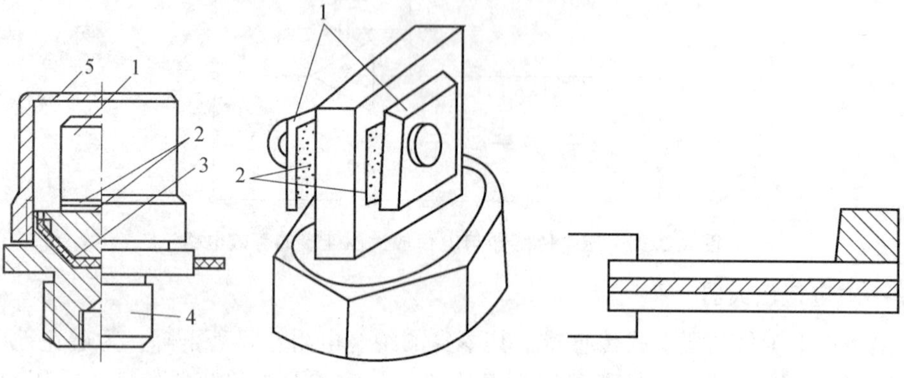

(a)单端中心压缩式　(b)梁式　(c)挑担剪切式

图 8.3.1　压缩式压电加速度传感器的结构原理图

1—质量块；2—晶片；3—引线；4—底座

测量时，将传感器基座与试件刚性固定在一起。当传感器感受到振动时，由于弹簧的刚度相当大，而质量块的质量相对较小，可以认为质量块的惯性很小，因此质量块感受到与传感器基座相同的振动，并受到与加速度方向相反的惯性力作用。这样，质量块就有一正比于加速度的交变力作用在压电片上。由于压电片具有压电效应，因此在它的两表面上就产生了交变电荷（电压），当振动频率远低于传感器的固有频率时，传感器的输出电荷（电压）与作用力成正比，即与试件的加速度成正比。输出电量由传感器输出端引出，输入到前置放大器后就可以用普通的测量仪器测出试件的加速度，如在放大器中加入适当的积分电路，就可以测出试件的振动加速度或位移。

压电陶瓷元件受外力后表面上产生的电荷为 $Q=d_{33}F$，因为传感器质量块 m 的加速度 a 与作用在质量块上的力 F 有如下关系：$F=ma$。增加质量块的质量，虽然可以增加传感器的灵敏度，但不是一个好方法。因为在测量振动加速度时，传感器是安装在试件上的，它是试件的一个附加载荷，相当于增加了试件的质量，势必影响试件的振动，尤其当试件本身是轻型构件时影响更大。所以，为提高测量的精确性，传感器的质量要轻，不能为了提高灵敏度而增加质量块的质量。另外，增加质量对传感器的高频响应也是不利的。还可以用增加压电片的数目和采用合理的连接方法提高传感器的灵敏度。

图 8.3.1（b）所示为梁式加速度传感器结构原理图，它是用压电晶体弯曲变形的方案测量较小的加速度，具有很高的灵敏度和很低的频率下限，因此能测量地壳和建筑物的振动，在医学上也获得了广泛的应用。

图 8.3.1（c）所示为挑担剪切式加速度传感器原理图，由于压电元件很好地与底座机械隔离，能有效地防止底座弯曲和噪声的影响，压电元件只受剪切力的作用，这就有效地削弱了由瞬变温度引起的热释电效应。它在测量冲击和轻型板、小元件的振动测试中得到了广泛的应用。

8.3.2 压电式测力传感器

压电式测力传感器是利用压电元件直接实现力-电转换的传感器，在拉、压场合，通常较多采用双片或多片石英晶片作为压电元件。其刚度大，测量范围宽，线性及稳定性高，动态特性好。当采用大时间常数的电荷放大器时，可测量准静态力。按测力状态分，有单向、双向和三向传感器，它们在结构上基本一样。

图 8.3.2 所示为压电式单向测力传感器的结构图，用于机床动态切削力的测量。晶体片为 0°X 切型石英晶片，尺寸为 ϕ8 mm×1 mm。上盖为传力元件，其变形壁的厚度为 0.1~0.5 mm，由测力范围（F_{max}=5 000 N）决定。绝缘套用来绝缘和定位。基座内外底面对其中心线的垂直度、上盖及晶片、电极的上下底面的平行度对表面光洁度都有极严格的要求，否则会使横向灵敏度增加或使晶片因应力集中而过早破碎。为提高绝缘阻抗，传感器装配前要经过多次净化（包括超声波清洗），然后在超净工作环境下进行装配，加盖之后用电子束封焊。传感器的性能指标见表 8.3.1。该传感器常用于机床动态切削力的测量。

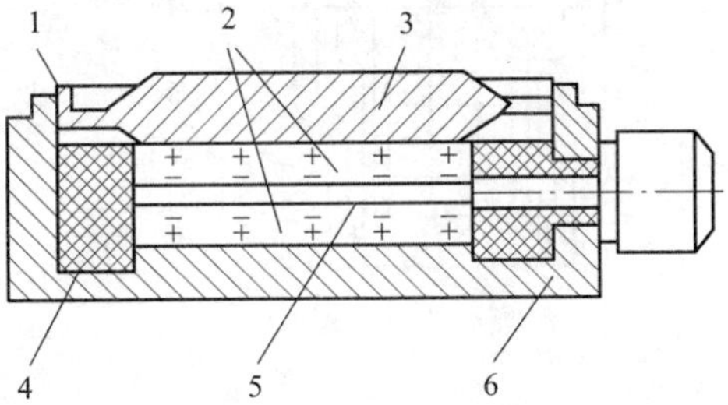

图 8.3.2 压电式单向测力传感器的结构图

1—电子束焊接；2—晶片；3—上盖；4—绝缘套；5—电极；6—基座

表 8.3.1 传感器的性能指标

测力范围	0~500 g	最小分辨率	0.1 g
绝缘阻抗	2×10^{14} Ω	固有频率	50~60 kHz
非线性误差	<±1%	重复性误差	<1%
电荷灵敏度	3.8~4.4 pC/N	质量	10 g

图 8.3.3 所示为三向压电测力传感器。三向压电测力传感器可同时测量 F_x、F_y 和 F_z 三

个互相垂直的力分量，应用很普遍。在三向压电测力传感器中，共有三组晶片，其中一组选用0°X切割的石英晶片测垂直方向（z向）力，另外两组是对水平方向（y向、x向）应力敏感，选择具有切变压电效应的石英晶片。

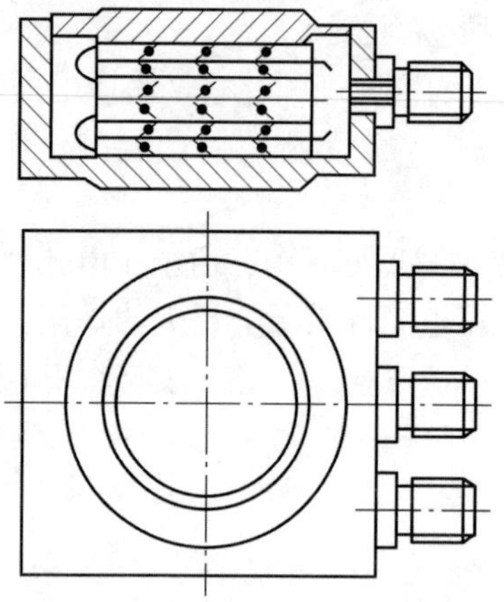

(a)结构示意图

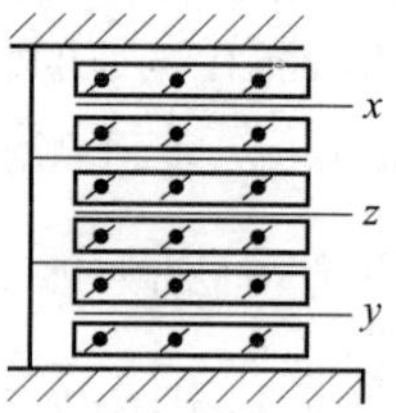

(b)连接示意图

图8.3.3 三向压电测力传感器

压电式压力传感器的结构类型很多，但它们的基本原理与结构仍与前述压电式加速度和力传感器大同小异。突出的不同点是，它必须通过弹性膜、盒等把压力采集、转换成力，再传递给压电元件。为保证静态特性及其稳定性，通常多采用石英晶体作为压电元件。图8.3.4所示为一种测量均布压力的传感器。拉紧的薄壁管对晶片提供预载力，而感受外部压力则是由挠性材料做成的很薄的膜片。预载筒外的空腔可以连接冷却系统，以保证传感器工作在一定的环境温度条件下，避免因温度变化造成预载力变化引起的测量误差。

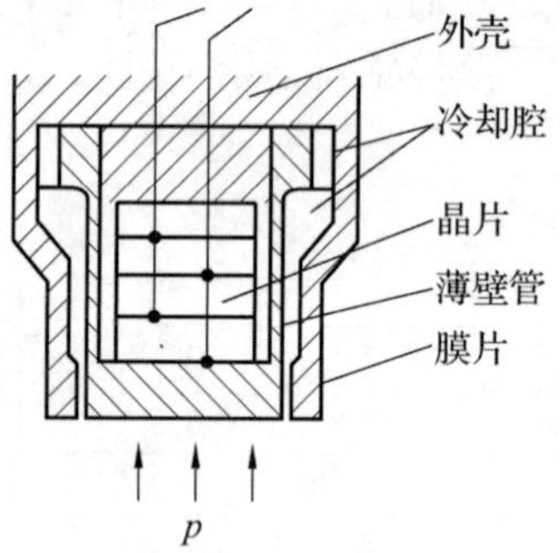

图8.3.4 测量均布压力的传感器

8.3.3 PVDF压电薄膜

PVDF压电薄膜的化学性质稳定，灵敏度高，与人体接触安全舒适，且它的声阻抗与人体肌肉的声阻抗很接近，因此非常合适应用于生物医学工程的传感元件。现在已被广泛用作脉搏计、血压计、生理移植和胎儿心音检测器等。图8.3.5所示为应用PVDF制成的血压传感器结构图。整个传感器制成圆柱体的纵切片形状，可以很好地与上腕部动脉沟吻合，使用起来十分方便。这种血压传感器具有结构简单，性能可靠，灵敏度高，抗干扰能力强，易于小型化的特点。

因为 PVDF 压电薄膜同时具有压电和热释电效应，薄膜柔软，可以做成大面积的传感阵列器件，所以它很适合作为机器人的触觉传感器的传感元件。人类之所以能触摸感觉到物体的形状、质感及温度等，是因为人的皮肤能够产生压电效应和热释电效应。目前用 PVDF 压电材料制成的触觉传感器已能感知温度、压力，采用不同模式可以识别边角、棱等几何特征，甚至还可识别盲文。图 8.3.6 所示为其结构示意图。在不远的将来，这种传感器在某些功能上将可与人的皮肤相媲美。

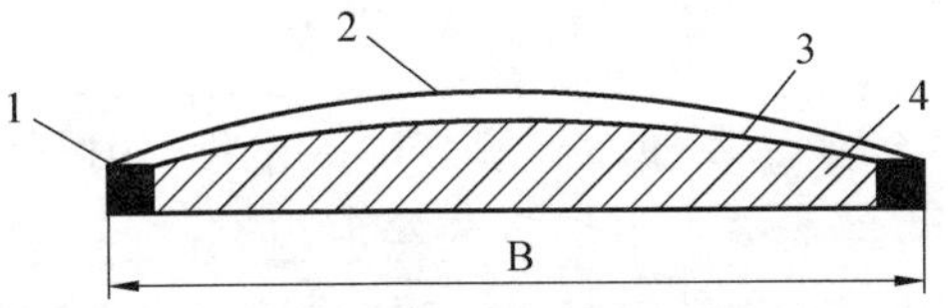

图 8.3.5　用 PVDF 制成的血压传感器结构图

1—PVDF 薄膜；2—塑料骨架；
3—硅凝胶弹性体；4—硬质衬底

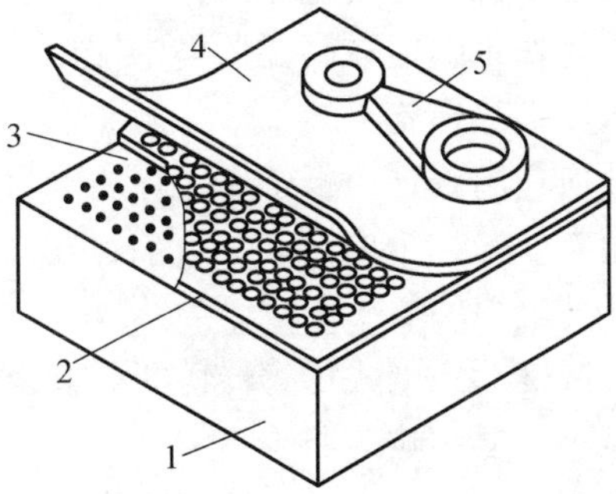

图 8.3.6　利用 PVDF 压电材料制成的触觉传感器

1—底座；2—电路板；3—接线
4—PVDF 膜；5—被识别物

8.3.4　集成化压电传感器

随着现代微电子技术的发展，集成化压电传感器已在工程中获得了广泛的应用。集成化压电传感器集高输出阻抗的压电传感器和前置放大器于一身，实现了压电传感器的低阻抗输出。它有一系列优点：①简化了测试系统。可以省去昂贵的电荷放大器，降低测试系统的成本；②可以用普通电缆传输信号，不必采用专用低噪声同轴电缆；③实现了信号的低阻抗输出，大大增强了测试系统的抗干扰能力

集成化压电传感器，一般供电线路与输出线不能共用。实际上它是一个微型前置放大器和压电传感器的集合体。这类集成化前置放大器功能较全，可以包括前端阻抗变换器、高低通滤波器、积分器、输出放大器、过载保护等多种电路，性能稳定。缺点是除传输信号外，需另外附设供电线路，使用温度受内装电子线路能承受环境温度极限的限制。

8.3.5　影响压电式传感器工作的主要因素

1. 横向灵敏度

横向灵敏度是衡量横向干扰效应的指标。一只理想的单轴压电传感器，应该仅对其轴向的作用力敏感，而对横向作用力不敏感。如对于压缩式压电传感器，就要求压电元件的敏感轴（电极向）与传感器轴线（受力向）完全一致。但实际的压电传感器由于压电切片、极化方向的偏差，压电片各作用面的粗糙度或各作用面的不平行，以及装配、安装不精确等种种原因，都会造成压电式传感器电轴方向与力轴方向不重合。

产生横向灵敏度的必要条件：一是伴随轴向作用力的同时，存在横向力；二是压电元件本身具有横向压电效应。因此，消除横向灵敏度的技术途径也相应有：一是从设计、工艺和使用诸方面确保力与电轴的一致；二是尽量采用剪切型力-电转换方式。一只较好的压电式

传感器，最大横向灵敏度不大于5%。

2. **环境温度和湿度**

环境温度的变化对压电材料的压电系数和介电常数的影响都很大，它使传感器灵敏度发生变化。压电材料不同，温度影响的程度也不同。如石英，当温度低于400 ℃时，其压电系数和介电常数都很稳定；人工极化的压电陶瓷受温度的影响比石英要大得多，为提高压电陶瓷的温度稳定性和时间稳定性，应进行人工老化处理。经人工老化处理后的压电陶瓷在常温条件下性能稳定，但在高温环境中使用时，性能仍会变化，为了减少这种影响在设计传感器时，应采取隔热措施。

为适应在高温环境下工作，除压电材料外，连接电缆也是一个重要的部件。普通电缆一般不能耐700 ℃以上的高温。目前，在高温传感器中大多采用无机绝缘电缆和含有无机绝缘材料的柔性电缆。

环境湿度对压电式传感器性能影响也很大。若传感器长期在高湿环境下工作，其绝缘电阻将会减小，低频响应将会变坏。压电式传感器的一个突出指标是绝缘电阻要高达10^{14} Ω。为了能达到这一指标，采取的必要措施是：合理的结构设计，把转换元件组做成一个密封式的整体，有关部分一定要良好绝缘；严格的清洁处理和装配，电缆两端必须气密焊封，必要时可采用焊接全密封方案。

3. **安装差异及基座应变**

在应用中，压电传感器总是要通过一定的方式紧密安装在被测试件上进行接触测量的。由于传感器和试件都是质量弹簧系统，通过安装连接后，两者将相互影响原来固有的机械特性（固有频率）。安装方式的不同，以及安装质量的差异，对传感器频响特性影响很大。因此在应用中，第一，要保证传感器的敏感轴方向与受力方向的一致性不因安装而遭到破坏，以避免横向灵敏度的产生；第二，应根据承载能力和频响特性所要求的安装谐振频率，选择合适的安装方式；第三，只有当传感器质量远小于试件质量时，试件对传感器的耦合影响，或传感器对试件的负载影响可减至最小。因此，对刚度、质量和接触面小的试件，只能用微小型压电传感器测量。

4. **噪声**

压电元件是高阻抗、小功率元件，极易受外界机电振动引起的噪声干扰，主要有声场、电源和接地回路噪声等。

压电式传感器在强声中工作将受到声波振动激励而产生寄生电信号输出，称为声噪声。目前大多数压电式传感器设计成隔离基座和独立外壳结构，声噪声影响极小。

电缆噪声是同轴电缆在振动或弯曲变形时，电缆屏蔽层、绝缘层和芯线间将引起局部相对滑动摩擦和分离，而在分离层之间产生的静电感应电荷干扰，它将混入主信号中被放大。减小电缆噪声的方法：一是在使用中固定好传感器的引出电缆；二是选用低噪声同轴电缆。

接地回路噪声是压电式传感器接入二次测量线路或仪表而构成测试系统后，由于不同电位处的多点接地，形成了接地回路和回路电流所致。克服的根本途径是消除接地回路。常用的方法是在安装传感器时，使其与接地的被测试件绝缘连接，并在测试系统的末端一点接地，这样就大大消除了接地回路噪声。

8.4 压电式传感器在汽车上的应用

电阻型压电效应式进气压力传感器主要由压力转换元件、放大压力转换元件和输出信号的混合集成电路等构成，其结构示意图如图 8.4.1 所示。压力转换元件是利用半导体的压电效应制成的硅（膜）片。硅（膜）片的一面是负压区，另一面作用的是进气歧管压力。

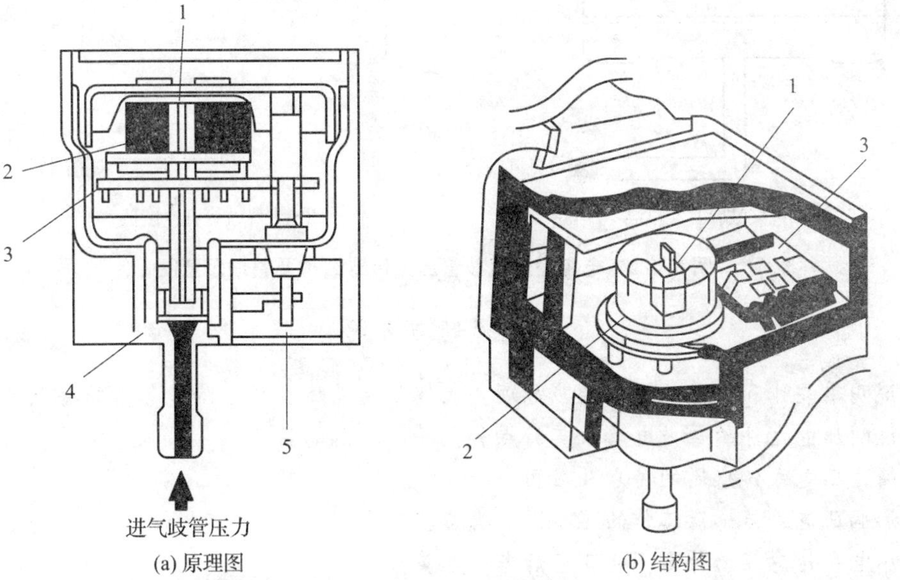

图 8.4.1 压电效应式进气压力传感结构示意图

1—硅片；2—真空室；3—IC；4—滤清器；5—接线端

该传感器的工作原理与电磁式进气压力传感器的工作原理基本相同，即在进气歧管内气体压力的作用下，硅片将产生变形，使硅片的电阻值发生变化，从而使电桥电压变化。由于该电压值很小，因此电路中由混合集成电路将该信号进行放大处理以后，才从 ECU 的 PIM 端子提供给微型计算机。该混合集成电路的供电通常取自 ECU 的 VCC 端子。

需要说明的是，发动机电喷系统的汽油喷射，除了受进气压力、发动机转速等主要因素影响外，还必须考虑发动机在冷起动时、热车后、满负荷时、加速及停车时燃油供给的中断等诸多因素。要使汽车发动机得到优良的工作性能，就必须满足这些因素的要求。因此，在由电子控制的汽油喷射系统内，还设置了许多附加（或辅助）装置，如节气门位置传感器和附加空气阀等。

另外，由于压力传感器结构和测量原理的要求，压力传感器安装在振动较小的车身处用一根橡胶管与进气总管相连作为取气管。

图 8.4.2 所示是用于切诺基吉普车的电阻型进气歧管压力传感器结构及工作原理示意图。其工作原理与上述电磁式进气压力传感器基本相似。它是通过进气歧管内气体的绝对压力的增加或降低，使移动片上、下移动，由移动片带动电阻中间滑动点移动，由此就可使 B 端的电压上升或降低，这一变化的电压就反映了进气歧管内气体的绝对压力。B 端输出的电压送到电子控制装置（ECU）后，ECU 根据送来的信号控制喷油器的工作，使其喷油针阀打开的时间加长或缩短，以此来控制喷油量。

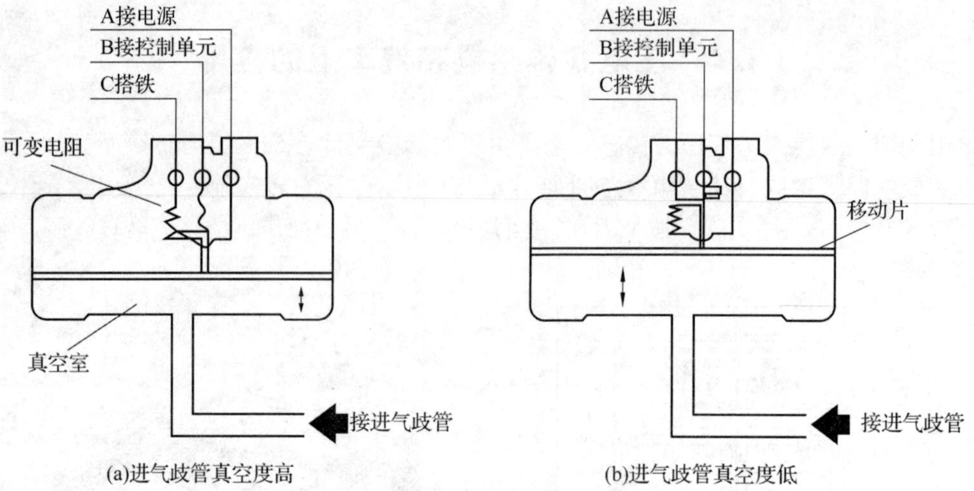

图 8.4.2　电阻型进气歧管压力传感结构及原理示意图

思考题与习题

1. 说明单晶体和多晶体压电效应原理，比较石英晶体和压电陶瓷各自的特点。

2. 说明压电元件的等效电路及其特点和电荷放大器的特点。

3. 简述压电式传感器的特点及应用。

4. 影响压电式传感器工作的主要因素有哪些?

5. 压电式传感器为什么不能测量静态非电量?

6. 已知压电加速度传感器的阻尼比力 $\xi=0.2$，其无阻尼比同有频率 $f_n=47$ kHz，若要求传感器输出的幅值误差在5%之内，试确定传感器能够测量的最高频率。

7. 压电式传感器的阻尼比很小，试分析它为什么可以响应很高频率的信号而失真却很小。

8. 压电元件在使用时常采用多片串联或者并联的方式，试介绍在不同接法下输出电压、输出电荷、输出电容的关系，以及每种接法适用于何种场合?

9. 用石英晶体加速度计及电荷放大器测量机器的振动，已知，加速度计灵敏度为 5 pC/g，电荷放大器灵敏度为 50 mV/pC，当机器达到最大加速度值时相应的输出电压幅值为 2 V，试求该机器的振动加速度（g 为重力加速度）。

第9章　其他新型传感器

9.1　智能传感器

随着计算机技术和仪器仪表技术的进步，以及物联网等应用需求的强劲牵引，智能传感器作为一种新型传感器得到了快速发展。智能传感器（smart sensor）指具有信息检测、信息处理、信息记忆、逻辑思维和判断功能的传感器。相对于仅提供表征待测物理量的模拟电压信号的传统传感器，智能传感器充分利用集成技术和微处理器技术，集感知、信息处理、通信于一体，能提供以数字量方式传播的具有一定知识级别的信息。自美国宇航局（NASA）在20世纪80年代提出智能传感器的概念以来，经过几十年的发展，智能传感器已成为传感器技术的一个主要发展方向，代表着一个国家的工业及技术科研能力。在当前智能时代的推动下，传感器的重要性更加凸显，不仅在我国及欧盟、美国、韩国、新加坡等地区推进的智慧城市等战略方面发挥着重要的支撑作用，而且也在物联网、虚拟现实（VR）、机器人、智能家居、自动驾驶汽车等产业发展中发挥着关键作用。高性能、高可靠性的多功能复杂自动、测控系统以及基于射频识别技术的物联网的兴起与发展，愈发凸显了具有感知、认知能力的智能传感器的重要性及其大力、快速发展的迫切性。随着与CMOS兼容的MEMS技术的发展，微型智能传感器的发展得到了有力的技术支撑，智能传感器产业迎来了新的机遇。

通常，智能传感器由传感单元、微处理器和信号处理电路等封装在同一壳体内组成，输出方式常采用RS-232、RS-422或USB等串行输出，或采用IEEE-488标准总线并行输出。智能传感器实际上是一个带信号采集功能的最小微机系统，其中作为控制核心的微处理器通常采用单片机，其基本结构如图9.1.1所示。

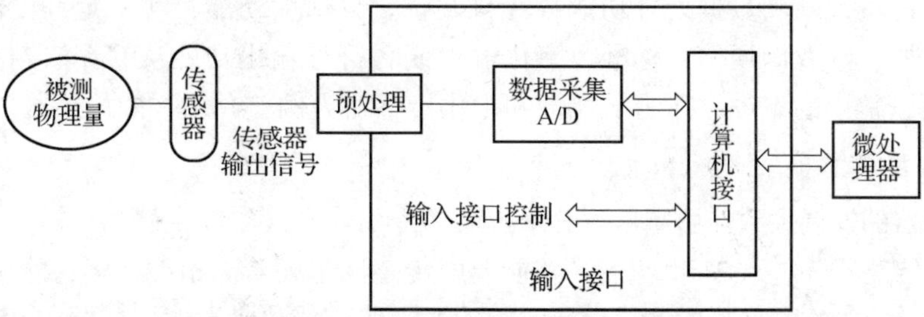

图9.1.1　智能传感器基本结构框图

9.1.1　智能传感器的特点

与传统传感器相比，智能传感器有以下特点。

1. 精度高

智能传感器可通过自动校零去除零点误差；与标准参考基准实时对比以自动进行整体系统标定；自动进行整体系统的非线性等系统误差的校正；通过对采集的大量数据的统计处理以消除偶然误差的影响等，保证了智能传感器有较高的测量精度。

2. 高可靠性与高稳定性

智能传感器能自动补偿因工作条件与环境参数发生变化引起系统特性的漂移，如：温度变化引起的零点漂移和灵敏度漂移；当被测参数变化后能自动改换量程；实时自动进行系统的自我检验，分析、判断所采集数据的合理性，并给出异常情况的应急处理（报警或故障提示）。这些功能保证了智能传感器具有很高的可靠性与稳定性。

3. 高信噪比与高分辨率

由于智能传感器具有数据存储、记忆与信息处理功能，通过软件进行数字滤波、数据分析等处理，可以去除输入数据中的噪声，从而将有用信号提取出来；通过数据融合、神经网络技术，可以消除多参数状态下交叉灵敏度的影响，从而保证在多参数状态下对特定参数测量的分辨能力，故智能传感器具有很高的信噪比与分辨率。

4. 自适应性强

由于智能传感器具有判断、分析与处理功能，它能根据系统工作情况决策各部分的供电情况、优化与上位计算机的数据传送速率，并保证系统工作在最佳低功耗状态，表现出良好的自适应性。

5. 性能价格比高

智能传感器所具有的上述高性能，不像传统传感器技术追求传感器本身的完善，对传感器的各个环节进行精心设计与调试来获得，而是通过与微处理器/微计算机相结合，采用低价的集成电路工艺和芯片以及强大的软件来实现的，所以一般具有高性能价格比。

9.1.2 智能传感器的种类

一个真正意义的智能传感器应具有如下功能：①自校准、自标定和自动补偿功能；②自动采集数据、逻辑判断和数据处理功能；③自调整、自适应功能；④一定程度的存储、识别和信息处理功能；⑤双向通信、标准数字化输出或者符号输出功能；⑥算法判断、决策处理的功能。下面以常用的温度、压力、惯性和生化传感器为例，介绍智能传感器。

1. 智能温度传感器

温度传感器的发展大致经历了以下三个阶段：传统分立式温度传感器、模拟集成温度传感器和智能温度传感器。进入 21 世纪后，智能温度传感器正朝着高精度、多功能、总线标准化、高可靠性及安全性等方向迅速发展。目前的智能温度传感器包含温度传感器、A/D 转换器、信号处理器、存储器和接口电路，有的产品还带有多路选择器、中央控制器、随机存取储存器和只读存储器。智能温度传感器的特点是能输出温度数据及相关的温度控制量，适配各种微控制器，并且是在硬件的基础上通过软件实现测试功能，其智能化程度取决于软件开发水平。

（1）提高测量精度和分辨率。

最早的智能温度传感器出现于 20 世纪 90 年代中期，采用 8 位 A/D 转换器，其测温精度较低，分辨率只能达到1℃。目前，国外已相继推出多种高精度、高分辨率的智能温度传感器，使用9~12位A/D转换器，分辨率可以达到0.5~0.625 ℃。由美国Dallas半导体公司新研制的DS1624型高分辨率智能温度传感器，能输出13位二进制数据，分辨率高达0.03 ℃，测温精度为±0.2 ℃。为了提高多通道智能温度传感器的转换速率，也有的芯片采用高速逐次逼近式A/D转换器。以AD7817型5通道智能温度传感器为例，它对本地传感器、每一路远程传感器的转换时间分别仅为27 ms、9 ms。在高精密温度测量方面，有学者设计了高性能数字温度传感器，该传感器由石英音叉谐振器，数字接口电路和基于现场可编程门阵列的传感器重置控制算法构成，传感器的灵敏度可以达到10^{-6}℃的数量，即测温分辨率为0.001 ℃，响应时间1 s，测量精度为0.01 ℃。

（2）增强测试功能。

新型智能温度传感器的测试功能不断增强。智能温度传感器都具有多种工作模式可供选择，主要包括单次转换模式、连续转换模式、待机模式，有的还增加了低温极限扩展模式。对于某些智能温度传感器，主机（外部微处理器或单片机）还可通过相应的寄存器设定其A/D转换速率、分辨率及最大转换时间。另外，智能温度传感器正从单通道向多通道方向发展，这就为研发多路温度测控系统创造了良好条件。

（3）总线技术的标准化与规范化。

目前，智能温度传感器的总线技术也实现了标准化、规范化，所采用的总线主要有单线（-Wire）总线、I^2C总线、SMBus总线和SPI总线。

（4）可靠性及安全性设计。

为了避免在温控系统受到噪声干扰时产生错误动作，在一些智能温度传感器的内部，设置了一个可编程的故障排队计数器，专用于设定允许被测温度值超过上下限的次数。仅当被测温度连续超过上限或低于下限的次数达到所设定的次数才能触发中断端口，避免了偶然噪声干扰对温控系统的影响。为了防止因人体静电放电而损坏芯片，一些智能温度传感器还增加了静电保护电路，一般可以承受1~4 kV的静电放电电压。例如，TCN75型智能温度传感器的串行接口端、中断/比较信号输出端和地址输入端均可承受1 kV的静电放电电压。LM83型智能温度传感器则可承受4 kV的静电放电电压。

2. 智能压力传感器

智能压力传感器是微处理器与压力传感器的结合，因此它们的实现途径可以分为：非集成化智能压力传感器、集成化智能压力传感器和混合型智能压力传感器。

非集成化的智能压力传感器是把传统的压力传感器、信号调理电路、带数字总线接口的微处理器组合成一体的智能压力传感器系统。这种非集成化的压力传感器实际上是传统压力传感器系统上增加了微处理器的连接。因此，这是一种实现智能压力传感器系统最快的途径和方式。

集成化智能压力传感器是将压力敏感元件与信号处理、校准、补偿、微控制器等进行单片集成，主要采用微机电系统（MEMS）技术和大规模集成电路工艺技术，利用硅作为基体材料制作敏感元件、信号调理电路、微处理单元，并集成在一块芯片上。随着微电子技术的飞速发展以及微纳米技术的应用，由此制成的智能压力传感器具有微型化、结构一体化、精度高、多功能、阵列式、全数字化、使用方便、操作简单等特点。

混合式智能压力传感器是根据需要与可能，将系统各个集成化环节，如敏感单元、信号调理电路、微处理器单元、数字总线接口，以不同组合方式集成在 2~3 块芯片上，并封装在一个外壳中。混合集成实现智能化是一种非常适合当前技术发展的智能化途径。

在智能压力传感器系统中，微处理器能够按照给定的程序对传感器实现软件控制，把传感器从单一功能变为多功能。

3. 智能惯性传感器

惯性传感器，是 MEMS 传感器中得到最广泛应用的一类传感器，包括加速度计、陀螺仪和方位传感器。MEMS 技术得天独厚的优势实现了惯性传感器的小型化并且降低了成本。现在的惯性测量模块（IMU）可以在 10 mm×10 mm×4 mm 的尺寸内，集成三轴加速度计、三轴陀螺仪和三轴磁强计，而成本在 1 美元以内。这种惯性测量模块可应用于智能手机、可穿戴设备上，实现包括步态监测、步数统计、跌倒检测、睡眠监测、室内导航等运动、健康方面的功能，同时也可以实现手势识别、方向感知等娱乐方面的功能。

（1）更小、更灵活、更节能、高性能、高集成。

应用于可穿戴设备上的智能惯性传感器，需要具有更小的尺寸，更低的功耗，作为体域网的一个节点实现数据的无线传输，最终实现柔性化。目前全球最小的三轴加速度计是博世公司在 2014 年发布的 BMA355，采用晶圆级封装，尺寸仅为 1.2 mm×1.5 mm×0.8 mm，功耗极低，工作电流仅为 130 μA，而在低功耗模式下，电流可降低到 1/10。此外，BMA355 还具有强大的智能终端引擎，中断模式包括数据就绪同步、运动唤醒、敲击感测、方向识别、水平和竖直切换开关、低 g 值/高 g 值冲击检测、自由落体检测、节电管理等，可用于健康追踪器、计步器（智能手表和手环）、珠宝首饰等可穿戴设备。

惯性传感器，利用质量块的惯性来对待测量进行测量，而 MEMS 传感器质量块小，以陀螺仪为例，其精度一般不如传统陀螺，在航空、航天等高端领域难以被直接应用。根据现阶段的工艺水平，采用单个 MEMS 陀螺的精度已经接近现阶段的极限，需要通过新的方法来提高 MEMS 陀螺仪的精度。

（2）多传感器集成与数据融合。

考虑到 MEMS 传感器体积小、成本低，可以利用多传感器集成与数据融合技术来提高精度，即通过多个传感器的信息融合实现优于单个传感器的性能。NASA 在 2003 年提出了虚拟陀螺的概念，即使用多个 MEMS 陀螺组成阵列，对同一信号进行冗余检测并输出多个检测值，采用数据融合技术对这些检测值进行分析综合，将陀螺阵列融合成一个虚拟陀螺，得到对输入角速率的最优估计值，大大提高了陀螺精度。其后，西北工业大学的微纳实验室对 3 个零偏稳定性为 35.00（°）/h 的微陀螺进行滤波处理，得到的虚拟陀螺漂移性能提高了 200 多倍，论证了虚拟陀螺概念的可行性，也为采用阵列化传感器提高精度提供了新方法、新思路。

（3）新的敏感机理。

提高现有 MEMS 传感器性能的另一个方法是发现新的敏感机理。西北工业大学的微纳实验室在 2015 年展示了世界第一个基于模态局部化的谐振式加速度计。改变了传统谐振式加速度计通过检测谐振频率变化敏感加速度的方式，而是通过检测两个弱耦合谐振器振幅比的变化敏感加速度，将灵敏度提升 300 倍，为高精度惯性传感器的研制开辟了一条新的道路。

随着敏感机理的新发现、微机电技术的发展以及新型材料的应用，MEMS 惯性传感器将进一步实现种类的多样化与精细化，在可穿戴设备等消费电子产品、惯性导航及自动控制的军用领域发挥更加重要的作用。

4. 智能生化传感器

生化传感器是指能够感应生物化学量，并按照一定规律转化为有用信号输出的器件，一般由两部分组成，其一是生化分子识别元件，其二是信号转换器。随着当前新材料、新原理以及新集成技术的不断发展，特别是 MEMS 技术、生物芯片（bio-chip）技术的出现，目前生化传感器的研究已经逐渐发展为以微型化、集成化、智能化为特征的生化系统研究。在过去，传感器研究仅仅专注于提升自身性能，如灵敏度、动态范围、响应时间、可靠性等，而随着 MEMS 技术与标准 CMOS 技术的不断融合，传感器与读出电路的集成已成为可能，并且随着混合集成技术的不断进步，更多的功能电路，包括将通信模块、能量收集、电源管理模块集成于智能生化传感器当中，为传感器的微型化、多功能化以及智能化奠定了技术基础。

为了真正实现传感器的微型化与智能化，生物传感器需要与有源电路相集成，形成多功能化的片上系统。随着新材料、新结构、新原理的不断发展，基于悬臂梁的 DNA 传感器、基于多晶硅纳米线的蛋白质/DNA 传感器、基于水凝胶的血糖传感器、基于离子敏场效应管的 pH 传感器及基于带隙基准的温度传感器已经可以与其相应的读出电路、无线通信等模块，集成于同一芯片上，具备自校准功能，并可在一定范围内实现自调整、自适应功能。在实际应用中，多个生化信号往往需要同时检测，这就需要一个多传感器的片上系统，利用不同的检测原理实现多信号的同时检测。多传感器片上系统的实现为 IC 后道工艺设计提出了诸多挑战，由于布局多传感器的芯片要经过多次后道工艺，则所有工艺必须与标准 CMOS 工艺兼容，并且后道工艺也要相互兼容。近年来在混合集成领域取得了许多成果，其中一种为实现实时监测多个生理参数而研制出的无线可重构多传感器测量仪横空问世，它将四种生化检查中常用的传感器（包括基于多晶硅纳米线的蛋白质传感器、基于水凝胶的血糖传感器、基于离子敏场效应管的 pH 值传感器以及基于带隙基准的温度传感器）集成在一张芯片上。为实现智能多传感的微型化，模拟电路部分采用可重构的多传感器接口、可编程增益放大器以及 10 位 SAR ADC 的结构，显著缩小了芯片面积。此外，为实现智能传感器的能量自给，两种能量收集方式被同时采用（包括砷化镓太阳能电池采集光能以及电磁耦合方式采集射频能量），从而解决了医疗器件在长期使用或植入应用场景中，更换电池的问题。其利用可重构电路降低功耗及使用能量收集方法延长电池寿命，也已成为智能生化传感器研究的热点。

以上所述智能生化传感器及其电子电路，仍使用以硅材料为主的硬质电子材料制作。随着可穿戴传感器的发展，传感器直接接触人体肌肤的部分，已逐渐使用轻质柔性材料作为衬底，以消除器件穿戴的异物感。可穿戴式传感器具有诊断及监测功能，可监测包括生理、生化信号以及动作感应。生理、生化信号监测有助于对神经疾病（如癫痫）、心血管疾病（如高血压）、肺部疾病（如哮喘）等进行诊断，并对治疗过程进行不间断的监测。对重要生命体征（如心率及呼吸速度等）的不间断监测，可以为慢性疾病的早期诊断及临床干预提供重要数据支持。这一系列可穿戴传感器的不断推广，也为未来远程医疗诊断系统的建设提供了终端硬件基础。目前，可穿戴智能传感器已经可以实现上述多生理、生化参数的提取，传感器及其外围电路均可集成于轻质柔性衬底，2016 年国际固态电路会议（ISSCC）展示了这一领域的最新研究成果。一种新的血氧饱和度及生物电信号检测传感器系统，有机光电二极管（OLED）、有机光检测器（OPD）、生物电信号电极、以及包含肢体通信（body channel communication，BCC）电路的片上系统，被混合集成于柔性 PET 衬底上，整体面积为 2.5 cm×5.5 cm，包含电池质量为 2 g，系统功耗为 141 μW。该智能传感器光学检测部分，具有自校准回路，系统具有自动数据采集和数据处理能力，传感器节点所采集到的血氧饱和度数据以及心电信号数据，通过肢体通信（BCC）收发器传输至中枢传感器，另外，时钟信号由中枢传感器发送至各传感器节点，从而去除了各节点外接的片外晶振，该系统构架在实现传感器间双向通信的同时，提高了系统的集成度。目前在可穿戴传感器的研究中，已经可以实现自校准、自动采集、双向通信等智能传感器的基本功能，如何提高复杂检测环境下多信号采集过程中的同步精度成为了研究热点。2016 年，欧洲微电子研究中心（IMEC）与三星电子共同展示了一种多参数生理信号记录平台，其内置了并发心电（ECG）、生物阻抗（BIO-Z）、皮肤流电反应（GSR）以及光电容积描记（PPG）脉搏波传感器，实现了多参数同步采集，该系统可以为可穿戴电子产品提供更精确、更可靠以及更广泛的健康评估。这种多参数同步采集系统可以为未来的数据分析提供更为精确的时序数据，为更多的生化参数估计计算提供基础，是智能传感器的研究热点和未来发展的必然趋势。

9.1.3 智能传感器的发展趋势

当今世界，以信息技术为代表的新一轮科技革命方兴未艾，全球信息技术发展正处于跨界融合、加速创新、深度调整的历史时期，呈现万物互联、万物智能的特征。智能传感器作为与外界环境交互的重要手段和感知信息的主要来源，是万物互联的基础。近年来，全球传感器市场一直保持快速增长，并受到许多下游新兴应用的新增需求拉动（如消费电子、汽车电子、工业电子和医疗电子），特别是智能传感器应用市场正呈现爆发式增长态势，已成为未来信息技术产业发展的核心与基础之一；在发展战略的引领下国内智能传感器产业生态圈在稳步向中高端升级。自 2011 年国家推出《物联网“十二五”发展规划》以来，智能传感器产业的发展步入快车道，据统计，2015 年智能传感器就已取代传统传感器成为市场主流（约占 70%），2016 年全球智能传感器市场规模约达 258 亿美元，预计 2019 年将约达到 378.5 亿美元，年均复合增长率 13.6%，国内 2019 年智能传感器市场规模预计将达到约 137 亿美元，本土化率将从 2015 年的 13%提升到 27%。

信息化时代传感器诸多的应用场景需要更加快速地获得更精准更全面的信息。以物联网为例，传感器位于最关键的感知层，不仅像传统传感器负责信息的采集和传递，更需要分析、处理、记忆、存储海量数据，智能传感器可以充分满足这些要求，其优势功能包括自补偿与自诊断、信息存储与记忆、自学习与自适应、数字输出等。

智能传感器的下一步重点发展方向包括：①通过 MEMS 工艺和 IC 平面工艺的融合，将微处理器和微传感器集成在一个硅芯片上；依靠软件技术，大大提高传感器的准确性、稳定性和可靠性，设计制造出新一代全数字式智能传感器。②采用硬件软化、软件集成、虚拟现实、软测量和人工智能的方法和技术，在传感器技术和计算机技术的基础上，研究开发具有拟人智能特性或功能的智能化传感器。③向高精度、高可靠性、微型化、网络化等方向发展。

智能传感器的行业现状表现为产业链长、技术壁垒高。智能传感器的产业链包括研发设计、制造、封装、测试、软件、芯片及解决方案、系统与应用这八个环节，各环节的技术壁垒高。在工艺和技术层面上，智能传感器的设计、制造、封装以及测试这四个关键环节和半导体集成电路行业的对应环节都有许多相似之处，拥有 IC 经验的企业具有先天优势，基于二者的产业相似性，智能传感器设计环节市场空间最大，封装环节将成为国内市场空间增长最快的环节。尽管国内整体技术水准与国外顶尖技术还存在一定的差距，但是切入细分领域较早的技术型公司的自主研发能力经过多年的积累，已经可以与国外媲美。

智能传感器的重点下游应用领域分别是消费电子、汽车电子、工业电子和医疗电子，其相应的市场占有率依次递减。综合市场规模的大小以及增长速度两方面考虑，发展较快的新兴应用（如指纹识别、智能驾驶、智能机器人和智能医疗器械）将成为智能传感器市场成长的主要动力。

在消费电子领域，指纹传感器（包括光学指纹传感器、电容式指纹传感器、热敏式指纹传感器和超声波指纹传感器等）市场规模增长速度最快。预计 2016~2019 年的年均复合增长率达到 14.84%，国内市场规模 2017 年超 31 亿元，全球市场规模 2022 年有望达到 47 亿美元。

汽车传感器大多处于非常恶劣的运行环境中，传感器必须要有高稳定、抗环境干扰和自适应、自补偿调整的能力。为了保证电子元器件和模块能实现大规模生产，成本也需要降低。新型智能传感器能从技术和成本两方面满足上述需求。智能传感器在汽车领域的应用已经非常广泛，如汽车动力系统、安全行驶系统、车身系统。随着无人驾驶技术（相当于智能汽车的底层操作系统）越来越成熟，智能传感器不再局限于传统汽车市场，而走向了智能汽车市场。实现环境感知的传感器有摄像头（长距摄像头、环绕摄像头和立体摄像头）和雷达（超声波雷达、毫米波雷达、激光雷达）。目前，国内外公司采用两类方案实现无人驾驶：一种是摄像头+毫米波雷达方案（特斯拉），另一种是激光雷达方案（谷歌和百度）。全球智能驾驶汽车中的传感器模块市场规模在 2017 年超过 50 亿美元，2030 年将达到 360 亿美元。从传感器的类型来看，超声波传感器、360 度全景摄像头以及前置摄像头将一直是市场主流的传感器，2030 年预计市场规模将分别达到 120 亿美元、87 亿美元、69 亿美元；雷达从 2015 年开始应用于无人驾驶领域，技术壁垒较高，未来 13 年将爆发式增长，到 2030 年达到 129 亿美元，其中远距雷达 79 亿美元，短距雷达 50 亿美元。

在工业电子领域，近几年来机器人制造技术越来越成熟，商业进程加快，其核心器件—智能传感器的市场空间也在不断扩大。预计 2015~2021 年，机器人市场规模将从 270 亿美元增长到 460 亿美元，年均复合增长率约为 9.4%。

在医疗电子领域，在医疗器械行业带动下，智能传感器的需求将不断扩大。按照应用形式分类，医疗传感器可分为四类：植入式传感器、体外传感器、暂时植入体腔式传感器、用于外部设备的传感器。分析报告认为 2015 年全球医疗传感器市场规模达到了 98 亿美元，预计到 2024 年市场规模可增至 185 亿美元。现在，我国在此领域的布局很少，大部分依赖进口，处于起步阶段，但是未来随着技术不断成熟，市场将迎来爆发式增长。

智能传感器是技术演进的结果，满足万物互联对感知层提出的要求，预计将随着智能消费电子设备、工业物联网、车联网与自动驾驶、智慧城市、智能医疗等新产业的发展迎来快速增长。

9.1.4　智能传感器的市场应用及实例

传感器在市场应用方面，既可以助推传统产业的升级，例如传统工业的升级、传统家电的智能化升级；又可以对创新应用进行推动，比如机器人、VR/AR（虚拟现实/增强现实）、无人机、智慧家庭、智慧医疗和养老等领域。

1. 对传统产业升级的助力

（1）推动传统工业的转型升级。

在工业领域，传统企业面临人力成本提高、市场需求下降等问题，传统企业开始从劳动密集型转向自动化、智能化。在整个转型中，传感器发挥着至关重要的作用，助力“中国制造”转向“中国智造”。

要提升工厂效能，需要在生产线上增加传感装置，进行产品、工序的全程追踪，同时利用机械臂、自动导航车系统等具有传感装置的设备加快生产速度、精度，全方位提升生产制造效率。

（2）助力家电行业的智能化升级。

近几年，家电企业业绩下滑严重。据工业与信息化管理部相关数据显示，2015 年家用电子电器产品的出口总金额同比下滑 0.6%；家电进口总金额同比下滑 5%。当前，如何寻找新的增长点、扭转业绩下滑的局面，是家电行业面临的一大考验。

为此，传统家电企业开始将家电进行智能化升级，相继推出智能冰箱、智能空调、智能洗衣机、智能烤箱、扫地机器人等产品，满足用户对家用电器的个性化需求。

在智能家电的智能表现上，例如，智能洗衣机通过水位传感器实现洗衣机的智能化；智能烤箱则会通过温度传感器等实现简便、智能的烘焙体验；扫地机器人通过可调位移传感器做支撑，实现机器人的智能精准操作。

家电产品种类繁多，今后对传感器也有多样性的需求，如运动类传感器、听觉类传感器、视觉类传感器、麦克风阵列、温度/湿度传感器等，大家电和小家电都会用到。因此，可定制的、参数可调的传感器将会更加有力地支撑家电产品的各种应用场景。

2. 对创新应用的支撑

（1）虚拟现实和增强现实。

当下，虚拟现实（VR）和增强现实（AR）可谓是最为热门和最受关注的应用领域之一。这两项技术之所以如此吸引眼球，在于 VR 虚拟现实能够给人身临其境的感受，AR 增强现实可以让人对现实的体验更加形象、强烈和直观，而这些感受离不开传感器的支撑。

在传感器的应用上，VR/AR 硬件会用到九轴陀螺仪、红外定位传感器、眼球追踪传感器以及手势识别传感器等，可以获取使用者的动作、姿态和加速度等信息。未来，还将会用到生物传感器。例如，子女去旅游时，在家里的老人搭配上带有生物传感器的体感设备，也能获得与子女旅游的同样体验。

VR 和 AR 已应用到游戏、体育、教育、旅游、影院、医疗等领域。随着 VR 和 AR 应用领域的不断延伸，传感器的应用需求将非常巨大。

（2）机器人。

机器人是一种可编程和多功能的操作机，或是为了执行不同的任务而具有可用电脑改变和可编程动作的专门系统，一般由执行机构、驱动装置、检测装置和控制系统和复杂机械等组成。谷歌 AlphaGo 战胜国际围棋大师的事件引发了全球对于机器人的关注。在机器人里面，需求诸多传感器，包括对周围环境、对姿态的测试及人机互动方面。机器人需要用到大量、不同类别的传感器，并对传感器的性能也提出很高要求。

机器人应用十分广泛，如养老产业、工业、服务业、教育业等。如果传感器做得好，机器人产业就可以飞起来，将助力养老、工业等诸多领域的发展。

（3）无人机。

无人机在短时间内得到快速发展。据统计，今年无人机的出货量将达到 500 万台，明年将突破 1 000 万台。

在无人机的高度集成化和智能化中，传感器发挥着至关重要的作用。无人机中会应用到陀螺仪、红外、超声、激光、摄像头、气压、地磁等传感器，从而实现无人机技术化的平稳控制和辅助导航，以及人性化的避障、识别、跟踪等智能控制。

3. 智能传感器应用实例

（1）ST-300系列智能压力传感器。

图9.1.2所示为ST-300系列智能压力传感器原理框图，它由检测和变送两部分组成。被测量的压力通过隔离的膜片作用于扩散电阻上，引起阻值变化。扩散电阻接在惠斯通电桥中，电桥的输出正比于被测压力。在硅片上制成两个辅助传感器，分别检测静压力和温度。由于采用接近于理想弹性体的单晶硅材料，传感器的长期稳定性很好。在同一个芯片上检测的差压、静压和温度三个信号，经多路开关分时地接到AD转换器中进行AD转换，数字量送到变送部分。

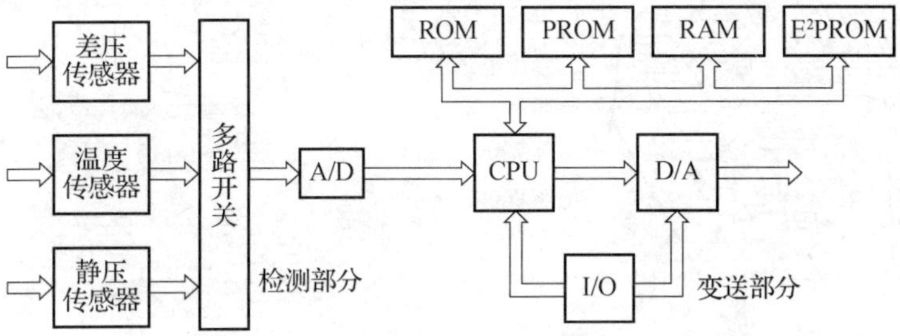

图9.1.2　ST-300系列智能压力传感器原理框图

变送部分由微处理器、ROM、PROM、RAM、E^{2}PROM、DA转换器、I/O接口组成。微处理器负责处理AD转换器送来的数字信号，从而使传感器的性能指标大大提高。存储在ROM中的主程序控制传感器工作的全过程。传感器的型号、输入输出特性、量程可设定范围等都存储在PROM中。

设定的数据通过导线传到传感器内，存储在RAM中。电可擦写存储器E^{2}PROM作为RAM后备存储器，RAM中的数据可随时存入E^{2}PROM中，不会因突然断电而丢失数据。恢复供电后，E^{2}PROM可以自动地将数据送到RAM中，使传感器继续保持原来的工作状态，这样可以省掉备用电源。

现场通信器发出的通信脉冲信号叠加在传感器输出的电流信号上。数字输入输出（I/O）接口一方面将来自现场通信器的脉冲从信号中分离出来，送到CPU中；另一方面将设定的传感器数据、自诊断结果、测量结果等送到现场通信器中显示。

（2）固体图像传感器。

固体图像传感器是现代视觉信息获取的一种基础器件，因其能实现信息的获取、转换和视觉功能的扩展（光谱拓宽、灵敏度范围扩大），能给出直观、真实、层次最多、内容最丰富的可视图像信息。

目前固体图像传感器主要有三种类型：第一种是电荷耦合器件（CCD）；第二种是MOS图像传感器，又称为自扫描光电二极管阵列（SPA）；第三种是电荷注入器件（CID）。由于传感器智能化和集成化的要求，使得固体图像传感器有三维集成的发展趋势，例如在同硅片上，用超大规模集成电路工艺制作三维结构的智能传感器。图9.1.3为三维结构智能化传感器的一种形式。

图 9.1.4 为具有三层结构的三维集成智能图像传感器的结构图。它用以提取待测物体的轮廓图，它的第一层为光电转换面阵，由第一层输出的信号并行进入第二层电流型 MOS 模拟信号调理电路，输出的模拟信号再进入第三层转换成二进制数并存储在存储器中，与第三层相连的是信号读出（放大）单元。信号读出单元的作用是通过地址译码读取存储器中的信号信息。该传感器采用了并行信号传送及处理技术，第一层到第二层以及第二层到第三层均采用并行信号传送，大大提高了信号处理能力，可以实现高速的图像信息处理。当然，这种信号并行传送要求第二层和第三层电路也排成相应的面阵形式。该图像传感器的面阵为 500×500 的像元矩阵，每个像元相应的电路需要 79 个晶体管，故整个图像传感器大约包含 2×10^7 个晶体管，从超大规模集成电路的角度看，实现这个三维集成的图像传感器是可行的。

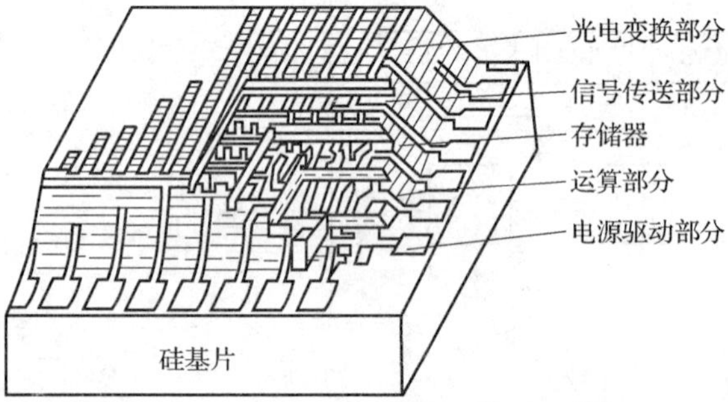

图 9.1.3　三维结构集成的智能化传感器

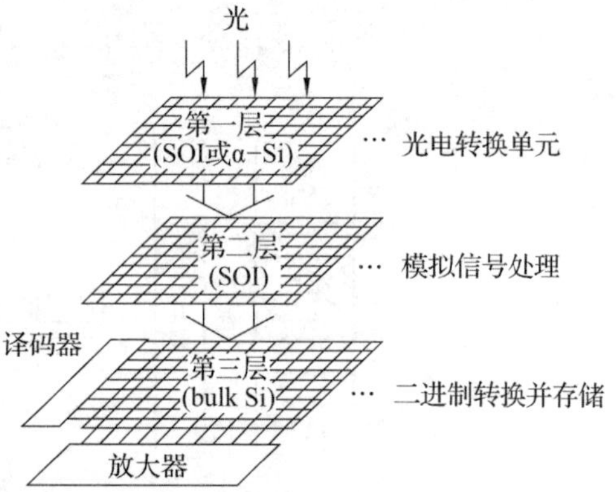

图 9.1.4　三层结构的三维集成智能图像传感器

图 9.1.5 为由多个智能图像传感器组成的图像识别系统。这个系统由光学透镜系统、多个智能图像传感器和一个主计算机组成。其中光学透镜系统生成平行光，给图像传感器提供物体的图像输入，每个智能图像传感器从输入的图像信息中提取不同的特征量，如轮廓、质地、形状等。所有智能图像传感器所得到的图像特征信息将会同时送入主计算机进行处理，最终达到对图像进行识别的目的。由于每个传感器均能快速地提取图像特征信息，因此有望实现快速的图像识别。

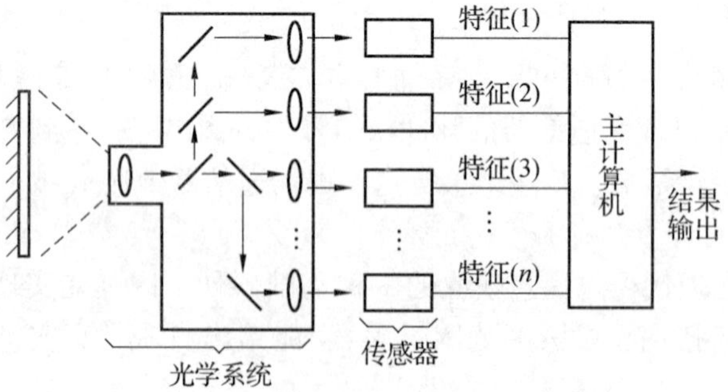

图 9.1.5　多个智能图像传感器组成的图像识别系统

（3）液态乙醇浓度在线检测嵌入式智能传感器。

嵌入式智能传感器一般是应用了嵌入式系统技术、智能理论和传感器技术，具备网络传输功能，且集成了多样化外围功能的新型传感器系统。以液态乙醇浓度在线检测嵌入式智能传感器为例（图 9.1.6），通过 TFT-LCD 触摸屏可视化界面能够设置各传感器数据采集通道的开关状态和采集数据类型（如温度、压力、湿度、乙醇浓度、pH）；传感器将检测到的各参数值送入 32 位 DSP 处理器进行插值、解耦、自校正等智能处理，并根据定义好的通信协议进行数据打包，通过串口送入 32 位嵌入式 ARM9（S3C2440）处理器；网络接口模块中的以太网控制器（AX88796）将收到的数据进行 TCP 数据打包，通过 RJ45 接口（HR911105A 型）将其传送到互联网；上位机实时接收来自互联网的测量信息，并根据需要向嵌入式智能传感器发送控制命令，嵌入式智能传感器根据命令执行相应的操作、调节环境参数等。该智能传感器具有自适应性和可交互性，其液态乙醇浓度的可检测范围为 100～70 000 mg/L，响应时间小于 15 s，测量误差小于±2%。

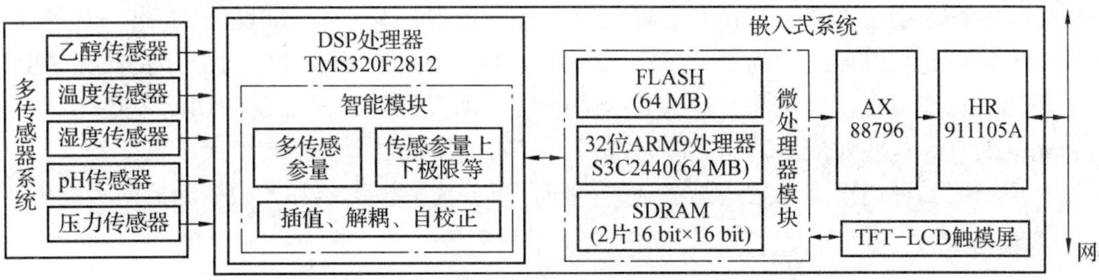

图 9.1.6　液态乙醇浓度在线检测嵌入式智能传感器结构

9.2　红外传感器

9.2.1　物理基础

红外线也称为红外光或红外辐射，是位于可见光中红光以外的光线，故称为红外线。它是一种人眼看不见的电磁波，波长范围为 0.75～1 000 μm，红外线在电磁波谱中的位置如图 9.2.1 所示。工程上又把红外线所占据的波段分为近红外、中红外、远红外和极远红外。

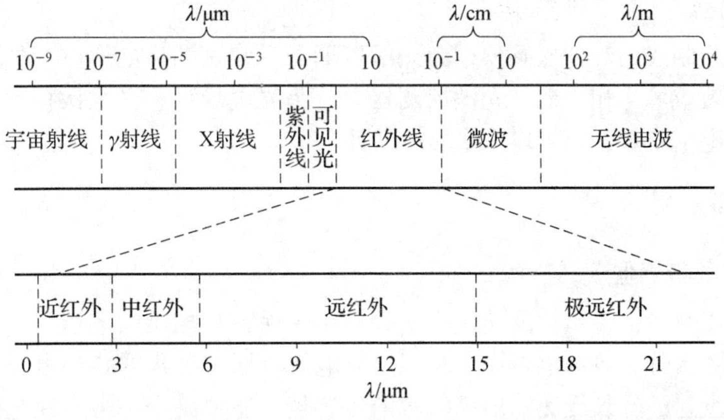

图 9.2.1　电磁波谱

红外光的最大特点是具有光热效应，能辐射热量，它是光谱中最大的光热效应区。红外辐射本质上是一种热辐射，自然界中的任何物体，只要其本身温度高于绝对零度（−273.15 ℃），就会向外部空间不断地辐射红外线。物体温度越高，辐射出来的红外线就越多，辐射的能量就越强，因此可利用红外辐射来测量物体的温度。红外光在介质中传播时，由于介质的吸收和散射作用而被衰减。各种气体和液体对于不同波长的红外辐射的吸收是有选择性的，亦即不同的气体或液体只能吸收某一波长或几个波长范围的红外辐射能，这是利用红外线进行成分分析的依据之一。

红外线和所有电磁波一样，以波的形式在空间直线传播，也服从反射定律和折射定律，具有干涉、衍射和偏振等现象。

9.2.2 红外探测器

红外传感器一般由光学系统、探测器、信号调理电路及显示单元等组成。红外探测器是红外传感器的核心组成部分，其作用是将入射的红外辐射信号转变成电信号输出。红外辐射是波长介于可见光与微波之间的电磁波，人眼察觉不到。要察觉这种辐射的存在并测量其强弱，必须把它转变成可以察觉和测量的其他物理量。现代红外探测器所利用的主要是红外热效应和光电效应。这些效应的输出大多是电量，或者可用适当的方法转变成电量。

红外探测器的种类很多，按探测机理的不同，可分为热探测器和光敏探测器两大类。

1. 热探测器

利用红外辐射的热效应，热探测器吸收红外辐射后，引起温度升高，进而使有关物理参数发生相应变化，通过测量相关物理参数的变化来确定探测器所吸收的红外辐射能量。

根据吸收红外辐射能后探测器物理参数的变化，可以将热探测器分为热释电型、热敏电阻型、热电偶型和气体型。

热释电型是根据热释电效应制成的，当晶体受热时，在晶体两端会产生数量相等而符号相反的电荷。当红外辐射照射在热敏电阻上，其温度升高，阻值减小，测量电阻值的变化即可得知入射的红外辐射的强弱。热电偶型是利用温差电势效应制成的，当温度升高，产生相应热电动势。气体型探测器是利用在体积一定的条件下，温度升高时气体压强变化制成的。其中，热释电型探测率最高，频率响应最宽，也是目前用得最广的红外传感器。

2. 光敏探测器

利用光电效应制成的红外探测器称为光敏探测器。常见的光电效应有外光电效应、光生伏特效应和光导效应等。相应地，光敏探测器可分为光电导型、光生伏特型和光电型等，可以是光电管、光电倍增管，也可以是半导体器件。

9.2.3 典型应用

1. 热释电红外传感器

当一些晶体受热时，在晶体两端会产生数量相等而符号相反的电荷，这种由于热变化而产生的电极化现象，称为热释电效应。利用热释电效应原理工作的热释电红外传感器是一种能检测人或动物发射的红外线而输出电信号的传感器。主要是由一种高热电系数的材料，如锆钛酸铅系陶瓷等制成尺寸为 2 mm×1 mm 的热释电单元。在每个热释电晶片上装入一个或两个热释电单元，并将两个热释电单元以反极性串联，以抑制由于自身温度升高而产生的干扰。由热释电晶片将探测并接收到的红外辐射转变成微弱的电压信号，经场效应晶体管放大后向外输出。为了使热释电红外传感器对人体最敏感，而对太阳、电灯光等有抗干扰性，在传感器顶端开设了一个装有滤光镜片的窗口。为了提高传感器的探测灵敏度以增大探测距离，热释电晶片表面必须罩上一块由一组平行的棱柱型透镜所组成的菲涅耳透镜，它和放大电路相配合，可将信号放大 70 dB 以上，这样就可以测出 20 m 范围内人的行动，热释电元件如图 9.2.2 所示。

(a)热释电红外传感器内部结构　(b)菲涅耳透镜　(c)热释电套件　(d)电路板

图 9.2.2　热释电元件

每一透镜单元都只有一个不大的视场角，在热释电晶片前方产生一个交替变化的“盲区”和“高灵敏区”，以提高它的探测接收灵敏度。当有人从透镜前走过时，人体发出的红外线就不断地交替从“盲区”进入“高灵敏区”，这样就使接收到的红外信号以忽强忽弱的脉冲形式输入，晶片上的两个反向串联的热释电单元将输出一串交变脉冲信号。当然，如果人静止不动地站在热释电元件前面，它是“视而不见”的。

热释电红外传感器以非接触形式检测人体或运动生物辐射的红外线，并将其转变为电压信号，热释电红外传感器既可用于防盗报警装置，也可用于自动控制、接近开关和遥测等领域。

2. 红外辐射测温仪

红外测温技术在生产过程中，在产品质量控制和监测、设备在线故障诊断和安全保护以及节约能源等方面发挥了重要的作用。近 20 年来，非接触红外人体测温仪在技术上得到了迅速发展，性能不断完善，功能不断增强，品种不断增多，适用范围也不断扩大。比起接触式测温方法，红外测温有着响应时间快、非接触、使用安全及使用寿命长等优点，如图 9.2.3 所示为红外辐射测温仪实物图。红外辐射测温仪既可用于高温测量，也可用于冰点以下的温度测量，所以是辐射温度计的发展趋势。市售的红外辐射温度计的温度范围为 -30～3 000 ℃，中间分成若干个不同的规格，可根据需要选择适合的型号。

(a)　(b)　(c)

图 9.2.3　红外辐射测温仪

红外测温的方法有全辐射测温法、亮度测温法和双波段测温法等。全辐射测温法是利用辐射体在全波长范围的积分辐射能量与温度之间的函数关系来实现温度测量。亮度测温法是利用辐射体在某一波长下的光谱辐射亮度与温度之间的函数关系来实现温度测量。

红外辐射测温仪由光学系统、光电探测器、信号放大器及信号处理、显示输出等部分组成。光学系统汇聚其视场内的目标红外辐射能量，视场的大小由测温仪的光学零件及其位置确定。红外能量聚焦在光电探测器上并转变为相应的电信号。该信号经过放大器和信号处理电路，并按照相应的算法和目标发射率校正后转变为被测目标的温度值。

比色式温度传感器是采用比色式（双波段）测温原理，通过测量两个波长的单色辐射亮度之比值来实现对被测目标的非接触测温。它抗烟雾、水蒸气和灰尘能力较强，不受窗口玻璃影响，能瞄准、测量小目标，可不考虑距离系数，可以不完全被目标充满，无须调焦就可准确测量。比色式温度传感器适于环境条件恶劣的工业现场中使用，如钢铁、焦化和炉窑等应用现场。

图 9.2.4（a）所示为双光路系统比色式温度传感器的原理框图，被测辐射光源射来的光线经分光棱镜 11 分成两路平行光，经反射镜 10 反射同时通过（或不通过）调制盘 6 小孔，再分别通过滤光片 8、9 投射到相应的光电元件 3 上，产生两种颜色的光电信号，经运算放大电路 4 处理后送显示装置 5。

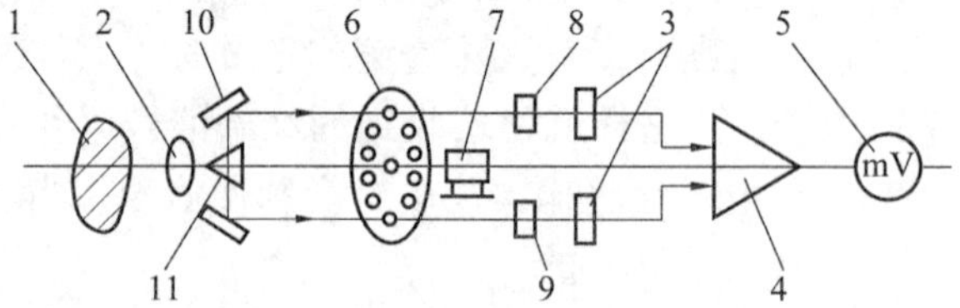

(a)双光路系统比色式温度传感器的原理框图

(b)实物图

图 9.2.4　比色式温度传感器

1—被测对象；2—透镜；3—光电元件；4—运算放大电路；5—显示装置；6—调制盘；
7—同步电动机；8，9—滤光片；10—反射镜；11—分光棱镜

9.3　超声波传感器

超声波传感器是利用超声波的特性研制而成的传感器。超声波是一种振动频率高于声波的机械波，由换能晶片在电压的激励下发生振动产生的，具有频率高、波长短、绕射现象小，特别是方向性好、能够成为射线而定向传播等特点。超声波对液体、固体的穿透本领很强，尤其是在不透明的固体中，可穿透几十米的深度。超声波碰到杂质或分界面会产生显著反射形成反射回波，碰到活动物体能产生多普勒效应。超声波传感器广泛应用在工业、国防、生物医学等方面。

9.3.1　物理基础

1. 概念

介质中的质点以弹性力互相联系。某质点在介质中振动能激起周围质点的振动。质点振动在弹性介质内的传播形成机械波。

根据声波频率的范围，声波可以分为次声波、声波和超声波。其中，频率在 16 ~ 2×10^4 Hz 之间，能为人耳所闻的机械波，称为声波；频率低于 16 Hz 的机械波，称为次声波；频率高于 2×10^4 Hz 的机械波，称为超声波。

声波的频率越高，与光波的某些特性就越相似。超声波波长 λ、频率 f 与速度 c 的关系为

$$\lambda=\frac{c}{f} \tag{9.3.1}$$

2. 物理性质

（1）超声波的波形。

由于声源在介质中施力方向与波在介质中传播方向的不同，声波的波形也有所不同。通常有如下几种。

①纵波：质点振动方向与波的传播方向一致的波。它能在固体、液体和气体中传播。

②横波：质点振动方向垂直于传播方向的波。它只能在固体中传播。

③表面波：质点的振动介于纵波与横波之间，沿着表面传播，其振幅随深度增加而迅速衰减的波。表面波随深度增加衰减很快，只能沿着固体的表面传播。为了测量各种状态下的物理量，多采用纵波。

（2）超声波的传播速度。

纵波、横波及表面波的传播速度，取决于介质的弹性常数及介质密度。气体和液体中只能传播纵波，气体中声速为 344 m/s，液体中声速为 900～1 900 m/s。在固体中，纵波、横波和表面波三者的声速成一定关系。通常可认为横波声速为纵波声速的一半，表面波声速约为横波声速的 90%。值得指出的是，介质中的声速受温度影响变化较大，在实际使用中注意采取温度补偿措施。

（3）超声波的反射和折射。

超声波从一种介质传播到另一种介质时，在两介质的分界上一部分超声波被反射，另一部分则透过分界面，在另一种介质内继续传播。这两种情况分别称为超声波的反射和折射，如图 9.3.1 所示。其中，α 是入射角，α'是反射角，β 是折射角。

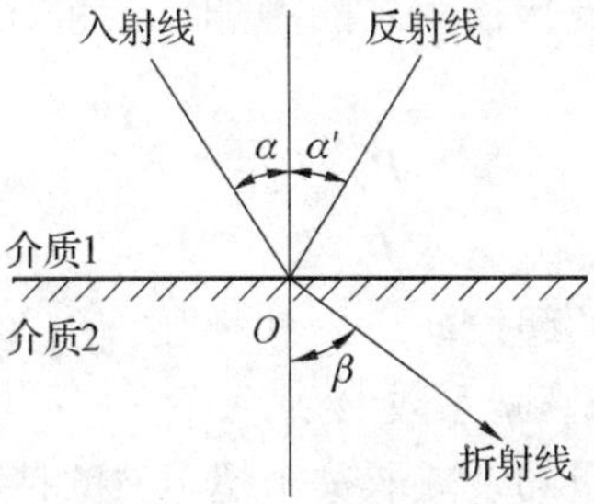

图 9.3.1　超声波的反射和折射

反射定律：当波在界面上发生反射时，入射角 α 的正弦与反射角 α'的正弦之比等于入射波波速与反射波波速之比。当入射波和反射波的波形相同、波速相等时，入射角 α 等于反射角 α'。

折射定律：当波在界面处产生折射时，入射角 α 的正弦与折射角 β 的正弦之比等于入射波在第一介质中的波速 c_1 与折射波在第二介质中的波速 c_2 之比，即

$$\frac{\sin\alpha}{\sin\beta}=\frac{c_1}{c_2} \tag{9.3.2}$$

（4）波形的转换。

当声波以某一角度入射到第二介质（固体）的界面上时，除有纵波的反射、折射以外，还会发生横波的反射和折射，如图 9.3.2 所示。在一定条件下，还能产生表面波。各种波形均符合几何光学中的反射定律，即

$$\frac{c_L}{\sin\alpha}=\frac{c_{L_1}}{\sin\alpha_1}=\frac{c_{S_1}}{\sin\alpha_2}=\frac{c_{L_2}}{\sin\gamma}=\frac{c_{S_2}}{\sin\beta} \tag{9.3.3}$$

式中，α 为入射角；α_1、α_2 分别为纵波与横波的反射角；γ、β 分别为纵波与横波的折射角；c_L、c_{L_1}、c_{L_2}分别为入射介质、反射介质与折射介质内的纵波速度；c_{S_1}、c_{S_2}分别为反射介质与折射介质内的横波速度。

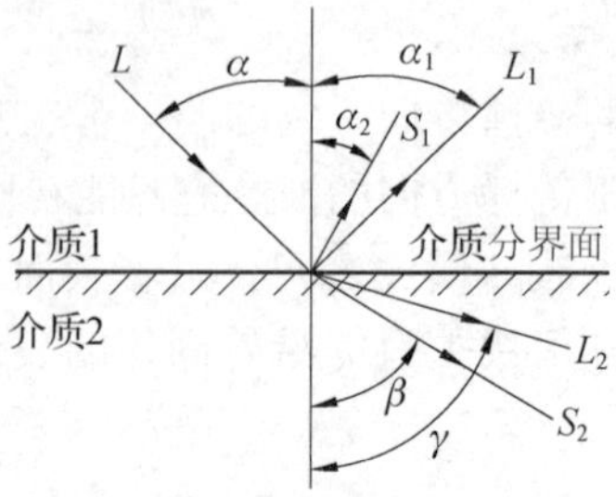

图 9.3.2　波形转换图

如果第二介质为液体或气体，则仅有纵波，不会产生横波和表面波。

①纵波全反射：在用横波探测时不希望有纵波存在，由于纵波折射角（或波速）大于横波折射角（或波速），因此可选择恰当的入射角从而使得纵波全反射，只要纵波折射角大于或等于 90°，此时的折射波中便只有横波存在。对应于纵波折射角为 90°时的入射角称为纵波临界角。

②横波全反射：如果使横波全反射，则在介质的分界面上只传播表面波。对应于横波折射角为 90°时的入射角称为横波临界角，也称为第二临界角。

（5）超声波的衰减。

超声波在介质中传播时，随着传播距离的增加，能量逐渐衰减。其声压和声强的衰减满足以下函数关系：

$$P_x=P_0\mathrm{e}^{-\alpha x} \tag{9.3.4}$$

$$I_x=I_0\mathrm{e}^{-2\alpha x} \tag{9.3.5}$$

式中，P_x、I_x 分别为距声源 x 处的超声波声压和声强；P_0、I_0 分别为声源处的超声波声压和声强；x 为距声源处的距离；α 为衰减系数。

超声波在介质中传播时，能量的衰减取决于超声波的扩散、散射和吸收。在理想介质中，超声波的衰减仅来自于超声波的扩散，即随着超声波传播距离的增加，在单位面积内声能会减弱。散射衰减是指超声波由于在固体介质中的颗粒界面上散射，或在流体介质中的悬浮粒子或气泡上散射而造成的衰减（严重时可能接收不到正确的反射回波）。吸收衰减是由介质的导热性、黏滞性及弹性滞后等因素造成的，介质吸收声能并将其转换成热能。吸收随超声波频率的升高而增高。衰减系数 α 因介质材料的性质而异，一般晶粒越粗，超声波频率越高，则衰减系数越大。衰减系数往往会限制最大探测厚度。通常以 dB/cm 或 dB/mm 为单位来表示衰减系数。在一般探测频率上，材料的衰减系数在一到几百分贝/毫米之间。例如，衰减系数为 1 dB/mm 的材料，表示超声波每穿透材料 1 mm 衰减 1 dB。

9.3.2　工作原理

要以超声波作为检测手段，必须能产生超声波和接收超声波。完成这种功能的装置就是超声波传感器，习惯上称为超声波换能器，或称超声波探头。

超声波传感器按其工作原理，可分为压电式、磁致伸缩式和电磁式等。

1. 压电式超声波传感器

压电式超声波传感器是利用压电材料的压电效应原理来工作的。常用的压电材料主要有压电晶体和压电陶瓷。根据正、逆压电效应的不同，压电式超声波传感器分为发生器（发射探头）和接收器（接收探头）两种。

压电式超声波发生器是利用逆压电效应的原理将高频电振动转换成高频机械振动，从而产生超声波的。当外加交变电压的频率等于压电材料的固有频率时会产生共振，此时产生的超声波最强。压电式超声波传感器可以产生几十千赫兹到几十兆赫兹的高频超声波，其声强可达几十瓦每平方厘米。

压电式超声波接收器是利用正压电效应原理进行工作的。当超声波作用到压电晶片上会引起晶片伸缩，在晶片的两个表面上便产生极性相反的电荷，这些电荷被转换成电压经放大器送到测量电路，最后记录或显示出来。压电式超声波接收器的结构和超声波发生器基本相同，有时就用同一个传感器兼作发生器和接收器。

通用型和高频型压电式超声波传感器结构如图 9.3.3 所示。通用型压电式超声波传感器的中心频率一般为几十千赫兹，主要由压电晶片、圆锥谐振器、栅孔等组成；高频型压电式超声波传感器的频率一般在 100 kHz 以上，主要由压电晶片、吸收块（阻尼块）、保护膜等组成。压电晶片多为圆板形，设其厚度为 δ，超声波频率 f 与其厚度 δ 成反比。压电晶片的两面镀有银层，作为导电的极板，底面接地，上面接至引出线。为了避免传感器与被测件直接接触而磨损压电晶片，在压电晶片下黏合一层保护膜（0.3 mm 厚的塑料膜、不锈钢片或陶瓷片）。吸收块的作用是降低压电晶片的机械品质，吸收超声波的能量。如果没有吸收块，当激励的电脉冲信号停止时，晶片将会继续振荡，加长超声波的脉冲宽度，使分辨率变差。

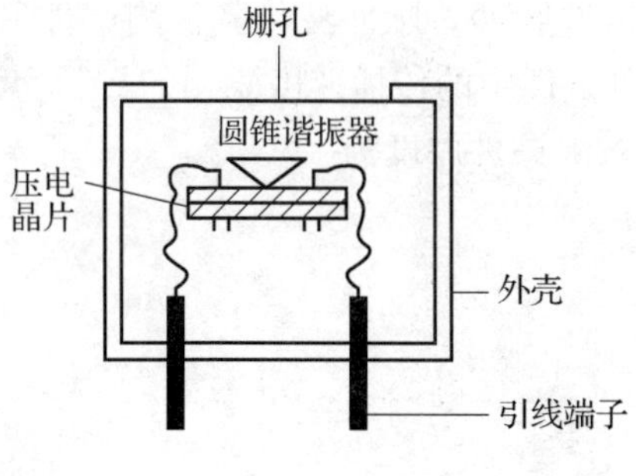

(a)通用型

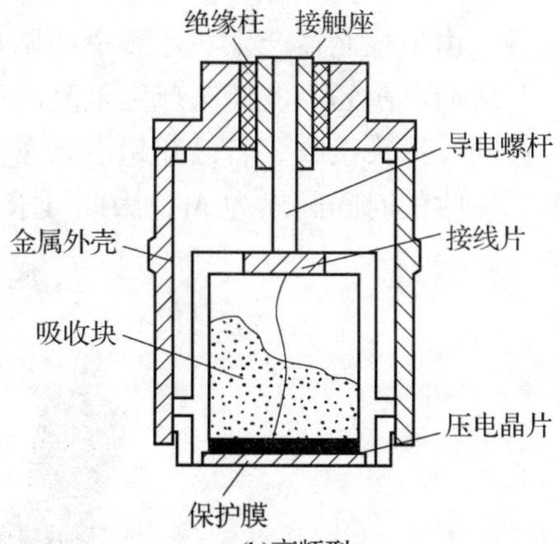

(b)高频型

图 9.3.3　压电式超声波传感器的结构

2. 磁致伸缩式超声波传感器

铁磁材料在交变的磁场中沿着磁场方向产生伸缩的现象，称为磁致伸缩效应。磁致伸缩效应的强弱即材料伸长、缩短的程度，因铁磁材料的不同而各异。镍的磁致伸缩效应最大，如果先加一定的直流磁场，再通以交变电流时，它可以工作在特性最好的区域。磁致伸缩传感器的材料除镍外，还有铁钴钒合金和含铁、镍的铁氧体。它们的工作频率范围较窄，仅在几万赫兹以内，但功率可达 100 kW，声强可达几千瓦每平方毫米，且能耐较高的温度。

磁致伸缩式超声波发生器是把铁磁材料置于交变磁场中，使它产生机械尺寸的交替变化即机械振动，从而产生出超声波。它由几个厚为 0.1～0.4 mm 的铁片叠加而成，片间绝缘以减少涡流损失，其结构形状有矩形、窗形等。

磁致伸缩式超声波接收器的原理是当超声波作用在磁致伸缩材料上时，引起材料伸缩，从而导致它的内部磁场（即导磁特性）发生改变。根据电磁感应，磁致伸缩材料上所绕的线圈里便获得了感应电势。此电动势被送入测量电路，最后记录或显示出来。

图 9.3.4　超声波探头

9.3.3　典型应用

1. 超声波测厚仪

图 9.3.5 所示为超声波测厚仪，超声波测量厚度常采用脉冲回波法。图 9.3.6 所示为脉冲回波法检测厚度的工作原理。在用脉冲回波法测量试件厚度时，超声波探头与被测试件某一表面相接触。由主控制器产生一定频率的脉冲信号，送往发射电路，经电流放大后加在超声波探头上，从而激励超声波探头产生重复的超声波脉冲。脉冲波传到被测试件另一表面后反射回来，被同一探头接收。若已知超声波在被测试件中的传播速度 v，设试件厚度为 d，脉冲波从发射到接收的时间间隔为 Δt，因此可求出被测试件厚度为

$$d=\frac{v\Delta t}{2} \tag{9.3.6}$$

图 9.3.5　超声波测厚仪

为测量时间间隔，可采用图 9.3.6 所示的方法，将发射脉冲和回波反射脉冲加至示波器垂直偏转板上。标记发生器所输出的已知时间间隔的脉冲，也加在示波器垂直偏转板上。线性扫描电压同样加在水平偏转板上。因此可以直接从示波器屏幕上观察到发射脉冲和回波反

射脉冲，从而求出两者的时间间隔 Δt。当然，也可用稳频晶振产生的时间标准信号来测量时间间隔，从而做成厚度数字显示仪表。

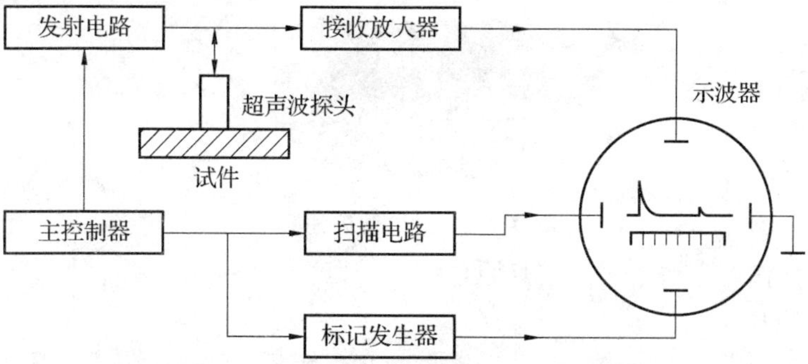

图 9.3.6　脉冲回波法检测厚度的工作原理

用超声波传感器测量金属零件的厚度（测量范围为 0.1～10 mm，信号频率为 5 MHz），具有测量精度高、操作安全简单、易于读数、能实现连续自动检测、测试仪器轻便等众多优点，但是，对于声衰减很大的材料，以及表面凹凸不平或形状极不规则的零件，利用超声波实现厚度测量则比较困难。

2. 超声波物位计

超声波物位计是根据超声波在两种介质的分界面上的反射特性而工作的。详见第 13 章物位检测。

3. 超声波流量计

超声波流量检测是利用超声波在流体中传输时，在逆流和顺流时传播速度不同的特点，从而求得流体的流速和流量。

4. 超声波测距仪

超声波能在气体、液体及固体中以一定速度定向传播，遇障碍物后形成反射。利用这一特性，数字式超声波测距仪通过对超声波往返时间内输入到计数器特定频率的时钟脉冲进行计数，进而显示对应的测量距离，从而实现无接触测量物体距离。超声波测距仪由超声波发生电路、超声波接收放大电路、计数和显示电路组成，如图 9.3.7 所示。超声波测距迅速、方便，且不受光线等因素影响。

图 9.3.7　超声波测距仪

5. 超声波无损检测

超声波无损检测是无损探伤技术中的一种重要检测手段，主要用于检测板材、管材、锻件和焊缝等材料的缺陷（如裂纹、气孔、杂质等），并配合断裂学对材料使用寿命进行评价，如图 9.3.8 所示。超声波无损检测具有检测灵敏度高、速度快、成本低等优点，因此得到普遍的重视，并在生产实践中得到了广泛的应用。

图 9.3.8 超声波无损检测

超声波探伤的方法很多，按其原理可分为以下两大类：

(1) 穿透法探伤。

穿透法探伤是根据超声波穿透工件后能量的变化情况来判断工件内部质量。

图 9.3.9 所示为穿透法探伤原理图。该方法采用两个超声波探头，分别置于被测工件相对的两个表面，其中一个发射超声波，另一个接收超声波。发射的超声波可以是连续波，也可以是脉冲信号。当被测工件内无缺陷时，接收到的超声波能量大，显示仪表指示值大；当工件内有缺陷时，因为部分能量被反射，所以接收到的超声波能量小，显示仪表指示值小。根据这个变化，即可检测出工件内部有无缺陷。

该方法的优点为指示简单，适用于自动探伤；可避免盲区，适宜探测薄板。其缺点为探测灵敏度较低，不能发现小缺陷；根据能量的变化可判断有无缺陷，但不能定位；对两探头的相对位置要求较高。

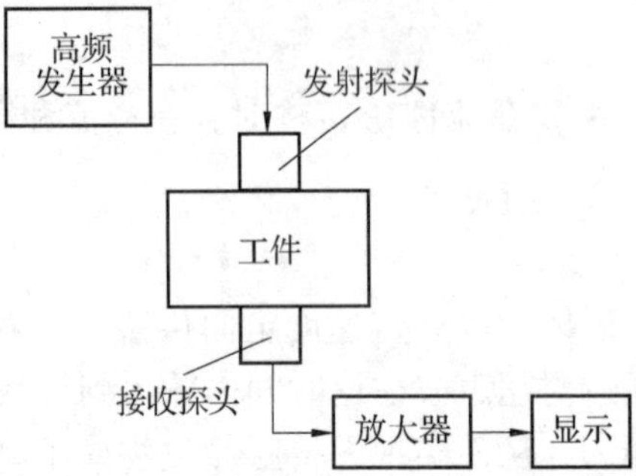

图 9.3.9 穿透法探伤原理图

(2) 反射法探伤。

反射法探伤是根据超声波在工件中反射情况的不同来探测工件内部是否有缺陷。

①一次脉冲反射法。

图 9.3.10 所示为一次脉冲反射法探伤原理图。测试时，将超声波探头放于被测工件上，并在工件上来回移动进行检测。由高频脉冲发生器发出脉冲（发射脉冲 T）加在超声波探头上，激励其产生超声波。探头发出的超声波以一定速度向工件内部传播。其中，一部分超声波遇到缺陷时反射回来，产生缺陷脉冲 F；另一部分超声波继续传至工件底面后也反射回来，产生底脉冲 B。缺陷脉冲 F 和底脉冲 B 被探头接收后变为电脉冲，并与发射脉冲 T 一起经放大后，最终在显示器荧光屏上显示出来。通过荧光屏即可探知工件内部是否存在缺陷、缺陷大小及位置。若工件内没有缺陷，则荧光屏上只出现发射脉冲 T 和底脉冲 B，而没有缺陷脉冲 F；若工件内有缺陷，则荧光屏上除出现发射脉冲 T 和底脉冲 B 外，还会出现缺陷脉冲 F。荧光屏上的水平亮线为扫描线（时间基准），其长度与时间成正比。由发射脉冲、缺陷脉冲

及底脉冲在扫描线上的位置，可求出缺陷位置。由缺陷脉冲的幅度，可判断缺陷大小。当缺陷面积大于超声波声束截面时，超声波全部由缺陷处反射回来，荧光屏上只出现发射脉冲 T 和缺陷脉冲 F，而没有底脉冲 B。

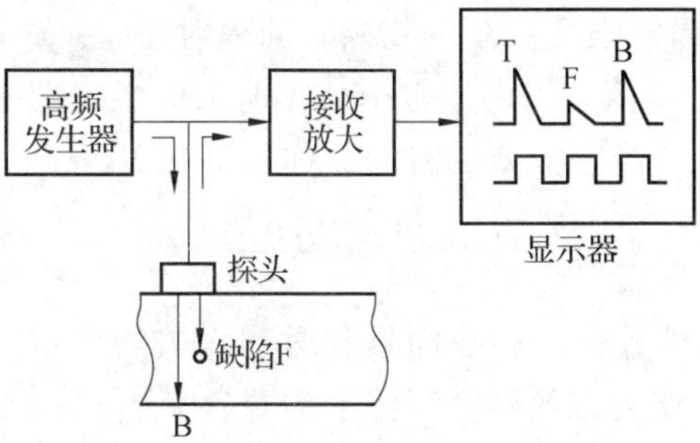

图 9.3.10　一次脉冲反射法探伤原理图

②多次脉冲反射法。

图 9.3.11 所示为多次脉冲反射法探伤原理图。多次脉冲反射法是以多次底波为依据进行探伤的方法。如图 9.3.11（a）所示，超声波探头发出的超声波由被测工件底部反射回超声波探头时，其中一部分超声波被探头接收，而剩下部分又折回工件底部，如此往复反射，直至声能全部衰减完为止。因此，若工件内无缺陷，则荧光屏上会出现呈指数函数曲线形式递减的多次反射底波，如图 9.3.11（b）所示；若工件内有吸收性缺陷时，声波在缺陷处的衰减很大，底波反射的次数减少，如图 9.3.11（c）所示；若缺陷严重时，底波甚至完全消失，如图 9.3.11（d）所示。据此可判断出工件内部有无缺陷及缺陷严重程度。当被测工件为板材时，为了观察方便，一般常采用多次脉冲反射法进行探伤。

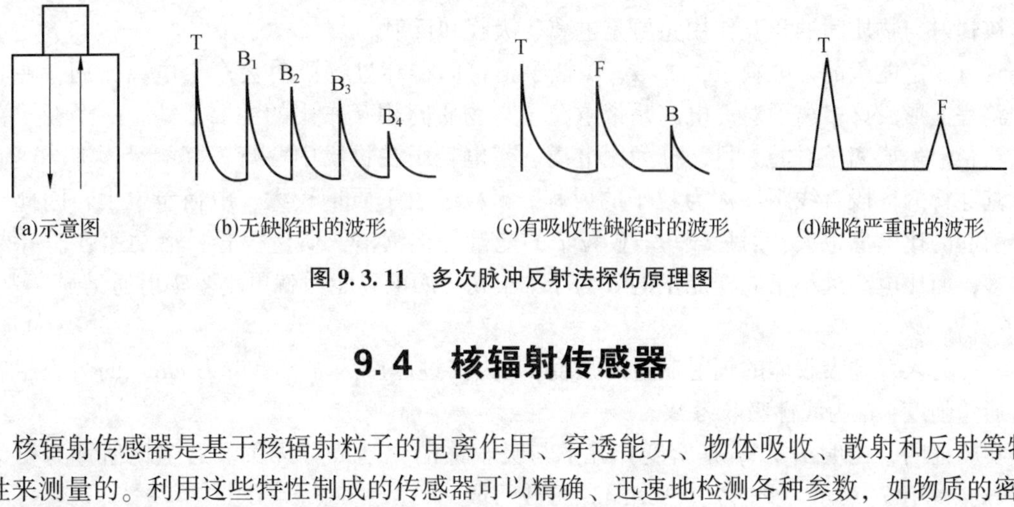

图 9.3.11　多次脉冲反射法探伤原理图

9.4　核辐射传感器

核辐射传感器是基于核辐射粒子的电离作用、穿透能力、物体吸收、散射和反射等物理特性来测量的。利用这些特性制成的传感器可以精确、迅速地检测各种参数，如物质的密度、液位、材料的成分、厚度以及覆盖层厚度、物体内部结构等。核辐射检测具有非接触、无损检测等优点，在无损探伤等方面具有重要应用。

9.4.1　物理基础

1. 放射性同位素

凡原子序数相同而原子质量不同的元素，在元素周期表中占同一位置，故称为同位素，原子如果不是由于外来原因而自发地产生核结构变化的现象称为核衰变。具有核衰变性质的同位素会自动在衰变中放出射线，故称为“放射性同位素”。其衰变规律为

$$J=J_0 e^{-\lambda t} \tag{9.4.1}$$

式中，J 为经过时间 t 后的辐射强度；J_0 为初始时的辐射强度；λ 为衰变常数。

衰变的速度取决于 λ 的量值。习惯上常用与 λ 有关的半衰期 T 来表示衰变的快慢。放射性同位素的原子核数衰减到一半所需要的时间，称为半衰期。

$$\tau=\frac{\ln 2}{\lambda}=\frac{0.693}{\lambda} \tag{9.4.2}$$

τ 与 λ 一样是不受任何外界作用影响而且和时间无关的恒量，不同放射性元素的 τ 与 λ 是不同的，一般将半衰期 τ 作为该放射性同位素的寿命。

2. 核辐射

放射性同位素在衰变过程中放出一种特殊的带有一定能量的粒子或射线，这种现象称为“核辐射”。放出的射线有 α、β、γ 三种射线。其中，α 射线由带正电的 α 粒子组成，β 射线由带负电的自粒子所组成，γ 射线由中性的光子组成。

通常用单位时间内发生衰变的次数来表示放射性的强弱，称为放射性强度。放射性强度也随时间按指数衰减，即

$$I=I_0 e^{-\lambda t} \tag{9.4.3}$$

式中，I_0 为初始时的放射性强度；I 为经过时间 t 后的放射性强度，放射性强度的单位为居里（Ci），1 Ci 等于放射源每秒钟发生 3.7×10^{10} 次核衰变。

3. 核辐射与物质间的相互作用

核辐射与物质间的相互作用主要是电离、吸收和反射。

具有一定能量的带电粒子，如 α、β 粒子，它们在穿过物质时会产生电离作用，在其经过的路程上形成许多离子对。电离是带电粒子与物质间相互作用的主要形式。一个粒子在每厘米路径上生成离子对的数目，称为比电离。带电粒子在物质中穿行，其能量逐渐耗尽而停止，其穿行的一段直线距离称为粒子的射程。α 粒子由于质量较大，电荷量也大，因此在物质中引起的比电离也大，射程较短。β 粒子的能量是连续谱，质量很轻，运动速度比 α 粒子快得多，而比电离远小于同样能量的 α 粒子。γ 光子的电离能力就更小。辐射通量强度为

$$I=I_0 e^{-\mu h} \tag{9.4.4}$$

式中，I_0 为入射到吸收体的辐射通量的强度；I 为穿过厚度为 h（单位为 cm）的吸收层后的辐射通量强度；μ 为线性吸收系数。

实验证明，比值 μ/ρ（ρ 是密度）几乎与吸收体的化学成分无关。这个比值称为质量吸收系数，常用 μ_ρ 表示。此时式（9.4.4）可改写成

$$I=I_0 e^{-\mu_\rho \rho h} \tag{9.4.5}$$

设质量厚度 $x=h\rho$，则吸收公式可写成

$$I=I_0 e^{-\mu_\rho x} \tag{9.4.6}$$

这些公式是设计核辐射测量仪器的基础。

β 射线在物质中穿行时容易改变运动方向而产生散射现象，向相反方向的散射就是反射，有时称为反散射。反散射的大小与 β 粒子的能量、物质的原子序数及厚度有关。利用这一性

质可以测量材料的涂层厚度。

9.4.2　组成及防护

核辐射传感器主要由放射源和探测器组成。

1. 放射源

利用射线式传感器进行测量时，都要有可发射出 α、β 粒子或 γ 射线的辐射源。选择辐射源应尽量提高检测灵敏度和减小统计误差。为避免经常更换辐射源，要求采用的同位素有较长的半衰期及合适的放射强度。因此尽管放射性同位素种类很多，但能用于测量的只有 20 种左右。最常用的有 ^{60}Co、^{137}Cs、^{241}Am 及 ^{90}Sr 等。放射线源的结构应使射线从测量方向射出，而其他方向则必须使射线的剂量尽可能小，以减少对人体的危害。β 射线辐射源一般为圆盘状，γ 射线辐射源一般为丝状、圆柱状或圆片状。图 9.4.1 所示为 β 厚度计辐射源容器，射线出口处装有耐辐射薄膜，以防灰尘侵入，并能防止放射源受到意外损伤而造成污染。

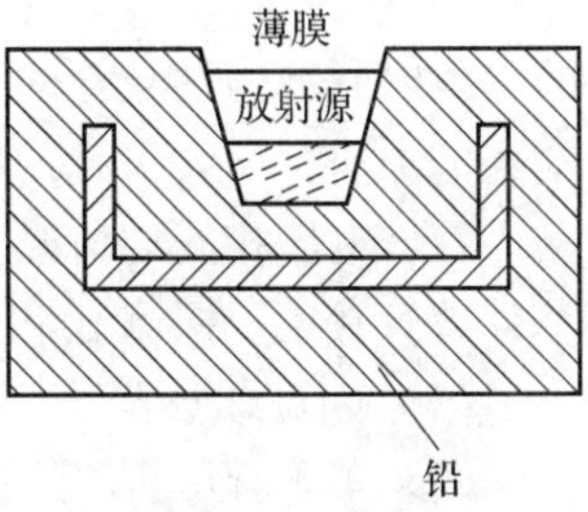

图 9.4.1　放射源容器图

2. 探测器

探测器就是核辐射的接收器，常用的有电离室、盖革计数管和闪烁计数器。

（1）电离室。

图 9.4.2 所示为电离室工作原理，它是在空气中设置一个平行极板电容，对其加上几百伏的极化电压，在极板间产生电场。当有粒子或射线射向两极板之间的空气时，它们在电场的作用下，正离子趋向负极，而电子趋向正极，便产生电离电流，并在外接电阻 R 上形成电压降。测量此电压降就能得到核辐射的强度。这就是电离室的基本工作原理。电离室主要用于探测 α、β 粒子，具有成本低、寿命长等优点。但输出电流较小，而且探测 α、β 粒子和 γ 射线的电离室互不通用。

（2）盖革计数管。

图 9.4.3 所示为盖革计数管示意图。它有一个密封玻璃管 1，中间一条钨丝 2 为工作阳极，在玻璃管内壁涂上一层导电物质或另放一个金属圆筒 3 作为阴极。管内充入的气体由两部分组成，主要是惰性气体如氦、氖等，另一部分是加入有机物（如乙醚、乙醇等）。充进有机物的称为有机物计数管；充入卤素的称为卤素计数管。由于卤素计数管寿命长，工作电压低，因此应用较广泛。

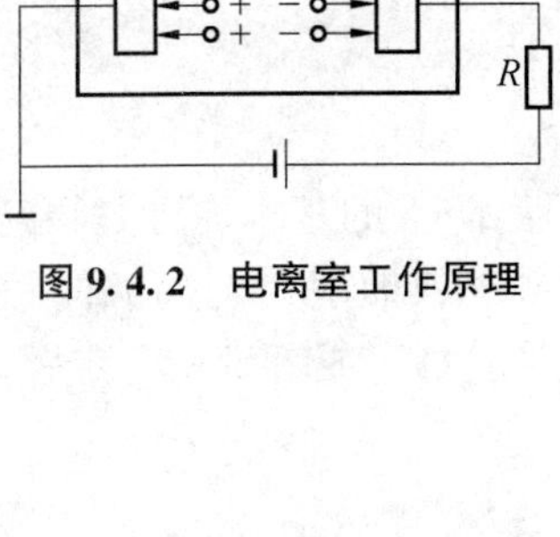

图 9.4.2　电离室工作原理

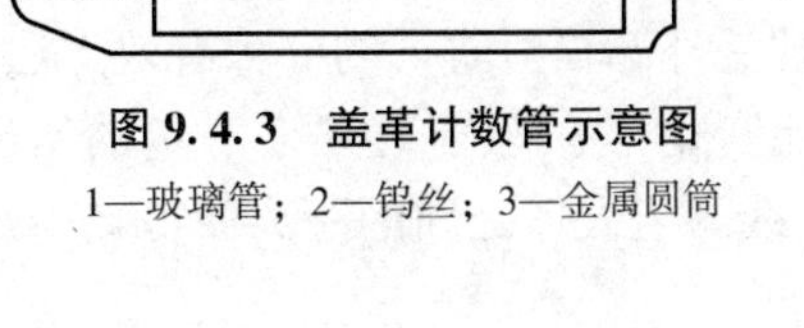

图 9.4.3　盖革计数管示意图

1—玻璃管；2—钨丝；3—金属圆筒

当射线进入盖革计数管后，管内的气体被电离。当一个负离子被阳极所吸引而走向阳极时，因与其他的气体分子碰撞而产生多个次级电子，当它们快到阳极时，次级电子急剧倍增，产生所谓“雪崩”现象。这个“雪崩”马上引起沿着阳极整条线上的“雪崩”。此时阳极马上发生放电，放电后阳极周围的空间由于“雪崩”所产生的电子都已被中和，剩下的只是许多正离子包围着阳极。这样的正离子称为正离子销。在正离子销和阳极间的电场因正离子的存在而减弱了许多。此时即便有电子走进此区，也不能产生“雪崩”而放电。这种不能计数的一段时间称为计数管的“死时间”。正离子打到阴极时会打出电子，被打出来的电子经过电场的加速，又会引起计数管放电，放电后又产生正离子鞘，这个过程将会循环出现。

在外电压相同的情况下，入射的核辐射强度越强，盖革计数管内产生的脉冲数越多。盖革计数管常用于探测 β 和 γ 射线的辐射量（强度）。

（3）闪烁计数器。

图 9.4.4 所示为闪烁计数器示意图。它由闪烁晶体和光电倍增管组成。当核辐射进入闪烁晶体时，使闪烁晶体的原子受激发光，光透过闪烁体射到光电倍增管的光阴极上打出光电子并在倍增管中倍增，在阳极上形成电流脉冲，最后被电子仪器记录下来，这就是闪烁计数器记录粒子的基本过程。

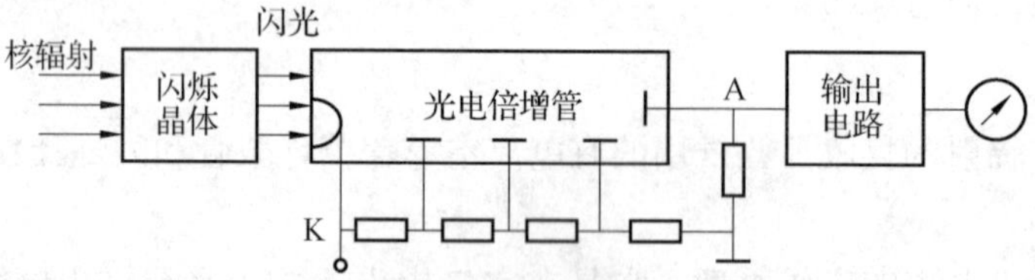

图 9.4.4　闪烁计数器示意图

闪烁晶体是一种受激发光物质，形态有固、液和气态三种，可分为无机和有机两大类。无机闪烁晶体的特点是对入射粒子的阻止能力强，发光效率也高，因此探测效率高。有机闪烁晶体的特点是发光时间甚短，只有和分辨性能较高的光电倍增管配用才能获得10^{-10} s 的分辨时间，而且容易制成较大的体积，常用于探测 β 粒子。

3. 核辐射的防护

放射性辐射过度地照射人体，会引起多种放射性疾病。我国规定：最大容许剂量为 0.05 伦琴/日，0.3 伦琴/周。因此在使用射线检测时要注意安全防护：采用适当的防护方法以减小工作人员接收射线的危害，使接收剂量在国家规定的最大容许剂量以下。射线防护主要有屏蔽防护、距离防护和时间防护三种防护方法。

（1）屏蔽防护。

屏蔽防护的原理是射线穿透物质时强度会减弱，一定厚度的屏蔽物质能减弱射线的强度，在辐射源与人体之间设置足够厚的屏蔽物（屏蔽材料），便可降低辐射水平，使人们在工作所受到的剂量降低到最高允许剂量以下，确保人身安全，达到防护的目的。屏蔽防护的要点是在射线源与人体之间放置一种能有效吸收射线的屏蔽材料。

（2）距离防护。

距离防护是外部辐射防护的一种有效方法，采用距离防护的基本原理是辐射强度随距离的平方成反比变化（在源辐射强度一定的情况下，剂量率或照射量与离源的距离平方成反比）。增加射线源与人体之间的距离便可减少剂量率或照射量，或者说在一定距离以外工作，使人们所受到的射线剂量在最高允许剂量以下，就能保证人身安全，从而达到防护的目的。距离防护的要点是尽量增大人体与射线源的距离。

(3) 时间防护。

时间防护的原理如下：在辐射场内的人员所受照射的累积剂量与时间成正比，因此，在照射率不变的情况下，缩短照射时间便可减少所接收的剂量，或者人们在限定的时间内工作，就可能使他们所受到的射线剂量在最高允许剂量以下，确保人身安全（仅在非常情况下采用此法），从而达到防护的目的。时间防护的要点是尽量减少人体与射线的接触时间（缩短人体受照射的时间）。

9.4.3　典型应用

1. 核辐射式测厚仪

核辐射式测厚仪利用射线穿透被测材料时，射线强度的变化与材料的厚度相关的特性，来测定材料的厚度，是一种非接触式的动态计量仪器，其工作示意图如图 9.4.5 所示。适用于生产以铝板、铜板和钢板等冶金材料为产品的企业，可以与轧机配套，应用于热轧、铸轧、冷轧和筒轧。

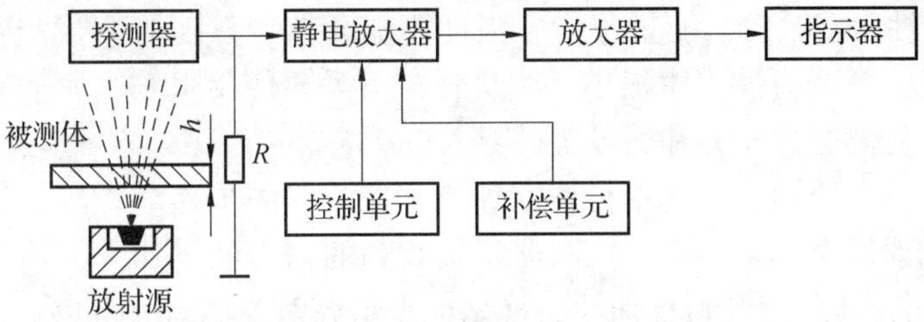

图 9.4.5　核辐射式测厚仪工作示意图

核辐射式测厚仪以 PLC 和工业计算机为核心，采集计算数据并输出目标偏差值放射源给轧机厚度控制系统，以达到要求的轧制厚度。主要应用行业：有色金属的板带筒加工、冶金行业的板带加工。

2. 核辐射式物位计

核辐射式物位计利用射线透过物料时其强度随作用物质的厚度（或高度）变化而变化的原理。工作中仪表各部件与被测物料不接触，故测量过程是非接触式的，因此特别适用于密闭容器中高温、高压、高黏度、强腐蚀、剧毒、有爆炸性、黏稠性、易结晶或沸腾状态的介质物位的测量。对于液态、固态和粉态等物理状态下的料位测量也有很好的适用性。

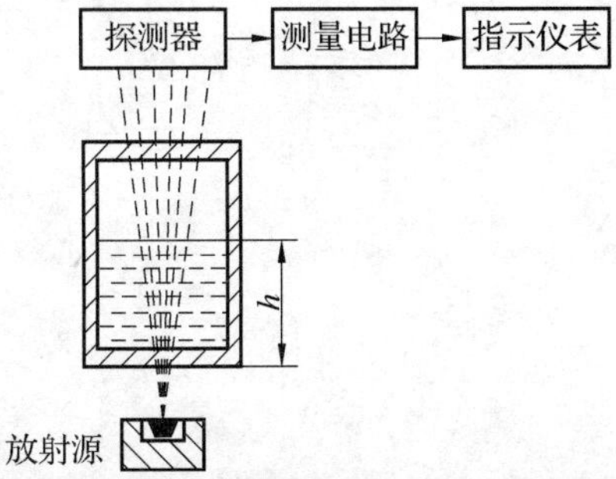

图 9.4.6　核辐射式物位计示意图

核辐射式物位计主要由放射源、探测器、测量电路和指示仪表组成，其示意图如图 9.4.6 所示。一般用于物位检测仪表中的主要放射源钴-60 及铯-137。它们被封装在灌铅的钢保护罩内，设有能开闭的窗口，不用的时候闭锁，以免辐射危害。

3. 核辐射无损检测

当射线通过被检物体时，有缺陷部位（如气孔、非金属夹杂）与无缺陷部位对射线吸收能力不同，一般情况是透过有缺陷部位的射线强度高于无缺陷部位的射线强度，因而可以通过检测透过被检物体后的射线强度的差异，来判断被检物体中是否有缺陷存在。γ射线探伤是利用在γ射线的穿透性和直线性来探伤，γ射线探伤仪结构示意图如图9.4.7（a）所示。γ射线虽然不会像可见光那样凭肉眼就能直接察知，但它可使照相底片感光，也可用特殊的接收器来接收。当γ射线穿过（照射）物质时，该物质的密度越大，射线强度减弱得越多，即射线能穿透过该物质的强度就越小。此时，若用照相底片接收，则底片的感光量就小；若用仪器来接收，获得的信号就弱。因此，用γ射线来照射待探伤的零部件时，若其内部有气孔、夹渣等缺陷，射线穿过有缺陷的路径比没有缺陷的路径所透过的物质密度要小得多，其强度就减弱得少些，即透过的强度大些，若用底片接收，则感光量大些，就可以从底片上反映出缺陷垂直于射线方向的平面投影；若用其他接收器也同样可以用仪表来反映缺陷垂直于射线方向的平面投影和射线的透过量。一般情况下，γ射线探伤是不易发现裂纹的，或者说，γ射线探伤对裂纹是不敏感的。γ射线探伤对气孔、夹渣和未焊透等体积型缺陷最敏感。

γ射线机用放射性同位素作为γ射线源辐射γ射线，γ射线源始终都在不断地辐射γ射线，γ射线由放射性元素激发，能量不变。强度不能调节，只随时间成指数倍减小。γ射线探伤仪探测厚度大，穿透力强，体积小，质量轻，不需要使用水和电，适合于野外作业。可以连续运行，且不受温度、压力和磁场等外界条件影响。

放射源放在平行管道内，沿着平行管道焊缝与探测器同步移动。当管道焊缝质量存在问题时，穿过管道的射线会产生突变，探测器将接收到的信号经过放大，然后送入记录仪记录下来。图9.4.7（b）所示为其特性曲线，横坐标表示放射源移动的距离；纵坐标表示与放射强度成正比的电压信号。图中两突变波形表示管道内焊接在该两部位处存在大小不同的缺陷。上述方法也可用于探测块状铸件内部缺陷。

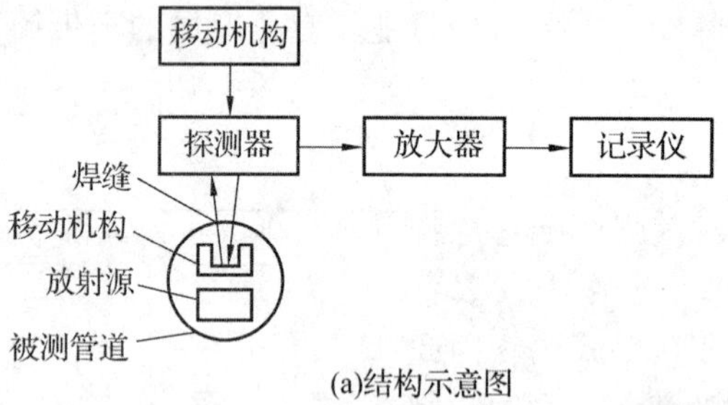

(a)结构示意图

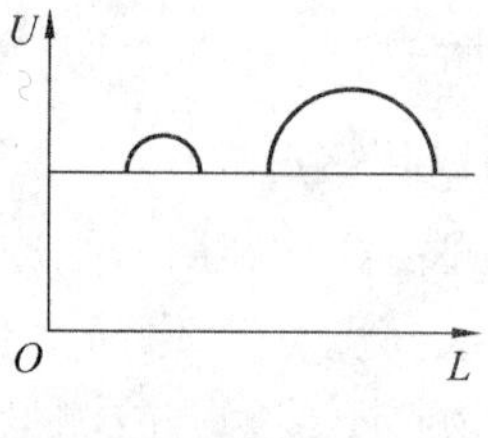

(b)特性曲线

图 9.4.7　γ射线探伤仪

9.5　微波传感器

微波是介于红外线与无线电波之间的一种电磁波，其波长范围是1 mm~1 m，通常还按照波长特征将其细分为分米波、厘米波和毫米波三个波段。

微波具有以下特点：①在各种障碍物上能产生良好的反射；②良好的定向辐射特性；③传输特性良好，在传输中受烟、火焰、灰尘和强光等的影响很小；④绕过障碍物的本领较小；⑤介质对微波的吸收与介质的介电常数成比例，水对微波的吸收最大。

微波在微波通信、卫星通信和雷达等无线通信领域得到了广泛的应用。另外，作为一种电磁波，微波具有电磁波的所有性质，利用微波与物质相互作用所表现出来的特性，制成了微波传感器。微波传感器就是利用微波特性来检测某些物理量的器件或装置。

微波传感器是一种非接触式的传感器，可在高温、高压、有毒和有放射线等恶劣环境下工作，该传感器反应速度快，可用于动态检测与实时处理。由于测量信号本身是电信号，无须进行非电量转换。在工业领域，微波传感器可实现对材料的无损检测及物位检测等；在地质勘探方面，可实现微波断层扫描。

9.5.1　工作原理

1. 基本原理

微波传感器的基本测量原理如下：发射天线发出微波信号，该微波信号在传播过程中遇到被测物体时将被吸收或反射，导致微波功率发生变化，通过接收天线将接收到的微波信号转换成低频电信号，再经过后续的信号调理电路等环节的处理即可显示出被测量。

根据微波传感器的工作原理，可将其分为反射式和遮断式两种。

（1）反射式微波传感器。

这是一种通过检测经物体反射回来的微波信号的功率或微波信号从发出到接收到的时间间隔来实现测量的微波传感器，可用于测量物体的位置、位移等参数。

（2）遮断式微波传感器。

由于微波的绕射能力差，且能被介质吸收，利用这两种特性，如果在发射天线和接收天线间有物体，则微波信号可能被阻断或被吸收。因此，可以通过检测接收天线接收到微波功率的大小来判断发射天线和接收天线之间有无被测物体，或测量被测物体的位置、厚度或含水量等。

2. 组成

微波传感器主要包括微波发生器（或称微波振荡器）、微波天线及微波检测器。

（1）微波发生器。

微波发生器是产生微波的装置。由于微波波长很短、频率很高（300 MHz～300 GHz），要求振荡回路有非常小的电感与电容，因此不能采用普通晶体管构成微波振荡器，而是采用速调管、磁控管或某些固态元件构成。小型微波振荡器也可采用体效应晶体管。微波发生器产生的振荡信号需要用波导管传输。

（2）微波天线。

微波天线是用于将经振荡器产生的微波信号发射出去的装置。为了保证发射出去的微波信号具有一致的方向性，要求微波天线有特殊的结构和形状，包括喇叭形、抛物面形等。前者在波导管与敞开的空间之间起匹配作用，有利于获得最大能量输出；后者类似凹面镜产生的平行光，有利于改善微波发射的方向性。

（3）微波检测器。

微波检测器是用于探测微波信号的装置。微波在传播过程中表现为空间电场的微小变化，因此使用电流-电压呈非线性特征的电子元件。根据工作频率的不同，有多种电子元件可供选择，如较低频率下的半导体 PN 结元件、较高频率下的隧道结元件等，但都要求它们在工作频率范围内有足够快的响应速度。

9.5.2 典型应用

1. 微波液位计

如图 9.5.1 所示，微波发射天线和接收天线间的水平距离为 s，相互成一定角度，波长为 λ 的微波从被测液面反射后进入接收天线。接收天线接收到的微波功率的大小随着被测液面的高低不同而不同。接收天线接收的功率 P_r 可表示为

$$P_r = \left(\frac{\lambda}{4\pi}\right)^2 \frac{P_t G_t G_r}{s^2+4d^2} \tag{9.5.1}$$

式中，d 为两天线与被测液面间的垂直距离；s 为两天线间的水平距离；P_t、G_t 分别为发射天线发射的功率和增益；G_r 为接收天线的增益。

当发射功率、波长、增益均恒定时，只要测得接收功率 P_r，就可以获得被测液面的高度 d。

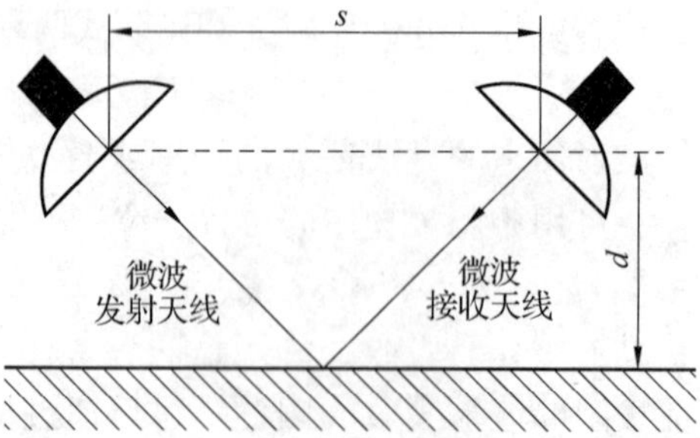

图 9.5.1 微波液位计原理图

2. 微波物位开关

如图 9.5.2 所示，微波物位开关是一种由发射装置和接收装置组成的物位开关，发射装置和接收装置采用面对面安装。当发射装置发射出的微波被物体阻隔时，接收装置输出继电器信号。微波物位开关适用于各种需要可靠非接触式物位探测的工业场合。

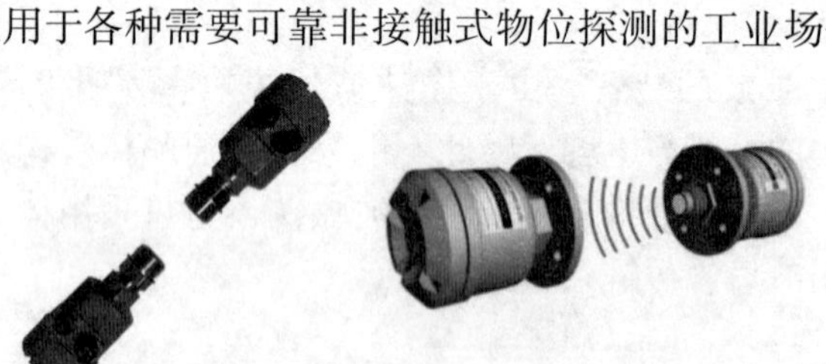

图 9.5.2 微波物位开关

3. 微波湿度传感器

水分子是极性分子，在常态下偶极子杂乱无章地分布着。当有外电场作用时，偶极子将形成定向排列。在微波场作用下，偶极子不断地从电场中获得能量（这是一个储能的过程），表现为微波信号的相移；又不断地释放能量（这是一个放能的过程），表现为微波的衰减。这个特性用水分子的介电常数可表示为

$$\varepsilon=\varepsilon'+\alpha\varepsilon'' \tag{9.5.2}$$

式中，ε 为水分子的介电常数；ε'为介电常数的储能分量（相移）；ε''为介电常数的放能分量（衰减）；α 为常数。

ε'、ε''与材料和测试信号频率均有关，且所有极性分子均有此性质。一般干燥的物体，其 ε'在 1~5 范围内，而水的 ε'高达 64。因此，如果被测材料中含水分，其复合（指材料与水分的总体效应）的 ε'将显著上升。ε''也有类似的性质。

微波传感器就是基于上述特性来实现湿度测量的，即同时测量干燥物体和含有一定水分的潮湿物体，前者作为标准量，后者将引起微波信号的相移和衰减，从而换算出物体的含水量。

4. 微波无损检测

微波无损检测实质上是根据被测材料介电常数与其缺陷或其他非电量之间存在的函数关系，利用微波反射、穿透、散射和腔体微扰等物理特性的改变，通过测量微波信号基本参数（如幅度、相位或频率等）的改变量来检测材料及工件内部缺陷或测定其他非电量，这种检测不会对材料或工件本身造成任何破坏。

因为微波能够贯穿介电材料，能够穿透声衰很大的非金属材料，所以微波检测技术在大多数非金属和复合材料内部的缺陷检测及各种非金属测量等方面获得了广泛的应用。

微波无损检测仪主要由微波天线、微波电路、记录仪等部分组成，其检测原理框图如图 9.5.3 所示。

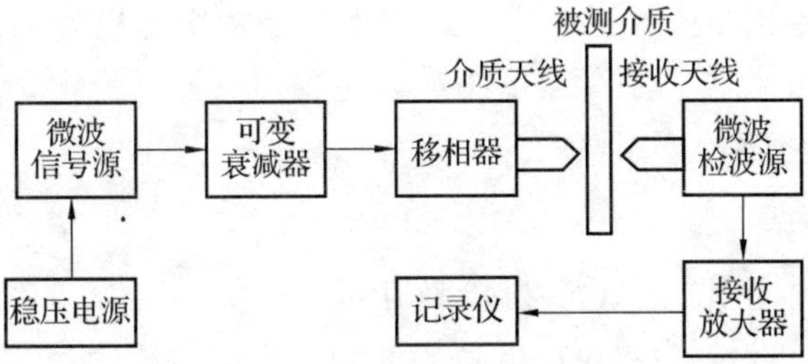

图 9.5.3　微波无损检测原理框图

9.6　生物传感器

9.6.1　生物传感器概述

生物传感技术是现代生物技术与微电子学、化学、光学、热学等多学科交叉结合的产物，在生物医学、环境监测、食品、医药及军事医学等领域有着重要的应用价值。其研究始于 20 世纪 60 年代，最先出现的是利用酶的催化过程和催化的专一性构成的灵敏度高、选择性强的酶传感器，随后又出现了免疫传感器、微生物传感器、细胞传感器和组织切片传感器。20 世纪 70 年代末至 20 世纪 80 年代又出现了酶热敏电阻型和生物化学发光式生物传感器。这些传感器改变了消耗试剂、破坏试样的传统生化检验方法，直接分析并能反复使用，操作简单，可得到电信号输出，便于自动测量，这些优势有力地促进了医学基础研究、临床诊断和环境医学的发展。

1. 生物传感器的概念

生物传感器是指利用固定化的生物分子作为敏感元件，用来侦测生物体内或生物体外的环境化学物质或与之起特异性交互作用后产生响应的一种装置。生物传感器也定义为“一种含有固定化生物物质（如酶、抗体、全细胞、细胞群或其联合体）并与一种合适的换能器紧密结合的分析工具或系统，它可以将生化信号转化为数量化的电信号”。

生物传感器的基本结构包括两个主要部分：一是生物分子识别元件（感受器），是具有分子识别能力的固定化生物活性物质（如酶、蛋白质、微生物、组织切片、抗原、抗体、细胞、细胞器、细胞膜、核酸、生物膜等），为生物传感器的信号接收或产生部分；二是信号转换器（换能器），属于仪器组件的硬件部分，为物理信号转换组件（主要有电化学电极、光学检测元件、热敏电阻、场效应晶体管、压电石英晶体、表面等离子共振器等）。当待测物与分子识别元件特异性结合后，所产生的复合物通过信号转换组件转变为可以输出的电信号、光信号等，从而达到分析、检测的目的。如何用生化方法分离、纯化甚至设计合成特定的生物活性分子，再结合精确且响应快速的物理换能器组合成生物传感器反应系统，是研究生物传感器的主要目的。

传统传感器中的信号感受器完全是由非生命物质组成的，而生物传感器与传统的各种物理传感器和化学传感器的最大区别在于生物传感器的感受器中含有生命物质。例如，将一定的植物细胞或动物细胞作为感受器，可以制成各种细胞传感器；用生物组织作为感受器制成组织传感器（或称为组织电极）；将一些特定的细胞器从细胞里分离出来作为感受器，可制成细胞器传感器；将微生物作为感受器可制成微生物传感器；将生物分子如蛋白质、核酸等作为感受器已成为现代生物传感器发展的主流。

2. 生物传感器的特点

与传统的传感器技术相比，生物传感器具有如下特点：

（1）测定范围广泛。根据生物反应的特异性和多样性，理论上可制成测定所有生物物质的传感器。

（2）生物传感器是由选择性好的生物材料构成的分子识别元件，因此一般不需要对样品进行预处理，样品中的被测组分的分离和检测同时完成，且测定时一般不需加入其他试剂。

（3）采用固定化生物活性物质作为敏感基元（催化剂），价值昂贵的试剂可以重复多次使用，克服了过去酶分析试剂费用高和化学分析烦琐、复杂的缺点。

（4）测定过程简单迅速。这类传感器主要是在无试剂条件下操作（缓冲液除外），因此，较传统的生物学或化学分析法操作简单、迅速、准确，响应快，样品用量少。

（5）准确度和灵敏度高。一般相对误差不超过1%。由于生物敏感膜分子的高度特异性和灵敏性，对一些含量极低的检测对象也能检测出来。

（6）生物传感器体积小，检测方法简便、准确、快速，可以实现连续在线检测，容易实现自动分析。

（7）专一性强。只对特定的物质起反应，而且不受颜色和浊度的影响。

（8）可进入生物体内。如安放于静脉或动脉中的葡萄糖传感器，能持续不断地监测血糖含量，并将指令传给植入人体的胰岛素泵，控制胰岛素的释放量。

（9）生物传感器成本低，便于推广、普及。

3. 生物传感器的分类

生物传感器的分类有多种方法，常用的分类方法有以下几种：

（1）根据传感器输出信号的产生方式，可分为亲和型生物传感器、代谢型生物传感器和催化型生物传感器。

（2）根据生物传感器中分子识别元件（敏感元件）分类，生物传感器可分为酶传感器（固定化酶）、微生物传感器（固定化微生物）、组织传感器（固定化生物体组织）、细胞传感器（固定化细胞器）、基因传感器（固定化单链核酸）、免疫传感器（固定化抗体）等。生物学工作者习惯于采用这种分类方法。

（3）根据生物传感器的信号转换器分类。生物传感器中可以利用电化学电极、场效应晶体管、热敏电阻、光电器件、声学装置等作为生物传感器中的信号转换器。因此，可将生物传感器分为电化学生物传感器、半导体生物传感器、热学型生物传感器、光学型生物传感器、声学型生物传感器等。电子工程学工作者习惯于采用这种分类方法。

4. 生物传感器的应用

目前，生物传感器应用较多的领域有医疗检验、环境监测、发酵工业、食品工业、生物工程、农业、畜牧等与生命科学关系密切的领域。例如，临床上用免疫传感器等生物传感器来检测体液中的各种化学成分，为医生的诊断提供了依据；发酵工业中使用生物传感在线分析系统，为发酵的自动控制提供了新的基础平台；生物工程产业中用生物传感器监测生物反应器内各种物理、化学、生物的参数变化以便加以控制；环境监测中用生物传感器监测大气和水中各种污染物质的含量；食品行业中用生物传感器检测食品中营养成分和有害成分的含量、食品的新鲜程度等。随着社会的进一步信息化，生物传感器必将获得越来越广泛的应用。

9.6.2　工作原理

生物传感器是通过被测定分子与固定在生物接收器上的敏感材料（称为生物敏感膜）发生特异性结合，并发生生物化学反应，产生热焓变化、离子强度变化、pH 变化、颜色变化或质量变化等信号，产生信号的强弱在一定条件下与特异性结合的被测定分子的量存在一定的数学关系，这些信号经换能器转变成电信号后被放大，从而间接测定被测定分子的量。

某些情况下，被测定分子发生生物化学反应产生的信号太弱，使换能器无法有效工作时，需要将反应信号通过生物放大器处理。所以，生物传感器的组成主要包括生物分子的特异性识别、生物放大及信号转换与处理。

1. 生物分子特异性识别

生物传感器是以生物活性单元（酶、抗体、核酸和细胞等）作为敏感基元（分子识别元件）、以化学电极等作为传感器且对被测信号具有高度选择性的一类传感器，它通过物理的或化学的传感方式捕捉目标物和敏感基元之间的反应，并将反应的程度用离散或连续的电信号表达出来，敏感基元是生物传感器的核心，是传感器进行选择性检测的基础，它直接决定传感器的功能与质量，按所选材料不同，有酶膜、全细胞膜、组织膜、细胞器膜和免疫功能膜等。

生物传感器生物分子特异性识别是指固定于生物接收器中的生物分子能选择性地与待测样品中的目的成分特异性地结合而不受待测样品中其他物质干扰的性质。固定于生物接收器中的生物分子包括酶、抗原（抗体）、细胞、微生物、动植物组织、DNA 等，它们发生生物分子特异性识别的原理也不尽相同。酶分子实现特异性识别的主要原理是酶分子只能与其特定底物、辅酶、抑制剂结合，而不和其他分子结合。酶分子特异性识别的功能是由酶分子的活性中心所决定的。细胞、组织实现特异性结合本质上也是酶分子的特异性识别。抗原（抗体）的特异性结合是由抗原-抗体反应的特异性决定的，而 DNA 分子是通过碱基互补的特性实现分子识别的。

2. 生物放大

生物放大作用是指模拟和利用生物体内的某些生化反应，通过对反应过程中产量大、变化大或易检测物质的分析来间接确定反应中产量小、变化小、不易检测物质的（变化）量的方法。通过生物放大原理可以大幅度提高分析测试的灵敏度。生物传感器常用的生物放大作用有酶催化放大、酶溶出放大、酶级联放大、脂质体技术、聚合酶链式反应和离子通道放大等。

3. 信号转换与处理

固定在生物接收器上的生物分子与测定目标分子完成分子识别后会发生特定的生物化学反应，并伴随可被换能器捕获的一系列量的变化，如化学变化（含量、离子强度、pH、气体生成等）、热始变化、光变化和颜色变化。换能器将这些量变信号捕获后转换成易于测量的电信号。

生物传感器中信号的处理方法多种多样，生物活性元件引起的变化不同，所采用的信号处理方法不同。为了将被检测信号的变化有效地取出，一般需要把生物敏感元件和信号处理装置一体化。利用一体化技术可以促进传感器响应的高速化、高灵敏化和微型化。

4. 几种主要的生物传感器

（1）酶传感器。

酶传感器是最早出现的生物传感器，应用十分广泛。其工作原理示意图如图 9.6.1 所示。这类传感器由物质识别元件（固定化活性物质酶）和信号转换器组成。酶传感器将酶作为生物敏感基元，通过各种物理、化学信号转换器捕捉目标物与敏感基元之间的反应所产生的与目标物浓度成比例关系的可测信号，从而实现对目标物的定量测定。由于酶的专属反应性，使其具有高的选择性，能直接在复杂试样中进行测定。当酶电极浸入被测溶液，待测底物进入酶层的内部并参与反应，大部分酶反应都会产生或消耗一种可被电极测定的物质，当反应达到稳态时，电活性物质的浓度可以通过电位或电流模式进行测定。酶的固定是相当重要的一个环节，酶固定的方法有吸附法、包埋法、共价结合法和交联法。

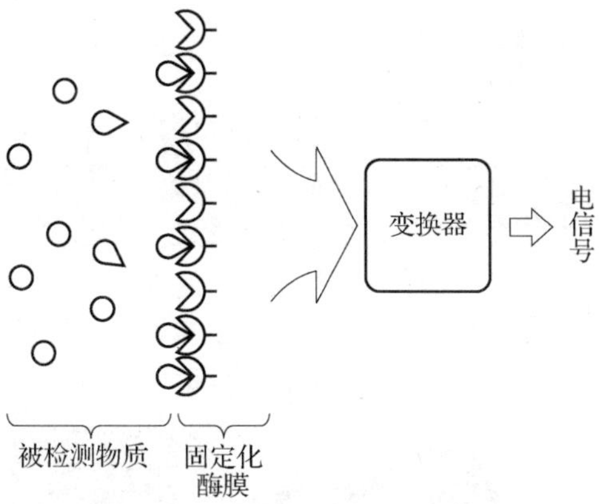

图 9.6.1　酶传感器工作原理示意图

（2）免疫传感器。

免疫传感器是将免疫测定技术与传感技术相结合的一类新型生物传感器。免疫传感器依赖于抗原和抗体之间的特异性和亲和性，利用抗体检测抗原或利用抗原检出抗体。并非所有的化合物都有免疫原性，一般分子量大、组成复杂、异物性强的分子，如生物试剂和部分毒素都具有很强的免疫原性，而小分子物质，如化学试剂和某些毒素则没有免疫原性。免疫传感器更适合于研制能连续、重复使用的毒剂监测器材。免疫分析法选择性好，例如，一种抗体只能识别一种毒剂，可以区分性质相似的同系物、同分异构体，甚至立体异构体，且抗体比酶具有更好的特异性，抗体与抗原的复合体相对稳定，不易分解。

免疫传感器在结构上可分为生物敏感元件、换能器和信号数据处理器三部分。生物敏感元件用于固定抗原或抗体的分子层；换能器用于将识别分子膜上进行的生物化学反应转变成光、电信号；信号数据处理器则将电信号放大、处理、显示或记录下来。当待测物与分子识别元件特异性结合后，所产生的复合物通过信号转换器转变为可以输出的电信号和光信号，从而达到分析、检测的目的。

（3）微生物传感器。

微生物传感器是用微生物来代替酶作为分子识别部件，将微生物固定在膜上，利用活微生物的代谢功能检测化学物质，制成具有复杂功能的微生物传感器。它由固定化微生物膜和电化学装置组成。微生物的固定方法主要有吸附法、包埋法和共价交联法。

微生物大致可分为好氧微生物和厌氧微生物。好氧微生物呼吸时要消耗氧，生成二氧化碳，因此，把固定有好氧微生物的膜和氧电极或二氧化碳组合起来就构成呼吸活性型生物传感器。呼吸活性型生物传感器是以同化有机物前后呼吸的变化量（用氧电极电流的差来测定）为指标来测定试样溶液中有机化合物浓度的传感器。

氧的存在不适于厌氧型微生物的繁殖，以其代谢产物为指标，追踪其活动状态。因为微生物同化有机物后要生成各种代谢产物，其中含有电极容易反应或对其敏感的物质，所以把固定化微生物和燃料电池型电极、离子选择性电极或气体电极组合在一起，就可构成代谢物质型生物传感器。基于不同类型的信号转换器，常见的微生物传感器的类型有电化学型、光学型、热敏电阻型、压电高频阻抗型和燃料电池型等。

9.6.3 生物芯片

生物芯片是20世纪90年代初伴随着人类基因组计划的实施而诞生的一门新技术，是20世纪90年代中期以来影响最深远的重大科技进展之一。所谓生物芯片，是通过微加工技术和微电子技术在固体芯片表面构建微型生物化学分析系统，将成千上万与生命相关的信息集成在一块面积约为1 cm^2 的硅、玻璃、塑料等材料制成的芯片上，在待分析样品中的生物分子与生物芯片的探针分子发生相互作用后，即对作用信号进行检测和分析，以达到对基因、细胞、蛋白质、抗原以及其他生物组分准确、快速的分析和检测，如图9.6.2所示。

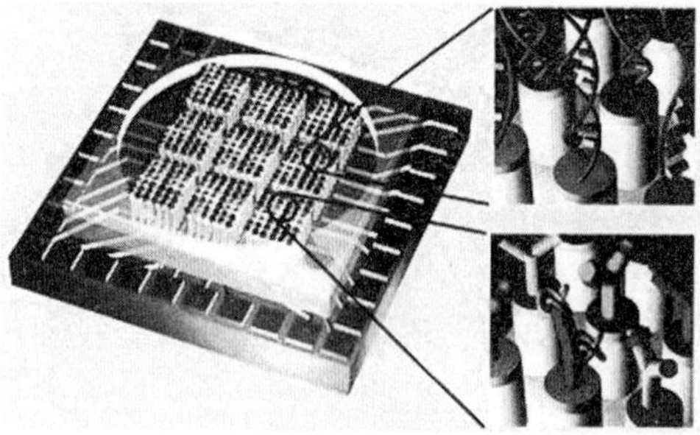

图9.6.2 生物芯片

生物芯片是采用光导原位合成或微量点样等方法，将大量生物大分子生物样品有序地固化于支持物的表面，组成密集二维分子排列，然后与已标记的待测生物样品中靶分子杂交，通过特定的仪器，对杂交信号的强度进行快速、并行、高效的检测分析，从而判断样品中靶分子的数量，获取样品中靶分子的相关信息。

生物芯片的种类很多，主要的生物芯片如下：

（1）基因芯片。

基因芯片，又称为DNA芯片，它是在基因探针基础上研制而成的。核酸探针是一段人工合成的碱基序列，在探针上连接一些可检测的物质，根据碱基互补的原理，利用基因探针在基因混合物中识别特定基因。其将成千上万的网格状密集排列的基因探针分子固定于支持载体上，并与标记的样品进行杂交，通过检测杂交信号的强度及分布来识别异常基因或其产物。基因芯片的突出优点是整个检测过程快速、高效，被广泛用于DNA测序、基因表达分析、法医鉴定等方面。

（2）蛋白质芯片。

蛋白质芯片，亦称为蛋白质微阵列，它是将大量蛋白质分子按预先设置的排列固定于一种载体表面形成微阵列，根据蛋白质分子间特异性结合的原理，构建微流体生物化学分析系统，以实现对生物蛋白分子准确、快速、大信息量的检测，是一种高通量、微型化和自动化的蛋白质分析技术。简单地说，就是一次实验中可以同时检测几百甚至几千种目标蛋白/多肽的分析技术。

（3）细胞芯片。

细胞芯片是将细胞按照特定的方式固定在载体上，用来检测细胞间的相互影响或相互作用。它由裸片、封装盖板和底板组成，裸片上密集分布有6 000~10 000甚至更高的密度不同的细胞阵列，封装于盖板与底板之间。细胞芯片能够通过控制细胞培养条件使芯片上所有细胞处于同一细胞周期，在不同细胞间生化反应及化学反应结果可比性强；一块芯片上可同时进行多信息量检测。细胞芯片能够精确地控制细胞膜微孔的开启与关闭，因此可以在完全不影响周围细胞的情况下，对目标基因或细胞进行基因导入、蛋白质提取等研究；通过计算机控制微型装置中的芯片，可以达到控制该健康细胞活动的目的。最终开发出的细胞芯片能够精确调节电压，以便激活不同的人体组织细胞，将来还能批量生产细胞芯片，将其转入人体以取代或修补病变的细胞组织，解决多种人类疾病难题。

（4）组织芯片。

组织芯片是基因芯片技术的发展和延伸，组织芯片是将数十至上千个小组织整齐地排放在一张载玻片上而制成的组织切片，是一种高能量、多样本的分析工具，它使科研人员第一次有可能同时对几百甚至上千种正常或疾病以及疾病发展不同阶段的自然病理生理状态下的组织样本，进行某一个或多个特定的基因，或与其相关的表达产物的研究。

生物芯片反应主要包括芯片制备、样品制备、生物分子反应和芯片信号检测与分析四个步骤。生物芯片技术将生命科学研究中涉及的许多不连续的分析步骤（如样品制备、化学反应和分析检测等），利用微电子、微机械、化学、物理、传感器和计算机等技术，使样品检测和分析过程连续化。集成化、微型化和自动化，具有大信息量、快速、低成本、污染少和用途广等特点，生物芯片技术在农业、生物、食品、医学和环境科学等领域均具有很广阔的应用前景。

9.6.4　生物传感器的发展

生物传感器涉及多学科交叉的高技术领域，微电子技术、微制造技术、生物材料学和信息技术的飞速发展为生物传感器的发展打下了坚实的基础，伴随着生物科学、信息科学和材料科学等相关学科的高速发展，生物传感器在食品、医药、环境和过程监控等方面的应用范围不断扩大，人们对生物传感器也提出了更高的要求，生物传感器将与微处理器相结合，向大规模数据获取和实时处理、多功能化、智能化和小型化方向发展。为了获得高灵敏度、高稳定性和低成本的生物量检测，生物传感器正在向以下几个方向发展：

（1）微型化。

随着微电子机械系统技术和纳米技术不断深入传感器技术领域，生物传感器也将不断地微型化，各种便携式生物传感器也将出现。

（2）仿生传感器。

仿生传感器是模仿生物感觉器官的传感器。目前，只有视觉传感器与触觉传感器解决得比较好，在嗅觉和味觉方面也出现了“电子鼻”“电子舌”等产品，但真正能代替人的感觉器官功能的传感器还有待研制。

（3）多功能化与智能化。

对于复杂体系中多种组分的同时测定，生物传感器阵列提供了一种直接、简便的解决方法。未来的生物传感器必定与计算机紧密相连，自动采集、处理数据，更科学、更准确地提供采集结果，形成生物量检测的自动化系统。

（4）低成本、高灵敏度、高稳定性和高寿命。

生物传感器技术的不断进步，必然要求不断降低产品成本，提高产品灵敏度、稳定性和延长产品寿命。

思考题与习题

1. 从原理、系统组成和应用场合三方面来考虑，比较热电偶测温与热电阻测温有什么不同？
2. 热电偶测量温度时，为什么要进行温度补偿？补偿的方法有几种？
3. 使用热电阻测温时，为什么要采用三线制接法？
4. 红外探测器有哪些类型？并说明它们的工作原理。
5. 超声波在介质中传播具有哪些特性？
6. 超声波传感器主要有哪几种类型？试述其工作原理。
7. 超声流量计的特点是什么？其测速方法有哪几种？
8. 微波的特点是什么？
9. 试分析反射式和遮断式微波传感器的工作原理。
10. 试分析微波传感器的主要组成及其各自的功能。
11. 微波传感器有何优缺点？
12. 简述生物传感器的概念和特点。
13. 简述生物传感器的工作原理。
14. 简述生物传感器的分类方法。
15. 简述生物传感器的发展历程。

第 10 章　温度检测

温度是表征物体冷热程度的物理量，温度的检测方法和仪表在科学研究和工农业生产中得到了广泛的应用。本章首先介绍温度检测的方法，然后分别介绍接触式测温仪表和非接触式测温仪表。在接触式测温仪表中，介绍了热电阻和热电偶；在非接触式测温仪表中，介绍了光学高温计、光电高温计、辐射温度计和比色温度计。

10.1　温度检测概述

10.1.1　温度检测方法

温度检测一般采用热电式传感器，它利用传感元件的电磁参数随温度变化的特性来达到检测的目的。例如，将温度转化为电阻、磁导或电动势等的变化，通过适当的检测电路，就可由这些电参数的变化来表达所测温度的变化。温度测量方法有接触式测温和非接触式测温两大类。接触式测温时，温度敏感元件与被测对象接触，经过换热后两者温度相等，便可以得到被测物体的温度。

1. 接触式测温

接触式测温方法直观、可靠，测量仪表也比较简单。但由于敏感元件必须与被测对象接触，在接触过程中可能破坏被测对象的温度场分布，从而造成测量误差；有的测温元件不能和被测对象充分接触，不能达到充分的热平衡，使测温元件和被测对象温度不一致，也会带来误差；在接触过程中，有的介质有强烈的腐蚀性，特别在高温时对测温元件的影响更大，从而不能保证测温元件的可靠性和工作寿命。

常用的接触式测温仪表有：

①膨胀式温度计。一种是利用液体和气体的热膨胀及物质的蒸气压变化来测量温度，如玻璃液体温度计和压力式温度计；另一种是利用两种金属的热膨胀差来测量温度，如双金属温度计。

②热电阻温度计。它利用固体材料的电阻随温度变化而变化的原理测量温度，如铂电阻、铜电阻和热敏电阻。

③热电偶温度计。它利用热电效应测量温度。

④其他原理的温度计。例如，基于半导体器件温度效应的集成温度传感器、基于晶体的固有频率随温度变化而变化的石英晶体传感器等。

2. 非接触式测温

非接触式测温时，温度敏感元件不与被测对象接触，而是通过辐射能量进行热交换，可依据辐射能的大小来推算被测物体的温度。目前常用的非接触式测温仪表有：

①辐射式温度计。其测量原理是基于普朗克定理，如光电高温计、辐射传感器、比色温度计。

②光纤式温度计。它是利用光纤的温度特性来实现温度的测量，或者仅仅是光纤作为传光的介质，如光纤温度传感器、光纤辐射温度计。

这类测温仪表不与被测物体接触，不破坏原有的温度场，当被测物体为运动物体时尤为适用。但是，精度一般不高。

10.1.2 温标

温度标尺，简称温标，它是用数值来表示温度的一套规则，它确定了温度的单位。由特定的测温值和测温量所确定的温标称为经验温标。在历史上影响比较大的经验温标有华氏温标和摄氏温标。水的沸点为 100 ℃，两固定点之间等分为 100 份，每份为 1 ℃，构成了摄氏温标。

建立在热力学第二定律基础上的热力学温标是一种科学的温标，通常可用定容气体温度计来实现热力学温标。1927 年，第七届国际计量大会决定采用热力学温标作为国际温标，称为 1927 年国际温标（ITS—27）。它具有 3 个基本特点：①尽可能接近热力学温标；②复现精度高并能确保量值的统一；③用以复现的标准温度计使用方便，性能稳定。几十年来，尽管国际温标经过几次修改，如 1948 年国际温标（ITS—48）、1968 年国际实用温标（IPTS—68）和现在仍使用的 1990 年国际温标（ITS—90），几乎是每 20 年温标要做一次重大的修改，但都只是数值上的改变，基本原则和方法一直保持不变。

根据第 18 届国际计量大会的决议，自 1990 年 1 月 1 日起开始在全世界实行 1990 年国际温标（ITS—90），我国自 1994 年 1 月 1 日开始全面实施 1990 年国际温标至今。1990 年国际温标主要有三方面内容。

热力学温度是基本物理量，符号为 T，单位为开尔文（K），1 K 的定义为水的三相点温度的 1/273.16。用与冰点 273.15 K 的差值表示的热力学温度称为摄氏温度，符号为 t，单位为摄氏度（℃），即 $t=T-273.15$，并有 1 ℃ = −273.15 K。温差可用开尔文（K），也可用摄氏度（℃）表示，即 $\Delta T=\Delta t$。这里讲的摄氏度（℃）与古典的经验温标的摄氏度（℃）是完全不同的。这里的摄氏度（℃）是由国际温标重新定义的，是以热力学温标为基础的。1990 年国际温标定义的国际开尔文温度为 T_{90} 和国际摄氏温度为 t_{90}，它们之间的关系如同 T 和 t 一样，即

$$t_{90}=T_{90}-273.15 \tag{10.1.1}$$

它们的单位与热力学温度 T 和摄氏温度 t 的单位对应。

在实际应用中，一般在水的冰点以上的温度使用摄氏度单位（℃），在冰点以下的温度使用热力学温度单位（K）。

10.1.3 热电阻式传感器的应用

1. 金属热电阻传感器

工业上广泛使用金属热电阻传感器进行−200～+500 ℃范围内的温度检测。在特殊情况下，检测的低温端可达 3.4 K，甚至更低，达到 1 K。高温端可测到 1 000 ℃。金属热电阻传感器进行温度测量的特点是精度高、适于测低温。

经常使用电桥作为传感器的测量电路，精度较高的是自动电桥。为了消除由于连接导线电阻随环境温度变化而造成的测量误差，常采用三线制和四线制连接法。

工业用热电阻一般采用三线制，图 10.1.1 所示是三线制连接法的原理图。G 为检流计，R_1、R_2、R_3 为固定电阻，R_a 为零位调节电阻。热电阻 R_t，通过电阻为 r_1、r_2、r_3 的 3 根导线与电桥连接，r_1 和 r_2 分别接在相邻的两桥臂内，当温度变化时，只要它们的长度和电阻温度系数相等，它们的电阻变化就不会影响电桥的状态。电桥在零位调整时，使 $R_3=R_a+R_{t0}$。R_{t0} 为热电阻在参考温度（如 0 ℃）时的电阻值。

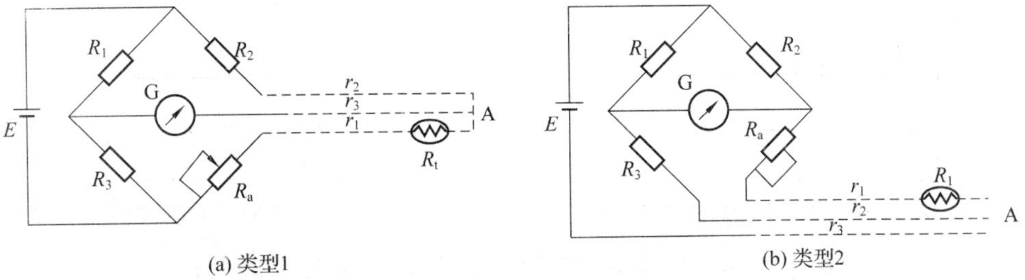

图 10.1.1 三线制连接法的原理图

在精密测量中，则采用四线制连接法，即金属热电阻两端各焊出两根引出线，其中，两根引线为热电阻提供恒定电流 I，把 R_t 转换成电压信号 U，再通过另两根引线把 U 引至仪表（电位差计），如图 10.1.2 所示。尽管导线上有电阻 r，但是，电流在导线上形成的压降 rI，不在电压测量范围之内。在电压测量回路中，虽然有导线电阻 r，但是没有电流，因为电位差计测量时不取电流。所以，4 根导线的电阻 r 对测量均无影响。这种接法不仅可以消除热电阻与测量仪表之间连接导线电阻的影响，而且可以消除测量线路中寄生电势引起的测量误差，多用于标准计量或实验室中。

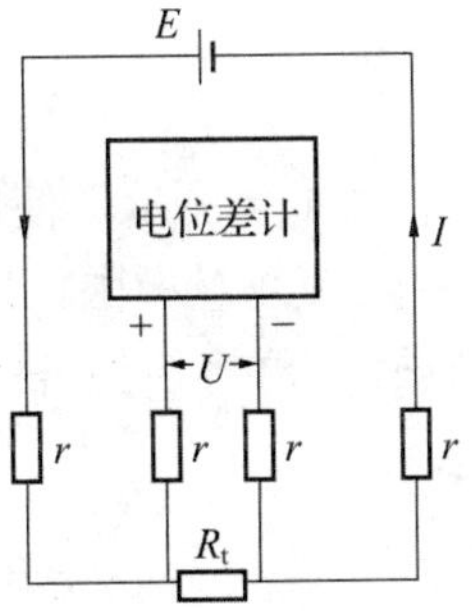

图 10.1.2 四线制接法

为避免热电阻中流过电流的加热效应，在设计电桥时，要使流过热电阻的电流尽量小（一般应小于 10 mA，小负荷工作状态一般为 4~5 mA）。

近年来，温度检测和控制有向高精度、高可靠性方向发展的倾向，特别是各种工艺的信息化及运行效率的提高，对温度检测提出了更高水平的要求。以往铂测温电阻传感器存在响应速度慢、容易破损、难于测定狭窄位置的温度等缺点，现已逐渐被能大幅度改善上述缺点的极细型铠装铂测温电阻传感器所取代，因而应用领域进一步扩大。

铂测温电阻传感器主要应用于钢铁、石油化工的各种工艺过程；纤维等工业的热处理工艺；食品工业的各种自动装置；空调、冷冻及冷藏工业；航天和航空、物化设备及恒温槽等。下面介绍金属丝热电阻作为气体传感器的应用。

图 10.1.3（a）所示是金属热电阻传感器检测真空度的示意图。把铂丝装于与被测介质相连通的玻璃管内。铂丝由较大的恒定电流（一般大负荷工作状态为 40~50 mA）加热。在环境

温度与玻璃管内介质的热导率恒定的情况下，当铂电阻所产生的热量和主要经玻璃管内介质导热而散失的热量相平衡时，铂丝就有一定的平衡温度，相对应的就有一定的电阻值。当被测介质的真空度升高时，玻璃管内的气体变得稀薄，即气体分子间碰撞进行热量传递的能力降低(热导率变小)，铂丝的平衡温度及其电阻值随即增大，其大小反映了被测介质真空度的高低。这种真空度测量方法对环境温度变化比较敏感，在实际应用中附加有恒温或温度补偿装置。

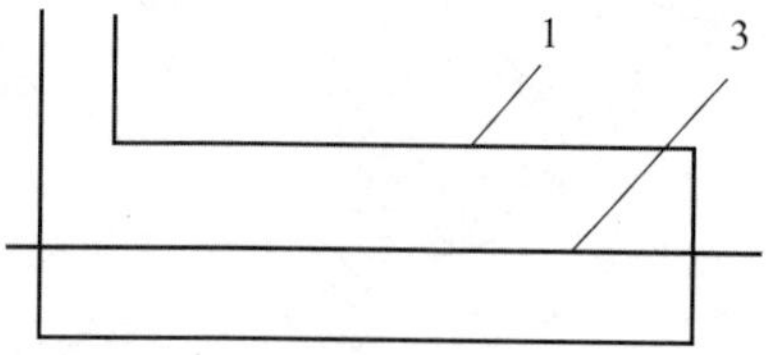

(a) 热电阻传感器检测真空度的示意图

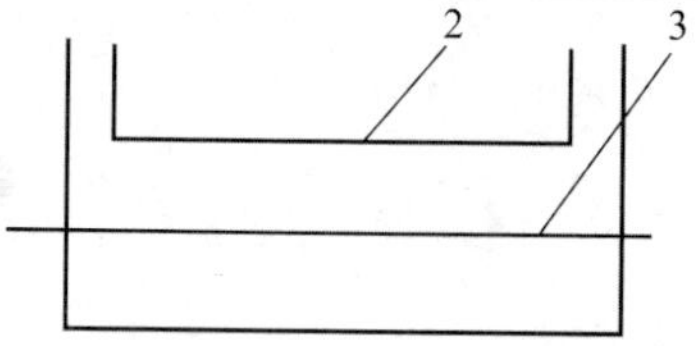

(b) 介质成分与热风流速的检测

图 10. 1. 3　金属丝热电阻作为气体传感器的应用

1—连通玻璃管；2—流通玻璃管；3—铂丝

利用图 10. 1. 3（b）所示的流通式玻璃管内装铂丝的装置，可对管内气体介质成分比例变化进行检测，或对管内热风流速变化进行检测，因为两者的变化均可引起管内气体热导率的变化，从而使铂丝电阻值发生变化。但是，必须使其他非被测量保持不变，以减少误差。同测温一样，经常接成电桥，视需要可接至灵敏仪表或放大器的输入级。

2. 半导体热敏电阻传感器

由于热敏电阻具有许多优点，因此热敏电阻传感器的应用范围很广，可在宇宙飞船、医学、工业及家用电器等方面用于测温、控温、温度补偿、流速测量、液面指示等。下面介绍一些主要用途。

（1）温度测量。

热敏电阻点温计的结构原理，如图 10. 1. 4 所示。使用时先将切换开关 S 旋到 1 处，接通校正电路，调节 R_6，使显示仪表的指针转至测量上限，用以消除由于电源 E 变化而产生的误差。当热敏电阻感温元件插入被测介质后，再将切换开关旋到 2 处，接通测量电路，这时显示仪表的示值即为被测介质的温度值。

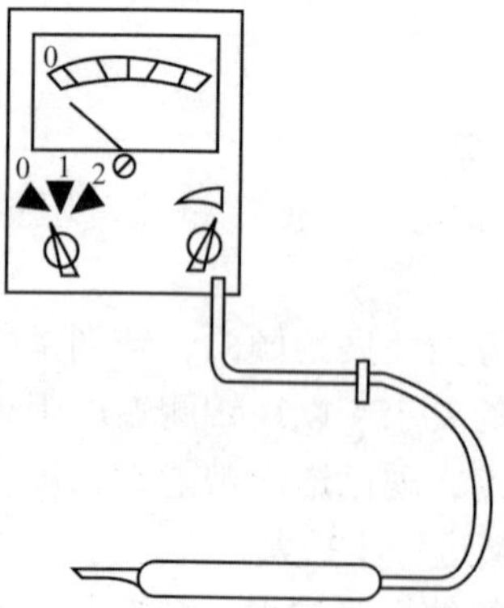

(a) 外形图

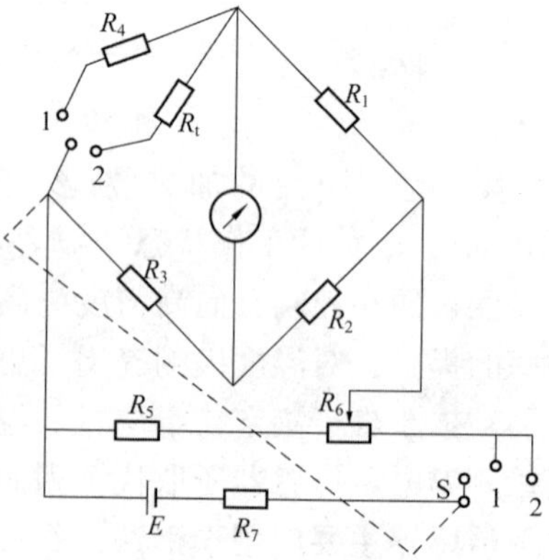

(b) 电路图

图 10. 1. 4　热敏电阻点温计的结构原理

（2）温度控制。

图 10. 1. 5 所示是一种简易的温度控制器，由 VR 设定动作温度。其工作原理如下：当要

控制的温度比实际温度高时，T_1 的（基极 b 与发射极 e）间电压大于导通电压，T_1 导通，相继 T_2 也导通，继电器吸合，电热丝加热。当实际温度达到要求控制的温度时，由于 R_t（NTC型）的阻值降低，使 T_1 的 b、e 间电压过低（<0.6 V），T_1 截止，相继 T_2 截止，继电器断开，电热丝断电而停止加热。这样便达到控制温度的目的。

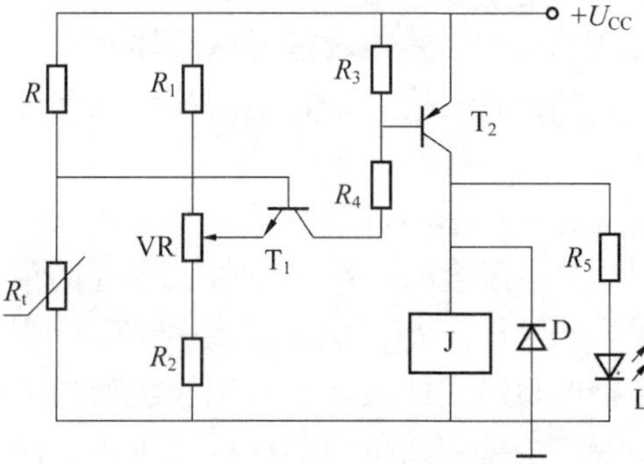

图 10.1.5　简易的温度控制器

当控制温度确定后，选择热敏电阻，并根据热敏电阻的参数设计 R、R_1 ~ R_4，设计自由度相当高。所选的继电器应与电源电压+U_{CC} 相配合。为保证控制的稳定性，应采用稳压电源。R_5 为限流电阻，设计时让流过 LED 的电流为 5 mA 左右即可，LED 为加热指示器。

（3）温度补偿。

仪表中通常用的一些零件，多数是用金属丝做成的，如线圈、线绕电阻等，金属一般具有正的温度系数，采用负温度系数的热敏电阻进行补偿，可以抵消由于温度变化所产生的误差。实际应用中，为了避免过补偿或欠补偿，将负温度系数的热敏电阻与锰铜丝电阻并联后再与被补偿元件串联，如图 10.1.6 所示。

（4）流量测量。

利用热敏电阻上的热量消耗和介质流速的关系，可以测量流量、流速、风速等。图 10.1.7 所示为热敏电阻式流量计，热敏电阻 R_{t1} 和 R_{t2} 分别置于管道中央和不受介质流速影响的小室中，当介质处于静止态时，使电桥平衡，桥路输出为零；当介质流动时，将 R_{t1} 的热量被带走，致使 R_{t1} 阻值变化，桥路就有相应的输出量。介质从 R_{t1} 上带走热量的多少与介质流量有关，所以可以用 R_{t1} 测量流量。

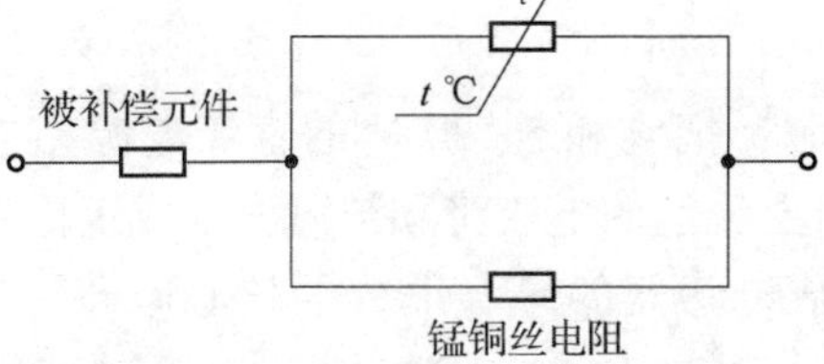

图 10.1.6　仪表中的电阻温度补偿电路

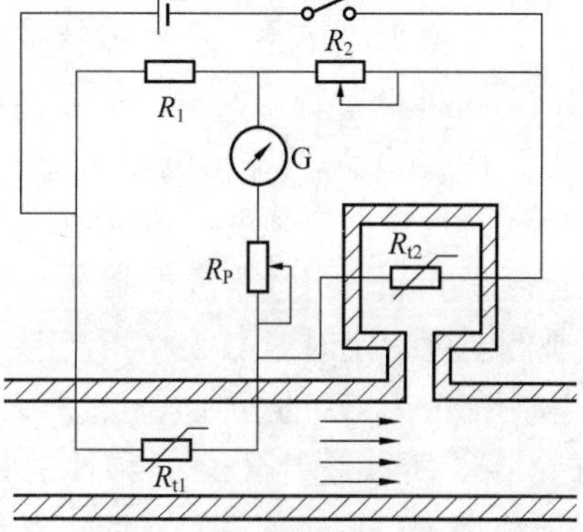

图 10.1.7　热敏电阻式流量计

10.1.4 集成温度传感器

1. 概述

近年来，随着半导体技术的发展，人们发现在一定的电流模式下，PN结的正向电压与温度之间具有很好的线性关系。集成温度传感器是将温敏晶体管及其辅助电路集成在同一芯片上而制成的集成化温度传感器，其最大的优点是直接给出正比于绝对温度的线性输出，因此越来越多地应用于各种温度计量、温度控制领域。

按照输出信号的形式，集成温度传感器可分为电流、电压和数字输出型三类。电流输出型具有输出阻抗高的特点，因此可以配合双绞线进行数百米远的精密温度遥感与遥测，而不必考虑长馈线上引起的信号损失和噪声问题；也可用在多点温度测量系统中，而不必考虑选择开关或多路转换器引入的接触电阻造成的误差。电压输出型的优点是直接输出电压且输出阻抗低，易于读出或控制电路接口。数字输出型的优点是抗干扰能力强，可直接与单片机或数字信号处理器（Digital Signal Processor，DSP）测试系统接口。

集成温度传感器同热电偶、热电阻等传统传感器相比，其主要特点有：①灵敏度高，电压型集成温度传感器通常为10 mV/℃。而热电偶则为微伏级，灵敏度较低；②线性较好，集成温度传感器具有较好的线性，一般不必再进行非线性补偿；③重复性好，通常集成温度传感器的重复性好于热电偶及热电阻；④测量温度范围较窄，通常在-50~150 ℃之间，而热电偶测量范围为-200~1 600 ℃，热电阻测量温度范围为-200~500 ℃；⑤精度较低，一般来说，低于热电阻和贵金属热电偶，与廉价金属热电偶相当或略低。

2. 集成温度传感器的应用

集成温度传感器集传感部分、放大电路、驱动电路、信号处理电路等于一个芯片上，具有体积小、使用方便的优点。随着集成温度传感器生产成本的降低，将会在许多领域中得到越来越广泛的应用。

下面简要介绍一下常用的AD590型集成温度传感器。

AD590是单片集成温度传感器，测量温度范围为-55~+150 ℃。半导体晶体管的基极与发射极之间的电压大约具有-2.2 mV/℃的温度系数，该集成温度传感器就是利用这一特性实现温度检测的。AD590是电流型集成温度传感器的代表产品，除具有一般集成温度传感器的共同特点（灵敏度高、准确度高、体积小、电路接口方便、价格低廉、使用简单等优点）外，还具有自身所特有的一些性能特点，主要表现在：测温不需要参考点；工作电压在4~30 V之间时都能获得稳定的输出信号，其线性电流输出为1 μA/℃；以热力学温标零点作为零输出点，在25 ℃时的输出电流为298.2 μA；因为对芯片进行了激光微调修正，其具有良好的互换性，且校准准确度可达±0.5 ℃；使用时接口简单；输出阻抗高达10 MΩ，适用于远距离温度测量和计算机远距离控制。

在被测温度一定时，AD590相当于一个恒流源，把它和5~30 V的直流电源相连，并在输出端串接一个1 kΩ的恒值电阻，那么，此电阻上流过的电流将和被测温度成正比。

图10.1.8所示是利用ΔU_{BE}特性的集成PN结传感器的感温部分的核心电路。其中T_1、T_2起恒流作用，可用于使左、右两支路的集电极电流I_1和I_2相等；T_3、T_4是感温用的晶体管，两个管的材质和工艺完全相同，但T_3实质上是由n个晶体管并联而成，因而其截面积是

T_4 的 n 倍。T_3 和 T_4 的发射截电压 U_{BE3} 和 U_{BE4} 经反极性串联后加在电阻 R 上，所以 R 上的端电压为 ΔU_{BE}。因此，电流 I_1 为

$$I_1 = \frac{\Delta U_{BE}}{R} = \frac{kT\ln n}{qR} \tag{10.1.2}$$

式中，k 为玻耳兹曼常数；q 为电子电量。

对于 AD590，$n=8$，电路的总电流将与热力学温度 T 成正比，将此电流引至负载电阻 R_L 上便可得到与 T 成正比的输出电压。由于利用了恒流特性，因此输出信号不受电源电压和导线电阻的影响。图中的电阻 R 是在硅板上形成的薄膜电阻，该电阻已用激光修正了其电阻值，因而在基准温度下可得到 1 μA/℃的电流值。

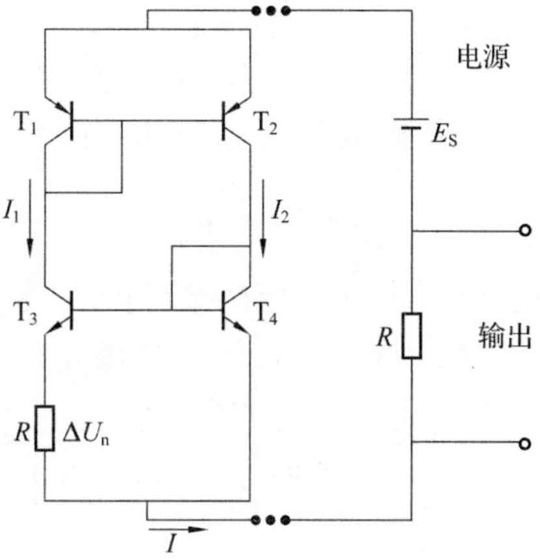

图 10.1.8　利用 ΔU_{BE} 特性的集成 PN 结传感器的感温部分的核心电路

AD590 型集成温度传感器用途相当广泛，除了可做温度计外，还可用于加热器、恒流器、空调机及一些家用电器上测温。

10.2　热电偶传感器

热电偶传感器是一种将温度变化转换为电势变化的传感器。在工业生产中，热电偶是应用最广泛的测温元器件之一。其主要优点是测温范围广，可以在 1 K~2 800 ℃的范围内使用，精度高，性能稳定，结构简单，动态性能好，可以把温度信号转换为电势信号，便于处理和远距离传输。

10.2.1　热电偶测温原理

热电偶是由两种不同的金属 A 和 B 构成一个闭合回路，当两个接触端温度不同，即 $T>T_0$ 时，回路中会产生热电势 $E_{AB}(T, T_0)$，如图 10.2.1 所示。其中，T 称为热端，T_0 称为冷端（自由端或参比端），A 和 B 称为热电极。热电势 $E_{AB}(T, T_0)$ 的大小是由两种材料的接触电势和单一材料的温差电势所决定的。

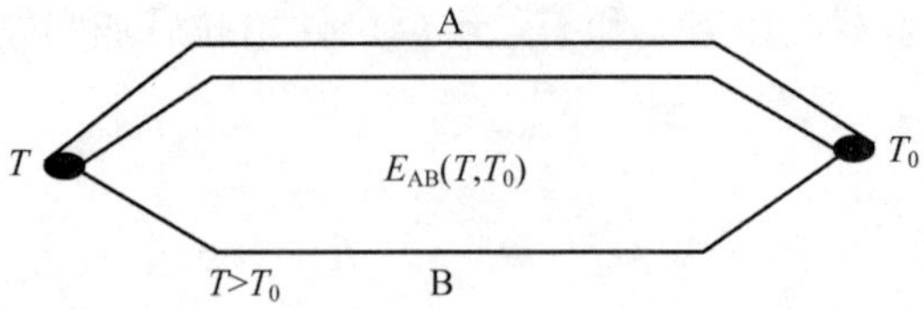

图 10. 2. 1　热电偶

1. 接触电势

由于不同的金属材料内部的自由电子密度不相同，当两种金属材料 A 和 B 接触时，自由电子就要从密度大的金属材料扩散到密度小的金属材料中去，从而产生自由电子的扩散现象，如图 10. 2. 2 所示，当金属材料 A 的自由电子密度比金属材料 B 大时，有自由电子从 A 扩散到 B；当扩散达到平衡时，金属材料 A 失去电子带正电荷，而金属材料 B 得到电子带负电荷。这样 A、B 接触处形成一定的电位差，这就是接触电势，其大小可表示为

$$e_{AB}(T)=\frac{kT}{e}\ln\frac{N_A}{N_B} \tag{10.2.1}$$

式中，$e_{AB}(T)$ 为电极 A 和电极 B 在温度为 T 时的接触电势；k 为玻耳兹曼常数；T 为接触面的热力学温度；e 为单位电荷量；N_A、N_B 分别为金属电极 A 和 B 的自由电子密度。

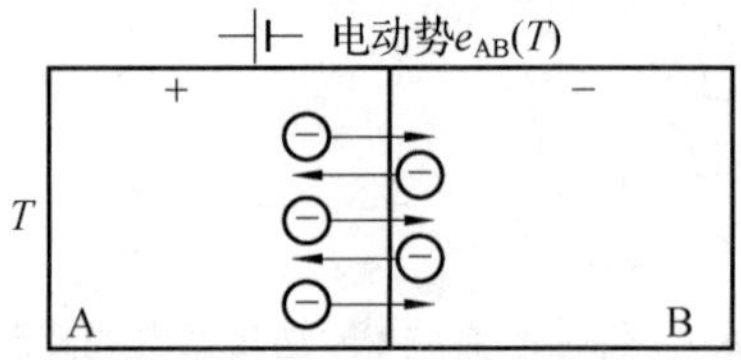

图 10. 2. 2　热电偶的接触电势

2. 温差电势

在同一金属材料 A 中，当金属材料两端的温度不同，即 $T>T_0$ 时，两端电子能量就不同。温度高的一端电子能量大，则电子从高温端向低温端扩散的数量多，最后达到平衡。这样在金属材料 A 的两端形成一定的电位差，即温差电势（也称为汤姆孙电势），如图 10. 2. 3 所示。其大小可表示为

$$e_A(T,\ T_0)=\int_{T_0}^{T}\delta \mathrm{d}T \tag{10.2.2}$$

式中，$e_A(T,\ T_0)$ 为金属材料 A 两端温度分别为 T 和 T_0 时的温差电势；δ 为汤姆孙系数，它表示温度为 1 ℃时所产生的电势值，与材料的性质有关。

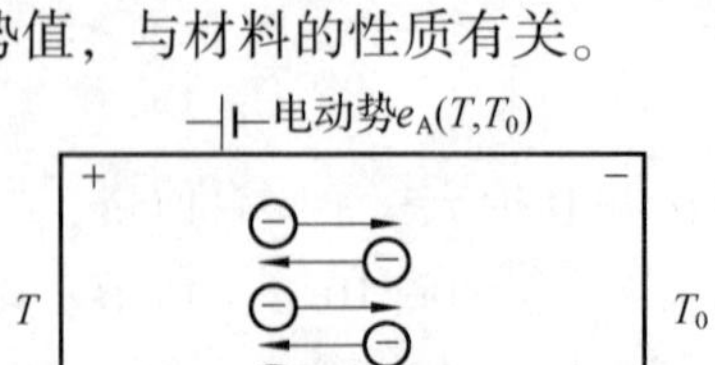

图 10. 2. 3　热电偶的温差电势

3. 热电偶回路的总热电势

在两种金属材料 A 和 B 组成的热电偶回路中，两接触点的温度分别为 T 和 T_0，且 $T>T_0$。

则回路的总热电势由 4 部分组成：两个温差电势即 $e_A(T, T_0)$ 和 $e_B(T, T_0)$，两个接触电势即 $e_{AB}(T)$ 和 $e_{AB}(T_0)$。它们的方向和大小如图 10.2.4 所示。

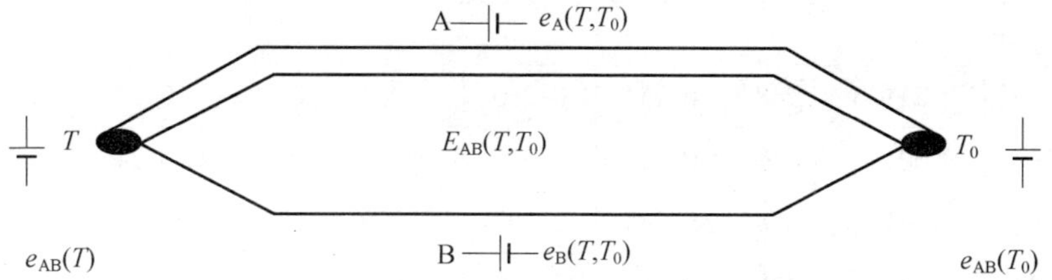

图 10.2.4　热电偶回路总热电势的方向和大小

按顺时针方向写出总热电势方程为

$$\begin{aligned}E_{AB}(T, T_0) &= e_{AB}(T) - e_A(T, T_0) - e_{AB}(T_0) + e_B(T, T_0)\\ &= [e_{AB}(T) - e_{AB}(T_0)] - [e_A(T, T_0) - e_B(T, T_0)]\\ &= \frac{k}{e}(T - T_0)\ln\frac{N_A}{N_B} - \int_{T_0}^{T}(\delta_A - \delta_B)\mathrm{d}t \end{aligned} \tag{10.2.3}$$

从式（10.2.3）可以看出，若热电极 A 和 B 为同一种材料时，$N_A = N_B$，$\delta_A = \delta_B$，则 $E_{AB}(T, T_0) = 0$。若热电偶两端处于同一温度下，即 $T=T_0$，$T-T_0=0$，则 $E_{AB}(T, T_0) = 0$。因此，热电势存在必须具备两个条件：一是由两种不同的金属材料组成热电偶；二是其两端存在温差。对式（10.2.3）进行整理，则有

$$\begin{aligned}E_{AB}(T, T_0) &= \left[e_{AB}(T) - \int_0^T(\delta_A - \delta_B)\mathrm{d}t\right] - \left[e_{AB}(T_0) - \int_0^{T_0}(\delta_A - \delta_B)\mathrm{d}t\right]\\ &= f(T) - f(T_0)\end{aligned} \tag{10.2.4}$$

从式（10.2.4）中可以看到，总热电势是 T 和 T_0 的温度函数的差，而不是温差的函数。当 $T_0=0$ ℃时，$f(T_0) = 0$，则有

$$E_{AB}(T, T_0) = f(T) \tag{10.2.5}$$

从式（10.2.5）得出 E 与 T 之间有唯一对应的单值函数关系，因此，可以用测量到的热电势 E 来得到对应的温度值 T。热电偶回路的总热电势的大小，只与导体 A 和 B 的材料有关，与冷、热端的温度有关，而与导体的粗细、长短及两导体接触面积无关。判断热电偶正、负极的方法可用将热端稍加热，在冷端用直流电表辨别正负极。

根据国际温标规定，$T_0=0$ ℃时，用实验的方法测出各种不同热电偶在不同工作温度下所产生热电势的值，列成表格，称为分度表（见表 10.2.1～10.2.4）。

表 10.2.1　铂铑 10-铂热电偶分度表

分度号：S　　　　（参考端温度为 0 ℃）

温度/℃	0	1	2	3	4	5	6	7	8	9
	热电势/mV									
0	0.000	0.005	0.011	0.016	0.022	0.027	0.033	0.038	0.044	0.050
10	0.055	0.061	0.067	0.072	0.078	0.084	0.090	0.095	0.101	0.107
20	0.113	0.119	0.125	0.131	0.137	0.143	0.149	0.155	0.161	0.167
30	0.173	0.179	0.185	0.191	0.197	0.204	0.210	0.216	0.222	0.229

续表

温度/℃	0	1	2	3	4	5	6	7	8	9
	热电势/mV									
40	0.235	0.241	0.248	0.254	0.260	0.267	0.273	0.280	0.286	0.292
50	0.299	0.305	0.312	0.319	0.325	0.332	0.338	0.345	0.352	0.358
60	0.365	0.372	0.378	0.385	0.392	0.399	0.405	0.412	0.419	0.426
70	0.433	0.440	0.446	0.453	0.460	0.467	0.474	0.481	0.488	0.495
80	0.502	0.509	0.516	0.523	0.530	0.538	0.545	0.552	0.559	0.566
90	0.573	0.580	0.588	0.595	0.602	0.609	0.617	0.624	0.631	0.639
100	0.646	0.653	0.661	0.668	0.675	0.683	0.690	0.698	0.705	0.713
110	0.720	0.727	0.735	0.743	0.750	0.758	0.765	0.773	0.780	0.788
120	0.795	0.803	0.811	0.818	0.826	0.834	0.841	0.849	0.857	0.865
130	0.872	0.880	0.888	0.896	0.903	0.911	0.919	0.927	0.935	0.942
140	0.950	0.958	0.966	0.974	0.982	0.990	0.998	1.006	1.013	1.021
150	1.029	1.037	1.045	1.053	1.061	1.069	1.077	1.085	1.094	1.102
160	1.110	1.118	1.126	1.134	1.142	1.150	1.158	1.167	1.175	1.183
170	1.191	1.199	1.207	1.216	1.224	1.232	1.240	1.249	1.257	1.265
180	1.273	1.282	1.290	1.298	1.307	1.315	1.323	1.332	1.340	1.348
190	1.357	1.365	1.373	1.382	1.390	1.399	1.407	1.415	1.424	1.432
200	1.441	1.449	1.458	1.466	1.475	1.483	1.492	1.500	1.509	1.517
210	1.526	1.534	1.543	1.551	1.560	1.569	1.577	1.586	1.594	1.603
220	1.612	1.620	1.629	1.638	1.646	1.655	1.663	1.672	1.681	1.690
230	1.698	1.707	1.716	1.724	1.733	1.742	1.751	1.759	1.768	1.777
240	1.786	1.794	1.803	1.812	1.821	1.829	1.838	1.847	1.856	1.865
250	1.874	1.882	1.891	1.900	1.909	1.918	1.927	1.936	1.944	1.953
260	1.962	1.971	1.980	1.989	1.998	2.007	2.016	2.025	2.034	2.043
270	2.052	2.061	2.070	2.078	2.087	2.096	2.105	2.114	2.123	2.132
280	2.141	2.151	2.160	2.169	2.178	2.187	2.196	2.205	2.214	2.223
290	2.232	2.241	2.250	2.259	2.268	2.277	2.287	2.296	2.305	2.314
300	2.323	2.332	2.341	2.350	2.360	2.369	2.378	2.387	2.396	2.405
310	2.415	2.424	2.433	2.442	2.451	2.461	2.470	2.479	2.488	2.497
320	2.507	2.516	2.525	2.534	2.544	2.553	2.562	2.571	2.581	2.590
330	2.599	2.609	2.618	2.627	2.636	2.646	2.655	2.664	2.674	2.683
340	2.692	2.702	2.711	2.720	2.730	2.739	2.748	2.758	2.767	2.776

续表

温度/℃	0	1	2	3	4	5	6	7	8	9
	热电势/mV									
350	2. 786	2. 795	2. 805	2. 814	2. 823	2. 833	2. 842	2. 851	2. 861	2. 870
360	2. 880	2. 889	2. 899	2. 908	2. 917	2. 927	2. 936	2. 946	2. 955	2. 965
370	2. 974	2. 983	2. 993	3. 002	3. 012	3. 021	3. 031	3. 040	3. 050	3. 059
380	3. 069	3. 078	3. 088	3. 097	3. 107	3. 116	3. 126	3. 135	3. 145	3. 154
390	3. 164	3. 173	3. 183	3. 192	3. 202	3. 212	3. 221	3. 231	3. 240	3. 250
400	3. 259	3. 269	3. 279	3. 288	3. 298	3. 307	3. 317	3. 326	3. 336	3. 346
410	3. 355	3. 365	3. 374	3. 384	3. 394	3. 403	3. 413	3. 423	3. 432	3. 442
420	3. 451	3. 461	3. 471	3. 480	3. 490	3. 500	3. 509	3. 519	3. 529	3. 538
430	3. 548	3. 558	3. 567	3. 577	3. 587	3. 596	3. 606	3. 616	3. 626	3. 635
440	3. 645	3. 655	3. 664	3. 674	3. 684	3. 694	3. 703	3. 713	3. 723	3. 732
450	3. 742	3. 752	3. 762	3. 771	3. 781	3. 791	3. 801	3. 810	3. 820	3. 830
460	3. 840	3. 850	3. 859	3. 869	3. 879	3. 889	3. 898	3. 908	3. 918	3. 928
470	3. 938	3. 947	3. 957	3. 967	3. 977	3. 987	3. 997	4. 006	4. 016	4. 026
480	4. 036	4. 046	4. 056	4. 065	4. 075	4. 085	4. 095	4. 105	4. 115	4. 125
490	4. 134	4. 144	4. 154	4. 164	4. 174	4. 184	4. 194	4. 204	4. 213	4. 223
500	4. 233	4. 243	4. 253	4. 263	4. 273	4. 283	4. 293	4. 303	4. 313	4. 323
510	4. 332	4. 342	4. 352	4. 362	4. 372	4. 382	4. 392	4. 402	4. 412	4. 422
520	4. 432	4. 442	4. 452	4. 462	4. 472	4. 482	4. 492	4. 502	4. 512	4. 522
530	4. 532	4. 542	4. 552	4. 562	4. 572	4. 582	4. 592	4. 602	4. 612	4. 622
540	4. 632	4. 642	4. 652	4. 662	4. 672	4. 682	4. 692	4. 702	4. 712	4. 722
550	4. 732	4. 742	4. 752	4. 762	4. 772	4. 782	4. 793	4. 803	4. 813	4. 823
560	4. 833	4. 843	4. 853	4. 863	4. 873	4. 883	4. 893	4. 904	4. 914	4. 924
570	4. 934	4. 944	4. 954	4. 964	4. 974	4. 984	4. 995	5. 005	5. 015	5. 025
580	5. 035	5. 045	5. 055	5. 066	5. 076	5. 086	5. 096	5. 106	5. 116	5. 127
590	5. 137	5. 147	5. 157	5. 167	5. 178	5. 188	5. 198	5. 208	5. 218	5. 228
600	5. 239	5. 249	5. 259	5. 269	5. 280	5. 290	5. 300	5. 310	5. 320	5. 331
610	5. 341	5. 351	5. 361	5. 372	5. 382	5. 392	5. 402	5. 413	5. 423	5. 433
620	5. 443	5. 454	5. 464	5. 474	5. 485	5. 495	5. 505	5. 515	5. 526	5. 536
630	5. 546	5. 557	5. 557	5. 577	5. 588	5. 598	5. 608	5. 618	5. 629	5. 639
640	5. 649	5. 660	5. 670	5. 680	5. 691	5. 701	5. 712	5. 722	5. 732	5. 743
650	5. 753	5. 763	5. 774	5. 784	5. 794	5. 805	5. 815	5. 826	5. 836	5. 846

续表

温度/℃	0	1	2	3	4	5	6	7	8	9
	热电势/mV									
660	5.857	5.867	5.878	5.888	5.898	5.909	5.919	5.930	5.940	5.950
670	5.961	5.971	5.982	5.992	6.003	6.013	6.024	6.034	6.044	6.055
680	6.065	6.07	6.086	6.097	6.107	6.118	6.128	6.139	6.149	6.160
690	6.170	6.181	6.191	6.202	6.212	6.223	6.233	6.244	6.254	6.265
700	6.275	6.286	6.296	6.307	6.317	6.328	6.338	6.349	6.360	6.370
710	6.381	6.391	6.402	6.412	6.423	6.434	6.444	6.455	6.465	6.476
720	6.486	6.497	6.508	6.518	6.529	6.539	6.550	6.561	6.571	6.582
730	6.593	6.603	6.614	6.624	6.635	6.646	6.656	6.667	6.678	6.688
740	6.699	6.710	6.720	6.731	6.742	6.752	6.763	6.774	6.784	6.795
750	6.806	6.817	6.827	6.838	6.849	6.859	6.870	6.881	6.892	6.902
760	6.913	6.924	6.934	6.945	6.956	6.967	6.977	6.988	6.999	7.010
770	7.020	7.031	7.042	7.053	7.064	7.074	7.085	7.096	7.107	7.117
780	7.128	7.139	7.150	7.161	7.172	7.182	7.193	7.204	7.215	7.226
790	7.236	7.247	7.258	7.269	7.280	7.291	7.302	7.312	7.323	7.334
800	7.345	7.356	7.367	7.378	7.388	7.399	7.410	7.421	7.432	7.443
810	7.454	7.465	7.476	7.487	7.497	7.508	7.519	7.530	7.541	7.552
820	7.563	7.574	7.585	7.596	7.607	7.618	7.629	7.640	7.651	7.662
830	7.673	7.684	7.695	7.706	7.717	7.728	7.739	7.750	7.761	7.772
840	7.783	7.794	7.805	7.816	7.827	7.838	7.849	7.860	7.871	7.882
850	7.893	7.904	7.915	7.926	7.937	7.948	7.959	7.970	7.981	7.992
860	8.003	8.014	8.026	8.037	8.048	8.059	8.070	8.081	8.092	8.103
870	8.114	8.125	8.137	8.148	8.159	8.170	8.181	8.192	8.203	8.214
880	8.226	8.237	8.248	8.259	8.270	8.281	8.293	8.304	8.315	8.326
890	8.337	8.348	8.360	8.371	8.382	8.393	8.404	8.416	8.427	8.438
900	8.449	8.460	8.472	8.483	8.494	8.505	8.517	8.528	8.539	8.550
910	8.562	8.573	8.584	8.595	8.607	8.618	8.629	8.640	8.652	8.663
920	8.674	8.685	8.697	8.708	8.719	8.731	8.742	8.753	8.765	8.776
930	8.787	8.798	8.810	8.821	8.832	8.844	8.855	8.866	8.878	8.889
940	8.900	8.912	8.923	8.935	8.946	8.957	8.969	8.980	8.991	9.003
950	9.014	9.025	9.037	9.048	9.060	9.071	9.082	9.094	9.105	9.117
960	9.128	9.139	9.151	9.162	9.174	9.185	9.197	9.208	9.219	9.231

续表

温度/℃	0	1	2	3	4	5	6	7	8	9
	热电势/mV									
970	9.242	9.254	9.265	9.277	9.288	9.300	9.311	9.323	9.334	9.345
980	9.357	9.368	9.380	9.391	9.403	9.414	9.426	9.437	9.449	9.460
990	9.472	9.483	9.495	9.506	9.518	9.529	9.541	9.552	9.564	9.576
1 000	9.587	9.599	9.610	9.622	9.633	9.645	9.656	9.668	9.680	9.691
1 010	9.703	9.714	9.726	9.737	9.749	9.761	9.772	9.784	9.795	9.807
1 020	9.819	9.830	9.842	9.853	9.865	9.877	9.888	9.900	9.911	9.923
1 030	9.935	9.946	9.958	9.970	9.981	9.993	10.005	10.016	10.028	10.040
1 040	10.051	10.063	10.075	10.086	10.098	10.110	10.121	10.133	10.145	10.156
1 050	10.168	10.180	10.191	10.203	10.215	10.227	10.238	10.250	10.262	10.273
1 060	10.285	10.297	10.309	10.320	10.332	10.344	10.356	10.367	10.379	10.391
1 070	10.403	10.414	10.426	10.438	10.450	10.461	10.473	10.485	10.497	10.509
1 080	10.520	10.532	10.544	10.556	10.567	10.579	10.591	10.603	10.615	10.626
1 090	10.638	10.650	10.662	10.674	10.686	10.697	10.709	10.721	10.733	10.745
1 100	10.757	10.768	10.780	10.792	10.804	10.816	10.828	10.839	10.851	10.863
1 110	10.875	10.887	10.899	10.911	10.922	10.934	10.946	10.958	10.970	10.982
1 120	10.994	11.006	11.017	11.029	11.041	11.053	11.065	11.077	11.089	11.101
1 130	11.113	11.125	11.136	11.148	11.160	11.172	11.184	11.196	11.208	11.220
1 140	11.232	11.244	11.256	11.268	11.280	11.291	11.303	11.315	11.327	11.339
1 150	11.351	11.363	11.375	11.387	11.399	11.411	11.423	11.435	11.447	11.459
1 160	11.471	11.483	11.495	11.507	11.519	11.531	11.542	11.554	11.566	11.578
1 170	11.590	11.602	11.614	11.626	11.638	11.650	11.662	11.674	11.686	11.698
1 180	11.710	11.722	11.734	11.746	11.758	11.770	11.782	11.794	11.806	11.818
1 190	11.830	11.842	11.854	11.866	11.878	11.890	11.902	11.914	11.926	11.939
1 200	11.951	11.963	11.975	11.987	11.999	12.011	12.023	12.035	12.047	12.059
1 210	12.071	12.083	12.095	12.107	12.119	12.131	12.143	12.155	12.167	12.179
1 220	12.191	12.203	12.216	12.228	12.240	12.252	12.264	12.276	12.288	12.300
1 230	12.312	12.324	12.336	12.348	12.360	12.372	12.384	12.397	12.409	12.421
1 240	12.433	12.445	12.457	12.469	12.481	12.493	12.505	12.517	12.529	12.542
1 250	12.554	12.566	12.578	12.590	12.602	12.614	12.626	12.638	12.650	12.662
1 260	12.675	12.687	12.699	12.711	12.723	12.735	12.747	12.759	12.771	12.783
1 270	12.796	12.808	12.820	12.832	12.844	12.856	12.868	12.880	12.892	12.905

续表

温度/℃	0	1	2	3	4	5	6	7	8	9
	热电势/mV									
1 280	12.917	12.929	12.941	12.953	12.965	12.977	12.989	13.001	13.014	13.026
1 290	13.038	13.050	13.062	13.074	13.086	13.098	13.111	13.123	13.135	13.147
1 300	13.159	13.171	13.183	13.195	13.208	13.220	13.232	13.244	13.256	13.268
1 310	13.280	13.292	13.305	13.317	13.329	13.341	13.353	13.365	13.377	13.390
1 320	13.402	13.414	13.426	13.438	13.450	13.462	13.474	13.487	13.499	13.511
1 330	13.523	13.535	13.547	13.559	13.572	13.584	13.596	13.608	13.620	13.632
1 340	13.644	13.657	13.669	13.681	13.693	13.705	13.717	13.729	13.742	13.754
1 350	13.766	13.778	13.790	13.802	13.814	13.826	13.839	13.851	13.863	13.875
1 360	13.887	13.899	13.911	13.924	13.936	13.948	13.960	13.972	13.984	13.996
1 370	14.009	14.021	14.033	14.045	14.057	14.069	14.081	14.094	14.106	14.118
1 380	14.130	14.142	14.154	14.166	14.178	14.191	14.203	14.215	14.227	14.239
1 390	14.251	14.263	14.276	14.288	14.300	14.312	14.324	14.336	14.348	14.360
1 400	14.373	14.385	14.397	14.409	14.421	14.433	14.445	14.457	14.470	14.482
1 410	14.494	14.506	14.518	14.530	14.542	14.554	14.567	14.579	14.591	14.603
1 420	14.615	14.627	14.639	14.651	14.664	14.676	14.688	14.700	14.712	14.724
1 430	14.736	14.748	14.760	14.773	14.785	14.797	14.809	14.821	14.833	14.845
1 440	14.857	14.869	14.881	14.894	14.906	14.918	14.930	14.942	14.954	14.966
1 450	14.978	14.990	15.002	15.015	15.027	15.039	15.051	15.063	15.075	15.087
1 460	15.099	15.111	15.123	15.135	15.148	15.160	15.172	15.184	15.196	15.208
1 470	15.220	15.232	15.244	15.256	15.268	15.280	15.292	15.304	15.317	15.329
1 480	15.341	15.353	15.365	15.377	15.389	15.401	15.413	15.425	15.437	15.449
1 490	15.461	15.473	15.485	15.497	15.509	15.521	15.534	15.546	15.558	15.570
1 500	15.582	15.594	15.606	15.618	15.630	15.642	15.654	15.666	15.678	15.690
1 510	15.702	15.714	15.726	15.738	15.750	15.762	15.774	15.786	15.798	15.810
1 520	15.822	15.834	15.846	15.858	15.870	15.882	15.894	15.906	15.918	15.930
1 530	15.942	15.954	15.966	15.978	15.990	16.002	16.014	16.026	16.038	16.050
1 540	16.062	16.074	16.086	16.098	16.110	16.122	16.134	16.146	16.158	16.170
1 550	16.182	16.194	16.205	16.217	16.229	16.241	16.253	16.265	16.277	16.289
1 560	16.301	16.313	16.325	16.337	16.349	16.361	16.373	16.385	16.396	16.408
1 570	16.420	16.432	16.444	16.456	16.468	16.480	16.492	16.504	16.516	16.527
1 580	16.539	16.551	16.563	16.575	16.587	16.599	16.611	16.623	16.634	16.646

续表

温度/℃	0	1	2	3	4	5	6	7	8	9
	热电势/mV									
1 590	16.658	16.670	16.682	16.694	16.706	16.718	16.729	16.741	16.753	16.765
1 600	16.777	16.789	16.801	16.812	16.824	16.836	16.848	16.860	16.872	16.883
1 610	16.895	16.907	16.919	16.931	16.943	16.954	16.966	16.978	16.990	17.002
1 620	17.013	17.025	17.037	17.049	17.061	17.072	17.084	17.096	17.108	17.120
1 630	17.131	17.143	17.155	17.167	17.178	17.190	17.202	17.214	17.225	17.237
1 640	17.249	17.261	17.272	17.284	17.296	17.308	17.319	17.331	17.343	17.355
1 650	17.366	17.378	17.390	17.401	17.413	17.425	17.437	17.448	17.460	17.472
1 660	17.483	17.495	17.507	17.518	17.530	17.542	17.553	17.565	17.577	17.588
1 670	17.600	17.612	17.623	17.635	17.647	17.658	17.670	17.682	17.693	17.705
1 680	17.717	17.728	17.740	17.751	17.763	17.775	17.786	17.798	17.809	17.821
1 690	17.832	17.844	17.855	17.867	17.878	17.890	17.901	17.913	17.924	17.936
1 700	17.947	—	—	—	—	—	—	—	—	—

表 10.2.2　镍铬-镍硅热电偶分度表（K 型）

（参考端温度为 0 ℃）

温度/℃	0	1	2	3	4	5	6	7	8	9
	热电势/mV									
0	0	0.039 7	0.079 4	0.119 1	0.158 8	0.198 5	0.238 2	0.277 9	0.317 6	0.357 3
10	0.397	0.437 1	0.477 2	0.517 3	0.557 4	0.597 5	0.637 6	0.677 7	0.717 8	0.757 9
20	0.798	0.838 5	0.879	0.919 5	0.96	1.000 5	1.041	1.081 5	1.122	1.162 5
30	1.203	1.243 8	1.284 6	1.325 4	1.366 2	1.407	1.447 8	1.488 6	1.529 4	1.570 2
40	1.611	1.652 1	1.693 2	1.734 3	1.775 4	1.816 5	1.857 6	1.898 7	1.939 8	1.9809
50	2.022	2.063 4	2.104 8	2.146 2	2.187 6	2.229	2.270 4	2.311 8	2.353 2	2.394 6
60	2.436	2.477 4	2.518 8	2.560 2	2.601 6	2.643	2.684 4	2.725 8	2.767 2	2.808 6
70	2.85	2.891 6	2.933 2	2.974 8	3.016 4	3.058	3.099 6	3.141 2	3.182 8	3.224 4
80	3.266	3.307 5	3.349	3.390 5	3.432	3.473 5	3.515	3.556 5	3.598	3.639 5
90	3.681	3.722 4	3.763 8	3.805 2	3.846 6	3.888	3.929 4	3.970 8	4.012 2	4.053 6
100	4.095	4.136 3	4.177 6	4.218 9	4.260 2	4.301 5	4.342 8	4.3841	4.4254	4.4667
110	4.508	4.549 1	4.590 2	4.631 3	4.672 4	4.713 5	4.754 6	4.795 7	4.836 8	4.877 9
120	4.919	4.959 8	5.000 6	5.041 4	5.082 2	5.123	5.163 8	5.204 6	5.245 4	5.286 2
130	5.327	5.367 6	5.408 2	5.448 8	5.489 4	5.53	5.570 6	5.611 2	5.651 8	5.692 4

续表

温度/℃	0	1	2	3	4	5	6	7	8	9
	热电势/mV									
140	5.733	5.773 4	5.813 8	5.854 2	5.894 6	5.935	5.975 4	6.015 8	6.056 2	6.0966
150	6.137	6.177 2	6.217 4	6.257 6	6.297 8	6.338	6.378 2	6.418 4	6.458 6	6.498 8
160	6.539	6.579	6.619	6.659	6.699	6.739	6.779	6.819	6.859	6.899
170	6.939	6.978 9	7.018 8	7.058 7	7.098 6	7.138 5	7.178 4	7.218 3	7.258 2	7.298 1
180	7.338	7.377 9	7.417 8	7.457 7	7.497 6	7.537 5	7.577 4	7.617 3	7.657 2	7.6971
190	7.737	7.777	7.817	7.857	7.897	7.937	7.977	8.017	8.057	8.097
200	8.137	8.177	8.217	8.257	8.297	8.337	8.377	8.417	8.457	8.497
210	8.537	8.577 1	8.617 2	8.657 3	8.697 4	8.737 5	8.777 6	8.817 7	8.857 8	8.897 9
220	8.938	8.978 3	9.018 6	9.058 9	9.099 2	9.139 5	9.179 8	9.220 1	9.260 4	9.300 7
230	9.341	9.381 4	9.421 8	9.462 2	9.502 6	9.543	9.583 4	9.623 8	9.664 2	9.704 6
240	9.745	9.785 6	9.826 2	9.866 8	9.907 4	9.948	9.988 6	10.029 2	10.069 8	10.110 4
250	10.151	10.191 9	10.232 8	10.273 7	10.314 6	10.355 5	10.396 4	10.437 3	10.478 2	10.519 1
260	10.56	10.600 9	10.641 8	10.682 7	10.723 6	10.764 5	10.805 4	10.846 3	10.887 2	10.928 1
270	10.969	11.010 2	11.051 4	11.092 6	11.133 8	11.175	11.216 2	11.257 4	11.298 6	11.339 8
280	11.381	11.422 2	11.463 4	11.504 6	11.545 8	11.587	11.628 2	11.669 4	11.710 6	11.751 8
290	11.793	11.834 4	11.875 8	11.917 2	11.958 6	12	12.041 4	12.082 8	12.124 2	12.165 6
300	12.207	12.248 6	12.290 2	12.331 8	12.373 4	12.415	12.456 6	12.498 2	12.539 8	12.581 4
310	12.623	12.664 6	12.706 2	12.747 8	12.789 4	12.831	12.872 6	12.914 2	12.955 8	12.997 4
320	13.039	13.080 7	13.122 4	13.164 1	13.205 8	13.247 5	13.289 2	13.330 9	13.372 6	13.414 3
330	13.456	13.497 8	13.539 6	13.581 4	13.623 2	13.665	13.706 8	13.748 6	13.790 4	13.832 2
340	13.874	13.915 8	13.957 6	13.999 4	14.041 2	14.083	14.124 8	14.166 6	14.208 4	14.250 2
350	14.292	14.334	14.376	14.418	14.46	14.502	14.544	14.586	14.628	14.67
360	14.712	14.754	14.796	14.838	14.88	14.922	14.964	15.006	15.048	15.09
370	15.132	15.174	15.216	15.258	15.3	15.342	15.384	15.426	15.468	15.51
380	15.552	15.594 2	15.636 4	15.678 6	15.720 8	15.763	15.805 2	15.847 4	15.889 6	15.931 8
390	15.974	16.016 1	16.058 2	16.100 3	16.142 4	16.184 5	16.226 6	16.268 7	16.310 8	16.352 9
400	16.395	16.437 3	16.479 6	16.521 9	16.564 2	16.606 5	16.648 8	16.691 1	16.733 4	16.775 7
410	16.818	16.860 3	16.902 6	16.944 9	16.987 2	17.029 5	17.071 8	17.114 1	17.156 4	17.198 7
420	17.241	17.283 3	17.325 6	17.367 9	17.410 2	17.452 5	17.494 8	17.537 1	17.579 4	17.621 7
430	17.664	17.706 4	17.748 8	17.791 2	17.833 6	17.876	17.918 4	17.960 8	18.003 2	18.045 6
440	18.088	18.130 5	18.173	18.215 5	18.258	18.300 5	18.343	18.385 5	18.428	18.470 5

续表

温度/℃	0	1	2	3	4	5	6	7	8	9
	热电势/mV									
450	18.513	18.555 5	18.598	18.640 5	18.683	18.725 5	18.768	18.810 5	18.853	18.895 5
460	18.938	18.980 5	19.023	19.065 5	19.108	19.150 5	19.193	19.235 5	19.278	19.320 5
470	19.363	19.405 5	19.448	19.490 5	19.533	19.575 5	19.618	19.660 5	19.703	19.745 5
480	19.788	19.830 6	19.873 2	19.915 8	19.958 4	20.001	20.043 6	20.086 2	20.128 8	20.171 4
490	20.214	20.256 6	20.299 2	20.341 8	20.384 4	20.427	20.469 6	20.512 2	20.554 8	20.597 4
500	20.64	20.682 6	20.725 2	20.767 8	20.810 4	20.853	20.895 6	20.938 2	20.980 8	21.023 4
510	21.066	21.108 7	21.151 4	21.194 1	21.236 8	21.279 5	21.322 2	21.364 9	21.407 6	21.450 3
520	21.493	21.535 6	21.578 2	21.620 8	21.663 4	21.706	21.748 6	21.791 2	21.833 8	21.876 4
530	21.919	21.961 7	22.004 4	22.047 1	22.089 8	22.132 5	22.175 2	22.217 9	22.260 6	22.303 3
540	22.346	22.388 6	22.431 2	22.473 8	22.516 4	22.559	22.601 6	22.644 2	22.686 8	22.729 4
550	22.772	22.814 6	22.857 2	22.899 8	22.942 4	22.985	23.027 6	23.070 2	23.112 8	23.155 4
560	23.198	23.240 6	23.283 2	23.325 8	23.368 4	23.411	23.453 6	23.496 2	23.538 8	23.581 4
570	23.624	23.666 6	23.709 2	23.751 8	23.794 4	23.837	23.879 6	23.922 2	23.964 8	24.007 4
580	24.05	24.092 6	24.135 2	24.177 8	24.220 4	24.263	24.305 6	24.348 2	24.390 8	24.433 4
590	24.476	24.518 6	24.561 2	24.603 8	24.646 4	24.689	24.731 6	24.774 2	24.816 8	24.859 4
600	24.902	24.944 5	24.987	25.029 5	25.072	25.114 5	25.157	25.199 5	25.242	25.284 5
610	25.327	25.369 4	25.411 8	25.454 2	25.496 6	25.539	25.581 4	25.623 8	25.666 2	25.708 6
620	25.751	25.793 5	25.836	25.878 5	25.921	25.963 5	26.006	26.048 5	26.091	26.133 5
630	26.176	26.218 3	26.260 6	26.302 9	26.345 2	26.387 5	26.429 8	26.472 1	26.514 4	26.556 7
640	26.599	26.641 3	26.683 6	26.725 9	26.768 2	26.810 5	26.852 8	26.895 1	26.937 4	26.979 7
650	27.022	27.064 3	27.106 6	27.148 9	27.191 2	27.233 5	27.275 8	27.318 1	27.360 4	27.402 7
660	27.445	27.487 2	27.529 4	27.571 6	27.613 8	27.656	27.698 2	27.740 4	27.782 6	27.824 8
670	27.867	27.909 1	27.951 2	27.993 3	28.035 4	28.077 5	28.119 6	28.161 7	28.203 8	28.245 9
680	28.288	28.330 1	28.372 2	28.414 3	28.456 4	28.498 5	28.540 6	28.582 7	28.624 8	28.666 9
690	28.709	28.750 9	28.792 8	28.834 7	28.876 6	28.918 5	28.960 4	29.002 3	29.044 2	29.086 1
700	29.128	29.169 9	29.211 8	29.253 7	29.295 6	29.337 5	29.379 4	29.421 3	29.463 2	29.505 1
710	29.547	29.588 8	29.630 6	29.672 4	29.714 2	29.756	29.797 8	29.839 6	29.881 4	29.923 2
720	29.965	30.006 8	30.048 6	30.090 4	30.132 2	30.174	30.215 8	30.257 6	30.299 4	30.341 2
730	30.383	30.424 6	30.466 2	30.507 8	30.549 4	30.591	30.632 6	30.674 2	30.715 8	30.757 4
740	30.799	30.840 5	30.882	30.923 5	30.965	31.006 5	31.048	31.089 5	31.131	31.172 5
750	31.214	31.255 5	31.297	31.338 5	31.38	31.421 5	31.463	31.504 5	31.546	31.587 5

续表

温度/℃	0	1	2	3	4	5	6	7	8	9
	热电势/mV									
760	31.629	31.670 3	31.711 6	31.752 9	31.794 2	31.835 5	31.876 8	31.918 1	31.959 4	32.000 7
770	32.042	32.083 3	32.124 6	32.165 9	32.207 2	32.248 5	32.289 8	32.331 1	32.372 4	32.413 7
780	32.455	32.496 1	32.537 2	32.578 3	32.619 4	32.660 5	32.701 6	32.742 7	32.783 8	32.824 9
790	32.866	32.907 1	32.948 2	32.989 3	33.030 4	33.071 5	33.112 6	33.153 7	33.194 8	33.235 9
800	33.277	33.317 9	33.358 8	33.399 7	33.440 6	33.481 5	33.522 4	33.563 3	33.604 2	33.645 1
810	33.686	33.726 9	33.767 8	33.808 7	33.849 6	33.890 5	33.931 4	33.972 3	34.013 2	34.054 1
820	34.095	34.135 7	34.176 4	34.217 1	34.257 8	34.298 5	34.339 2	34.379 9	34.420 6	34.461 3
830	34.502	34.542 7	34.583 4	34.624 1	34.664 8	34.705 5	34.746 2	34.786 9	34.827 6	34.868 3
840	34.909	34.949 5	34.99	35.030 5	35.071	35.111 5	35.152	35.192 5	35.233	35.273 5
850	35.314	35.354 4	35.394 8	35.435 2	35.475 6	35.516	35.556 4	35.596 8	35.637 2	35.677 6
860	35.718	35.758 3	35.798 6	35.838 9	35.879 2	35.919 5	35.959 8	36.000 1	36.040 4	36.080 7
870	36.121	36.161 3	36.201 6	36.241 9	36.282 2	36.322 5	36.362 8	36.403 1	36.443 4	36.483 7
880	36.524	36.564 1	36.604 2	36.644 3	36.684 4	36.724 5	36.764 6	36.804 7	36.844 8	36.884 9
890	36.925	36.965	37.005	37.045	37.085	37.125	37.165	37.205	37.245	37.285
900	37.325	37.364 9	37.404 8	37.444 7	37.484 6	37.524 5	37.564 4	37.604 3	37.644 2	37.684 1
910	37.724	37.763 8	37.803 6	37.843 4	37.883 2	37.923	37.962 8	38.002 6	38.042 4	38.082 2
920	38.122	38.161 8	38.201 6	38.241 4	38.281 2	38.321	38.360 8	38.400 6	38.440 4	38.480 2
930	38.52	38.559 5	38.599	38.638 5	38.678	38.717 5	38.757	38.796 5	38.836	38.875 5
940	38.915	38.954 5	38.994	39.033 5	39.073	39.112 5	39.152	39.191 5	39.231	39.270 5
950	39.31	39.349 3	39.388 6	39.427 9	39.467 2	39.506 5	39.545 8	39.585 1	39.624 4	39.663 7
960	39.703	39.742 3	39.781 6	39.820 9	39.860 2	39.899 5	39.938 8	39.978 1	40.017 4	40.056 7
970	40.096	40.135 2	40.174 4	40.213 6	40.252 8	40.292	40.331 2	40.370 4	40.409 6	40.448 8
980	40.488	40.527 1	40.566 2	40.605 3	40.644 4	40.683 5	40.722 6	40.761 7	40.800 8	40.839 9
990	40.879	40.918	40.957	40.996	41.035	41.074	41.113	41.152	41.191	41.23
1 000	41.269	41.307 8	41.346 6	41.385 4	41.424 2	41.463	41.501 8	41.540 6	41.579 4	41.618 2
1 010	41.657	41.695 8	41.734 6	41.773 4	41.812 2	41.851	41.889 8	41.928 6	41.967 4	42.006 2
1 020	42.045	42.083 7	42.122 4	42.161 1	42.199 8	42.238 5	42.277 2	42.315 9	42.354 6	42.393 3
1 030	42.432	42.470 5	42.509	42.547 5	42.586	42.624 5	42.663	42.701 5	42.74	42.778 5
1 040	42.817	42.855 5	42.894	42.932 5	42.971	43.009 5	43.048	43.086 5	43.125	43.163 5
1 050	43.202	43.240 3	43.278 6	43.316 9	43.355 2	43.393 5	43.431 8	43.470 1	43.508 4	43.546 7
1 060	43.585	43.623 3	43.661 6	43.699 9	43.738 2	43.776 5	43.814 8	43.853 1	43.891 4	43.929 7

续表

温度/℃	0	1	2	3	4	5	6	7	8	9
	热电势/mV									
1 070	43. 968	44. 006 1	44. 044 2	44. 082 3	44. 120 4	44. 158 5	44. 196 6	44. 234 7	44. 272 8	44. 310 9
1 080	44. 349	44. 387	44. 425	44. 463	44. 501	44. 539	44. 577	44. 615	44. 653	44. 691
1 090	44. 729	44. 766 9	44. 804 8	44. 842 7	44. 880 6	44. 918 5	44. 956 4	44. 994 3	45. 032 2	45. 070 1
1 100	45. 108	45. 145 8	45. 183 6	45. 221 4	45. 259 2	45. 297	45. 334 8	45. 372 6	45. 410 4	45. 448 2
1 110	45. 486	45. 523 7	45. 561 4	45. 599 1	45. 636 8	45. 674 5	45. 712 2	45. 749 9	45. 787 6	45. 825 3
1 120	45. 863	45. 900 5	45. 938	45. 975 5	46. 013	46. 050 5	46. 088	46. 125 5	46. 163	46. 200 5
1 130	46. 238	46. 275 4	46. 312 8	46. 350 2	46. 387 6	46. 425	46. 462 4	46. 499 8	46. 537 2	46. 574 6
1 140	46. 612	46. 649 3	46. 686 6	46. 723 9	46. 761 2	46. 798 5	46. 835 8	46. 873 1	46. 910 4	46. 947 7
1 150	46. 985	47. 022 1	47. 059 2	47. 096 3	47. 133 4	47. 170 5	47. 207 6	47. 244 7	47. 281 8	47. 318 9
1 160	47. 356	47. 393	47. 43	47. 467	47. 504	47. 541	47. 578	47. 615	47. 652	47. 689
1 170	47. 726	47. 762 9	47. 799 8	47. 836 7	47. 873 6	47. 910 5	47. 947 4	47. 984 3	48. 021 2	48. 058 1
1 180	48. 095	48. 131 7	48. 168 4	48. 205 1	48. 241 8	48. 278 5	48. 315 2	48. 351 9	48. 388 6	48. 425 3
1 190	48. 462	48. 498 6	48. 535 2	48. 571 8	48. 608 4	48. 645	48. 681 6	48. 718 2	48. 754 8	48. 791 4
1 200	48. 828	48. 864 4	48. 900 8	48. 937 2	48. 973 6	49. 01	49. 046 4	49. 082 8	49. 119 2	49. 155 6
1 210	49. 192	49. 228 3	49. 264 6	49. 300 9	49. 337 2	49. 373 5	49. 409 8	49. 446 1	49. 482 4	49. 518 7
1 220	49. 555	49. 591 1	49. 627 2	49. 663 3	49. 699 4	49. 735 5	49. 771 6	49. 807 7	49. 843 8	49. 879 9
1 230	49. 916	49. 952	49. 988	50. 024	50. 06	50. 096	50. 132	50. 168	50. 204	50. 24
1 240	50. 276	50. 311 7	50. 347 4	50. 383 1	50. 418 8	50. 454 5	50. 490 2	50. 525 9	50. 561 6	50. 597 3
1 250	50. 633	50. 668 7	50. 704 4	50. 740 1	50. 775 8	50. 811 5	50. 847 2	50. 882 9	50. 918 6	50. 954 3
1 260	50. 99	51. 025 4	51. 060 8	51. 096 2	51. 131 6	51. 167	51. 202 4	51. 237 8	51. 273 2	51. 308 6
1 270	51. 344	51. 379 3	51. 414 6	51. 449 9	51. 485 2	51. 520 5	51. 555 8	51. 591 1	51. 626 4	51. 661 7
1 280	51. 697	51. 732 2	51. 767 4	51. 802 6	51. 837 8	51. 873	51. 908 2	51. 943 4	51. 978 6	52. 013 8
1 290	52. 049	52. 083 9	52. 118 8	52. 153 7	52. 188 6	52. 223 5	52. 258 4	52. 293 3	52. 328 2	52. 363 1
1 300	52. 398	52. 432 9	52. 467 8	52. 502 7	52. 537 6	52. 572 5	52. 607 4	52. 642 3	52. 677 2	52. 712 1
1 310	52. 747	52. 781 6	52. 816 2	52. 850 8	52. 885 4	52. 92	52. 954 6	52. 989 2	53. 023 8	53. 058 4
1 320	53. 093	53. 127 6	53. 162 2	53. 196 8	53. 231 4	53. 266	53. 300 6	53. 335 2	53. 369 8	53. 404 4
1 330	53. 439	53. 473 3	53. 507 6	53. 541 9	53. 576 2	53. 610 5	53. 644 8	53. 679 1	53. 713 4	53. 747 7
1 340	53. 782	53. 816 3	53. 850 6	53. 884 9	53. 919 2	53. 953 5	53. 987 8	54. 022 1	54. 056 4	54. 090 7
1 350	54. 125	54. 159 1	54. 193 2	54. 227 3	54. 261 4	54. 295 5	54. 329 6	54. 363 7	54. 397 8	54. 431 9
1 360	54. 466	54. 500 1	54. 534 2	54. 568 3	54. 602 4	54. 636 5	54. 670 6	54. 704 7	54. 738 8	54. 772 9
1 370	54. 807	54. 841 1	54. 875 2	54. 909 3	54. 943 4	54. 977 5	55. 011 6	55. 045 7	55. 079 8	55. 113 9

表 10.2.3　铂热电阻 Pt100 型电阻 $R(t)$ 分度表

（参考端温度 $R(t/℃)=100\ \Omega$）

温度/℃	0	1	2	3	4	5	6	7	8	9
	电阻值/Ω									
−200	18.52	—	—	—	—	—	—	—	—	—
−190	22.83	22.40	21.97	21.54	21.11	20.68	20.25	19.82	19.38	18.95
−180	27.10	26.67	26.24	25.82	25.39	24.97	24.54	24.11	23.68	23.25
−170	31.34	30.91	30.49	30.07	29.64	29.22	28.80	28.37	27.95	27.52
−160	35.54	35.12	34.70	34.28	33.86	33.44	33.02	32.60	32.18	31.76
−150	39.72	39.31	38.89	38.47	38.05	37.64	37.22	36.80	36.38	35.96
−140	43.88	43.46	43.05	42.63	42.22	41.80	41.39	40.97	40.56	40.14
−130	48.00	47.59	47.18	46.77	46.36	45.94	45.53	45.12	44.70	44.29
−120	52.11	51.70	51.29	50.88	50.47	50.06	49.65	49.24	48.83	48.42
−110	56.19	55.79	55.38	54.97	54.56	54.15	53.75	53.34	52.93	52.52
−100	60.26	59.85	59.44	59.04	58.63	58.23	57.82	57.41	57.01	56.60
−90	64.30	63.90	63.49	63.09	62.68	62.28	61.88	61.47	61.07	60.66
−80	68.33	67.92	67.52	67.12	66.72	66.31	65.91	65.51	65.11	64.70
−70	72.33	71.93	71.53	71.13	70.73	70.33	69.93	69.53	69.13	68.73
−60	76.33	75.93	75.53	75.13	74.73	74.33	73.93	73.53	73.13	72.73
−50	80.31	79.91	79.51	79.11	78.72	78.32	77.92	77.52	77.12	76.73
−40	84.27	83.87	83.48	83.08	82.69	82.29	81.89	81.50	81.10	80.70
−30	88.22	87.83	87.43	87.04	86.64	86.25	85.85	85.46	85.06	84.67
−20	92.16	91.77	91.37	90.98	90.59	90.19	89.80	89.40	89.01	88.62
−10	96.09	95.69	95.30	94.91	94.52	94.12	93.73	93.34	92.95	92.55
0	100.00	99.61	99.22	98.83	98.44	98.04	97.65	97.26	96.87	96.48
0	100.00	100.39	100.78	101.17	101.56	101.95	102.34	102.73	103.12	103.51
10	103.90	104.29	104.68	105.07	105.46	105.85	106.24	106.63	107.02	107.40
20	107.79	108.18	108.57	108.96	109.35	109.73	110.12	110.51	110.90	111.29
30	111.67	112.06	112.45	112.83	113.22	113.61	114.00	114.38	114.77	115.15
40	115.54	115.93	116.31	116.70	117.08	117.47	117.86	118.24	118.63	119.01
50	119.40	119.78	120.17	120.55	120.94	121.32	121.71	122.09	122.47	122.86
60	123.24	123.63	124.01	124.39	124.78	125.16	125.54	125.93	126.31	126.69
70	127.08	127.46	127.84	128.22	128.61	128.99	129.37	129.75	130.13	130.52
80	130.90	131.28	131.66	132.04	132.42	132.80	133.18	133.57	133.95	134.33
90	134.71	135.09	135.47	135.85	136.23	136.61	136.99	137.37	137.75	138.13
100	138.51	138.88	139.26	139.64	140.02	140.40	140.78	141.16	141.54	141.91
110	142.29	142.67	143.05	143.43	143.80	144.18	144.56	144.94	145.31	145.69
120	146.07	146.44	146.82	147.20	147.57	147.95	148.33	148.70	149.08	149.46
130	149.83	150.21	150.58	150.96	151.33	151.71	152.08	152.46	152.83	153.21
140	153.58	153.96	154.33	154.71	155.08	155.46	155.83	156.20	156.58	156.95

续表

温度/℃	0	1	2	3	4	5	6	7	8	9
	电阻值/Ω									
150	157. 33	157. 70	158. 07	158. 45	158. 82	159. 19	159. 56	159. 94	160. 31	160. 68
160	161. 05	161. 43	161. 80	162. 17	162. 54	162. 91	163. 29	163. 66	164. 03	164. 40
170	164. 77	165. 14	165. 51	165. 89	166. 26	166. 63	167. 00	167. 37	167. 74	168. 11
180	168. 48	168. 85	169. 22	169. 59	169. 96	170. 33	170. 70	171. 07	171. 43	171. 80
190	172. 17	172. 54	172. 91	173. 28	173. 65	174. 02	174. 38	174. 75	175. 12	175. 49
200	175. 86	176. 22	176. 59	176. 96	177. 33	177. 69	178. 06	178. 43	178. 79	179. 16
210	179. 53	179. 89	180. 26	180. 63	180. 99	181. 36	181. 72	182. 09	182. 46	182. 82
220	183. 19	183. 55	183. 92	184. 28	184. 65	185. 01	185. 38	185. 74	186. 11	186. 47
230	186. 84	187. 20	187. 56	187. 93	188. 29	188. 66	189. 02	189. 38	189. 75	190. 11
240	190. 47	190. 84	191. 20	191. 56	191. 92	192. 29	192. 65	193. 01	193. 37	193. 74
250	194. 10	194. 46	194. 82	195. 18	195. 55	195. 91	196. 27	196. 63	196. 99	197. 35
260	197. 71	198. 07	198. 43	198. 79	199. 15	199. 51	199. 87	200. 23	200. 59	200. 95
270	201. 31	201. 67	202. 03	202. 39	202. 75	203. 11	203. 47	203. 83	204. 19	204. 55
280	204. 90	205. 26	205. 62	205. 98	206. 34	206. 70	207. 05	207. 41	207. 77	208. 13
290	208. 48	208. 84	209. 20	209. 56	209. 91	210. 27	210. 63	210. 98	211. 34	211. 70
300	212. 05	212. 41	212. 76	213. 12	213. 48	213. 83	214. 19	214. 54	214. 90	215. 25
310	215. 61	215. 96	216. 32	216. 67	217. 03	217. 38	217. 74	218. 09	218. 44	218. 80
320	219. 15	219. 51	219. 86	220. 21	220. 57	220. 92	221. 27	221. 63	221. 98	222. 33
330	222. 68	223. 04	223. 39	223. 74	224. 09	224. 45	224. 80	225. 15	225. 50	225. 85
340	226. 21	226. 56	226. 91	227. 26	227. 61	227. 96	228. 31	228. 66	229. 02	229. 37
350	229. 72	230. 07	230. 42	230. 77	231. 12	231. 47	231. 82	232. 17	232. 52	232. 87
360	233. 21	233. 56	233. 91	234. 26	234. 61	234. 96	235. 31	235. 66	236. 00	236. 35
370	236. 70	237. 05	237. 40	237. 74	238. 09	238. 44	238. 79	239. 13	239. 48	239. 83
380	240. 18	240. 52	240. 87	241. 22	241. 56	241. 91	242. 26	242. 60	242. 95	243. 29
390	243. 64	243. 99	244. 33	244. 68	245. 02	245. 37	245. 71	246. 06	246. 40	246. 75
400	247. 09	247. 44	247. 78	248. 13	248. 47	248. 81	249. 16	249. 50	245. 85	250. 19
410	250. 53	250. 88	251. 22	251. 56	251. 91	252. 25	252. 59	252. 93	253. 28	253. 62
420	253. 96	254. 30	254. 65	254. 99	255. 33	255. 67	256. 01	256. 35	256. 70	257. 04
430	257. 38	257. 72	258. 06	258. 40	258. 74	259. 08	259. 42	259. 76	260. 10	260. 44
440	260. 78	261. 12	261. 46	261. 80	262. 14	262. 48	262. 82	263. 16	263. 50	263. 84
450	264. 18	264. 52	264. 86	265. 20	265. 53	265. 87	266. 21	266. 55	266. 89	267. 22
460	267. 56	267. 90	268. 24	268. 57	268. 91	269. 25	269. 59	269. 92	270. 26	270. 60
470	270. 93	271. 27	271. 61	271. 94	272. 28	272. 61	272. 95	273. 29	273. 62	273. 96
480	274. 29	274. 63	274. 96	275. 30	275. 63	275. 97	276. 30	276. 64	276. 97	277. 31
490	277. 64	277. 98	278. 31	278. 64	278. 98	279. 31	279. 64	279. 98	280. 31	280. 64

续表

温度/℃	0	1	2	3	4	5	6	7	8	9
	电阻值/Ω									
500	280.98	281.31	281.64	281.98	282.31	282.64	282.97	283.31	283.64	283.97
510	284.30	284.63	284.97	285.30	285.63	285.96	286.29	286.62	286.85	287.29
520	287.62	287.95	288.28	288.61	288.94	289.27	289.60	289.93	290.26	290.59
530	290.92	291.25	291.58	291.91	292.24	292.56	292.89	293.22	293.55	293.88
540	294.21	294.54	294.86	295.19	295.52	295.85	296.18	296.50	296.83	297.16
550	297.49	297.81	298.14	298.47	298.80	299.12	299.45	299.78	300.10	300.43
560	300.75	301.08	301.41	301.73	302.06	302.38	302.71	303.03	303.36	303.69
570	304.01	304.34	304.66	304.98	305.31	305.63	305.96	306.28	306.61	306.93
580	307.25	307.58	307.90	308.23	308.55	308.87	309.20	309.52	309.84	310.16
590	310.49	310.81	311.13	311.45	311.78	312.10	312.42	312.74	313.06	313.39
600	313.71	314.03	314.35	314.67	314.99	315.31	315.64	315.96	316.28	316.60
610	316.92	317.24	317.56	317.88	318.20	318.52	318.84	319.16	319.48	319.80
620	320.12	320.43	320.75	321.07	321.39	321.71	322.03	322.35	322.67	322.98
630	323.30	323.62	323.94	324.26	324.57	324.89	325.21	325.53	325.84	326.16
640	326.48	326.79	327.11	327.43	327.74	328.06	328.38	328.69	329.01	329.32
650	329.64	329.96	330.27	330.59	330.90	331.22	331.53	331.85	332.16	332.48
660	332.79	—	—	—	—	—	—	—	—	—

表 10.2.4　铜热电阻分度表

（分度号：Cu100）　　$R_0 = 100.00\ \Omega$

温度/℃	0	1	2	3	4	5	6	7	8	9
	电阻值/Ω									
-50	78.48	78.05	77.62	77.19	76.76	76.33	75.90	75.47	75.03	74.60
-40	82.80	82.37	81.94	81.51	81.08	80.65	80.22	79.79	79.36	78.92
-30	87.11	86.68	86.25	85.82	85.39	84.96	84.53	84.10	83.67	83.24
-20	91.41	90.98	90.55	90.12	89.69	89.26	88.83	88.40	87.97	87.54
-10	95.71	95.28	94.85	94.42	93.99	93.56	93.13	92.70	92.27	91.84
0	100.00	99.57	99.14	98.71	98.28	97.86	97.43	97.00	96.57	96.14
0	100.00	100.43	100.86	101.29	101.72	102.14	102.57	103.00	103.43	103.86
10	104.29	104.72	105.14	105.57	106.00	106.43	106.86	107.29	107.72	108.15
20	108.57	109.00	109.43	109.86	110.29	110.71	111.14	111.57	112.00	112.43
30	112.85	113.28	113.71	114.14	114.57	114.99	115.42	115.85	116.28	116.71
40	117.13	117.56	117.99	118.42	118.84	119.27	119.70	120.13	120.56	120.99
50	121.41	121.84	122.27	122.69	123.12	123.55	123.98	124.41	124.84	125.27

续表

温度/℃	0	1	2	3	4	5	6	7	8	9
	电阻值/Ω									
60	125.68	126.11	126.54	126.97	127.40	127.83	128.26	128.69	129.12	129.55
70	129.96	130.39	130.82	131.25	131.68	132.11	132.54	132.97	133.40	133.82
80	134.24	134.67	135.10	135.53	135.96	136.39	136.82	137.25	137.68	138.11
90	138.52	138.95	139.38	139.81	140.24	140.67	141.10	141.53	141.96	142.39
100	142.80	143.23	143.66	144.09	144.52	144.95	145.38	145.81	146.24	146.67
110	147.08	147.52	147.95	148.38	148.81	149.24	149.67	150.10	150.53	150.96
120	151.37	151.80	152.24	152.67	153.10	153.53	153.96	154.39	154.83	155.26
130	155.67	156.10	156.53	156.96	157.39	157.83	158.26	158.69	159.12	159.56
140	159.96	160.40	160.83	161.26	161.70	162.13	162.56	163.00	163.43	163.86
150	164.27	164.70	165.14	165.57	166.00	166.44	166.87	167.31	167.74	168.17
-50	39.242	—	—	—	—	—	—	—	—	—
-40	41.400	41.184	40.969	40.753	40.537	40.322	40.106	39.890	39.674	39.458
-30	43.555	43.349	43.124	42.909	42.693	42.478	42.262	42.047	41.831	41.616
-20	45.706	45.491	45.276	45.061	44.846	44.631	44.416	44.200	43.985	43.770
-10	47.854	47.639	47.425	47.210	46.995	46.780	46.566	46.351	46.136	45.921
0	50.000	49.786	49.571	49.356	49.142	48.927	48.713	48.498	48.284	48.069
0	50.000	50.214	50.429	50.643	50.858	51.072	51.286	51.501	51.715	51.929
10	52.144	52.358	52.572	52.786	53.000	53.215	53.429	53.643	53.857	54.071
20	54.285	54.500	54.714	54.928	55.142	55.356	55.570	55.784	55.998	56.212
30	56.426	56.640	56.854	57.068	57.282	57.496	57.710	57.924	58.137	58.351
40	58.565	58.779	58.993	59.207	59.421	59.635	59.848	60.062	60.276	60.490
50	60.704	60.918	61.132	61.345	61.559	61.773	61.987	62.201	62.415	62.628
60	62.842	63.056	63.270	63.484	63.698	63.911	64.125	64.339	64.553	64.767
70	64.981	65.194	65.408	65.622	65.836	66.050	66.264	66.478	66.692	66.906
80	67.120	67.333	67.547	67.761	67.975	68.189	68.403	68.617	68.831	69.045
90	69.259	69.473	69.687	69.901	70.115	70.329	70.544	70.762	70.972	71.186
100	71.400	71.614	71.828	72.042	72.257	72.471	72.685	72.899	73.114	73.328
110	73.542	73.751	73.971	74.185	74.400	74.614	74.828	75.043	75.258	75.477
120	75.686	75.901	76.115	76.330	76.545	76.759	76.974	77.189	77.404	77.618
130	77.833	78.048	78.263	78.477	78.692	78.907	79.122	79.337	79.552	79.767
140	79.982	80.197	80.412	80.627	80.843	81.058	81.272	81.488	81.704	81.919
150	82.134	—	—	—	—	—	—	—	—	—

10.2.2 热电偶的基本定律

热电偶在测量温度时，需要解决一系列的实际问题。以下由实验验证的几个定律，为解决这些问题提供了理论上的依据。

1. 匀质导体定律

由一种匀质导体所组成的闭合回路，不论导体的截面积如何及导体的各处温度分布如何，都不能产生热电势。

这一定律说明，热电偶必须采用两种不同材料的导体组成，且热电偶的热电势仅与两接触点的温度有关，而与沿热电极的温度分布无关。如果热电偶的热电极是非匀质导体，在不均匀温度场中测温时将造成测量误差。所以，热电极材料的均匀性是衡量热电偶质量的重要技术指标之一。

2. 中间导体定律

在热电偶回路中，冷端断开接入与 A、B 电极不同的另一种导体（称为中间导体 C），只要中间导体的两端温度相同，热电偶回路总电势不受中间导体接入的影响。

如图 10.2.5 所示，在电极为 A 和 B 的热电偶回路中接入第三种导体 C，只要保持 C 两端的温度相等，则回路总热电势仍是 $E_{AB}(T, T_0)$ 不变，与 C 的接入无关。这一点对于热电偶的实际运用十分重要，因为要测量回路的热电势，就需要接入测量仪表，那么仪表中肯定有导线等其他第三种导体 C。所以，仪表的接入不会引起回路热电势的变化。同时利用这个定律，还可以使用开路热电偶测量液态金属和金属壁面的温度。

3. 连接导体定律

如图 10.2.6 所示，在热电偶回路中，如果热电极 A 和 B 分别与连接导体 A′和 B′相接，其接触点温度分别为 T、T_n 和 T_0，则回路的总热电势等于热电偶的热电势 $E_{AB}(T, T_0)$ 与连接导体的热电势 $E_{A'B'}(T, T_0)$ 的代数和，这就是连接导体定律。即

$$E_{ABA'B'}(T, T_n, T_0) = E_{AB}(T, T_n) + E_{A'B'}(T_n, T_0) \tag{10.2.6}$$

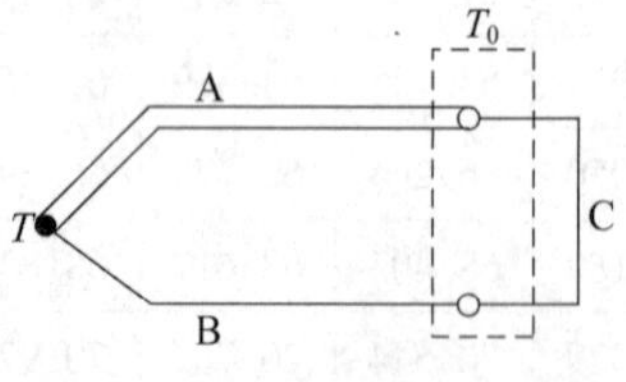

图 10.2.5 3 种导体的热电偶

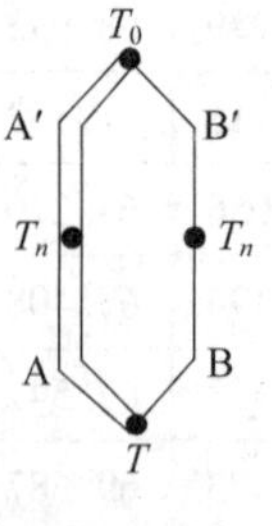

图 10.2.6 采用连接导体的热电偶回路

连接导体定律为在工业测量温度中使用补偿导线提供了理论基础。只要选配在 100 ℃以下与热电偶热电特性相同的补偿导线，便可使热电偶的参比端延长，使之远离热源到达一个温度相对稳定的地方而不会影响测温的准确性，即

$$E_{AB}(T, T_n, T_0) = E_{AB}(T, T_n) + E_{AB}(T_n, T_0) \tag{10.2.7}$$

热电偶分度表是在参比端为 0 ℃时热端温度与热电势之间的对应关系，根据这一定则，当热电偶冷端不等于 0 ℃时，也可以使用分度表。

【例 10.2.1】 用（S 型）热电偶测量某一温度，若参比端温度 $T_n=30$ ℃，测得的热电势 $E(T, T_n)=7.5$ mV，求测量端的实际温度 T_0。

解　根据连接导体定律，知

$$E(T, T_0)=E(T, T_n)+E(T_n, T_0)$$

在 $E(T_n, T_0)$ 中，$T_n=30$ ℃，$T_0=0$ ℃，查分度表有 $E(30, 0)=0.173$ mV，又已知 $E(T, T_n)=7.5$ mV，因此

$$E(T, 0)=E(T, 30)+E(30, 0)=7.5+0.173=7.673\ (\text{mV})$$

查表 10.2.1 知 $T=830$ ℃，所以测量端的实际温度为 830 ℃。

10.2.3　热电偶的冷端处理和补偿

由热电偶测温公式得知，热电偶的热电势大小不仅与热端温度有关，而且也与冷端温度有关，只有当冷端温度恒定时，才能通过测量热电势的大小得到热端的温度。当热电偶冷端处在温度波动较大的地方时，必须首先使用补偿导线将冷端延长到一个温度稳定的地方，再考虑将冷端处理为 0 ℃，称为热电偶的冷端处理和补偿。下面介绍几种冷端处理的方法。

1. 补偿导线法

补偿导线在 100 ℃（或 200 ℃）以下的温度范围内，具有与热电偶相同的热电特性，用它连接热电偶可起到延长热电偶冷端的作用。热电偶补偿导线通常由补偿导线合金丝、绝缘层、护套和屏蔽层组成。热电偶补偿导线有两方面的功能：其一实现冷端迁移；其二是降低电路成本。当热电偶与测量仪表距离较远时，使用补偿导线，可节约热电偶材料，尤其是对贵重金属热电偶来说，经济效益更为明显。补偿导线又分为延长型和补偿型两种。对延长型来讲，补偿导线合金丝的名义化学成分及热电势标称值与配用的热电偶相同，用字母“X”附在热电偶分度号后表示，例如，“KX”表示与 K 型热电偶配用的延长线。对补偿型来讲，其合金丝的名义化学成分与配用的热电偶不同，但其热电势值在 100 ℃以下时与配用的热电偶的热电势标称值相同，有字母“C”附在热电偶分度号后表示，例如，“KC”就是与 K 型热电偶配用的补偿型补偿导线。我国生产的常用热电偶补偿导线的型号、线芯材质、绝缘层着色见表 10.2.5。

表 10.2.5　常用热电偶补偿导线的型号、线芯材质和绝缘层着色

补偿导线型号	配用热电偶	补偿导线的线芯材质		绝缘层着色	
		正极	负极		
SC 或 RC	铂铑$_{10}$（铂铑）-铂	SPC（铜）	SNC（铜镍）	红	绿
KC	镍铬-镍硅	KPC（铜）	KNC（铜镍）	红	蓝
KX	镍铬-镍硅	KPX（铜镍）	KNX（镍硅）	红	黑
NX	镍铬硅-镍硅	NPS（铜镍）	NNX（镍硅）	红	灰
EX	镍铬-铜镍	EPX（镍铬）	ENX（铜镍）	红	棕
JX	铁-铜镍	JPX（铁）	JNX（铜镍）	红	紫

续表

补偿导线型号	配用热电偶	补偿导线的线芯材质		绝缘层着色	
		正极	负极		
TX	铜-铜镍	TPX（铜）	TNX（铜镍）	红	白

在使用补偿导线时必须注意以下问题：补偿导线只能用在规定的温度范围内（一般为0~100 ℃）；电偶和补偿导线的两个接触点处要保持温度相同；同型号的热电偶配有不同的补偿导线；补偿导线的正、负极需分别与热电偶正、负极相连；补偿导线的作用是对热电偶冷端延长。

2. 热电偶冷端温度恒温法

在一个保温瓶里放冰水混合物，1 个标准大气压下（101.325 kPa）的冰和纯水的平衡温度为0 ℃，如图 10.2.7 所示，在密封的盖子上插入若干支试管，试管的直径应尽量小，并有足够的插入深度。试管底部有少量高度相同的水银或变压器油。若放水银则可把补偿导线与铜导线直接插入试管中的水银里，形成导电通路。不过在水银上面应加少量蒸馏水并用石蜡封结，以防止水银蒸发和溢出。若改用变压器油代替水银，则必须使补偿导线与铜导线接触好。自由端恒温法适用于实验室中的精确测量和检定热电偶时使用。

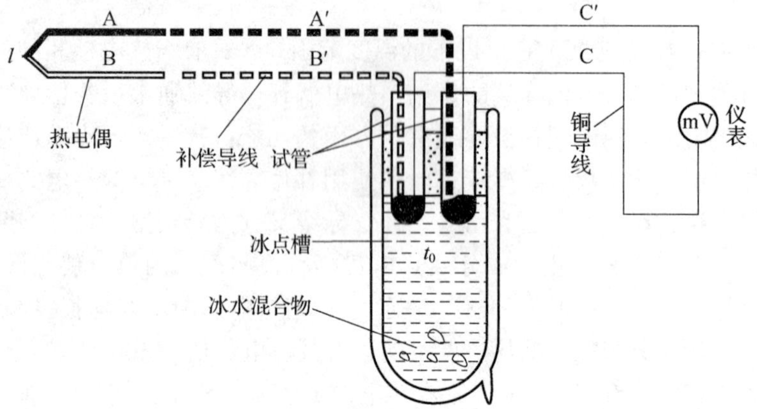

图 10.2.7　冷端处理用冰点槽法

3. 计算修正法

在实际应用中，热电偶的参比端往往不是 0 ℃，而是环境温度 t_1。这时测量出的回路热电势小。因此，必须加上环境温度 t_1 与冰点 t_0 之间温差所产生的热电势后才能符合热电偶分度表的要求。根据连接导体和中间温度则有

$$E(t,\ 0) = E(t,\ t_1) + E(t_1,\ 0) \tag{10.2.8}$$

可用室温计测出环境温度 t_1，从分度表中查出 $E(t_1,\ 0)$ 的值；然后加上热电偶回路热电势 $E(t,\ t_1)$，得到 $E(t,\ 0)$ 值；反查分度表即可得到准确的被测温度 t 值。

在计算机测控系统中，可依据式（10.2.8）用软件编程完成计算修正法的热电偶冷端补偿功能。

【例 10.2.2】用镍铬-镍硅（K 型）热电偶测温，热电偶参比端温度为 30 ℃。测得的热电势为 28 mV。求热端温度。

解　因为 $E(30,0)=1.203\ \text{mV}$，$E(t,30)=28\ \text{mV}$，则有

$$E(t,0)=28+1.203=29.203\ (\text{mV})$$

查表 12.2.2 可得 $t=701.5$ ℃。

由于热电偶的非线性，参比端温度的计算修正曲线如图 10.2.8 所示。

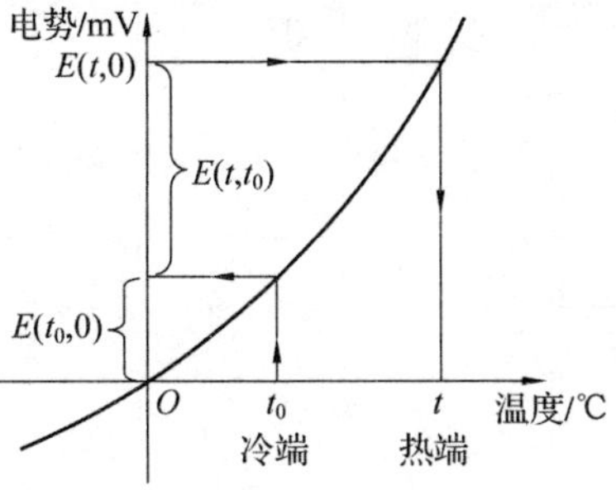

图 10.2.8　参比端温度的计算修正曲线

4. 冷端补偿电桥法

冷端补偿电桥法是利用直流不平衡电桥产生的电势来补偿热电偶冷端温度变化而引起的热电势的变化值，其原理图如图 10.2.9 所示。补偿电桥的 4 个桥臂中有一个臂是用铜电阻作为感温元件，其余 3 个臂由阻值恒定的锰铜电阻制成。桥臂铜电阻 R_{Cu} 必须和热电偶的冷端处于同一温度下。在 0 ℃时，R_{Cu} 的阻值与其余 3 个桥臂电阻 R_1、R_2 和 R_3 相等，这时电桥处于平衡状态。图 10.2.9 中，b 和 a 之间的电压 $U_{ba}=0$（冷端补偿器输出电压）。当冷端 $t_0>0$ ℃时，热电偶电势将减少，R_{Cu} 增大，电桥不平衡，出现 $U_{ba}>0$。这时 U_{ba} 与热电势 $E(T,T_0)$ 同向串联，电势相加增大，起到了补偿作用，相当于把热电偶冷端置于 0 ℃，完成了热电偶冷端处理和补偿功能。

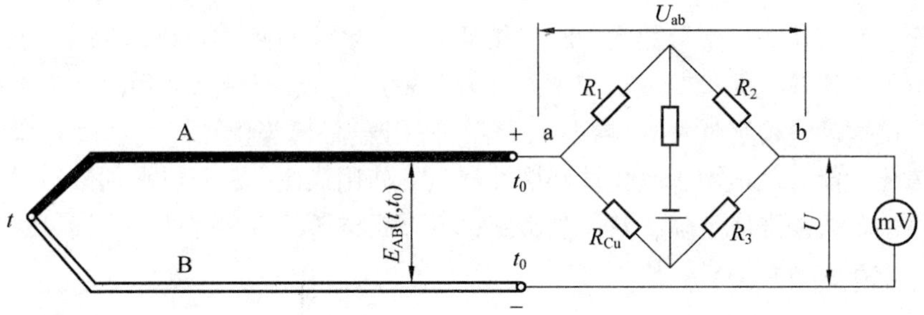

图 10.2.9　冷端补偿电桥法的原理图

10.2.4　标准化热电偶

由热电偶测温原理可知，由两种不同的金属 A 和 B 构成一个闭合回路就可以组成热电偶，但为了保证测温精度和工程上的各项技术指标，按照工业标准化的要求，可分为标准化热电偶和非标准化热电偶两种。所谓标准化热电偶，是指工艺上比较成熟，能批量生产、性能稳定、应用广泛，具有统一分度表并已列入国际和国家标准文件中的热电偶。标准化热电偶可以互相交换，精度有一定的保证。国际电工委员会（International Electrotechnical Commission，IEC）共推荐了 8 种标准化热电偶，标准化热电偶的名称、分度号、测温范围、精确度等级及允许偏差见表 10.2.6。

表 10.2.6 标准化热电偶技术数据

热电偶名称	分度号	热电极识别		E（100，0）/mV	测温范围/℃		分度表允许偏差/℃		
	新	极性	识别		长期	短期	等级	使用温度	允许偏差
铂铑$_{10}$-铂	S	正	亮白较硬	0.646	0~1 300	1 600	Ⅲ	≤600	±1.5 ℃
		负	亮白柔软					>600	±0.25%t
铂铑$_{13}$-铂	R	正	较硬	0.647	~1 300	1 600	Ⅱ	<600	±1.5℃
		负	柔软					>1 100	±0.25%t
铂铑$_{30}$-铂铑	B	正	较硬	0.033	0~1 600	1 800	Ⅲ	600~900	±4 ℃
		负	稍软					>800	±0.5%t
镍铬-镍硅	K	正	不亲磁	4.096	0~1 200	1 300	Ⅱ	-40~1 300	±2.5 ℃或±0.75%t
		负	稍亲磁				Ⅲ	-200~40	±2.5 ℃或±0.5%t
镍铬硅-镍硅	N	正	不亲磁	2.774	-200~1 200	1 300	Ⅰ	-40~1 100	±1.5 ℃或±0.4%t
		负	稍亲磁				Ⅱ	40~1 300	±2.5 ℃或±0.75%t
镍铬-镍铜	E	正	暗绿	6.319	-200~760	850	Ⅱ	-40~900	±2.5 ℃或±0.75%t
		负	亮黄				Ⅲ	-200~40	±2.5 ℃或±1.5%t
铜-康铜	T	正	红色	4.279	-200~350	400	Ⅱ	-40~350	±1 ℃或±0.75%t
		负	银白色				Ⅲ	-200~40	±1 ℃或±1.5%t
铁-康铜	J	正	亲磁	5.269	-40~600	750	Ⅱ	-40~750	±2.5 ℃或±0.75%t
		负	不亲磁						

1. 铂铑$_{10}$-铂热电偶（S 型）

铂铑$_{10}$-铂热电偶为贵金属热电偶。电极线径规定为 0.5 mm，其正极（SP）的名义化学成分为铂铑合金，其中铑的质量分数为 10%，铂的质量分数为 90%。负极（SN）为纯铂，故俗称为单铂铑热电偶。该热电偶长期最高使用温度为 1 300 ℃，短期最高使用温度为 1 600 ℃。S 型热电偶具有准确度高、稳定性好、测温温区宽、使用寿命长等优点。其物理化学、性能良好，在高温下抗氧化性能好，适用于氧化性和惰性气氛，使用广泛。S 型热电偶缺点是热电率较小，灵敏度低，高温下机械强度下降，对污染敏感，贵金属材料昂贵，因此一次性投资较大。

2. 铂铑$_{30}$-铂铑$_{6}$（B 型）

铂铑$_{30}$-铂铑$_{6}$ 热电偶为贵金属热电偶。热偶丝线径规定为 0.5 mm，其正极（BP）和负极（BN）的名义化学成分均为铂铑合金，只是含量不同，故俗称为双铂铑热电偶。该热电偶长期最高使用温度为 1 600 ℃，短期最高使用温度为 1 800 ℃。B 型热电偶具有准确度高、稳定性好、测温温区宽、使用寿命长等优点，适用于氧化性和惰性气氛，也可短期用于真空中，但不适用于还原性气氛或含有金属或非金属蒸气中。它还有一个明显的优点是参比端不需进行冷端补偿，因为在 0~50 ℃范围内，热电势小于 3 μV。B 型热电偶缺点是热电率较小，灵敏度低，高温下机械强度下降，抗污染能力差，贵金属材料昂贵。

3. 镍铬-镍硅热电偶（K 型）

镍铬-镍硅热电偶是目前使用量最大的廉价金属热电偶，其用量为其他热电偶的总和。正极（KP）的名义化学成分为：Ni 与 Cr 的质量分数之比为 90∶10，负极（KN）的名义化学成分为：Ni 与 Si 的质量分数之比为 97：3。其使用温度为 -200 ℃～1 300 ℃。K 型热电偶具有线性度好、热电势较大、灵敏度较高、稳定性和复现性较好、抗氧化性强、价格便宜等优点，能用于氧化性和惰性气氛。K 型热电偶不能在高温下直接用于还原性或还原、氧化交替的气氛中，也不能用于真空中。

4. 镍铬-铜镍热电偶（E 型）

镍铬-铜镍热电偶又称镍铬-康铜热电偶，也是一种廉价金属热电偶。其正极（EP）为镍铬，合金化学成分与 KP 相同，负极（EN）为铜镍合金，名义化学成分为 55%的铜、45%的镍及少量的钴、锰、铁等元素。该热电偶电动势之大、灵敏度之高属所有标准热电偶之最，宜制成热电偶堆来测量微小温度变化。E 型热电偶可用于湿度较大的环境里，具有稳定性好、抗氧化性能高、价格便宜等优点，但不能在高温下用于硫、还原性气氛中。标准化热电偶的热电势与温度之间的关系如图 10.2.10 所示。标准化热电偶的特性见表 10.2.7。

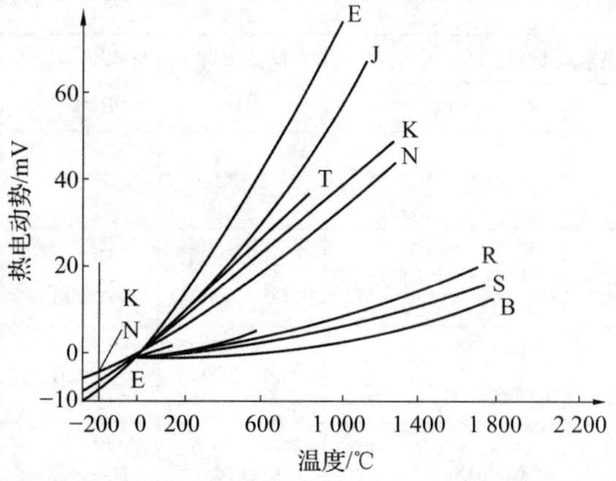

图 10.2.10　标准化热电偶的热电势与温度之间的关系

表 10.2.7　标准化热电偶的特性

热电偶种类	优点	缺点
B	适于测量 1 000 ℃以上的高温，常温下热电动势极小，可不用补偿导线，抗氧化、耐化学腐蚀	在中低温领域热电动势小，不能用于 600 ℃以下，灵敏度低，热电动势的线性不好
R，S	精度高，稳定性好，不易劣化，抗氧化，耐化学腐蚀，可作为标准	灵敏度低，不适用于还原性气氛（尤其是 H_2、金属蒸气），价格高
N	热电动势线性好，1 200 ℃以下抗氧化性能良好，短程表序结构变化影响小	不适用于还原性气氛，同贵金属热电偶相比，时效变化大
K	热电动势线性好，1 000 ℃下抗氧化性能良好，在廉价金属热电偶中稳定性更好	不适用于还原性气氛，同贵重金属热电偶相比，时效变化大，因短程有序结构变化而产生误差
E	在现有的热电偶中，灵敏度最高，同 J 型相比，耐热性能良好，两极非磁性	不适用于还原性气氛，热导率低，具有微滞后现象
J	可用于还原性气氛，热电动势较 K 型高 20%左右	铁正极易生锈，热电特性漂移大

续表

热电偶种类	优点	缺点
T	热电动势线性好，低温特性好，产品质量稳定性好，可用于还原性气氛	使用温度低，铜正极易氧化，热传导误差大

10.2.5 非标准化热电偶

非标准化热电偶发展很快，主要目的是进一步扩展高温的测量范围和低温的测量范围。由于对这一类热电偶的研究还不够成熟，虽然已经有产品，且能够使用，但还没有统一的分度表，使用前需个别标定，以确定热电偶和温度之间的关系。几种主要的非标准化热电偶材料、测温范围和特性见表 10.2.8。

表 10.2.8 几种主要的非标准化热电偶材料、测量范围和特性

名称	热电偶材料		使用温度范围	过热使用温度范围/℃	特性
	正极	负极			
钨铼系	WRe5，WRe3	WRe26，WRe25	0~2 300 ℃	3 000	适用于还原性、H_2 及惰性气体；质脆
铂铑系	PtRh20，PtRh40	PtRh5，PtRh20	300~1 500℃ 1 100~1 600℃	1 800 1 800	在高温下使用，热电动势小，其他性能与 R 型相同
铱铑系	Ir，Ir，Ir	IrRh40，IrRh50，IrRh60	1 100~2 000℃	2 100	适用于真空、惰性气体及微氧化性气氛；质脆
镍钼系	Ni	NiMo18	0~1280	—	可用于还原性气氛，热电动势大
钯铂系	Pd，Pt 及 Au 合金	Au，Pd 合金	0~1 100℃	1 300	耐磨性能强，热电动势的大小基本上与 K 型相同
镍铬、金铁	以 Ni-Cr 为主的合金	含 0.07% Fe（摩尔分数）的合金	0~300 K	—	20 K 以下热电动势比较大，热电动势的线性好
银金、金铁	含 0.37% Au（摩尔分数）的合金	含 0.03%Fe（摩尔分数）的金铁合金	1~40 K	—	热电动势小，受磁场影响

10.2.6 热电偶结构形式

工业热电偶的典型结构有普通型的装配式结构和柔性安装型铠装结构两种。为保证热电偶的正常工作，热电偶的两极之间及与保护套管之间都需要良好的电绝缘，而且耐高温、耐腐蚀和冲击的外保护套管也是必不可少的。

1. 普通型装配式结构

普通型装配热电偶由热电极、绝缘套管、外保护套管和接线盒组成，其结构示意图如图 10.2.11 所示。贵重金属热电极直径不大于 0.5 mm，廉价金属热电极直径一般为 0.5~3.2 mm；绝缘套管一般为单孔或双孔瓷管；外保护套管要求气密性好，有足够的机械强度，还要求导热性好和稳定的物理化学特性，最常用的材料为铜及铜合金、钢和不锈钢及陶瓷材料等。整支热电偶的长度由安装条件和插入深度决定，一般为 350~2 000 mm。

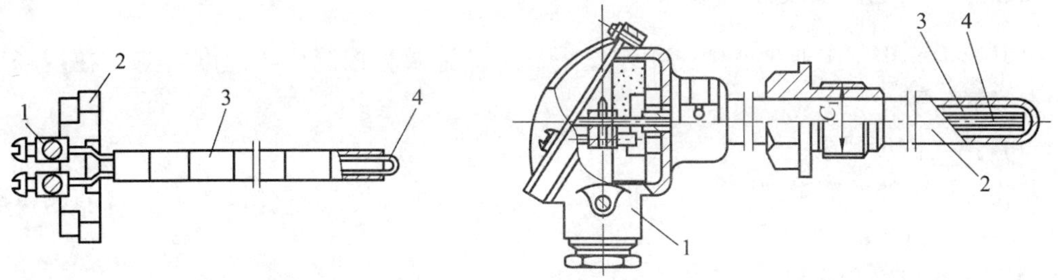

(a) 简易型
1—接线柱；2—接线座；3—绝缘套管；4—热电极

(b) 复杂型
1—接线盒；2—保护管；3—绝缘套管；4—热电极

图 10.2.11　普通型装配热电偶结构示意图

2. 柔性安装型铠装结构

这种称为铠装热电偶的测温元件是将热电偶丝、绝缘材料（氧化镁粉等）和金属保护套管组合装配后，经拉伸加工而成的一种坚实的组合体。铠装热电偶热端结构，如图 10.2.12 所示。它的外径一般为 0.5~8 mm，其长度可以根据需要截取。铠装热电偶测量端的热容量小，响应速度快，挠性好，可弯曲，可以安装在狭窄或结构复杂的测量场合，而且耐压、耐振、耐冲击，因此在多个领域得到了广泛的使用。

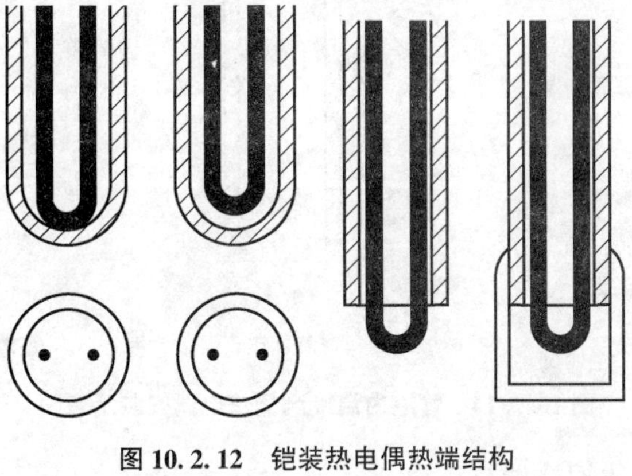

图 10.2.12　铠装热电偶热端结构

3. 薄膜热电偶

薄膜热电偶结构示意图如图 10.2.13 所示，这种热电偶的热接点可以做得很小（微米级），具有热容量小、反应速度快（微秒级）等特点，适用于微小面积上的表面温度以及快速变化的动态温度测量。

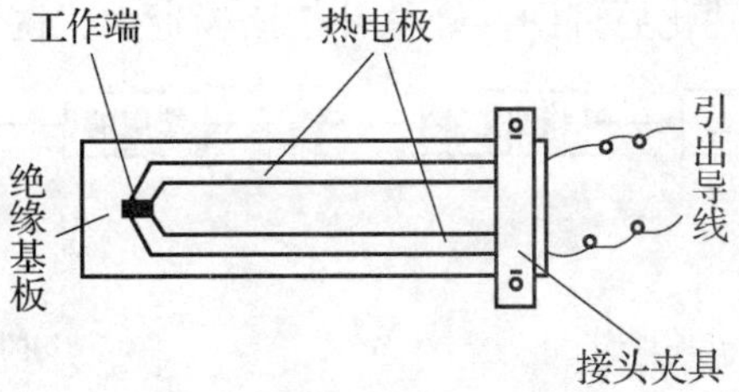

图 10.2.13　薄膜热电偶结构示意图

10.2.7 热电偶安装注意事项

热电偶主要用于工业生产中，用作集中显示、记录和控制用的温度检测。在现场安装时要注意以下问题：

（1）插入深度要求。

安装时热电偶的测量端应有足够的插入深度，管道上安装时应使保护套管的测量端超过管道中心线 5~10 mm。

（2）注意保温。

为防止传导散热产生测温附加误差，保护套管露在设备外部的长度应尽量短，并加保温层。

（3）防止变形。

为防止高温下保护套管变形，应尽量垂直安装。在有流速的管道中必须倾斜安装，如有条件应尽量在管道的弯管处安装，并且安装的测量端要迎向流速方向。若需水平安装时，则应有支架支撑。

管道内温度测量热电偶安装示意图如图 10.2.14 所示。

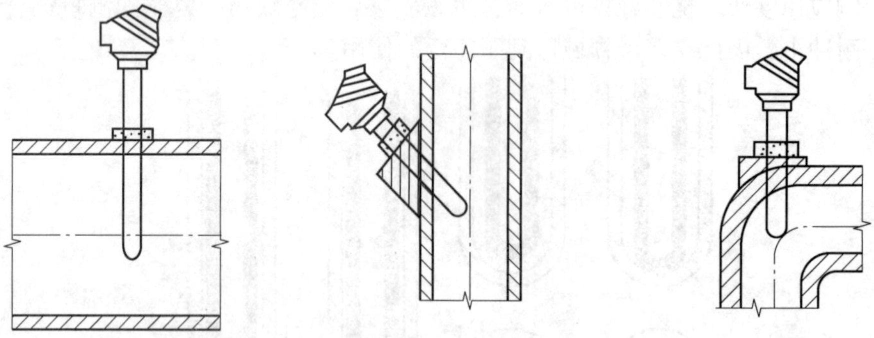

(a)垂直管道轴线的安装方法　(b)倾斜管道轴线的安装方法　(c)弯曲管道上的安装方法

图 10.2.14　管道内温度测量热电偶安装示意图

10.2.8 热电偶非线性补偿与应用

1. 热电偶非线性补偿

热电偶的非线性处理可以从硬件和软件两个方面解决。

硬件补偿法采用电子元件线路进行补偿，图 10.2.15（a）所示是开环线性化原理图，图 10.2.15（b）所示是闭环线性化原理图。硬件补偿法投资大，调试困难，精度较差。

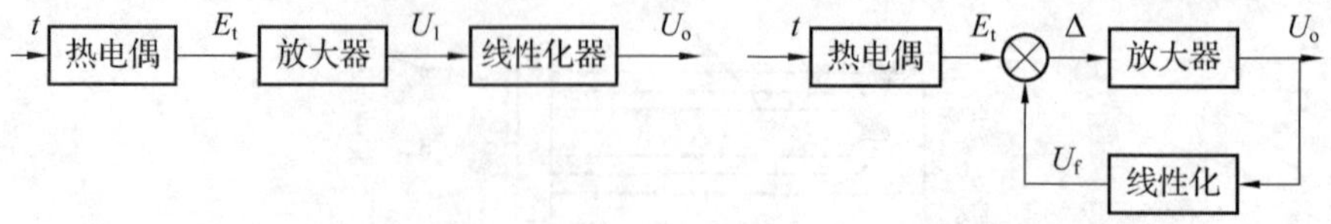

(a)开环线性化原理图　(b)闭环线性化原理图

图 10.2.15　热电偶测温硬件线性化原理框图

随着智能控温系统的日益普及，可以用软件方法对热电偶的非线性进行处理。常用的非线性处理软件有查表法和曲线拟合法。查表法是把热电偶分度表直接存储在微机存储器中，根据测得的电动势值查表得出相应的温度值，但是这种方法占用存储空间太大，对于存储空间不大的微处理器来说很不合适。曲线拟合法是利用热电势和温度的函数关系，通过计算得出温度值。热电势和温度的函数关系可用最小二乘法来拟合出它们的多项式。

2. 热电偶测温应用

（1）测量单点的温度。

图 10.2.16（a）所示为一个热电偶和一个仪表配用的基本测温电路；10.2.16（b）所示为带冷端温度补偿的测温电路。

（2）测量两点间温度差。

测量两点间温度差时，可采用热电偶反向串联，其原理图如图 10.2.17 所示。

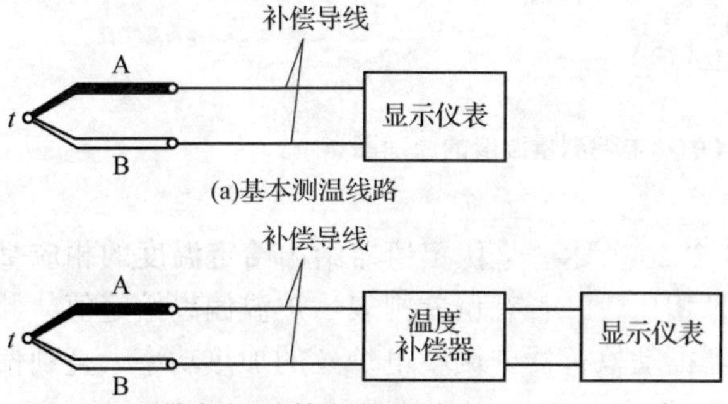

(a)基本测温线路

(b)带冷端温度补偿的测量线路

图 10.2.16　热电偶测量单点的温度原理图

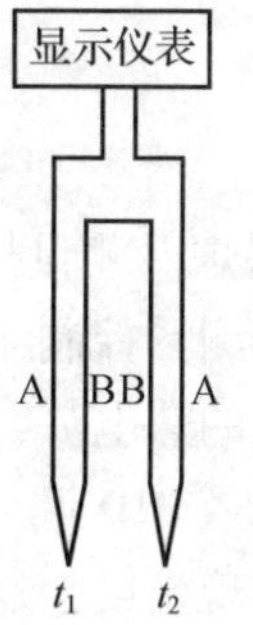

图 10.2.17　热电偶测量两点间温度差的原理图

（3）测量平均温度。

图 10.2.18（a）是并联测平均温度的线路图。并联特点是当有一只热电偶烧断时，难以觉察出来。当然，它也不会中断整个测温系统的工作。

图 10.2.18（b）是串联测平均温度的。串联的优点：热电动势大，仪表的灵敏度增加，且避免了热电偶并联线路存在的缺点，可立即发现有断路的情况；其缺点是只要有一支热电偶断路，整个测温系统将停止工作。

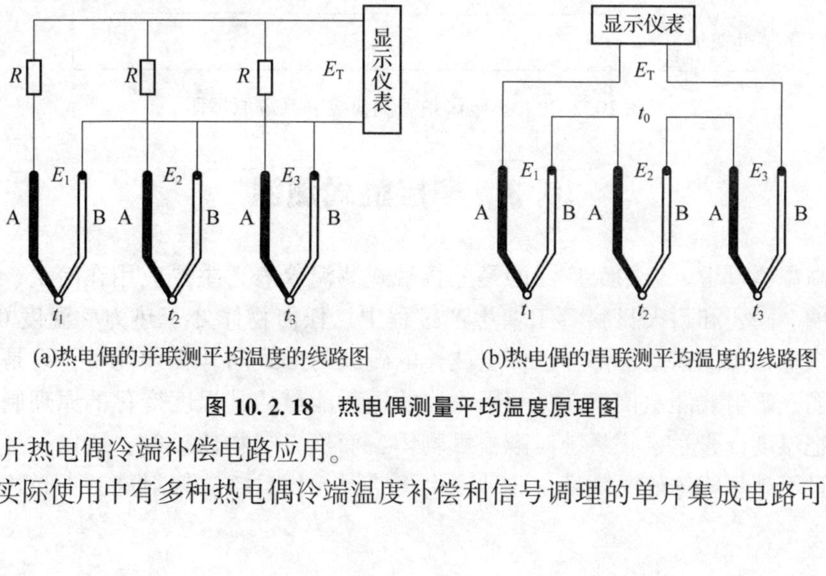

(a)热电偶的并联测平均温度的线路图　　(b)热电偶的串联测平均温度的线路图

图 10.2.18　热电偶测量平均温度原理图

（4）单片热电偶冷端补偿电路应用。

目前，实际使用中有多种热电偶冷端温度补偿和信号调理的单片集成电路可供选用。如

AD594~AD597，它们是美国 ADI 公司生产的四种热电偶冷端温度补偿和信号调理的单片集成芯片，其特点是把仪表放大器和热电偶冷端温度补偿器集成在一个芯片上。图 10.2.19 所示就是用含 AD594 的热电偶测量温度的原理图，热电偶与 AD594 的-IN 和+IN 两引脚连接，AD594 的输出连接到运算放大器 A_1 的“+”，运算放大器 A_1 的输出电压信号反映了被测温度的高低。

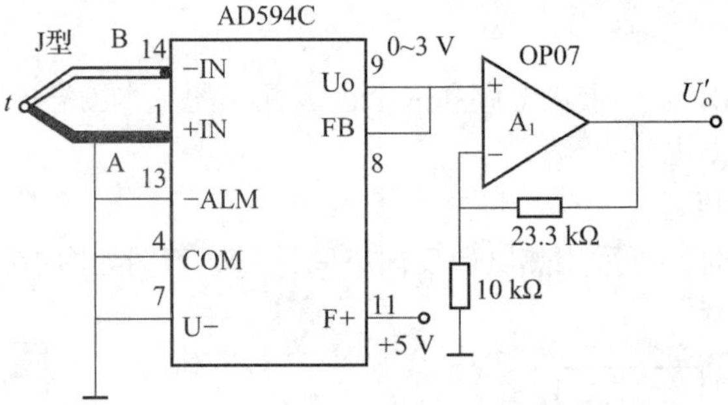

图 10.2.19　用含 AD594 的热电偶测量温度的原理图

（5）热电偶炉温测量控制系统。

热电偶炉温测量控制系统原理图如图 10.2.20 所示。毫伏定值器给出给定温度的相应毫伏信号，热电偶的热电势与定值器的毫伏信号相比较，若有偏差则表示炉温偏离给定值，此偏差经放大器送入 PID 调节器，再通过触发器推动执行器来调整电炉丝的加热功率，直到偏差消除，从而实现温度控制。

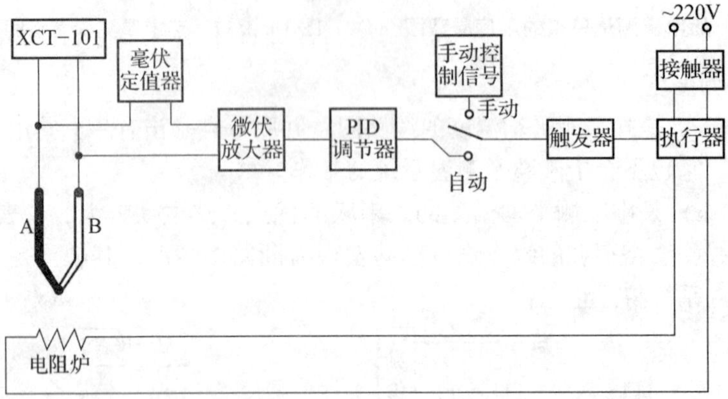

图 10.2.20　热电偶炉温测量控制系统原理图

10.3　非接触式测温

目前在高温测量中，应用最广泛的是非接触式测温仪表，主要应用在冶金、铸造、热处理，以及玻璃、陶瓷和耐火材料等工业生产过程中。任何物体处于热力学温度 0 K 以上时，因为其内部带电粒子的运动，都会以一定波长电磁波的形式向外辐射能量，只是在低温段这种能量很微弱。辐射式测温仪表就是利用物体的辐射能量随其温度变化的原理制成的。在测量时，只需把温度计光学接收系统对准被测物体，而不必与物体接触，所以，可以测量运动物体的温度且不破坏物体的温度场。此外，由于感温元件只接收辐射能，不必达到被测物体的实际温度，因此，从理论上讲，没有上限，可以测量高温。非接触式测温仪表分两大类：一是光学高温计；二是辐射式温度计。

10.3.1　热辐射的本质和特征

热辐射是指物体由于具有温度而辐射电磁波的现象。一切温度高于绝对零度的物体都能产生热辐射，温度越高，辐射出的总能量就越大，短波成分也越多。热辐射是连续谱，波长从 0～∞，一般热辐射主要以波长较长的可见光和红外线为主。热辐射是在真空中唯一的传热方式，温度较低时，主要以不可见的红外光进行辐射，当温度为 300 ℃时，热辐射中最强的波长在红外区，当温度在 500～800 ℃时，热辐射中最强的波长成分在可见光区。

发射辐射能是各类物质的固有特性，当原子内部的电子受微小振动时，会产生交替变化的电场和磁场，发出电磁波向空间传播，这就是辐射。由于自身温度或热运动的原因而激发产生的电磁波传播，就称为热辐射。显然，热辐射是电磁波，电磁波的波长范围可从几万分之一微米到数千米，电磁波的波长分类如图 10.3.1 所示。人们根据电磁波不同效应把电磁波分成若干波段，波长为 0.38～0.76 μm 的电磁波段称为可见光；波段为 0.76～1 000 μm 的电磁波段称为红外波段；波长大于 1 000 μm 的电磁波段称为无线电波段；波长小于 0.4 μm 的电磁波依次分为紫外线、X 射线和 γ 射线等。波长为 0.1～100 μm 的电磁波都能被物体吸收变为热能，因此，通常把这一波长范围的电磁波称为热射线。

热辐射的本质决定了热辐射过程有如下三个特点：

（1）辐射换热与导热、对流换热不同，它不依赖物体的接触进行热量传递，而导热和对流换热都必须由冷、热物体直接接触或通过中间介质相接触才能进行。

（2）辐射换热过程伴随着能量形式的两次转化，即物体的部分热力学能转化为电磁波能发射出去，当此电磁波能发射到另一物体表面而被吸收时，电磁波能又转化为热力学能。

（3）一切物体只要其温度 $T>0$ K，都会不断地发射热射线。当物体间有温差时，高温物体辐射给低温物体的能量大于低温物体辐射给高温物体的能量，因此总的结果是高温物体把能量传给低温物体。即使各个物体的温度相同，辐射换热仍在不断进行，只是每一物体辐射出去的能量等于吸收的能量，从而处于动平衡的状态。

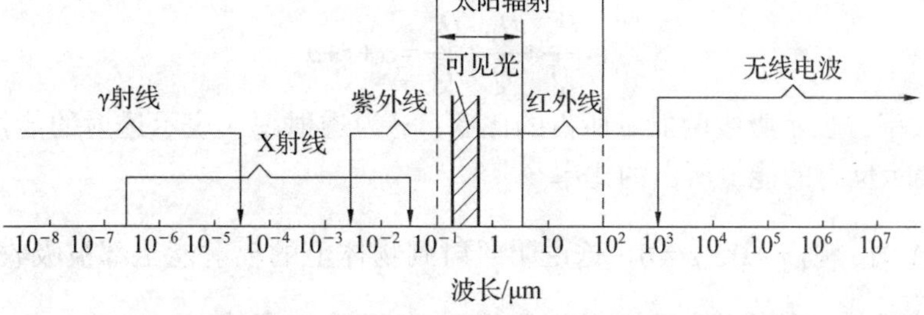

图 10.3.1　电磁波的波长分类

10.3.2　热辐射的基本定律

辐射换热是三种基本的热交换形式之一，热辐射电磁波具有以光速传播、反射、折射、散射、干涉和吸收等特性。它由波长相差很远的红外线、可见光及紫外线所组成，它们的波长范围从$10^{-3}\sim10^{-8}$ m。在低温时，物体辐射能量很小，主要发射的是红外线。随着温度的升高，辐射能量急剧增加，辐射光谱也向短的方向移动，在500 ℃左右时，辐射光谱包括部分可见光；到800 ℃时可见光大大增加，即呈现“红热”；到3 000 ℃时，辐射光谱包括更多的短波成分，使得物体呈现“白热”。有经验的技术人员从观察灼热物体表面的“颜色”来大致判断物体的温度，这就是辐射测温的基本原理。

1. **热辐射的重要参数**

（1）辐射能Q。以辐射的形式发射、传播或接收的能量称为辐射能，单位为焦耳（J）。

（2）辐射能通量Φ。Φ是辐射能随时间的变化率，又称辐射功率，即

$$\Phi=\frac{\mathrm{d}Q}{\mathrm{d}t} \tag{10.3.1}$$

其中，Φ的单位是瓦特（W）。

（3）辐射强度I。在给定方向上的立体角单元内，离开点辐射源（或辐射源面单元）的辐射功率除以该立体角单元，称为该方向上的辐射强度，其单位为瓦/球面度（W/sr）。

（4）辐射出射度M。离开辐射源表面一点处的面单元上的辐射能通量除以该单元面积，称为该点的辐射出射度，即

$$M=\frac{\mathrm{d}\Phi}{\mathrm{d}S} \tag{10.3.2}$$

式中，M的辐射出射度的单位为瓦/米^2（$\mathrm{W/m^2}$）。

（5）辐射亮度L和光谱辐射亮度L_λ。表面一点处的面单元在给定方向上的辐射强度除以该面单元在垂直于给定方向平面上的正投影面积，称为该方向的辐射亮度。辐射亮度实际上包括所有波长的辐射功率。如果是辐射光谱中某一波长的辐射功率，则称为在此波长下的光谱辐射亮度。

2. **辐射能的分配**

当物体接收到辐射能量以后，根据物体本身的性质，会发生部分能量吸收、透射和反射的现象，如图10.3.2所示。设落在物体上的总辐射能量为Q，被吸收的部分为Q_A，透射的部分为Q_D，反射的部分为Q_R，则有

$$Q=Q_\mathrm{A}+Q_\mathrm{D}+Q_\mathrm{R}$$

或

$$1=\frac{Q_\mathrm{A}}{Q}+\frac{Q_\mathrm{D}}{Q}+\frac{Q_\mathrm{R}}{Q}=\alpha+\tau+\rho \tag{10.3.3}$$

式中，α为吸收率，表示吸收的能量所占的比率；τ为透射率，表示透射的能量所占的比率；ρ为反射率，表示反射的能量所占的比率。

当$\frac{Q_\mathrm{A}}{Q}=\alpha=1$时，则$\tau=0$，$\rho=0$。这说明照射到物体上的辐射能全部被吸收，既无反射也无透射，具有这种性质的物体称为“绝对黑体”，简称为“黑体”。

当$\frac{Q_\mathrm{D}}{Q}=\tau=1$时，说明照射到物体上的辐射能全部透射过去，既无吸收又无反射，具有这种性质的物体称为“透明体”。

当$\frac{Q_\mathrm{R}}{Q}=\rho=1$时，说明照射到物体上的辐射能全部反射出去。若物体表现平整光滑，反射

具有一定的规律，则该物体称为“镜体”；若反射无一定规律，则该物体称为“绝对白体”或简称为“白体”。

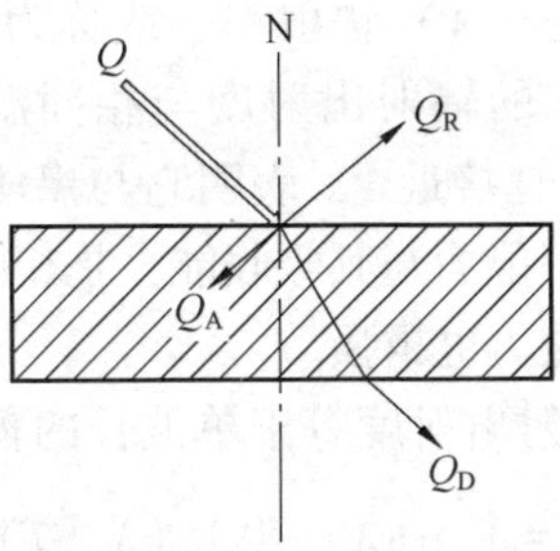

图 10.3.2　辐射能的分配

在自然界中，黑体、白体和透明体都是不存在的。一般固体和液体的 τ 值很小或等于零，而气体的 τ 值较大。对于一般工程材料，$\tau=0$ 而 $\alpha+\rho=1$，其为灰体。从传热学角度看，可以人为制造黑体，如图 10.3.3 所示。图 10.3.3（a）所示是一个黑体的近似模型，在空腔的壁上开有一个小孔，它的尺寸比空腔的尺寸小很多，当入射能量进入空腔后，经过多次折射和吸收，最后只有很小一部分出射，这样就可认为入射的能量全部被吸收了，即 $\alpha=1$。图 10.3.3（b）所示是工业黑体模型，它为一个细长管，直径 d 与管长 l 之比为 $\frac{d}{l}\leqslant\frac{1}{10}$，也可认为它的 $\alpha=1$。

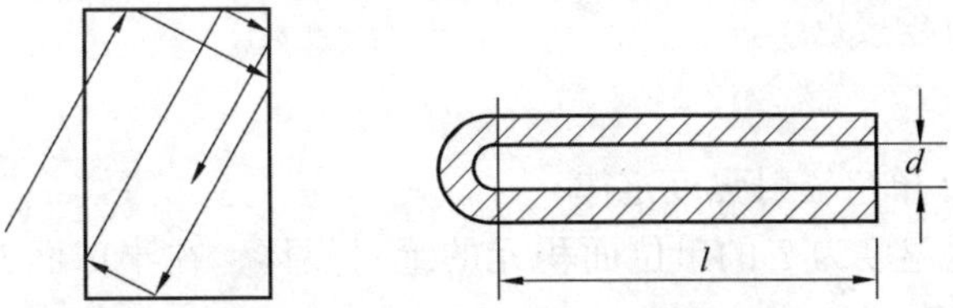

(a)黑体的近似模型　　(b)工业黑体模型

图 10.3.3　近似绝对黑体

3. 基尔霍夫定律

基尔霍夫定律是物体热辐射的基本定律，它建立了理想黑体和实际物体之间的关系。基尔霍夫定律表明，各物体的辐射出射度和吸收率的比值都相同，与物体的性质无关，是物体的温度 T 和发射波长 λ 的函数，即

$$\frac{M_0(\lambda,\ T)}{\alpha_0(\lambda,\ T)}=\frac{M_1(\lambda,\ T)}{\alpha_1(\lambda,\ T)}=\frac{M_2(\lambda,\ T)}{\alpha_2(\lambda,\ T)}=\cdots=f(\lambda,\ T) \tag{10.3.4}$$

式中，$M_0(\lambda,\ T)$，$M_1(\lambda,\ T)$，$M_2(\lambda,\ T)$ …分别为物体 A_0，A_1，A_2…的单色（λ）辐射出射度；$\alpha_0(\lambda,\ T)$，$\alpha_1(\lambda,\ T)$，$\alpha_2(\lambda,\ T)$ …分别为物体 A_0，A_1，A_2…的单色（λ）吸收率。

若物体 A_0 是绝对黑体，那么 $\alpha_0(\lambda,\ T)=1$，根据基尔霍夫定律有

$$\frac{M_1(\lambda,\ T)}{\alpha_1(\lambda,\ T)}=\frac{M_2(\lambda,\ T)}{\alpha_2(\lambda,\ T)}=\cdots=M_0(\lambda,\ T) \tag{10.3.5}$$

从式（10.3.5）可知，物体的辐射出射度和吸收率之比等于绝对黑体在同样的温度、相同波长时的辐射出射度。这是基尔霍夫定律的另一种说法。

设 $M(\lambda,\ T)$ 为物体 A 在波长为 λ、温度为 T 下的辐射出射度。根据式（10.3.5）则有

$$\frac{M(\lambda, T)}{M_0(\lambda, T)} = \alpha(\lambda, T) = \varepsilon(\lambda, T) \tag{10.3.6}$$

式中，$\varepsilon(\lambda, T)$ 称为物体 A 的单色（λ）辐射率，或称为单色（λ）黑度系数。它表明了在一定的温度 T 和波长 λ 下，物体 A 的辐射出射度与相同温度和波长下黑体的辐射出射度之比。一般 $\varepsilon(\lambda, T) < 1$，$\varepsilon(\lambda, T)$ 越接近 1，表明它与黑体的辐射能力越接近。

基尔霍夫定律说明，物体的辐射能力与其吸收能力是相同的，即 $\alpha(\lambda, T) = \varepsilon(\lambda, T)$。所以，辐射能力越强的物体，其吸收能力也越强。

在全波长内，任何物体的全辐射出射度等于单波长的辐射出射度在全波长内的积分，即

$$\begin{aligned} M(T) &= \int_0^\infty M(\lambda, T)\mathrm{d}\lambda = \int_0^\infty \alpha(\lambda, T)M_0(\lambda, T)\mathrm{d}\lambda \\ &= A(T)\int_0^\infty M_0(\lambda, T)\mathrm{d}\lambda = A(T) \cdot M_0(T) \end{aligned} \tag{10.3.7}$$

式中，$A(T)$ 和 $M_0(T)$ 分别是物体 A 在温度 T 下的全吸收率及黑体在温度 T 下的全辐射出射度。

所以，基尔霍夫定律的积分形式为

$$\frac{M(T)}{M_0(T)} = A(T) = \varepsilon_{\mathrm{T}} \tag{10.3.8}$$

式中，ε_{T} 称为物体 A 的全辐射率，或称为全辐射黑度系数。它表明了在一定的温度 T 下，物体 A 的辐射出射度与相同温度下黑体的辐射出射度之比。一般物体的 $\varepsilon_{\mathrm{T}}<l$，$\varepsilon_{\mathrm{T}}$ 越接近 1，表明它与黑体的辐射能力越接近。

4. 黑体辐射定律

（1）普朗克定律（单色辐射强度定律）。

普朗克定律指出，温度为 T 的单位面积元的绝对黑体，在半球面方向所辐射的波长为 λ 的辐射出射度 $M_0(\lambda, T)$ 为

$$M_0(\lambda, T) = 2\pi hc^2\lambda^{-5}(\mathrm{e}^{\frac{hc}{k\lambda T}}-1)^{-1} = c_1\lambda^{-5}(\mathrm{e}^{\frac{c_2}{\lambda T}}-1)^{-1} \tag{10.3.9}$$

式中，c 为光速；h 为普朗克常数，$h = 6.626\ 176 \times 10^{-34}\ \mathrm{J \cdot s}$；$k$ 为玻耳兹曼常数，$k = 1.380\ 650\ 5 \times 10^{-23}\ \mathrm{J/K}$；$c_1$ 为第一辐射常量，$c_1 = 2\pi hc^2 = 3.741\ 8 \times 10^{-16}\ \mathrm{W \cdot m^2}$；$c_2$ 为第二辐射常量，$c_2 = \frac{hc}{k} = 1.438\ 8 \times 10^{-2}\ \mathrm{m \cdot K}$；$T$ 为热力学温度。

式（10.3.9）称为普朗克公式，其结构比较复杂，但是，它对于低温与高温都是适用的。

（2）维恩公式。

维恩从理论上说明了黑体在各种温度下能量波长分布的规律，即

$$M_0(\lambda, T) = c_1\lambda^{-5}\mathrm{e}^{-\frac{c_2}{\lambda T}} \tag{10.3.10}$$

维恩公式比普朗克公式简单，但是，仅适用于不超过 3 000 K 的温度范围，所利用的辐射波长为 0.4~0.75 μm。当温度超过 3 000 K 时，实验结果与理论计算就产生偏差，而且温度越高，偏差越大。

从式（10.3.10）可以看出，黑体的辐射能力是波长和温度的函数，当波长 λ 一定时，黑体的辐射能力就仅仅是温度的函数，即

$$M_0(\lambda, T) = f(T) \tag{10.3.11}$$

上式就是光学高温计和比色高温计测温的理论根据。

(3) 斯忒藩-玻耳兹曼定律。

斯忒藩-玻耳兹曼定律（全辐射强度定律，也称为四次方定律）指出，对于温度为 T 的绝对黑体，单位面积元在半球方向上所发射的全部波长的辐射出射度与温度 T 的四次方成正比，即

$$M_0(T) = \int_0^\infty M_0(\lambda, T)\mathrm{d}\lambda = \int_0^\infty C_1\lambda^{-5}(e^{\frac{C_2}{\lambda T}} - 1)^{-1}\mathrm{d}\lambda = \frac{2\pi^5 k^4}{15c^2h^3}T^4 = \sigma T^4 \tag{10.3.12}$$

式中，σ 为斯忒藩-玻耳兹曼常量，$\sigma = 5.670\ 51\times10^{-8}$ W/（$\mathrm{m}^2\cdot\mathrm{K}^4$）。式（10.3.12）就是辐射式温度计测温的理论根据。全辐射强度定律是单色辐射强度定律在全波长内积分的结果。

10.3.3 描述热辐射的物理量

(1) 辐射能量密度 w。

单位体积内所具有的辐射能称为辐射能量密度（单位：$\mathrm{J}\cdot\mathrm{m}^{-3}$）。

$$\omega = \omega_e + \omega_m = \frac{1}{2}\varepsilon E^2 + \frac{1}{2}\mu H^2 \tag{10.3.13}$$

(2) 辐通量 Φ_e。

单位时间内通过单位面积的辐射能量称为辐通量（单位：W 或 $\mathrm{J}\cdot\mathrm{s}^{-1}$）。

$$\Phi_e = \frac{\mathrm{d}Q_e}{\mathrm{d}t} \tag{10.3.14}$$

总的辐通量为由辐射源发出，包括所有方向的能量。

(3) 辐射出射度 M_e（辐出度）。

从物体的表面单位面积上所辐射的通量，称为辐射出射度，亦即从物体的表面单位时间内、单位面积上辐射的能量（单位：$\mathrm{W}\cdot\mathrm{m}^{-2}$）。

$$M_e = \frac{\partial\Phi_e}{\partial A} = \frac{\partial Q_e}{\partial A\partial t} \tag{10.3.15}$$

辐射出射度也称为发射本领或辐通量密度。

(4) 辐射强度 I_e。

辐射源在某一方向上单位立体角内的辐射通量，称为辐射强度，亦即辐射源在单位时间、单位立体角内辐射的能量（单位：$\mathrm{W}\cdot\mathrm{sr}^{-1}$）。

$$I_e = \frac{\partial\Phi_e}{\mathrm{d}\Omega} = \frac{\partial^2 Q_e}{\partial\Omega\partial t} \tag{10.3.16}$$

(5) 辐射亮度 L_e。

面辐射源在某一方向上的单位投射面积、单位立体角内的辐射通量称为辐射亮度（单位：$\mathrm{W}\cdot\mathrm{m}^{-2}\cdot\mathrm{sr}^{-1}$）。

$$L_e(\theta) = \frac{\partial^2\Phi_e}{\partial\Omega(\partial A\cos\theta)} = \frac{\mathrm{d}I_e}{\mathrm{d}A\cos\theta} \tag{10.3.17}$$

式中，θ 为面法线与辐射方向之间的夹角。

(6) 辐射照度 E_e。

单位受光面积上所接收的辐射通量称为辐射照度（单位：$W \cdot m^{-2}$）。

$$E_e = \frac{d\Phi_e}{dA} \tag{10.3.18}$$

对于理想的散射面，满足条件 $M_e = E_e$，于是可知 $E_e = \pi L_e$。

10.3.4 光学高温计

光学高温计是目前工业中应用较广的一种非接触式测温仪表。精密光学高温计用于科学实验中的精密测试；标准光学高温计用于量值的传递，例如，在物质熔点、热容量和相变点的测定中使用。光学高温计可用来测量 800~3 200 ℃的高温。由于用肉眼进行色度比较，因此测量误差与人的经验有关。光学高温计测量的温度称为亮度温度（T_L），被测对象为非黑体时，要通过修正才能得到非黑体的真实温度。

工业用光学高温计分为两种，一种是隐丝式，另一种是恒定亮度式。隐丝式光学高温计利用调节电阻来改变高温灯泡的工作电流，当灯丝的亮度与被测物体的亮度一致时，灯泡的亮度就代表了被测物体的亮度温度。恒定亮度式光学高温计利用减光楔来改变被测物体的亮度，将它与恒定亮度温度的高温灯泡相比较，当两者亮度相等时，根据减光楔旋转的角度来确定被测物体的亮度温度。由于隐丝式光学高温计的结构和使用方法都优于恒定亮度式，因此应用广泛。

隐丝式光学高温计主要由光学系统和电测系统组成。光学系统包括红色滤波片，它的作用是造成一个较窄的有效波长，一般为 $\lambda = 0.66\ \mu m$ 的红外区域，这个波段既有较大的辐射照度，又适合人眼的视觉范围。安装吸收玻璃的目的是扩展量程，因为光学高温计是以高温灯泡作为参考标准来测量温度的，高温灯泡的温度不能过高，否则灯丝挥发、升华会造成特性变化，所以，当被测温度超过 1 500 ℃时，就应使被测物体进入的亮度按已知比例衰减。现在广泛使用的是选择性吸收玻璃，它可使实际测量中出现的颜色不平衡减小到最低程度。目镜和物镜是一套光学系统，物镜是一个望远镜系统，其作用是把被测物体的像调焦到光学高温计的灯丝平面上，以便进行灯丝亮度与被测物体亮度的比较。物镜与被测物体的距离一般为 0.7~1 m。目镜系统是根据人眼的视力专门设计的，有±4 屈光度可调范围（相当于 0~400 度远视和近视可调范围），所以使用时应根据使用者的视力进行目镜的调整，一直到清晰地看到灯丝为止。电测系统包括指示仪表、光学高温灯泡、电源和调节电阻四个部分。其中，光学高温灯泡是核心部件，它是与被测物体进行亮度比较的标准辐射源，它应是灯丝电流的单值函数，并要求有较高的稳定性和复现性。电源、调节电阻和指示仪表组成测量电路，它一般有电压表式、电流表式及不平衡电桥式和平衡电桥式四种方式。

我国生产的 WGG2-201 型光学高温计外形如图 10.3.4（a）所示。它属于隐丝式，测量精度为 1.5 级。物镜和目镜的镜筒可以沿光轴移动，便于调节。目镜筒的位置可由定位螺钉锁紧。红色滤光片通过旋钮引入或者引出视场。吸收玻璃是在应用第Ⅱ量程时引入视场的，其设计量程为Ⅰ（700~1 500 ℃）和Ⅱ（1 200~2 000 ℃）两种。测量电路采用电压表式，如图 10.3.4（b）所示。测量时按下开关 S，电源接通，调节滑线电阻 7，灯泡 3 随着电流的增减而改变亮度。通过目镜观察被测物体，使被测物体聚焦在灯丝平面上，并使灯丝与被测物体的亮度达到平衡。这时在指示仪表 6 上指示出灯丝两端的电压值，利用电压与温度的关系曲线，将表盘直接刻度成温度值。

光学高温计是以黑体的光谱辐射亮度来刻度的，如果被测物体为非黑体时就会出现偏差。因为在同一温度下，非黑体的光谱辐射亮度比黑体低，所以造成用光学高温计测量非黑体的温度比真实温度偏低。为了校正这个偏差，需要引入亮度温度（T_L）的概念。

亮度温度的定义是：当被测物体为非黑体，在同一波长下的光谱辐射亮度同绝对黑体的光谱辐射亮度相等时，黑体的温度称为被测物体在波长为 λ 时的亮度温度。

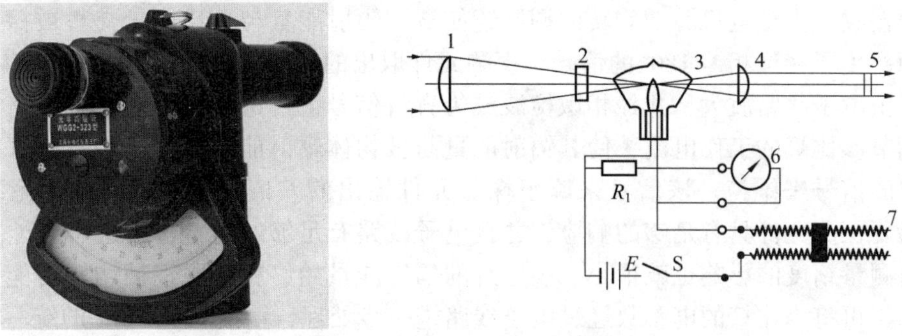

(a)外形　　(b)原理图

图 10.3.4　WGG2-201 型光学高温计外形和原理图

1—物镜；2—吸收玻璃；3—灯泡；4—红色滤波片；5—目镜；6—指示仪器；7—滑线电阻

根据亮度温度的定义，则有

$$\varepsilon_{\lambda T}L_{\lambda T}^{0}=L_{\lambda T}^{0}(T_L) \tag{10.3.19}$$

式中，左边为非黑体光谱辐射亮度；右边为黑体的光谱辐射亮度；T_L 为亮度温度；T 为真实温度。因为根据光谱辐射亮度的定义，它表示在某一波长下物体辐射能量，所以根据维恩公式有

$$\varepsilon_{\lambda T}e^{-\frac{c_2}{\lambda T}}=e^{-\frac{c_2}{\lambda T_L}} \tag{10.3.20}$$

对上式两边取对数，并加以整理，得

$$\frac{1}{T_L}-\frac{1}{T}=\frac{\lambda}{c_2}\ln\frac{1}{\varepsilon_{\lambda T}} \tag{10.3.21}$$

式中，$\varepsilon_{\lambda T}$ 为被测物体在温度为 T、波长为 λ 时的单色黑度系数；T 为被测物体的真实温度；T_L 为被测物体的亮度温度。

若已知物体的单色黑度系数 $\varepsilon_{\lambda T}$，就可以通过亮度温度 T_L 求出物体的真实温度 T。

10.3.5　光电高温计

光学高温计是由人工操作来完成亮度平衡工作的，其测量结果带有操作者的主观误差。它不能进行连续测量和记录，当被测温度低于 800 ℃时，光学高温计对亮度无法进行平衡。可光电高温计就是在光学高温计测量理论的基础上发展起来的一种新型测温仪表。它采用新型的光电器件，自动进行平衡，可达到连续测量的目的。其主要特点是：①采用光敏电阻或者光电池作为感受辐射源的敏感元件来代替人眼的观察，根据光电器件的电信号，经放大后，电流信号大小就可以代表被测物体的温度值；②采用一参考辐射源与被测物体进行亮度比较，由光敏元件和电子放大器组成鉴别和调整环节，使参考辐射源在选定的波长范围内的亮度自动跟踪被测物体的辐射亮度，当达到平衡时即可得到测量值；③在平衡式测量方式中，光敏元件只起到指零作用，它的特性如有变化，对测量结果影响较小，参考辐射源选用钨丝灯泡，能保持较高的稳定性，光电高温计由于采用平衡式测量方式，因此具有较高的精度和连续测量的特性；④设计了手动黑度系数值修正环节，可显示物体的真实温度；⑤采用新型光敏元件，测量范围，为 200~1 600 ℃。

WDL-31 型光电高温计的工作原理如图 10.3.5 所示。被测物体表面的辐射能由物镜 1 会聚，经调制镜 3 反射到探测元件 8 上，并被接收。用于比较的参考辐射源——参比灯 7 的辐射能量通过另一聚光镜 6 会聚，经反光镜与反射并穿过调制镜的叶片空间到探测元件上被接收。由微电机驱动旋转的调制镜使被测辐射能量与参比能量交替被探测元件接收，从而产生了相位相差 180°的信号。探测元件取出的测量信号是这两个信号的差值。该差值信号由电子线路放大，并经相敏检波成为直流信号，再送至后面的电子线路放大器处理，以调节参比灯的工作电流，使其辐射能量与被物体辐射能量相平衡。参比灯的工作电流靠一定的信号来维持，该信号来源于探测元件输出的差值信号。虽然这个系统存在余差，但只要探测元件具有足够的响应，并且电子线路有足够的增益，则这个余差可以相当微小，对测量精度的影响也就很小。参比灯的辐射能量始终精确跟踪被测辐射能量，保持平衡状态。再将参比灯的电参数经过电子线路进一步处理，输出 4~20 mA 的统一信号送入显示仪表。为了适应辐射能量的变化特点，电路还设置了自动增益控制环节，在测量范围内，保证仪器电路有合适的灵敏度。

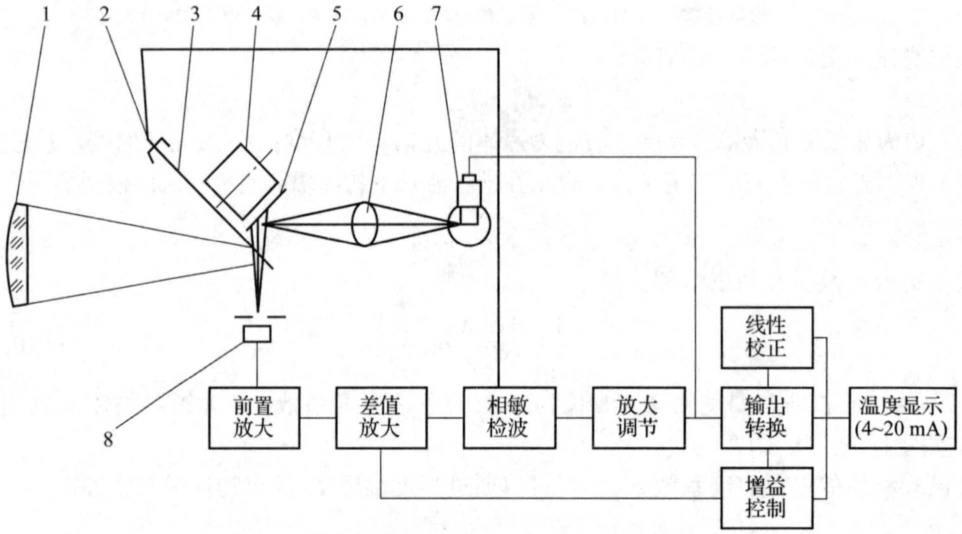

图 10.3.5 WDL-31 型光电高温计的工作原理

1—物镜；2—同步信号发生器；3—调制镜；4—微电机；5—反光镜

6—聚光镜；7—参比灯；8—探测元件

WDL-31 型光电高温计的光学系统如图 10.3.6 所示。它由瞄准光路、检测光路和参比光路三部分组成。

(1) 瞄准光路。

由物镜对从 0.5 m 到∞处被测物体调焦成像在分划板上。通过目镜组可清晰地观察到被测物体的瞄准部位。

(2) 检测光路。

物镜将被测物体的辐射能量会聚，经过衰减玻璃及与物镜光轴成 45°的调制镜的反射，进入视场光阑孔中，由探测元件接收。

(3) 参比光路。

参比灯辐射的能量经聚光灯组会聚后，通过可变光阑，由反射镜反射，再穿过调制镜叶片的空间，进入视场光阑孔中，经滤波片也由探测元件接收。

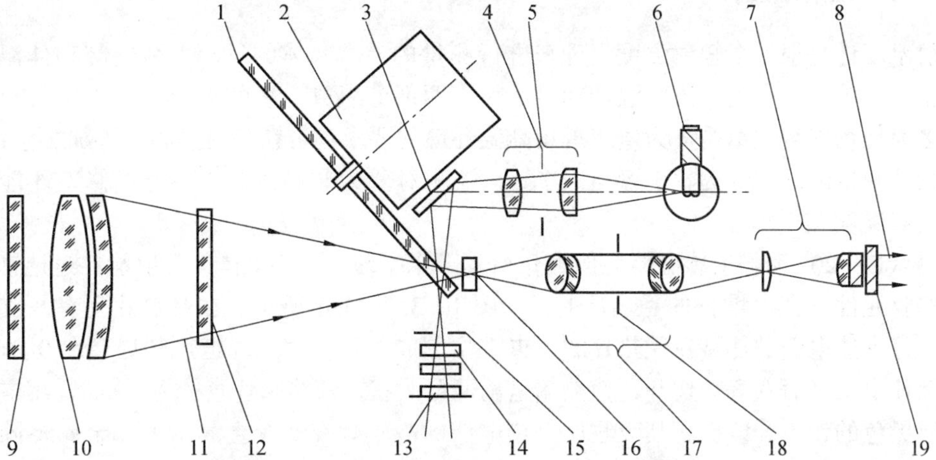

图 10.3.6　WDL-31 型光电高温计的光学系统

1—调制镜；2—微电机；3—反光镜；4—可变光阑；5—聚光镜组；6—参比灯；7—目镜组；8，9—保护窗；10—物镜；11—入射光瞳；12—衰减玻璃；13—探测元件；14—滤光片；15—视场光阑；16—分划板；17—透镜玻璃；18—出射光阑；19—保护玻璃

随微电机高速转动的调制镜，对两路辐射通量进行切换调制，使其交替被探测元件接收。探测元件上取出的差值信号的频率与调制镜的转速及形状有关。微电机转速为 3 000 r/min，调制镜为 4 叶片，调制频率为 200 Hz。参比光路中的可变光阑用于黑度系数的手动修正。因为某一温度下的表面辐射能量是与黑度系数成比例的。例如，在同样温度下，系数 $\varepsilon=0.5$ 的表面辐射能量相当于 $\varepsilon=1$ 的表面辐射能量的 50%。根据被测对象的黑度系数，利用可变光阑改变参比灯的辐射能量，从而使显示仪表的温度与实际温度一致。在用黑体热源分度仪器时，$\varepsilon=1$，可变光阑开孔最大，探测元件接收到的参比辐射能量也最大，与黑体的辐射能量维持平衡。当测量 $\varepsilon=0.5$ 的同样温度的物体表面时，将可变光阑孔面积相应缩小 50%，探测元件所接收到的参比辐射能量就减少 50%，因而与 $\varepsilon=0.5$ 时表面辐射能量维持平衡，仍保持参比灯工作状态，显示出同样的温度，这样就起到黑度系数的修正作用。可变光阑由两片开有方孔的箔片构成，用一线性凸轮调节相对位置。当 ε 修正旋钮置于 1 时，可变光阑开孔为最大，逆时针调节旋钮，凸轮转动使两箔片相对平移，两个方孔逐渐相互错开，通过辐射能的面积逐渐减小，与旋钮指示的 ε 值相对应。

仪器的工作光谱范围由光学系统和探测元件决定。量程范围在 400~800 ℃及以下各量程，采用硫化铅光敏电阻做探测元件，并配合锗滤光片。光谱范围为 1.8~2.7 μm，短限由锗滤光片确定，长限由光学玻璃材质的物镜确定。峰值由探测元件确定，约为 2.5 μm。量程范围在 600~1 000 ℃及以上各量程，采用硅光电池做探测元件，并配合 HB850 有色玻璃滤光片。光谱范围的短限也由滤光片确定，长限和峰值由探测元件确定。光谱范围为 0.8~1.1 μm，峰值约为 0.95 μm，均在红外线波长范围内。

仪器的量程范围通过光学衰减的方式改变。各种量程都保持参比灯工作电流在某一固定范围内变化，即在量程上限时，工作电流不超过 250 mA。对于低温量程，将参比灯的辐射能量衰减；而对于高温量程，则将被测辐射能量进行衰减。探测元件为硫化铅光敏电阻时，衰减玻璃选用 GRB_1，隔热玻璃；探测元件为硅光电池时，采用 LB_6 绿色玻璃。

10.3.6 辐射温度计

辐射温度计是根据全辐射强度定理来进行测量的，即物体的总辐射强度与物体温度的四次方成正比的关系。它由辐射感温器和显示仪表两部分组成，它可用于测量 400~2 000 ℃的高温，多为现场安装式结构。为适应现场高温环境的要求，可在辐射感温器外加装水冷夹套。辐射高温计测量的温度称为辐射温度（T_F），被测对象为非黑体时，要通过修正才能得到非黑体的真实温度。

现以 WFT-202 型辐射感温器为例来介绍其工作原理。被测物体的辐射能经过透镜和光阑聚焦在接收元件（热电堆）的受热片上，如图 10.3.7（a）所示。在受热片上有八支串联的热电偶，每支热电偶的热端在受热片的中央部位围成一圈，用点焊把热端焊接在 0.01 mm 的软镍箔圆片上，然后八等分切开，使热端呈扁薄箭头状。镍箔圆片直径为 3 mm，用电解法镀上一薄层黑色的铂黑，以提高其吸收比。热电偶的冷端焊在一个金属箔上，金属箔固定在两片绝缘、绝热的云母环中间，云母环固定有引出线，从引出线上可以得到八支热电偶热电势之和。这种热电堆能量损失小，具有较小的热惯性和较高的灵敏度。受热片铂黑接收物体的辐射能量并转化为热能使铂黑处的温度升高，热电堆产生相应的热电势。这个热电势的大小不仅与热端有关，还与冷端温度有关。为了补偿冷端温度的变化所造成的影响，采用了可变光阑，它是热电堆冷端的自动补偿器。如图 10.3.7（b）所示，补偿光阑共有四个补偿元件，它由补偿片和双金属片组成。双金属片的一端固定在铝合金框架上，补偿片垂直焊接在双金属片的自由端上，当环境温度升高时，热电堆的冷端温度也随之升高，这使热电堆输出的热电势减少，同时双金属片也会随着环境温度升高而变形，由轴心向外围伸展，则四个补偿片均向外移动，使光阑孔相应扩大，照射到热电堆铂黑上的能量也会增加，使热电势增加，起到了自动补偿的作用。

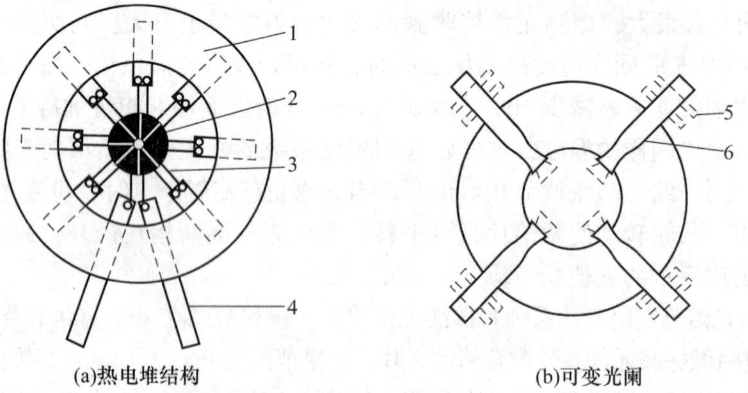

图 10.3.7　热电堆结构和补偿光阑

1—云母基片；2—受热靶面；3—热电偶丝；4—引出线；5—补偿片；6—双金属片

WFT-202 型辐射感温器的结构如图 10.3.8 所示。它主要由光学系统和热接收器件两部分组成。它采用透射式光学系统，外壳为铝合金材料，内、外表面做涂黑处理，物镜的直径为 3.7 mm，厚 8 mm，材料为石英玻璃（400~1 200 ℃）或 K_9 中性玻璃（900~2 000 ℃）。

壳体内装有一开孔的圆筒状铝合金座架，上面装有热电堆和补偿光阑。在补偿光阑前有一长方形的校正片。校正片安装在与小齿轮啮合的偏心齿圈上，齿圈套在金属架上。打开后盖，可以用螺丝刀旋动小齿轮，调节校正片的位置，改变阻挡面积的大小，调节照射到热电堆上的热辐射能量，用以调节精度。在后盖上有瞄准用的目镜，它是由 K_9 光学玻璃制成的凸透镜，起放大作用。通过它透过热电堆的缝隙可以观察到被测物体的成像，以便使光学系统对准被测物体。

辐射感温器必须与毫伏计或电位差计配套使用，用它们来测量热电堆的电势信号。WFT-202 型辐射感温器规定了外接电阻为 245 Ω。

对于辐射温度计，它是以绝对黑体的辐射能为基准对仪器进行分度的，所以仪器测出的值称为辐射温度。辐射温度的定义为：黑体的总辐射能等于非黑体的总辐射能时，此黑体的温度即为非黑体的辐射温度。根据全辐射强度定理，总辐射能相等，则有

$$\varepsilon_T \sigma T^4 = \sigma T_F^4$$

即

$$T = T_F \sqrt[4]{\frac{1}{\varepsilon_T}} \tag{10.3.22}$$

式中，T 为非黑体的真实温度；T_F 为非黑体的辐射温度；ε_T 为非黑体的全辐射黑度系数（与温度有关）。

因为非黑体的 $\varepsilon_T<1$，则 $\frac{1}{\varepsilon_T}>1$，所以 $T_F<T$。说明，用辐射温度计测出的温度要比物体的真实温度低。

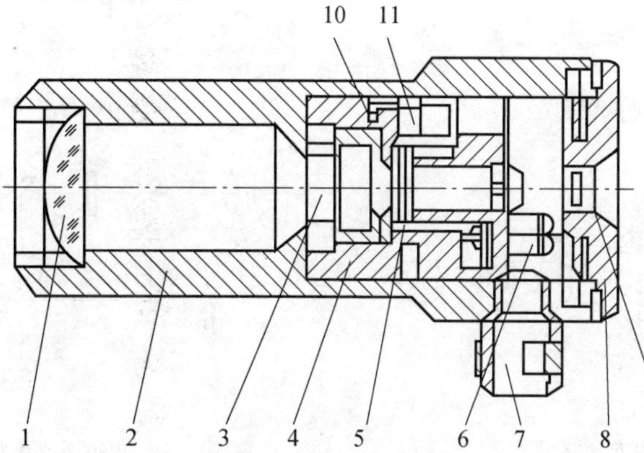

图 10.3.8　WFT-202 型辐射感温器的结构

1—物镜；2—外壳；3—补偿光阑；4—座架；5—热电堆；6—接线柱
7—穿线套；8—后盖；9—目镜；10—校正片；11—小齿轮轴

10.3.7　比色温度计

比色温度计是通过测量热辐射体在两个或两个以上波长的光谱辐射亮度之比来测量温度的。其特点是准确度高、响应快、可观察小目标（最小可到 2 mm）。因为实际物体的单色黑度系数 $\varepsilon_{\lambda T}$ 和全辐射黑度系数 ε_T 的数值相差很大，但是对同一物体的不同波长的单色黑度系数 $\varepsilon_{\lambda_1 T}$ 和 $\varepsilon_{\lambda_2 T}$ 来说，其比值的变化却很小，所以用比色温度计测得的温度称为比色温度 T_S，它与物体的真实温度 T 很接近，一般可以不进行校正。

由维恩定理可知，当黑体温度变化时，辐射出射度的最大值将向波长增加或减少的方向移动，这会使在指定的两个波长 λ_1 和 λ_2 下的亮度比发生变化，测量这个比值即可求得相应的温度值。比色温度计就是通过测量物体的两个不同的波长 λ_1，和 λ_2 的辐射亮度之比来测量温度的。也有利用 3 个以上波长的辐射亮度进行比较的三色或多色温度计。

比色温度计的结构分为单通道和双通道两种，单通道又可分为单光路和多光路两种；双通道有带光调制和不带光调制之分，如图 10.3.9 所示。所谓通道，是指在比色温度计中使用探测器的个数。单通道是用一个探测器接收两种波长光束的能量，双通道是用两个探测器分别接收两种波长光束的能量。所谓光路，是指光束在进行调制前或调制后是否由一束光分成两束进行分光处理。没有分光的为单光路，有分光的则为双光路。

现以图 10.3.9（b）为例加以说明，这是一种带有光调制盘的双通道式比色温度计。调制盘上间隔排列着两种波长为 λ_1 和 λ_2 的滤光片，被测物体的辐射光束经过透镜 2 的聚焦和棱镜 11 的分光后，再经反射镜 10 的反射，在调制盘的作用下，使光束中的 λ_1 和 λ_2 单波长辐射光分别轮流到达两个检测器 3a 和 3b。这两个信号分别经运算放大器 4 放大，再做除法运算，得到两波长辐射强度的比值，即可得到被测物体的比色温度 T_S。

比色温度的定义是：当黑体辐射的两个波长 λ_1 和 λ_2 的光谱辐射亮度之比等于非黑体的相应的光谱辐射亮度之比时，则黑体的温度即为这个非黑体的比色温度 T_S。

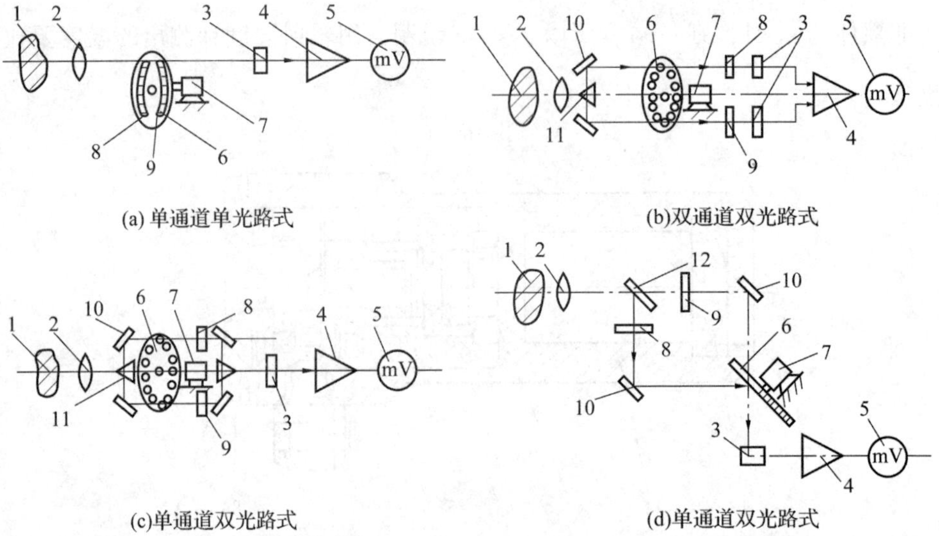

(a) 单通道单光路式　(b)双通道双光路式　(c)单通道双光路式　(d)单通道双光路式

图 10.3.9　光电比色温度计原理结构图

1—被测对象；2—透镜；3—光敏电阻；4—运算放大电路；5—显示器；6—调制盘；7—同步电动机；8，9—滤光片；10—反射镜；11—分光棱镜；12—分光镜

对于温度为 T 的黑体，在波长为 λ_1 和 λ_2 时的光谱辐射亮度之比为 R，根据维恩定理有

$$R=\frac{L_{\lambda_1}^0}{L_{\lambda_2}^0}=\left(\frac{\lambda_2}{\lambda_1}\right)^5\cdot e^{\frac{c_2}{T}\left(\frac{1}{\lambda_2}-\frac{1}{\lambda_1}\right)} \tag{10.3.23}$$

取对数后有

$$\ln R=\ln\frac{L_{\lambda_1}^0}{L_{\lambda_2}^0}=5\ln\frac{\lambda_2}{\lambda_1}+\frac{c_2}{T}\left(\frac{1}{\lambda_2}-\frac{1}{\lambda_1}\right) \tag{10.3.24}$$

式（10.3.24）可以简化为

$$\ln R = A + BT^{-1} \tag{10.3.25}$$

式中，$A=5\ln\frac{\lambda_2}{\lambda_1}$，$B=c_2\left(\frac{1}{\lambda_2}-\frac{1}{\lambda_1}\right)$。

根据式（10.3.24）可以得到

$$T=\frac{c_2\left(\frac{1}{\lambda_2}-\frac{1}{\lambda_1}\right)}{\ln R-5\ln\frac{\lambda_2}{\lambda_1}} \tag{10.3.26}$$

根据比色温度计的定义，可进一步求出物体的真实温度与比色温度的关系，即

$$\frac{1}{T}-\frac{1}{T_S}=\frac{\ln\frac{\varepsilon_{\lambda_1 T}}{\varepsilon_{\lambda_2 T}}}{c_2\left(\frac{1}{\lambda_1}-\frac{1}{\lambda_2}\right)} \tag{10.3.27}$$

式中，$\varepsilon_{\lambda_1 T}$、$\varepsilon_{\lambda_2 T}$分别为物体在 λ_1 和 λ_2 时的单色黑度系数；T 为物体的真实温度；T_S 为物体的比色温度。

对于灰体来说，因为 $\varepsilon_{\lambda_1 T}=\varepsilon_{\lambda_2 T}$，所以 $T=T_S$，这就是比色温度计的最大优点。由此可以看出，波长的选择是决定仪表准确度的重要因素，若选择的 λ_1 与 λ_2 很接近，则黑度系数的影响就非常小。

10.3.8　红外测温仪

图 10.3.10 所示为一种红外测温仪的工作原理示意图。被测物体的热辐射线由光学系统聚焦，经光栅盘调制后变换为一定频率的光能，照射在热敏电阻探测器上，经电桥转变为交流电压信号，放大后输出显示或记录。光栅盘由两片扇形光栅板组成，一片固定，另一片受光栅调制电路控制，按一定频率正、反向转动，实现开（光可透过）、关（光不通过），使入射线变为一定频率的能量作用在探测器上。这种红外测温仪可测 0~600 ℃范围内的物体表面温度。

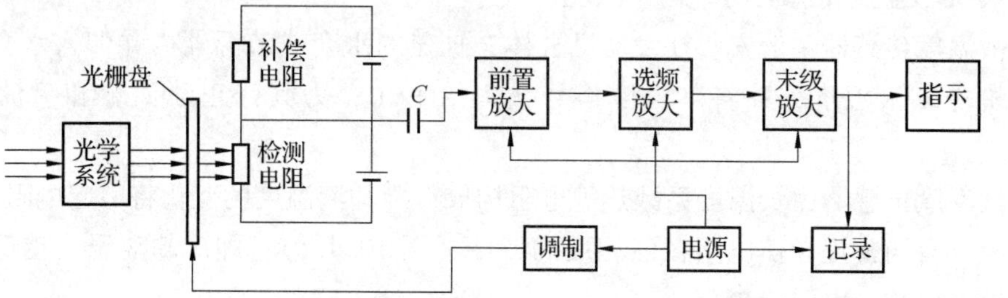

图 10.3.10　红外测温仪的工作原理示意图

10.4　温度传感器在汽车上的应用

目前汽车发动机温度传感器用于检测发动机进气温度、冷却液温度、EGR 监测温度以及排气温度等。汽车上的温度传感器因车型不一样，检测的目的和检测的范围不一样，那么其

数量、使用的类型也不同。目前温度传感器类型有绕组电阻式、热敏电阻式、扩散电阻式、半导体二极管式、金属芯式和热电偶式等。实际应用的温度传感器主要是绕组电阻式、热敏电阻式和热电偶三种。三种典型的温度传感器的特点见表10.4.1。

表10.4.1　三种典型的温度传感器的特点

测量用部件	优点	缺点
热电偶	① 可测定很小部位的温度； ② 可缩短滞后时间； ③ 耐振动与冲击； ④ 适于测定温度差； ⑤ 测定范围宽	① 需要标准触点； ② 标准触点与补偿导线有误差； ③ 在常温下，不注意修正时，难以得到较高的精度
金属测温电阻	① 适于测定较大范围的平均温度； ② 不需要标准触点等； ③ 与热电偶相比，常温左右的精度较高	① 难以缩短滞后时间； ② 在振动严重的场合可能出现破损； ③ 受导线电阻的影响，需要修正
热敏电阻	① 可测量很小部位的温度； ② 可缩短滞后时间； ③ 灵敏度高； ④ 不能忽略导线电阻造成的误差； ⑤ 最适于测量微小的温度差； ⑥ 测量机构简单且价格低廉； ⑦ 因为信噪比较高，所以对系统性计量工程来说经济性好	① 因电阻与温度间的非线性程度较严重，有时需要做线性处理； ② 元件的一致性差，互换性差； ③ 振动严重的场合可能会造成破损

10.4.1　热敏电阻式温度传感器

1. 冷却液温度传感器的结构、原理与检测

(1) 冷却液温度传感器的结构、原理。

冷却液温度传感器一般安装在发动机缸体、缸盖的水套或节温器内并伸入水套中，用于检测发动机冷却液温度，并将其温度信号输入给ECU，为其修正喷油量和喷油正时提供依据。

冷却液温度传感器由负温度系数热敏电阻构成，冷却液温度的变化将引起电阻值的变化，该热敏电阻具有与常规导体电阻截然相反的特性（图10.4.1），即冷却液温度越低电阻值越大，冷却液温度越高电阻值越小。

ECU的电阻与冷却液温度传感器的热敏电阻串联，如图10.4.2所示。热敏电阻值变化时，所得的分压值THW随之改变。冷却液温度低时，燃油蒸发性差，应供给浓的混合气，但冷却液温度低时，热敏电阻阻值大，ECU测得的分压值THW就高，根据该信号，ECU增加燃油喷射量，使发动机的冷机运转性能得以改善。冷却液温度高时则相反，ECU检测到相应越小分压值THW，并依此信号逐渐减少喷油量。

冷却液温度传感器和进气温度传感器有绕线电阻式、热敏电阻式、扩散电阻式、金属芯

式、热电偶式和半导体晶体管式等。应用较多的是绕线电阻式和热敏电阻式温度传感器。

（2）冷却液温度传感器的检测。

①开路的检测。

冷却液温度传感器与 ECU 的连接电路如图 10.4.2 所示。检查冷却液温度传感器电阻时，拔下其插接器或将传感器从发动机上拆下。由于其电阻值随温度变化而变化。因此，需测定不同温度下冷却液温度传感器的电阻，并且测得的电阻值应与规定值相符，否则应更换冷却液温度传感器。

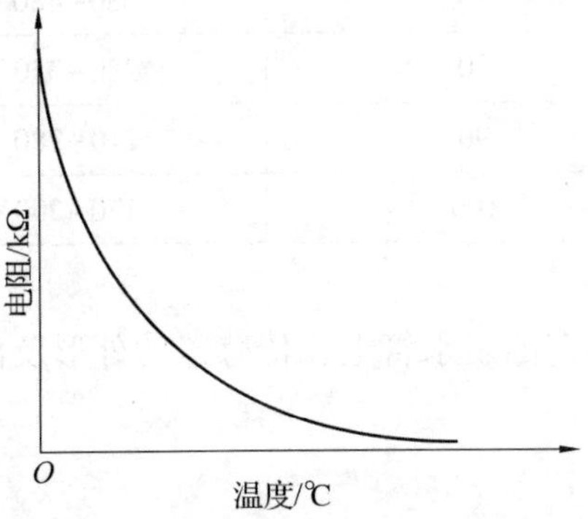

图 10.4.1　负温度系数热敏电阻的特性

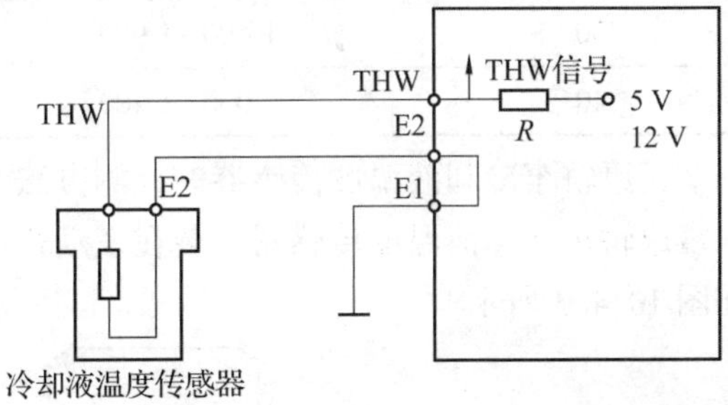

图 10.4.2　冷却液温度传感器与 ECU 的连接电路

②在路的检测。

拔下插接器，将点火开关接通，测量 ECU 的电源电压（传感器供电电压），即 THW 与 E2 端子间电压应为 5 V。否则，说明线路或 ECU 之间有故障。将插接器接好，将点火开关接通，测量冷却液温度传感器的信号电压，即 THW 与 E 端子间的电压应为 0.2~2.5 V（该值与温度有关）。

（3）具体车型检测示例。

①桑塔纳 2006 车型冷却液温度传感器的检测方法。

桑塔纳 2000GLi 型轿车和桑塔纳 2000GSi 型轿车都使用同一型号的冷却液温度传感器 G62，传感器接头端子号码为 1 和 3，与 ECU 的连接端子分别是：桑塔纳 2000GLi 为 45 和 30；桑塔纳 2000GSi 为 67 和 53。

G62 为负温度系数热敏电阻，安装在发动机冷却水套中，用于检测冷却液的温度，并把温度信号输入 ECU，为修正喷油量和点火正时提供依据。冷却液温度传感器的检测方法是：

a. 电源电压检查。拔下冷却液温度传感器连接器接头，接通点火开关，测量桑塔纳 2000GLi 型轿车 ECU 上的 45 与 30（桑塔纳 2000GSi 型为 67 与 53）端子间电压，应为 5 V 左右。

b. 信号电压的检查。插上冷却液温度传感器插头，接通点火开关，检查桑塔纳 2000GLi 型轿车 ECU 的 45 与 30（桑塔纳 2000GSi 型为 67 与 53）端子间信号电压，应为 0.5~2.5 V。如果信号电压值不在此范围，说明传感器已经损坏，应当更换。

c. 电阻检查。关闭点火开关，拆下冷却液温度传感器，将它放入盛满水的容器中并进行加热，测量在不同温度下传感器两接头端子间电阻值，应符合规定值（表 10.4.2）。若电阻值过大或过小，说明传感器已损坏，应当更换。

表 10.4.2　桑塔纳 2000 轿车冷却液温度传感器电阻值与温度关系

温度/℃	电阻值/Ω	温度/℃	电阻值/Ω
-20	14 000~20 000	50	720~1 000
0	5 000~6 500	60	530~650
10	3 300~4 200	70	380~480
20	2 200~2 700	80	280~350
30	1 400~1 900	90	210~280
40	1 000~1 400	100	170~200

②富康轿车冷却液温度传感器的检测方法。

富康轿车冷却液温度传感器安装在发动机冷却水套的出水管上，传感器的外形及内部电路如图 10.4.3 所示。

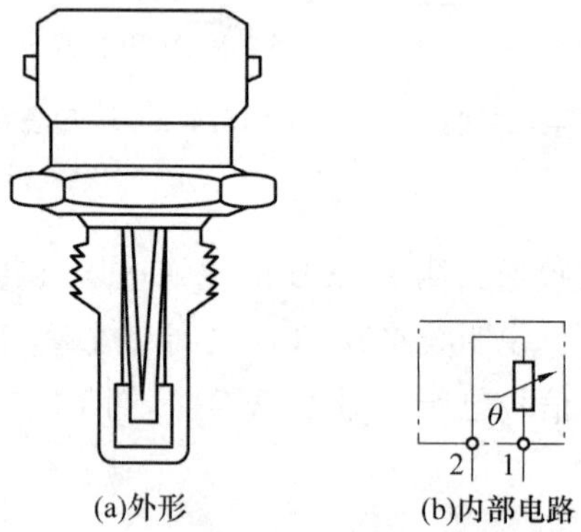

图 10.4.3　冷却液温度传感器的外形及内部电路

富康轿车冷却液温度传感器与 ECU 的连接电路如图 10.4.4 所示。传感器接头端子 2 与 ECU 端子 26 连接，并向传感器提供 5 V 电源电压；端子 1 与 ECU 的端子 25 连接。其检测方法是：

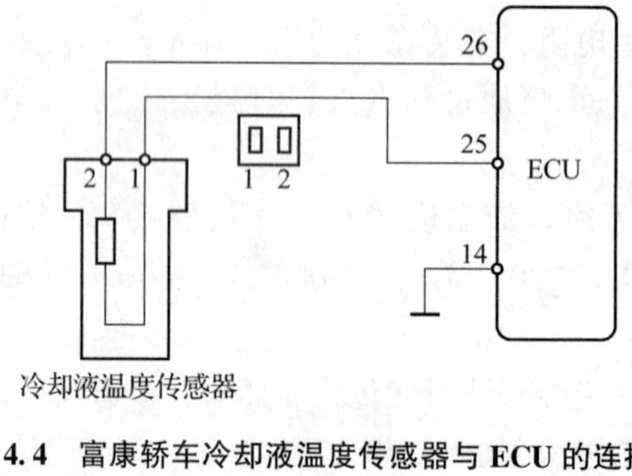

图 10.4.4　富康轿车冷却液温度传感器与 ECU 的连接电路

a. 冷却液温度传感器的电源电压检测。关闭点火开关，取下传感器插头，再接通点火开关，测量冷却液温度传感器接头端子 2 与搭铁间的电压，应为 5 V。

b. 冷却液温度传感器电阻检查。关闭点火开关，拔下传感器接头，然后拆下冷却液温度传感器，把传感器置于盛有水的容器中并对传感器加热，如图 10. 4. 5 所示。测量在不同温度下的电阻值，应符合表 10. 4. 3 的规定值。

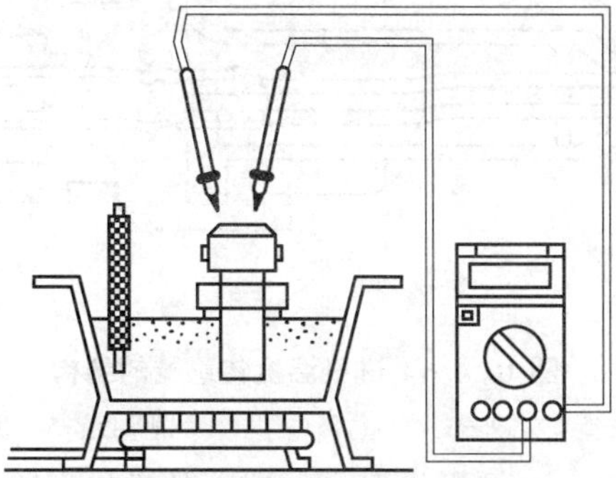

图 10. 4. 5　冷却液温度传感器电阻检测

1—外壳；2—电器接头；3—热敏电阻

表 10. 4. 3　冷却液温度传感器电阻值与温度关系

温度/℃	电阻值/Ω	温度/℃	电阻值/Ω
10	3 530~4 100	60	540~615
20	2 350~2 670	80	292~326
40	1 085~1 230	100	165~190

③北京现代索纳塔轿车冷却液温度传感器的检测方法。

北京现代索纳塔轿车冷却液温度传感器由负温度系数热敏电阻制成，它安装在冷却水道出水口中，它的特性是当冷却液温度上升时，其电阻变小。检测时使用 Hi-Scan 检测仪，其检测数据见表 10. 4. 4。使用万用表也可检测其阻值随温度的变化情况。若电阻值不在规定范围内，则应更换冷却液温度传感器。

表 10. 4. 4　冷却液温度传感器电阻值、电压值与温度的关系

温度/℃	电阻/Ω	电压/V	温度/℃	电阻/Ω	电压/V
0	5. 9	4. 05	40	1. 1	2. 72
20	2. 5	3. 44	80	0. 3	1. 25

2. 进气温度传感器的结构、原理与检测

(1) 进气温度传感器的结构、原理。

进气温度传感器的结构如图 10. 4. 6 所示，与前面讲过的冷却液温度传感器类似，检测元件采用的是热敏电阻。进气温度传感器的作用是检测发动机吸入空气的温度。在 L 型电子控制燃油喷射装置上，此传感器安装在空气流量传感器内。在 D 型电子控制燃油喷射装置上，它安装在空气滤清器的外壳上或稳压罐内。传感器内的热敏电阻的特性与冷却液温度传感器所用的热敏电阻特性相同。为正确地检测进气温度，用塑料制成的外壳将进气温度传感器保

护起来，以防止安装部位的温度影响传感器。

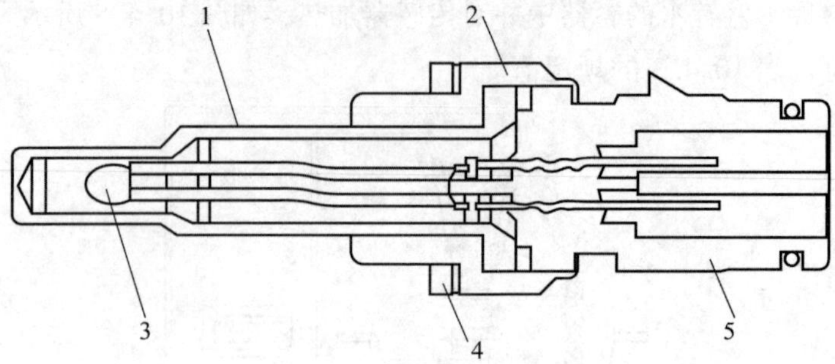

图 10.4.6　进气温度传感器的结构

1—绝缘套；2—外壳；3—热敏电阻；4—铜垫圈；5—防水插座

在电子控制燃油喷射装置上，将进气温度传感器的进气温度信号输入到 ECU 中，根据温度的变化状况，由 ECU 控制喷油量。进气温度传感器与燃油喷射系统之间的关系示意图如图 10.4.7 所示。进气温度传感器的特性如图 10.4.8 所示。

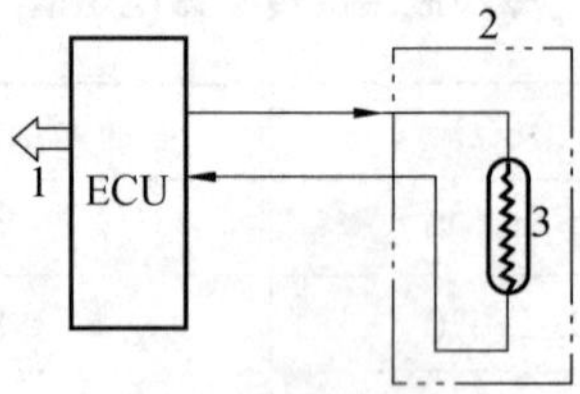

图 10.4.7　进气温度传感器与燃油喷射系统之间的关系示意图

1—喷油量控制信号；2—进气温度传感器；3—热敏电阻

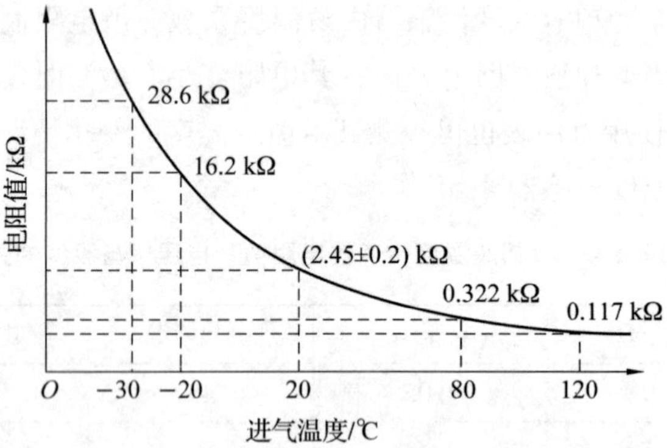

图 10.4.8　进气温度传感器的特性

(2) 进气温度传感器的检测。

当进气温度低时，热敏电阻的电阻值大，传感器输入 ECU 的信号电压高，ECU 控制发动机增加喷油量；当进气温度高时，热敏电阻的电阻值小，传感器输入 ECU 的信号电压低，ECU 控制发动机减少喷油量。当进气温度传感器出现故障时，会使混合气过浓或过稀，使燃烧状况变坏，出现工作不稳，这时应检查进气温度传感器。图 10.4.9 所示为进气温度传感器与 ECU 的连接电路。

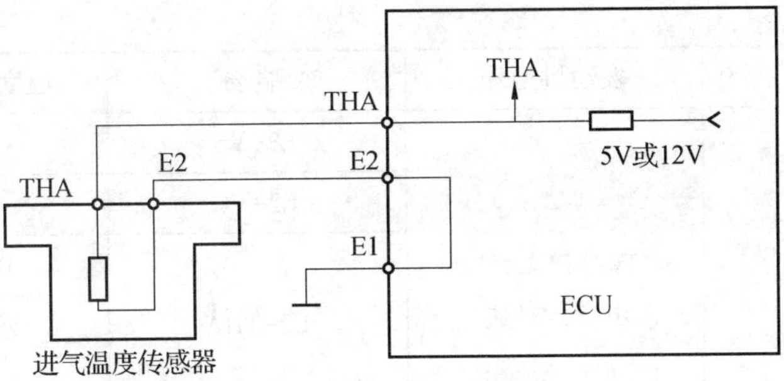

图 10.4.9　进气温度传感器与 ECU 的连接电路

进气温度传感器的检测方法如下：

①开路检测方法。

(a) 关闭点火开关，断开进气温度传感器线束连接器，从发动机上拆下传感器。

(b) 用制冷剂或压缩空气对进气温度传感器进行降温，也可采用放入水中加温的方法对此传感器进行加温。

(c) 用万用表电阻挡测量进气温度传感器两端子间的电阻，其电阻值随温度变化而变化的规律应与图 10.4.8 所示的特性曲线的变化规律相一致（车型不同有一些差别）。常见几种品牌汽车进气温度传感器电阻与温度之间的对应关系见表 10.4.5。

②在路检测方法。

(a) 拔下传感器插头，接通点火开关，测量插头上 THA 端子与 E2 端子之间的电压应为 5 V。若无电压，则应检查 ECU 连接器上 THA 端子与 E2 端子间电压。若此电压为 5 V，则说明 ECU 与传感器之间线路有故障；若无 5 V 电压，则说明 ECU 有故障。

(b) 插回插件，启动发动机，测量传感器 THA 端子与 E2 端子之间在不同温度下的电压，应在 0.5~4 V 之间变化（车型不同略有差别，但变化规律基本上是相同的）。

如果测得值与规定值不符，说明进气温度传感器有故障或者损坏，应重换新件。

表 10.4.5　常见几种品牌汽车进气温度传感器电阻与温度之间的对应关系

车型	发动机型号	端子	温度/℃	电阻值/Ω
红旗 CA7220E	CA488-3 型电喷发动机	进气温度传感器端子	-20	15 080
			0	5 800
			60	5 800
			80	327
			100	187
			120	114

续表

车型	发动机型号	端子	温度/℃	电阻值/Ω
丰田佳美	2VZ-FE2. 5 L电喷发动机	E2-VS	—	200~600
		E2-VC	—	200-400
		E2-THA	0	4 000~7 000
			20	2 000~3 000
			40	900~1 300
			60	400~700
马自达 929 型轿车	JE 型 V6 3. 0 L电喷发动机	THA(1) -E2(2)	-20	13 600~18 400
			20	2 210~2 690
			60	493~667
丰田凌志 LS400 型轿车	IUZ-FE 型电喷发动机	THA-E2	-20	10 000~20 000
			0	4 000~7 000
			20	2 000~3 000
			40	900~1 300
			60	400~700

(3) 具体车型检测示例。

①本田市民轿车进气温度传感器的检测方法。

本田市民轿车进气温度传感器安装在进气歧管上，它是一个热敏电阻。检测方法如下：

a. 关闭点火开关，断开进气温度传感器配线连接器。

b. 用万用表测量传感器两端子间的电阻。根据温度不同，其电阻值应在 1 000~4 000 Ω 变化。

c. 接通点火开关，不启动发动机，用万用表测量配线侧插接器红/黄色配线端与车身搭铁间的电压。此电压为传感器的参考电压，其值约为 5 V。如果没有电压，应检查传感器与 ECU 间的红/黄色配线是否断路。如果线路正常，可换装一只正常的 ECU 后重新检查。

②凌志 LS400 轿车进气温度传感器的检测方法。

凌志 LS400 轿车进气温度传感器安装在卡尔曼涡流式空气流量传感器内，它也是负温度系数热敏电阻传感器，与冷却液温度传感器一样。其与 ECU 的连接电路如图 10. 4. 10 所示。检测进气温度传感器的步骤如下：

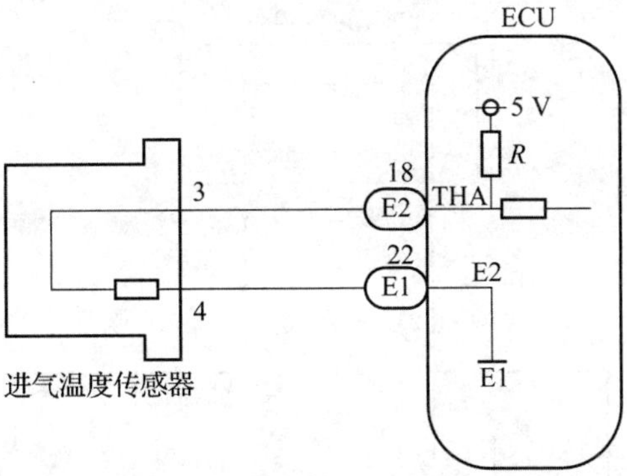

图 10.4.10　凌志 LS400 轿车进气温度传感器与 ECU 的连接电路

接通点火开关，测量 ECU 的 THA 端子与 E2 端子间的电压，其电压值应符合表 10.4.6 的规定值。如果电压值与规定值不符合，应拆下空气流量传感器，按图 10.4.11 所示用万用表测量空气流量传感器的 3 号端子的与 4 号端子间电阻，不同温度下的电阻值与冷却液温度传感器在不同温度下的电阻值相同，可查表 10.4.4 参照，进行测量结果，如果电阻值与规定值相差较大，说明传感器已经损坏，应当更换。

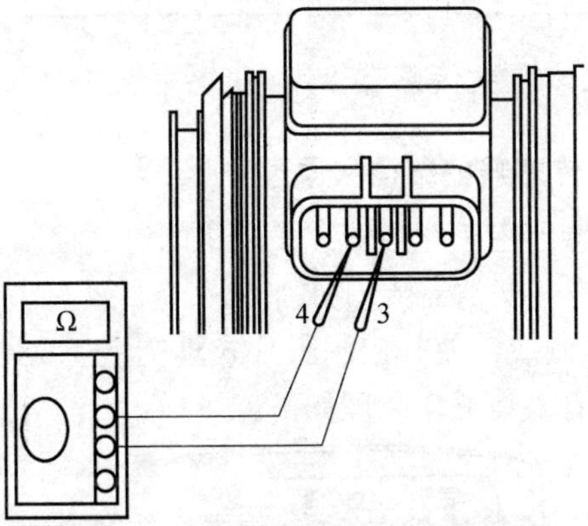

图 10.4.11　进气温度传感器电阻检测

表 10.4.6　THA 端子与 E2 端子间的电压值

进气温度/℃	电压/V	进气温度/℃	电压/V
20	0.5~3.4	60	0.2~1.0

（4）北京现代索纳塔轿车进气温度传感器。

北京现代索纳塔轿车进气温度传感器安装在进气管上，它是一种热敏电阻式温度传感器。汽车发动机控制模块（Engine Control Module，ECM）根据进气温度信号修正燃油喷射量。该传感器与 ECM 的连接电路如图 10.4.12 所示。进气温度传感器温度与电压的关系，见表 10.4.7。若不在表 10.4.7 所列范围内变化，故障灯亮，并在 Hi-Scan 检测仪上显示故障，这时应检修进气温度传感器。

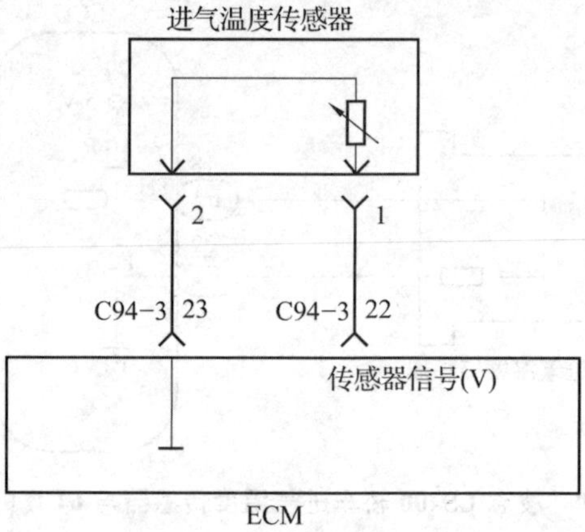

图 10.4.12　北京现代索纳塔轿车进气温度传感器与 ECM 的连接电路

表 10.4.7　进气温度传感器温度与电压值

检测条件	温度/℃	电压/V	检测条件	温度/℃	电压/V
点火开关在 ON	0	3.3~3.7	点火开关在 ON	40	1.6~2.0
	20	2.4~2.8		80	0.5~0.9

10.4.2　双金属片式气体温度传感器

1. 双金属片式气体温度传感器的结构和原理

双金属片式气体温度传感器用于化油器式发动机的进气控制，其结构如图 10.4.13 所示。如图 10.4.14 所示，它是在空气滤清器入口处加装一个自动调节进气控制阀 3 和温度传感器 5。温度传感器多用双金属片制成，使其控制膜片式真空室 4，利用进气管真空度的作用，来实现进气控制阀 3 的自动开闭，其工作原理如下：

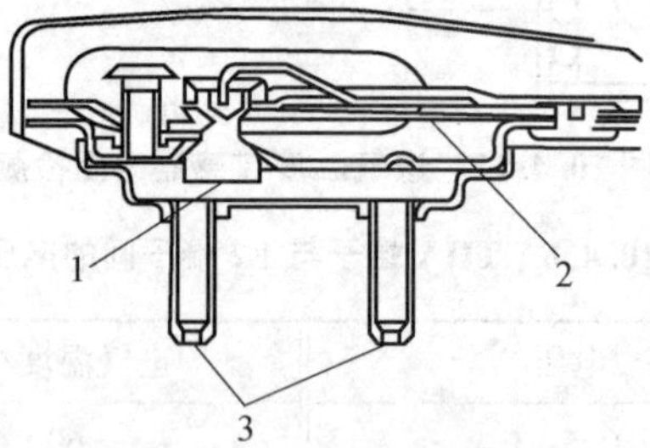

图 10.4.13　双金属片式气体温度传感器的结构

1—阀门；2—双金属片；3—小孔

(1) 当冷车发动机起动后，如进气温度低于 40 ℃时，温度传感器 5 开启打开真空通道，化油器节气门 7 后方的真空度经真空软管 8 传入膜片室上方，膜片和连杆上移，使进气控制阀 3 关闭冷空气进口 A，打开热空气进口 B，从而使经排气管表面加热的热空气进入空气滤清器，进气温度升高。

(2) 当进气温度高于 40 ℃时，温度传感器 5 切断真空通道，膜片室上方不产生真空吸力。在弹簧力作用下，膜片下移，进气控制阀 3 打开冷空气进口 A，而关闭热空气进口 B，使进气温度下降。

(3) 当进气温度处在 40 ℃左右时，双金属片控制阀 5 使进气控制阀 3 处于某一中间开启位置，使进气温度保持在 40 ℃左右。

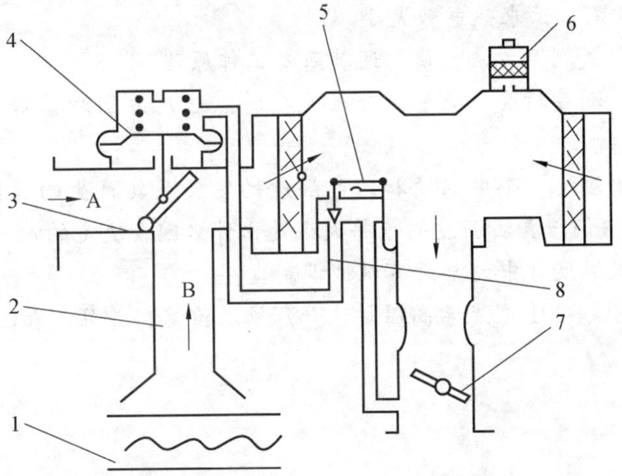

图 10.4.14 进气恒温装置的结构原理

1—排气管；2—热空气管；3—进气控制阀；4—膜片式真空室；5—双金属片真空控制阀（由温度传感器组成）；6—滤芯堵塞报警器；7—节气门；8—真空软管；A—冷空气进口；B—热空气进口

2. 双金属片式气体温度传感器的检测

(1) 检查真空软管安装是否良好，有无漏气。

(2) 检查膜片室，在发动机熄火后，拔下空气滤清器软管，应看到进气控制阀处于关闭状态（即关闭热空气通道 B）。从温度传感器上拔下通向膜片室的真空管，用手动真空泵产生 40 kPa 的真空，在 2 min 内真空度不应下降。此时，控制阀应被提起，如阀门提不起，经检查又不是阀门变形或发卡阻碍其动作，则说明表面膜片室已损坏，应更换。

(3) 检查双金属片温度控制阀。在 40 ℃以下起动发动机，怠速运转，拔下温度控制阀与进气管的真空软管，温度控制阀应至少在 20 s 后打开，如不符合要求，则应更换双金属片温度控制阀。

思考题与习题

1. 简述铂铑 10–铂热电偶分度表查表方法。
2. 热电阻温度计的测温原理是什么？
3. 半导体电阻随温度变化的典型特性有哪几种？
4. 什么是电阻温度计的三线制连接？有何优点？
5. 简述热电偶的工作原理。
6. 试用热电偶的基本原理证明热电偶的中间导体定律。
7. 简述热电偶冷端补偿的必要性，常用的冷端补偿方法有几种？并说明补偿原理。
8. 简述热电偶冷端补偿导线的作用。
9. 在一个测温系统中，用铂铑–铂热电偶测温，当冷端温度为 $t_0=30$ ℃时，在热端温度 T 时测得热电势 $E(T, 30\ ℃) = 6.63$ mV，求被测对象的真实温度。

10. 将一支铬镍-康铜热电偶与电压表相连，电压表接线端是 50 ℃。若电压表上的读数是 60 mV，问热电偶热端温度是多少？该热电偶的灵敏度为 0.08 mV/℃。

11. 铬镍-康镍热电偶灵敏度为 0.04 mV/℃，把它放在温度 1 200 ℃处，若以指示表作为冷端，此处温度为 50 ℃，试求热电势大小。

12. 有哪些非接触式测温方法？请简述其基本工作原理。

13. 从工作原理、测量精度、应用场合及主要特点这几方面对接触式测温方法与非接触式测温方法做一比较。

14. 分别说明辐射温度、亮度温度和比色温度的定义及其产生的原因。这些温度与真实的温度有什么区别？它们与真实温度的差异大小是由什么因素决定的？

15. 为什么辐射式温度计中大都设有机械调制盘？

16. 网络检索 WGG—201 型光学高温计生产厂家及价格，并且制表汇总 4~6 家。

第 11 章　流量检测

流量测量是液体输送和消耗的生产过程中必不可少的检测项目，日常生活中也经常遇到，如气、水、油的耗量都直接用流量来计算。本章主要介绍几种常用流量测量的方法：差压式流量测量、电磁式流量测量、涡轮式流量测量、涡街式流量测量、超声式流量测量和质量流量测量。

11.1　流量的基本概念

11.1.1　流量测量的基本概念

测量一定通道内流动流体的流量统称为流量测量，流量可以用流体的体积或质量来表示，瞬时体积流量 q_V 单位为 m^3/s，瞬时质量流量（q_m）的单位为 kg/s。它们的表达式分别为

$$q_V = \int_A v \mathrm{d}A \tag{11.1.1}$$

$$q_m = \rho q_V \tag{11.1.2}$$

式中，q_m、q_V 分别为在时间间隔 Δt 内通过的流体质量或体积；ρ 为流体密度；v 为流体平均流速；$\mathrm{d}A$ 为微元面积。

在一段时间内流体体积流量或质量流量的累积值称为累积流量，它们的表达式分别为

$$\begin{aligned} V &= \int_0^t q_V \mathrm{d}t \\ m &= \int_0^t q_m \mathrm{d}t \end{aligned} \tag{11.1.3}$$

式中，V 为累积体积流量，m^3；m 为累积质量流量，kg。

流量测量的流体是多样化的，如汽车的燃油是半透明液体，机床切削乳化液是乳白色，要求的测量准确度也各不相同。因此，流量测量的任务就是根据测量目的，被测流体的种类、流动状态、测量场所等测量条件，研究各种相应的测量方法，并保证流量量值的正确传递。

11.1.2　流量检测的方法和分类

由于流量检测条件的多样性和复杂性，流量检测的方法非常多，因此流量检测方法的分类是一个错综复杂的问题。就检测量的不同，其可分为体积流量和质量流量。

1. 体积流量的测量方法

(1) 容积法。

这种方法是在单位时间内以标准固定体积对流动介质连续不断地进行度量，以排出流体

固定容积数来计算流量。基于这种检测方法的流量检测仪表主要有：椭圆齿轮式流量计、旋转活塞式流量计和刮板式流量计等。容积法受流体的流动状态影响小，适用于测量高黏度、低雷诺数的流体。

（2）速度法。

这种方法是先测出管道内的平均流速，再乘以管道截面积求得流体的体积流量，用来检测管道内流速的方法主要有以下几种：

①节流式检测方法。利用节流件前、后的差压与流速之间的关系，通过差压值获得流体的流速，也称为差压式流量检测法。

②电磁式检测方法。导电流体在磁场中运动产生感应电势，感应电势的大小正比于流体的平均流速。

③变面积式检测方法。它是基于力平衡原理，通过在锥形管内的转子把流体的流速转换成转子的位移，相应的流量检测仪表为转子流量计。

④旋涡式检测方法。流体在流动中遇到一定形状的物体会在其周围产生有规则的旋涡，旋涡释放的频率正比于流速。

⑤涡轮式检测方法。流体对置于管内涡轮产生作用力，使涡轮转动，其转动速度在一定的流速范围内与管内流体的流速成正比。

⑥声学式检测方法。根据声波在流体中传播速度的变化可获得流体的流速。

⑦热学式检测方法。利用加热体被流体的冷却程度与流速的关系来检测流速，基于此方法的流量检测仪表主要有热线风速仪等。

速度法有较宽的使用条件，可用于各种工况下的流体流量检测，有的方法还可用于对脏污介质流体的检测。由于这种方法是利用平均流速计算流量，因此管路条件的影响很大，流动产生涡流及截面上流速分布不对称等都会给测量带来误差。

2. 质量流量的测量方法

质量流量检测可分为直接法和间接法两类。

（1）直接法。

直接法是利用检测元件，使输出信号直接反映质量流量。直接式质量流量检测方法主要有利用孔板和定量泵组合实现的差压式检测方法、利用同轴双涡轮组合的角动量式检测方法、基于科里奥利力效应的检测方法等。

（2）间接法。

用两个检测元件分别测出两个相应参数，通过运算间接获取流体的质量流量，检测元件的组合主要有：①ρq_V^2 检测元件和 ρ 检测元件的组合；②q_V 检测元件和 ρ 检测元件的组合；③ρq_V^2 检测元件和 q_V 检测元件的组合。

11.2 差压式流量计

差压式流量计是一类历史悠久、技术成熟、应用最广泛的流量计。差压式流量计按其检测元件的作用原理，可分为节流式、动压头式、水力阻力式、离心式、动压增益式和射流式等几大类，其中以节流式和动压头式应用最为广泛。节流式的特点是：结构简单、使用寿命长、适应能力强，几乎能测量各种工况下的流量。本节主要介绍节流式差压流量测量的原理和节流装置的类型。

11.2.1　差压式流量计组成及测量原理

1. 差压式流量计组成

差压式流量计由节流装置、引压导管和差压变送器组成，如图 11.2.1 所示。

图 11.2.1　差压式流量计组成框图

①节流装置。节流装置安装于管道中，产生差压，节流件前后的差压与流量成开方关系。

②引压导管。引压导管将节流装置前后产生的差压传送给差压变送器。

③差压变送器。差压变送器将节流装置前后产生的差压转换为标准电信号（4~20 mA）。

2. 测量原理

当充满管道的流体流经管道内的节流件时，如图 11.2.2 所示，流束将在节流件处形成局部收缩，因而流速增加，静压力降低，于是在节流件前后便产生了压差。流体流量越大，产生的压差愈大，这样可依据压差来衡量流量的大小。这种测量方法是以流体连续性方程（质量守恒定律）和伯努利方程（能量守恒定律）为基础的。压差的大小不仅与流量有关，还与其他许多因素有关，如当节流装置形式或管道内流体的物理性质（密度、黏度）不同时，在同样大小的流量下产生的压差也是不同的。

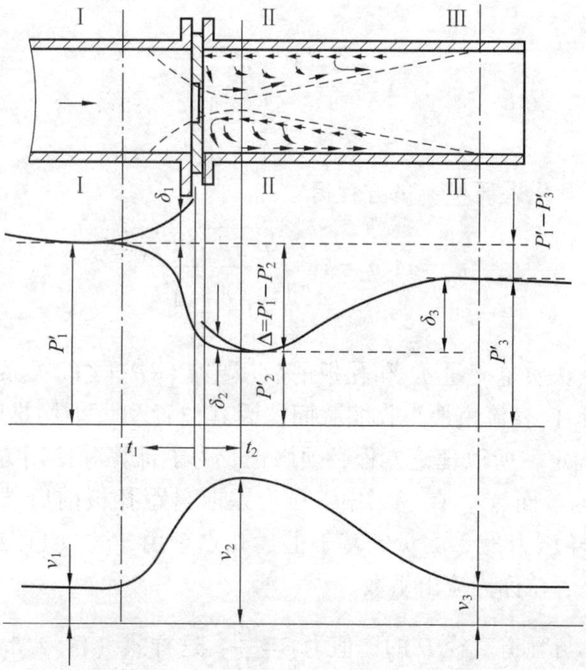

图 11.2.2　孔板附近的流速和压力分布

在图 11.2.2 中，稳定流动的流体沿水平方向流经管道，在管道中间垂直于轴线方向安装一个节流件，如孔板，它造成流通截面积减小，显然截面 Ⅰ—Ⅰ 处流体未受孔板的影响，流体充满管道，管道截面积为 A_1，流体的静压力为 P_1'，平均流速为 v_1，流体的密度为 ρ_1。截面Ⅱ—Ⅱ处是流体经过孔板后流束收缩的最小截面，截面积为 A_2，压力为 P_2'，平均流速为 v_2，流体密度为 ρ_2。图中所示的压力、流速曲线在孔板前后的变化情况充分反映了流体的静压能、动压能的相互转换。流体在截面Ⅱ—Ⅱ处，流束收缩到最小，流速达到最大，静压力最小，然后流束扩张，流速和压力慢慢增加，然而由于涡流区的存在，导致流体有能量损失。

设被测流体为不可压缩的理想流体（液体），当流体经过孔板时，不对外做功，与外界没有热量交换，流体本身也没有温度变化。根据伯努利方程，对截面Ⅰ—Ⅰ、Ⅱ—Ⅱ处沿管中心的流体存在以下能量关系：

$$\frac{P_1'}{\rho_1}+\frac{v_1^2}{2}=\frac{P_2'}{\rho_2}+\frac{v_2^2}{2} \tag{11.2.1}$$

因为被测流体是等温、不可压缩的，即 $\rho_1=\rho_2=\rho$，所以式（11.2.1）可写为

$$P_1'+\frac{\rho v_1^2}{2}=P_2'+\frac{\rho v_2^2}{2} \tag{11.2.2}$$

式中，P_1'、v_1 分别为截面Ⅰ—Ⅰ处的压力和速度；P_2'、v_2 分别为截面Ⅱ—Ⅱ处的压力和速度。

根据流体的连续性方程得

$$A_1v_1=A_2v_2 \tag{11.2.3}$$

即

$$v_1=\frac{A_2}{A_1}v_2$$

代入式（11.2.2）得

$$v_2^2=\frac{2(P_1'-P_2')}{\rho\left[1-\left(\frac{A_2}{A_1}\right)^2\right]} \tag{11.2.4}$$

对于截面Ⅱ—Ⅱ处，代入质量流量方程得

$$q_m=\rho A_2v_2=A_2\sqrt{\frac{2\rho(P_1'-P_2')}{1-\left(\frac{A_2}{A_1}\right)^2}} \tag{11.2.5}$$

式（11.2.5）是反映质量流量 q_m 和孔板前后压差 $P_1'-P_2'$ 之间关系的理论方程式。实际上，式（11.2.5）中 A_2 代表流束最小收缩截面，因其位置和大小均难以确定，从而使 A_2 面上的静压力 P_2' 也难以确定，所以理论方程必须修正。为了计算和使用方便，用孔板的开孔截面 A_0 代替流束最小收缩截面 A_2。在应用中，压力差取自距孔板前后端面的固定位置处中的 P_1-P_2 而非 $P_1'-P_2'$，这样压力易于测量。基于上述几点理由，式（11.2.5）需要修正。通常用一个无量纲数 C 修正，C 称为流出系数。

设孔板开孔直径 d 与管道直径 D 的比值为 $\beta=\frac{d}{D}$，这样式（11.2.6）可写为

$$q_m=CA_0\sqrt{\frac{2\rho(P_1-P_2)}{1-\beta^4}}=\frac{C}{\sqrt{1-\beta^4}}A_0\sqrt{2\rho\Delta P} \tag{11.2.6}$$

以上推导是针对不可压缩的理想流体而得出的流量公式。对于可压缩流体（如各种气

体、蒸气）流过节流装置时，压力发生改变必然引起密度 ρ 的改变，因此，对于可压缩流体，式（11.2.6）应引入气体可膨胀性系数 ε，则式（11.2.6）变为

$$q_m=\frac{1}{\sqrt{1-\beta^4}}C_\varepsilon A_0\sqrt{2\rho_1\Delta P} \tag{11.2.7}$$

同理

$$q_V=\frac{1}{\sqrt{1-\beta^4}}C_\varepsilon A_0\sqrt{\frac{2\Delta P}{\rho_1}} \tag{11.2.8}$$

式中，C 为流出系数；ε 为可膨胀性系数（测液体时 $\varepsilon=1$）；A_0 为节流件开孔截面积，m^2，$A_0=\pi d^2/4$；$\beta=\frac{d}{D}$为节流件直径比；D 为管道直径，mm；d 为节流件开孔直径，mm；ρ_1 为被测流体在 Ⅰ—Ⅰ 处的密度，kg/m^3；ΔP 为节流装置输出的差压，Pa。

式（11.2.7）、式（11.2.8）是差压式流量计的流量公式。当被测流体为液体时，$\varepsilon=1$；当被测流体为气体、蒸气时，$\varepsilon<1$。

11.2.2　节流装置

节流式差压流量计的节流装置按其标准化程度分为标准型和非标准型两大类。所谓标准节流装置，是指按照标准文件设计、制造、安装和使用，无须经实流校准即可确定其流量值并估算流量测量误差的装置；非标准节流装置是成熟程度较差，尚未列入标准文件中的检测件。完整的节流装置由节流元件、取压装置和上下游测量导管三部分组成，如图 11.2.3 所示。

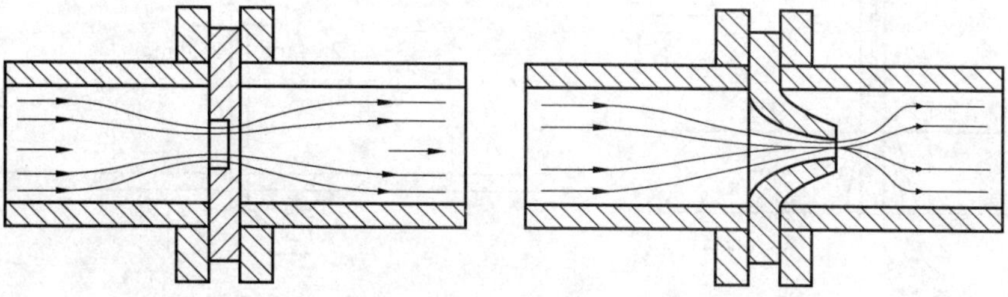

(a)孔板　　(b)喷嘴

图 11.2.3　标准型节流装置

1. 标准节流装置

标准节流装置 ISO 5167 或 GB/T 2624 中所包括的节流装置称为标准节流装置，它们采用标准孔板、标准喷嘴、经典文丘里管和文丘里喷嘴。在设计、制造、安装及使用方面皆遵循标准规定，可不必个别校准。

（1）标准孔板。

标准孔板又称同心直角边缘孔板，其轴向截面如图 11.2.4 所示。孔板是一块加工成圆形同心的具有锐利直角边缘的薄板。孔板开孔的上游侧边缘应是锐利的直角。标准孔板有三种取压方式：角接、法兰及 D-D/2 取压，如图 11.2.5 所示。标准孔板的使用范围见表 11.2.1。

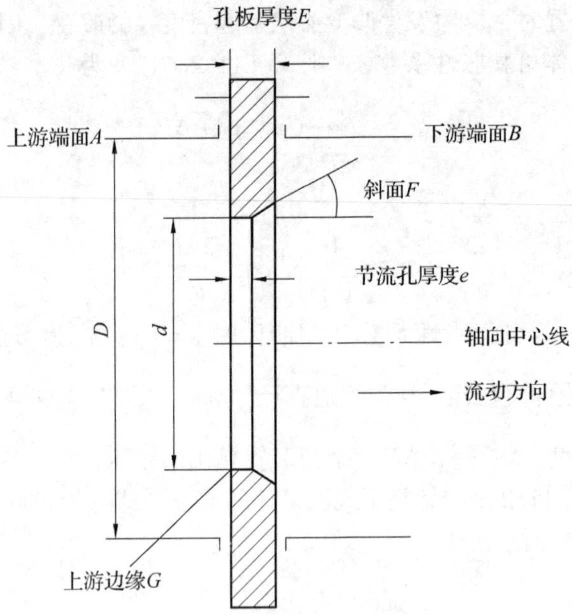

图 11.2.4　标准孔板的轴向截面

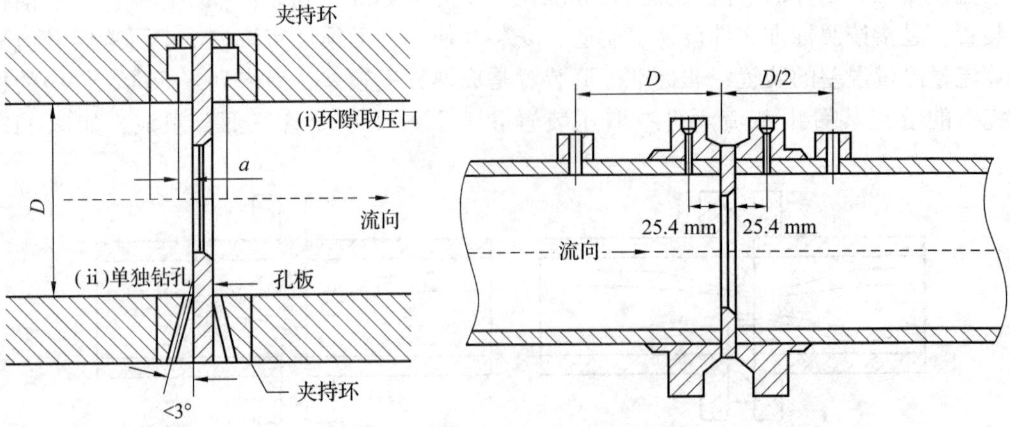

(a)角接取压　　(b)法兰取压和D−D/2取压

图 11.2.5　标准孔板的 3 种取压方式

表 11.2.1　标准孔板的使用范围

角接取压	法兰取压	D-D/2 取压
$d \geqslant 12.5$ mm		
50 mm $\leqslant D \leqslant$ 1 000 mm		
$0.20 \leqslant \beta \leqslant 0.75$		
$Re \geqslant 5\ 000$　$(0.20 \leqslant \beta \leqslant 0.45)$	$Re \geqslant 1\ 260\beta^2 D$	
$Re \geqslant 10\ 000$　$(\beta > 0.45)$		

（2）标准喷嘴。

标准喷嘴有两种结构形式：ISA1932 喷嘴和长径喷嘴。

①ISA1932 喷嘴如图 11. 2. 6 所示。上游面由垂直于轴的平面、廓形为圆周的两段弧线所确定的收缩段、圆筒形喉部和凹槽组成的喷嘴。ISA1932 喷嘴的取压方式只有角接取压一种。

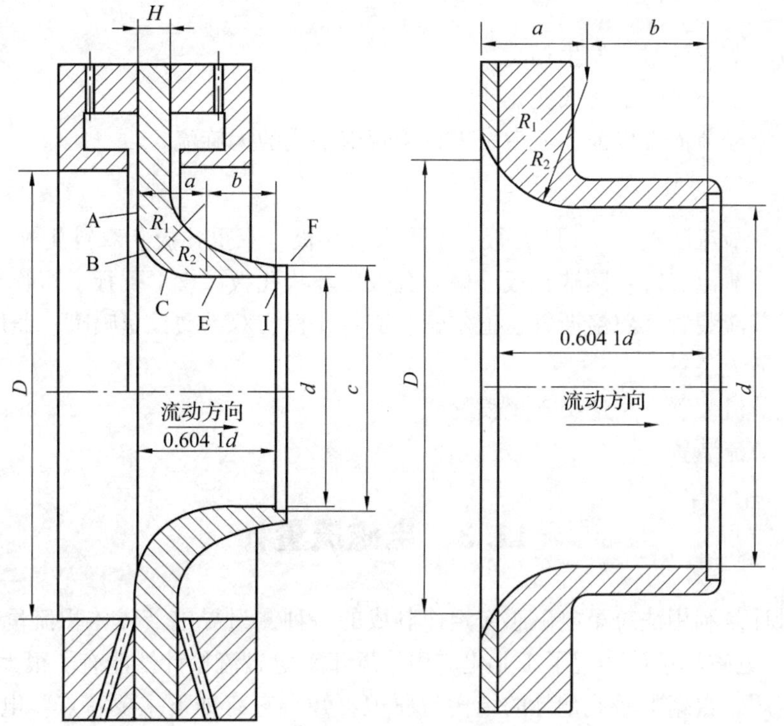

(a)$d<\frac{2}{3}D$　　(b)$d>\frac{2}{3}D$

图 11. 2. 6　ISA1932 喷嘴

②长径喷嘴如图 11. 2. 7 所示。上游面由垂直于轴的平面、廓形为 1/4 椭圆的收缩段、圆筒形喉部和可能有的凹槽或斜角组成的喷嘴。长径喷嘴的取压方式只有 D–$D/2$ 取压一种。

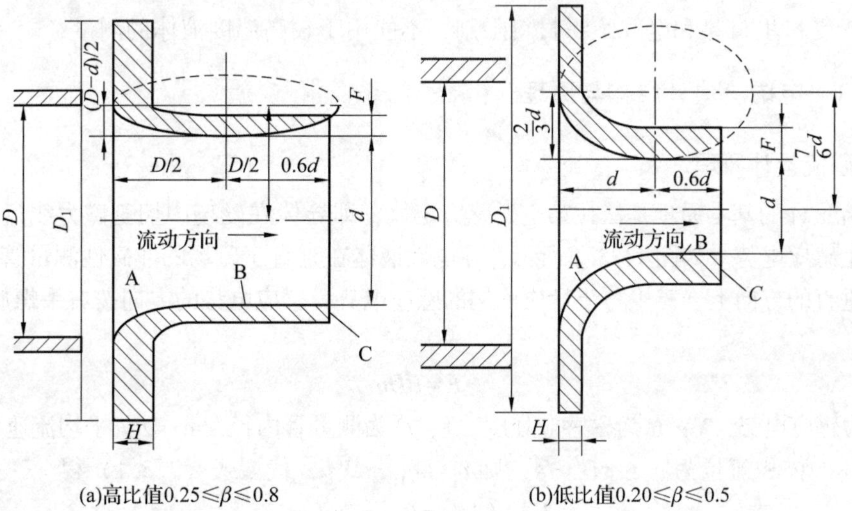

(a)高比值 $0.25\leqslant\beta\leqslant0.8$　　(b)低比值 $0.20\leqslant\beta\leqslant0.5$

图 11. 2. 7　长径喷嘴

(3) 使用标准节流装置时流体的性质和状态必须满足的条件：

①流体必须充满管道和节流装置，并连续地流经管道。

②流体必须是牛顿流体，即在物理上和热力学上是均匀、单相的，或者可以认为是单相的。

③流体流经节流件时不发生相交。

④流体流量不随时间变化或变化非常缓慢。

⑤流体在流经节流件以前，流束是平行于管道轴线的无旋流。

2. 非标准节流装置

①低雷诺数节流装置：1/4 圆孔板、锥形入口孔板、双重孔板、双斜孔板、半圆孔板等。

②脏污介质节流装置：圆缺孔板、偏心孔板、环状孔板、楔形孔板、弯管节流件等。

③低压损节流装置：罗洛斯管、道尔管、道尔孔板、双重文丘里喷嘴、通用文丘里管等。

④脉动流节流装置。

⑤临界流节流装置：声速文丘里喷嘴。

⑥混相流节流装置。

11.3 电磁流量计

电磁流量计是利用法拉第电磁感应定律制成的一种测量导电液体体积流量的仪表。20 世纪 50 年代初，电磁流量计实现了工业化应用，近年来电磁流量计性能有了很大提高，得到了更为广泛的应用。根据电磁流量计的结构与原理可知，它有如下主要特点：电磁流量计的测量通道是一段无阻流检测件的光滑直管，因不易阻塞，适用于测量含有固体颗粒或纤维的液固二相流体，如纸浆、煤水浆、矿浆、泥浆和污水等；不产生因检测流量所形成的压力损失；测得的体积流量不受流体密度、黏度、温度、压力和电导率（只要在某一阈值以上）变化的影响；前置直管段要求较低；测量范围度大，通常为 20∶1；不能测量电导率很低的液体，如石油制品和有机溶剂等；不能测量气体、蒸气及含有较多、较大气泡的液体；通用型电磁流量计由于受衬里材料和电气绝缘材料限制，不能用于较高温度液体的测量。

11.3.1 电磁流量计结构与原理

1. 电磁流量计原理

电磁流量计的基本原理是法拉第电磁感应定律，即导体在磁场中切割磁力线运动时，在其两端会产生感应电势。如图 11.3.1 所示，导电性液体在垂直于磁场的非磁性测量管内流动，与流动方向垂直的方向上会产生与流量成比例的感应电势，感应电势的方向按右手螺旋定则判定，其值为

$$E=BDv \tag{11.3.1}$$

式中，E 为感应电势，V；B 为磁感应强度，T；D 为测量管内径，m；v 为平均流速，m/s。

设液体的体积流量为 $q_V=\pi D^2 v/4$，则 $v=4q_V/\pi D^2 v$，代入式（7.3.1）得

$$E=(4B/\pi D)\ q_V=Kq_V \tag{11.3.2}$$

式中，K 为仪表常数，$K=4B/\pi D$。

由式（11.3.2）可知，在管道直径已确定、磁感应强度不变的条件下，体积流量与电磁感应电势有一一对应的线性关系，而与流体密度、黏度、温度、压力和电导率无关。

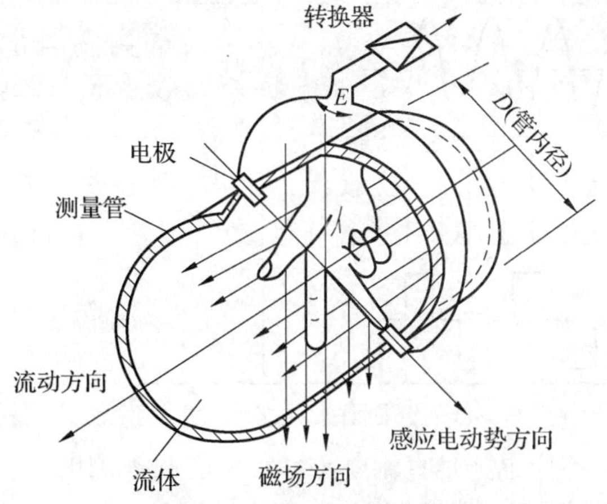

图 11.3.1　电磁流量计测量原理图

2. 电磁流量计的构成

电磁流量计由流量传感器和转换器两大部分组成。传感器结构示意图如图 11.3.2 所示，测量管上装有励磁线圈，通过励磁电流后产生磁场穿过测量管，一对电极装在测量管内壁与液体相接触，引出感应电势，送到转换器。励磁电流则由转换器提供。

（1）电磁流量计流量传感器。

电磁流量计流量传感器由外壳、磁路系统、测量管、衬里和电极等组成。

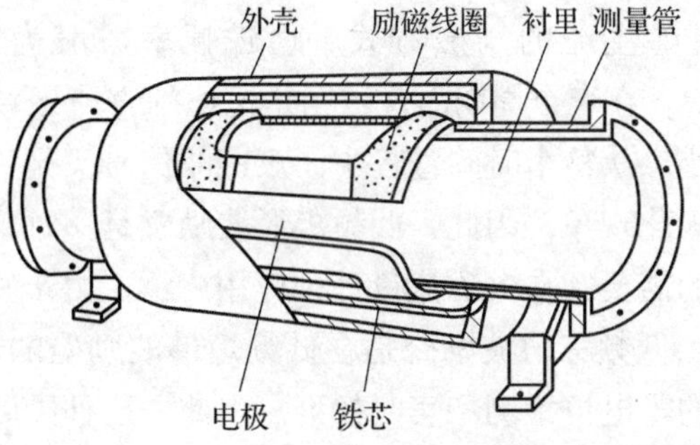

图 11.3.2　电磁流量计流量传感器结构示意图

①外壳。外壳应用铁磁材料制成，用以保护励磁线圈的外罩，还可以隔离外磁场的干扰。

②磁路系统。磁路系统用于产生均匀的直流或者交变的磁场。磁路系统的主要励磁方式见表 11.3.1。

表 11.3.1　磁路系统的主要励磁方式

励磁方式	励磁波形	特征
直流	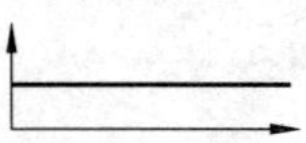	适用于液体金属流体的测量。测量水流量时，在电极上会发生极化现象，不能用

续表

励磁方式	励磁波形	特征
正弦波	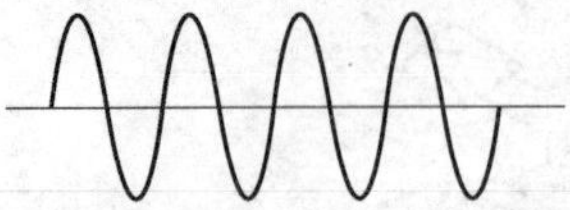	以前主流的励磁方式。受电化学影响小，但是零点容易漂移；测量速度较快
低频矩形波	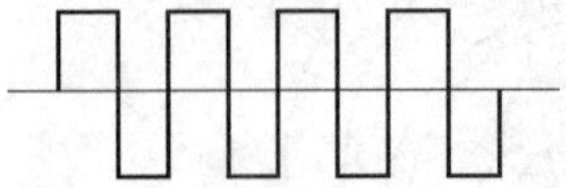	目前主流的励磁方式。零点稳定；测量速度较慢
低频三值波	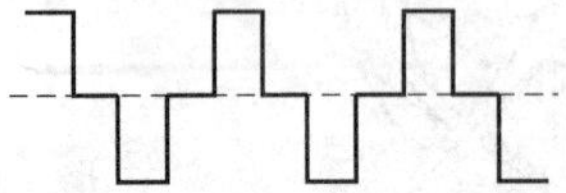	在一半时间无磁场，零点稳定；测量速度较慢

直流励磁方式用直流电产生磁场或采用永久磁铁产生磁场，结构比较简单。但是，在直流磁场下，电极上产生的感应电势是直流电势，它将引起被测电解质液体电解，在电极上发生极化现象，极化电压和感应电势叠加在一起，难以分离；并且当管道直径较大时，永久磁铁必也要很大，这样既笨重又不经济。直流励磁方式不存在磁场变化，所以，不会导致电涡流现象，只适用于测量电导率很高且不能电解的液态金属的流量。

正弦波励磁产生的交变磁场能有效降低极化效应，响应速度快。当磁感应强度为 $B=B_m\sin\omega t$ 时，感应电势为

$$E=DvB_m\sin\omega t \tag{11.3.3}$$

式中，ω 为励磁频率。但是，由于励磁磁场一直发生变化，容易造成涡流损耗和磁滞损耗，产生正交干扰和同相干扰，容易使零点不稳定。

低频矩形波励磁是目前主流的励磁方式。励磁频率一般为工频的 1/8～1/20，例如，2.5 Hz、5 Hz 和 6.25 Hz 等。在半个周期内，磁场是恒稳的直流磁场，所以，它有直流励磁的特点，受电磁干扰影响很小。从整个时间过程中，矩形波信号又是一个交变的信号，所以，它能克服直流励磁易产生的极化现象。因此，低频矩形波励磁是一种比较好的励磁方式，可以满足普通导电液体流量测量的需要，在电磁流量计中应用广泛。由于励磁频率比较低，因此，电磁流量计的测量速度较慢。低频三值波励磁是在低频矩形波励磁的基础上，增加了零励磁段。零磁场有利于电磁流量计的零电位检测和实时校准。因此，这种励磁方式使电磁流量计的零点较为稳定，在实际中也应用广泛。

③测量管。测量管是电磁流量计的主要部分，流过被测流体，它的两端设有法兰，法兰用作连接管道。测量管采用不导磁、低电导率、低热导率并有一定机械强度的材料制成，一般可选用不锈钢、玻璃钢、铝及其他高强度的材料。

④衬里。衬里是在测量管内壁的一层耐磨、耐腐蚀、耐高温的绝缘材料。它的主要功能是增加测量管的耐磨性与腐蚀性，防止感应电势被金属测量管管壁短路。

⑤电极。其作用是正确引出感应电势信号，电极一般用不锈钢非导磁材料制成，安装时要求与衬里齐平。电磁流量计的电极结构如图 11.3.3 所示。

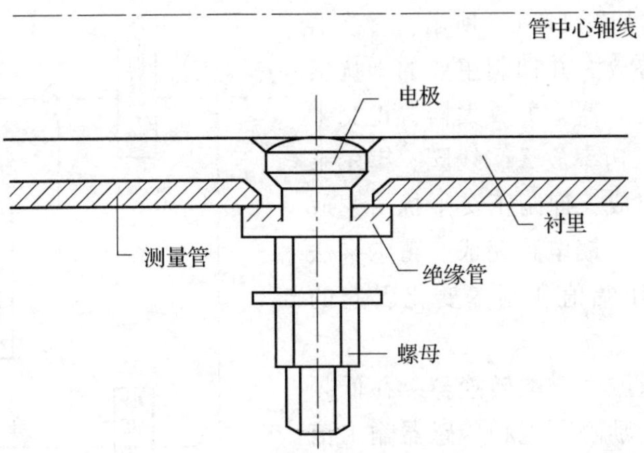

图 11.3.3　电磁流量计的电极结构

（2）转换器。

在电磁流量计中，导电液体流动会切割磁力线产生感应电势，但是，感应电势的数值很小，并混有干扰信号。转换器的功能是将感应电势放大，抑制干扰信号，得出流量值。由于励磁方式不同，转换器处理信号的方式也不同。下面分别介绍针对正弦波励磁和低频矩形波励磁的转换器的组成和工作原理。

①基于正弦波励磁的转换器。正弦波励磁产生交变磁场克服了极化现象，但是，增加了正交干扰信号。正交干扰信号的相位与被测感应电势的相位相差 90°。造成正交干扰的主要原因是：在电磁流量计工作时，管道内充满导电液体，这样，电极引线、被测导管、被测液体和转换器的输入阻抗构成闭合回路，而交变磁通有部分要穿过该闭合回路，根据电磁感应定律，交变磁场在闭合回路中产生的感应电势为

$$e_t = -K\frac{\mathrm{d}B_m \sin \omega t}{\mathrm{d}t} = -KB_m \sin\left(\omega t - \frac{\pi}{2}\right) \tag{11.3.4}$$

比较式（11.3.3）和式（11.3.4）可知，有用信号感应电势 E 和正交干扰信号感应电势 e_t 的频率相同，而相位相差 90°，所以称为正交干扰。此干扰信号较大，有时可以将有用信号埋没。因此，必须消除这一干扰信号，否则该流量计不能正常工作。消除正交干扰的方法常用的有信号引线自动补偿和转换器的放大电路反馈补偿两种方式。

转换器与电磁流量传感器连线自动补偿方式，如图 11.3.4 所示，从一根电极上引出两根线，分别绕过磁极形成两个回路，当有磁力线穿过这两个闭合回路时，在两个回路内会产生方向相反的感应电势，通过调零电位器 R_P，使进入转换器的正交干扰电势相互抵消。

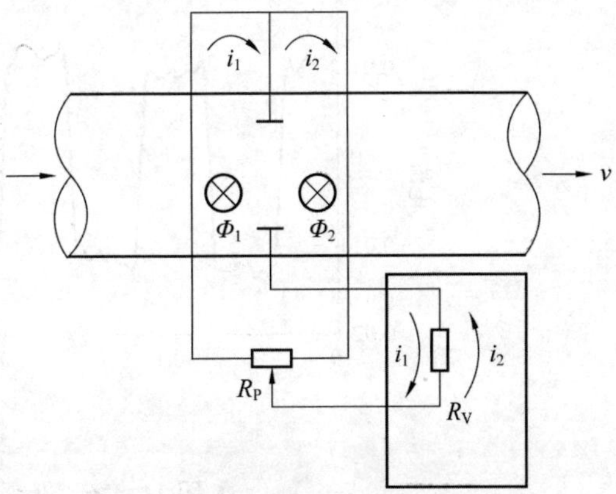

图 11.3.4　转换器与电磁流量传感器连线自动补偿方式

转换器组成原理如图 11.3.5 所示，转换器的功能是将感应电势放大并抑制主要的干扰信号。转换器由前置放大器、主放大器、正交干扰抑制、相敏整流、功率放大、线圈、霍尔乘法器、电位分压器组成。抑制正交干扰由主放大器的正交干扰抑制反馈电路完成。霍尔乘法器用以消除励磁电压幅值和频率变化引起的误差。

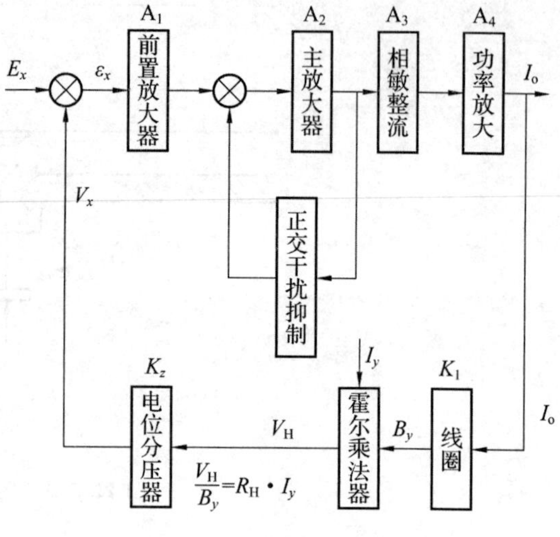

图 11.3.5　转换器组成原理

②基于低频矩形波励磁的转换器。在低频矩形波励磁方式下，励磁电流和传感器输出信号如图 11.3.6（a）、（b）所示。其中，图 11.3.6（a）为励磁电流波形，由于检流位置及励磁控制方式的影响，励磁电流的稳态值总是正的；图 11.3.6（b）所示为传感器输出信号波形。

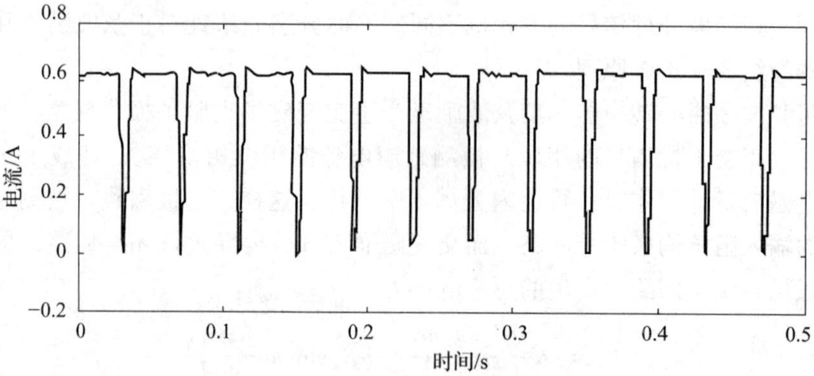

(a)励磁电流波形

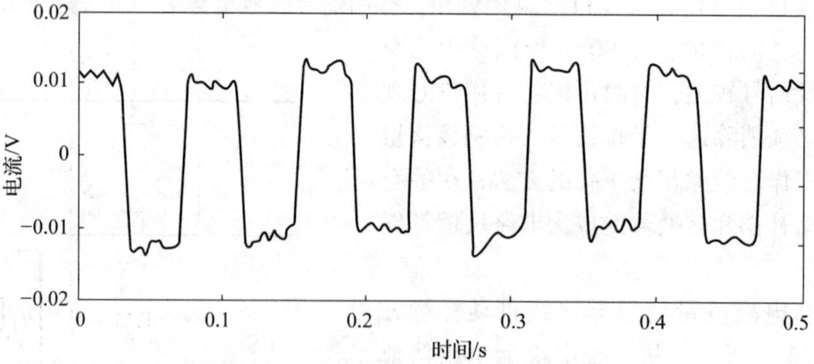

(b)传感器输出信号波形

图 11.3.6　低频矩形波励磁下信号波形图

转换器由励磁驱动模块、信号调理转换模块、信号处理控制模块、人机接口模块、通信模块和电源管理模块组成，如图 11.3.7 所示。

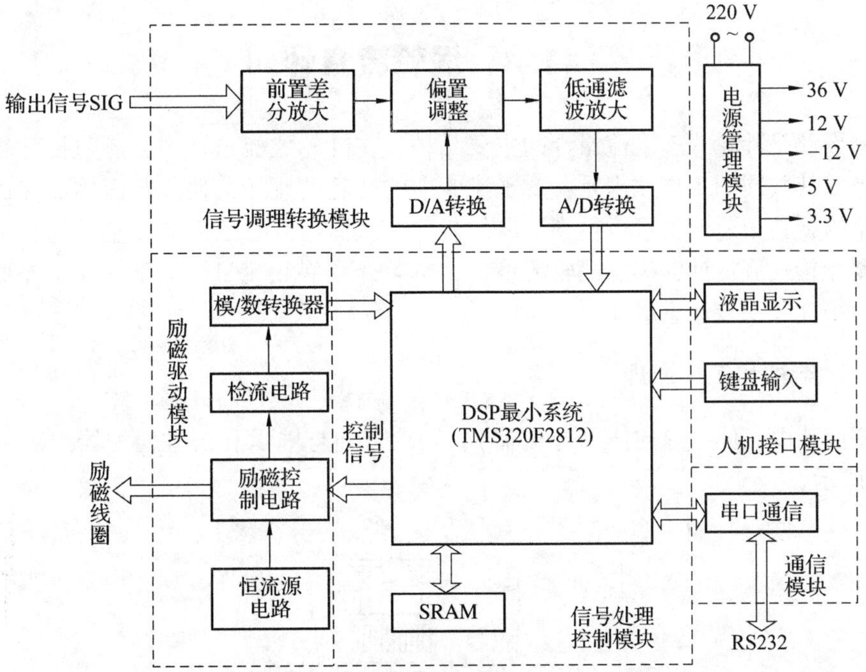

图 11.3.7 变换器组成框图

励磁驱动模块由恒流源电路、励磁控制电路、检流电路和模/数转换器（Analog to Digital Converter，ADC）组成，产生低频矩形波励磁信号。信号调理转换模块由前置差分放大、偏置调整、低通滤波放大、D/A 转换、A/D 转换组成。高输入阻抗前置差分放大电路对传感器输出信号 SIG 进行阻抗匹配，并消除其共模干扰；偏置调整电路调整由于极化噪声导致的信号基准点的缓慢漂移，以防止二次放大饱和；由信号处理控制模块中的数字信号处理器（Digital Signal Processor，DSP）芯片控制模/数转换器输出，以提供偏置调整量；低通滤波放大电路对信号进行二次放大，并去除高频噪声；模/数转换器将模拟信号转换成数字信号，送给 DSP 芯片处理。DSP 芯片完成如图 11.3.8 所示的信号处理流程。

图 11.3.8　基于梳状带通滤波的水流量信号处理流程

首先，对信号进行梳状带通滤波，将梳状带通滤波器的带通基频设为低频矩形波的基频，以使传感器输出信号经梳状带通滤波后最大幅度地保留有用信号（基频及其奇次谐波），并最大幅度地削弱串模工频噪声分量（50 Hz 及其奇次谐波）；然后，进行幅值解调，取每半周期信号，靠近后边沿处同相位段的数据进行幅值解调，以避免正交干扰与同相干扰对信号处理结果的影响，幅值解调结果为反映流体流速的感应信号的幅值信息；再进行电流修正，将幅值解调结果除以励磁驱动模块中检流电路检测到的励磁电流的幅值，以削弱由环境变化导致电路参数变化致使励磁电流波动而引起的测量误差；接着，进行滑动均值滤波，对处理结果进行排序，去除最大值和最小值，进行滑动滤波，对信号处理结果进行平滑处理；最后，进行流量转换，根据设定的仪表参数，将前几步反映流体流速的信号处理结果转换成实际流速信号，并计算出实际流量。

11.4 涡轮流量计

涡轮流量计是叶轮式速度流量计的主要品种。在叶轮式流量计中，还包括叶轮风速计和各种水表等。其共同的工作原理是：置于流体中的叶轮的旋转角速度与流体流速成正比，通过测量叶轮的旋转角速度就可以得到流体的流速，从而得到管道内的流量值。在工业上使用的高准确度叶轮式流量计，称为涡轮流量计。本节介绍涡轮流量计的结构、工作原理、主要特点、应用场合及安装注意事项。

11.4.1 结构和工作原理

涡轮流量计由壳体、导向体（导流器）、涡轮、轴与轴承和信号检测器组成，其结构如图 11.4.1 所示。

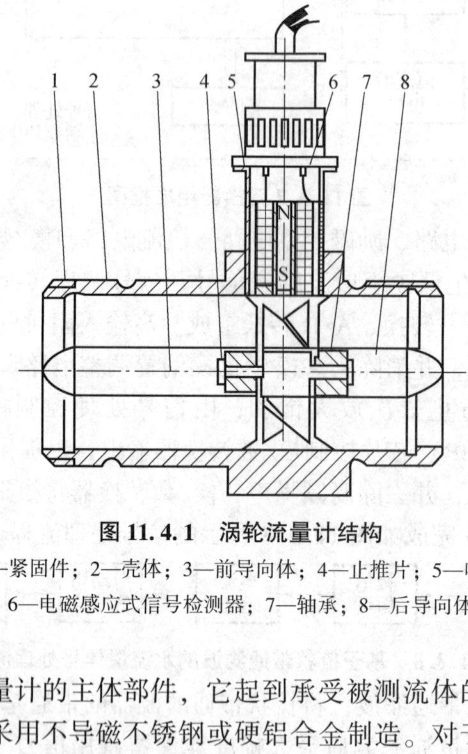

图 11.4.1 涡轮流量计结构

1—紧固件；2—壳体；3—前导向体；4—止推片；5—叶轮
6—电磁感应式信号检测器；7—轴承；8—后导向体

（1）壳体。

壳体又称表体，是流量计的主体部件，它起到承受被测流体的压力、固定安装检测部件和连接管道的作用。壳体采用不导磁不锈钢或硬铝合金制造。对于大口径流量计，可用碳钢与不锈钢组合的镶嵌结构，壳体外壁装信号检测器。

（2）导向体。

在流量计进出口装有导向体，它对流体起导向整流及支撑叶轮的作用，通常选用不导磁不锈钢或硬铝材料制作。反推式涡轮流量计的后导向体还要求能产生足够的反推力，其结构形式很多。前导向体有专利产品，可以抗流体流动的严重干扰。

（3）涡轮。

亦称叶轮，是流量计的检测元件，它由高导磁性材料制成。叶轮有直板叶片、螺旋叶片和丁字形叶片等几种。叶轮由支架中轴承支撑，与表体同轴，其叶片数视口径大小而定。叶轮几何形状及尺寸对传感器性能有较大影响，要根据流体性质、流量范围、使用要求等设计。

叶轮的动平衡很重要，直接影响仪表性能和使用寿命。

(4) 轴与轴承。

它支撑叶轮旋转，需要有足够的刚度、强度、硬度、耐磨性、耐腐蚀性等。它决定着一次仪表的可靠性和使用期限。一次仪表失效通常是由轴与轴承引起的，因此，它的结构与材料的选用及维护是很重要的。

(5) 信号检测器。

国内常用变磁阻式信号检测器，由永久磁钢、导磁棒（铁芯）和线圈等组成。永久磁钢对叶片有吸引力，产生磁阻力矩，小口径一次仪表在小流量时，磁阻力矩在诸阻力矩中成为主要项，为此将永久磁钢分为大、小两种规格，小口径配小规格，以降低磁阻力矩。输出信号有效值在 10 mV 以上的可直接配用流量计算机，若配上放大器则输出伏级频率信号。

涡轮流量计在管道中心安放一个涡轮，两端由轴承支撑。当流体通过管道时，冲击涡轮叶片，对涡轮产生驱动力矩，使涡轮克服摩擦力矩和流体阻力矩而产生旋转。在一定的流量范围内，对一定的流体介质黏度，涡轮的旋转角速度与流体流速成正比。由此，流体流速可通过涡轮的旋转角速度得到，从而可以计算得到通过管道的流体流量。

涡轮的转速通过装在外壳上的检测线圈来检测。当被测流体流过时，在流体作用下，叶轮受力旋转，切割壳体内永久磁钢磁场的磁力线，引起检测线圈中磁通的变化。将检测线圈检测到的磁通周期变化信号送入前置放大器，经过放大、整形，产生与流速成正比的脉冲信号，送入单位换算与流量计算电路，得到并显示累积流量值；同时将脉冲信号送入频率-电流转换电路，转换成模拟电流，进而指示瞬时流量值。

涡轮流量计的流量方程为

$$q_V = f/K \tag{11.4.1}$$

式中，q_V 为体积流量，m^3/s；f 为流量计输出信号的频率，Hz；K 为流量计的仪表系数；脉冲数，m^3。

流量计的仪表系数与流量（或管道雷诺数）的关系曲线如图 11.4.2 所示。可见，仪表系数可分为两段，即线性段和非线性段。线性段约为工作段的 2/3，其特性与流量计结构尺寸及流体黏性有关。在非线性段，特性受轴承摩擦力和流体黏性阻力影响较大。当流量低于流量计流量下限时，仪表系数随着流量迅速变化。压力损失与流量近似为平方关系。当流量超过流量上限时，要注意防止气穴现象。

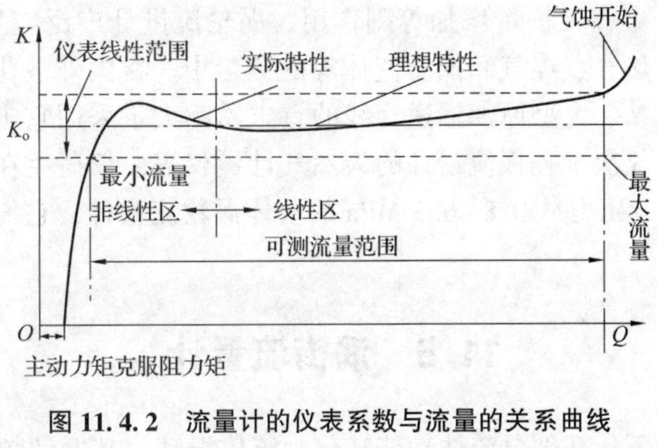

图 11.4.2　流量计的仪表系数与流量的关系曲线

流量计的仪表系数由流量校验装置校验得出，它和流量计内部流体的流动机理完全无关，把流量计作为一个黑匣子，根据输入（流量）和输出（频率脉冲信号）确定其转换系数，便于实际应用。但要注意，此转换系数（仪表系数）是有条件的，其校验条件是参考条件，如果使用时偏离此条件，转换系数将发生变化，变化的情况视流量计类型、管道安装条件和流体物性参数的情况而定。

11.4.2 特点和应用

（1）精度高。对于液体一般为±（0.25%~0.5%）R（R 为读数，或表显示量），高精度型可达±0.15%R；而当介质为气体时，一般为±（1%~1.5%）R，特殊专用型为±（0.5%~1%）R。在所有流量计中，涡轮式流量计属于比较精确的。

（2）重复性好。短期重复性可达 0.05%~0.2%，正是由于其具有良好的重复性，如经常校准或在线校准可得极高的精确度，在贸易结算中它是优先选用的流量计。

（3）输出脉冲频率信号，适于总量计量及与计算机连接，无零点漂移，抗干扰能力强。可获得很高的频率信号（3~4 kHz），信号分辨率强。

（4）测量范围宽，中大口径可达 40：1~10：1，小口径为 6：1 或 5：1。

（5）适用于高压测量，仪表表体上不必开孔，易制成高压型仪表。

（6）难以长期保持校准特性，需要定期校验。对于无润滑性的液体，液体中含有悬浮物会造成轴承磨损及卡住等问题，限制了其适用范围，采用耐磨硬质合金轴和轴承后情况有所改进。对于贸易储运和高精度测量要求的，最好配备现场校验设备，可定期校准以保持其特性。

（7）不适用于较高黏度介质（高黏度型除外），随着黏度的增大，流量计测量下限值提高，测量范围缩小，线性度变差。

（8）流体物性（密度、黏度）对仪表特性有较大影响。气体流量计易受密度影响，而液体流量计对黏度变化反应敏感。由于密度和黏度与温度、压力关系密切，在现场温度、压力波动都是难免的情况下，要根据它们对精确度影响的程度采取补偿措施，才能保持高的计量精度。

（9）流量计受来流流速分布畸变和旋转流的影响较大，一次仪表上、下游侧需设置较长的直管段，如安装空间有限制，可加装流动调整器（整流器）以缩短直管段长度。

（10）对被测介质的清洁度要求较高，限制了其适用领域，虽可安装过滤器以适应脏污介质，但亦带来压损增大、维护量增加等副作用。涡轮流量计广泛应用于石油、有机液体、无机液体、液化气、天然气、煤气和低温流体等的测量中。在国外液化石油气、成品油和轻质原油等的转运及集输站、大型原油输送管线的首末站都大量采用它进行贸易结算。在欧洲和美国，涡轮流量计是仅次于孔板流量计的天然气计量仪表，仅荷兰在天然气管线上就采用了 2 600 多台各种尺寸、压力从 0.8~6.5 MPa 的气体涡轮流量计，它们已成为优良的天然气流量计。

11.5 涡街流量计

在特定的流动条件下，一部分流体动能转化为流体振动，其振动频率与流速（流量）有确定的比例关系，依据这种原理工作的流量计称为流体振动流量计。目前流体振动流量计有

3 类：涡街流量计、旋进（旋涡进动）流量计和射流流量计。流体振动流量计具有以下一些特点：①输出为脉冲频率，其频率与被测流体的实际体积流量成正比，它不受流体组分、密度、压力、温度的影响；②测量范围宽，测量范围可达 10∶1 以上；③精确度为中上水平；④无可动部件，可靠性高；⑤结构简单牢固，安装方便，维护费较低；⑥应用范围广泛，可适用液体、气体和蒸气。涡街流量计应用最广泛，因此，这里只介绍涡街流量计。

11.5.1　工作原理与结构

1. 涡街流量计工作原理

在流体中设置旋涡发生体（阻流体），从旋涡发生体两侧交替地产生有规则的旋涡，这种旋涡称为卡曼涡街，如图 11.5.1 所示。旋涡列在旋涡发生体下游非对称地排列。设旋涡的发生频率为 f，管道内被测介质的平均速度为 v，旋涡发生体迎面宽度为 d，表体通径为 D，根据卡曼涡街原理，有如下关系式：

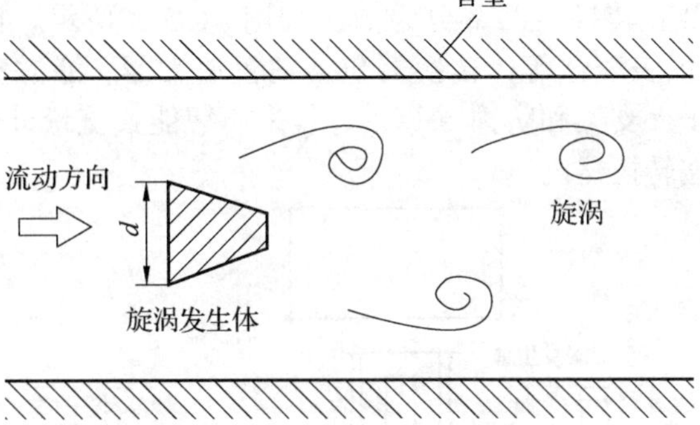

图 11.5.1　卡曼涡街

$$f=Sr\frac{v_1}{d}=Sr\frac{v}{md} \tag{11.5.1}$$

式中，v_1 为旋涡发生体两侧平均流速，m/s；Sr 为斯特劳哈尔数；m 为旋涡发生体两侧弓形面积与管道横截面面积之比。

$$m=1-\frac{2}{\pi}\left[d/D\sqrt{1-(d/D)^2}+\arcsin\frac{d}{D}\right]$$

管道内体积流量为

$$q_V=\frac{\pi}{4}D^2v=\frac{\pi}{4}D^2\frac{md}{Sr}f \tag{11.5.2}$$

$$K=\frac{f}{q_V}=\left[\frac{\pi D^2dm}{4Sr}\right]^{-1} \tag{11.5.3}$$

式中，K 为流量计的仪表常数（脉冲数/m^3）。

K 除了与旋涡发生体、管道的几何尺寸有关外，还与斯特劳哈尔数有关。斯特劳哈尔数为无量纲参数，它与旋涡发生体形状及雷诺数有关，图 11.5.2 所示为圆柱状旋涡发生体的斯特劳哈尔数与管道雷诺数的关系图。由图可见，Re 在 $2\times10^4\sim7\times10^6$ 范围内，Sr 可视为常数，这是仪表正常的工作范围。

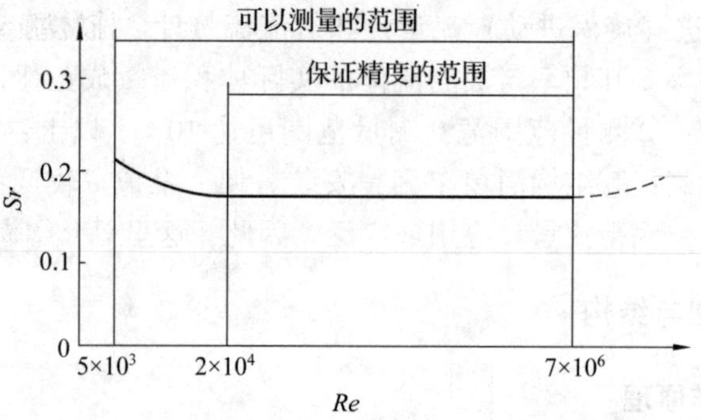

图 11.5.2　圆柱状旋涡发生体的斯特劳哈尔数与管道雷诺数的关系曲线

由式（11.5.3）可见，涡街流量计输出的脉冲频率信号不受流体物性和组分变化的影响，即仪表系数在一定雷诺数范围内仅与旋涡发生体及管道的形状尺寸等有关。

2. 涡街流量计结构

涡街流量计由传感器和转换器两部分组成，如图 11.5.3 所示。传感器包括旋涡发生体（阻流体）、检测元件、仪表表体等；转换器包括前置放大器、滤波整形电路、D/A 转换电路、输出接口电路、端子、支架和防护罩等。近年来，智能式流量计还把微处理器、显示通信及其他功能模块也装在转换器内。

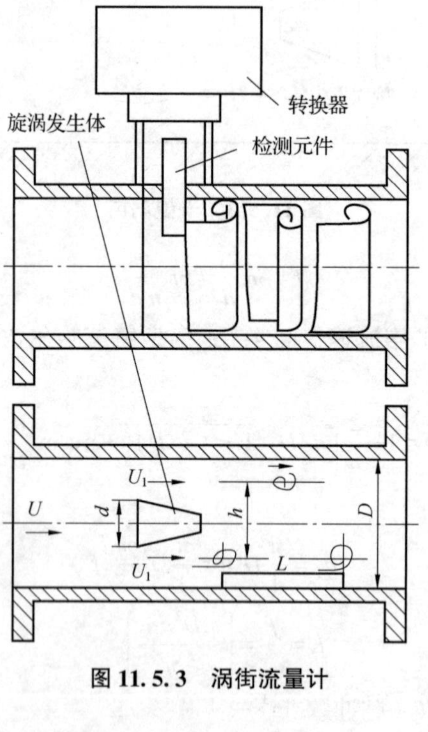

图 11.5.3　涡街流量计

（1）旋涡发生体。

旋涡发生体是检测器的主要部件，它与仪表的流量特性（仪表系数、线性度、量程比等）和阻力特性（压力损失）密切相关，对旋涡发生体的要求如下：

①能控制旋涡在旋涡发生体轴线方向上同步分离；

②在较宽的雷诺数范围内，有稳定的旋涡分离点，保持恒定的斯特劳哈尔数；

③能产生强烈的涡街，信号的信噪比高；

④形状和结构简单，便于加工和几何参数标准化，以及各种检测元件的安装和组合；

⑤材质应满足流体性质的要求，耐腐蚀，耐磨，耐温度变化；

⑥固有频率在涡街信号的频带外。

目前已经开发出形状繁多的旋涡发生体，它可分为单旋涡发生体和多旋涡发生体两类，如图 11.5.4 所示。单旋涡发生体的基本形状有圆柱、矩形柱和三角柱，其他形状皆为这些基本形状的变形。三角柱形旋涡发生体是应用最广泛的一种，如图 11.5.5 所示。图中，D 为仪表口径。为提高涡街强度和稳定性，可采用多旋涡发生体，不过它的应用并不普遍。

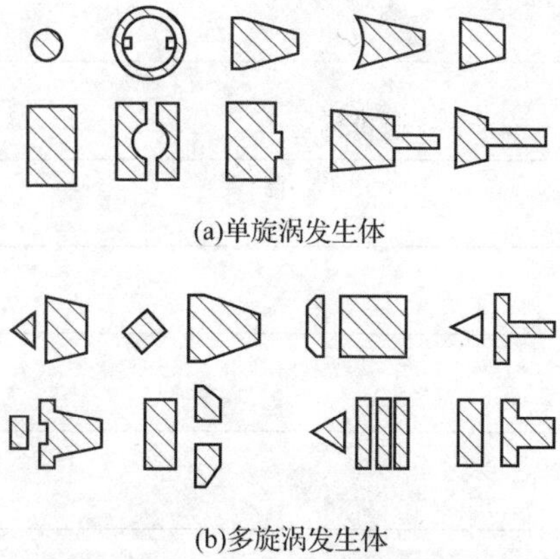

图 11.5.4　旋涡发生体

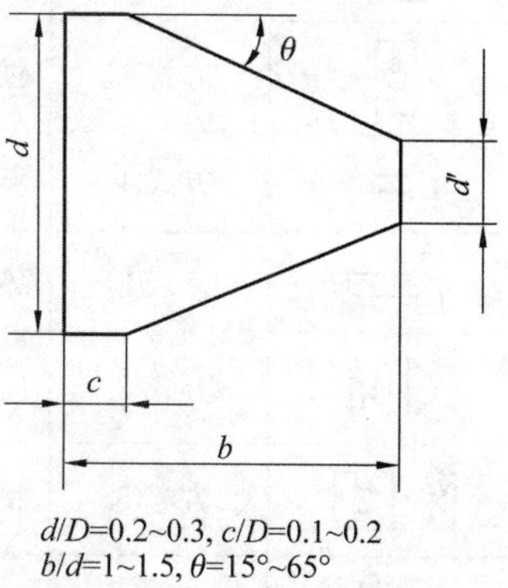

图 11.5.5　三角柱形旋涡发生体

（2）检测元件。

流量计检测旋涡信号有五种方式：

①用设置在旋涡发生体内的检测元件直接检测发生体两侧差压；

②旋涡发生体上开设导压孔，在导压孔中安装检测元件检测发生体两侧差压；

③检测旋涡发生体周围交变环量；

④检测旋涡发生体背面交变差压；

⑤检测尾流中旋涡列。

根据这 5 种检测方式，采用不同的检测技术（热敏、超声、应力、应变、电容、电磁、压电、光电、光纤等），可以构成不同类型的涡街流量计，见表 11.5.1。

表 11.5.1　旋涡发生体和检测方式一览表

序号	漩涡发生体截面形状	传感器	
		检测方式	检测元件
1		方式⑤	超声波束
2		方式② 方式③ 方式⑤ 方式①	悬臂梁/电容，悬臂梁/压电片 热敏元件 超声波束 应变元件
3		方式① 方式②	压电元件 压电元件

续表

序号	漩涡发生体截面形状	传感器	
		检测方式	检测元件
4	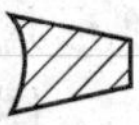	方式① 方式② 方式②	膜片/电容 热敏元件 振动体/电磁传感器
5		方式①	膜片/静态电容
6		方式①	磁致伸缩元件
7	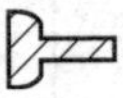	方式①	膜片/压电元件
8	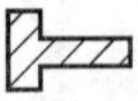	方式②	热敏元件
9		方式②	反射镜/光电元件
10		方式⑤	膜片/压电元件
11		方式③	扭力管/压电元件
12		方式④	扭力管/压电元件
13	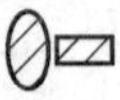	方式④	振动片/光纤传感器
14	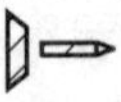	方式⑤	超声波束
15	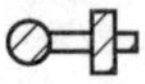	方式②	应变元件
16	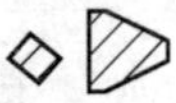	方式①	压电元件
17		方式④	应变元件
18		方式⑤	超声波束

（3）转换器。

检测元件把涡街信号转换成电信号，该信号既微弱又含有不同成分的噪声，必须进行放大、滤波、整形等处理才能得出与流量成比例的脉冲信号。

不同检测方式应配备不同特性的前置放大器，见表 11. 5. 2。

表 11. 5. 2　检测方式与前置放大器

检测方法	热敏式	超声式	应变式	应力式	电容式	光电式	电磁式
前置放大器	恒流放大器	选频放大器	恒流放大器	电荷放大器	调谐-振动放大器	光电放大器	低频放大器

转换器原理框图如图 11. 5. 6 所示。

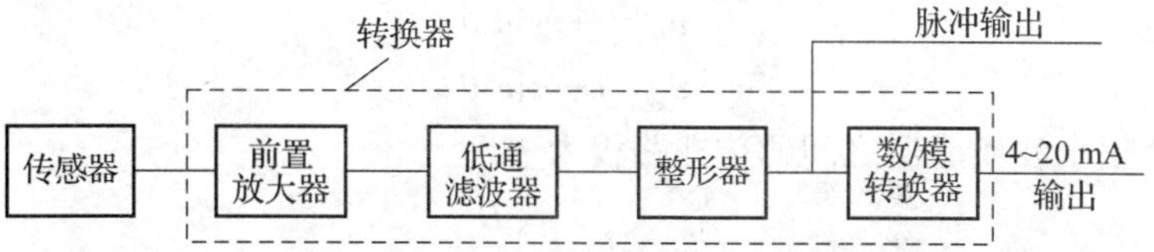

图 11.5.6　转换器原理框图

（4）仪表表体。

仪表表体可分为夹装型和法兰型，如图 11.5.7 所示。

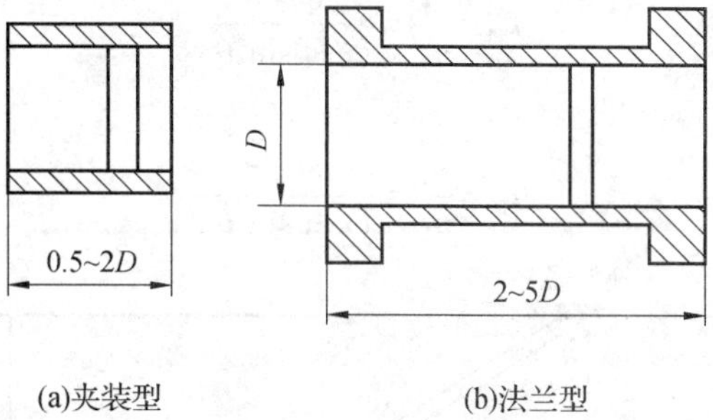

图 11.5.7　仪表表体

11.6　超声流量计

超声流量计是通过检测流体流动时对超声束（或超声脉冲）的作用，以测量体积流量的仪表。本节主要讨论用于测量封闭管道液体流量的超声流量计。超声流量计的特点是：可做非接触测量；无流动阻挠测量，无额外压力损失；适用于大型圆形管道和矩形管道；多普勒超声流量计可测量固相含量较多或含有气泡的液体；超声流量计可测量非导电性液体，在无阻挠流量测量方面是对电磁流量计的一种补充。

11.6.1　工作原理及组成

封闭管道用超声流量按测量原理有：传播时间法、多普勒（效应）法、波束偏移法、相关法、噪声法。本节将讨论用得最多的采用传播时间法和多普勒（效应）法的仪表。

1. 传播时间法

声波在流体中传播，顺流方向声波传播速度会增大，逆流方向则减小，同一传播距离会有不同的传播时间。利用传播速度之差与被测流体流速的关系求取流速，称为传播时间法。按测量具体参数不同，分为时差法、相位差法和频差法。现以时差法说明其工作原理。

（1）流速方程式。

如图 11.6.1 所示，一对换能器 A、B 分别安装在管道的上游和下游，它们之间可以互相发射超声波信号，超声波传播路径（声道）长度为 L，声道与管道横截面直径所呈的锐角为 θ。那么，当流体以速度 $\boldsymbol{v}$ 在管道中流动，由换能器 A 发射、换能器 B 接收的超声波的传播速度为$\boldsymbol{v}_{顺}$，由换能器 B 发射、换能器 A 接收的超声波的传播速度为 $\boldsymbol{v}_{逆}$，超声波在静止的流体中传播的声速为 c。

对流体在管道中流动的速度进行矢量分解，得

$$v_{顺}=c+v\sin\theta \tag{11.6.1}$$

$$v_{逆}=c-v\sin\theta \tag{11.6.2}$$

流体在两个超声波换能器之间的传播路程为

$$L_{顺}=L_{逆}=\frac{D}{\cos\theta} \tag{11.6.3}$$

从而有

$$t_{顺}=\frac{L_{顺}}{v_{顺}}=\frac{\frac{D}{\cos\theta}}{(c+v\sin\theta)} \tag{11.6.4}$$

$$t_{逆}=\frac{L_{逆}}{v_{逆}}=\frac{\frac{D}{\cos\theta}}{(c-v\sin\theta)} \tag{11.6.5}$$

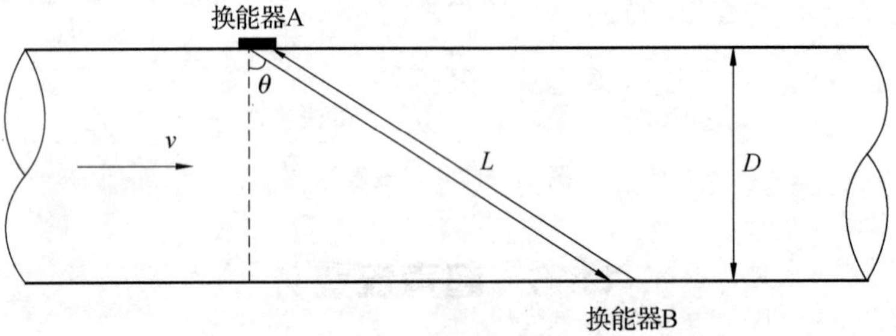

图 11.6.1　传播时间法原理

这样就得到了两个接收信号之间的时间间隔为

$$\Delta t=t_{逆}-t_{顺}=\frac{D}{\cos\theta}\left(\frac{1}{c-v\sin\theta}-\frac{1}{c+v\sin\theta}\right) \tag{11.6.6}$$

整理得

$$\Delta t=\frac{D}{\cos\theta}\left(\frac{2v\sin\theta}{c^2-v^2\sin^2\theta}\right) \tag{11.6.7}$$

在液体超声流量计中，由于超声波在液体中的传播速度可达到 1 500 m/s 左右，液体流速相对于超声波在流体中传播的速度来说是非常微小的，因此，可以对式（11.6.7）做近似处理，得

$$\Delta t\approx\frac{D}{\cos\theta}\left(\frac{2v\sin\theta}{c^2}\right)=\frac{2D\tan\theta}{c^2}v \tag{11.6.8}$$

则流体的流速为

$$v=\frac{c^2}{2D\tan\theta}\cdot\Delta t \tag{11.6.9}$$

式中，v 为所求液体在管道中的流速；c 为超声波在静止的液体中的传播速度；D 为管道的内径；θ 为超声波换能器安装的角度；Δt 为超声顺、逆流传播的时间差值。由上面公式可以看出，只要 D、θ、c 和 Δt 确定后，流速就可以得到。在这几个参数中，D 和 θ 在流量计安装时已经确定，通过声速与温度的拟合可以得到准确的 c。因此，这里关键是对顺、逆流时间差 Δt 的准确测量。

这种计算方法对于液体流速的测量来说是可行的。但是，在气体超声流量计中，由于超声波在气体中的声速较小，舍去 $c^2-v^2\sin^2\theta$ 项中 $v^2\sin^2\theta$ 项将给顺、逆流时间差 Δt 的准确测量带来较大误差。假设声速为 340 m/s，流体速度为 30 m/s，θ 为 45°，那么，这一项的误差是

$$\frac{v^2\sin^2\theta}{c^2-v^2\sin^2\theta}=\frac{450}{115\ 150}=0.39\%$$

可见，这样的舍弃对于气体流量测量结果影响很大。为此，采用不同于液体超声流量计的计算方法。对式（11.6.4）和式（11.6.5）进行变换，得

$$\begin{cases} t_{顺}=\dfrac{D}{\cos\theta\ (c+v\sin\theta)} \\ t_{逆}=\dfrac{D}{\cos\theta\ (c-v\sin\theta)} \end{cases}$$

进而有

$$\begin{cases} \dfrac{1}{t_{顺}}=\dfrac{\cos\theta\ (c+v\sin\theta)}{D} \\ \dfrac{1}{t_{逆}}=\dfrac{\cos\theta\ (c-v\sin\theta)}{D} \end{cases}$$

由此得

$$\begin{cases} \sin\theta\cos\theta v=\dfrac{D}{t_{顺}}-\cos\theta c \\ -\sin\theta\cos\theta v=\dfrac{D}{t_{逆}}-\cos\theta c \end{cases}$$

将两式相减后，得到流速公式为

$$v=\frac{D}{2\sin\theta\cos\theta}\cdot\frac{\Delta t}{t_{顺}\cdot t_{逆}} \tag{11.6.10}$$

可见，式（11.6.10）中不含有忽略项，在准确计算 $v_{顺}$ 和 $v_{逆}$ 的情况下，其精确度高于式（11.6.9），并且这个公式不受声速的影响。

（2）流量方程式。

在得到流体流速后，就可以计算出管道中流体的体积流量 q_V，即 $q_V=v\times S$，其中 S 为管道的内径对应的面积。

传播时间法所测量和计算的流速是声道上的线平均流速，而计算流量所需的是流通横截面的面平均流速，二者的数值是不同的，其差异取决于流速分布状况。因此，必须用一定的方法对流速分布进行补偿。此外，对于夹装式换能器仪表，还必须对折射角受温度变化进行补偿，才能精确地测得流量。体积流量 q_V 为

$$q_V=\frac{v_m}{K}\cdot\frac{\pi D^2}{4} \tag{11.6.11}$$

式中，K 为流速分布修正系数，即声道上线平均流速 v_m 和平面平均流速 v 之比，$K=v/v_m$；D 为管道内径。

K 是单声道通过管道中心（即管轴对称流场的最大流速处）的流速分布修正系数。管道

雷诺数 Re 变化，K 值将变化，仪表测量范围度为 10 时，K 值变化约为 1%；测量范围度为 100 时，K 值变化约 2%。流动从层流转变为紊流时，K 值变化约 30%。所以要精确测量，必须对 K 值进行动态补偿。

2. 多普勒（效应）法

多普勒（效应）法超声流量计利用的是在静止点检测来自移动源的发射声波产生的多普勒频移，多普勒频移正比于两者之间的相对速度。

（1）流速方程式。

如图 11.6.2 所示，超声换能器 A 向流体发出频率为 f_A 的连续超声波，经照射域内液体中散射体悬浮颗粒或气泡散射，散射的超声波产生多普勒频移 f_d，接收换能器 B 收到频率为 f_B 的超声波，其值为

$$f_B = f_A\left(1 - \frac{2v\cos\theta}{c}\right) \tag{11.6.12}$$

式中，v 为散射体运动速度。

多普勒频移 f_d 正比于散射体流动速度，即

$$f_d = f_A - f_B = f_A \frac{2v\cos\theta}{c} \tag{11.6.13}$$

测量对象确定后，式（7.6.13）右边除 v 外均为常量，整理后得

$$v = \frac{c}{2\cos\theta} \frac{f_d}{f_A} \tag{11.6.14}$$

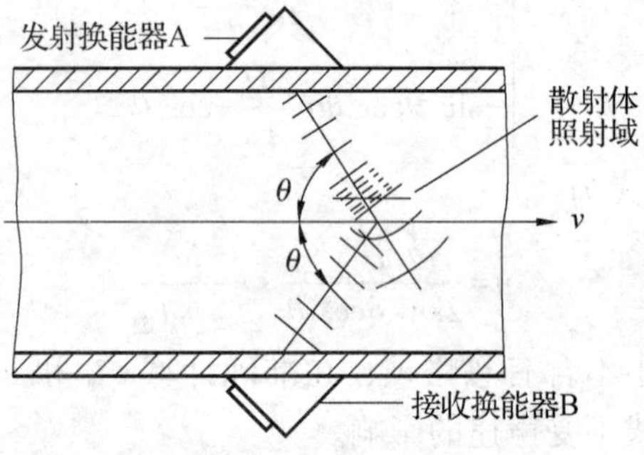

图 11.6.2　多普勒（效应）法超声波流量计原理图

（2）流量方程式。

多普勒（效应）法超声流量计的流量方程式形式上与式（11.6.11）相同，只是所测得的流速是各散射体的速度 v，与载体液体管道平均流速数值并不一致；方程式中流速分布修正系数用 K_d 以代替 K。K_d 是散射体的“照射域”在管中心附近的系数；其值不适用于在大管径或含较多散射体达不到管中心附近就获得散射波的系数。则体积流量为

$$q_V = \frac{v}{K_d} \cdot \frac{\pi D^2}{4} \tag{11.6.15}$$

（3）液体温度影响的修正。

式（11.6.14）中的 c 是温度的函数，液体温度变化会引起测量误差。由于固体的声速温度变化影响比液体小一个数量级，即在式（11.6.14）中的 c 用声楔的声速 c_0 取代，以减小用液体声速时的影响。因为从图 11.6.3 可知，$\cos\theta = \sin\varphi_0$，再按菲涅耳定律 $\sin\varphi/c = \sin\varphi_0/c_0$，

式（11.6.14）便可得

$$v=\frac{c_0 f_{\mathrm{d}}}{2\sin\varphi_0 f_{\mathrm{A}}} \tag{11.6.16}$$

式中，$c_0/(2\sin\varphi_0)$ 可视为常量。

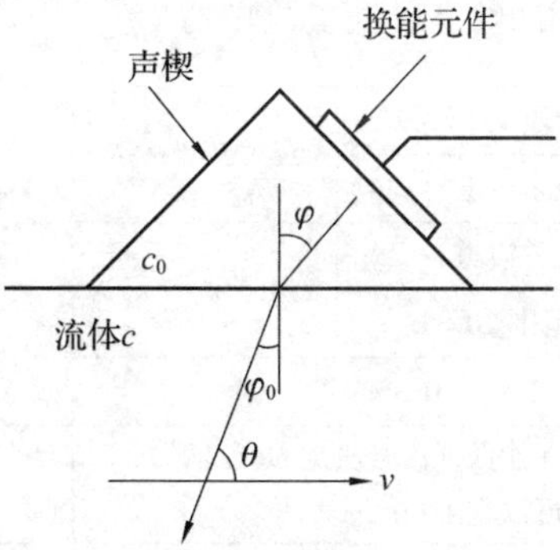

图 11.6.3　声楔的射角

（4）散射体的影响。

实际上多普勒频移信号来自速度参差不齐的散射体，而所测得各散射体速度和载体液体平均流速间的关系也有差别。其他参量如散射体粒度大小组合与流动时分布状况、散射体流速非轴向分量、声波被散射体衰减程度等均影响频移信号。

3. 超声流量计的组成

超声流量计主要由安装在测量管道上的超声换能器（或由换能器和测量管组成的超声流量传感器）和转换器组成。转换器在结构上分为固定盘装式和便携式两大类。换能器和转换器之间由专用信号传输电缆连接，在固定测量的场合需在适当的地方装接线盒。夹装式换能器通常还需配用安装夹具和耦合剂。图 11.6.4 所示是超声流量计系统组成示意图，此例是测量液体用传播时间法单声道透过式超声流量计。

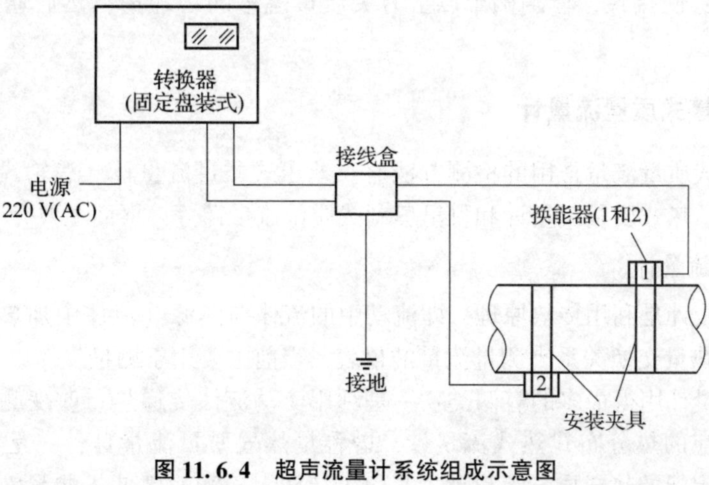

图 11.6.4　超声流量计系统组成示意图

选择液体用超声流量计首先考虑测量原理是传播时间法还是多普勒法，其主要判断要素是液体洁净程度（或杂质含量）和测量精度要求。超声流量计的基本适用条件见表 11.6.1。

表 11.6.1　超声流量计的基本适用条件

条件	传播时间法		多普勒法
适用液体	水类（江河水、海水、农业用水等），油类（纯净燃油、润滑油、食用油等），化学试剂，药液等		含杂质多的水（污水、农业用水等），浆类（泥浆、矿浆、纸浆、化工料浆等），油类（非净燃油、重油、原油等）
仪表基本误差	带测量管段式	$\pm(0.5\sim1)\%R$	$\pm(3\sim10)\%$FS 固体粒子含量基本不变时 $\pm(0.5\sim3)\%$
	湿式大口径多声道		
	湿式小口径单声道	$\pm(1.5\%\sim3\%)R$	
	夹装式（测量范围 20∶1）		
重复性误差	0.1%~0.3%		1%
信号传输电缆长度	100~300 m，在能保证信号质量的前提下，可以小于 100 m		<30 m
价格	较高		较低

11.7　质量流量计

前面介绍的各种流量检测方法是直接测出流体的流速，通过乘以管道截面积得到体积流量。但在工业生产中，物料平衡、经济核算等需要的都是质量流量。在一般情况下，对于液体，可以将已测得的体积流量乘以密度换算成质量流量；而对于气体，由于密度随气体的温度和压力而变化（对于多组分的气体，密度除了随温度和压力而变化外，还受组分变化的影响），给质量流量的换算带来了麻烦。质量流量计的检测方法是用一定的测量原理直接测量质量流量。

质量流量计的检测方法可以分为两大类：直接式，检测装置的输出信号可以直接表示质量流量的大小；间接式，检测两个以上有关质量流量的物理量，然后通过计算得出质量流量。

11.7.1　直接式质量流量计

目前，直接式质量流量常用的检测方法有：差压式质量流量计、涡轮式质量流量计、动量式质量流量计、热式质量流量计和科里奥利式质量流量计等，下面主要介绍后两种。

1. 热式质量流量计

热式质量流量计是利用传热原理，即流动中的流体与热源（流体中加热的物体或测量管外加热体）之间热量交换关系来测量流量的仪表，当前主要用于测量气体。

热式质量流量计用得最多的有两类：一是利用流动流体传递热量改变测量管壁温度分布的热传导分布效应的热分布式热式流量计，曾称量热式质量流量计；二是利用热消散（冷却）效应的金氏定律的热式质量流量计，又由于结构上检测元件伸入测量管内，也称浸入式或侵入式热式质量流量计。

（1）热分布式热式质量流量计。

热分布式热式质量流量计的工作原理如图 11.7.1 所示，薄壁测量管 3 外壁绕着两组兼作加热器和检测元件的绕组 2 组成的惠斯顿电桥，由恒流电源 5 供给恒定热量，通过线圈绝缘层、管壁、流体边界层传导热量给管内流体。

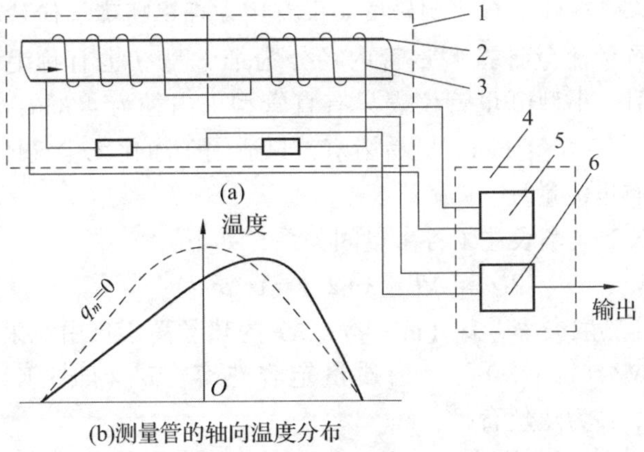

图 11.7.1 热分布式热式质量流量计的工作原理

1—流量传感器；2—绕组；3—薄壁测量管；4—转换器；5—恒流电源；6—放大器

边界层内热的传递可以看作通过热传导方式实现的。在流量为零时，测量管上的轴向温度分布如图 11.7.1（b）下部虚线所示，相对于测量管中心的上下游是对称的，由线圈和电阻组成的电桥处于平衡状态；当流体流动时，流体将上游的部分热量带给下游，导致温度分布变化如图 11.7.1（b）中实线所示，由电桥测出两组线圈电阻值的变化，求得两组线圈平均温度差 ΔT。则质量流量 q_m 为

$$q_m=K\frac{A}{c_p}\Delta T \tag{11.7.1}$$

式中，c_p 为被测气体的质量定压热容；A 为测量管绕组（即加热系统）与周围环境热交换系统之间的热传导系数；K 为仪表常数；ΔT 为两组线圈平均温度差。

总的热传导系数 A 中，由于测量管壁很薄且具有相对较高的热导率，仪表制成后其值不变。因此，A 的变化可简单地认为主要是流体边界层热导率的变化引起的。当测量某一特定范围的流体流量时，A 和 c_p 均视为常量，则质量流量仅与绕组平均温度差成正比，如图 11.7.2 中 Oa 段所示。

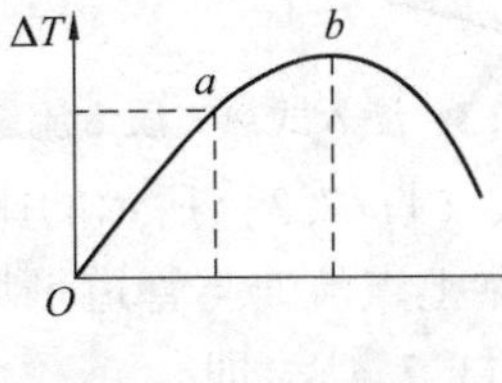

图 11.7.2 质量流量与绕组

Oa 段为仪表正常测量范围，仪表出口处流体不带走热量，或者说带走热量极微；流量超过 a 点，流量增大到有部分热量被带走而呈现非线性，超过 b 点，则大量热量被带走。

测量管加热方式大部分产品采用两绕组或三绕组的线绕电阻；除管外电阻丝绕组加热方式外，还有利用管材本身电阻加热方式。测量管形状有直管形，还有Ⅱ字形，二、三绕组中一组在中间加热，两组分绕两臂测量温度。

为了获得良好的线性输出，必须保持层流流动，测量管内径 D 设计得很小而长度 L 很

长，即有很大的 L/D 比值，流速低，流量小。为扩大仪表流量，还可采用在管道内装管束等层流阻流件；扩大更大流量和口径还常采用分流方式，在主管道内装层流阻流件以恒定比值分流部分流体到流量传感部件。有些型号仪表也有用文丘里喷嘴等代替层流阻流件。

市场上热分布式质量流量计按测量管内径分为细管型（也有称毛细管型）和小型两大类，结构上有较大区别。小型测量管仪表只有直管型。内径为 4 mm；细管型测量管内径为 0.2~0.5 mm，稍大者为 0.8~1 mm。极易堵塞，只适用于净化无尘气体。

（2）浸入式热式质量流量计。

金氏定律的热丝热散失率表述了各参量间关系，如下：

$$H/L=\Delta T\left[\lambda+2\left(\pi\lambda c_V\rho v d\right)^{1/2}\right] \tag{11.7.2}$$

式中，H/L 为单位长度热散失率，J/（m·h）；ΔT 为热丝高于自由流束的平均升高温度，K；λ 为流体的热导率，W/（m·K）；c_V 为质量定容热容，J/（kg·K）；ρ 为密度，kg/m^3；v 为流体的流速，m/s；d 为热丝直径，m。

如图 11.7.3 所示，两温度传感器（热电阻）分别置于气流中两金属细管内，一金属细管内热电阻测得的气流温度为 T_1；另一金属细管经功率恒定的电流加热，其温度 T_2 高于气流温度，气体静止时 T_2 最高，随着密度 ρ 和流速 v 的增加，气流带走更多热量，温度下降，测得温度差为 $\Delta T=T_2-T_1$，这种方法称为温度差测量法或温度测量法。

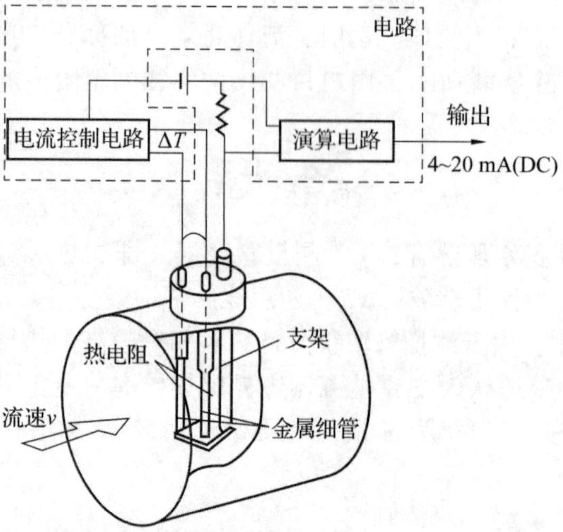

图 11.7.3　浸入式热式质量流量计

消耗功率 P 和温度差 ΔT 存在如式（11.7.3）所示的比例关系，式中 B、C、k 均为常数。从式（11.7.3）便可算出质量流速，乘上点流速与管道平均流速间系数和流通面积的质量流量 q_m，再将式（11.7.3）变换成式（11.7.4），即

$$P=\left[B+C\left(\rho v\right)^k\right]\Delta T \tag{11.7.3}$$

$$P/\Delta T=D+Eq_m^k \tag{11.7.4}$$

式中，E 是与所测气体物性如热导率、比热容、黏度等有关的系数，如果气体成分和物性恒定，则视为常数；D 是与实际流动有关的常数。因为 P 恒定，所以 ΔT 与 q_m 成比例。若保持 ΔT 恒定，控制加热功率随着流量增加而增加，这种方法也称为功率消耗测量法。

2. 科里奥利质量流量计

科里奥利质量流量计是美国 Micro Motion 公司于 1977 年首先研制成功的一种基于处于旋转系中的流体在直线运动时产生与质量流量成正比的科里奥利力原理的新型质量流量计，可以直接高精度地测量流体质量并可同时获取流体密度值，是当前发展最为迅速的流量计之一。除了可用于各种常规流体外，还可用于各种非常规流体、浆液、液化气体和压缩天然气，广泛应用于石化、造纸、食品及制药等行业。科里奥利质量流量计的特点有：精度高、量程比大、动态特性好、无直管段要求、压力损失大等。

（1）科里奥利力的原理。

从匀速转动的参考系来看，具有相对运动速度的物体所受到的惯性力分为两个：一个称为惯性离心力；另一个即为科里奥里力。

如图 11.7.4 所示，有一个绕垂直轴匀速转动的水平网盘，其角速度为 ω，逆时针转动。其上有一质点 P，质量为 m，P 在以转轴 O 为中心、半径为 r 的水平圆轨道上做匀速圆周运动。P 相对圆盘逆时针转动，相对速度为 $\boldsymbol{v}'$。

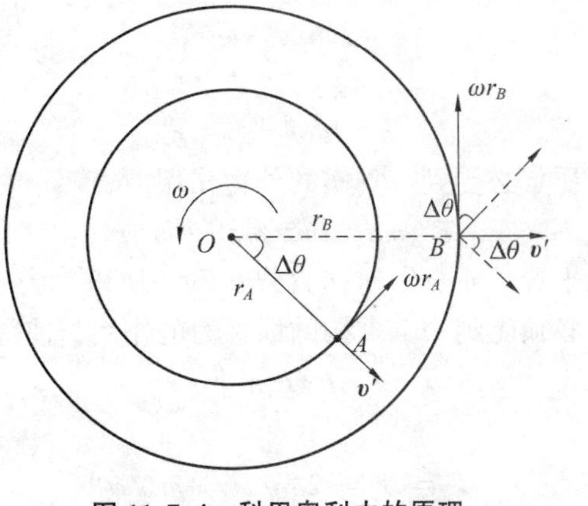

图 11.7.4　科里奥利力的原理

从惯性系来研究质点的运动。在 t 时刻，质点运动到 A 点，在 $t+\Delta t$ 时刻运动到 B 点。根据加速度的定义，在 A 点（t 时刻）的加速度 $\boldsymbol{a}=\lim\limits_{\Delta t\to D}\dfrac{\boldsymbol{v}_B-\boldsymbol{v}_A}{\Delta t}$。根据速度合成，质点在 A、B 两点的速度分别为

$$\boldsymbol{v}_A=\boldsymbol{v}'\boldsymbol{r}_A^0+\omega r_A\boldsymbol{\tau}_A^0 \tag{11.7.5}$$

$$\boldsymbol{v}_B=\boldsymbol{v}'\boldsymbol{r}_B^0+\omega r_B\boldsymbol{\tau}_B^0 \tag{11.7.6}$$

式中，$\boldsymbol{r}_A^0$ 和 $\boldsymbol{r}_B^0$ 是 A、B 两点的径向单位矢量；$\boldsymbol{\tau}_A^0$ 和 $\boldsymbol{\tau}_B^0$ 分别是在 A 和 B 两点的横向单位矢量；r_A 和 r_B 分别是 A、B 两点与转轴 O 的垂直距离。由于质点相对圆盘是沿半径向外做匀速直线运动，因此有

$$r_B=r_A+\boldsymbol{v}'\Delta t \tag{11.7.7}$$

从图 11.7.4 可以得出 $\boldsymbol{r}_B^0$、$\boldsymbol{\tau}_B^0$ 与 $\boldsymbol{r}_A^0$、$\boldsymbol{\tau}_A^0$ 的关系为

$$\boldsymbol{r}_B^0=\boldsymbol{r}_A^0\cos\Delta\theta+\boldsymbol{\tau}_A^0\sin\Delta\theta \tag{11.7.8}$$

$$\boldsymbol{\tau}_B^0=-\boldsymbol{r}_A^0\sin\Delta\theta+\boldsymbol{\tau}_A^0\cos\Delta\theta \tag{11.7.9}$$

代入加速度 $\boldsymbol{a}$ 的定义，就得质点在 A 点的加速度为

$$\boldsymbol{a} = \lim_{\Delta t \to 0}\frac{1}{\Delta t}\left[\left(\boldsymbol{v}'\boldsymbol{r}_B^0 + \omega r_B \boldsymbol{\tau}_B^0\right) - \left(\boldsymbol{v}'\boldsymbol{r}_A^0 + \omega r_A \boldsymbol{\tau}_A^0\right)\right]$$

$$= \lim_{\Delta t \to 0}\frac{1}{\Delta t}\left[\boldsymbol{v}'\boldsymbol{r}_B^0 + \omega\left(r_A + \boldsymbol{v}'\Delta t\right)\tau_B^0 - \boldsymbol{v}'\boldsymbol{r}_A^0 - \omega r_A \boldsymbol{\tau}_A^0\right]$$

$$= \lim_{\Delta t \to 0}\frac{1}{\Delta t}\left[\boldsymbol{v}'(\boldsymbol{r}_A^0\cos\Delta\theta + \tau_A^0\sin\Delta\theta) - \boldsymbol{v}'\boldsymbol{r}_A^0 - \omega r_A \boldsymbol{\tau}_A^0 + \omega(r_A + \boldsymbol{v}'\Delta t)(-\boldsymbol{r}_A^0\sin\Delta\theta + \boldsymbol{\tau}_A^0\cos\Delta\theta)\right]$$

由于 $\Delta t \to 0$ 时，B 点趋近于 A 点，则 $\Delta t \to 0$。这样利用关系：当 $\Delta\theta \to 0$，则 $\cos\Delta\theta \to 1$，$\sin\Delta\theta \to \Delta\theta$，则得

$$\boldsymbol{a} = \lim_{\Delta t \to 0}\frac{1}{\Delta t}\left(\boldsymbol{v}'\Delta\theta\boldsymbol{\tau}_A^0 - \omega\Delta\theta r_A\boldsymbol{\tau}_A^0 + \omega\boldsymbol{v}'\Delta t\boldsymbol{\tau}_A^0\right)$$

$$= \boldsymbol{v}'\left(\lim_{\Delta t \to 0}\frac{\Delta\theta}{\Delta t}\right)\boldsymbol{\tau}_A^0 - \omega\left(\lim_{\Delta t \to 0}\frac{\Delta\theta}{\Delta t}\right)r_A\boldsymbol{\tau}_A^0 + \omega\boldsymbol{v}'\boldsymbol{\tau}_A^0$$

由于 $\omega = \lim_{\Delta t \to 0}\frac{\Delta\theta}{\Delta t}$，因此在 t 时刻质点相对于惯性系的加速度为

$$\boldsymbol{a} = 2\omega\boldsymbol{v}'\boldsymbol{\tau}_A^0 - \omega^2 r_A\boldsymbol{r}_A^0$$

去掉下标 A，则得

$$\boldsymbol{a} = 2\omega\boldsymbol{v}'\boldsymbol{\tau}^0 - \omega^2 r\boldsymbol{r}^0 \tag{11.7.10}$$

这样根据牛顿第二定律，质点必受到一真实的外力作用

$$\boldsymbol{F} = m\boldsymbol{a} = 2m\boldsymbol{v}'\omega\boldsymbol{\tau}^0 - m\omega^2 r\boldsymbol{r}^0$$

从匀速转动的参考系来看，质点做匀速直线运动，所以，为了使牛顿第二定律在匀速参考系中仍然成立，则质点必须受到一个虚构的惯性力的作用，使得

$$\boldsymbol{F} + \boldsymbol{F}_i = 0 \tag{11.7.11}$$

即质点受到的惯性 F_i 为

$$\boldsymbol{F}_i = -\boldsymbol{F} = -2m\boldsymbol{v}'\omega\boldsymbol{\tau}^0 + m\omega^2 r\boldsymbol{r}^0 \tag{11.7.12}$$

由式（11.7.12）可知，在匀速圆周运动参考系中，一个相对该参考系有相对运动速度的质点除了受到惯性力 $m\omega^2 r\boldsymbol{r}^0$ 外，还要受到一个大小、方向都与相对速度有关的力的作用，这个力就称为科里奥利力，记为

$$\boldsymbol{F}_c = -2m\boldsymbol{v}'\omega\boldsymbol{\tau}^0 = 2m\boldsymbol{v}' \times \boldsymbol{\omega} \tag{11.7.13}$$

（2）科里奥利质量流量计的组成。

科里奥利质量流量计是基于科里奥利力的原理而设计的。它由一次仪表和二次仪表组成，其中，一次仪表包括测量管、传感器和激振器；二次仪表又称变送器，包括流量管的驱动系统和一次仪表输出信号的处理系统。

目前，市场上科里奥利质量流量计的种类很多。从一次仪表的结构来看，有直管、U 形管、S 形管、Q 形管、双梯形管、螺旋形管、三角形管等。每一种形状的测量管又有单管、双管和多管之分。每种管子的适用场合、测量精度及价格水平各不相同，用户可以从安装环境、清洗方式及对压力损失的要求等方面做出选择。

下面介绍双 U 形管科里奥利质量流量计一次仪表结构，如图 11.7.5 所示。它主要由测量管（又称流量管，包括平衡管）、激振器（包括驱动线圈和磁铁，分别安装在测量管和平衡管上）、信号拾取器（即传感器，由检测线圈和磁铁组成，流体流入端和流出端各有一个）组成。另外，在流量管上还要安装铂电阻温度传感器，测量流体温度对流量管的影响，

对测量结果进行温度补偿。

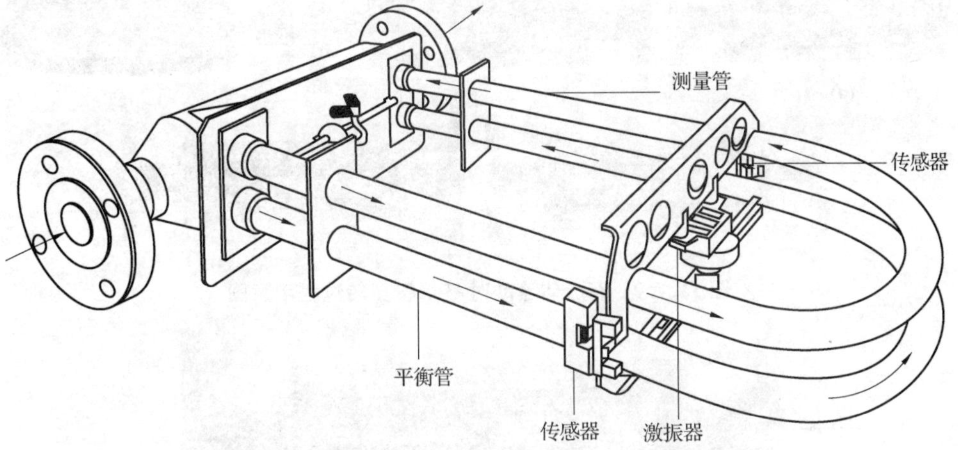

图 11.7.5　双 U 形管科里奥利质量流量计一次仪表的结构图

科里奥利质量流量变送器的功能主要有：

①为激振器提供激振信号，并且当流量管的固有频率随流体特性变化时，激振信号的频率要随之变化；

②对两路传感器和电阻温度传感器的输出信号进行处理并输出测量结果；

③与测量系统内的其他设备进行通信。

当变送器给激振器提供激振信号时，驱动线圈与磁铁发生相对运动，使得流量管产生振动。当激振信号频率等于流量管的固有频率时，振幅最大，此时如果没有流体流动，则信号拾取器产生的两路正弦波的相位相同，即时间差为 0，如图 11.7.6 所示。当流量管内有流体流动时，由于科里奥利力的作用，两个流量管会发生相对扭转，扭转的过程如图 11.7.7 所示（图 11.7.7 所示为放大效果图，科里奥利质量流量计的实际扭转角并没有这么大）。当扭转产生后，两路输出信号之间就存在一个时间差，并且在时间关系上是出口端的信号超前于入口端的信号，如图 11.7.8 所示。该时间差正比于流体的质量流量，通过求出该时间差，再结合温度和压力补偿，就可以精确地求出流体的质量流量。

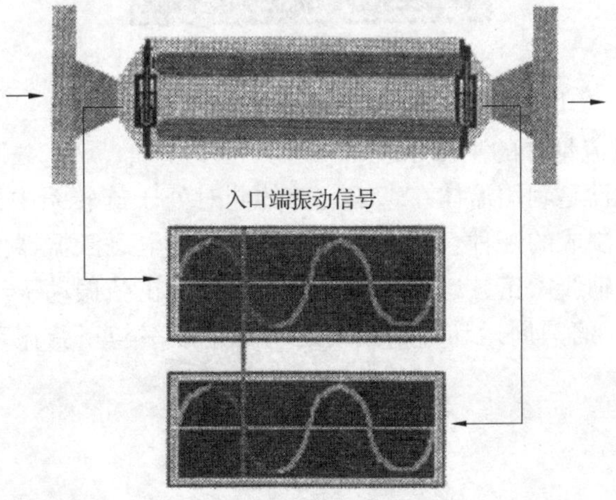

图 11.7.6　没有流体流动两路正弦波的相位图

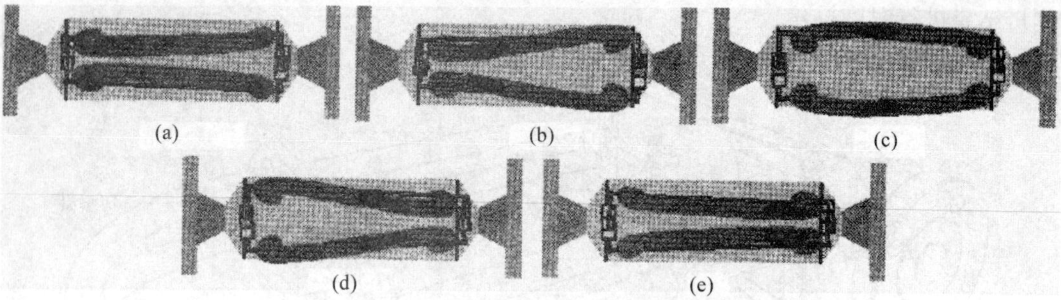

图 11.7.7　有流体流动时 U 形管扭转过程示意图

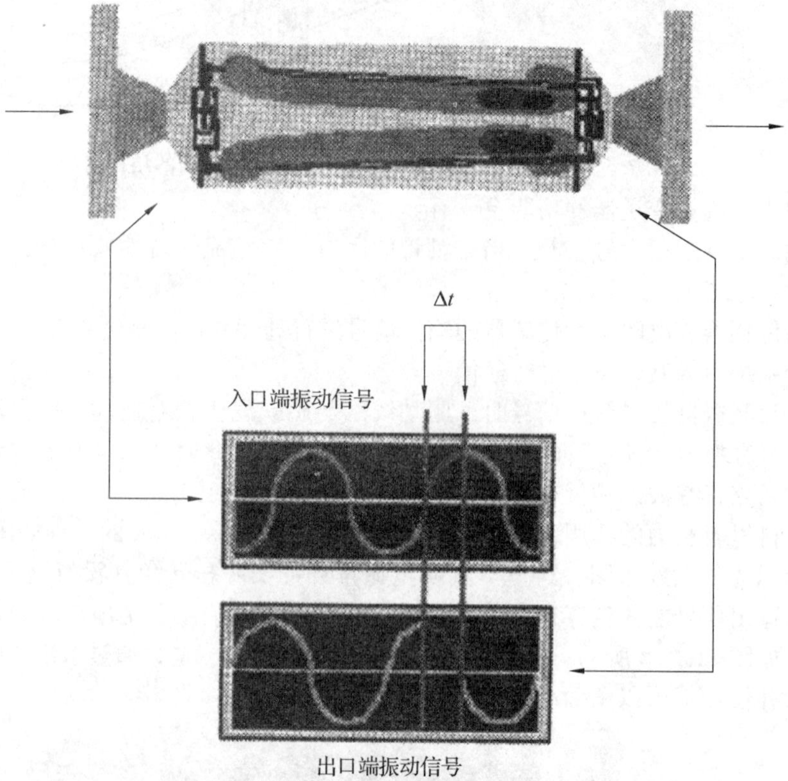

图 11.7.8　有流体流动时两路正弦波的相位图

（3）科里奥利质量流量计的工作原理。

科里奥利质量流量计是利用流体在直线运动的同时处于旋转系中，产生与质量流量成正比的科里奥利力原理而制成的一种直接式质量流量仪表。电磁激振器使 U 形流量管围绕穿过入口端和出口端的固定轴线做正弦运动，则流量管中一做正弦振动 $y=y_m \sin \omega t$ 的质点的运动可以等效为一半径为 y_m 的圆周运动，其圆周运动的角频率与正弦振动的角频率相同，如图 11.7.9 所示。

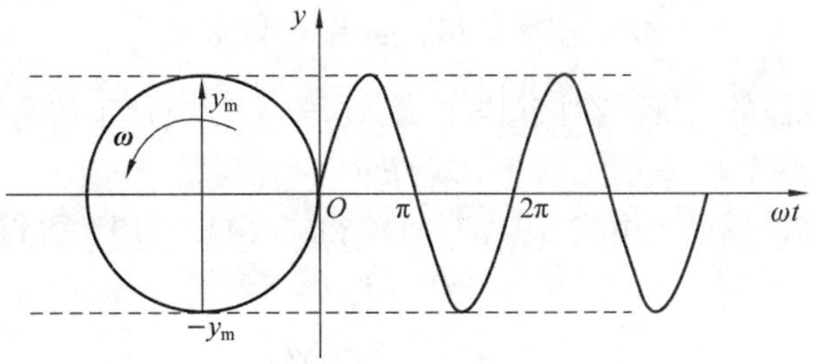

图 11.7.9　流量管的等效运动

当流体流过测量管时，由于流体与测量管具有相对运动，因此，从这个匀速转动的参考系看，流体会受到科里奥里力的作用。这个科里奥利力与管道对流体的作用力相平衡，即两个力大小相等、方向相反，而与流体对管道的力大小和方向都相等。这个与科里奥利力相等的力作用在测量管的两端上的方向是相反的，从而使测量管发生扭曲，如图 11.7.10 所示。流体的质量流量与这个扭转角成正比。因此，只要测出这个扭转角，就可以得到流体的质量流量。二次仪表就是通过适当的测量电路和处理方法，测得流量管的扭转角，并由此计算出流体的质量等参数。

在工作过程中，测量管以角速度 $\boldsymbol{\omega}$ 振动，根据科里奥利力的原理，质量为 m 的流体以速度 $\boldsymbol{v}'$ 沿管子流动时，受到科里奥利力的作用为

$$\boldsymbol{F}_{\mathrm{c}}=2m\boldsymbol{v}'\times\boldsymbol{\omega}$$

管壁所受的科里奥利力与流体所受的力相反，即管壁所受的科里奥利力为

$$\boldsymbol{F}_{\mathrm{c}}=-2m\boldsymbol{v}'\times\boldsymbol{\omega}=2m\boldsymbol{\omega}\times\boldsymbol{v}' \tag{11.7.14}$$

当密度为 ρ 的流体在旋转管道中以恒定速度流动时，任何一段长度为 Δx 的管道都将受到一个 ΔF_{c} 的切向科里奥利力为

$$\Delta F_{\mathrm{c}}=2\boldsymbol{\omega}v\rho A\Delta x \tag{11.7.15}$$

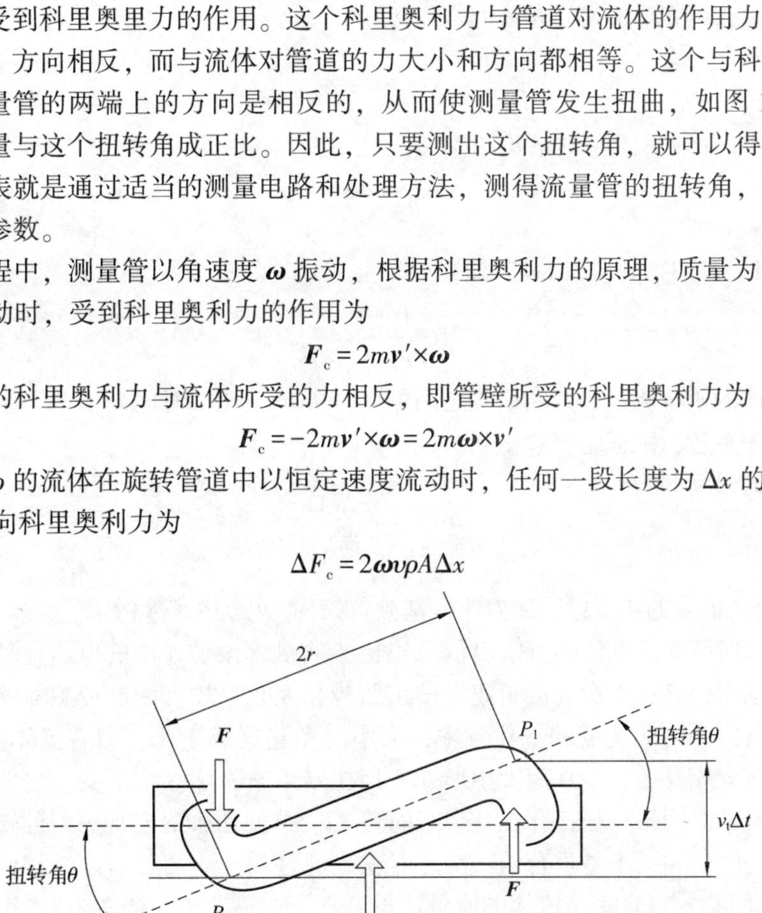

图 11.7.10　科里奥利流量计测量管的受力原理图

式中，A 为管道的流通横截面积。这里记流量为 q_m，由流量计算公式 $q_m=\rho vA$，所以有

$$\Delta F_{\mathrm{c}}=2\omega q_m\Delta x \tag{11.7.16}$$

则 U 形管中，直管段上一微小长度 d_x 受到的扭矩作用为

$$\mathrm{d}M=2\mathrm{d}F_{\mathrm{c}}r=4\omega q_m r\mathrm{d}x \tag{11.7.17}$$

式中，r 为 U 形管弯曲部分的半径。对式（11.7.17）两边进行积分可得

$$M = \int \mathrm{d}M = \int 4q_m \omega r \mathrm{d}x = 4q_m \omega rL \tag{11.7.18}$$

式中，L 为 U 形管直管段的长度。在该扭矩的作用下，U 形管产生扭角 θ（很小），所以

$$M = k_s \theta \tag{11.7.19}$$

式中，k_s 为管子的角弹性模量。由式（11.7.18）和式（11.7.19）可得

$$q_m = \frac{k_s \theta}{4\omega rL} = \frac{k_s}{4rL}\left(\frac{\theta}{\omega}\right) \tag{11.7.20}$$

由于扭转角 θ 的作用，使 U 形管两直边的振动不再完全相同。图 11.7.10 中 P_1 和 P_2 点为 U 形管直管段的末端。设 P_1 和 P_2 通过平衡点的时间差为 Δt，设 v_t 是管子在振动方向的线速度，即 $v_t = \omega L$，则在形成扭转角 θ 的 Δt 时间内

$$\sin\theta = \frac{v_t \Delta t}{2r} \tag{11.7.21}$$

由于 θ 很小，可近似为 $\theta = \sin\theta$，即

$$\theta = \frac{\omega l \Delta l}{2r} \tag{11.7.22}$$

因此，由式（11.7.20）和式（11.7.22）得

$$q_m = \frac{k_s L\omega \Delta t}{8r^2 \omega L} = \frac{k_s}{8r^2}\Delta t \tag{11.7.23}$$

可见，流体的质量流量与两路信号之间的时间差成正比，时间差前的系数是科里奥利质量流量计的仪表系数，由标定实验得到。

两路信号的时间差为

$$\Delta t = \frac{\Delta \varphi}{\omega \cdot f_s} \tag{11.7.24}$$

式中，$\Delta\varphi$ 为两路信号的相位差；ω 为信号基频角频率；f_s 为采样频率。

U 形管两端所装的磁电传感器输出信号正比于测量管振动速度的电压信号的。当振动管以一定频率振动时，其相对运动的角速度按正弦规律变化。故有磁电传感器输出的信号是一个正弦信号，其频率为角速度的变化频率，大小与角速度成正比。当有流体流过流量计时，振动管两端受方向相反的力，从而发生形变。用扭转角来表示这个形变。它使振动管两端到达相同的位置时的时间不一样，存在一个时间差 Δt，这使两个磁电传感器的输出信号的波形也有一个相同的时间差而不是重合的。变送器就是通过测量这两路信号的相位差和频率来计算，再代入式（11.7.23）确定流体的质量流量。

（4）安装、使用注意事项。

①流量传感器安装一般要求。由于测量管形状及结构设计的差异，同一口径、相近流量范围、不同型号传感器的质量和尺寸差别很大，例如，80 mm 口径的质量为 45 kg，重者达 150~200 kg。安装要求亦千差万别，因此，必须按照制造厂规定的安装方法趋避禁止事项。例如，有些型号流量传感器直接连接到管道上，有些型号却要求设置支撑架或基础。为隔离管道振动避免其影响仪表，有时传感器与管道之间要介以柔性管连接，而柔性管与传感器之间又要有一段支撑件分别固定的刚性直管。

安装设计时，尽可能使其有长的使用寿命，为除去过早磨损和产生测量误差的固形物和

夹杂气体，按流体和管道条件在传感器上游装过滤器或气体分离等保护装置。若希望能在现场在线校准仪表，应考虑引流连接口和阀，以及相应的空间。

②流量传感器安装姿势和位置。流量传感器测量管内残留固形物、结垢、滞留气体等均将影响测量精度。一般来说，装于自下而上流动的垂直管道较为理想；但对于非直形测量管，科里奥利质量流量计装在垂直管道还是水平管道上，取决于管道振动状况和应用条件。

安装位置必须使测量管内充满液体，例如，水平管道上流体流过科里奥利质量流量计后直接放入容器而无背压，测量管往往不能充满，会使输出信号激烈波动。

③截止阀和控制阀的安装。为使调零时没有流动，科里奥利质量流量计上下游设置截止阀，并保证无泄漏。控制阀应装在科里奥利质量流量计下游，科里奥利质量流量计保持尽可能高的静压，以防止发生气蚀和闪蒸。

11.7.2　间接式质量流量计

间接式质量流量计检测原理是在管道上串联多个检测元件，建立各自的输出信号与流体的体积流量和密度等之间的关系，通过联立求解方程间接推导出流体的质量流量。目前，间接式质量流量常用检测方法有：差压式流量计与密度计的组合；体积流量计与密度计的组合；差压流量计或靶式流量计与体积流量计的组合等。

（1）差压式流量计与密度计的组合。

差压式流量计的差压输出值与 ρq_V^2 成正比，配合密度计进行乘法运算后开方，可得到质量流量，公式为

$$\sqrt{K_1\rho q_V^2 \cdot K_2\rho} = K\rho q_V = Kq_m \tag{11.7.25}$$

（2）差压式流量计与体积流量计的组合。

差压式流量计的差压输出值与 ρq_V^2 成正比，而体积流量计输出信号与 q_V 成正比，将这两个信号进行除法运算便可得到质量流量，公式为

$$\frac{K_1\rho q_V^2}{K_2 q_V} = Kq_m \tag{11.7.26}$$

图 11.7.11 所示为差压式流量计与体积流量计组合的质量流量计框图。

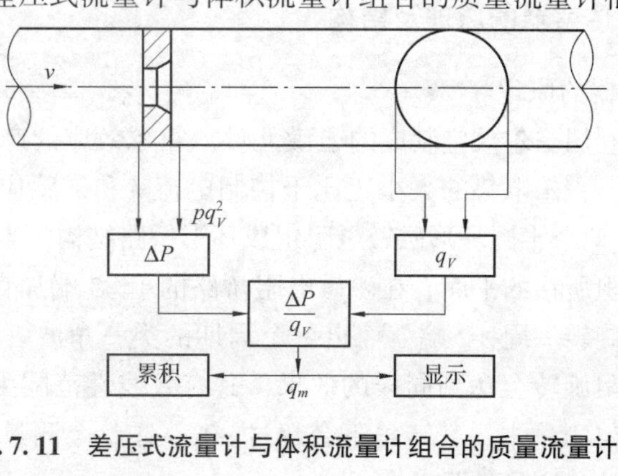

图 11.7.11　差压式流量计与体积流量计组合的质量流量计框图

（3）体积流量计与密度计的组合。

体积流量计的输出信号与 q_V 成正比，配合密度计进行乘法运算后可得到质量流量，公

式为

$$K_1 q_V \cdot K_2 \rho = K q_m \tag{11.7.27}$$

11.8 汽车油量传感器及显示系统

汽车上常用电热式燃油表指示燃油箱内的存油量。这种油量表由于结构和原理上的限制，仅能反映燃油量从低位到高位区间的大致变化、线性差而不能指示精确的燃油量数值，而且线绕电阻与滑动触点容易磨损和被油污阻隔，可靠性差。在实践中，需要准确掌握汽车燃油量的消耗变化，以便了解汽车的性能变化；在行驶途中，汽车驾驶员需要根据燃油量和里程确定加油时间，在加注燃油时，汽车驾驶员也需要准确地反映出加入燃油量的数值。本章介绍采用磁敏油位传感器及以单片机为核心的汽车燃油量测量系统。

11.8.1 系统构成

燃油量测量系统是用无触点磁敏油位传感器替代原来的有机械触点的电位器式油位传感器获取反映油位的电信号，通过信号放大器，将微弱的信号进行放大，然后送入 A/D 转换器中，将模拟信号转换为单片机可以处理的数字信号，再通过软件编程对信号进行处理，将燃油量输出到 LED 显示屏上，对油箱中的油量进行精确指示。采用此方法设计的燃油表的显示精度，可以达到 0.1 L。系统结构示意图如图 11.8.1 所示，由传感器信号输出电路、信号放大器、A/D 转换、单片机系统、LED 显示等部分组成。

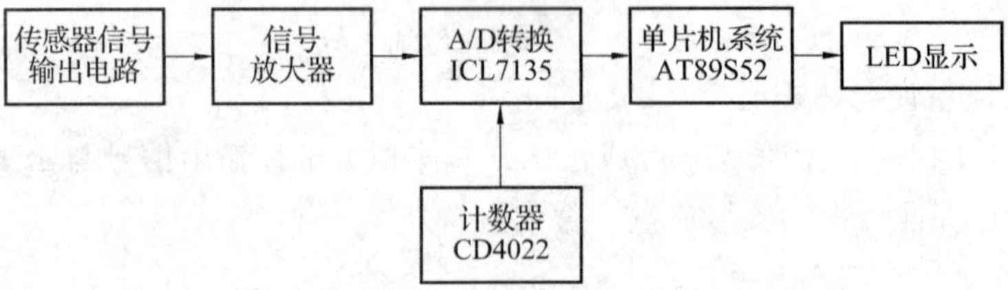

图 11.8.1 系统结构示意图

11.8.2 磁敏油位传感器的原理及结构

(1) 磁敏油位传感器的原理。

磁敏油位传感器是利用霍尔效应制成的磁敏元件。霍尔效应的产生是运动电荷受到磁场中洛伦兹力作用的结果，霍尔电势的大小正比于控制电流 I 和磁感应强度 B。磁敏传感器原理图如图 11.8.2 所示，两个半圆环形磁敏电阻组成环形桥路结构，半圆形永磁体形成的半圆形磁场垂直通过磁敏电阻所在的平面。在磁敏电阻桥路的 1、3 端加直流电压 Vin，永磁体绕环形磁敏电阻的轴心每旋转一周，2 端就输出一个周期的类三角波（或正弦波）信号——如果永磁体固定而磁敏电阻旋转会达到同样的效果，其有效线性范围为 90°，超出此范围线性变差。在汽车油箱的油位测量中，其转角不会超过 90°，在整个测量过程中，信号处于线性变化之中，完全能满足油位测量的要求。

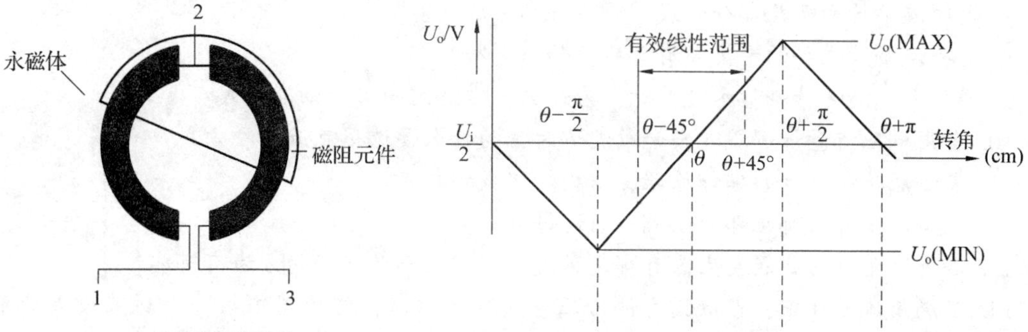

(a)磁敏传感器结构　　　　(b)信号曲线

图 11.8.2　磁敏传感器原理图

（2）磁敏油位传感器的结构。

磁敏油位传感器的结构如图 11.8.3 所示。图中，1 为无触点油位传感器机构的安装支架，与原电位器式油位传感器基本相同；2 为油位传感器机构的转子，其有效转角小于 90°。3 为磁敏元件，用于信号检测。4 为前置放大器，用于对信号进行初步放大。5 为浮子，与原油位传感器的浮子类似。6 为强力磁体，与磁敏元件一起组成信号检测机构。7 为转动臂，与浮子、转子一起构成转动机构。

此传感器制作简单，成本低，寿命长，易于安装。

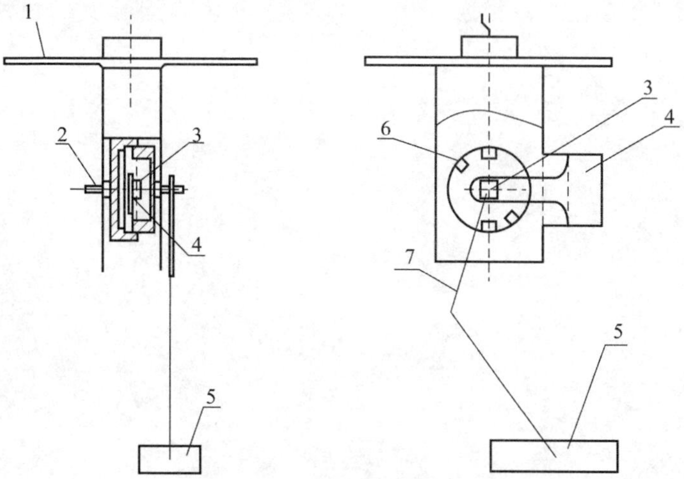

图 11.8.3　磁敏油位传感器的结构

1—安装支架；2—转子；3—磁敏元件；4—前置放大器；5—浮子；6—强力磁件；7—转动臂

思考题与习题

1. 简述瞬时流量和累计流量的概念，写出体积流量和质量流量的单位。
2. 什么是量程比？
3. 简述按测量原理分流量计的种类。
4. 差压式流量计由哪几部分组成？简述每部分的功能。
5. 国家规定的标准节流件有哪几种？叙述标准孔板的使用条件与范围。
6. 试推导差压式流量计的流量方程，并说明各项参数的物理意义。

7. 电磁流量计由哪几部分组成？简述每部分的功能。

8. 电磁流量计主要的干扰源有哪些？如何克服？

9. 当用电磁流量计测量水流量时，为什么常常选用矩形波励磁方式？

10. 当用电磁流量计测量液态金属流体时，为什么要选用直流励磁方式？

11. 简述涡轮流量计的工作原理、结构、组成和特点。

12. 涡街流量计由哪几部分组成？简述每部分的功能。

13. 涡街流量计的旋涡发生器有哪几种类型？常用测量旋涡的方法有哪些？

14. 在涡街流量计中，当检测元件为压电式传感器时，转换器中第一个环节设置为前置放大器的原因是什么？

15. 以测量管道平均流速为基本原理的流量计中，为什么在使用时有前、后直管段的要求？

16. 比较差压流量计、电磁流量计、涡街流量计的优缺点。

17. 质量流量计有哪几种类型？简述科里奥利质量流量计的工作原理。

18. 涡街流量计和热式质量流量计均可以测量气体流量，试解释它们各自测量的特点。

19. 试说明科里奥利质量流量计工作的前提条件是流量管（测量管）必须振动。

第12章　零件表面缺陷检测

12.1　零件表面缺陷检测概述

12.1.1　机械加工零件表面出现缺陷的原因

在对零件进行机械加工过程中由于有较多的程序，在这些程序中难免会存在着较多的加工误差，这使机械零件表面纹理存在较多的缺陷。在对机械零件加工过程中，加工的程序和方法有所不同，就有可能造成不同样式的机械零件纹理。

机械零件在现代化机械加工中，还会受到各种因素的影响，对刀具有着较大的影响，再加上机械零件材料自身所具有的特性以及振动，不仅会使刀具受到一定的损害，而且还会造成抛光处理的不完全等较多问题。在机械零件表面出现的缺陷通过肉眼是能够识别出来的，尤其针对纹理缺陷；只是利用肉眼进行一定的观察，但是不能利用数学知识进行一定的计算，这就需要利用计算机对机械加工零件表面纹理缺陷进行一定的检测，从而得出有效的检测方法，对机械零件表面纹理缺陷进行准确、合理的分析。

12.1.2　零件表面质量检测的内容

对于机械加工形成的工件表面，其几何结构可以用形状误差、表面波纹度和表面粗糙度来描述。形状误差是指实际形状对理想形状的变动量。这个变动量就是实际得到的误差值。它是用来表示零件表面的一条线或一个面加工后本身所产生的误差，是实际测得值。测量时理想形状相对于实际形状的位置，应按最小条件来确定。表面波纹度是间距大于表面粗糙度但小于表面几何形状误差的表面几何不平度，属于微观和宏观之间的几何误差。它是磨削加工过程中主要由于机床—工件—砂轮系统的振动而在零件表面形成的具有一定周期性的高低起伏。表面波纹度直接影响零件表面的机械性能，如零件的接触刚度、疲劳强度、结合强度、耐磨性、抗振性和密封性等。表面粗糙度是指加工表面上具有的较小间距和峰谷组成的微观几何形状特性，一般由所采用的加工方法和其他因素形成。零件加工表面的粗糙度主要来自金属被加工时切削刀刃在其上留下的切屑痕迹。不同的加工方法、机床的精度、振动及调整状况、夹具的精度、刚度及夹紧定位误差、切屑刀具的几何参数及其安装、磨损情况等因素都会不同程度地直接影响零件加工表面的粗糙度。在这三种结构形式中，表面粗糙度是工件表面的微观几何形状误差，它的检测比起前两种更加困难。

零件表面即使经过最仔细的精密加工，在显微镜下观察仍然是粗糙不平的，整个表面层结构是由一系列具有不同幅度和间距的峰和谷来表征的。表面上微观不平度的分布根据加工方法性质的不同，可以是定向的，也可以是各向同性的。经过车削、铣削和刨削等定向加工法加工的表面，分布的周期性和方向性都很强，分布规律接近于标准正态分布。经过抛光、研磨等非定向加工法加工的表面是以随机性为主的表面，分布的方向性不强，分布规律是偏斜的正态分布或别的类型的分布。表面粗糙度（图 12.1.1）是影响零件及产品性能的一项重要指标，属于精密测量技术的范畴，它是机械工业发展的基础和先决条件之一。表面粗糙度不仅直接影响机械零件的耐磨性、耐腐蚀性、抗疲劳能力、密封性能及装配质量和配合性质等，而且对机械设备的工作性能、动力消耗、振动及噪声等也有很大影响。合理选择零件的表面粗糙度，对机械和仪器的使用性能和使用寿命均起着重要的作用。因此，在保证零件尺寸、形状和位置精度的同时，还应正确选择零件的表面粗糙度，特别对运转速度快、装配精度高、密封性要求严格的产品，尤其需要注意。

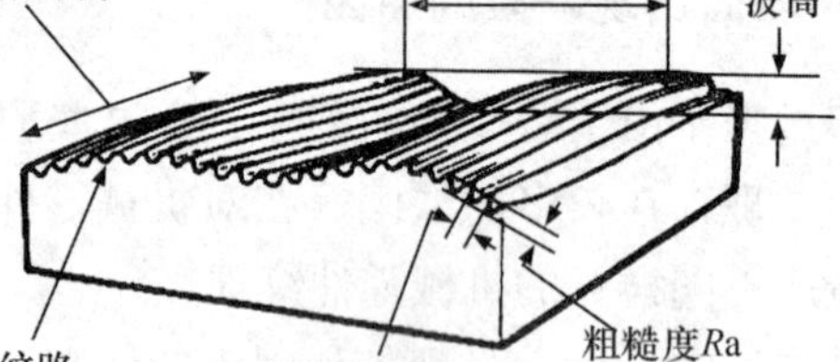

图 12.1.1　表面粗糙度的示意图

12.1.3　零件表面质量检测方法概述

随着机械加工要求的不断提高，机械加工零件表面纹理缺陷检测也得到了广泛的应用。机械加工零件表面质量检测系统的检测流程主要包含以下几个步骤：第一，通过傅里叶变换对机械加工零件进行初步处理，获得相应的零件表面纹理图片；第二，通过频域滤波器将纹理方向性从图片中清除，获得新的图片；第三，利用傅里叶反变换技术对上述步骤所得图片进行处理，得到最终处理结果。从中还衍生出了多种不同的检测方法，主要分为以下几类：

（1）人眼检测。灵活性高，但效率低、误差率高、成本高。

（2）涡流检测。不需要超声波检测中用到的耦合剂，不会对测量件造成影响；但钢板孔洞断面呈闭环状态，检测会出现误差。

（3）漏磁检测。对具有铁磁性的零件检测准确率高；但结构构造复杂，制造难度大。

（4）超声波检测。具有完全非接触、远程控制的优点，更适用于表面微裂纹的成型产品，且成本较高。

（5）红外检测。检测的准确度高，光照因素对其影响较小；但是容易受到生产车间环境因素的影响。

（6）机器视觉检测。非接触测量，速度快，灵活性强，提高了产品质量和生产线的自动化程度，易实现信息集成化，是实现计算机集成制造的技术基础；缺点是必须依托于调试好的程序和适宜的光照强度来进行检测。

大多数的检测方法主要用于检测尺寸较大的缺陷，对于检测小尺寸缺陷效果并不能发挥出应有的效果。对机械零件进行检测的主要目的是查看表面是否存在缺陷。在检测的过程中，需要对检测出来的表面缺陷进行分析，并有针对性地提出技术解决措施。

在机械加工零件表面纹理缺陷检测的方法中，最为重要的是对机械加工零件背景纹理图像的辨别，通过滤波处理，在一定程度上增强了纹理图像的清晰度，更加方便对背景纹理图像和缺陷纹理进行区分。在利用图像分割方法进行检测中，需要消除噪声产生的影响。

在机械加工零件表面纹理缺陷实际检测中，首先，需要对机械加工零件表面的纹理图像进行一定的提取；然后，对纹理图像进行一定的处理。在对机械加工零件表面纹理图像进行提取过程中，通过采用二阶统计度量，同时在对机械加工零件表面纹理缺陷图像提取中，还要通过计算机系统对纹理图像进行一定的处理，对机械加工零件表面纹理图像数据进行一定的整理，利用傅里叶变换，对纹理图像和纹理缺陷图像进行合理的区分，从而能够对机械加工零件表面进行良好的纹理缺陷检测。

在利用图像分割对机械加工零件表面纹理缺陷实际检测、进行图像处理过程中需要充分认清噪声与纹理缺点的区别。由于噪声点是随机分布的，机械加工零件表面纹理特征也存在着不同的形状。在对机械加工零件表面纹理缺陷检测过程中，利用开运算不仅能够消除一定的噪声，而且能对纹理缺陷进行一定的处理。通过利用图像分割检测方法，在一定程度上增强了机械加工零件表面纹理缺陷图像的清晰度，并且在有效的条件下可还原为空间域图像。此外，还能对关键的细节进行一定的优化处理或者对图像进行一定的重建，在对图像进行重建过程中，将机械加工零件表面纹理缺陷的图像保存下来，通过利用数学工具，对图像的形态进行一定的处理，这种机械加工零件表面纹理缺陷检测方法不仅能够提高检测机械零件纹理缺陷的精确度，而且在一定程度上增强了图像的完整性。

在对机械加工零件表面纹理缺陷实际检测过程中，首先，需要根据机械加工零件表面纹理图像的特点，通过利用共生矩阵，科学、合理地计算出平均值，将计算出来的平均值作为纹理特征向量，并且根据图片的在线显示对实际机械加工零件表面纹理缺陷进行一定的检测；然后，再利用图像处理卡，进一步保证纹理图像处理机械加工零件表面纹理缺陷数据的稳定和对图像拍摄的精度；最后，对机械加工零件表面纹理缺陷的信息进行自动的统计和处理，并且分析出所产生的原因，针对产生的原因提出相应的对策进行科学、合理的解决，不仅能够保证机械加工零件的质量，还能发挥出机械加工零件表面纹理缺陷检测的作用以及价值。

以上就是机械加工零件表面纹理缺陷检测的方法。由此可以提高机械加工零件的效率，降低企业的投资成本。

12.2　表面质量检测方法

12.2.1　电动轮廓仪检测方法

触针式电动轮廓仪是用一种特殊触针（多为金刚石触针）以一定的速度沿着被测零件表面移动，由零件表面的微观不平引起触针的上下运动，把触针移动的变量经过机械的、光学的或者电学的转换后，再经放大、运算，得到被测表面的粗糙度评定参数数值的一种检测方法。触针式表面粗糙度测量仪在机械零件测试中应用十分广泛，在不同附件测量条件下可以直接测量平面、圆柱面、内孔等多种形式的零件内外表面粗糙度，对键槽表面、刀刃和形状复杂的曲面也可进行测量。可按规定截面测量多项评定参数，不仅能测量金属表面的粗糙度，也能测量陶瓷等非金属表面的粗糙度。

一种简易表面粗糙度测量仪的结构图如图 12. 2. 1 所示。图 12. 2. 2 所示为表面粗糙度测量系统原理框图。

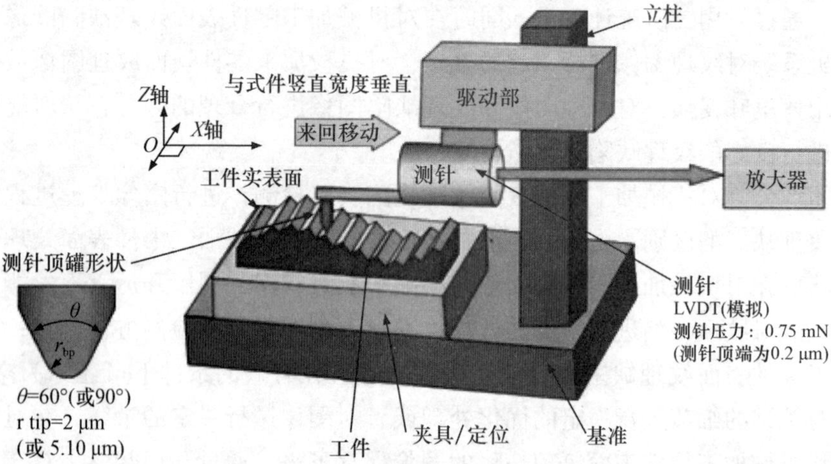

图 12. 2. 1　一种简易表面粗糙度测量仪的结构图

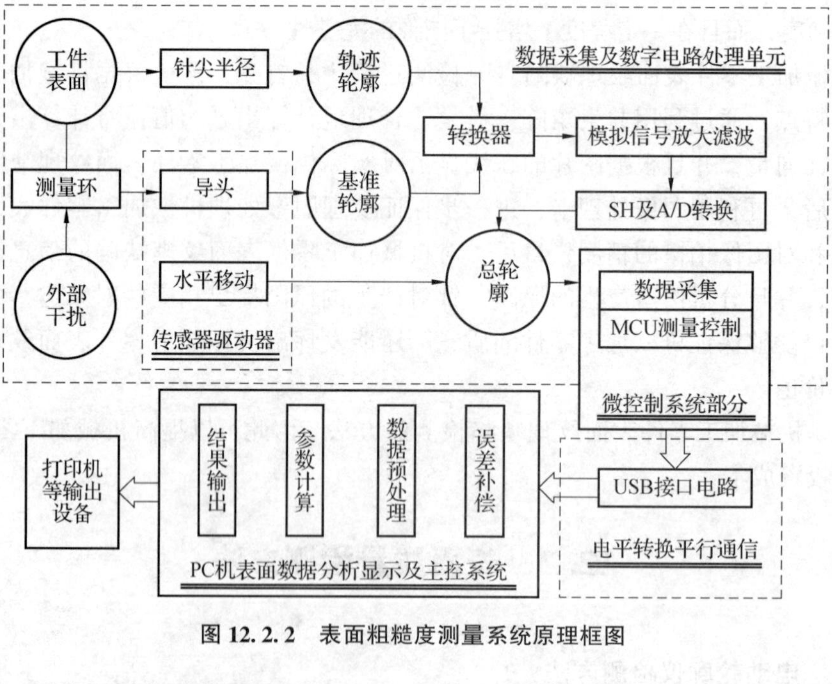

图 12. 2. 2　表面粗糙度测量系统原理框图

12. 2. 2　机器视觉检测表面方法

一个典型的机器视觉检测系统包括光源、相机和图像采集卡、外围辅助设备等，其结构图如图 12. 2. 3 所示。根据检测对象、检测要求的不同，会有不同的外设硬件。工作过程为：

相机获取到被测物的图像，由图像采集卡输入计算机进行图像处理，获取到被测物的特征量，系统对被测物做出定性分析。检测系统总体设计示意图如图 12.2.4 所示。

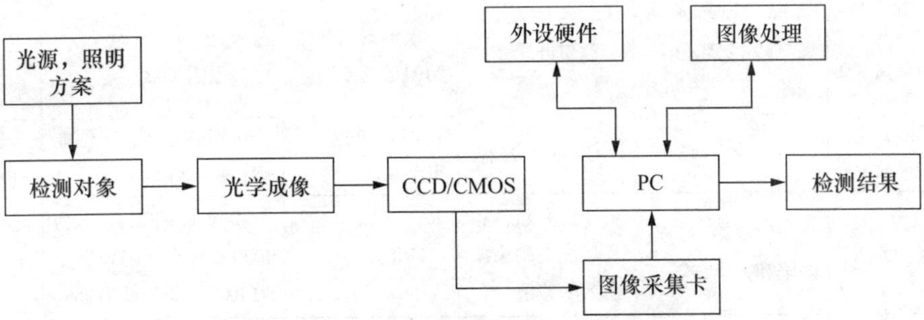

图 12.2.3　典型的机器视觉检测系统结构图

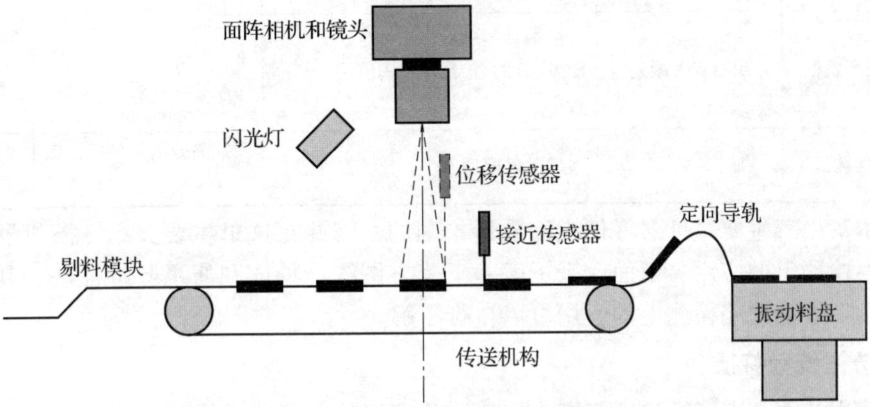

图 12.2.4　检测系统总体设计示意图

在机器视觉检测中，将表面检测技术分为统计法、频谱法和模型法 3 类。机器视觉检测方法见表 12.2.1。

表 12.2.1　机器视觉检测方法

方法	种类	缺陷的种类	特征	识别算法	算法性能	目标
统计法	灰度共生矩阵法	颜色缺陷、面积缺陷、纹理颜色缺陷、纹理结构缺陷	GLCM 的信息熵和对比度	BP 神经网络	识别率 94.6%	挠性电路
	自相关法	圆、重复、点缺陷	空间相关图	动态时间卷绕（Dynamic Time Warping，DTW）	对噪声、缺陷的位置和大小具有良好的鲁棒性	半导体晶片
	形态学法	32 种缺陷	形态学滤波器	阈值法	正确率为 94.87%	织物
	直方图统计特征	细小深划痕、镜像划痕	直方图	决策树分类法	决策树的识别性能优于贝叶斯方法	机械零件

续表

方法	种类	缺陷的种类	特征	识别算法	算法性能	目标
频谱法	傅里叶特征法	线、划痕、油污、点、阴影等缺陷	傅里叶	重构图像和原始图像的差异	速度快，旋转不变性，所需参数少	织物、机器零件表面、木头表面
	Gabor 特征法	点、线、面缺陷	Gabor 滤波器	Mean Shift 聚类算法	识别能力强，定位准确，稳定性高	软性电路板（FPC）表面
	小波特征法	指纹缺陷、污点缺陷和锯齿缺陷	小波系数；相邻尺度上的小波系数的差值	阈值法	指纹缺陷识别率为 100%，污点缺陷识别率为 100%，锯齿缺陷 96%	多晶体硅表面
模型法	分形体	织物有无缺陷	多个分形体特征	支持向量法	漏检率低，误识率低	织物表面
	随机场模型	织物有无缺陷	高斯马尔可夫随机场的统计数字	阈值法		织物表面
	反散射模型	细小缺陷	反散射模型	粒子群算法	缺陷分割效果好，识别速度快	液晶表面

由于本章内容主要是针对零件表面质量检测的，因此在这里主要介绍一下机器视觉检测在零件表面检测上的应用，下面就来了解一下直方图统计特征和傅里叶特征法，其余关于机器视觉检测在表面缺陷检测上的运用可以自行了解。

1. **直方图统计特征**

通常使用的直方图特征包括范围、均值、几何均值、调和平均值、标准偏差、方差和中值。直方图的比较统计特征，如 L1 范数和 L2 范数、Mallows 距离、推土机距离（Earth Mover's Distance，EMD）、Bhattacharyya 距离、Matusita 距离、离散度、直方图交叉、Chi-square 和归一化相关系数都可以作为纹理特征。直方图技术已经广泛应用在不同场合，它们具有平移和旋转不变性，并且对像素值的精确空间分布不敏感。2014 年，周文举等人提取了瓶盖圆形区域的投影直方图作为识别瓶盖表面缺陷的特征，并且采用稀疏表示法加快缺陷搜索速度。文献“机械零件自动视觉检测的机械学习方法”提出了用直方图法提取机械零件表面细小深划痕、镜像划痕缺陷的特征，然后利用决策树法对其进行分类。将基于决策树的识别算法和贝叶斯决策方法进行比较，实验结果表明决策树法在识别速度和精度上优于贝叶斯法。基于直方图统计特征的表面缺陷检测方法的前提是缺陷区域的灰度与正常区域的灰度是可分离的。

2. **傅里叶特征法**

20 世纪 90 年代初，傅里叶变换用于表面缺陷的检测。使用傅里叶变化重构织物来检测线、划痕、油污、点、阴影等缺陷。这些缺陷对应于傅里叶域的高频成分。首先，对原始图像进行傅里叶变化；然后，将高频部分设为 0，重构图像；最后用重构图像和原始图像的差值检测缺陷。基于傅里叶变化的表面检测方法仅适合有方向的纹理，不适合缺陷的频率和背景的频率相互交叠在一起的场合，而且在空域中，傅里叶变化不能定位缺陷的位置。

12.3　表面质量检测案例

12.3.1　焊缝表面缺陷的三维特征提取及线激光检测

焊接是工业生产领域中一种非常常见的加工制造方法，焊接质量的好坏将会对焊缝的性能以及产品的安全性产生很大影响，因此对其应引起足够的重视。现代工业生产中对焊接产品质量的要求越来越高，对于焊缝质量的检测技术也是提出了更高的要求。先进的检测技术是保证焊接产品质量必不可少的条件，焊接质量的检测技术不断向着自动化和数字化发展，自动化检测不仅可以提高生产效率，而且可以改善工人的劳动环境。

基于线激光扫描的焊缝表面缺陷检测系统主要包括硬件环境和软件两大部分，硬件部分主要是实现线激光传感器通过行程控制器的控制行走，达到扫描并获取焊缝表面信息的目的。其硬件主要包括线激光传感器、形成控制器、DC12~24 V 变压器与计算机。软件部分主要是通过线激光传感器扫描焊缝表面，获取实时、准确的焊缝表面基本数据并对该数据进行处理，然后针对不同焊缝表面缺陷的特点，提出不同的数学算法，最后达到对焊缝表面缺陷的判识。图 12.3.1 所示是基于线激光扫描的焊缝表面缺陷检测系统的软硬件连接示意图。

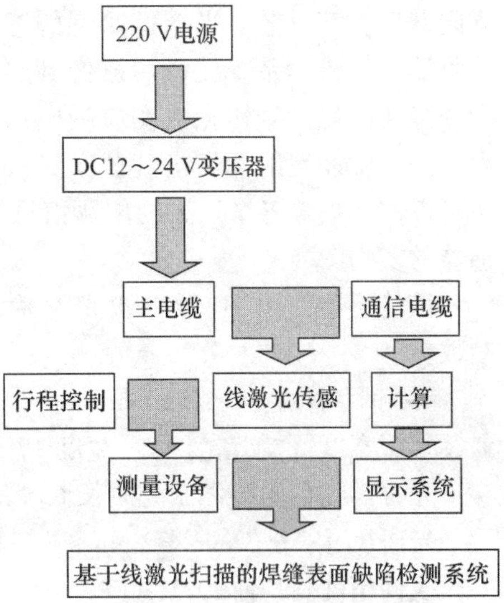

图 12.3.1　基于线激光扫描的焊缝表面缺陷检测系统的软硬件连接示意图

1. 检测系统的硬件环境

（1）线激光传感器。

线激光传感器是一种采用激光技术进行测量的传感器。传感器的内部结构主要包括激光器、接受激光的检测器和测量电路。线激光传感器能够进行远距离测量，并且可以不用接触检测物体的表面，由于激光直线度高，可以实现远距离、快速、高精度的测量，并具有抗光、抗电干扰能力强、单色性及高亮度的特点，可以用来对焊缝进行无接触、精确的测量。为了确保检测的高精度，必须按照以下标准来选择线激光传感器。

①量程和精度：线激光传感器的两个最主要的技术指标就是传感器的量程和精度。由于要实现对焊缝的精确测量，因此需要一部高精度的线激光传感器，同时，在实际检测中，需要针对不同位置的焊缝进行测量，就需要其具有一定的量程要求。在满足使用要求的前提下，还要兼顾它的经济性。

②频响特性：线激光传感器的频响特性要保证信号在测试范围内不产生失真，且反应速度要与计算机的运算速度和采集卡的采集速率相适应。

③稳定性：传感器的稳定性是指设备经过一段时间的使用后性能不变的能力。对于传感器影响最大的就是它的使用环境，使用环境的不同会大大影响其稳定性。

④线性范围：传感器的线性范围是指输出量与输入量成正比关系的范围。任何一部传感

器都有本身特定的线性范围，选择时应尽量保证被测物理量的变化在线性范围之内。

⑤隔离和抗干扰能力：传感器还应具有较高的隔离能力和抗干扰能力，以保证传感器受干扰的可能小。

最后进过各方面的综合比较后，我们决定选用一部半导体线激光传感器。

通过线激光进行焊缝表面扫描时，将线激光传感器置于焊缝正上方，发射激光的二极管对准焊缝表面发射脉冲，激光打到焊缝表面时，由于焊缝的凹凸不平，会发生漫反射，激光会向各个方向散射，部分散射光会返回到传感器内部的用来接收反射光的接收器，被光学系统接收后成像到二极管上。放大电路会将接收到的微弱的光信号转化成相应的电信号，激光传感器会记录并处理从激光脉冲发射器发出到被激光接收器接收所经历的时间，从而可以测定焊缝各个点上的位置信息。图 12. 3. 2 所示是线激光传感器的实物图。

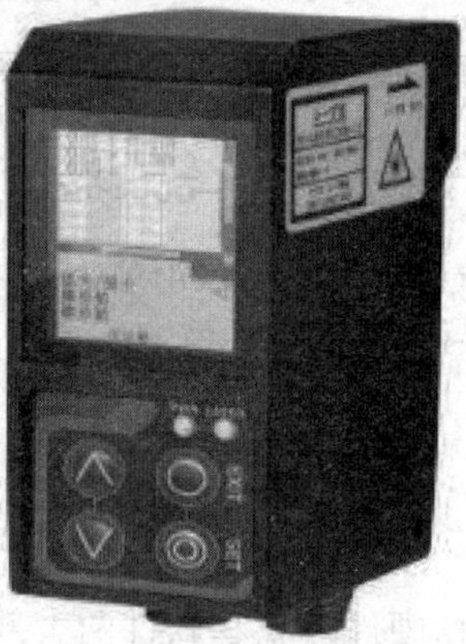

图 12. 3. 2　线激光传感器的实物图

该传感器使用 2D 线形激光形状测量传感器，下面为其主要参数：

可测距离：(100±25) mm；

视野宽度（受光范围）：宽度 17 mm（距离 75 mm）；宽度 27 mm（距离 125 mm）；

光源：红色半导体激光波长 655 nm，最大出力 1 mW；

光斑尺寸：0. 3 mm×32 mm；

线性精度：Z 轴±0. 1% FS；

重复精度：Z 轴 2 μm；

分辨率：X 轴 25 μm；

采样周期：代表值 5 ms（高精度模式下的全视野测定时），最快 0. 5 ms；

显示：液晶显示屏；

控制输出：3 个输出点 NPN 型最大电流 100 mA（最大残留电压 1. 8 V）；

模拟量输出：4~20 mA 测定范围外 24 mA（最大负荷阻抗 300 Ω）；

通信接口：RS-485 半双工 906 kbps~4. 0 Mbps；

温度漂移：0. 05% FS/℃；

电源电压：DC12~24 V（-5%~+10%以内）；

消耗电流：180 mA（最大值）；

使用周围照度：太阳光 10 000 Lx 以下，白炽灯 3 000 Lx 以下；

耐振动：10~55 Hz，重复振幅 1. 5 mm；

材质：本体为铸亚铅，投受光部为玻璃；

质量：约 300 g；

通过传感器的精度和分辨率可以看出，该线激光传感器的分辨率在微米级别，稳定性也很高，质量轻，体积小巧，尤其适合检测使用。

(2) 行程控制器。

行程控制器的作用主要是承载传感器在焊缝上方运行，以便实现传感器对焊缝表面进行扫描、检测。行程控制器需要运行稳定，满足传感器的振动幅值，而且需要运行速度平稳且可调，能够满足不同检测情况下的正常运行。根据以上特点，选用的是北京华维浩润仪器有限公司生产的 ASC-2A 步进电机控制器和导轨。图 12.3.3 所示是行程控制机构：

图 12.3.3　行程控制机构

2. 检测系统的软件环境

LabVIEW 语言是美国国家仪器（National Instruments，NI）公司推出的一款基于图形函数的程序编写软件，它采用工程技术人员所熟悉的术语和图形化符号代替常规的文本语言编程，具有界面友好、操作简单、开发周期短等特点，广泛应用于各个行业的仿真、数据采集、仪器控制、测量分析和数据显示等方面。每个 LabVIEW 程序都由 VI 组成，每个 VI 包括前面板、框图程序和图标/连接口三部分。

12.3.2　齿轮表面缺陷检测系统

基于机器视觉的齿轮表面缺陷检测系统如图 12.3.4 所示。齿轮表面缺陷检测系统检测样图如图 12.3.5 所示。

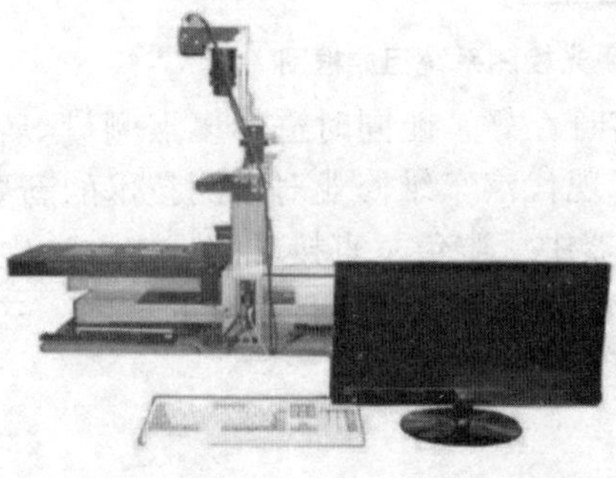

图 12.3.4　基于机器视觉的齿轮表面缺陷检测系统

图 12.3.5　齿轮表面缺陷检测系统检测样图

机器视觉在齿轮表面质量检测中突出的优势：

（1）能实现伞齿轮全齿面 360°全方位外观缺陷检测。

（2）能自动识别磕碰压伤、裂纹、划痕、凹陷与凸起等几种缺陷特征。

（3）能实现对伞齿轮齿数、齿面宽度及厚度测量。

12.3.3　基于激光扫描的汽车车身检测

基于激光扫描的汽车车身检测系统由特征靶标、连接头、电机、电机驱动模块、激光扫描器、光电转换信号处理模块及上位机组成，如图 12.3.6 所示。每个激光扫描器内有两个不同波长的激光器，能发出两束不同波长的激光束。工作时，电机带动激光扫描器旋转，当激光束扫描到特征靶标上，经靶标反射后由扫描器内部的光学系统接收，同时激光束经起始位置定位板反射也由扫描器内部的光学系统接收，光信号经过光电转换、信号处理单元和霍尔传感器产生的脉冲信号共同输入，控制数据采集电路，经过数据处理送到上位机。计算机对送来的数据进行计算得出测量结果，并与车身标准数据进行比较，判断表面的高低等尺寸误差，显示或打印输出。

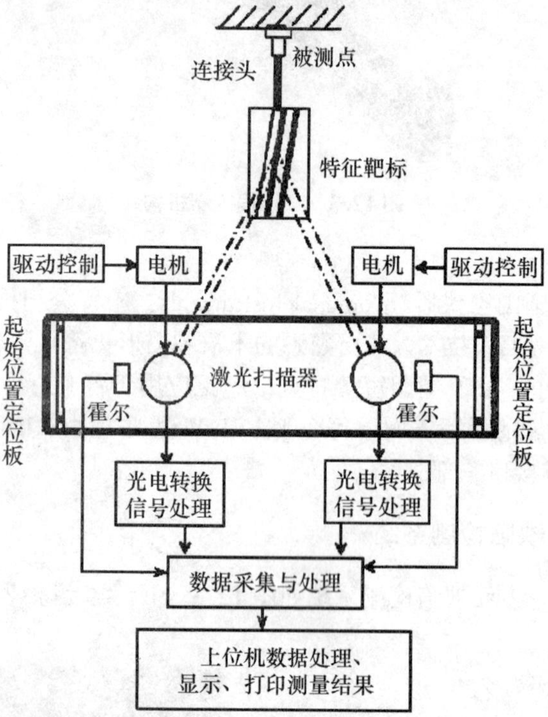

图 12.3.6　基于激光扫描的汽车车身激光检测系统组成框图

激光测量具有非接触测量、精度高、速度快、实时性好、能同时进行多点测量等特点，把激光扫描检测技术引入汽车维修检测领域，满足了现代汽车维修业对检测技术的新要求。将透视变换理论引入到汽车车身激光测量系统的传感器中，避免了直接求解标定方法中的复杂非线性方程的求解，标定算法简单、精度高，从而也确保了整个测量系统的精度。三维汽车激光检测技术也可以扩展到现代轿车的整车装配过程中。

思考题与习题

1. 为什么零件的表面粗糙度值越低，零件的疲劳强度越高？
2. 是不是零件的表面粗糙度值越低越耐磨？请说明理由。
3. 机械加工表面的几何形貌主要包括哪些？
4. 零件的机械加工表面质量的含义是什么？包含哪几项内容？为什么机械零件的表面质量与加工精度有同等重要的意义？
5. 简述表面质量对零件的哪些使用性能有影响。
6. 表面粗糙度的成因有哪些？简述机械加工表面粗糙度的概念及影响切削加工表面粗糙度的因素。如何减小加工表面的实际粗糙度？
7. 表面强化工艺为什么能改善零件表面质量？生产中常用的各种表面强化工艺方法有哪些？

第 13 章　物位检测

物位是过程控制中的五大被测量之一，物位测量是检测技术的一项重要应用。物位的实时测量和控制系统是现代自动控制系统中的重要环节，在石油化工、造船、食品加工等行业中应用广泛。因此，研究物位测量技术、改善物位仪表的性能具有重要的实际意义。限于篇幅，本章在概述物位检测技术的基础上，重点介绍超声波物位计和雷达物位计的原理和组成。

13.1　概　　述

13.1.1　物位检测的基本概念

物位分为液位、料位和相界面位置。把生产过程中罐体、塔体、槽体、箱体等容器，以及自然界河道、水库里存放的液体的高度或表面位置称为液位，例如，汽车油箱的液面位置。把在槽斗、罐、堆场、仓库等场所储存的固体块、颗粒、粉料等的堆积高度或表面位置称为料位。把液-液、液-固界面位置称为相界面位置，具体分为两种情况：①两种不同液体同放在一个容器中，如果它们的密度不同，且不相溶或者互溶性较差，那么这两种液体就会出现分层，产生相邻接的分界面（例如水和油），这个分界面的位置称为液-液相界面位置；②容器中存放互不溶解的固体和液体，它们在不大的搅动下会产生明显的相邻分界面，这个分界面的位置称为液-固相界面位置。液位、料位和相界面位置统称为物位，用于对物位进行测量、报警、控制的自动化仪表统称为物位测量仪表。

13.1.2　物位计分类

测量物位的仪表按照不同的测量方式可分为浮力式、差压式、电容式、磁致伸缩式、超声波式和微波式物位计。几种常用的物位计的种类及性能指标见表 13.1.1。

表 13.1.1　几种常用的物位计的种类及性能指标

测量方式	浮力式	差压式	电容式	磁致伸缩式	超声波式	微波式
测量范围/m	20	20	2.5~30	40	60	60
测量精度/%	1.5	1	2	0.1	0.1	0.1
所测物体	液体	液体	固、液体	液体	固、液体	固、液体
工作温度/℃	<150	40~200	-200~400	-40~130	<150	<400
接触与否	接触	接触	接触	接触	非接触	接触、非接触均可
可靠性	差	一般	差	一般	一般	好
安装复杂度	简单	很复杂	简单	复杂	简单	简单
仪表价格	一般	高	一般	一般	一般	高

1. 浮力式液位计

浮力式液位计分为恒浮力式液位计和变浮力式液位计两类。恒浮力式液位计根据浮标或浮子的升降来反映液面的变化，其特点是结构简单、价格较低，适于各种储罐物位的测量。变浮力式液位计也称为沉筒式液位计，它根据阿基米德定律和磁耦合原理进行液位测量。当液位变化时，沉筒浸入液体的深度变化，所受浮力也相应改变，从而引起相应机构如弹簧的伸缩，以反映液位的变化。此类仪表能实现远传和自动调节。

2. 差压式液位计

差压式液位计含有气相取压口和液相取压口。气相取压点处的压力为设备内气相压力；液相取压点处的压力除受气相压力作用外，还受液柱静压力的作用，液相和气相压力之差，就是液柱所产生的静压力。这类仪表包括气动、电动差压变送器及法兰式液位变送器，安装方便，容易实现远传和自动调节，工业上应用较多。

3. 电容式物位计

电容式物位计分为电容式料位计和电容式液位计。在电容式液位计中，又分为测量导电液体液位的液位计和测量非导电液体液位的液位计。电容式物位计是通过测量电容的变化来反映物位高低的。以非导电液体液位计为例，向盛有液体的容器中插入一根金属棒作为电容的一极，另一极为容器壁本身，两电极间的介质为液体及其上面的气体。由于液体的介电常数 ε_1 和液面上的介电常数 ε_2 不同，比如 $\varepsilon_1>\varepsilon_2$，则当液位升高时，两电极间总的介电常数值随之加大，因而电容量增大；反之，当液位下降时，ε 值减小，电容量也减小。

4. 磁致伸缩式物位计

这类物位计结构类似于磁浮子物位计。将一根硬管或柔性管从罐顶通到罐底部，带磁性的浮子沿导波管随液面上下移动。测量时，电流脉冲在磁浮子位置处向上激发出一个应力脉冲，该脉冲沿导波管以声速传播到顶部电子盒中的测量部分，并被转换成电脉冲。根据应力脉冲的传播时间，可测量出液面高度。磁致伸缩液位计除了浮子是可动部件外，其他均是固态电子组件，可靠性高，平均无故障工作时间长。其主要缺点是工作长度较短，目前最长的工作长度仅为 18 m（柔性缆式）。

5. 超声波物位计

此类物位计利用超声波在气体、液体或固体中传播时衰减、穿透能力和声阻抗不同的性质来测量两种介质的界面。此类仪表精度高，反应快，但是，成本较高，维护和维修较困难，一般用于测量精度要求较高的场合。

6. 微波物位计

俗称雷达物位计，依据回波测距原理进行物位测量。其喇叭状或杆式天线向被测物料面发射微波，微波传播到不同相对介电常数的物料表面时会产生反射，并被天线所接收。发射波与接收回波的时间差与物料面到天线的距离成正比，通过测量传播时间即可计算得到距离。由于微波是电磁波，以光速传播且不受介质特性影响，因此，在一些有温度、压力、蒸气等条件要求的场合，当超声物位计不能正常工作时，微波物位计仍可以使用。它在石油及石化领域有较广阔的应用前景。

限于篇幅，同时考虑到差压式液位计在应变式传感器的应用中已经介绍，电容式物位计在电容式传感器的应用中已经介绍，所以，本章重点介绍超声波物位计和雷达物位计。

13.2　超声波物位计

13.2.1　概述

声波是一种能在气体、液体和固体中传播的机械波，按频率的不同可分为次声波、声波和超声波等，物位检测中常用超声波的工作频率范围为 0.25~20 MHz。超声波具有在介质中传播时方向性好、能量损失小等特点，在气体、液体及固体中传播时，具有一定的传播速度，在穿过两种不同介质的分界面时会产生反射和折射，对于声阻抗（声速与介质密度的乘积）差别较大的相界面几乎为全反射。因此，在容器底部或顶部安装超声波发射器和接收器，发射出的超声波在相界面被反射，并由接收器接收，测出超声波从发射到接收的时间差，便可测出液位高低。

超声波物位计具有如下特点：

（1）与介质不接触，无可动部件，电子元件只以声频振动，振幅小，仪器寿命长。

（2）超声波传播速度比较稳定，光线、介质黏度、湿度、介电常数、电导率、热导率等对检测几乎无影响，因此适用于有毒、腐蚀性或高黏度等特殊场合的液位测量。

（3）不仅可进行连续测量和定点测量，还能方便地提供遥测或遥控信号。

（4）能测量高速运动或有倾斜晃动的液体的液位，如置于汽车、飞机、轮船中的液位。

（5）超声波仪器结构复杂，价格相对昂贵；而且当超声波传播介质温度或密度发生变化时，声速也将发生变化，对此超声波物位计应有相应的补偿措施，否则会影响测量精度。另外，有些物质对超声波有强烈吸收作用，选用测量方法和测量仪器时要充分考虑物位测量的具体情况和条件。

超声波物位计按使用特点不同可分为连续式超声波物位计和超声波物位开关两大类，下面分别介绍。

13.2.2　连续式超声波物位计

连续式超声波物位计采用压电晶体换能器（也称为超声波换能器）来发射和接收超声波，根据回声测距原理，利用超声波从发射到接收的时间间隔与物位高度成比例的关系，通过测量时间间隔进而求得物位高度。根据供超声波传播的介质不同，工业生产中使用的超声波物位计可分为气介式、液介式和固介式三种，常用的是前两种，主要由超声波换能器和电子装置组成超声波换能器完成电能与超声能的可逆转换，它可采用自发自收的单探头式或收发分开的双探头式。单探头式物位计使用一个换能器，由控制电路控制它分时交替做发射器和接收器；双探头式物位计则使用两个换能器分别作为发射器和接收器。电子装置用于产生电信号，以激励超声波换能器发射超声波，同时接收并处理超声波换能器输出的电信号。图 13.2.1 所示为单探头式超声波物位计。

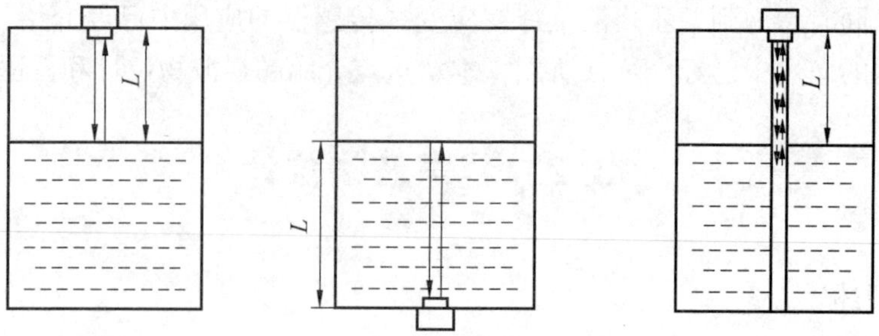

(a)气介式　　(b)液介式　　(c)固介式

图 13.2.1　单探头式超声波物位计

1. 气介式超声波物位计

单探头气介式超声波物位计由于超声波换能器的作用可逆，在反射波回来时换能器又可起到接收器作用，将超声波变为电信号用计时器测出超声波来回所经历的时间 t，即可求得物位高度为

$$L=\frac{1}{2}vt \tag{13.2.1}$$

式中，v 为超声波在介质中传播的速度；t 为超声波来回所经历的时间。

2. 液介式超声波物位计

单探头液介式超声波液位计，超声波换能器既可安装在被测液体的底部，也可安装在待测容器的底部外侧，工作原理与气介式类似，不同之处是供超声波传播的介质为被测液体。

3. 固介式超声波物位计

超声波被发射后沿固体棒向下传播，到达液面折射后又沿液面传向另一根固体棒，然后被超声波换能器（接收器）接收，将超声波变为电信号。用计时器测出超声波来回所经历的时间 t，即可求得液位高度 L。

单探头工作方式，即该探头发射脉冲声波，经传播反射后再接收。由于发射时脉冲需要延续一段时间，因此在该时间内的回波和发射波不易区分，这段时间所对应的距离称为测量盲区（约 1 m）。探头安装时高出最高液面的距离应大于盲区距离，这是单探头工作方式应注意的。双探头工作方式，由于接收与发射超声波由两个探头独立完成，可以使盲区大为减小，这在某些安装位置较小的特殊场合是很方便的。

4. 超声波声速补偿

超声波物位计采用回声测距的方法进行物位测量，测量的关键在于声速的准确性。由于声波的传播速度与介质的密度有关，而密度是温度和压力的函数。例如，0 ℃时空气中声波的传播速度为 331 m/s，而当温度为 100 ℃时声波的传播速度增加到 387 m/s。因此，当温度变化时，声速也要发生变化，而且影响比较大，无法准确测量距离。所以，在实际测量中，必须对声速进行较正，以保证测量的精度。图 13.2.2 所示为液介式超声波物位计固定校正具，图中在容器底部安装两组探头，即测量探头和校正探头，校正探头和反射板分别固定在校正具上，且安装在容器的最底部。

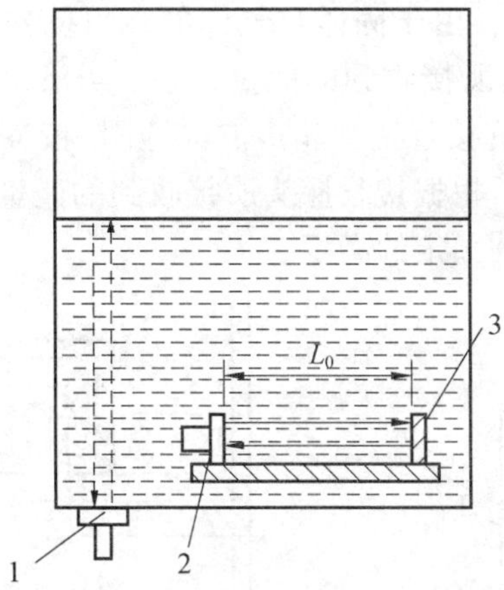

图 13.2.2　液介式超声波固定校正装置

1—测量探头；2—校正探头；3—反射板

校正探头到反射板的距离为 L_0，假设声脉冲在介质中的传播速度为 v_0，声液位计校正具脉冲从校正探头到反射板的往返时间为 t_0，由式（13.2.1）可写出

$$L_0=\frac{1}{2}v_0t_0 \tag{13.2.2}$$

假设被测液位的高度为 H，测量探头发出的声脉冲的传播速度为 v，声脉冲从探头到液面的往返时间为 t，同样可写出

$$H=\frac{vt}{2} \tag{13.2.3}$$

因为校正探头和测量探头是在同一种介质中，如果两者的传播速度相等，即 $v=v_0$，则液位高度为

$$H=\frac{L_0}{t_0}t \tag{13.2.4}$$

适当选择时间单位，使 t_0 在数值上等于 L_0，则 t 在数值上就等于被测液位的高度 H。这样便可将液位的测量变为测量声脉冲的传播时间，因此用校正探头可以在一定程度上消除声速变化的影响，并且可采用数字显示仪表直接显示出液位的高度。

校正具的安装位置可视具体情况而定，如果容器内各处的介质温度相同，即各处的声速相等，校正具可以安放在容器内的任何地方。为了在液位最低情况下，校正具仍浸没在介质中，一般把校正具水平地安装在接近容器的底部位置。

13.2.3　超声波物位开关

超声波物位开关用于判断被测物位是否达到预定的高度，并可发出相应的开关信号。

1. 气介穿透式超声波料位开关

气介穿透式超声波料位开关如图 13.2.3 所示，物位升高到换能器高度时，超声波声路将会被阻断，接收换能器就接收不到超声波，控制器即可发出相应的开关控制信号。

2. 液介穿透式超声波液位开关

液介穿透式超声波液位开关如图 13.2.4 所示，当液位处于正常范围时，2、3 探头之间的间隙（即小槽）内充满气体，由于固体与气体的声阻抗差别很大，超声波的大部分将在固-气界面上被反射，接收探头所接收到的能量很小。当液位升高到报警限时，间隙内充满液体，由于固体与液体的声阻抗接近，则超声波穿透固-液界面时的损耗就较小，大部分超声波能量可被接收探头所接收。根据接收探头所接收到的能量大小不同，可判断换能器间隙是液体还是气体，液位是否达到预定的高度。

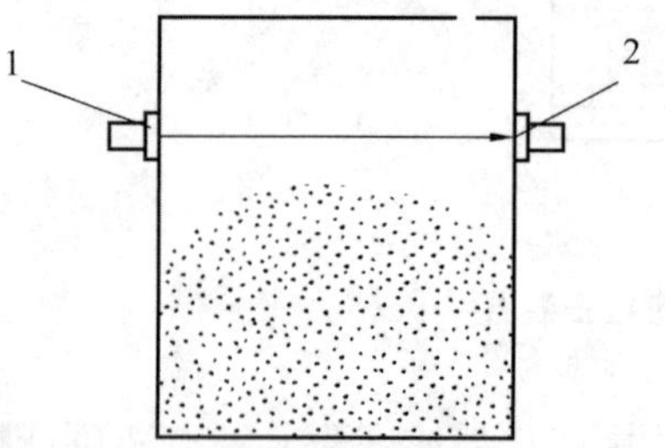

图 13.2.3　气介穿透式超声波料位开关

1—发射换能器；2—接收换能器

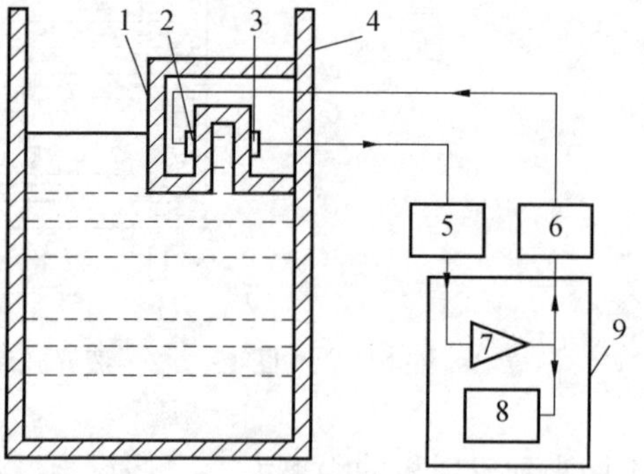

图 13.2.4　液介穿透式超声波液位开关

1—不锈钢外壳；2—发射探头；3—接收探头；4—容器；5—接收电路；6—发射电路；7—放大器；8—功率放大器；9—控制器

3. 声阻式超声波液位开关

声阻式超声波液位开关如图 13.2.5 所示，它是利用气体和液体对超声波振动的阻尼有显著差别这一特性而工作的，换能器的辐射面与气体接触时，气体对辐射面振动阻尼较小，换能器压电陶瓷的振幅就比较大；辐射面与液体接触时，液体对辐射面振动的阻尼较大，换能器压电陶瓷的振幅就较小，配以合适的电路，可自动判断被测液位是否到达探头所在高度。控制器根据所测信号触发继电器动作，发出相应的控制信号。

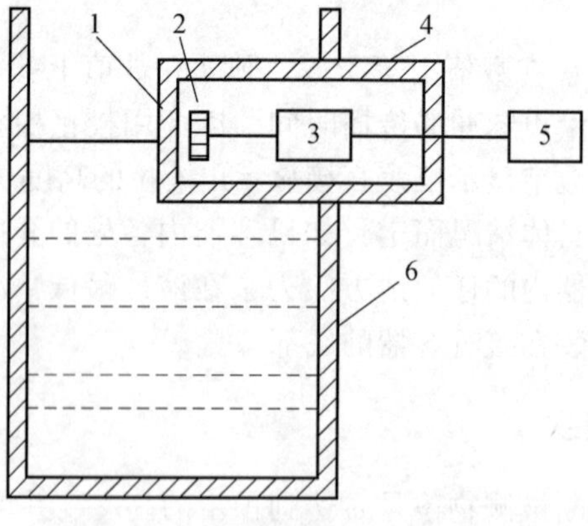

图 13.2.5　声阻式超声波液位开关

1—辐射面；2—压电陶瓷；3—放大器；4—不锈钢外壳；5—控制器；6—容器

13.2.4　超声波检测液-液相界面及在汽车上的应用

利用超声波在介质中的传播速度及在不同密度液体相界面之间的反射特性来检测液-液相界面。如图 13.2.6 所示，两种不同的液体 A、B 的相界面在 h 处，液面总高度为 h_1，超声波在 A、B 两种液体中的传播速度分别为 v_1 和 v_2，采用单探头液介式方式进行测量。

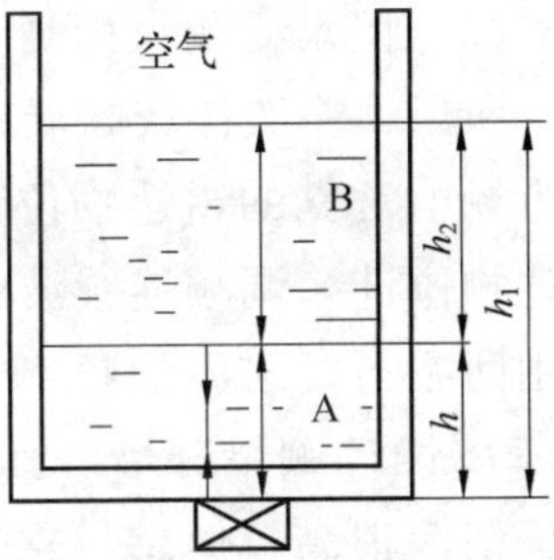

图 13.2.6　超声波检测液-液示意图

超声波在液体 A 中传播并被 A、B 两液体相界面反射回来的往返时间为

$$t_1=\frac{2h}{v_1} \tag{13.2.5}$$

超声波在液体 A、B 中传播并被液面反射回来的往返时间为

$$t_2=\frac{2(h_1-h)}{v_2}+\frac{2h}{v_1} \tag{13.2.6}$$

由式（13.2.5）和式（13.2.6）可得

$$h=\frac{t_1v_1}{2} \tag{13.2.7}$$

$$h=h_1-\frac{(t_2-t_1)v_2}{2} \tag{13.2.8}$$

由式（13.2.7）可知，检测出 t_1、v_1 即可求得相界面高度 h。由式（13.2.8）可知，检测出 t_1、t_2 和 v_2 也可求得相界面高度 h。

超声波检测在汽车上的应用，如图 13.2.7 所示。在测量中超声波由传感器发出，声波经物体表面反射后被同一传感器接受，转换成电信号，并由声波的发射和接收之间的时间来计算传感器到被测物体的距离。

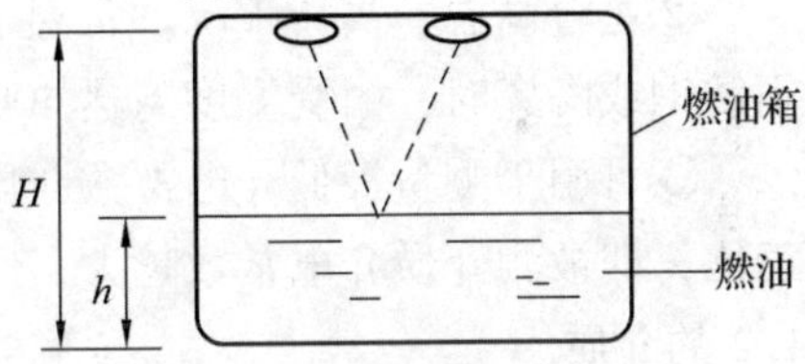

图 13.2.7　超声波测量油箱液面高度

13.3　雷达物位计

13.3.1　雷达物位计分类

雷达物位计有两种工作模式。

（1）脉冲波方式。

工作模式与超声波物位计相似，天线周期性地发射微波脉冲，并接收物料面反射的回波，再对回波信号进行分析处理，计算出物位。精确度约为 0.2%～0.3% FS。一般中档以下的微波物位计都采用此方式。

（2）调频连续波（Frequency Modulated Continuous Wave，FMCW）方式。

天线发射的微波是频率被线性调制过的连续波，当回波被天线接收到时，天线发射的信号频率已经改变，根据接收回波与发射脉冲的频率差可以计算出微波发射端到物料面的距离。FMCW 方式的测量电路复杂、价格较高，但是，测量精确度高，可以达到 0.1% FS 的测量准确度；同时，干扰回波也较易去除。所以，一般比较高端的产品都采用此方式。

基于上述两种工作模式，目前市场上常见的雷达物位计有三种：调频连续波式雷达物位计、脉冲式雷达物位计和导波式雷达物位计。调频连续波式雷达物位计通过喇叭天线发射线性或非线性调制的高频连续波，利用回波与发射波的频率差与物位之间的关系推算物位。它属于非接触式测量，因此可以适用于腐蚀性测量环境。其抗干扰能力强，理论上没有盲区，非常适用于近距离物位测量，其测量精度很高。但是，它的测量距离受发射功率的限制，且整体电路复杂、成本高。

脉冲式雷达物位计通过喇叭天线发射周期性脉冲信号，利用反射脉冲与发射脉冲的时间间隔推算物位。与调频连续波式相同，它也具有非接触式测量的特点，可以适用于腐蚀性测量环境，测量距离受发射功率的限制等。不同的是，其发射脉冲宽度对测量分辨率有较大影响，宽度越窄，测量分辨率越高；但是，其幅值必须足够大，以实现一定距离的传播。

导波式雷达物位计的测量原理与脉冲式相似，不同之处是它的脉冲信号没有经过调制，而是沿着导波杆传播至被测介质。导波杆对电磁波能量的汇聚导向作用，使得电磁波能量得以集中地发射至被测介质，减少了空间发散传播消耗，回波信号受干扰程度更小。导波雷达物位计不具有非接触式测量的优点，但是它有以下优点：

①能耗低。由于导波杆为信号的传输提供了一个高效、快捷的通道，信号的衰减程度保持在最小，其发射至导波体的能量约为常规雷达发射能量的 10%，因此，安全性也高，更适用于易燃、易爆的场合。此外，不需要单独的交流供电，可采用回路供电，节约安装成本。

②适合高温、高压工况。常温下其最高可以在 34.5 MPa 的高压下工作。当导波杆材料为不锈钢或陶瓷时，耐受温度高达 400 ℃，耐压高达 43 MPa。

③可用于测量极低介电常数介质。雷达物位计的回波信号幅值与被测介质的介电常数成正比，即被测介质介电常数越大，回波信号幅值越大。导波雷达物位计最低可测介电常数为 1.2 的介质。

④测量分界位。发射脉冲在介电常数发生突变的界面发生反射，因此对于产生分界的两种介质，它们的介电常数差异越大，反射波越明显。一般上层介质介电常数小于下层，防止过多能量被上层介质界面反射。

⑤可测量固态物位。固态物料包括粉末或塑料粒子。

为此，本节重点介绍导波式雷达物位计。

13.3.2 导波式雷达物位计

根据导波杆的形式，导波式雷达物位计有杆式和缆绳式两种形式，也可称为刚性杆和柔性杆，如图 13.3.1 和图 13.3.2 所示。在一般情况下，杆式导波雷达物位计测量范围为 6~8 m，缆绳式导波雷达物位计测量范围长达 35 m。导波式雷达物位计主要是基于两大技术来实现物位测量的：时域反射技术（Time Domain Reflectometry，TDR）和等效时间采样技术。时域反射原理是物位测量的基本依据，也是回波信号及物位计算的理论依据。等效时间采样则是实现回波信号处理的前提。下面分别介绍这两种技术的原理以及导波式雷达物位计的电路组成和工作过程。

图 13.3.1　杆式导波雷达物位计

图 13.3.2　缆绳式导弹波雷达物位计

1. TDR 原理

导波式雷达物位计采用 TDR 技术。TDR 测量原理如图 13.3.3 所示。当物位计工作时，发射电路发射高频窄脉冲，经同轴电缆发射到导波杆上，沿导波杆传播，当遇到介电常数发生突变的位置时，即遇到物料反射表面时，部分能量被反射，反射脉冲沿导波杆向上传播回到物位计的接收电路，另一部分能量则继续传播至尾部。通过测量发射脉冲和反射脉冲之间的时间间隔，就可以计算出物料反射面与测量点间的距离，从而对物位实现准确的测量。

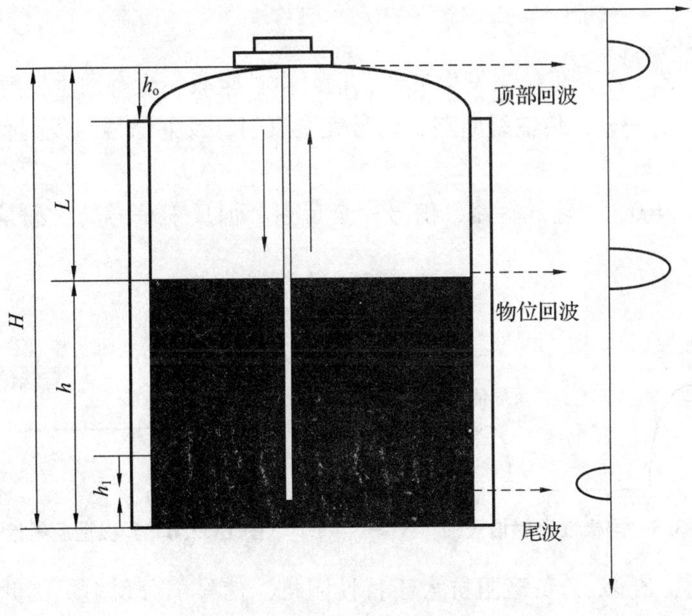

图 13.3.3　TDR 测量原理

从图 13.3.3 可以看出，介电常数发生突变的位置至少有三处：内部电缆与导波杆连接点，产生顶部回波；空气与物料的界面，产生物位回波；导波杆末端，产生尾波。在这一过程中的反射回波形成、回波极性等问题，涉及阻抗匹配，也就是传输线理论，因此，下面对传输线理论进行简单的介绍。传输线是用来传播电磁波能量和信息的线路。当传输的信号频率比较低时，传输线相对于信号波长来说非常短，可忽略其影响，不用考虑波动效应；当传输的信号频率比较高时，信号波长与传输线尺寸相当，此时必须考虑传输线效应。

传输线效应，即将传输线等效为由无数个电阻 R、电感 L、电容 C 和电导 G 组成的 Γ 形网络的串联，如图 13.3.4 所示。以上四个参数是传输线的基本参数，也称为分布参数。水平方向的电阻 R 和电感 L 起到消耗、阻隔的作用，被称为金属损耗；竖直方向的电容 C 和电导 G 起到分流、短路的作用，也会损耗信号部分能量，被称为介质损耗。

信号沿传输线传播时，均匀传输线上任意一点的电压与电流之比称为特性阻抗，用 Z_0 表示，且有

$$Z_0=\sqrt{\frac{R+j\omega L}{G+j\omega C}} \tag{13.3.1}$$

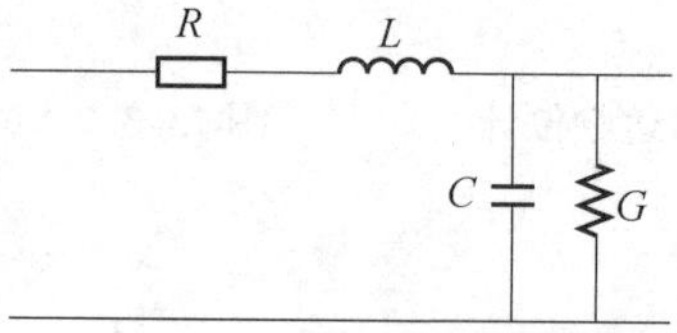

图 13.3.4　传输线等效模型

若传输过程中遇到线路故障点，阻抗会发生突变，产生反射波，故障点的阻抗可看成负载阻抗 Z_L。负载阻抗与特性阻抗的关系可用反射系数 ρ 来表征，即

$$\rho=\frac{Z_L-Z_0}{Z_L+Z_0} \tag{13.3.2}$$

有下面几种情况：

①当 $\rho=0$ 时，$Z_L=Z_0$，阻抗未发生突变，信号全被吸收，没有发生反射；

②当 $\rho=1$ 时，$Z_L\to\infty$，传输线断路，信号完全反射，反射信号与发射信号极性相同，如图 13.3.5 所示。

③$\rho=-1$ 时，$Z_L=0$，传输线短路，信号完全反射，但反射信号与发射信号极性相反，如图 13.3.6 所示。

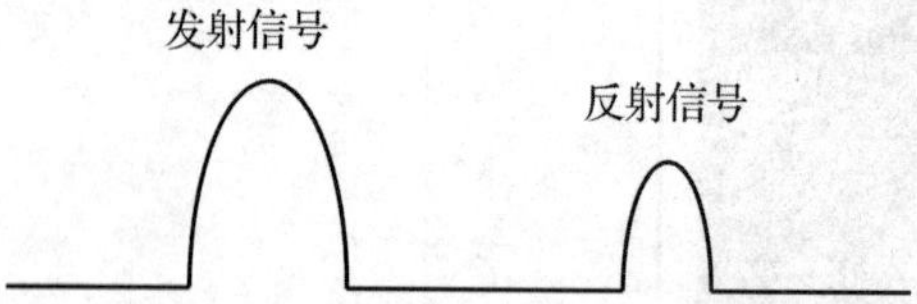

图 13.3.5　同极性反射信号图

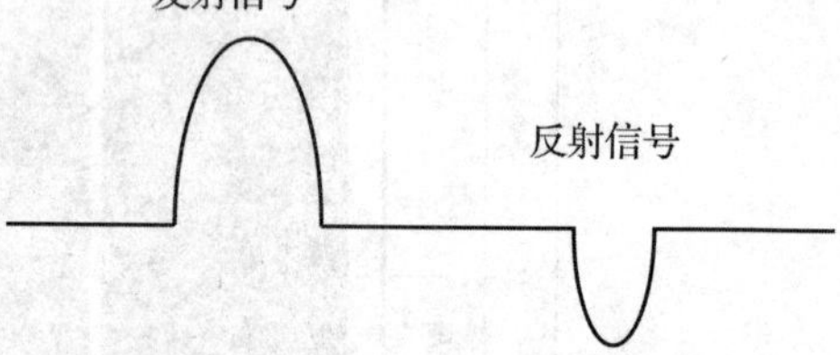

图 13.3.6　异极性反射信号图

④当 $0<\rho<1$ 时，$Z_L>Z_0$，负载阻抗大于特性阻抗，信号部分反射，因此反射信号幅度小于传输线断路时的情况，反射信号与发射信号极性相同。

⑤当 $-1<\rho<0$ 时，$Z_L<Z_0$，负载阻抗小于特性阻抗，信号也发生部分反射，反射信号幅度小于传输线短路时的情况，反射信号与发射信号极性相反。

因此，根据反射信号的极性可以判断传输线故障点的性质，再测量反射信号与发射信号的时间差 t，就可以确定故障点与脉冲发射点的距离 L 为

$$L=\frac{1}{2}vt \tag{13.3.3}$$

式中，v 为电磁波在传输线中的波速。当频率很高时，它接近于一个恒定的常数

$$v \approx \frac{c}{\sqrt{\mu\varepsilon}} \tag{13.3.4}$$

式中，c 为光在真空中的传播速度；μ 为传输线周围介质高频相对磁导率；ε 为传输线周围介质高频相对介电常数。

在导波式雷达物位计的测量中，介质的介电常数反映了它的特性阻抗，且介电常数越大，特性阻抗越小。空气的介电常数是 1，被测介质的介电常数普遍大于空气，因此，用相对介电常数表示。所以，根据传输线理论，在图 13.3.3 中，顶部回波、物位回波等是负极性的，尾波产生于导波杆末端，相当于传输线断路，因此是正极性的。因为大部分反射回波是负极性的，所以，在硬件电路上将上述回波显示极性进行了互换，更有利于观察和处理。实际的回波信号如图 13.3.7 所示，图中被测液位为水位。

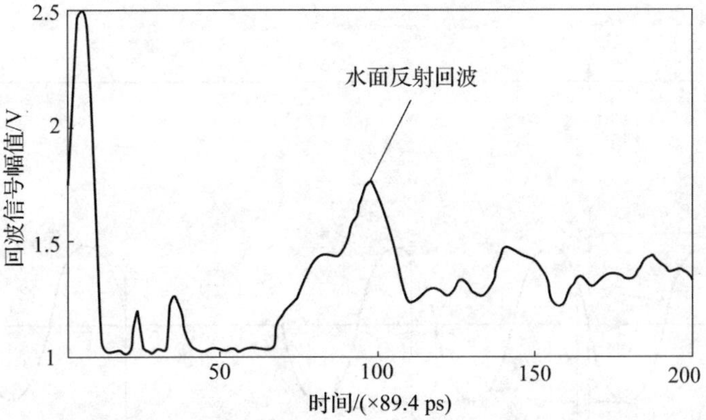

图 13.3.7　单杆式导波雷达物位计水位反射的信号回波

同样地，只要测出发射脉冲与物位回波的时间差，就可以测得法兰（即脉冲发射点）至液面的距离。结合式（13.3.3）和式（13.3.4），由于空气、大多数液体的磁导率都是 1，法兰到液面的距离可简化为

$$L = \frac{ct}{2\sqrt{\varepsilon}} \tag{13.3.5}$$

式中，ε 为被测介质的相对介电常数。

一般情况下，罐体高度 H 是已知的，所以，物料高度 h 为

$$h = H - L \tag{13.3.6}$$

2. 等效时间采样原理

根据时域反射原理可知，高精度时间量的测量是测量精度的关键。时间量测量的方法有很多，如数字法，它通过一个高频脉冲源脉冲计数来确定发射脉冲和反射脉冲的时间间隔，其时间分辨率 Δt 取决于脉冲源频率 f，即

$$\Delta t = t/N = 1/f \tag{13.3.7}$$

式中，t 为待测时间间隔；N 为脉冲计数。进而可计算距离分辨率 Δl 为

$$\Delta l = \frac{1}{2} v \Delta t \tag{13.3.8}$$

式中，v 为电磁波传播速度。

若导波式雷达物位计测量准确度指标为 1 cm，分配给时间量检测环节的误差为 5 mm；据式（13.3.8），v 近似为光速，则要求计数脉冲源的频率为 30 GHz。如此高的振荡频率实现起来较为困难，且会造成反射脉冲很多，采用硬件来分辨介质表面反射脉冲也不够可靠。因此，采用数字法直接进行时间量检测并不实际。

根据以上分析，需要将回波信号送入单片机进行物位回波识别后，再计算时间间隔。那么，根据香农采样定律，为使采集的信号不失真，采样频率至少为信号最高频率的 2 倍。对于导波式雷达物位计，脉冲信号的行程时间为纳秒量级，如果通过实时采样，普通的单片机无法满足要求。为此，采用等效时间采样技术，将周期性的高频、快速信号在时域上放大，扩展成低频、慢速信号。其原理如图 13.3.8 所示。

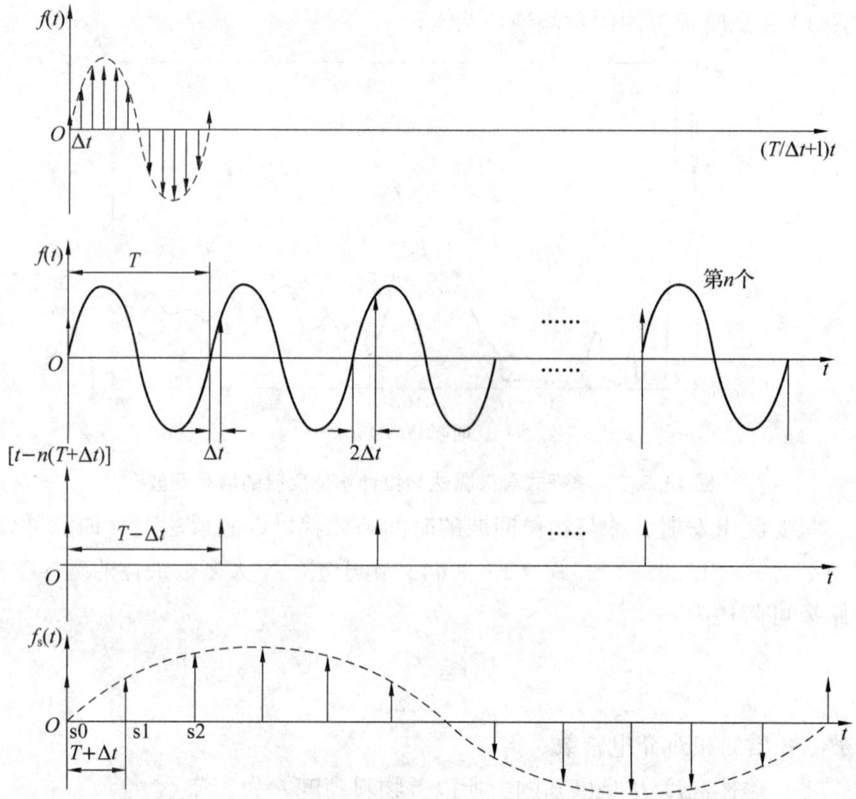

图 13.3.8　等效时间采样原理示意图

从图 13.3.8 中可以看出，对周期为 T 的原始信号，用采样周期为 $T+\Delta t$ 的采样信号对其进行采样，每个周期只采样一次。从 $t=0$ 时刻开始采样，$f_{s0}=f(0)$，在 $t=T+\Delta t$ 时，$f_{s1}=f(T+\Delta t)=f(\Delta t)$，在 $t=n(T+\Delta t)$ 时，$f_{sn}=f\ [(n(T+\Delta t)\ ]=f(n\Delta t)$，将采样信息按照一定规则重组，即可复现原信号的一个周期。它与采样周期为位的实时采样等效，只不过在时间轴上放大了$\dfrac{T+\Delta t}{\Delta t}$倍。设 K 为等效时间采样的放大倍数，则

$$K=\frac{T+\Delta t}{\Delta t} \tag{13.3.9}$$

由式（13.3.9）可知，Δt 越小，放大倍数越大，信号的时间分辨率越高。若要求对应距

离分辨率为 1.5 mm，根据式（13.3.8），Δt 最大为 10 ps。

等效时间采样的实现方式有多种，例如设计同步步进采样脉冲电路，或直接采用数字可编程延时器件，如 AD9500 和 AD9501，其最小延时可达 10 ps。此外，游标法也是常用的方法，相对来说实现更为简单。

游标法是通过两个频率非常接近的晶振来控制发射脉冲和采样脉冲的，振荡周期分别用 T_1 和 T_2 表示，且 $T_2=T_1+\Delta T$，其中，周期为 T_1 的晶振控制脉冲发射，周期为 T_2 的晶振控制采样。在具体设计中，用几个时钟周期控制脉冲发射，要考虑所测最大距离对应的时间及测量分辨率的要求。例如，若测量距离为 30 m，距离分辨率要求 1.5 mm，实际采用的晶振分别为 8.000 000 MHz 和 8.000 156 MHz，则它们的周期差 ΔT 为 2.4 ps，且 3 m 对应的传播时间为 200 ns。如图 13.3.9 所示，可以选择四个时钟周期控制一次脉冲发射，此时 $4T_1=500$ ns，满足大于最大测量距离对应的时间，且 $4\Delta T=9.6$ ps，满足分辨率要求。

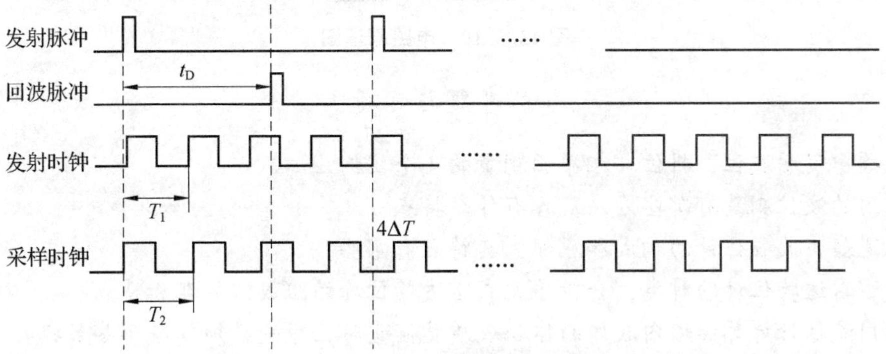

图 13.3.9　等效时间采样示例

经过等效时间采样后的信号就可以由单片机对其进行采样，并进行信号处理。

3. 电路组成和工作过程

导波式雷达物位计信号发射和接收以及处理电路由脉冲收发模块、等效时间采样电路、信号调理电路、单片机和液晶显示模块组成，如图 13.3.10 所示。首先，脉冲发射电路发射 447 kHz 的电磁波脉冲信号至导波杆，该信号沿导波杆向下传播到空气和物料界面处，因相对介电常数突变而发生反射，反射回波沿导波杆向上传播，被回波信号接收电路接收。接着，信号被送至等效时间采样电路，完成时间上的放大处理，得到频率为 22.37 GHz 的信号。然后，将信号送到信号调理电路。其调理过程为：首先，将回波信号进行分压，降至原信号的 1/3；然后，对分压后的信号进行电压放大处理，抬高电压值；再将信号经过一个跟随电路进行阻抗变换，实现前后级的阻抗匹配。经过调理后，信号进入 MSP430F5418 单片机，完成对回波信号的处理和计算，具体包括信号预处理、物位回波判断、定位点确定和传播时间计算，然后，将传播时间值代入物位-时间函数关系式，得到物位值，并通过液晶显示。

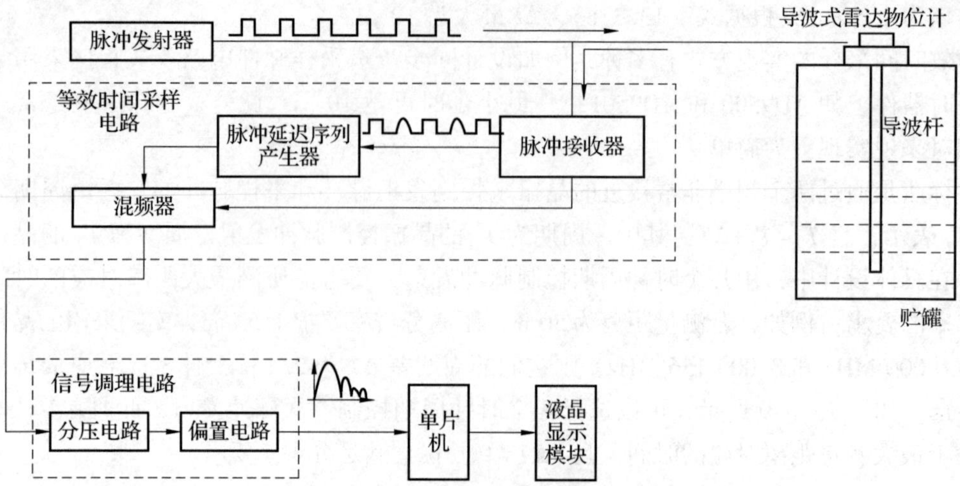

图 13.3.10 电路原理图

思考题与习题

1. 试举出说明液位、料位、相界面测量的几个实例。

2. 常用的液位测量有哪些方法？各有什么特点？

3. 简述超声波液位计的构成和原理，其特点有哪些？

4. 简述雷达物位计的种类，分析导波式雷达物位计的组成、原理和特点。

5. 利用液位计计算储罐内液体的体积或质量储量时，分别必须知道哪些数据？

6. 请选用一种物位计来设计变截面水箱水位测量系统，试画出原理框图，并简单介绍其工作过程。

7. 举例说明汽车油箱液面检测方法。

第 14 章　成分检测

成分分析仪器是专门用来测定物质化学成分的一类仪器，其种类很多，为了对成分检测知识有系统的了解，本章首先介绍成分检测技术中的一些共性问题，对成分分析仪器的基本组成及主要性能指标等共性问题建立总体的知识框架；其次，重点讨论工业现场广泛使用的热导式分析仪、红外线气体分析仪、氧化锆氧量分析仪、气相色谱仪的工作原理及其应用，并适当地介绍近年来发展的新技术。

14.1　成分分析概述

14.1.1　成分分析仪器简介

成分分析仪器是专门用来测定物质化学成分的一类仪器。成分分析包括定性分析和定量分析两类，定性分析就是确定物质的化学组成，即物质是由哪些分子、原子或原子所组成；定量分析则需要进一步确定物质中各种成分的相对质量分数。不论是定性分析还是定量分析，都是利用物质所含的组分在物理或化学性能方面的差异进行的，如光学、声学、力学、电学、磁学等方面的差异，以便比较精确地测量这些组分的含量。

成分分析仪器按照使用场合的不同，可分为实验室分析仪器和过程分析仪器两大类。两者的重要区别在于，过程分析仪器具有连续、可靠、精确地向操作人员或自控装置及时提供工艺过程质量信息的功能，在结构上具有能够自动地连续采样、对试样进行预处理（抽吸、过滤、干燥等）、自动地进行分析、信号的处理和远传及抗干扰等装置或部件，其结构比实验室分析仪器复杂，精度通常比实验室分析仪器略低。

成分分析仪器按照测量原理不同可分为以下八类：

①电化学式分析仪器，如电导式、电量式、电位式等。

②热学式分析仪器，如热导式、热化学式、热谱式等。

③磁学式分析仪器，如磁性氧量分析仪、核磁共振波谱仪等。

④光学式分析仪器，如吸收式光学分析仪、发射式光学分析仪等。

⑤射线式分析仪器，如 X 射线分析仪、射线分析仪、同位素分析仪等。

⑥色谱分析仪器，如气相色谱仪等。

⑦电子光学和离子光学式分析仪器，如电子探针、质谱仪、离子探针等。

⑧物性测量仪器，如水分计、黏度计、湿度计、密度计、电导率测量仪等。

14.1.2　成分分析仪器的组成

1. 成分分析仪器的基本组成

各类成分分析仪器尽管工作原理、结构复杂程度不完全一致，但都是由一些共同的基本环节组成的。图 14.1.1 所示是成分分析仪器的基本组成框图，它包括取样装置、预处理系统、分离装置、检测系统、信号处理系统、显示环节等。

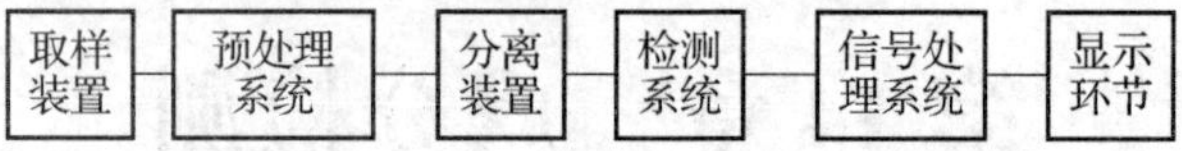

图 14.1.1　成分分析仪器的基本组成框图

2. 取样装置

取样装置的任务是将待分析的样品引入到成分分析仪器。根据被分析的对象不同，样品可分为气体、液体、熔融金属、固体散状物料等几种情况。过程分析仪器大多为气体分析仪器，如果样品为液体，也往往使其汽化，所以本书介绍以气体为主要对象的取样装置。

对于过程取样装置，首先，要求能够承受生产过程的恶劣条件，如高温、高压、腐蚀等；其次，所取的样品应有代表性，没有被测量组分的损失；再次，不应与待分析样品中任何组分起化学反应，以防止失真。

在取样装置设计时，应注意取样点选取、取样探头及探头清洗几个方面。

（1）取样点选择应满足的要求。

①能正确地反映被测组分变化的地点。

②不存在泄漏。

③试样含尘雾容量少，不致发生堵塞现象。

④试样不处于化学反应过程中。

（2）探头。

探头的功能是直接与被测物流接触取得试样，并初步净化试样。要求探头有足够的机械强度，不与试样起化学反应和催化作用，不造成过大的取样滞后，易于安装、清洗等。

敞开式探头结构如图 14.1.2 所示，其中图 14.1.2（a）所示为一般取样探头（直插探头），为了得到相对清洁的气样，采用法兰安装，需要清洗时，打开塞子，用杆刷插入清洗；当气体中带有较大颗粒灰尘时，可用带取样管调整的探头，如图 14.1.2（b）所示，取样管的倾斜位置可以按需要调整；图 14.1.2（c）所示为过滤式探头，适合于气样中含有较多灰尘的场合；在需要取得气样温度及气流速度的场合，可采用如图 14.1.2（d）所示的取样探头，清洗过滤可采用惰性气体反吹式。

对于含尘量较高的气样，可采用外过滤式及水洗型探头，其结构可参阅有关参考文献。

（3）探头清洗。

有些分析仪器的探头或检测元件经常被介质中污染物污染，导致探头或检测元件反应迟钝，需要定期清洗。清洗时，先用阀门将探头或检测元件与工艺流程隔离，自动清洗装置采用增压的流体喷射，或加热、化学法及超声波清洗。

3. 预处理系统

预处理是针对过程分析仪器而言的。预处理的任务是将取样装置从生产过程中提取的样品加工处理，以满足检测器对样品状态的要求，如除尘、除湿、过滤有害物质、稳压稳流调节、流路及管线的合理布局等。

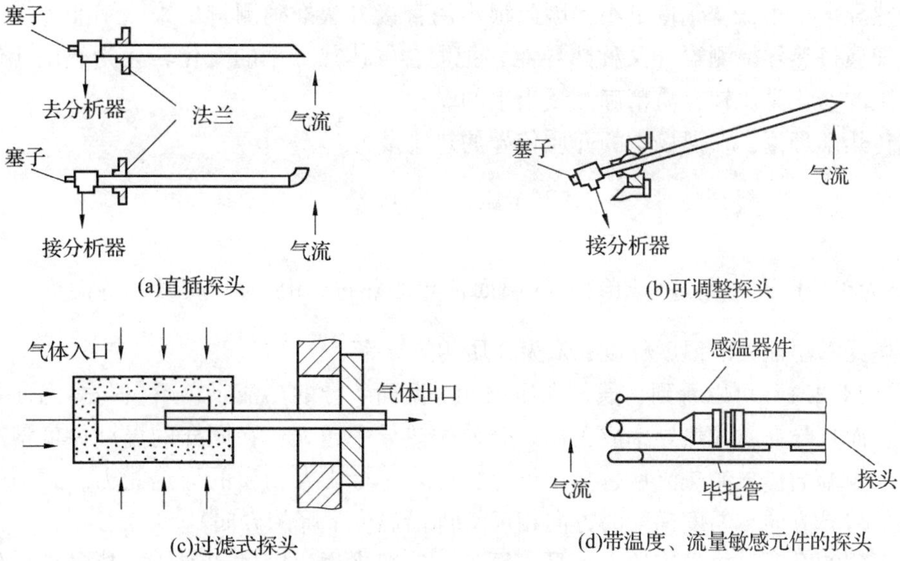

图 14.1.2　敞开式探头结构

14.1.3　成分分析仪器的主要性能指标

成分分析仪器的主要性能指标有灵敏度、精度、重复性、噪声、线性范围、选择性、分辨率和响应时间等。成分分析仪器的各项性能指标除选择性和分辨率外，剩余性能指标与其他仪器相似。选择性和分辨率是表示仪器区分特性相近组分的能力，选择性一般用于单组分成分分析仪器，分辨率多用于多组分成分分析仪器，分辨率的问题比较复杂，往往不同仪器表示形式也不同，这个问题将在后面介绍有关具体仪器时讨论，这里着重介绍选择性问题。

选择性的好坏一般用选择性系数 κ 来表示。

$$\kappa=\frac{\Delta\varphi_{\kappa}}{\Delta\varphi_{m}} \tag{14.1.1}$$

式中，$\Delta\varphi_{\kappa}$ 为干扰组分的含量变化；$\Delta\varphi_{m}$ 为与干扰组分等价的待测组分的含量变化。

这里所说的等价，是就仪器的输出信号而言的，即 $\Delta\varphi_{\kappa}$ 和 $\Delta\varphi_{m}$ 可以引起仪器有同样大小的输出。很明显，一台仪器的选择性系数越大，仪器的区分能力就越强。例如，一台仪器当干扰组分含量变化 50%时，仪器的输出为 50 mV，而当待测组分的质量分数变化 1%时，仪器有同样大小的输出，则该仪器的选择性系数为

$$\kappa=\frac{0.50}{0.01}=50 \tag{14.1.2}$$

说明仪器对待测组分的灵敏度比对干扰组分的灵敏度高 50 倍。

14.2　热导式气体分析仪

14.2.1　基本原理

热导式气体分析仪是通过测量混合气体热导率的变化量来实现被测组分浓度测量的。由

于气体的热导率很小，变化量更小，因此很难用直接方法准确测量出来。工业上多采用间接的方法，即通过热导检测器（又称热导池）把混合气体热导率的变化转化为热敏元件电阻的变化，电阻的变化是比较容易精确测量出来的。

根据传热学理论，在温场中的介质传导的热流量为

$$dQ=-\lambda \frac{dt}{dn}dS \tag{14.2.1}$$

式中，dQ 为单位时间内通过介质微元等温面传导的热量；dS 为介质微元等温面的面积；$\frac{dt}{dn}$ 为所考虑微元等温面处的温度梯度；λ 为介质的热导率。

由式（14.2.1）可以看到，通过介质微元等温面传导的热流量，不仅与等温面处的温度梯度有关，而且与介质的热导率成正比。介质的热导率越大，在同样的温度梯度情况下，通过单位微元等温面传导的热流量越多。可见，热导率标志着物质的导热能力。式中的负号说明热流量的传导方向与温度梯度的方向相反（即沿温度下降的方向）。

对于不同的介质，热导率的大小是不同的。一般来说，固体和液体的热导率比较大，气体的热导率比较小。气体的热导率通常与温度有关。当温度升高时，分子运动加剧，热导率随之增大。热导率与温度的关系，在温度变化范围不是很大时，可近似写为

$$\lambda=\lambda_0(1+\beta t) \tag{14.2.2}$$

式中，λ 为温度为 t 时介质的热导率；λ_0 为温度为 0 ℃时介质的热导率；t 为摄氏温度；β 为介质热导率的温度系数。

表 14.2.1 给出了常见气体相对热导率（气体热导率与相同条件下空气的热导率之比）及其温度系数的数据。

表 14.2.1　常见气体相对热导率及其温度系数

气体名称	相对热导率（0 ℃时）	温度系数/℃$^{-1}$（0~100 ℃）
空气	1.000	0.002 53
氢	7.130	0.002 61
氖	1.991	0.002 56
氧	1.015	0.003 03
氮	0.998	0.002 64
一氧化碳	0.954	0.002 62
氨	0.897	—
氩	0.685	0.003 11
氧化亚氮	0.646	—
二氧化碳	0.614	0.004 95
硫化氧	0.538	—
二氧化硫	0.344	—
氯	0.322	—

续表

气体名称	相对热导率（0 ℃时）	温度系数/$℃^{-1}$（0~100 ℃）
甲烷	1. 318	0. 006 55
乙烷	0. 807	0. 005 83
乙烯	0. 735	0. 007 63
二乙醚	0. 543	0. 007 00
丙酮	0. 406	0. 007 20
汽油	0. 370	0. 009 80
二氯甲烷	0. 273	0. 005 30
水蒸气	0. 973（100 ℃时）	0. 004 55（100 ℃时）

以烟气中 CO_2 气体体积分数分析为例，对于大多数烟气，一般都是由多种气体组成的混合体，除含有 CO_2 外，还可能含有 SO_2，N_2，O_2 及水蒸气等。混合气体的热导率是由所含组分气体的热导率共同决定的。对于彼此之间无相互作用的多组分气体，其热导率可近似地认为是各组分热导率按组成体积分数的加权平均值，即

$$\lambda_m = \sum_{i=1}^{n} \lambda_i C_i \tag{14.2.3}$$

式中，λ_m 为混合气体的平均热导率；λ_i 为混合气体中第 i 组分的热导率；C_i 为混合气体中第 i 组分的体积分数。

根据混合气体热导率与各组分热导率之间的关系，就可以实现多组分气体的体积分数分析。由式（14. 2. 3）可见，尽管各组分热导率 λ_i（$i=1，2，\cdots，n$）是已知的，但各组分的体积分数都是未知的，试图通过上面方程来确定所有组分的体积分数，实际上是不可能的。严格地讲，热导式气体成分分析仪只能解决双组分气体的体积分数分析，此时式（14. 2. 3）的具体形式为

$$\lambda_m = \lambda_1 C_1 + \lambda_2 C_2$$

设下标 1 的组分为待测组分，下标 2 的组分为背景组分。由于 $C_1+C_2=100\%$，于是

$$\lambda_m = \lambda_1 C_1 + \lambda_2 (1-C_1) \tag{14.2.4}$$

$$C_1 = \frac{\lambda_m \lambda_2}{\lambda_1 - \lambda_2} \tag{14.2.5}$$

可见，只要测出混合气体的热导率 λ_m 就可以根据两个组分的热导率（λ_1 和 λ_2）求得待测组分的含量。对式（14. 2. 4）微分，可得

$$\frac{d\lambda_m}{dC_1} = \lambda_1 - \lambda_2 \tag{14.2.6}$$

由式（14. 2. 6）可见，仪器的灵敏度与两个组分热导率之差成正比，即两组分热导率相差越大，仪器的灵敏度就越高。

对于烟气和大多数多组分混合气体，若各组分之间满足以下两个关系：

①除待分析的组分外，其余组分的热导率相等或接近，即 $\lambda_2 \approx \lambda_3 \approx \cdots \approx \lambda_n$。接近的程度越高，仪器的测量精度越高。若个别气体的 λ 值与其他背景气体的 λ 值相差较远，则被视为干扰成分，在分析之前要去掉。

②分析组分与其余组分的热导率相差很大，以保证仪器有较高的灵敏度。

14.2.2 测量电路

被测气体浓度的变化，经过热导池变成了电阻丝阻值的变化，阻值的变化可采用电桥来进行测量。热导式气体分析仪实际常用的测量电路有下面两种。

1. 直流单桥测量线路

图 14.2.5 所示为稳压器供电的直流单桥测量线路图。图中，R_1、R_2 为电桥参比臂；R_3、R_4 为电桥工作臂；RP_2 为量程调节电位器；RP_1 为零位调节电位器；R_{11}、R_{12}为零位电阻；R_{13}、R_{14}为量程电阻；M 为二次仪表。R_1、R_2、R_3、R_4 四臂采用恒温结构，可以避免环境温度变化对测量精度的影响。这种线路调整方便，灵敏度高。

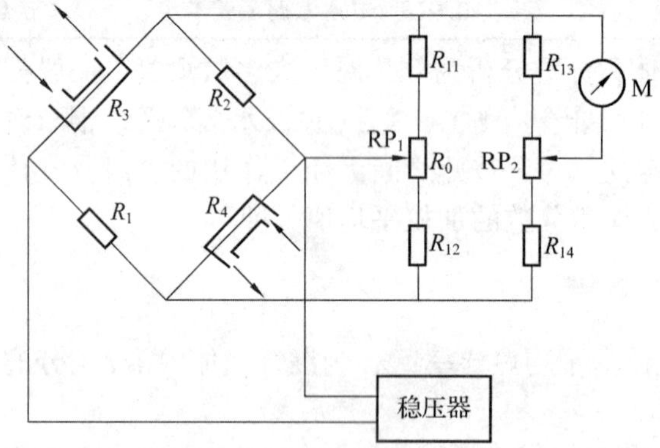

图 14.2.5 稳压器供电的直流单桥测量线路图

2. 交流双桥测量线路

交流双桥测量线路如图 14.2.6 所示。双桥检测电路中除了测量电桥 I 外，还增加了参比电桥Ⅱ，测量电桥 I 是双臂串并联型不平衡电桥，R_1 和 R_3 为测量热导池中的电阻丝，R_2 和 R_4 为参比热导池中的电阻丝，参比热导池中密封着测量下限浓度的气体。在参比电桥Ⅱ中，有电阻丝 R_5 和 R_7 的热导池内密封着测量上限浓度的气体，而有 R_6 和 R_8 电阻丝的热导池内密封着测量下限浓度的气体。

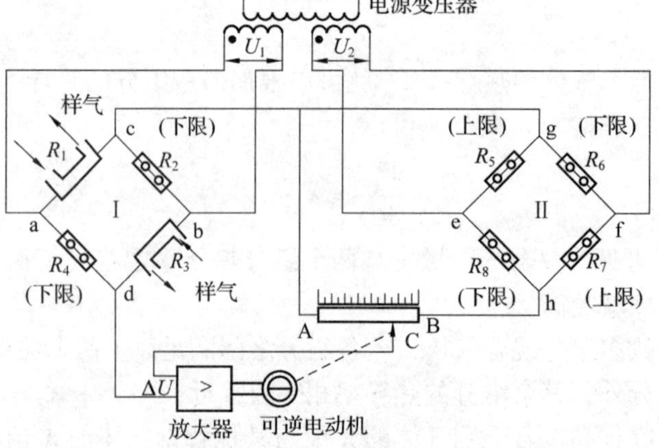

图 14.2.6 交流双桥测量线路

电源变压器两副边的输出电压相等，即 $U_1=U_2$。U_1 和 U_2 分别作为测量电桥 I 和参比电桥Ⅱ的工作电压 U_{ab} 和 U_{ef}，两电桥的输出端电压分别为 U_{cd} 和 U_{gh}。参比电桥Ⅱ由于四个桥臂是四个密封着的固定气体浓度的热导池，在电阻为 R_5 和 R_7 的热导池中密封着测量上限浓度的气体，所以气体浓度最大，导热换热最强，平衡温度最低，电阻值最小。在电阻为 R_6 和 R_8 的热导池中密封着测量下限浓度的气体，导热换热最弱，平衡温度最高，电阻值最大，且 $R_5=R_7$、$R_6=R_8$。在测量电桥 I 中，R_2 和 R_4 是两个密封在测量下限浓度的气体的热导池中的电阻丝。而 R_1 和 R_3 的电阻值要随着被分析气体的浓度而变化，因此也使测量电桥 I 的输出电压 U_{cd} 发生变化。U_{cd} 的极性和 U_{gh} 相反，U_{cd} 和 U_{gh} 的差值 ΔU 送到放大器中，带动可逆电机，推动滑线电阻 R_{AB} 上的滑点 C 左右滑动去寻找平衡点，滑线电阻 R_{AB} 上面的标尺可以直接刻度被测气体的浓度值。当样气中所含被测气体浓度为下限值时，测量电桥输出电压 U_{cd} 为零，参比电桥Ⅱ的输出电压 U_{gh} 全部加在滑线电阻 R_{AB} 上，则滑线电阻的滑点 C 会停在标尺的左端点 A 处，指针正对标尺的下限值。当样气中所含被测气体浓度为上限值时，$U_{cd}=U_{gh}$，滑线电阻的滑点 C 会停留在标尺最右端的 B 处，指针正对标尺的上限值。当样气中所含气体浓度为测量范围中某一值时，滑线电阻的滑点 C 会停在标尺中间的某一位置上。当样气中所含气体的浓度再变化时，U_{cd} 变化，ΔU 差值变化，经过放大后，可逆电动机会带动滑点 C 寻找新的平衡点，从而使指针指示新的浓度值。双桥检测由于采用了差动测量方式，可以有效地克服电源电压波动和环境温度变化给测量带来的影响。

热导式气体分析仪能够测量的气体种类很多，如 H_2、CO_2、NH_2、Cl_2、Ar、He、SO_2、H_2 中的 H_2 和 O_2 混合气体、N_2 和 H_2 混合气体等；测量范围宽，待测组分含量在 0~100%测量范围内均可使用。

14.3　氧化锆氧量分析仪

在锅炉燃烧系统中，为了确定燃烧的状况，计算燃烧的效率，必须测量烟道中 O_2、CO_2、CO 等气体的体积分数，其中氧的体积分数最为重要。虽然磁性氧量分析仪广泛应用于测定氧的体积分数，但是，热磁式测氧仪结构复杂，使用不方便，而且准确度较低。20 世纪 60 年代出现了氧化锆（ZrO_2）氧量分析仪，具有结构简单、工作可靠、灵敏度高、稳定性好、响应速度快、安装维修方便等优点，是目前较为常用的氧量分析仪表。

14.3.1　工作原理

氧化锆测量氧的体积分数的基本原理是利用所谓的“氧浓差电势”，即在一块氧化锆两侧分别附以多孔的铂电极（又称“铂黑”），并使其处于高温下。如果两侧气体中的氧的体积分数不同，那么在两电极间就会出现电动势。此电动势是由于固体电解质两侧气体的氧的分子浓度不同而产生的，故称为氧浓差电势，这样的装置称为氧浓差电池，如图 14.3.1 所示。

氧浓差电池两侧分别为氧的体积分数不同的两种气体。氧分子首先扩散到铂电极表面吸附层内，高温下在多孔铂电极中变成原子氧，然后扩散到固体电解质和电极界面上。由于固体电解质内有氧离子空穴，扩散来的氧原子便从周围捕获两个电子变成氧离子进入氧离子空穴，同时产生两个电子空穴。铂电极中自由电子浓度高且逸出功小，所以产生的两个电子空穴立即从铂电极上夺取两个电子而达中和。当氧离子空穴被氧离子填充后，形成一个完整的

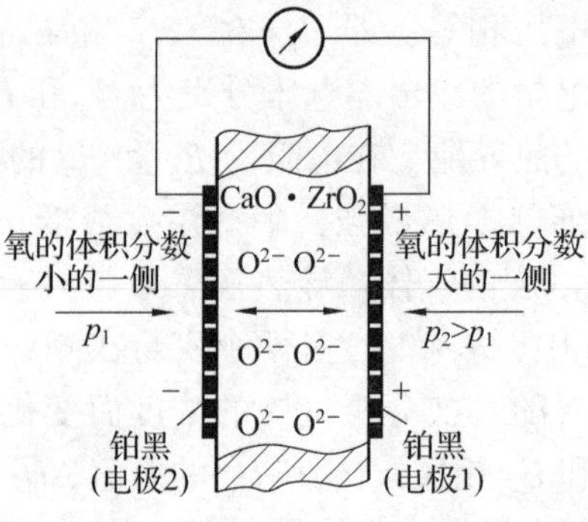

图 14.3.1　氧化锆浓差电池原理示意图

晶格结构。由于在电极上和固体电解质界面上氧离子空穴中氧离子浓度较高，在扩散作用下，进入氧离子空穴的氧离子还会跑出来，去填补靠近的氧离子空穴，空出来的位置又由新进入的氧离子所填补。这样直到氧离子到达另一电极，释放出两个电子成为氧原子，并与其他氧原子结合成为氧分子。应当指出，氧离子的这种扩散迁移是双向的，但由于氧浓差电池的两侧气体的含氧浓度不同，氧分压不同，因此总的趋势是氧离子从含氧浓度高的一侧向浓度低的一侧扩散，即氧从电极 1 上得到电子，通过氧离子空穴迁移到电极 2 后释放出电子，变为氧气。这时在电极 1 上（正极是进行还原反应的电极）产生下列反应：

$$O_2+4e^- \longrightarrow 2O^{2-} \qquad （还原反应）$$

到达电极 2 后，在电极 2 上（负极是进行氧化反应的电极）将产生下列反应：

$$2O^{2-} \longrightarrow O_2+4e^- \qquad （氧化反应）$$

这样在电极上产生了电荷的积累，从而在两极板间建立了电场，此电场将阻止这种迁移的进一步进行，直至达到动态平衡状态，此时在两极板间会形成电势。

浓差电动势的大小可由涅恩斯特（Nernst）公式计算得到，即

$$E=\frac{RT}{nF}\ln\frac{p_R}{p_x} \tag{14.3.1}$$

式中，E 为浓差电动势，V；R 为理想气体常数，$R=8.314$ J/（mol · K）；T 为氧化锆管所处的温度，K；n 为迁移一个氧分子的电子数，$n=4$；F 是法拉第常数，$F=96\ 500$ C/mol；p_R 和 p_x 分别为参比气体和被测气体的氧分压（氧的体积分数）。

由式（14.3.1）可以看出，只要温度 T 较高（一般为 650~800 ℃）且保持一定值，并选定一种已知氧的体积分数的气体作为参比气体（一般选用空气），则可测得氧浓差电动势 E，即可求出被测气体的氧分压（氧的体积分数）p_x。当参比气体用空气时，由于空气中氧的体积分数约为 20.9%，根据道尔顿分压定律有

$$\frac{p_R}{p_x}=\frac{20.9}{x} \tag{14.3.2}$$

式中，x 为被测气体的氧百分含量。将 R、F、n 值及式（14.3.2）代入式（14.3.1）得此时浓差电动势 E 为

$$E=4.961\times10^{-5}T\ln\frac{20.8}{x} \tag{14.3.3}$$

利用氧化锆探头测氧体积分数应满足以下条件：

①氧化锆浓差电动势与氧化锆探头的工作温度成正比，所以氧化锆探头应处于恒定温度

下工作或采取温度补偿措施。

②为了保证测量的灵敏度，探测器工作温度应适中。工作温度较低时，其灵敏度下降；工作温度过低时，氧化锆内阻过高，正确测量其电动势较困难；工作温度过高时，烟气中的可燃物质就会与氧迅速化合形成燃料电池，使输出增大，对测量造成干扰。

③在使用过程中，应保持待测气体压力与参比气体压力相等，只有这样待测气体与参比气体氧分压之比才能代表上述两种气体的体积分数之比。同时，要求参比气体中氧的体积分数远高于被测气体中氧的体积分数，才能保证检测器具有较高的输出灵敏度。

④由于氧浓差电池有使两侧氧浓度趋于一致的倾向，因此，必须保证待测气体和参比气体都要有一定的流速，但流量不可过大。否则会引起热电偶测温不准和氧化锆温度不匀，造成测量误差。

14.3.2　氧化锆探头

氧化锆探头结构如图 14.3.2 所示，它的主要部件是氧化锆管。由于只有在高温下才能产生便于检测的浓差电动势，因此必须对其加温。可以利用被测的高温气体对氧化锆管直接加热，但这种加热方式难以恒定温度，且有时被测气体无法将氧化锆探头加热到所需的温度。因此，一般在探头内附有电加热丝，并配有测温元件（常用热电偶）和温度控制装置。

14.3.3　氧化锆氧量分析仪的应用

氧化锆氧量分析仪已经应用于需要进行氧量分析的各个领域，如根据废气和烟气中的氧含量确定燃烧的燃烧率，以便进行各种燃烧炉的燃烧控制，如热风炉、回转窑的热工控制等；或者通过对炼钢转炉烟气成分分析，检测与监控钢水的质量。此外，在化工过程、空气分离、汽车排放物污染监控等需要知道氧含量的场合，也常用到氧化锆氧量分析仪。

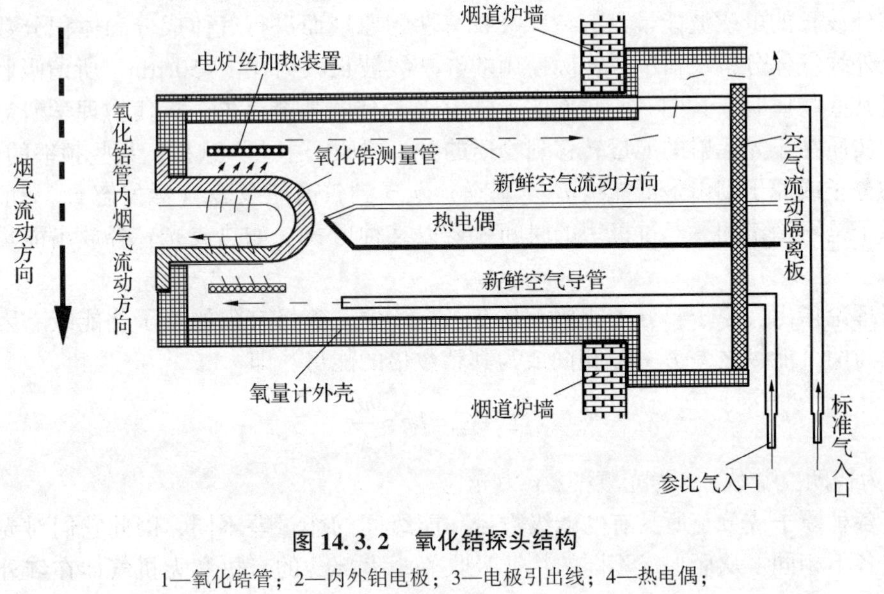

图 14.3.2　氧化锆探头结构

1—氧化锆管；2—内外铂电极；3—电极引出线；4—热电偶；
5—氧化铝管；6—加热炉丝；7—陶瓷过滤器

图 14. 3. 3 所示为轧钢加热炉氧量在线分析系统示意图。由于炉膛排出的烟气在烟道内成负压，且温度较高，因此检测器不能直接插入上升烟道，一般采用压缩空气喷射泵抽引烟气。被抽引的烟气经过水冷管，使烟气温度降低，在经过取样器取样检测出氧含量后，由喷射泵排出系统外。采用此系统，可实时监控转炉烟气中氧的体积分数，对控制燃烧时的空燃比、调节炉内气氛、实现合理燃烧、提高产品质量、降低能耗等有着非常重要的意义。

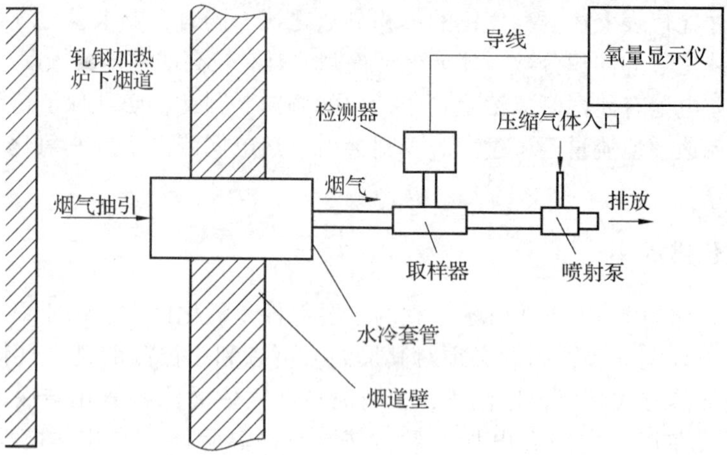

图 14. 3. 3　轧钢加热炉氧量在线分析系统示意图

14. 4　红外线气体分析仪

14. 4. 1　测量原理

红外线一般指波长从 0. 76~1 000 μm 范围内的电磁辐射。红外线气体分析仪是利用不同气体对红外波长的电磁波能量具有特殊吸收特性的原理而进行气体成分和体积分数分析的仪器。在红外线气体分析仪器中，实际使用的红外线波长大约在 1~50 μm。所谓吸收，是指红外线通过某些物质时，其中一些频率的光强度大为减弱甚至消失。近代物理学研究证明，吸收现象的实质在于光辐射的能量转移到物质的分子或原子中去。这样，某些频率的光能减少，而物质的分子或原子则由最低能级 E_0（基态）跃迁到较高能级 E_1（激发态）。一般激发态的分子或原子是不稳定的，经过极短的时间就要以某种形式（如热或光）释放出能量而恢复到基态。

量子理论指出，原子、分子或离子具有不连续的、数目有限的量子化能级。因此，物质仅能吸收与两个能级之差 E_1-E_0 相同或为其整数倍的能量，即

$$E_1-E_0=h\nu=\frac{hc}{\lambda} \tag{14.4.1}$$

式中，h 为普朗克常数；ν 为光频率；c 为光速。

由于各种原子或分子所具有的能级数目和能级间的能量差不同，因此它们对光辐射的吸收情况也各不相同，从而形成不同的特征吸收峰。大部分的有机和无机气体在红外波段内都有其特征吸收峰，有的气体还有两个或多个特征吸收峰。部分气体的红外线特征吸收峰如图 14. 4. 1 所示。

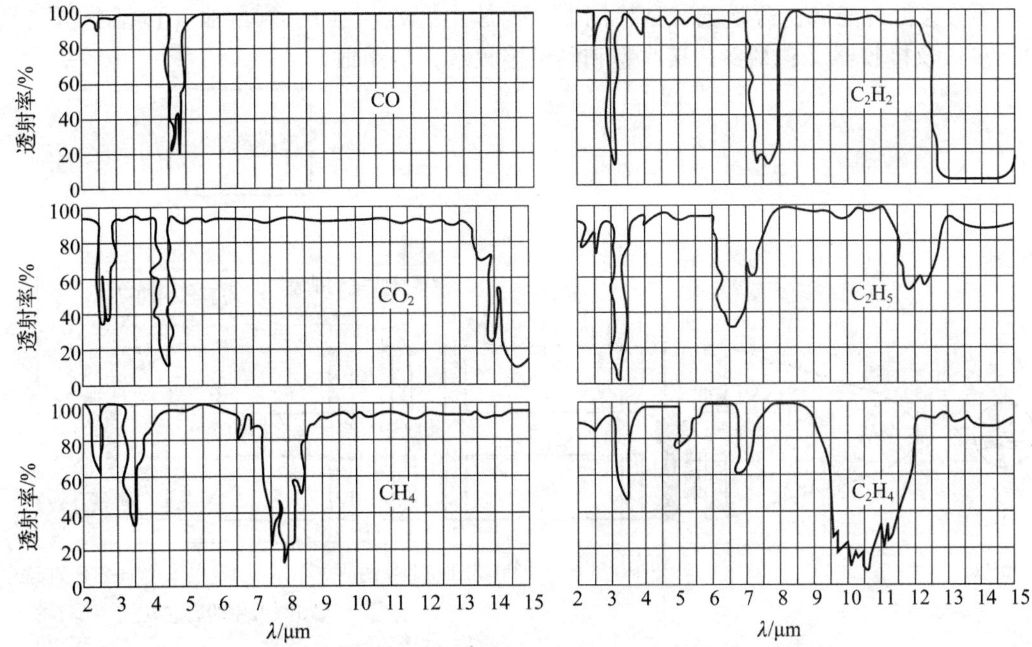

图 14.4.1 部分气体的红外线特征吸收峰图

朗伯-比耳（Lambert-Beer）定律描述了单色平行光通过均匀介质时能量被介质吸收的规律，即光的吸收定律，其表达式为

$$I=I_0c^{\kappa cl} \tag{14.4.2}$$

式中，I_0 为射入被测组分的光强度；I 为通过被测组分的剩余光强度；κ 为被测组分的吸收系数；c 为被测组分的物质的量浓度；l 为光线通过被测组分的长度。

由式（14.4.2）可见，用光强度为 I_0 的单色平行光通过均匀介质后，剩余光强度的大小随着 c 和 l 按指数规律衰减。吸收系数 κ 的大小取决于介质的特性，不同介质有不同的 κ 值，而一种介质的 κ 值又会随着光的波长 λ 值而变化。因此，对于不同的介质或不同波长的光，吸收的光强度也是不同的。红外线气体分析仪的工作原理是：用人工的方法制造一个包括被测气体特征吸收峰波长在内的连续光谱辐射源，让这个光谱通过固定长度的含有被测气体的混合组分，在混合组分的气体中，被测气体的浓度不同，吸收固定波长红外线的能量也不相同，继而转换成的热量也不同。在一个特制的红外检测器中，再将热量转换成温度或压力，测量这个温度和压力，就可以准确地测量被分析气体的体积分数。

14.4.2 红外线气体分析仪结构

工业红外线气体分析仪主要用于测量混合气体中某种组分的浓度，它的种类很多，从物理特性出发可以分为分光式及非分光式两大类；从测量方法上可以分为直读式和补偿式两种；从光学结构上可分为单光束及双光束两种。由于非分光直读式双光束红外线分析仪具有灵敏度高、响应速度快、结构简单、可以测量微量和常量等优点，在生产中广泛应用。本节重点讨论双光束直读式红外线气体分析仪的结构，其他结构形式参阅有关文献。

1. 双光束直读式红外线气体分析仪测量过程

双光束直读式红外线气体分析仪（俗称不分光红外气体分析仪）的结构如图 14.4.2 所

示。由不分光红外光源、薄膜微音型检测器（薄膜电容检测器）、测量池（包括分析气室和参比气室）及接收器（包括参比接收室和测量接收室）等组成。

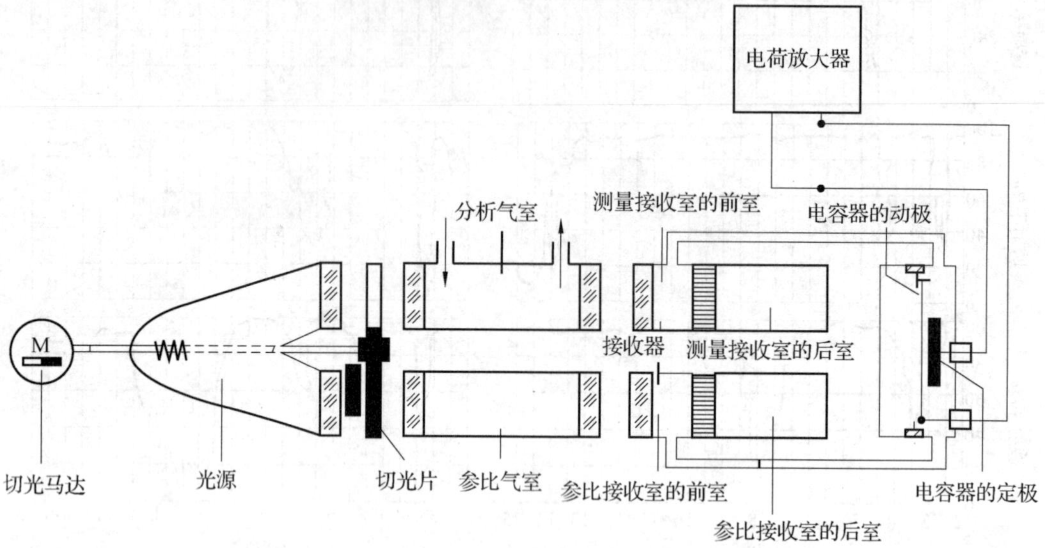

图 14.4.2　不分光红外气体分析仪的结构

红外光源发出两束波长及能量相同的红外线，经过由同步电机（切光马达）带动的切光片，调制成按照一定频率变化的平行光束，分别通过测量池的参比气室和分析气室。参比气室内封入的是不吸收红外线能量的氮气，红外线通过此气室后能量保持不变，而分析气室通入了被测气体，对红外线有吸收作用，从而使原来能量相等的两束红外线产生了能量差。这两束光再分别进入接收器的参比接收室和测量接收室。参比接收室和测量接收室都由前室和后室组成，前室和后室通过半透半反的光学镜片隔开，都充有吸收气体。吸收气体的吸收曲线近似于被测气体的消光曲线。由于进入接收器的两束红外线存在着能量差，因此，导致接收器的参比接收室和测量接收室中气体吸收红外辐射的能量不同，气体受热膨胀不同，产生的气压也不同，从而推动薄膜电容的动极板的移动，使得薄膜电容的容量发生变化。

在测量时，如果分析气室中没有通入被测气体，红外线经过分析气室后，能量不会衰减，两束红外线能量相同，薄膜电容的容量不会发生改变。如果分析气室中连续通过一定体积分数的被测气体，红外光线经过分析气室时，其辐射能量就会被吸收一部分。这样，由接收器的参比接收室和测量接收室中吸收气体的能量不同而导致薄膜电容的容量变化就与分析气室中被测气体的浓度有关。通过电荷放大器，将电容的变化转换成电压的变化，再经放大和滤波等各种处理，仪器就能输出一个与被测气体浓度变化相对应的信号，供显示或控制。

2. 双光束直读式红外线气体分析仪基本部件结构

（1）光源和调制器。

光源的任务是产生具有一定调制频率（2~12 Hz）、两束能量相等且稳定的平行红外光束，其结构如图 14.4.3 所示。它是由光源、反射镜、切光片及同步电机组成。

光源灯丝由镍铬丝制成，通上稳压或稳流电源，将灯丝加热到 750~850 ℃时，灯丝发出

3~15 μm 的辐射能，经过反射镜反射后得到两束平行的红外辐射能，经过图 14.4.3（c）所示的切光片调制成频率为 3~25 Hz 的断续光束。

由于双光源不易制成两束辐射强度完全相等的光源，还需要设置调整两束光能相等的电路，才能达到两束光平衡，因此采用图 14.4.3（b）所示的单光源双光束结构，这种结构只要严格调整两个 45°的反射镜，就能获得两束能量相等的平行光源。

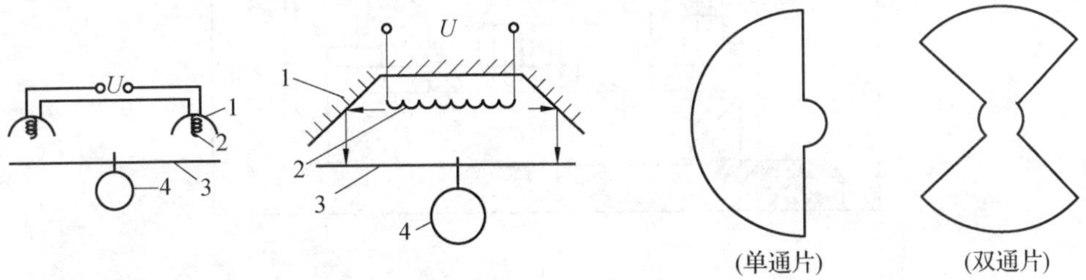

(a)光源及调制部分(双光源)　(b)光源及调制部分(单光源)　(c)切光片

图 14.4.3　光源部件结构示意图

1—反光镜；2—光源；3—切光片；4—同步电机

（2）气室和滤光器。

气室包括测量气室、参比气室和滤光气室。其结构都制成圆筒形，除测量气室有气样进出口之外，参比气室和过滤气室都是密封的，所有气室内壁非常光洁，要求不吸收红外线，不能吸附气体，对气体不起任何化学作用。测量气室长度与浓度成反比。

滤光气室封入一定浓度的干扰组分，它的长度由封入干扰组分的浓度决定，有的红外线分析仪不采用滤光气室，而用滤光片将干扰组分特征吸收波长全部滤去，这种结构较简单。

气室两端用透光材料密封，它既保证气室的密封性，又具有良好的透光性，并且因各种透光材料允许透过光波长的不同，又起到了滤光作用，常用的透光材料有蓝宝石（Al_2O_3）、氟化锂（LiF）等。

（3）检测器。

电容式薄膜微音检测器的结构图如图 14.4.4 所示。图中，1 为窗口的光学玻璃；2 为壳体；3 为薄膜，在其下部带有电容式传感器的动片；4 为电容式传感器的定片；5 为绝缘体；6 为支架；7 和 8 为薄膜隔开的两个气室；9 为后盖；10 为密封垫圈。检测器两气室所充的气体就是需要测量的气体，一般用中性气体氮气（N_2）或氩气（Ar）与被测气体制成一定浓度的混合气体充入检测室中，被测气体的浓度不要太高。若浓度太高，红外线中某一波长的能量在检测气室窗口镜片附近就会全部被吸收，而不能深入到检测气室的下层，此时局部温度虽然相对高些，但窗口向四周的对流换热和检测气室壁的传导换热损失会加大，检测器的灵敏度就会下降。检测器的气室吸收红外线的能量，导致温度升高，压力变大，这些变化是极其微小的，因此检测气室的密封极为重要。另外，检测气室动片和定片之间要形成电容，就必须保持很高的绝缘性，因此对封入的气体要进行深度的干燥。检测器使用一段时间后，灵敏度会下降，需经过重新充气，方可继续使用。

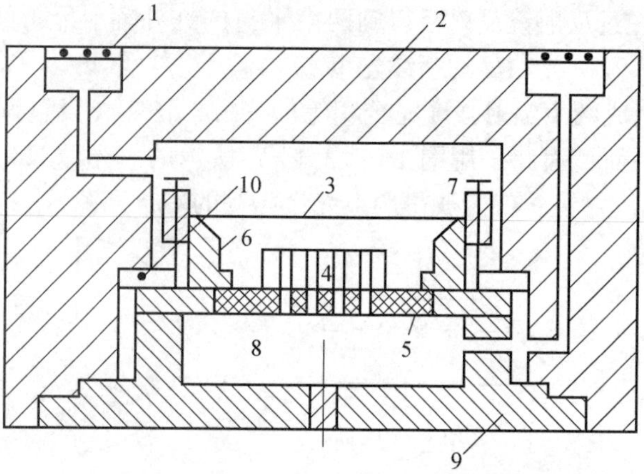

图 14.4.4 电容式薄膜微音检测器的结构图

1—光学玻璃；2—壳体；3—薄膜；4—电容传感器定片；5—绝缘件；6—支架；7，8—气室；9—后盖；10—密封垫圈

3. 具有双层检测气室和光耦合器红外线气体分析仪测量原理

前面已经讨论，对于不同的气体，虽然其吸收波长各不相同，但也可能有部分重叠，这会导致交叉干扰产生。可采用以下措施来最大限度地降低这种交叉干扰：①使用滤波气室(分光器)；②使用带有光耦合器的双层检测气室；③使用滤光片。

图 14.4.5 所示为具有双层检测气室和光耦合器红外气体分析仪的测量原理图。其基本原理是：一个红外光源 1 被加热到约 700 ℃。光源发出的光经过光束分离器 3 被分成两路相等的光束（测量光束和参比光束）。红外光源可左右移动，以平衡光路系统。分光器同时也起到滤波气室的作用。参比光束通过充满 N_2（非吸收红外光气体）的参比气室 8，然后未经衰减到达右侧检测器 11。测量光束通过流动着样气的测量气室，并根据样气浓度的不同而产生或多或少的衰减后到达左侧检测器 10。检测气室内充满了特定浓度的待测气体组分。检测气室被设计成双层检测气室。光谱吸收波段的中间位置的光优先被上层检测气室吸收，边缘波段的光几乎同样程度地被上层检测气室和下层检测气室吸收，上层检测气室和下层检测气室通过微流量传感器 12 连接在一起。这种耦合意味着吸收光谱的带宽很窄。光耦合器 13 延长了下层检测气室的光程长度。改变光耦合器旋杆的位置，可以改变下层检测气室的红外光吸收。因此，最大限度地减少某个干扰组分的影响是可能的。斩光器 5 在分光器和气室之间旋转，交替地、周期性地斩断两束光线。如果在测量气室有红外光被吸收，那么就将有一个脉冲气流被微流量传感器 12 转换成一个电信号。微流量传感器中有两个被加热到大约 120 ℃的镍格栅，这两个镍格栅和两个补充电阻形成惠斯顿电桥。脉冲气流流过紧密排列的镍格栅将导致电阻发生变化，这使电桥产生输出，该输出数值的大小取决于样气浓度的大小。需要指出的是，样气在进入分析仪器中时必须是无尘的，而且样气室中必须避免含有冷凝气。因此，在大多数应用中，样气的预处理是很有必要的。

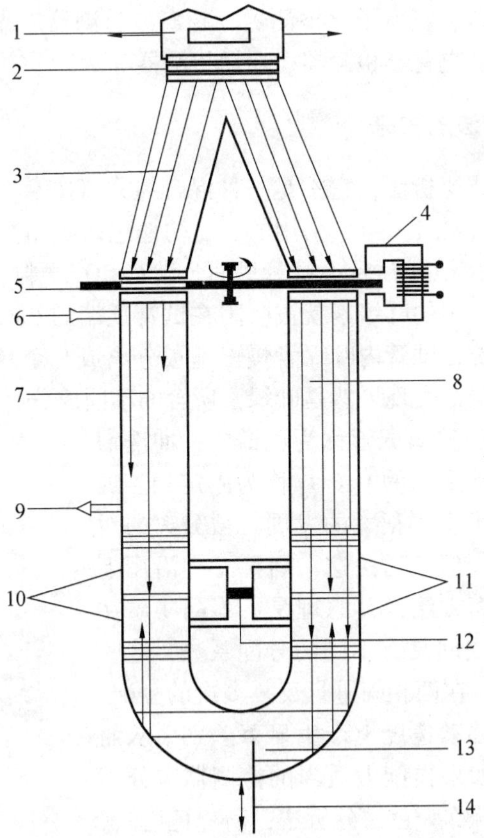

图 14.4.5　具有双层检测气室和光耦台器红外线气体分析仪的测量原理图

1—红外光源（可调）2—光学过滤器；3—光束分离器（气体过滤器）；4—旋转电流驱动器；5—斩光器；6—样气入口；7—样气室；8—参比气室 9—样气出口；10—检测器（左）；11—检测器（右）；12—微流量传感器；13—光耦合器；14—滑动触头（可调）

14.4.3　红外线分析仪的应用

工业过程红外线分析仪选择性好，灵敏度高，测量范围广，精度较高，一般为 1～2.5 级，低浓度（10^{-6} mol/L）时为 2～5 级，响应速度快，对能吸收红外线的 CO、CO_2、CH_4、SO_2 等气体以及液体都可以进行分析。它广泛应用于大气检测、大气污染、燃烧过程、石油及化工过程、热处理气体介质、煤炭及焦炭生产过程等工业生产过程中气体检测。此外，其还可以用红外线分析仪测定水中微量油分，在医学中用于肺功能的测定，以及在农业生产中应用于水果、粮食的储藏和保管等。

14.5　气相色谱仪

气相色谱仪是基于色谱法原理工作的成分分析仪器，它将分析样品在进样口中汽化后，由载气带入色谱柱，通过对欲检测混合物中组分有不同保留性能的色谱柱，使各组分分离，依次导入检测器，以得到各组分的检测信号。按照导入检测器的先后次序，经过对比，可以区别出是什么组分，根据峰高度或峰面积可以计算出各组分含量。通常采用的检测器有热导检测器、火焰离子化检测器、氦离子化检测器、超声波检测器、光离子化检测器、电子捕获检测器、火焰光度检测器、电化学检测器、质谱检测器等。

14.5.1 色谱分析方法的由来

色谱法也称为色层法或层析法，它本是一种混合物分离技术。“色谱”这一术语是20世纪初俄国植物学家茨维特（M. Tswett）引用的。当初他想研究植物中叶绿素的组成，于是用一支竖直玻璃试管，如图14.5.1所示，试管里面装满 $CaCO_3$ 颗粒，把植物叶绿素的浸取液加到试管的顶端，此时浸取液中的叶绿素就被吸附在试管顶端的 $CaCO_3$ 颗粒上。然后用纯净的石油醚倒入试管中加以冲洗，试管内叶绿素慢慢地被分离成几个具有不同颜色的谱带，按谱带的颜色对混合物进行鉴定，发现果然是叶绿素所含的不同成分。

在实验中，分离所用的玻璃试管称为色谱柱，冲洗剂石油醚称为流动相，作为吸附剂的 $CaCO_3$ 称为固定相。近百年来，色谱分离鉴定技术有了很大的发展，被分离的对象已远远不限于有色物质，但色谱法这一名称一直沿用下来。色谱法是一种物理分离方法，其原理是：不同物质在两相（固定相和流动相）之间具有不同的分配系数，这些物质同流动相一起运动时，在两相间进行反复多次的分配，使分配系数不同的物质在移动速度上产生显著差别，从而使各组分达到完全分离。如果再配上适当的检测器对分离物进行定性、定量鉴定，就称为色谱分析法，简称色谱法。

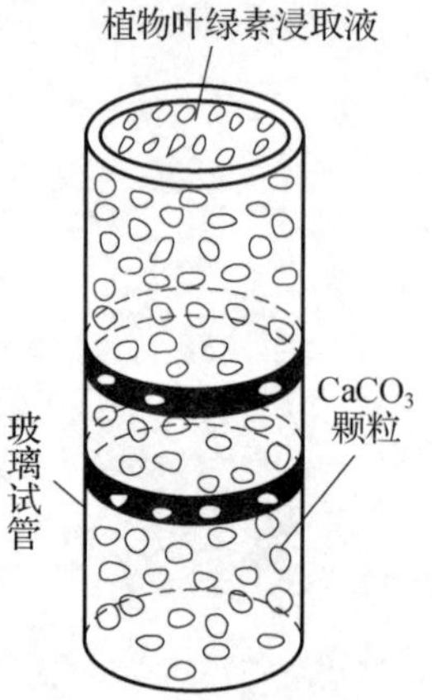

图 14.5.1　色谱分离实验示意图

色谱法根据流动相的不同可分为气相色谱法和液相色谱法。同样，固定相也可以是固体或者液体，因而色谱法又可分为气液色谱法、气-固色谱法、液-液色谱法和液-固色谱法。

气相色谱法是一种以气体为流动相，采用柱色谱的分离、分析技术。气相色谱法的突出优点是：

①分离效能高。对物理、化学性能很接近的复杂混合物质都能很好地分离，进行定性、定量检测。有时在一次分析时，可同时解决几十甚至上百个组分的分离测定。

②灵敏度高。能检测出 10^{-6} 级甚至 10^{-9} 级的杂质含量，而只需要不足1 mL的气体样品或不足1 μL的液体样品。

③分析速度快。由于计算机的应用，甚至在几秒钟内即可获得精确的分析结果。

④应用范围广。气相色谱法可以分析气体、易挥发的液体和固体样品。就有机物分析而言，应用最为广泛，可以分析约20%的有机物。此外，某些无机物通过转化也可以进行分析。

14.5.2 气相色谱法的分离原理

1. 气相色谱仪的一般流程

图14.5.2所示是气相色谱仪的简化流程示意图。在气相色谱分析中，流动相为载气，多数使用 N_2、H_2、He等气体。载气由高压气瓶供给，经干燥净化装置除去杂质和水分，再经过计量、调节仪表使之以稳定的压力和精确的流量先后进入汽化室、色谱柱、检测器，然后放空。被分析试样常用微量注射器打进汽化室，当试样为液体时，要经汽化室加热使之瞬间

汽化，成为气体试样。

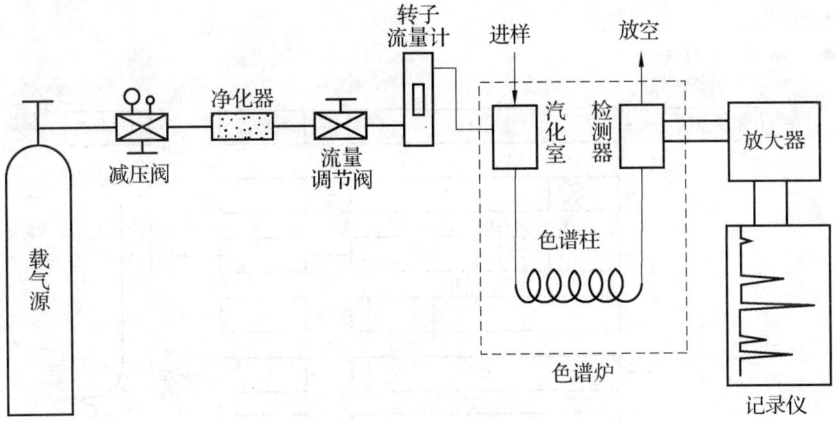

图 14.5.2　气相色谱仪的简化流程示意图

试样被载气带进色谱柱进行分离，其不同组分将按顺序依次进入检测器（如热导池）。色谱炉是为色谱柱提供恒定或按顺序改变温度环境的装置。检测器将载气中组分体积分数的多少转换为电信导，经放大后由记录仪绘制出如图 14.5.3 所示的色谱图。图中每个色谱峰对应一种组分。一般来说，出峰时间的先后可作为定性分析的依据，峰的面积或峰高可作为定量分析的依据。

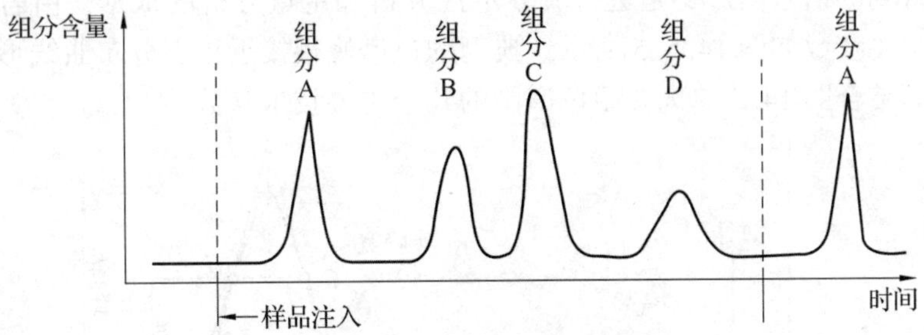

图 14.5.3　色谱图

2. 柱色谱的分离原理

图 14.5.3 所示是试样在色谱柱中分离过程的示意图。

色谱柱中填充固定相，样品中各组分在固定相和流动相之间的分配情况是不同的。以气-液色谱法为例，在一定温度、压力下，组分在气、液两相间分配达到平衡时的摩尔质量之比称为分配系数，即

$$K_i = \frac{\rho_{si}}{\rho_{mi}} \tag{14.5.1}$$

式中，ρ_{si}为组分 i 在固定相中的摩尔质量；ρ_{mi}为组分 i 在流动相中的摩尔质量。

在各个组分随流动相移动的过程中，分配系数较大的组分受到的阻滞力也较大，在固定相中停留的时间较多，移动较慢。这种分配在色谱柱管中要进行$10^3 \sim 10^6$ 次。这就使得那些分配系数只有微小差别的物质在移动速度上产生差别，只要有足够的分配次数和足够的时间，最终都可以使各组分达到完全分离。图 14.5.4 表示两个组分 A 和 B 的混合物经过一定长度的色谱柱后，在不同时间流出色谱柱，进入检测器产生信号，于是在记录仪中出现色谱峰。

可以根据色谱峰出现的不同时间 t_4 和 t_5 来进行定性分析，同时还可以根据色谱峰的高度或峰面积进行定量分析。

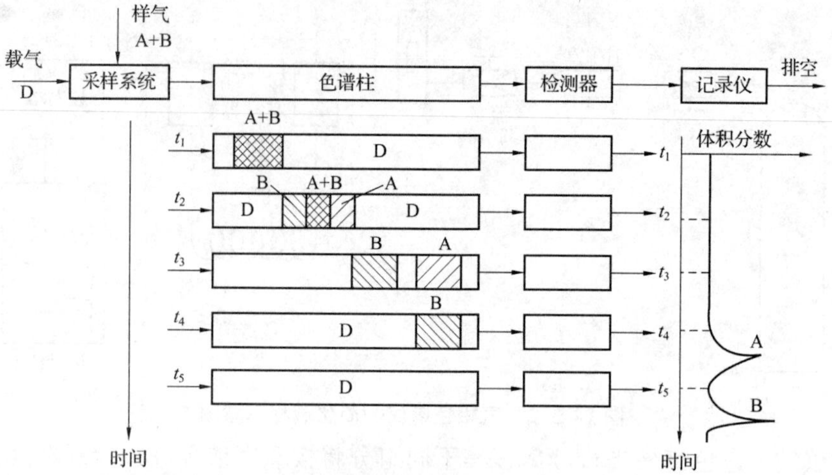

图 14.5.4　试样在色谱柱中分析过程的示意图

3. 色谱图及其主要参数

由记录仪得到的色谱图又称流出曲线。它是被分析样品在载气的带动下经过色谱柱分离后进入检测器得到的信号图形，是进行成分定性分析和定量分析的依据，由若干个色谱峰组成。色谱图的主要参数如图 14.5.5 所示。典型的色谱峰很接近正态分布曲线形状，所以又称为高斯峰。下面结合图 14.5.5 来介绍色谱图的几个主要技术参数。

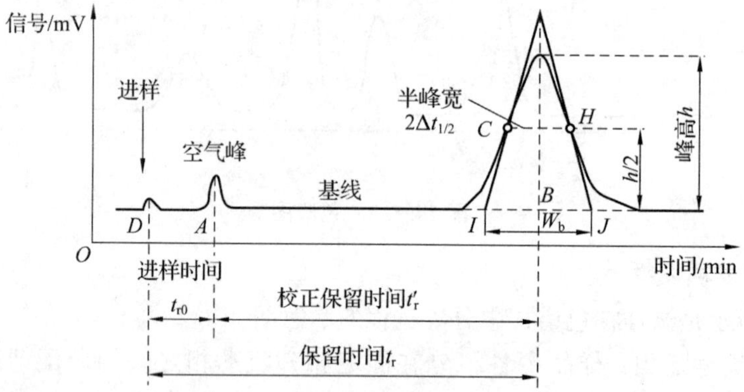

图 14.5.5　色谱图的主要参数

（1）基线。

色谱仪启动后，只有载气通过而没有样气注入时所记录的曲线称为基线。基线一般不取零值，仪器性能稳定时，它应当是平行于时间轴的直线，如图 14.5.5 所示。基线的漂移是衡量色谱仪优劣的主要指标。

（2）保留时间。

以下提到的几个时间参数都是从进样开始计算的，所以必须准确地确定进样时刻。当试样注入时，由于压力的突然变化或液体瞬间汽化切断气流，都会使检测器产生一个不大的输出信号，称为进样信号，如图 14.5.5 中的 D 点。

进样时间 t_{r0} 指不能被固定相吸附或溶解的惰性组分（如空气、惰性气体等）从进样到出峰的时间，如图 14.5.5 中的 *DA* 段，此峰也称为空气峰。t_{r0} 反映色谱柱中空隙体积的大小。

保留时间 t_r 是指被分析组分从进样到出峰的时间，如图 14.5.5 中的 *DB* 段。

校正保留时间 t'_r 是指保留时间扣除死时间的数值，即 $t'_r=t_r-t_{r0}$，它表示该组分在固定相中停留的时间。

（3）保留体积。

进样体积 V_{r0}、保留体积 V_r、校正保留体积 V'_r 分别指相应的进样时间 t_{r0}、保留时间 t_r 和校正保留时间 t'_r 内通过色谱柱载气的体积。如果载气的体积流量 q_V 恒定不变，则体积保留值等于时间保留值与体积流量 q_V 之积。

（4）区域宽度和分离度。

色谱峰所占区域宽度反映了分离条件的优劣。通常区域宽度有两种表示方法：

①半峰宽 $2\Delta t_{1/2}$ 指色谱峰在峰高一半处的宽度，如图 14.5.5 中的 *CH* 段。

②基线宽 W_b 指通过流出曲线的拐点所作的切线在基线上的截距，如图 14.5.5 中的 *IJ* 段。

从色谱图上可以看出，只有相邻的色谱峰能明显分开时，才能实现两组分的有效分离。衡量分离效能的指标用分离度（或分辨率）来表示，如图 14.5.6 所示。分离度定义为相邻两色谱峰保留值（保留时间或保留体积）之差与两峰宽度平均值之比，即

$$R=\frac{t_{rb}-t_{ra}}{\dfrac{W_a+W_b}{2}} \tag{14.5.2}$$

或

$$R=\frac{t_{rb}-t_{ra}}{\Delta t_{b1/2}+\Delta t_{a1/2}} \tag{14.5.3}$$

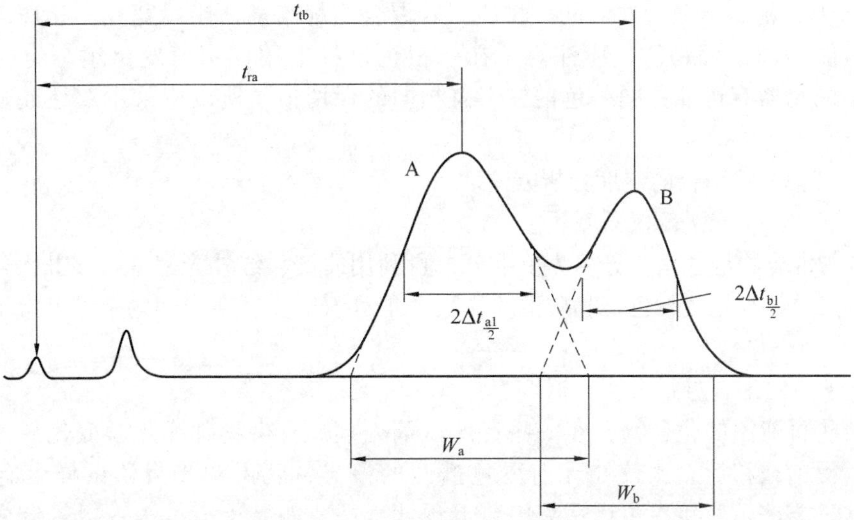

图 14.5.6　重叠峰的色谱图

显然，分离度 *R* 越大，分散效果越好，*R*<*l* 时两峰有部分重叠；*R*=1 时，两个等面积的高斯峰分离效率达 98%；*R*=1.5 时，其分离效率达 99.7%，可以认为完全分离。*R* 若再大，则会加长分析时间。在工业气相色谱分析中，一般要求有很大的分离度，以便程序的安排和

维持较长的柱寿命，所以 R 的取值可高达 5~10。

14.5.3 气相色谱法的特点

（1）分离效率高：复杂混合物、有机同系物、异构体、手性异构体等。
（2）灵敏度高：可检测出 $\mu g \cdot g^{-1}$（10^{-6}）量级甚至 $ng \cdot g^{-1}$（10^{-9}）量级的物质。
（3）分析速度快：一般在几分钟或几十分钟内可以完成一个试样。
（4）应用范围广：可应用于沸点低于 400 ℃的各种有机或无机试样。

14.5.4 定性分析和定量分析

1. 定性分析

气相色谱法的定性分析就是如何确定每个色谱峰代表何种组分。下面介绍几种常用的定性分析方法。

（1）根据色谱保留值进行定性分析。

各种物质在一定的色谱条件（固定相、操作条件）下均有确定不变的保留值，因此保留值可作为一种定性指标。

对于较简单的多组分混合物，如果其中所有待测组分均为已知，它们的色谱峰也能一一分离，为了确定各色谱峰所代表的物质，可将色谱峰的保留值与相应的标准试样在同一条件下所测得保留值进行对照比较。

若为对未知峰的鉴定，首先，应根据已知信息估计为哪几种化合物，再查阅相关化合物的保留值进行比较对照，保留少数可能；然后与每种可能的化合物在相同的色谱条件下进行验证，若两者的保留值相同但峰形不同，仍然不能认为是同一种物质。进一步的检验方法是将两者混合起来进行色谱实验。如果发现有新峰或未知峰上有不规则的形状（峰略有分叉）出现，则表示两者并非同一物质，若混合后峰增高而半峰宽并不相应增加，则表示两者很可能是同一种物质。应注意：在一根色谱柱上用保留值鉴定组分有时不一定可靠，因为不同物质有可能在同一色谱柱上有相同的保留值，所以应采用双柱或多柱法进行定性分析。

（2）与其他方法结合的定性分析方法。

①与质谱、红外光谱等仪器联用。

较复杂的混合物经色谱柱分离为单组分，再利用质谱、红外光谱或核磁共振等仪器进行定性鉴定。其中特别是气相色谱和质谱的联用，是目前解决复杂未知物定性问题的最有效的工具之一。

②与化学方法配合进行定性分析。

带有某些官能团的化合物，经一些特殊试剂处理，发生物理或化学变化后，其色谱峰将会消失、提前或移后，比较处理前后色谱图的差异，就可初步辨认试样含有哪些官能团。使用这种方法可直接在色谱系统中装上预处理柱。如果反应过程进行较慢或进行复杂的试探性分析，也可使试样与试剂在注射器内或者其他小容器内反应，再将反映后的试样注入色谱柱。

（3）利用检测器的选择性进行定性分析。

同类型的监测器对各种组分的选择性和灵敏度是不相同的，如热导检测器对无机物和有机物都有响应，但灵敏度较低；氢火焰离子化检测器对有机物灵敏度高，而对无机气体、水分、二硫化碳等响应很小，甚至无响应；电子捕获检测器只对含有卤素、氧、氮等电负性强的组分有高的灵敏度；火焰火度检测器只对含硫、磷的物质有信号；氮磷检测器对含卤素、硫、磷、氮等杂原子的有机物特别灵敏。利用不同检测器具有不同的选择性和灵敏度，可以对未知物大致分类定性。

2. 定量分析

气相色谱分析的主要目的是对物料进行定量分析，即测出混合物中各组分的质量分数或质量浓度。

（1）定量分析原理。

在气相色谱仪中，用检测器将组分质量浓度或质量转换为易于测量的电信号。响应与质量浓度成正比的检测器称为浓度型检测器，例如热导池，其响应方程为

$$R=K_1\rho_i \tag{14.5.4}$$

式中，R 为检测器输出；ρ_{i} 为组分 i 的质量浓度，即载气与样气的混合气体中组分 i 的质量浓度；K_1 为比例系数。

若响应与质量流量成正比，则称为质量型检测器，如氢焰离子化检测器，此时响应方程为

$$R=K_2\frac{\mathrm{d}m_i}{\mathrm{d}t} \tag{14.5.5}$$

式中，m_i 为检测器中组分 i 的瞬时质量；K_2 为比例系数。

在一定的操作条件下，被测组分 i 的质量 m_i 与其在色谱图上表现出的面积 S_i 成正比，用公式表达为

$$m_i=f_{si}S_i \tag{14.5.6}$$

式中，f_{si}为校正因子。

显然，进行定量分析必须准确测出峰面积，求出定量校正因子，并选用合适的计算方法把测量值换算成被测组分在试样中的质量分数。

（2）峰面积的测量方法。

①峰高乘半峰宽法。

$$S=h\cdot 2\Delta t_{1/2} \tag{14.5.7}$$

此方法适用于对称性好的正常峰，其真实峰面积是上述计算值的 1.065 倍。

②峰高乘平均峰宽法。在峰高的 15% 和 85% 处分别测得峰宽，如图 14.5.7 中的 $2\Delta t_{0.15}$ 和 $2\Delta t_{0.85}$，取两者的平均值作为峰宽，有

$$S=h(\Delta t_{0.15}+\Delta t_{0.85}) \tag{14.5.8}$$

此法可用于带前伸或拖尾的不对称峰。

③峰高乘以保留值法。在一定的操作条件下，结构相近的同类物质的半峰宽与保留值基本上成正比关系。因此，在相对测量中可用此方法。此方法方便，保留值也容易测准确，适用于工厂分析。

④自动积分仪法。配备电子自动积分仪，直接测出色谱峰面积，精确度达到 0.2%~2%，但测量小峰时误差较大。

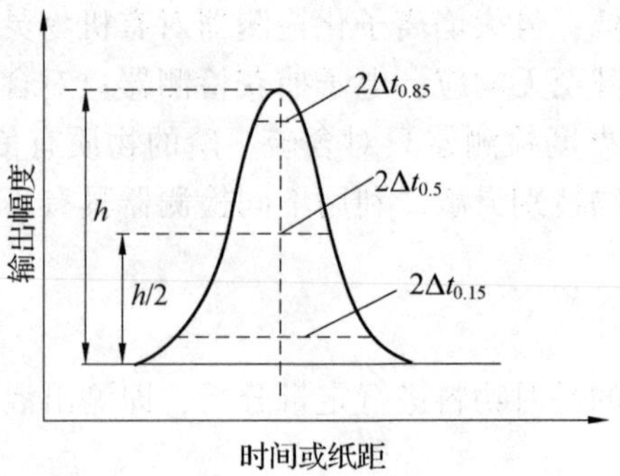

图 14.5.7 计算平均峰宽示意图

（3）定量校正因子式（14.5.6）中的 f_{si} 不仅因不同组分而异，而且还取决于检测器的灵敏度及某些操作条件，给实际应用带来困难，所以在定量分析中都使用相对校正因子。相对校正因子与操作条件无关，它可由实验确定，其详细介绍可查阅有关技术文献。

（4）两种常用的定量计算方法。

①归一化法。当样品中所有组分都能出峰时，同时也得知各组分的相对校正因子，则可求出各组分的含量 C_i，即

$$C_i = \frac{f_i S_i}{\sum f_i S_i} \tag{14.5.9}$$

式中，C_i 为组分 i 的体积分数；f_i 为组分 i 的相对校正因子；S_i 为第 i 组分的峰面积。

归一化定量计算法的优点是计算方便、准确，进样量的波动不影响分析结果的准确性。仪器的操作条件及其波动对分析结果的影响比较小。

使用归一化定量法的条件是必须保证样品中所有组分在一定时间内必须全部出峰，且峰形无重叠现象。

②外标法，又称定量样品校正法，是工厂控制分析中常用的绝对定量方法。首先，用已知组分的纯样品加稀释剂配成一系列不同摩尔质量的标准样，在一定条件下进行色谱分析，做出峰面积（或峰高）对摩尔质量的关系曲线，称为工作曲线。然后在同样的操作条件下，取同量被分析试样注入色谱仪，测得待分析组分的峰面积（或峰高），由工作曲线查出被测组分的体积分数。这种方法的优点是操作简单，使用方便，分析的准确度主要取决于进样量的重复性和操作条件的稳定性。

14.5.5 工业气相色谱仪的基本组成

工业气相色谱仪和一般实验室用气相色谱仪相比，主要增加了取样系统，采用柱切技术，而且程序控制和信息处理完全是自动化的。图 14.5.8 所示是其基本组成，包括取样系统、载气流路、进样装置、色谱柱、检测器、色谱炉、温度控制系统、程序控制器、信息处理和显示记录装置等。下面详细介绍各部分的结构和性能。

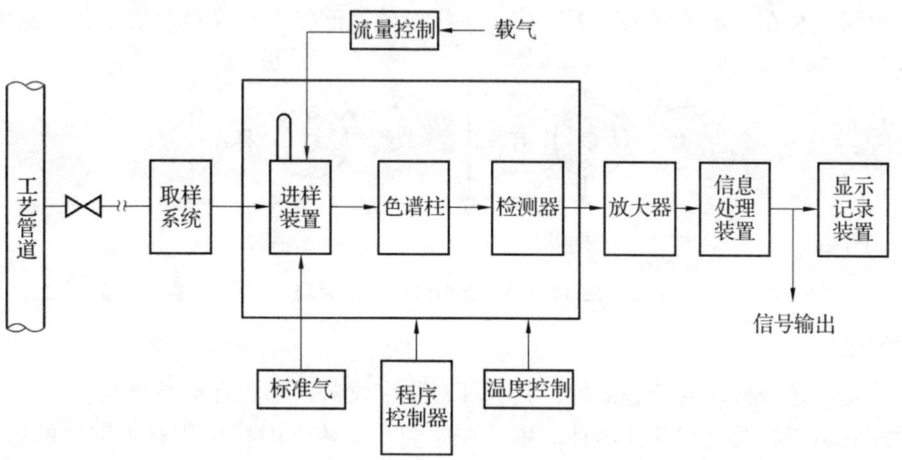

图 14.5.8　工业气相色谱仪的基本组成

1. 取样系统

取样系统完成取样和样品预处理任务，是生产装置和工业气相色谱仪的接口设备。实际上，在分析仪外部，应对样品进行初步的预处理，如减压、除水、除尘等。分析仪内部取样及样品预处理系统应具有调压、流路切换、流量监视、大气平衡和标准气（或标准液）校正等功能。

取样及样品预处理系统设计时，还应考虑其他一些实际问题，例如，系统管路和部件的耐腐蚀性、防止泄漏、防爆、减少传输滞后时间及控制排空污染等。

2. 载气流路系统

载气流路系统包括载气源、净化器、压力与流量的稳定与调节装置。

通常使用钢瓶中的高压气体作为载气源。钢瓶出口要有减压阀，使压力降到 0.1~0.5 MPa。为了避免污染色谱柱，要求载气纯度高，稳定性好。因此，多用硅胶、分子筛和活性炭等吸附载气中的水分和烃类化合物。可用作载气的气体有氢气、氮气、氩气等。

气相色谱分析仪要求载气流量保持恒定，其变化应小于 1%。所以，在气路中，要配置流量计和调节阀，还要加装稳压阀来连续调整并稳定流路的气压，从而达到稳定流量的目的。

3. 进样装置

进样就是把气体、液体或经过转化的固体样品定量地加到色谱柱头上，以便进行色谱分离。进样数量的恒定性、进样时间的长短、试样汽化的速度等都会影响定量分析结果的重复性和准确性。

（1）汽化室。

汽化室外壁用金属块制成，工作温度可控制在 50~500 ℃之间。工作温度高于 250 ℃时，为防止催化效应，宜采用内插玻璃管结构。汽化室的功能是保证液体试样在其中瞬间汽化。载气进入汽化室前要预热，但硅橡胶垫应冷却，以避免发生多余的化学反应。

（2）进样阀。

定量进样是靠带有定量管的进样阀完成的。进样阀的工作原理如图 14.5.9 所示。从取样状态［图 14.5.9（a）］切换至进样状态［图 14.5.9（b）］，载气将充满定量管中的样品带入色谱柱。对进样阀的要求是气密性好，进样体积小，可靠耐用，切换时间快，有的场合还要求能够耐腐蚀和在一定温度条件下工作。进样阀的性能将影响仪器的精度和稳定性。

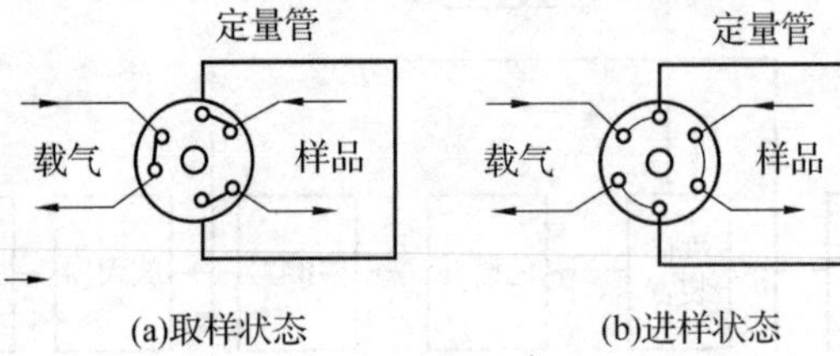

图 14.5.9　进样阀的工作原理

4. **色谱柱**

色谱柱是色谱分析仪的核心部件，其好坏对整个仪器指标具有重要影响。

色谱柱有填充柱及毛细管柱两种。填充柱中装有固体吸附物质或有固定液的担体，选择不同的填充物，能够分离 N_2、O_2、H_2、Ar 等高沸点的各种混合物。毛细管柱具有较高的分离效率，固定相液体涂在内径很细的毛细管内壁上。

固定相可分为固体固定相和液体固定相两种。固体固定相是一种吸附剂，对不同组分有不同的吸附能力，表 14.5.1 列出了一些具有不同吸附能力的吸附剂。

表 14.5.1　具有不同吸附能力的吸附剂

	弱吸附剂	中等吸附剂	强吸附剂
吸附作用增强↓	蔗糖	碳酸钙	活性硅胶
	淀粉	磷酸钙	活性硅酸镁
	菊淀粉	碳酸镁	活性氧化铝
	滑石粉	氧化镁	活性炭
	碳酸钾	氢氧化钙	黏土

固定液是一些高沸点的有机液体，选择固定液的原则是：在使用温度下完全不挥发或挥发性极小，而对各分析组分有一定溶解能力及分配系数的差别。当用固定液时，需要把它涂在称为担体的固定材料上，担体的作用是使固定液牢固地分布在上面。

5. **检测器**

气相色谱仪检测器也称为鉴定器，也是仪器的关键部件，经过色谱柱分离的组分要用检测器把它们转化为电信号，从而进行定性和定量分析。检测器分为浓度型和质量型两大类。浓度型检测器的响应取决于载气和组分在混合物中组分的质量浓度，即输出正比于质量浓度，如热导池检测器。质量型检测器的响应取决于单位时间里进入检测器的组分质量，而输出正比于质量流量，如氢焰离子化检测器。

(1) 热导池检测器。

有关热导池的基本原理、结构、性能已在 14.2 节介绍，在此不再重复。这里只就气相色谱仪用热导池检测器的特点做简单的补充说明。首先，一般希望热导池半径大，混合气体热导率小，以提高灵敏度；其次，色谱仪用热导池趋于小型化，使用小热导池可以避免组分被“稀释”，有利于减小峰宽，提高分离度；再次，为了测量微量试样，对热导池壁温控制要求较高。因此，色谱仪用热导池多采用直通式结构，以便发挥其响应快、灵敏度高的优点。

（2）氢焰离子化检测器。

氢焰离子化检测器属于离子化检测器，其特点是灵敏度高、最小检测量低、响应时间短、线性范围宽，它常与毛细管连接做痕量分析与快速分析。又由于其结构简单、受操作条件影响小，因此多用于常规分析。在整个气相色谱法分析中，氢焰离子化检测器的应用最为普遍。

氢焰离子化检测器是根据物质的电离特性制成的，图 14.5.10 所示为其结构原理图。其基本原理是：带有样品组分的载气从色谱柱出来和氢气混合进入检测器，由喷嘴 2 喷出。喷嘴是一段内径为 0.5~0.6 mm 的细管，该细管耐高温，化学稳定性好，热噪声小，常用铂、石英或高频陶瓷制成。点火丝 1 通电后把氢气点燃，空气从侧面进入检测器帮助氢焰燃烧。含有碳、氢原子的化合物在氢气的火焰中燃烧，因化学电离作用，生成了带电的离子对。在火焰的上方有一筒状的集电极 3。下方为一网环状的极化电极 4（也称为发射电极）。两电极之间施加一个恒定的电压，形成一个静电场。在没有样品组分进入检测器时，两电极之间的离子流很小，即基流很低，约为10^{-14} A。当样品组分在载气的冲刷下进入检测器时，在氢焰的高温下产生电离反应，生成带电的离子对。在电场的作用下，这些带电离子向两极做定向移动，就形成所谓的离子流。经过高阻抗的量程变换器 5 后，在电阻的两端取出电压信号，经过放大器 6 处理，然后送记录仪 7，于是记录仪便记录了色谱峰的图形。

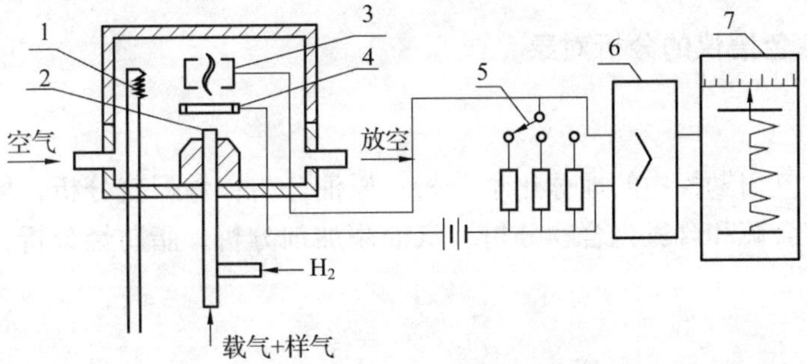

图 14.5.10　氢焰离子化检测器结构原理图

1—点火丝；2—喷嘴；3—集电极；4—极化电极；5—量程变换器；6—放大器；7—记录仪

使用氢焰离子化检测器应注意以下几点：

①整个系统应加电磁屏蔽，以避免外界的电磁干扰。

②若使用氢气做载气，则无须再加入供燃烧使用的氢气。

③所有载气、氢气和空气均应纯净，若有灰尘颗粒则会产生较大的干扰，进入检测器的杂质将会严重影响测量的下限值。

④检测器对大气、水和 CO_2 没有响应，因此特别适合分析大气污染和含水样品。

⑤检测器对氢气的流速很敏感，在测量中应寻找最佳流速，使响应信号最大。

⑥检测器的响应还与收集电极和燃烧器喷嘴的几何形状有关。

氢焰离子化检测器只能分析碳氢化合物，对无机物及水、O_2、N_2、CO、CO_2、SO_2、NH_3 等都很少有反应。

（3）其他类型检测器。

除上述介绍的热导池检测器、氢焰离子化检测器外，在工业气相色谱仪中还使用电子捕获检测器、氮磷检测器、火焰光度检测器、光离子化检测器等，关于这些检测器的详细介绍可参阅有关文献。

6. 温度控制系统、程序控制器和数据处理与记录装置

（1）温度控制系统。

温度是气相色谱仪最重要的操作条件。由于汽化室、色谱柱和检测器三个重要部件对温度各有不同的要求，因此应设置不同的温度控制装置。控制温度的方法有多种形式，如用铂电阻做敏感元件的可控硅连续控温装置等。有关温度控制知识在本专业有关课程中已介绍，在此不再重复。

（2）程序控制器。

工业气相色谱仪的测量是按周期重复进行的。在一个完整的分析周期中，应包括取样、进样、反吹或前吹、柱切换、组分开关门、零位调整、谱峰记录和数据处理等环节。这些工作都是由程序控制器按一定时间顺序自动控制。在一个周期结束后，经复位后又开始下一个测量周期。

程序控制器有凸轮式、光电式、电子延时式和数字分频式等，其详细介绍可参阅有关文献。

（3）数据处理与记录装置。

在工业气相色谱仪中，数据处理和记录主要是由计算机软件来完成的，其软件主要包括数据的采集、数字滤波、峰的检测、各种峰形的判别处理、计算峰面积和体积分数及图形显示等。随着计算机技术的发展，软件功能越来越强大。

14.5.6 气象色谱仪的分析对象

1. 石化分析

石化分析有油气田勘探中的地球化学分析；原油分析；炼厂气分析；模拟蒸馏；油品分析；单质烃分析；含硫和含氮化合物分析；汽油添加剂分析；脂肪烃分析；芳烃分析；工艺过程色谱分析。

2. 环境分析

环境分析有大气污染分析（有毒有害气体、气体硫化物、氮氧化物等）；饮用水分析（多环芳烃、农药残留、有机溶剂等）；水资源（包括淡水、海水和废水中的有机污染物）；土壤分析（有机污染物）；固体废弃物分析。

3. 食品分析

食品分析有脂肪酸甲酯分析；农药残留分析；香精香料分析；食品添加剂分析；食品包装材料中挥发物的分析。

4. 医药分析

医药分析有雌三醇测定；尿中孕二醇和孕三醇测定（又称胆固醇测定）；儿茶酚胺代谢产物的分析；血液中乙醇、麻醉剂以及氨基酸衍生物的分析；血液中睾丸激素的分析；某些挥发性药物的分析。

5. 物理化学分析

物理化学分析有比表面和吸附性能研究；溶液热力学研究；蒸气压的测定；络合常数测定；反应动力学研究；位力系数测定。

6. 聚合物分析

聚合物分析有单体分析；添加剂分析；共聚物组成分析；聚合物结构表征；聚合物中的

杂质分析；热稳定性研究。

14.5.7　气相色谱仪的新发展

微型气相色谱仪的基本思路是采用微机电加工工艺，将传统的气相色谱系统加工到硅片上，从而实现气相色谱的微型化。微型气相色谱仪与传统的系统结构一致，基本上可以分为五个主要部分：载气、进样器、色谱柱、检测器和数据处理系统。其与传统气相色谱的区别是，微型气相色谱仪的集成度高，各元件在微型化后，可以在印刷电路板或者玻璃基板上做进一步的集成。

其中，载气一般由微型气泵或高压气瓶提供，并用毛细管将其与进样器、微阀等部件连接。进样器负责将样品按照设定量混合到载气中。载气与样品混合后，进入色谱柱，在色谱柱中实现各组分的分离。随后，分离的组分被载气携带送入检测器中，检测器探测到截气中样品浓度/质量等因素变化后，产生电信号，传送到数据处理系统。处理系统对原始信号做处理分离，与已知样品结果做比较后获得被测混合样品的组分列表及浓度信息。

由于硅微机械元件技术的发展，容许同时进行产品小型化和增强性能，使气相色谱仪体积小而结实，使用简单，能够安装在采样点的旁边。图 14.5.11 所示为基于硅微机械元件的防爆型在线过程检测气相色谱仪，其主要特点如下：

①降低了循环时间，给工艺提供更好的信息；

②无法实现采样注入和色谱柱切换；

③多种检测器来验证测量结果；

④多个分析仪可并行连接多个采样流路，使单位时间内可获得更多的信息，即使存在一个系统故障，仍能保持高的可靠性，容易实现冗余系统；

⑤专用空间小，节省安装、维护费用。

图 14.5.11　基于硅微机械元件的气相色谱仪

气相色谱仪除了在工业上的应用外，目前它在食品安全、药物、煤矿、环境检测方面的应用也日益普遍。气相色谱法由于其具有分离性能高、分析速度快、选择性好等优点而被广泛应用于环境样品的污染物分析、药品质量检验、天然产物成分分析、食品中农药残留量测定、工业产品质量监控等领域。随着新型气相色谱仪、检测器和数据分析方法的出现，气相色谱的应用领域必将越来越广阔。

思考题与习题

1. 简述成分分析仪器的基本组成。

2. 热导池的结构和工作原理是什么？双桥检测电路怎样把热导池电阻丝的信号转换为被测气体含量的信号？

3. 简述氧化锆氧量分析仪的工作原理。

4. 简述双光束直读式红外线气体分析仪的工作原理。

5. 在红外气体分析仪中，为什么要对光源进行调制？

6. 气相色谱仪的分析原理和工作流程是什么？

7. 气相色谱仪的定性和定量分析方法有哪些？

8. 在气相色谱仪输出的色谱图中，每个色谱峰代表的是什么？色谱峰的面积说明了什么？流出时间又有什么含义？

9. 在色谱图中，为什么会出现基线漂移和重叠峰？

第 15 章　检测技术的新发展

随着计算机技术、信号处理技术和通信技术的发展和应用，自动检测领域的共性技术得到新发展，包括微电子机械系统（Micro-Electro-Mechanical System，MEMS）技术及其微型传感器、虚拟仪器、无线传感器网络、多传感器数据融合及软测量技术等，这些新技术使得自动检测系统和仪表的功能得到很大提升，性能指标也得到很大提高。

15.1　MEMS 技术与微型传感器

微小型化始终是当代科学技术发展的主要方向。近几十年来，虽然微电子技术获得了飞速发展，但一直与传感器的制造无太大关系，这种状况由于 MEMS 的出现而改观。MEMS 技术一举将传感器（甚至检测系统）带入了微型化、集成化和智能化的时代。MEMS 的出现打破了传感器与系统的界限和传统概念，它不仅改变了传感器的尺寸，而且也很大程度地改变了传感器的原理。

15.1.1　MEMS 技术

MEMS 技术始于 20 世纪 60 年代，其标志是加利福尼亚大学和贝尔实验室开发出的微型硅压力传感器，20 世纪 70 年代又开发出硅片色谱仪、微型继电器。20 世纪 70~80 年代利用微机械技术制作出多种微小尺寸的机械零部件。1988 年 UC-Muller 小组制作了硅静电电动机，1989 年美国国家科学基金会（National Science Foundation，NSF）召开研讨会，提出了“微电子技术应用于电子机械系统”。自此，MEMS 成为一个世界性的学术用语。

MEMS 技术是多学科交叉的新兴领域，涉及精密机械、微电子材料科学、微细加工、系统与控制等技术学科和物理、化学、力学、生物学等基础学科，包含微传感器、微执行器及信号处理、控制电路等，利用三维加工技术制造微米或纳米尺度的零件、部件或集光机于一体，完成一定功能的复杂微细系统，是实现“片上系统”的发展方向。MEMS 固有的低成本、微型化、可集成、多学科综合、广阔的应用前景等特点，使其成为当今高科技发展的热点之一。

1. 微电子机械系统

MEMS（Micro-Electro-Mechanical-System）通常称为微机电系统，在欧洲和日本又常称为微系统和微机械。若将传感器、信号处理器和执行器以微型化的结构形式集成为一个完整的系统，而该系统具有“敏感”“决定”和“反应”的能力，则称这样一个系统为微系统或微机电系统。

信息技术的飞速发展正在对仪器仪表中的两类器件——传感器和执行器产生深刻的影响。

传感器是一种简单的转换器，可把能量从一种形式转换成另一种形式（如从机械能到电能），并提供给测量仪器或监视器。执行器使传感器主动与现实世界相互作用。把传感器和执行器集成在一个有效、可靠和经济的系统中是MEMS研究的主要动力，MEMS将成为促进机械、化学和生物学"智能系统"发展的核心技术。

MEMS系统主要包括微型传感器、微执行器和相应的处理电路三个部分。作为输入信号的自然界中的各种信息，首先通过传感器转换成电信号，经过信号处理后（包括A/D、D/A转换）再通过微执行器对外部世界发生作用。图15.2.1给出了MEMS系统与外界相互作用示意图。

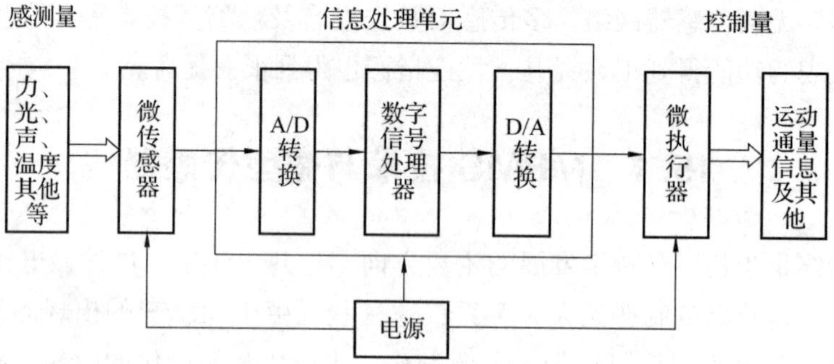

图15.1.1 MEMS系统与外界相互作用的示意图

2. MEMS技术的特点

MEMS是以微电子技术为基础，以单晶硅为主要基底材料，辅以硅加工、表面加工、X射线深层光刻电铸成形（Lithographic Galvanoformung Abformung，LIGA）及电镀、电火花加工等技术手段，进行毫米和亚毫米级的微零件、微传感器和微执行器的三维或准三维加工，并利用硅IC工艺的优势，制作出集成化的微型机电系统。与传统的微电子技术和机械加工技术相比，MEMS技术具有以下特点：

①微型化。传统的机械加工技术是在厘米量级，但MEMS技术主要为微米量级加工，这就使得利用MEMS技术制作的器件在体积、质量、功耗方面大大减小，可携带性大大提高。

②集成化。微型化的器件更加利于集成，从而组成各种功能阵列，甚至可以形成更加复杂的微系统。

③硅基材料。MEMS的器件主要是以硅作为加工材料，这就使制作器件的成本大幅度下降，大批量低成本的生产成为可能，而且硅的强度、硬度与铁相当，密度近似于铝，热传导率接近于钼和钨。

④制作工艺与IC产品的主流工艺相似。

⑤MEMS中的机械不限于力学中的机械，它代表一切具有能量转化、传输等功能的效应，包括力、热、光、磁、化学、生物等效应。

⑥MEMS的目标是"微机械"与IC结合的微系统，并向智能化方向发展。

3. MEMS的理论基础

MEMS与宏观机电系统相比，不是单纯的几何尺寸的缩小，其自身还必然有传统理论难于做出解释和预测的特定规律。在这一方面的基础性研究，对于促进MEMS的发展是非常重要的。尺寸效应是 MEMS 中许多物理现象不同于宏观现象的一个重要原因，其主要特征表现在以下几个方面：

①微构件材料的物理特性的变化。

②力的尺寸效应和微结构的表面效应。在微小尺寸领域，与特征尺寸的高次方成比例的惯性力、电磁力等的作用相对减弱，而在传统理论中常常被忽略了的与尺寸的低次方成比例的黏性力、弹性力、表面张力、静电力等的作用相对增强。

③微摩擦与微润滑机制对微机械尺度的依赖性及传热与燃烧对微机械尺度的制约。此外，随着尺寸的减小，表面积与体积之比相对增大，因而热传导、化学反应等的速度将加快。目前在 MEMS 理论基础研究方面已取得了一些进展，但尚不系统。除了微摩擦学等分支外，大多是结合具体材料和器件的研制过程进行的。T. Fukuda 等人给出的各物理量的尺度变化规律及对应的微型机构的典型指数有一定的参考作用。

随着微电子机械技术的发展，应该注重力的尺寸效应、微结构表面效应、微观摩擦机理、热传导、误差效应和微构件材料性能等的研究，而且随着尺寸的减小，需要进一步研究微动力学、微结构学等。

15.1.2　微型传感器

随着 MEMS 技术的迅速发展，作为微机电系统的一个构成部分或者作为一个独立的元件。微型传感器也得到了长足的发展。

敏感元件与传感器的性能除由其材料决定外，与其加工技术也有着非常密切的关系。采用新的加工技术，如集成技术、薄膜技术、微机械加工技术、离子注入技术、静电封接技术等，能制作出质地均匀、性能稳定、可靠性高、体积小、质量轻、成本低、易集成化的敏感元件。以集成制造技术为基础的微机械加工技术可使被加工的半导体材料尺寸达到光的波长且可大量生产，从而可以制造出超小型且价格便宜的传感器。然而与微机电系统一样，随着传感器系统尺寸的变化，它的结构、材料、特性乃至所依据的物理作用原理均可能发生变化。与各种类型的常规传感器一样，微型传感器根据不同的作用原理也可被制成不同的种类，具有不同的用途。下面介绍几种常见的微型传感器。

1. 硅压力传感器

硅压力传感器是最早用微机械加工工艺制造的传感器，主要有硅压阻式和电容式两种，其中应用最广的是硅压阻式。硅压阻式压力传感器是利用硅的压阻效应、集成电路工艺和微机械加工技术，在硅单晶膜片适当部位扩散形成力敏电阻而构成的。

硅压阻式压力传感器因其独特的优点，现在已经广泛用作高灵敏度、高精度的微型真空计、绝对压力计、流速计、流量计、声传感器、气动过程控制器等，在航天、海洋工程、原子能等各种尖端科技和工业领域都有着广泛的用途。特别是硅压阻式压力传感器的微型化、可集成化、高灵敏度、稳定性及植入生物体后的抗腐蚀性，使得其在生物医学研究上具有诱人的应用前景。

硅电容式压力传感器近年来也得到了迅速发展，与硅压阻式压力传感器相比，它具有灵敏度高、稳定性好、压力量程低等优点，弥补了硅压阻式压力传感器的不足。

硅电容式压力传感器的基本结构如图 15.1.2 所示。核心部件是对压力敏感的电容，图

15.1.2（a）所示的硅膜片结构中电容的一个极板位于支撑玻璃上，是用各项异性腐蚀技术在几百微米厚的硅片上从正、反两面腐蚀形成。电容的间隙由硅片正面腐蚀深度决定，可以做得很小，一般为1~5 μm，这是硅电容式压力传感器灵敏度高的重要原因。硅膜片和玻璃用静电封接技术合在一起，形成具有一定间隙的硅膜片微型电容。

另一种形式的敏感电容结构（薄膜腔结构）如图15.1.2（b）所示。在硅片上首先淀积一个二氧化硅岛作为牺牲层，再淀积一层一定厚度的氮化硅或多晶硅，除掉岛区的二氧化硅，就可以形成一多晶硅或氮化硅的微型薄膜腔，制作上电极，就形成了敏感电容。电容间隙由二氧化硅和多晶硅层的厚度决定。目前，薄膜淀积技术已经比较成熟，膜的厚度和质量都能严格控制。所以，这种结构的敏感电容避免了硅的各向异性腐蚀加工的复杂性，省去了膜片和支撑玻璃间的静电封接工艺，节省了设备，是一种很有发展前途的硅电容式压力传感器结构。

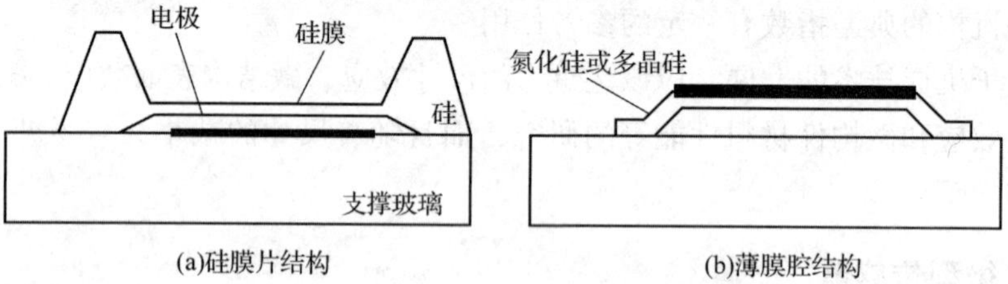

图 15.1.2 硅电容式压力传感器的基本结构

敏感电容的电容量由电极面积和两个电极间的距离决定。当硅膜片两边存在压力差时，硅膜片产生形变，电容极板间的距离发生变化，从而引起电容的电容变化。电容的变化量与压力差有关，可以作为压力检测元件。电容的变化量通过测量电路转换为电压或频率的变化输出：硅膜片式压力敏感电容与机械式压力敏感电容的工作方式相同。但是，利用硅材料、集成电路技术和硅膜片加工的各向异性腐蚀技术，可以把压力敏感电容的间隙做得很小，使得传感器灵敏度大大提高。由于电容式微型传感器所产生的电容量和电容变化量很小（一般为pF到fF量级），因此常要求用蚀刻法集成与之相连的信号处理电路。图15.1.3给出一种电容式微硅压力传感器实例。

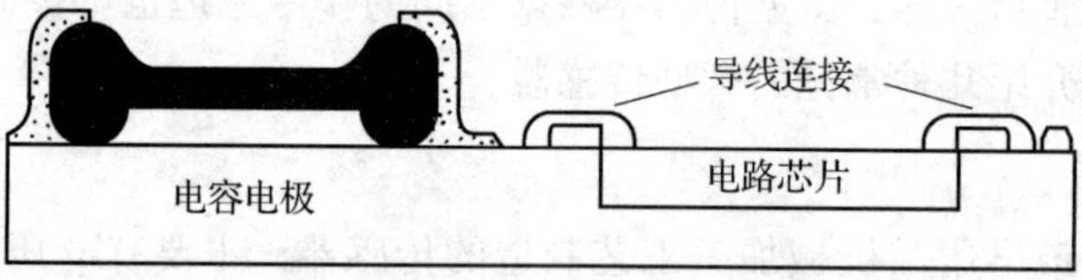

图 15.1.3 电容式微硅压力传感器实例

2. **硅微加速度传感器**

硅微加速度传感器是继硅压力传感器之后，另一种技术成熟并得到实际应用的硅微机械传感器。它广泛应用于工业自动控制、汽车及其他车辆、振动及地震测试、科学测量、军事和空间系统等方面。

绝大多数加速度传感器由一个有质量的弹性系统构成。在恒定加速度的作用下，质量块将偏离平衡位置（零加速度位置），直至弹性力足以使质量块产生加速度为止。在这个过程中，弹性力和加速度均与质量块的位置偏移成正比。

几种常用于检测质量块偏移的物理效应是电容效应、压电效应和压阻效应。下面介绍几种典型的硅微加速度传感器的原理、结构和特性。

（1）硅微压阻式加速度传感器。

硅微压阻式加速度传感器是最早开发的硅微加速度传感器。图 15. 1. 4 所示是这种加速度传感器的结构示意图。这种传感器是为测量心脏壁的运动而研制的，它的外形尺寸为 2 mm×3 mm×0. 6 mm，质量为 0. 02 g，测量范围为 -200 ~ +200 g，最大过载量为 600 g，灵敏度为 0. 05 mV/（g · V），一阶共振频率为 2. 33 kHz，线性度为±1%，横向灵敏度为 10%。硅微压阻式加速度传感器的另一个典型应用是用作汽车的气囊和安全带装置中的加速度敏感元件。

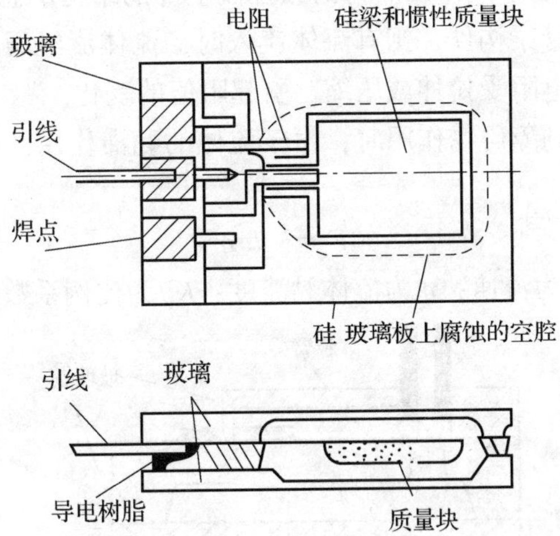

图 15. 1. 4　硅微压阻式加速度传感器的结构示意图

（2）硅微电容式加速度传感器。

硅微电容式加速度传感器在灵敏度、分辨率、精度、线性、动态范围和稳定性等方面都优于硅微压阻式加速度传感器。二者的制造成本也非常接近，常用于微应力研究和汽车等领域。

硅微电容式加速度传感器的基本结构如图 15. 1. 5 所示。作为惯性质量和电容极板的动板由一个或两个悬臂梁支撑，由加速度产生的惯性力引起启动板位移，通过测量动板与其上、下两个固定电极间电容量的变化可以测出加速度。电容式加速度传感器的测量范围一般为 0. 1~20 g，频率响应范围从零到数百赫兹，测量精度为 1%~0. 1%。硅微电容式加速度传感器的缺点是频率响应范围窄和需要复杂的信号处理电路。

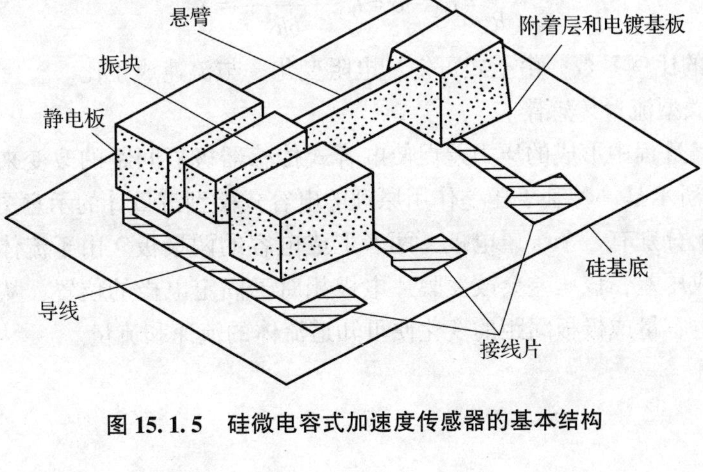

图 15. 1. 5　硅微电容式加速度传感器的基本结构

3. 微型流量传感器

(1) 压阻式微型流量传感器。

利用半导体材料的压阻效应还可测量流量。所依据的测量原理是：利用流体在流动过程中产生的黏滞力或流体通道进出口之间的压力差带动传感器中敏感元件运动或产生变形，这种运动或变形引起上面的压敏电阻的阻值发生变化，通过检测这种阻值的变化即可测量流体的速度和流量。

图 15. 1. 6 所示是一种基于流体黏滞力的微型流量计的结构示意图。图中的主要敏感元件为一配置有压敏电阻的悬臂梁构件。当有流体流入时，流体流经通道所产生的黏滞力将带动悬臂梁运动，从而使压敏电阻受拉伸或压缩，引起阻值的变化。

流体在流动过程中受到障碍物作用时，由于流体的黏滞作用，会在平行于流动方向上产生黏滞力，大小为

$$F_v = K_1 l v \eta \tag{15.1.1}$$

式中，l 为障碍物长度；v 为流速；η 为流体黏滞度；K_1 为比例系数，与障碍物的形状有关。

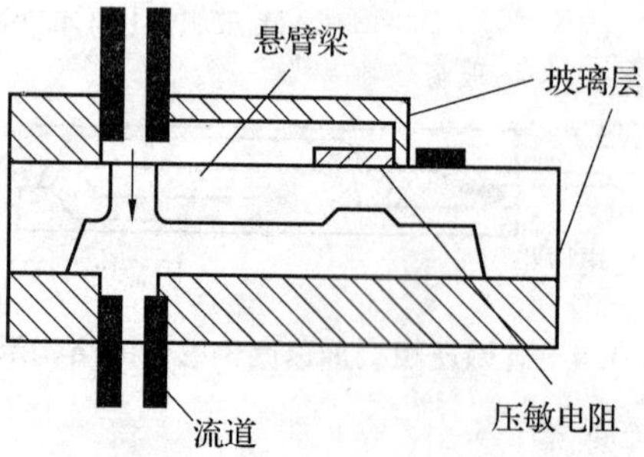

图 15. 1. 6　基于黏滞力的微型流量计的结构示意图

悬臂梁在黏滞力 F_v 的作用下发生形变，产生的表面应力为

$$\sigma = \frac{6F_v l_b}{b\,h^2} \tag{15.1.2}$$

式中，l_b 为障碍物长度；b 为梁的根部宽度；h 为梁的根部厚度。

由此引起梁的压敏电阻阻值的相对变化为

$$\frac{\Delta R}{R} = K_2 \cdot \sigma = K_2\,\frac{6K_1 l v \eta l_b}{bh^2} = K_v \tag{15.1.3}$$

式中，K_2 为相应的比例系数。由上式可知，电阻变化率与流速成正比。

(2) 电容式微型流量传感器。

利用流体流动过程中形成的压力差促使电容式传感器极板间距的改变来达到测量流量的目的。图 15. 1. 7 所示是一种基于压差作用原理的电容式微型流量计的示意图。在传感器壳体的基底和上膜片上分别有一个金属电极，两者形成电容的两极板。由于流体流入的作用，入流和出流端会形成压差，该压差会改变膜片电极相对于固定电极的位置，从而改变电容的电容量。通过测量电容量或极板间距的变化便可知道流体的流速和流量。

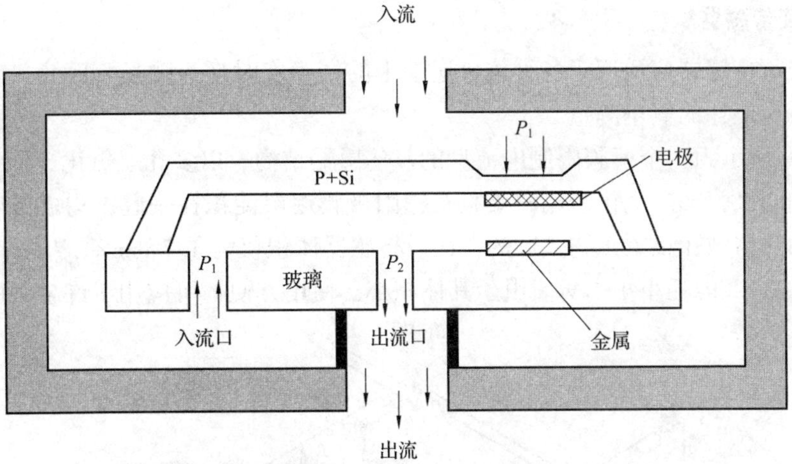

图 15.1.7　基于压差作用的电容式微型流量计的示意图

(3) 小型单片硅压力-流量传感器。

同时测量压力和流量往往能获得一些新的信息，如流体的动能及路径的阻力等。将这样的传感器组合在一起，就可使传感器的尺寸缩小，从而大大节省安装空间和降低测量成本。

小型单片硅压力-流量传感器主要由一个带绝热结构的热流量传感器和一个压力传感器组成，图 15.1.8 所示为其基本结构。利用蚀刻技术在硅片中形成两个厚度为 10 μm 的传感器，右边部分为压力传感器，而左边为流量传感器。用于压力测量的膜片是利用 0.4 mm×1 mm 的单晶硅制成的，其上有四个硅扩散电阻；而测量流量的部分有一个 0.4 mm^2 的多孔氧化硅膜片，在该膜片上形成镍薄膜电阻加热单元。通过给加热单元提供一定的电能，将加热单元的温度维持在高于流体温度的一个给定数值上，因电能的消耗直接与流量的数值成正比，故通过测量所消耗的电功率就能够推知流体的流量；而流体温度的测量则是通过检测芯片表面顶端形成的镍薄膜加热电阻单元的阻值变化来实现的。利用由电桥及运算放大器组成的内部反馈电路，能将流体及镍薄膜电阻加热单元之间的温差（ΔT）维持在一个给定的水平上。

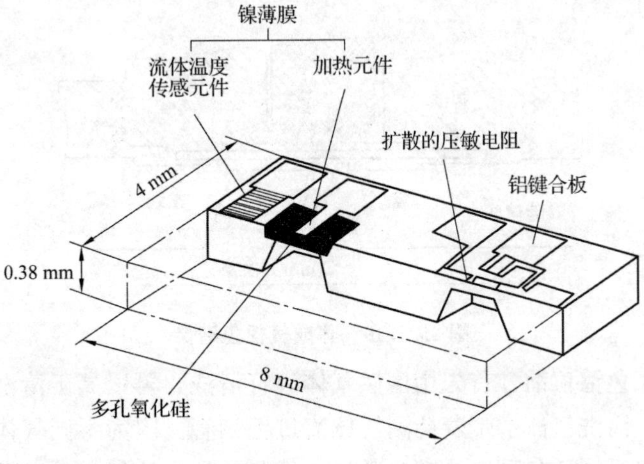

图 15.1.8　小型单片硅压力-流量传感器的基本结构

该芯片在 0~40 kPa 的范围内，灵敏度为 62 μV/kPa，而流量测量精度为满量程的±10%。

4. 微型氧传感器

二氧化锆氧传感器广泛用于各种体育运动中的精确实时耗氧测量、医疗氧量测量及食物或气体燃烧后所消耗的氧量测量。

图 15. 1. 9 所示为一个薄膜限制电流型的氧传感器结构。以多孔三氧化二铝为基底，采用喷溅技术将铂阴极膜、二氧化锆电解质膜及铂阳极膜逐层淀积在一起，构成传感器的测量部分。薄膜铂加热器做在铝氧化物基底的背面。传感器体积仅为 1. 7 mm×1. 7 mm×0. 3 mm，其响应时间为 0. 2 s，能耗小于 1 W。由于其体积小，使用方便，可应用于许多领域。

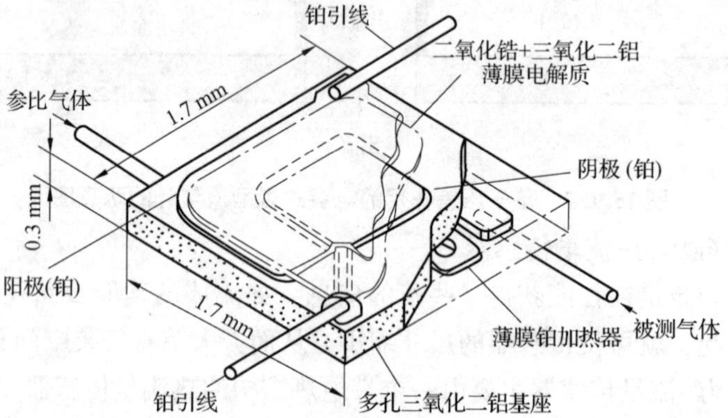

图 15. 1. 9　薄膜限制电流型的氧传感器结构

5. 气相色谱仪

应用微机械加工技术可在硅片上制作一集成气相色谱仪，如图 15. 1. 10 所示。采用光刻技术和硅腐蚀技术将 1. 5 m 长的毛细管、气体控制阀和探测仪集成制造在直径约为 5 cm 的硅片上。利用各向同性腐蚀技术在硅片表面腐蚀出 1. 5 μm 长、200 μm 宽、40 μm 深的弧形槽，将硅片与一个平板玻璃静电封接在一起。静电封接使槽间密封，这样槽与玻璃平板就形成了一个长 1. 5 m 的毛细管，它作为色谱仪的气体分离器。气体输入控制阀也制造在硅片上，并且与毛细管一端相连。

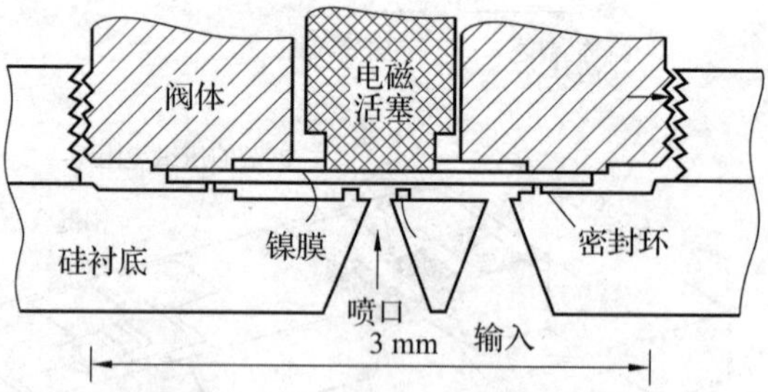

图 15. 1. 10　集成气相色谱仪

在使用集成气相色谱仪前，首先用惰性气体进行清洗，再以高于清洗气体的压强将待测气体泵入毛细管道。清洗气体携带着待测气体流过毛细管，因为不同气体在毛细管中有不同的运动速度，在流出系统后各种气体产生分离，被分离的气体经过传感器后流出。当气体通过集成在芯片上的传感器时，气体将带走热量，不同热导率的气体带走的热量不同。一个高热导率的气体脉冲将会比低热导率的惰性气体带走更多的热量，从而产生一个小的电压脉冲。

15.2　虚拟仪器技术

15.2.1　定义和特点

随着计算机技术、大规模集成电路技术和通信技术的飞速发展，美国国家仪器（National Instruments）公司于 1986 年首先提出基于计算机技术的虚拟仪器（Virtual Instruments，VI）的概念，研制出了基于多种总线系统的虚拟仪器。虚拟仪器就是通过软件将计算机硬件资源与仪器硬件有机地融合为一体，把计算机强大的计算处理能力和仪器硬件的测量、控制能力结合在一起，通过软件实现对数据的显示、存储和分析处理。换句话说，虚拟仪器就是在通用的计算机上加上了软件和硬件，使得使用者在操作这台计算机时，就像在操作一台由他本人设计的专用的传统的电子仪器。它可以代替传统的测量仪器，如信号发生器、示波器、频率计和逻辑分析仪等；可以集成自动控制系统；可以构建专用仪器系统。总之，虚拟仪器由计算机、应用软件和仪器硬件组成。虚拟仪器与传统仪器的比较见表 15.2.1。

表 15.2.1　虚拟仪器与传统仪器的比较

虚拟仪器	传统仪器
用户自己定义	仪器厂商定义
软件是关键	硬件是关键
仪器的功能和规模可通过软件来修改或增减	仪器的功能和规模已固定
技术更新快	技术更新慢
可以用网路连接周边各仪器	只可以连接有限的设备

15.2.2　产生和分类

电子测量仪器发展至今，大体可以分为四代：模拟仪器、数字化仪器、智能仪器和虚拟仪器。第一代是模拟仪器，如指针式万用表、晶体管电压表等。其基本结构是电磁机械式的，借助指针显示最终结果；第二代是数字化仪器，这类仪器目前应用相当普及，如数字式电压表、数字频率计等。这类仪器将模拟信号的测量转化为数字信号测量，并以数字方式输出最终结果；第三代是智能仪器，这类仪器内置微处理器，既能进行自动检测，又具有一定的数据处理能力，其功能块以硬件或者固化的软件形式存在。第四代是虚拟仪器，是由计算机硬件资源、模块化仪器硬件和用于数据采集、信号分析、接口通信及图形用户界面的软件组成的检测系统。它是一种完全由计算机来操纵控制的模块化仪器系统。

随着微机的发展和采用总线方式的不同，虚拟仪器分为五种类型。

（1）PC 总线-插卡式虚拟仪器。这种方式借助于插入计算机内的数据采集卡与专用的软件相结合，组建各种仪器。但是，受 PC 机箱和总线的限制，插卡尺寸比较小，插槽数目有限。此外，机箱内部的噪声电平较高。

（2）并行口式虚拟仪器。最新发展的一系列可以连接到计算机并行口的测量装置，它们把仪器硬件集成在一个采集盒内。仪器的软件安装在计算机上，完成各种测量仪器的功能，以组成任意波形发生器、数字万用表、数字存储示波器、频率计和逻辑分析仪等。它们的最大好处是可以与笔记本电脑相连，方便现场作业。

（3）通用仪器接口总线（General Purpose Interface Bus，GPIB）总线式虚拟仪器。GPIB 技术是 IEEE 488 标准的虚拟仪器早期的发展阶段。它的出现使电子测量独立的单台手工操作向大规模自动测试系统发展。典型的 GPIB 系统由一台 PC、一块 GPIB 接口卡和若干台 GPIB 形式的仪器通过 GPIB 电缆连接而成。在标准情况下，一块 GPIB 接口可以带 14 台仪器，电缆长度可达 20 m。GPIB 测量系统的结构和命令简单，主要应用于台式仪器，适合于精确度要求高但传输速率要求不高的场合。

（4）VXI 总线式虚拟仪器。VXI 总线是一种高速计算机总线——VME 总线在仪器领域的扩展（VME Extension for Instrumentation）。由于它的标准开放、结构紧凑、具有数据吞吐能力强、定时和同步精确、模块可重复利用、众多仪器厂家支持等优点，很快得到了广泛的应用。经过十多年的发展，VXI 总线系统的组建和使用越来越方便，尤其是在组建大、中规模自动测试系统，以及对速度、精度要求较高的场合，有着其他系统无法比拟的优点。然而，组建 VXI 总线要求有机箱、嵌入式控制器等，造价比较高。

（5）PXI 总线式虚拟仪器。PXI（PCI Extensions for Instrumentation）总线方式在 PCI 总线内核技术上增加了成熟的技术规范和要求，增加了多板同步触发总线的技术规范和要求，增加了多板触发总线，以及使用与相邻模块进行高速通信的局部总线。PXI 具有很好的可扩展性。PXI 具有八个扩展槽，而台式 PCI 系统只有 3~4 个扩展槽。通过使用 PCI-PCI 桥接器，可以扩展到 256 个扩展槽。

15.2.3 体系结构

虚拟仪器的基本构成包括计算机、虚拟仪器软件及硬件接口模块等。其中，硬件接口模块可以包括插入式数据采集卡（DAQ）、串/并行口、GPIB 接口卡、VXI 控制器及其他接口卡。目前较为常用的虚拟仪器系统是数据采集卡系统、GPIB 仪器系统、VXI 仪器系统及这三者的任意组合，如图 15.2.1 所示。

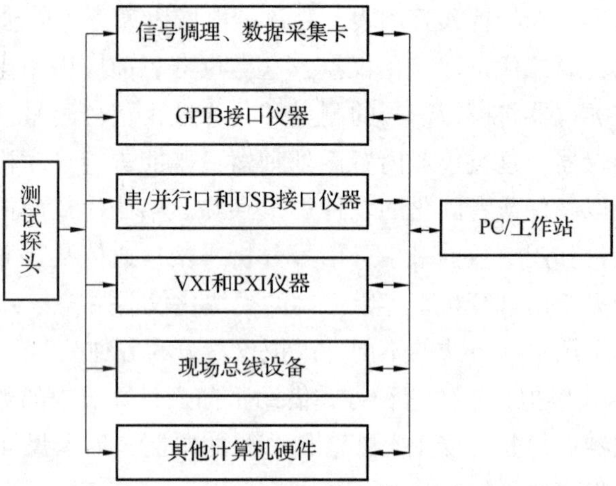

图 15.2.1　虚拟仪器系统的构成

1. 虚拟仪器的硬件系统

虚拟仪器的硬件系统一般可以分为计算机硬件平台和仪器硬件。计算机硬件平台可以是各种类型的计算机，如普通台式计算机、便携式计算机、工作站和嵌入式计算机等。计算机管理虚拟仪器的硬、软件资源，是虚拟仪器硬件的基础。计算机技术在显示、存储能力、处理性能、网络及总线标准方面的发展，直接导致了虚拟仪器的飞速发展。仪器硬件与计算机硬件一起工作，用来采集数据、提供源信号和控制信号。

按仪器硬件的不同，虚拟仪器可以分为 PC 插卡式、GPIB、VXI、PXI 和并行口式等标准体系结构。其中，对大多数用户来说，PC 插卡式虚拟仪器既实用又有较高的性价比。PC 插卡式是基于计算机标准总线的内置（如 ISA 和 PCI 等）或者外置（如 USB 等）功能插卡，其核心主要是数据采集卡。

2. 虚拟仪器的软件系统

虚拟仪器技术最核心的思想就是利用计算机的硬、软件资源，使本来需要硬件实现的技术软件化（虚拟化），从而最大限度地降低系统的成本，增强系统的功能和灵活性。所以，软件是虚拟仪器的关键。

（1）软件开发平台。

构造一个虚拟仪器系统，基本硬件确定以后，就可以通过不同的软件实现不同的功能。因为利用计算机技术来实现可扩展传统仪器的功能需要使用计算机，当然离不开计算机编程。所以，提高计算机软件编程效率也就成了一个非常现实的问题。计算机专家认为，采用面向对象的编程技术可以提高软件编程效率。但是，仅有面向对象的编程技术还是不够的，因为不可能让所有的人都去学习 C++，同时成为行业专家和编程专家。可视化编程语言环境 Visual C，Visual Basic 的推出，为简化计算机编程迈出了可喜的一步。但是，对于一般计算机用户来说，这一步是远远不够的。为此，NI 公司推出 LabVIEW 和 LabWindows/CVI、HP 公司推出了 VEE、Tektronix 公司推出了 TekTMS 等，在简化计算机编程技术方面做出了巨大贡献。下面简要介绍 NI 公司的 LabVIEW 软件开发平台。

LabVIEW 是一种基于 G 语言的图形化开发语言，是一种面向仪器的图形化编程环境，用来进行数据采集和控制、数据分析和数据表达、测试和测量、实验室自动化及过程监控。其目的是简化程序的开发工作，以使用户能快速、简便地完成自己的工作。使用 LabVIEW 开发平台编制的程序称为虚拟仪器程序，简称为 VI。VI 包括三个部分：程序前面板、框图程序和图标/连接器。

程序前面板用于设置输入数值和观察输出量，用于模拟真实仪表的前面板。在程序前面板上，输入量被称为控制，输出量被称为显示。控制和显示是以各种图标形式出现在前面板上，如旋钮、开关、按钮、图表、图形等，这使得前面板直观易懂。图 15. 2. 2 所示为多频信号发生器前面板，图 15. 2. 3 所示为高斯白噪发生器前面板，图 15. 2. 4 所示为某温度计设计的前面板。

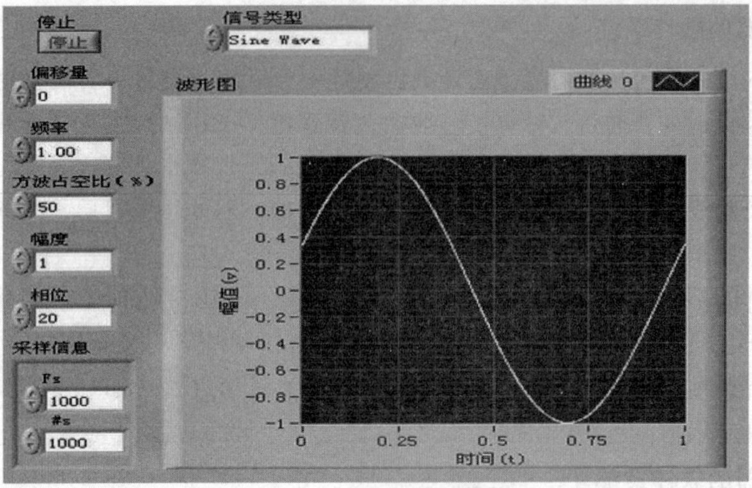

图 15.2.2　多频信号发生器前面板

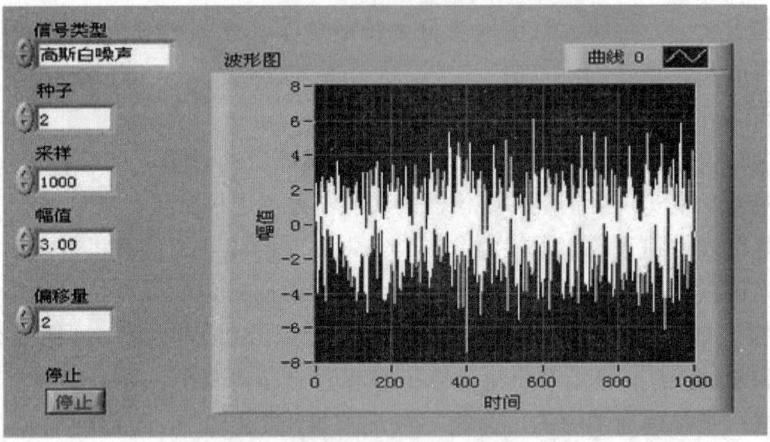

图 15.2.3　高斯白噪发生器前面板

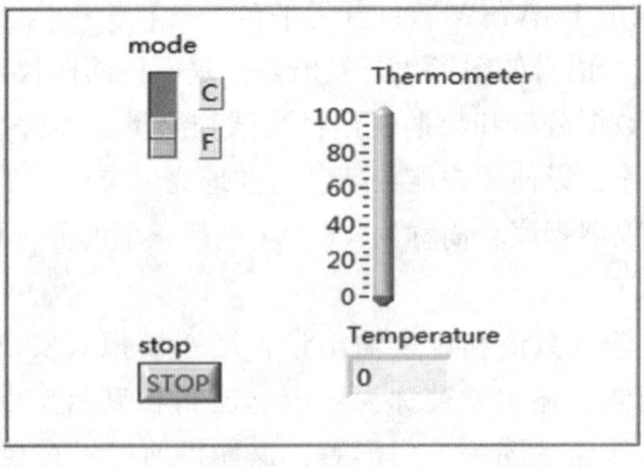

图 15.2.4　某温度计设计的前面板

每个程序前面板都对应着一段框图程序。框图程序用 LabVIEW 图形编程语言编写，可以把它理解成传统程序的源代码。框图程序由端口、节点、图框和连线构成。其中，端口被用来同程序前面板的控制和显示传递数据，节点被用来实现函数和功能调用，图框被用来实现结构化程序控制命令，而连线代表程序执行过程中的数据流，定义了框图内的数据流动方向。

上述温度计的框图程序如图 15. 2. 5 所示。

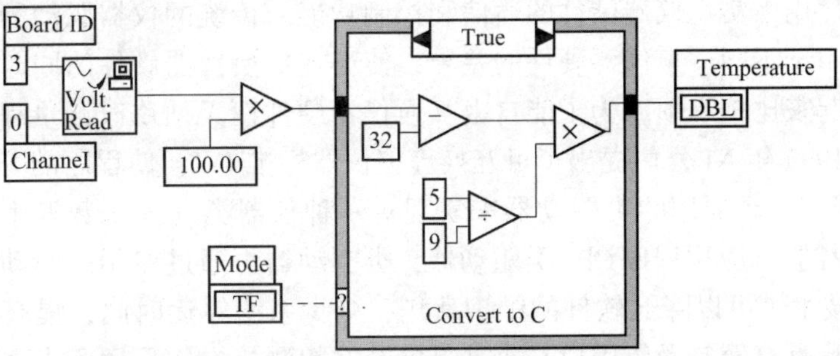

图 15. 2. 5　温度计框图程序

图标/连接器是子 VI 被其他 VI 调用的接口。图标是子 VI 在其他程序框图中被调用的节点表现形式；而连接器则表示节点数据的输入/输出口，就像函数的参数。用户必须指定连接器端口与前面板的控制和显示一一对应。图 15. 2. 6 所示为温度计的图标和连接器。连接器一般情况下隐含不显示，除非用户选择打开观察它。

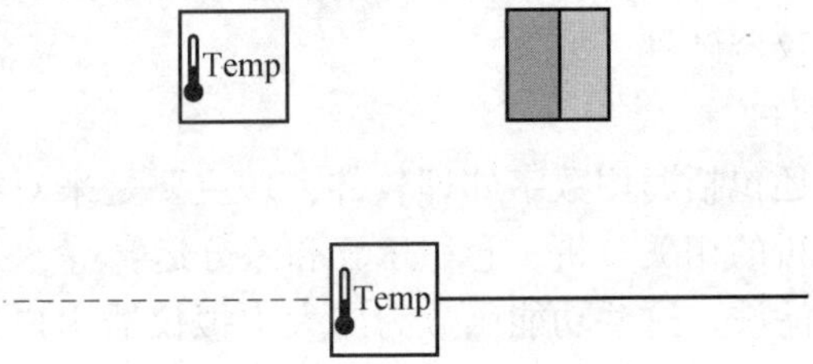

图 15. 2. 6　温度计的图标和连接器

LabVIEW 具有多个图形化的操作模板，用于创建和运行程序。这些操作模板可以随意在屏幕上移动，并可以放置在屏幕的任意位置。LabVIEW2018 版软件常用的三个面板如图 15. 2. 7~15. 2. 9 所示，这三个面板可以从软件顶端的的“查看”菜单调出来。

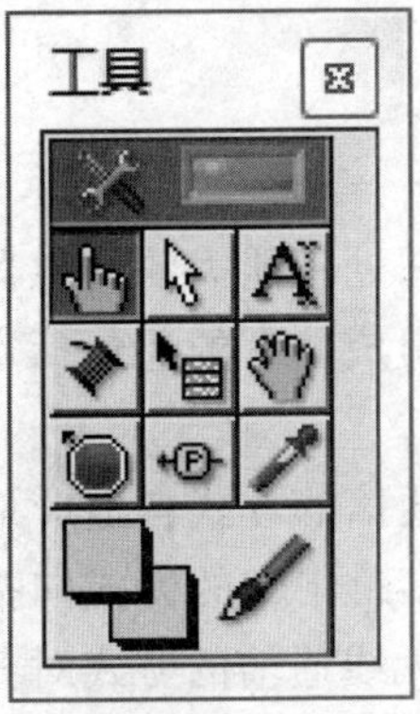

图 15. 2. 7　工具面板

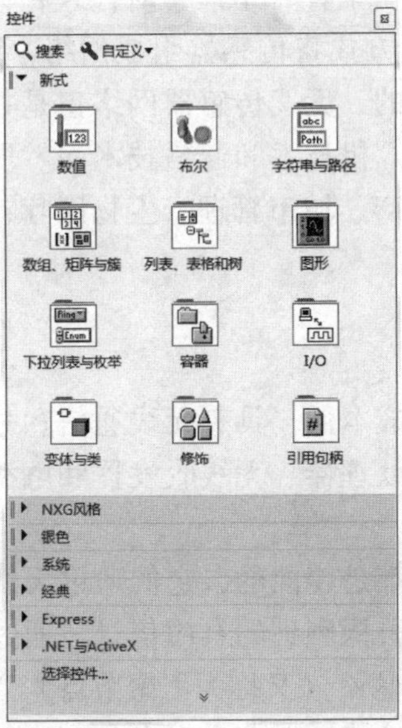

图 15. 2. 8　控制面板

图 15. 2. 9　功能面板

（2）仪器驱动程序。

仪器驱动程序用来实现仪器硬件的通信和控制功能。传统的仪器驱动程序由仪器硬件厂商随硬件提供，由于不同厂家仪器硬件的差异，使得在更换仪器硬件的同时不得不修改测量代码，用户使用起来比较麻烦。为了能自由互换仪器硬件而无须修改测量程序，即解决仪器的互操作问题，1999 年 NI 公司提出了可互换虚拟仪器标准 IVI，使程序的开发完全独立于硬件。IVI 驱动器通过一个通用的类驱动器来实现对一种仪器类（如函数发生器、数字电压表和示波器等）的控制。应用程序调用类驱动器，类驱动器再通过专用的驱动器与物理的仪器通信。采用 IVI 技术，可以降低软件的维护费用，减少系统停运时间，提高测量代码的可重用性，使仪器编程直接面对操作用户。通过提供友好的测控操作界面和丰富的数据分析与处理功能，来完成自动检测任务。

（3）I/O 接口软件。

I/O 接口软件是虚拟仪器系统软件的基础，用于处理计算机与仪器硬件之间连接的底层通信协议。当今优秀的虚拟仪器测量软件都建立在一个标准化 I/O 接口软件组件的通用内核之上，为用户提供一个一致的跨计算机平台的应用编程接口（API），使用户的测量系统能够选择不同的计算机平台和仪器硬件。

（4）通用数字处理软件。

虚拟仪器的应用软件还包括通用数字处理软件，这主要是来对数字信号进行处理的功能函数，例如，用于时域分析的相关分析、卷积运算和差分运算等，并用于频域分析的 FFT 和功率谱估计等，以及数字滤波。这些功能函数为广大虚拟仪器用户进一步扩展其测量功能提供了必要的基础。

15.3 无线传感器网络

现代科技发展越来越快，人类已经完全置身于信息时代。在许多场合，要求信号采集的范围大、采集的点数多，若采用有线的方式将传感器组成网络，则存在布线等方面的困难，在一些特殊应用场合，这是根本不可能的。无线传感器网络正是在这种需求的推动下产生的一种新型网络。它是集传感器技术、计算机技术和通信技术而发展起来的一种全新的信息获取和处理技术，在国防安全、工农业生产、城市管理、生物医疗、环境监测和抢险救灾等领域都有着十分广阔的应用前景。

15.3.1 定义和组成

无线传感器网络是由大量体积小、成本低、具有无线通信和数据处理能力的传感器节点组成的。传感器节点一般由传感器、微处理器、无线收发器和电源组成，有的还包括定位装置和移动装置，如图 15.3.1 所示。

在传感器网络中，每个节点的功能都是相同的，它们通过无线通信的方式自适应地组成一个无线网络。各个传感器节点将自己所探测到的有用信息，通过多跳中转的方式向指挥中心（主机）报告。指挥中心也可以通过基站（又称为汇聚节点）以无线通信的方式对各传感器节点进行远程监控，以便向需要控制的传感器节点发布命令。基站是一个中转站，它将传感器的数据发送到主机上；同时，又将主机的命令通过无线通信模块发送到目标节点。典型的无线传感器网络结构图如图 15.3.2 所示。图中，*A*、*B*、*C*、*D* 和 *E* 是随机分布在监测区域中的一部分传感器节点，通过自组织协议组成一个网络后，将采集的环境数据通过无线跳传的方式传送给基站，基站将所得到的信息报告给指挥中心，指挥中心根据实际情况做出判断，并通过基站对传感器网络进行配置和管理，发布监测任务及收集监测数据等。

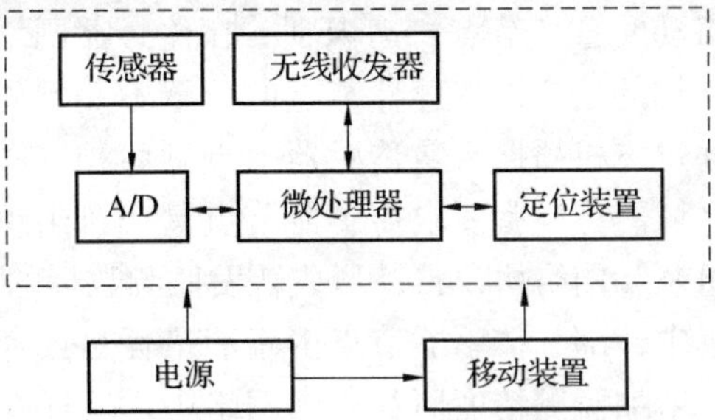

图 15.3.1　典型传感器节点结构图

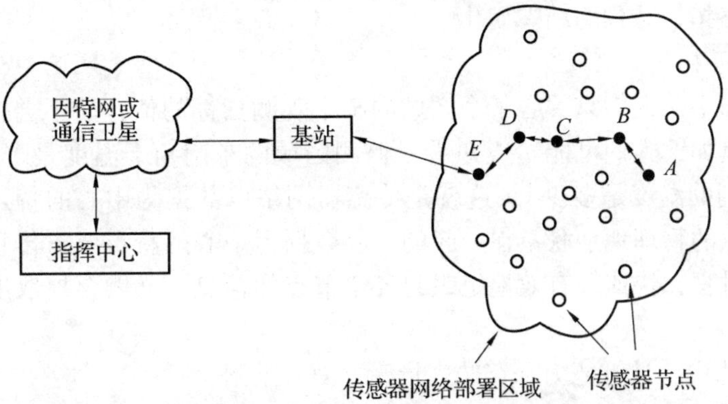

图 15.3.2　典型的无线传感器网络结构图

15.3.2　特点和局限

无线传感器网络与传统网络相比有着一些独有的特点，同时，也存在一些新的问题。

(1) 节点数量大、密度高。

为了获取精确的信息，在监测区域通常部署大量的传感器节点，数量可能达到成千上万。传感器网络的大规模性包括两方面含义：一方面是传感器节点分布在很大的地理区域内，如在原始大森林采用传感器网络进行森林防火和环境监测；另一方面，传感器节点部署得很密集，即在一个面积不大的空间内，部署了大量的传感器节点。这是由于传感器网络节点的微型化，每个节点的通信和传感半径有限，一般在十几米至几十米范围之内，而且为了节能，传感器节点大部分时间处于睡眠状态，所以，往往通过铺设大量的传感器节点来保证网络的质量。

传感器节点的大规模性具有如下优点：通过不同空间视角获得的信息具有更大的信噪比；通过分布式处理大量的采集信息能够提高监测的精确度，降低对单个节点的精度要求；大量冗余节点的存在，使得系统具有很强的容错性能；大量节点能够增大覆盖的监测区域，减少盲区。

(2) 多跳路由。

网络中节点通信距离有限，所以节点只能与它的邻居直接通信。如果希望与其射频覆盖范围之外的节点进行通信，则需要通过中间节点进行路由。固定网络的多跳路由使用网关和路由器来实现，而无线传感器网络中的多跳路由是由普通网络节点来完成的，没有专门的路由设备。这样每个节点既是信息的发起者，也是信息的转发者。

(3) 自组织网络。

自组织网络包括网络自动配置和节点自动识别。在传感器网络应用中，通常情况下传感器节点被放置在没有基础结构的地方。传感器节点的位置不能预先精确设定，节点之间的邻居关系预先也不知道，如通过飞机播撒大量传感器节点到面积广阔的原始森林中，或随意放置到人不可到达或危险的区域。这样就要求传感器节点具有自组织的能力，能够自动进行配置和管理，通过拓扑控制机制和网络协议自动形成转发监测数据的多跳无线网络系统。

在传感器网络使用过程中，部分传感器节点由于能量耗尽或环境因素造成失效；也有一些节点为了弥补失效节点、增加监测精度而补充到网络中。这样在传感器网络中的节点个数就动态地增加或减少，从而使网络的拓扑结构随之动态地变化。传感器网络的自组织性要求能够适应这种网络拓扑结构的动态变化。

(4) 以数据为中心。

在传感器网络中，人们只关心某个区域的某个观测指标的值，而不会去关心具体某个节点的观测数据。例如，人们可能希望知道“监测区域的东南角上温度是多少”，而不会关心“节点 28 所探测到的温度是多少”。这就是传感器网络以数据为中心的特点。而传统网络传送的数据是和节点的物理地址联系在一起的。以数据为中心的特点要求传感器网络能够脱离传统网络的寻址过程，快速、有效地组织起各个节点的信息，并融合提取出有用的信息直接传送给用户。

(5) 在电池能量、计算能力和存储容量等方面有限制。

电源能量有限。传感器节点体积微小，通常携带能量十分有限的电池。由于传感器节点个数多、成本低，分布区域广，而且部署区域环境复杂，有些区域甚至人员不可到达，因此，试图通过更换电池来补充传感器节点的能量是不现实的。如何高效利用有限的能量，尽可能地延长网络的生命周期是传感器网络面临的首要挑战。传感器节点消耗能量的模块包括传感器模块、处理器模块和无线通信模块。随着集成电路工艺的进步，处理器和传感器模块的功耗变得很低，绝大部分的能量消耗在无线通信上。无线通信模块有发送、接收、空闲和睡眠四种状态。无线通信模块在发送状态下能量消耗最大，在空闲状态和接收状态下能量消耗接近，少于发送状态的能量消耗，在睡眠状态下能量消耗最少。如何让网络通信更有效率，减少不必要的转发和接收，不需要通信时尽快进入睡眠状态，是传感器网络协议设计需要重点考虑的问题。

传感器节点的计算和存储能力有限，使得其不能进行复杂的计算，传统网络上成熟的协议和算法对传感器网络而言开销太大，难以使用，必须重新设计简单有效的协议和算法。

15.3.3 路由协议

任何网络的数据传输都离不开路由协议。路由协议负责将数据分组从源节点通过网络转发到目的节点。它主要包括两个方面的功能：寻找源节点和目的节点的优化路径；将数据分组沿着优化路径正确转发。无线传感器网络与其他单跳、有基础设施的无线传感器网络，如 3G 移动通信网络、IEEE 802.11 WLAN 和 Bluetooth 等有着不同的网络结构和目的。前者是多跳的，每个节点都可以作为路由器使用，主要目标是通过高效的路由算法和数据融合及其压缩技术尽量降低系统功耗，延长系统的生命周期。而后者是单跳的，主要目标是为移动用户提供优质的服务，同时获得最大的带宽利用率。因此，这些网络的路由协议不能完全满足无线传感器网络的要求。此外，同 PC 或者高端嵌入式系统平台相比，无线传感器网络节点有限的系统资源和能源限制及其独特的底层通信传述媒介是传统的 TCP/IP 协议难以满足其需求。因此，设计无线传感器网络路由协议要遵循的原则是：不能执行太复杂的计算、不能在节点保存太多的状态信息、节点间不能交换太多的路由信息等。

目前，已经提出了多种路由协议，可以归纳为以下几个类别。

(1) 以数据为中心的路由协议。

在这类协议中，汇聚节点向特定区域的节点发出查询命令。该区域内的节点收到查询命令后，向汇聚节点发送数据。典型代表有泛洪（Flooding）、Gossiping、SPIN（Sensor Protocols for Information Via Negotiation）和定向扩散（Directed Diffusion）协议。

在泛洪协议中，节点向它所有的邻居节点广播接收到的数据，如此反复，直到数据达到目的节点或者达到数据报的最大跳数。这个协议存在的问题是内爆和重叠。为此，提出了 Gossiping 协议，节点随机选择一个邻居节点转发分组。而不是向所有邻居节点转发数据。但是，这个协议增加了端到端的数据传输延时。

在定向扩散模型中，节点用一组属性值来命名它所生成的数据，汇聚节点发出的查询业务也用属性的组合表示，逐级扩散，最终遍历全网，找到所有匹配的原始数据。

(2) 基于簇（Cluster）的路由协议。

这类协议将所有的节点分为若干簇，每个簇选举出一个首领。由首领实现数据融合，达到节约功耗的目的。簇的划分依据是节点现有的电量和它与首领的距离。这类路由协议的典型代表有低功耗自适应集群构架（Low Energy Adaptive Clustering Hierarchy，LEACH）和门限敏感的节能型协议（Threshold sensitive Energy Efficient sensor Network protocol，TEEN）。

LEACH 协议将所有节点分为若干个簇，每个簇选举一个首领，簇首领还可以组成更高层次的簇。簇首领接收本簇中节点发送的数据，实现数据融合功能，并向基站发送数据。由于向基站发送数据要消耗很大的电能，每隔一段时间需要重新选举首领，以保证功耗在所有节点的平均分配。该协议具有两个运行阶段：簇建立阶段和稳定运行阶段。

TEEN 协议对 LEACH 协议进行了改进，设立了软、硬件门限值。只有在同时满足两个门限值时，节点才发送数据。当测量数据第一次达到硬门限时，节点在随后到来的时隙发送数据，并把它设为新的硬门限值。此后，只有当测量数据与硬门限的差值大于软门限值时，节点才发送数据，并把这个差值设为新的软门限值。通过设定门限值，可以调节系统的测量精度和功耗。

(3) 基于位置信息的协议。

这类路由协议利用节点的位置信息把查询或者数据转发给需要的地域，从而缩短数据的传送范围。即利用位置信息将数据中转到目标区域，从而不必为了找到目标节点向全网广播数据。

(4) 基于数据流模型和服务质量要求的路由协议。

这类协议力图在提供数据路由功能的同时满足通信服务质量要求。其中，有的协议通过计算各节点的剩余能量、发送数据报所需能量，来为数据流仔细选择发送路线，以求延长全网的寿命。

15.3.4 无线传感器网络的应用

1. 军事方面

传感器网络最初来源于美国国防高级研究计划局（Defense Advanced Research Projects Agency，DARPA）的一个研究项目。当时处于冷战时期，为了监测对方潜艇的活动情况，需要在海洋中布置大量的传感器，使用这些传感器所监测的信息来实时监测海水中潜艇的行动。由于无线传感器网络由密集型、低成本、随机分布的节点组成，自组织性和容错能力使其不会因为某些节点在恶意攻击中的损坏而导致系统的崩溃。这一点是传统的传感器技术所无法比拟的，也正是因为这一点，无线传感器网络非常适合应用于恶劣的战场环境中。例如，军方可以通过飞机空投等方式在预定区域散布大量微型廉价的传感器节点，通过这些传感器节点实时监测周围环境的变化，并将监测到的数据通过卫星通信等方式发送回基地。这样可以方便地监控我军布防阵地是否有敌军入侵，也可以将网络布置在敌方阵地上，以隐秘的方式监测敌方阵地和敌军活动情况。

2. 环境科学

随着人们对环境的日益关注，环境科学所涉及的范围越来越广泛。通过传统方式采集原始数据是一件困难的工作。无线传感器网络为野外随机性研究数据的获取提供了方便，比如，跟踪候鸟和昆虫的迁徙，研究环境变化对农作物的影响，监测海洋、大气和土壤的成分等。基于传感器网络的 ALERT 系统中就有数种传感器来监测降雨量、河水水位和土壤水分，并依此来预测爆发山洪的可能性。类似地，无线传感器网络对森林火灾准确、及时地预报也是有很大帮助的。此外，无线传感器网络也可以应用在精细农业中，以监测农作物中的害虫、土壤的酸碱度和施肥状况等。

传感器网络还有一个重要应用就是生态多样性的描述，能够进行动物栖息地生态监测。美国加州大学伯克利分校 Intel 实验室和大西洋学院联合在大鸭岛上部署了一个多层次的传感器网络系统，用来监测岛上海燕的生活习惯。

3. 医疗健康

传感器网络在医疗系统和健康护理方面的应用包括监测人体的各种生理数据、跟踪和监控医院内医生和患者的行动、医院的药物管理等。如果在住院病人身上安装特殊用途的传感器节点，如心率和血压监测设备，医生利用传感网络就可以随时了解被监护病人的病情，发现异常情况能够及时抢救。此外，还可以利用传感器网络长时间地收集人体的生理数据，这些数据对了解人体活动机理和研究新药品都是非常有用的，而安装在被监测对象身上的微型传感器也不会给人的正常生活带来太多的不便。此外，在药物管理等诸多方面，它也有新颖而独特的应用。总之，传感器网络为未来的远程医疗提供了更加方便、快捷的技术实现手段。

4. 智能家居

传感器网络能够应用在家居中。嵌入家具和家电中的传感器与执行机构组成的无线网络与 Interent 连接在一起，将会为人们提供更加舒适、方便和更具人性化的智能家居环境。利用远程监控系统，可完成对家电的远程遥控，如可以在回家之前半小时打开空调，这样回家的时候可以直接享受适合的室温，也可以遥控电饭锅、微波炉、电冰箱、电话机、电视机、录像机等家电，按照自己的意愿完成相应的煮饭、烧菜、查收电话留言、选择录制电视和电台节目等工作。另外，也可以通过图像传感设备随时监控家庭安全情况，如通过加装摄像头，可以监视房间周边环境和诸如婴儿房等特殊场所；通过烟气传感器、温度传感器、特殊气体传感器，预防房间失火和有害气体过量；通过加装红外传感器、门磁、薄膜窗花、无线微波等报警装置，可防止窃贼入侵等。

5. 其他方面

建筑物状态监控（Structure Health Monitoring，SHM）是利用传感器网络来监控建筑物的安全状态。由于建筑物不断修补，可能会存在一些安全隐患。虽然地壳偶尔的小震动可能不会带来看得见的损坏，但也许会在支柱上产生潜在的裂缝，这个裂缝可能会在下一次地震中导致建筑物倒塌。用传统方法检查往往要将大楼关闭数月。

作为 CITRIS（Center of Information Technology Research in the Interest of Society）计划的一部分，美国加州大学伯克利分校的环境工程和计算机科学专业的科学家们采用传感器网络，让大楼、桥梁和其他建筑物能够自身感觉并意识到它们本身的状况，使得安装了传感器网络的智能建筑自动告诉管理部门它们的状态信息，并且能够自动按照优先级来进行一系列自我修复工作。未来的各种摩天大楼可能就会装备这种类似红绿灯的装置，从而建筑物可自动告诉人们当前是否安全、稳固程度如何等信息。

15.4 多传感器数据融合

随着现代科学技术的发展，被测对象越来越复杂。人们不仅需要了解被测对象的某一被测量的大小，而且需要了解被测对象的综合信息或者某些内在的特征信息，单一的、孤立的传感器已经难以满足这种要求。为了获取被测对象的全面和完整的信息，必须采用多个传感器对同一对象进行多方位检测。数据融合就是为了解决多传感器信息处理的问题而提出来的，首先应用于军事，近年来在机器人、智能检测系统、工业监控、航天、环保和气象等领域应用也越来越广泛。

15.4.1 基本概念

1. 工作原理

多传感器数据融合是人类或者逻辑系统中常见的基本功能，从某种意义上讲，是模仿人脑综合处理复杂问题。各种传感器的信息具有不同的特征：实时的或者非实时的，快变的或者缓变的，模糊的或者确定的，互相支持的或者互相补充的，也可能是互相矛盾的。多传感器数据融合就是像人脑综合处理信息一样，充分利用多个传感器的资源，通过对这些传感器及其观测信息的合理支配和使用，把多个传感器在空间或者时间上的冗余或者互补信息以某种准则来进行组合，从而获得被测对象的一致性解释和描述。

2. 基本定义

数据融合是一个具有广泛应用领域的概念，很难给出统一的定义。目前的数据融合是针对一个系统中使用多传感器这一特定问题而进行的新的信息处理方法。所以，数据融合又称为多传感器信息融合。比较全面的定义概括为：采用计算机技术，对不同时间与空间的多传感器信息资源，按照一定准则加以分析、综合、支配和使用，获得被测对象的一致性解释与描述，以完成所需的决策或者评估。

3. 发展过程

在第二次世界大战末期，高炮火控系统中同时使用了雷达和光学传感器。这两种传感器信息的组合不仅有效地提高了系统的瞄准精度，也提高了抗恶劣气象和抗干扰能力。不过，当时这两种数据的综合评判是靠人工完成的，质量不高，速度缓慢。20 世纪 70 年代初，在军事领域的指挥、控制、通信和情报服务（C^3I）系统中，使用多个（种）传感器收集战场信息。C^3I 系统中信息的采集、假设的提出及决策的生成就是多传感器数据融合技术应用的典型例子。美国陆、海、空三军在战略和战术监视系统的开发中，采用数据融合技术进行目标跟踪、目标识别、态势评估和威胁估计，并研制出已广泛用于大型战略系统、海洋监视系统和小型战术系统的第一代数据融合系统。20 世纪 80 年代初，多传感器数据融合技术的研究受到更多学者的注意，相应的理论和技术也在孕育中。1984 年，美国成立了数据融合专家组，并把数据融合列为重点研究开发的 20 项关键技术之一。1998 年，在机器人领域颇有影响的一些国际学术会议、期刊都推出了传感器数据融合的专辑，自此，这一方向的研究变得十分活跃。

4. 主要作用

多传感器数据融合的主要作用可归纳为以下几点：

①提高信息的准确性和全面性。与一个传感器相比，多传感器数据融合处理可以获得有关周围环境更准确、全面的信息。

②降低信息的不确定性。一组相似的传感器采集的信息存在明显的互补性，这种互补性经过适当处理后，可以对单一传感器的不确定性和测量范围的局限性进行补偿。

③高系统的可靠性。某个或某几个传感器失效时，系统仍能正常运行。

15.4.2 融合方法

1. 处理过程

图 15.4.1 所示为数据融合的全过程。由于被测对象多半为具有不同特征的非电量，如温度、压力、声音、色彩和灰度等，因此首先要将它们转换为电信号；然后，经过 A/D 变换将它们转换为能由计算机处理的数字量；数字化后，电信号需经过预处理，以滤除数据采集过程中的干扰和噪声；对经处理后的有用信号做特征抽取，再进行数据融合，或者直接对信号进行数据融合；最后，输出融合的结果。

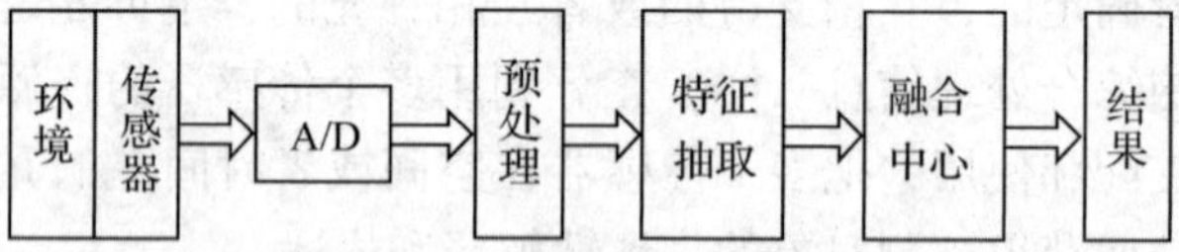

图 15.4.1　数据融合的全过程

2. 融合层次

数据融合层次的划分主要有两种方法。第一种方法是将数据融合划分为低层（数据级或像素级）、中层（特征级）和高层（决策级）。另一种方法是将传感器集成和数据融合划分为信号级、证据级和动态级。

数据级融合（或像素级融合）是对传感器的原始数据及预处理各阶段上产生的信息分别

进行融合处理。它尽可能多地保持了原始信息，能够提供其他两个层次融合所不具有的细微信息。其局限性为：①由于所要处理的传感器信息量大，因此处理代价高；②融合是在信息最低层进行的，由于传感器的原始数据的不确定性、不完全性和不稳定性，要求在融合时有较高的纠错能力；③由于要求各传感器信息之间具有精确到一个像素的配准精度，因此要求传感器信息来自同质传感器；④通信量大。

特征级融合是利用从各个传感器原始数据中提取的特征信息，进行综合分析和处理的中间层次过程。通常所提取的特征信息应是数据信息的充分表示量或统计量，据此对多传感器信息进行分类、汇集和综合。特征级融合可分为目标状态信息融合和目标特性融合。特征级目标状态信息融合主要应用于多传感器目标跟踪领域。融合系统首先对传感器数据进行预处理，以完成数据配准。数据配准后，融合处理主要实现参数相关和状态矢量估计。特征级目标特性融合就是特征层联合识别，具体的融合方法仍是模式识别的相应技术，只是在融合前必须先对特征进行相关处理，对特征矢量进行分类组合。在模式识别、图像处理和计算机视觉等领域，已经对特征提取和基于特征的分类问题进行了深入的研究，有许多方法可以借用。

决策级融合是在信息表示的最高层次上进行的融合处理。不同类型的传感器观测同一个目标，每个传感器在本地完成预处理、特征抽取、识别或判断，以建立对所观察目标的初步结论，然后通过相关处理、决策级融合判决，最终获得联合推断结果，从而直接为决策提供依据。因此，决策级融合直接针对具体决策目标，充分利用特征级融合所得出的目标各类特征信息，并给出简明而直观的结果。决策级融合除了实时性最好之外，还具有一个重要优点，即这种融合方法在一个或几个传感器失效时仍能给出最终决策，因此具有良好的容错性。

3. 主要方法

（1）加权平均。

加权平均是最简单、最直观的数据融合方法。该方法将一组传感器提供的冗余信息进行加权平均，结果作为融合值。

（2）卡尔曼滤波。

卡尔曼滤波主要用于融合低层的实时动态多传感器冗余数据。该方法应用测量模型的统计特性递推地确定融合数据的估计，且该估计在统计意义下是最优的。如果系统可以用一个线性模型描述，且系统与传感器的误差均符合高斯白噪声模型，则卡尔曼滤波将为融合数据提供唯一的统计意义下的最优估计。滤波器的递推特性使得它特别适合在那些不具备大量数据存储能力的系统中使用。目前应用卡尔曼滤波进行多传感器融合的主要领域有目标识别、机器人导航、多目标跟踪、惯性导航和遥感等。在其中的某些应用中，如果数值不稳定或系统模型为线性的假设不成立，则不再使用传统的卡尔曼滤波器，而采用单位上三角矩阵和对角矩阵协方差量化滤波器或扩展卡尔曼滤波器。如果开始不知道滤波器的参数，可以采用自适应卡尔曼滤波器。应用卡尔曼滤波器对 n 个传感器的测量数据进行融合后，既可以获得系统的当前状态估计，又可以预报系统的未来状态。所估计的系统状态可能表示移动机器人的当前位置、目标的位置和速度、从传感器数据中抽取的特征或实际测量值本身。

（3）贝叶斯估计。

贝叶斯估计是融合静态环境中多传感器低层信息的常用方法。它使传感器信息依据概率原则进行组合，测量不确定性以条件概率表示。当传感器组的观测坐标一致时，可以用直接法对传感器测量数据进行融合。但大多数情况下，传感器是从不同的坐标系对同一环境物体进行描述，这时传感器测量数据要以间接方式采用贝叶斯估计进行数据融合。

（4）多贝叶斯方法。

Durrant-Whyte 将任务环境表示为不确定几何物体集合的多传感器模型，提出了传感器信息融合的多贝叶斯估计方法。多贝叶斯估计把每个传感器作为一个贝叶斯估计，将各单独物体的关联概率分布组合成一个联合后验概率分布函数，通过使联合分布函数的似然函数最小，可以得到多传感器信息的最终融合值。

（5）统计决策理论。

与多贝叶斯估计不同，统计决策理论中的不确定性为可加噪声，从而不确定性的适应范围更广。不同传感器观测到的数据必须经过一个鲁棒综合测试，以检验数据的一致性，经过一致性检验的数据用鲁棒极值决策规则融合。

（6）Dempster-Shafer 证据推理法。

Dempster-Shafer 证据理论是由 Dempster 首先提出，由 Shafer 进一步发展起来的一种不精确推理理论，是贝叶斯方法的扩展。贝叶斯方法必须给出先验概率，而 Dempster-Shafer 证据理论则能够处理这种由不知道引起的不确定性。

在多传感器数据融合系统中，每个信息源提供了一组证据和命题，并且建立了一个相应的质量分布函数。因此，每一个信息源就相当于一个证据体。在同一个鉴别框架下，将不同的证据体通过 Dempster 合并规则并成一个新的证据体，并计算证据体的似真度，最后用某一决策选择规则，获得最后的结果。

（7）模糊逻辑法。

模糊逻辑实质上是一种多值逻辑，在多传感器数据融合中，将每个命题及推理算子赋予 0~1 间的实数值，以表示其在融合过程中的可信程度，又被称为确定性因子，然后使用多值逻辑推理法，利用各种算子对各种命题（即各传感源提供的信息）进行合并运算，从而实现信息的融合。

（8）产生式规则法。

产生式规则法是人工智能中常用的控制方法。产生式规则法中的规则一般要通过对具体使用的传感器的特性及环境特性进行分析后才能归纳出来，不具有一般性，即系统改换或增减传感器时，其规则要重新产生，所以这种方法的系统扩展性较差，但该方法的推理较明了，易于系统解释，所以也有广泛的应用范围。

（9）神经网络方法。

人工神经网络是模拟人类大脑而产生的一种信息处理技术，它采用大量以一定方式相互连接和相互作用的简单处理单元（即神经元）来处理信息。神经网络具有较强的容错性和自组织、自学习、自适应能力，能够实现复杂的映射。神经网络的优越性和强大的非线性处理能力，能够很好地满足多传感器数据融合技术的要求。

基于神经网络的多传感器融合具有如下特点：具有统一的内部知识表示形式，通过学习方法可将网络获得的传感器信息进行融合，获得相关网络的参数（如连接权矩阵、节点偏移向量等），并且可将知识规则转换成数字形式，便于建立知识库；利用外部环境的信息，便于实现知识自动获取及进行联想推理；能够将不确定环境的复杂关系，经过学习推理，融合为系统能理解的准确信号；神经网络具有大规模并行处理信息的能力，使得系统信息处理速度很快。由于神经网络本身所具有的特点，它为多传感器融合提供了一种很好的方法。

基于神经网络多传感器信息融合的一般结构如图 15.4.2 所示，其处理过程如下：

①用选定的 N 个传感器检测系统状态。

②采集 N 个传感器的测量信号并进行预处理。

③对预处理后的 N 个传感器信号进行特征选择。

④对特征信号进行归一化处理，为神经网络的输入提供标准形式。

⑤将归一化的特征信息与已知的系统状态信息作为训练样本，输入神经网络进行训练，直到满足要求为止。该训练好的网络作为已知网络，只要将归一化的多传感器特征信息作为网络输入输入该网络，则网络输出就是被测系统的状态。

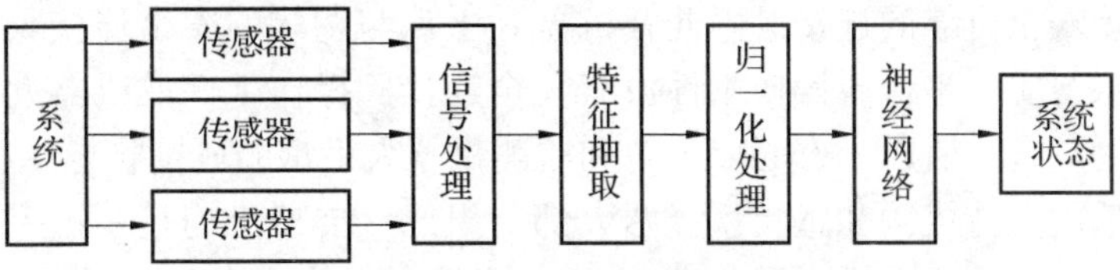

图 15.4.2　基于神经网络多传感器信息融合的一般结构

该结构将融合体系分为四级：信号级、模型级、特征级和融合级。在信号级使用多传感器检测过程中的状态，并转换成相应的物理量，此时还没有形成能充分描述过程特性的数学模型；在模型级将多传感器获得的信号进行处理，建立各自的过程模型，即能反映被监测对象特性或对被监测对象的表达式，如常用的功率谱估计、时间序列建模等；在特征级主要是对模型级提供的信息特征进行特征关联、特征抽取及归一化处理，为融合处理提供一致的特征数据；融合级通过神经网络进行融合处理，实现对监测对象的识别与估计。

神经网络模型有很多种，常见的有 BP 网络、径向基函数网络、自组织神经网络和 Hopfield 神经网络等。

15.4.3　应用举例

近年来，多传感器数据融合技术在工业机器人、智能检测系统、工业过程监控、智能交通、遥感和军事等领域得到应用。

工业机器人主要使用视频图像、声音和电磁等数据的融合来进行推理，以完成物料的搬运、零件制造、检验和装配等工作。智能检测系统利用多传感器的信息进行融合处理，可以消除单个或者单类传感器检测的不确定性，提高智能检测系统的可靠性，获得对检测对象更准确的认识和解释。工业过程监控主要包括各种加工机床、工具和材料传送装置、检测报警和实验装置及装配装置的工业生产过程的监控，目的是在制造系统中用传感器来代替人进行加工、状态监测和故障诊断。智能交通系统采用多传感器数据融合技术实现无人驾驶交通工具的自主道路识别、速度控制、定位及交通事务管理、交通信号采集和交通信号控制等。多传感器数据融合在遥感领域中的应用，主要是通过高空间分辨率全色图像和低光谱分辨率图像的融合，融合多波段和多时段的遥感图像来提高分类的准确性。军事是多传感器数据融合应用最早的领域，涉及战术和战略上的信息监测、通信、情报和指挥等各个方面。

下面介绍空间机器人手爪采用多传感器数据融合技术来实现物体可靠抓取的例子。机器人手爪是机器人执行精巧和复杂任务的重要部件。为了使机器人能在存在不确定性因素的环境中进行灵巧操作，其手爪必须具有很强的感知能力，即在手爪上配置多种传感器，如接近觉传感器、力/力矩传感器、位置/姿态传感器、触觉/滑觉传感器等。手爪通过传感器获得外部环境的信息，以实现快速、准确、柔顺地抓取和操作工件。在同一环境下，多个传感器感知的信息中存在着内在的联系。但传统上对不同传感器采用单独、孤立的处理方式，这存在两个缺陷：一是割断了信息之间的内在联系，丢失了信息有机组合后蕴含的进一步信息；二是单凭某个传感器的信息做判断，得出的决策可能是不充分的或不全面的。因此，采用多传感器信息融合方法，得到关于环境和目标对象的完整的、可靠的信息，是提高机器人操作能力和保障其安全的一条有效途径。以一种空间机器人——舱外移动机器人为例，它的手爪在操作过程中抓取工件，完成机器人的各种操作任务；在行走过程中抓取工字梁，使机器人与实验平台之间实现安全可靠的连接。因此，机器人手爪与物体的安全连接具有非常重要的意义。若机器人手爪与实验平台或操作工件没有安全连接，操作工件或机器人就有可能脱离空间站，造成很大的危害。所以，有必要了解和监测机器人手爪的连接状态。

该机器人手爪由夹持机构和感觉系统两大部分组成。夹持机构是实现手爪开闭功能的单自由度执行机构。其中，八个应变梁组成四个 V 形槽，最终形成两个单自由度开合的手指。感觉系统由力传感器、接近觉传感器和位移传感器等组成，提供手爪状态的信息。在机器人手指的每个夹持面（应变梁）上都安装有一个力传感器，共八个。它们能够检测沿夹持面法线方向的接触力，这是安全连接状态判别的一个重要参数。但如果出现手爪卡歪等情况，仅靠力的信息就无法反映出来了。在手指的上表面中各安装了一个接近觉传感器，共四个，用来检测夹持面与物体的相对位置，这也是安全状态判别的一个依据。机器人手爪上安装的位移传感器用于检测手指的开闭距离，为手爪控制器提供信息，该传感器还可测出工件在夹持方向上的尺寸，为感觉系统判断被抓物体定位情况提供依据。但是，仅靠位移传感器来判别机器人手爪的连接状态是不充分的。综上所述，手爪上的力信息、接近觉信息和位移传感器信息都可以用来判别手爪是否处于安全状态，但传感器的误差、工作环境的不确定性等原因，使得单独一种传感器的信息对安全状态的判别都是不充分的。因此，有必要对这三种传感器的信息进行融合以准确判断手爪的连接状态。融合后的信息可以有效地克服单个传感器信息之间的冗余性，能更有效、更全面地反映手爪的状态。

对手爪的多种传感器信息进行融合，首先要有传感器的输出数据，这就需要进行实验。根据各种传感器信息的冗余和互补的情况，实验设计了以下几种手爪夹持工件的连接状态：

①安全连接：手爪电机的驱动力达到预定值，手爪与工件完全接触且夹持到位，力觉传感器、接近觉传感器和位移传感器的输出均正常。

②虚抓：手爪与工件全接触，但是，电机驱动力较小，即手爪抓得不紧，力觉传感器输出值与预定值有较大误差，而接近觉和位移传感器输出正常。

③抓一半：手爪的两指与工件完全接触，即抓住了工件，而手爪的另两指没有抓住工件，电机的驱动力达到了预定值，力觉传感器输出不正常，接近觉传感器输出与预定值存在较大误差，位移传感器输出正常。

④卡歪：工件没有卡进手爪的 V 形槽内，而是斜夹在一个 V 形槽和下两个平面型指端之间，力觉传感器、接近觉传感器及位移传感器的输出均不正常。

⑤表面损坏：手爪与工件完全接触，力觉传感器和位移传感器的输出均正常，但由于夹持面磨损，改变了光的反射特性，或接近觉传感器失效，导致接近觉传感器输出误差较大。

⑥空载：手爪虽张开，或处于闭合状态，但未夹持工件，故力觉传感器、接近觉传感器

的输出与系统初始状态一致，为非正常输出，位移传感器视手爪的张开或闭合有不同值输出。

手爪的多种传感器分别采用基于 BP 神经网络和径向基函数网络的数据融合方法。其中，典型的 BP 网络是一种三层网络，包括输入层、隐含层和输出层。各层之间实行全连接。BP 网络的学习由四个过程组成，即输入模式由输入层经中间层向输出层的“模式顺传播”过程；网络的希望输出与网络实际输出之差的误差信号由输出层经中间层向输入层逐层修正连接权的“误差逆传播”过程；由“模式顺传播”与“误差逆传播”的反复交替进行的网络“记忆训练”过程；网络趋向收敛即网络的全局误差趋向极小值的“学习收敛”过程。

将各个传感器的信息（共 12 路）作为 BP 网络的输入，将手爪的安全连接状态和不安全连接状态作为 BP 网络的输出。两个输出的取值范围都为 0~1，预测结果中哪一个输出值大于 0.5，而另一个输出值小于 0.5，那么大于 0.5 的那个输出就是手爪的连接状态。隐层节点数为 20，最大训练误差为 0.001，初始学习率是 0.01。

先对 BP 网络进行训练，将输入归一化到-1~1，将输出归一化到 0.9 或 0.1，0.9 表示该状态发生，0.1 表示该状态不发生。训练完毕，用另外的数据进行预测。

在机器人实际工作中，实时地采集手爪上多传感器的输出数据，根据离线训练得出的权值和阈值进行运算，就可以推测出手爪与被抓物体的连接状态。

15.5　软测量技术

随着现代工业过程对控制、计算、节能增效和运行可靠性等要求的不断提高，各种测量要求日益增多。由于工业过程生产系统涉及物理、化学、物质转换、能量传递及系统的复杂性与不确定性，都将导致过程参数检测的困难。一般解决工业过程的测量问题有两条途径：一是沿袭传统检测技术发展思路，通过研制新型的过程检测仪表，以硬件形式实现过程参数的直接在线测量；另一种是采用间接测量的思路，利用易于获取的其他测量信息，通过计算来实现对被测变量的估计。近年来，在过程检测领域出现的一种新技术——软测量技术就是这一思想的集中体现。

软测量就是依据可测、易测的过程变量（称为辅助变量，如温度和压力等）与难以直接检测的待测变量（称为主导变量，如产品分布和物料成分等）的数学关系，根据某种最优准则，采用各种计算方法，用软件实现对待测变量的测量或估计。软测量技术主要包括：辅助变量的选取、测量数据的处理、软测量模型的建立、软仪表的在线校正。

15.5.1　辅助变量的选取

辅助变量的选取非常重要，因为不可测的主导变量需要由这些辅助变量推断出来。这里包括变量的类型、数目及测点位置三个关键点。这三点是互相关联的，在实际中受到经济性、维护的难易等额外因素的制约。

1. 变量类型的选择

选择的方法往往从间接质量指标出发。例如，精馏塔产品的软测量一般采用塔板温度，化工反应器中产品的软测量采用反应器管壁温度等。

2. 变量数目的选择

从过程机理入手分析，自影响被估计变量的变量中去挑选主要因素，因为全部引入既不可能也没必要。如果缺乏机理知识，则可用回归分析的方法找出影响被估计变量的主要因素，这需要大量的观测数据。需要指出的是，受系统自由度的限制，辅助变量的个数不能小于被估计变量的个数。至于辅助变量的最优数量问题，目前尚无统一结论。

3. 测点位置的选择

对于许多工业过程，辅助变量的检测点的选择是十分重要的，因为可供选择的检测点很多。检测点的选择可以采用奇异值分解的方法确定，也可以采用工业控制仿真软件确定。这些确定的检测点往往需要在实际应用中加以调整。

一种辅助变量的选择原则如下：

①灵敏性，能对过程输出（或不可测扰动）做出快速反应。

②特异性，能对过程输出（或不可测扰动）之外的干扰不敏感。

③工程适应性，工程上易于获得并达到一定的测量精度。

④精确性，构成的估计器达到要求的精度。

⑤鲁棒性，构成的估计器对模型误差不敏感。

15.5.2 测量数据的处理

1. 误差处理

从现场采集的测量数据，由于受仪表精度和测量环境的影响，一般都不可避免地带有误差，有时甚至有严重的过失误差。如果将这些现场测量数据直接用于软测量，会导致软测量的精度降低，甚至完全失败。因此，测量数据必须经过误差处理。测量数据的误差分为随机误差和过失误差等。

（1）随机误差处理。

随机误差符合统计规律。工程上多采用数字滤波算法，如中位值滤波、算术平均滤波和一阶惯性滤波等。随着计算机优化控制系统的使用，复杂的数值计算方法对数据的精确度提出了更高的要求，于是出现了数据一致性处理技术。其基本思想是：根据物料或能量平衡等建立精确的数学模型，以估计值与测量值的方差最小为优化目标，构造一个估计模型，为测量数据提供一个最优估计。

（2）过失误差处理。

虽然含有过失误差的数据出现的概率较小，但一旦出现，则可能严重破坏数据的统计特性，导致软测量的失败。因此，及时侦测、剔除和校正含有过失误差的数据是提高测量数据质量 的关键。侦测过失误差的方法有多种：①对各种可能导致过失误差的因素进行理论分析；②借助于多种测量手段对同一变量进行测量，然后进行比较；③根据测量数据的统计特性进行检验等。

2. 数据的变换

对数据的变换包括标度、转换和权函数三个方面。

工业过程中的测量数据有着不同的工程单位，变量之间在数值上可能相差几个数量级，直接使用这些数据进行计算，不仅不能得到准确结果，甚至会造成结果分散。利用合适的因子对数据进行标度，能够改善算法的精度和稳定性。

转换包含对数据的直接转换及寻找新的变量替换原变量两个含义。在高精度精馏塔的建模和控制中，对组分浓度取对数后进行计算，是相当成熟的技术。通过对数据的转换，可以有效地降低非线性特性。权函数则可实现对变量动态特性的补偿。如果辅助变量和主导变量之间具有相同或相似的动态特性，那么，使用静态软仪表就足够了。合理使用权函数有可能用稳态模型实现对过程的动态估计。

15.5.3　软测量模型的建立

1. 软仪表的描述

图 15.5.1 描述了过程对象的输入、输出关系。图中，y 为主导变量，θ 为可测的辅助变量，d、u 分别为可测的干扰和控制变量。软仪表的目的就是利用所有可获得的信息，求取主导变量的“最佳”估计值 $\hat{y}$，即构造从可测信息集 $\hat{\theta}$ 到 $\hat{y}$ 的映射。

一般来说，可测信息集包括所有的可测主导变量 y（主导变量 y 中可能部分是可测的）、辅助变量 θ、控制变量 u 和可测干扰 d。在此情况下，软仪表的性能依赖于过程的描述、噪声和扰动的特性，辅助变量 θ 的选取及“最佳”的含义，即给定的某种准则。

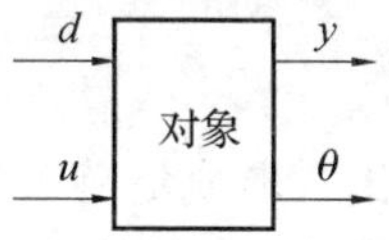

图 15.5.1　过程对象的输入、输出关系

2. 建模方法

显然，建立软仪表的过程就是构造一个数学模型。在许多建立软仪表的方法中，要以一般意义下的数学模型为基础。但是，软仪表与一般意义下的数学模型有所不同。通常所指的数学模型主要反映，y 与 u 或 d 之间的动态（或稳态）关系，而软仪表则是通过 θ 求 y 的估计值。

过程建模方法主要有两大类：机理分析建模方法和实验建模方法。具体构造软仪表的方法有以下几种。

(1) 机理分析建模方法。

此类方法建立在对过程工艺机理的深刻认识的基础上，运用物料平衡、热量平衡和化学反应动力学等原理，找出不可测主导变量与可测辅助变量之间的关系。对于过程机理较为清楚的工业过程，基于机理模型可以构造良好的软仪表。而对复杂工业过程，其内在机理往往不十分清楚，完全依赖机理分析建模比较困难，通常要选用其他方法，结合机理知识构造软仪表。

(2) 系统辨识方法。

系统辨识方法是将辅助变量和主导变量组成的系统看成“黑箱”，以辅助变量为输入，主导变量为输出，通过现场采集、流程模拟或实验测试，获得过程输入、输出数据，以此为依据建立软仪表模型，属于实验建模方法。

(3) 状态估计方法。

如果已知系统的状态空间模型，而主导变量作为系统状态变量时辅助变量是可观测的，

那么构造软仪表的问题可以转化为状态观测或状态估计问题。假设已知对象的状态空间模型为

$$\dot{x}=Ax=Bu+Ev \tag{15.5.1}$$

$$y=cx \tag{15.5.2}$$

$$\theta=C_{\theta}x+w \tag{15.5.3}$$

式中，u 和 w 分别表示白噪声。如果系统的状态关于辅助变量 θ 完全可测，那么，软测量问题就转化为典型的状态观测和状态估计问题，估计值 $\hat{y}$ 就可以表示成 Kalman 滤波器的形式。Kalman 滤波器、Luenberger 观测器等是解决上述问题的有效方法。基于状态估计的软仪表可以反映辅助变量与主导变量之间的动态关系，有利于处理辅助变量与主导变量动态特性不同及系统存在滞后等情况。然而，对复杂的工业过程，取得系统的状态空间模型并非易事。

（4）回归方法。

基于最小二乘原理的一元、多元线性回归技术已经非常成熟。对于辅助变量较少的情况，利用多元线性回归中的逐步回归技术可以得到较理想的软仪表模型。对于辅助变量较多的情况，通常要借助机理方法，得到变量组合的基本假定，然后再采用逐步回归的方法，排除不重要的变量组合，得到软仪表模型。也可以采用主元分析等数学方法，对原问题进行降维处理，然后进行回归。

（5）神经网络方法。

以辅助变量为输入，待测变量为输出，形成足够多的理想样本，通过学习可以得到软仪表的神经网络模型。理论上，神经网络不需要有过程的先验知识，学习非线性特性的能力比较强，是解决软测量问题较为理想的方法。但是，在实际应用中，样本的数量和质量在一定程度上决定了网络的性能。另外，网络类型、结构和算法的选择对软仪表的性能也有重要影响。

（6）模式识别方法。

在缺乏系统先验知识的情况下，可以采用模式识别的方法对系统的操作数据进行处理，从中提取系统的特征，构成以模式描述分类为基础的模式识别模型。例如，分别采用空间超盒和多中心模聚类方法建立了某催化裂化装置粗汽油蒸气压的软测量仪表；采用基于 Bayes 序列分类器的模式识别方法进行精馏塔板效率的估计等。

（7）模糊数学方法。

模糊数学是人们处理复杂系统的一种有效手段，在软测量中也有应用。此外，模糊数学还与神经网络或模式识别技术相结合，构成模糊神经网络和模糊模式识别方法。

15.5.4 软仪表的在线校正

由于装置操作条件及原料性质都会随时间变化，前面各种方法得到的软测量模型只适用于一定的操作范围，因此需要不定期地对模型进行修正，以适应工况的变化。通常对软仪表的在线修正仅修正模型的参数，具体方法有自适应法、增量法和多时标法等。对模型结构的修正需要大量的样本数据和耗费较长时间，在线进行有些困难，可采用短期学习和长期学习的思路来解决。短期学习是指以某辅助变量的采样化验分析值与软测量值之差为依据，采用建模方法，修改模型系数。长期学习是指当软测量模型在线运行了一段时间以后，逐步积累了足够的新样本时，根据新样本采用建模方法，重建软测量模型。

在配备在线分析仪表的场合，系统的主导变量的真值可以连续得到（只是滞后了一段时间），此时采用校正方法不会有太大问题。在主导变量的真值仅能来源于离线人工化验的场合，通常取样周期为数小时或更长，样本密度稀疏。此时，采用何种校正方法，就是值得研究的问题。

另一个值得注意的问题是样本数据与过程数据在时序上的配合，尤其在人工分析情况下，从辅助变量即时反映的产品质量状态到取样位置需要一定的取样时间，取样后直到产品质量数据返回现场又要耗费很长时间。因此，在利用分析值与辅助变量进行软仪表的校正时，应特别注意保持两者在时间上的对应关系。

15.5.5　软测量的工业应用

首先，软仪表在过程操作和监控方面有十分重要的作用。软仪表实现成分、物性等特殊变量的在线测量，而这些变量往往对过程评估和质量非常重要。没有仪表的时候，操作人员要主动收集温度、压力等过程信息，经过头脑中经验的综合，对生产情况进行判断和估算。有了软仪表，软件就部分地代替了人脑的工作，提供更直观的过程信息，并预测未来工况的变化，从而可以帮助操作人员及时调整生产条件，达到生产目标。

软仪表对过程控制也很重要，可以构成推断控制。所谓推断控制，就是利用模型由可测信息将不可测的被控输出变量推算出来，以实现反馈控制，或者将不可测的扰动推算出来，以实现前馈控制的一类控制系统。不失一般性，反馈控制系统框图如图 15.5.2 所示。这时软测量作为反馈信号。图中，所有的变量均可以是向量，y_r 为被控变量（即主导变量）的设定值，开关 S 代表成分分析仪的采样输出或长期的人工分析取样，这些数据将用于软仪表的在线校正。

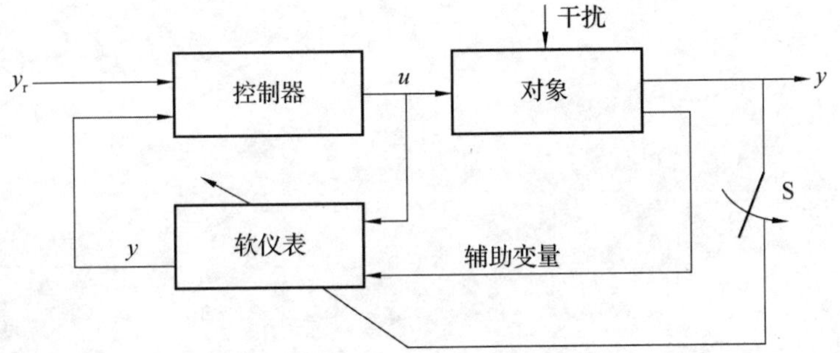

图 15.5.2　反馈控制系统框图

事实上，基于软仪表的反馈控制系统都可以表示为这种结构。在这样的框架下，控制器和软仪表是相互独立的，因而它们的设计可以独立进行。如果软仪表能够达到一定的精度，能够代替硬仪表实现某种参数的测量，那么，软仪表就能够与几乎所有的反馈控制算法结合，构成基于软仪表的控制。

软仪表在过程优化中也有应用。这时，软测量或者为过程优化提供重要的调优变量估计，成为优化模型的一部分；或者本身就是重要的优化目标，如质量等，直接作为优化模型使用。根据不同的优化模型，按照一定的优化目标，采取相应的优化方法，在线求出最佳操作参数条件，可使系统运行在最优工作点处，实现自适应优化控制。

思考题与习题

1. 解释传感器的动态响应慢的原因。

2. 简述几种传感器动态补偿滤波器的设计方法。

3. 什么是 MEMS 技术？有何特点？

4. 传感器是如何实现微型化的？与常规的传感器相比，微型传感器有何特点？

5. 虚拟仪器由哪几部分组成？与传统的仪表相比，虚拟仪器有何特点？

6. 与移动无线网络相比，无线传感器网络有什么特点？无线传感器网络的节点由哪几部分组成？无线传感器网络目前遇到的最大挑战是什么？

7. 多传感器数据融合技术的意义和作用是什么？有哪些常用的数据融合方法？

8. 试比较多传感器数据融合技术与本章和前面章节中介绍的单个传感器数据处理技术。

第16章　检测系统设计基础

传统的检测系统和自动检测系统均包含一定的硬件系统和软件系统，本章介绍检测系统设计的基础理论与方法，包括检测系统的构成形式、检测系统设计的一般原则与开发过程、设计步骤（包括需求分析与功能划分、总体方案设计、硬件设计、软件设计）、抗干扰设计、可靠性设计等。最后给出检测系统的设计实例。

16.1　检测系统的构成形式

随着微电子技术、计算机技术、软件技术的迅速发展，以及各种标准总线的推出，构成一个检测系统的方案有多种。在进行检测系统设计时，依据用户对系统检测功能的不同要求，既可以选择各种标准总线的计算机系统，并配以I/O扩展板卡或仪器模块，从而构成不同类型的检测系统硬件，也可以选择单片机再配以I/O接口电路构成硬件系统。当然，还可以是两者结合构成硬件系统。由于可选择方案的增多，目前没有严格的统一规范，但在实际应用中人们按检测系统硬件组成形式，将检测系统分为标准总线检测系统、专用计算机检测系统、混合型计算机检测系统和网络化检测系统四种类型。

16.1.1　标准总线检测系统

标准总线包括PC总线、STD总线、VXI总线、CPCI总线和PXI总线等，能提供上述标准总线的计算机系统称为标准总线系统。以标准总线系统为基础，在台式PC主板的扩展槽上（或者在PC扩展机箱插槽上、工控机的底板插槽上、VXI和PXI系统的背板总线上）配置A/D、I/O板和模块化仪器等功能模块板卡，便可构成一个用于完成预定功能的自动检测系统。下面分别介绍基于PC、STD、GPIB、VXI和PXI等总线的测试系统的构成方法及系统特点。

1. PC总线系统构成方法

以PC为基础，配以符合PC总线标准的各种功能板卡，可方便地组成各种检测系统。PC总线系统一般指由台式计算机的PC/XT、PC/AT、ISA、EISA、PCI、PC/104、笔记本计算机PCMCIA等总线构成的系统。台式计算机的I/O扩展槽直接连接在PC系统总线上（扩展插槽就在计算机主板上），工业计算机总线分布在一块称为底板的印制电路板上，它上面有若干个扩展插（插槽具体数量由机箱大小决定）。

在构成PC总线检测系统时，关键是选择合适的各种功能模块板卡。目前，国内外有许多研制生产各种功能模块板卡的厂家。目前市场上的功能模块板卡包括A/D、D/A、数字I/O、模拟I/O、计数器/定时器、示波器、数字万用表、串行数据分析仪、动态信号分析仪和任意波形发生器等。在进行检测系统开发时，首先，应根据实际检测任务需求，确定所选功能模块板卡的种类；然后，根据输入电信号的范围、采集通道数量、采集精度，检测系统工作环境等其他具体要求，对市场可供选用的产品进行调研，从中选择合适的功能模块板卡进行系统设计。在完成上述工作后，就可进行测试系统的集成和软件研制等工作。

由于PC总线检测系统充分利用了计算机系统资源，增加了测试系统的灵活性和扩展性。利用数据采集等功能模块可方便、快速地组建基于PC系统的仪器，实现一机多型和一机多用。一个典型的PC总线检测系统构成框图如图16.1.1所示。它由传感器、信号调理器、数据采集板卡、个人计算机和检测系统软件组成。这种方式借助于插入计算机内的功能板卡，通过A/D变换将模拟信号转换为数字信号、通过I/O将数字信号采集到计算机进行分析、处理和显示。

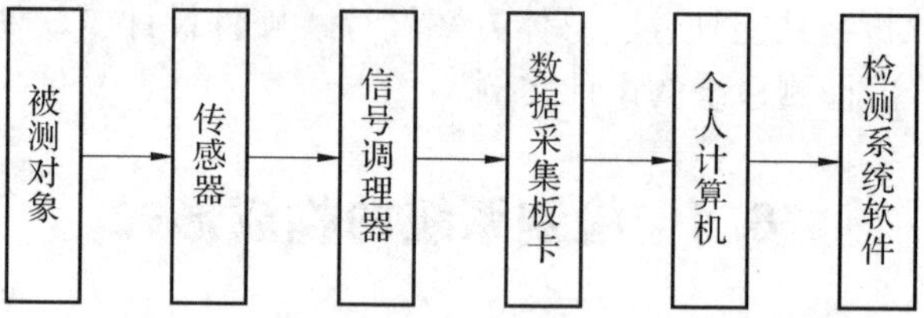

图16.1.1　典型的PC总线检测系统构成框图

PC总线测试系统具有以下特点：

(1) 硬软件资源共享、开发周期短。由于采用PC为基础进行设计，于是PC的硬软件资源均可直接用于测试系统，因此能快速开发测试系统。

(2) 应用软件开发效率高。测试系统功能模块由CPU控制，借助通用操作系统和编程语言，易于编制、调试应用软件。

(3) 易于升级换代。由于PC具有良好的向下兼容性，当PC的硬软件升级时，只需对原来的应用软件稍加修改便可完成测试系统升级换代。

(4) 功能灵活、性价比高。功能由用户定义，同时许多过去必须由硬件完成的功能，现在可以由软件实现，系统性价比高。

PC总线测试系统的不足表现为：

(1) 系统硬软件的应用配置比较小。所谓应用配置比是指为满足系统功能要求所必需的硬软件设置与系统实际具有的硬软件规模之比，该比值越小，系统成本越高。

(2) 台式计算机环境适应性较差。系统的环境适应性在很大程度上取决于计算机系统。对于普通台式计算机，由于不是专门为工业测控环境设计的计算机，因此，对安装环境要求较高。如果在复杂的电磁环境下工作，系统易受外界干扰，导致系统工作不正常。另外，系统抗振动能力差，对应用环境的温度也有一定的要求。

2. STD总线系统构成方法

STD总线是针对工业现场的测量与控制任务设计的一种总线。它的设计目标是使系统能在现场连续、稳定、可靠地运行。因此，对工业现场存在的电磁干扰、电源脉动、机械振动和冲击、温度和湿度等都做了设计考虑。STD总线作为工业标准的微型机总线具有很高的可靠性，为了适应工业控制的恶劣环境，该产品在印制板布线、元器件老化筛选、模板的在线测试、电源的高抗干扰性能等方面都采取了许多保证措施。STD总线系统的构成框图如图16.1.2所示，其主要特点如下：

(1) 可支持多种8位、16位、32位的微处理机。特别是STD总线支持多处理机系统，可实现分布式、主从式及多主式STD总线多处理机系统。它最多允许16个多主CPU模板在一块 STD 总线底板上运行。

(2) 由于其结构合理、性能优良而成为国际上流行的主要标准总线之一。

(3) 成本低、可靠性高，适合在恶劣环境中工作的中小规模的测量控制系统。

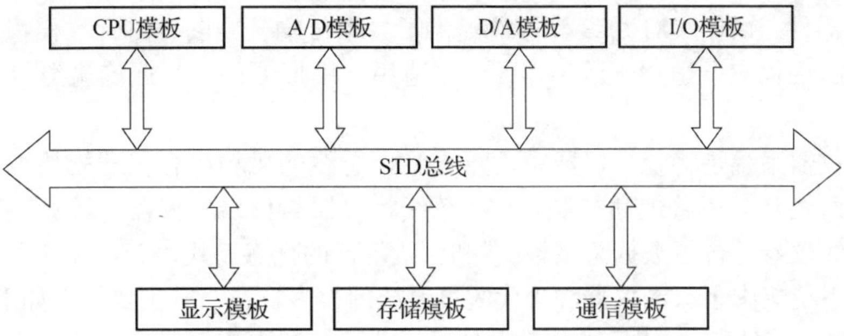

图 16.1.2　STD 总线系统的结构框图

3. GPIB 接口总线系统构成方法

用 GPIB 接口总线系统组建检测系统时非常方便，用户只要选定所需 GPIB 器件，并用 GPIB 接口总线将各器件连接好即可。当系统拆散后，各器件又可作为单台仪表使用。这种系统可用于各种电量、非电量的测量，也可做闭环控制。GPIB 接口总线系统结构框图如图 16.1.3 所示。

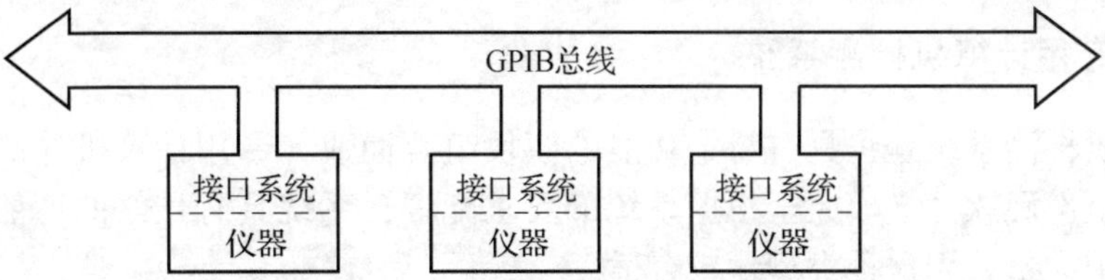

图 16.1.3　GPIB 接口总线系统构成框图

一个典型的 GPIB 检测系统包括一台计算机、一块 GPIB 接口卡和若干台 GPIB 仪器。利用 GPIB 接口卡将若干 GPIB 仪器连接起来，用计算机增强传统仪器的功能，组成大型柔性自动检测系统，仪器功能和面板自定义，开发和使用容易，易于升级，维护方便。它可高效、灵活地完成不同规模的测试任务。利用 GPIB 技术，可以用计算机实现对仪器的操作和控制，替代传统的人工操作方式，避免人为因素造成的检测误差。由于可以预先编制好测试程序，这样便可实现自动测试，提高测试效率和可靠性。此外，利用 GPIB 技术还可以很方便地扩展传统仪器的功能。例如，把示波器的信号送到计算机后，即可增加频谱分析仪的功能。

GPIB 标准总线系统的主要特点如下：

(1) 在有限的距离（20 m）内使用，能满足实验室和一般生产环境测量的需要。

(2) 具有广泛的通用性和灵活性。只要符合其标准接口要求的仪器设备都可以互相连接起来，组建成一个自动测量系统。

(3) 系统中的仪器之间，既可在计算机的控制下传输数据，也可以在 GPIB 仪器下进行数据传输。

(4) 数据传输是双向异步的。数据传输速率能在较大的范围内变化，并可满足不同工作速度的仪器的要求。

4. VXI 总线系统构成方法

VXI 总线系统是机箱式结构。总线在机箱内部背板上，一个插件模块就相当于一台仪器或特定功能器件，数个模块共存于一个机箱可构成检测系统。采用 VXI 总线的测量系统最多可包含 256 个器件。由于 VXI 总线为器件提供了数据传输、中断、时钟、模拟相加线、触发线等多种总线，因而它既适用于数字器件，也适用于模拟器件。数据传输类型有 8 位、16 位和 32 位等。

VXI 总线仪器系统是将若干仪器模块插入 VXI 总线的机箱中，仪器模块设有操作和显示面板，仪器系统由计算机管理和控制。VXI 总线将仪器与仪器、仪器与计算机紧密地联系在一起，VXI 总线仪器综合了数据采集板/卡和台式仪器的优点，代表着当今仪器系统的发展方向。VXI 总线系统集中了智能仪器和现代测量系统的很多特长，其主要特点如下：

（1）开放性，多厂家共用标准使其更加灵活，不易淘汰。

（2）规范化的 VXI 软件使系统的配置、编程和集成更简单、容易。

（3）精确的定时和同步提高了测量准确度。

（4）系统组建灵活，容易与其他总线接口连接。

（5）可组成小型便携系统，可靠性高。

基于 VXI 总线的测试系统与用 PXI 总线构成的测试系统的控制方式类似，一般也分为嵌入式控制方式和外控方式。区别仅在于 PXI 总线的系统槽相当于 VXI 总线的零槽。

16.1.2　专用计算机检测系统

专用计算机检测系统是将具有特定功能的模块组合而成。专用计算机检测系统最重要的特征是系统的全部硬软件规模完全根据系统的要求配置，系统具有最好的性能价格比，在大批量定型产品中大量采用这种类型比较合适。

专用计算机检测系统可分为两大类。一类是专业生产厂商设计生产的大型、高精度的专用检测系统。这类系统一般可容纳的测试通道多，抗干扰能力强，允许被测信号传输距离较远。这类系统适用于飞机、火箭、舰船、武器系统，以及航天领域的地面试验测试。因为这一类试验的环境恶劣、条件复杂、对测试系统测量精度要求高，且需要测试的信号种类和数量多，所以必须要有大型的专用测试系统。另一类是专业生产厂商生产的小型智能检测仪器和系统。这类仪器和系统一般是按照检测功能的要求，选择 CPU 芯片或单片机及外围器件进行硬件与软件设计，构成所需要的不太复杂的小系统或仪器。

专用计算机检测系统具有以下特点：

（1）需借助开发工具。系统一般不具备自主开发能力，系统的硬软件开发须借助专用开发工具，升级改造困难。

（2）性价比高。系统硬软件的设计与配置规模是以满足系统功能要求为原则，具有最佳的性能价格比。在这类系统中，软件一般都是应用程序。

（3）可靠性高、使用方便。系统应用程序固化在 ROM 中，不会因外界的干扰而破坏。在系统上电后能立即进入用户状态。因此，系统的自动化程度高。

16.1.3　混合型计算机检测系统

混合型计算机检测系统是一种随着 8 位、16 位、32 位单片机的出现而在计算机应用领域中迅速发展起来的结构形式。混合型计算机检测系统由标准总线计算机系统，加上由 CPU 或单片机构成的专用计算机检测系统组成，并通过各种总线（串行或并行）将两部分连接起来。在混合型计算机检测系统中，标准总线系统的计算机一般称为主机，专用计算机检测系统用于完成系统的特定功能，如各种数据的采集，通常称为子系统。主机承担检测系统的人机对话、计算、存储和打印、图形显示等任务。根据专用计算机检测系统的特点及连接方式，混合型计算机检测系统又可分为内总线系统与外总线系统两种类型。

1. 内总线系统

内总线系统的主要特征为专用机系统连接到主机的内部总线上，专用系统一般做成某种总线的模块板，插在计算机的扩展槽中。这种系统可以利用主计算机的硬件资源，主机控制方便、快捷、可靠。

2. 外总线系统

对于一些大、中型计算机检测系统，由于测试对象较多且较分散，采用内总线系统不方便，因此在这种情况下需使用外总线系统。由 CPU 或单片机构成的专用机系统作为一个独立部分，它与主机通过各种外部标准总线相连。检测系统中常采用串行总线作为外总线，如 RS232C、RS422、RS485 等。由于串行总线连接距离较远，系统配置较灵活、方便，因此这种系统常常构成各种分布式检测系统。分布式检测系统是大、中型检测系统的主要发展方向之一。

混合型计算机检测系统有以下特点：

（1）具有自主开发能力。这类系统一般都具有自主开发能力。如果专用机系统采用的是单片机或与主机不同的 CPU，则主机中应配置交叉汇编及调试软件。

（2）系统配置灵活。主机可远离现场而构成各种局部网络系统，易构成各种大、中型检测系统。

（3）减轻总线通信工作压力。专用机系统本身有处理器，可以完成各种规定的检测和处理任务，减轻了系统主机与专用机的通信压力。

16.1.4　网络化检测系统

1. 基于 Internet 的测控系统结构

基于 Internet 的测控系统利用嵌入式系统作为现场平台，实现对需测数据的采集、传输和控制，并以 Internet 作为数据信息的传输载体，且可在远端 PC 机上观测、分析和存储测控数据与信息。典型的基于 Internet 的测控系统结构如图 16.1.4 所示。

图中现场智能仪表单元通过现场级测控网络与企业内部网互联，而具有 Internet 接口能力的网络化测控仪器通过嵌入其内部的 TCP/IP 协议直接连接于企业内部网上。如此，测控系统在数据采集、信息发布、系统集成等方面都以企业内部网络（Intranet）为依托。将测控网和企业内部网及 Internet 互联，便于实现测控网和信息网的统一。在这样构成的测控网络中，网络化仪器设备充当着网络中独立节点的角色，信息可跨越网络传输至所需的任何领域，实时、动态（包括远程）的在线测控成为现实。

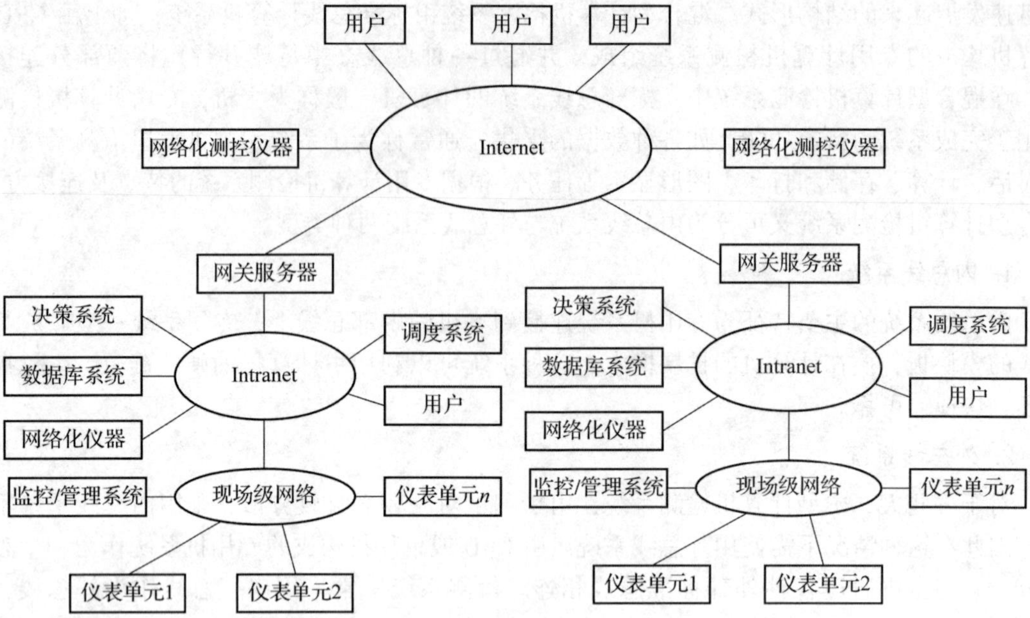

图 16.1.4　典型的基于 Internet 的测控系统结构

2. 基于 Internet 测控系统的结构特点

以 Internet 为代表的计算机网络突破了传统通信方式的时空限制和地域障碍，使更大范围内的通信变得十分容易。Internet 拥有的硬件和软件资源正在越来越多的领域中得到应用，比如电子商务、网上教学、远程医疗、远程数据采集与控制，以及高档测量仪器设备资源的远程实时调用、远程设备故障诊断等。与此同时，高性能、高可靠性、低成本的网关、路由器、中继器及网络接口芯片等网络互联设备的不断进步，又方便了 Internet、不同类型测控网络、企业网络间的互联。利用现有 Internet 资源而不需建立专门的拓扑网络，使组建测控网络、企业内部网络以及它们与 Internet 的互联都十分方便。

应用 Internet 具有开放性的互联通信标准，使 Intranet 成为基于 TCP/IP 协议的开放系统，能方便地与外界连接，尤其是与 Internet 连接。Internet 已开始对传统的测控系统产生越来越大的影响，基于网络化、模块化、开放性等原则，测控网络由传统的集中模式转变为分布模式，成为具有开放性、可互操作性、分散性、网络化和智能化的测控系统。网络的节点上不仅有计算机、工作站，还有智能测控仪器仪表，测控网络有与信息网络相似的体系结构和通信模型。比如，目前测控系统中迅猛发展的现场总线，它的通信模型和开放式系统互联（Open System Interconnection，OSI）模型对应，将现场的智能仪表和装置作为节点，通过网络将节点连同控制室内的仪器仪表和控制装置连成有机的测控系统，测控网络的功能远大于系统中各独立个体功能的总和。

16.2　检测系统设计的一般原则与开发过程

16.2.1　检测系统设计的一般原则

1. 自顶向下的原则

自顶向下（Top-Down）的设计原则，是从总体目标着眼，先明确总需求、总任务，再将总任务分解成为子任务。将较大、较复杂、较难的问题分解成若干小的、简单的、易解决的问题，同时，充分注意子任务间的联系和互动。

2. 自底向上的原则

自底向上的设计原则，是利用现有的硬件电路或器件、软件模块，快速组合成一个满足测量和控制要求的系统。采用自底向上设计原则，系统虽然未必最简单、最优化，但能够快速、高效地解决问题。该原则往往用在检测方案论证阶段，以快速检验方案是否能满足总需求、总目标。

3. 新器件的原则

随着微电子技术的迅猛发展，已经并且正在造就大量集成度高、功能超强、性能卓越的新器件。所谓新器件的原则，是指从事检测系统设计、开发的工程技术人员应该认真学习新器件的原理，在检测系统硬件的具体设计中尽可能地采用这类集成度高、功能强大、技术指标先进的新器件，如专用集成电路、多功能集成电路、现场可编程器件、定制或半定制集成电路等。以达到简化硬件系统结构、提高硬件电路整体的电气性能、工艺性能、可靠性和可维护性，同时降低硬件电路成本的目的。

4. 软硬件搭配的原则

软硬件搭配的原则，是指在设计检测系统时，坚持软硬件合理分工、相互配合。检测系统中的有些功能只能依靠硬件实现，有些任务（如数据分析与处理）只能由软件来完成，还有许多功能用软件或硬件都可实现。软件和硬件各有千秋，软件可完成许多复杂的运算、系统的管理和控制等，具有设计灵活、修改方便的特点，但执行速度比硬件慢。硬件是各种元器件实体通过特定线路构成的组合体，硬件的成本高，灵活性差，不易改动。

如果系统对速度要求不高，为了降低系统的成本，可尽量将硬件的功能用软件来实现，即所谓的“硬件软化”。近年来随着半导体技术的发展，各种高性能器件问世，又出现了“软件硬化”的趋势，即将原来由软件实现的功能用硬件来实现，最典型的如数字信号处理器（DSP）芯片，将过去由软件程序实现的快速傅里叶变换（FFT）改由 DSP 芯片进行运算，可以大大减轻软件的工作量，同时提高信号处理的速度。另外，随着可编程逻辑器件（FPGA）的飞速发展，“硬件是不可改变的”这一传统观念已被打破。这种器件可以通过编程，对器件内的门电路或逻辑单元进行组合，实现各种不同的功能，而且它还可以反复修改，现场调试。可编程逻辑器件的集成度越来越高，功能越来越强。

在检测系统中，大量的运算和控制任务还需要用软件程序实现。使用硬件可以提高仪器的工作速度，减轻软件负担，但结构较复杂、系统成本高；使用软件代替部分硬件会简化仪器结构，降低硬件成本。虽然增加了软件开发的成本，但在大批量投产时，软件的易复制性可以大大降低系统的制造成本。因此，在工作速度允许的情况下应该尽量多利用软件解决问题。设计时应从检测系统的功能、产品成本、研制周期和费用等方面综合考虑，合理分配软件和硬件的任务，决定系统中哪些功能由硬件实现，哪些功能由软件实现，并确定软件和硬件的协同关系。

16.2.2 检测系统设计的一般开发过程

检测系统设计的一般开发过程包括九个方面。

（1）系统需求分析。

系统需求分析是根据实际检测系统的需求确定检测系统的研制任务，编制研制要求，确定被测对象的主要检测指标。

（2）系统总体方案设计。

系统总体方案设计是根据研制要求确定系统硬件构型、软件平台、软件开发环境、研制策略等问题，讨论总体技术方案，研究系统中的关键技术问题。

（3）硬件设计。

硬件设计是根据所有被测对象测试需求，归纳分析出系统的硬件测试资源的需求情况，确定硬件设计原则和设计规范，确定阵列接口信号定义与说明，制定适配器设计规范，订购货架产品硬件和研制专用测试资源硬件。

（4）硬件系统集成。

硬件系统集成是将所有测试资源连接安装起来，在软件平台及仪器驱动程序的支持下进行硬件集成，要求所有测试资源工作正常，程控资源控制准确可靠，仪器性能指标满足要求。硬件系统集成时可采用仪器面板和软件面板的控制方式进行试验，也可直接采用自检适配器和自检程序进行试验和验收。

（5）软件设计。

软件设计是对整个检测系统的软件进行分析和评估，并合理划分软件功能和结构，制定检测程序开发要求，对检测软件进行概要设计和详细设计，编制软件设计文档。

（6）软件调试与集成。

软件调试与集成在软件平台和仪器驱动程序的支持下编写程序代码，并在仪器驱动程序仿真状态进行程序调试。如果软件平台和仪器驱动程序不具备仿真功能，则程序调试和软件集成必须在硬件平台上进行，或直接进行硬件和软件系统集成。

（7）硬件和软件系统集成。

硬件和软件系统集成是将硬件系统和软件系统集成在一起进行联调，这个阶段必须对每个被测对象测试程序进行逐项试验，并进行验收试验。

（8）系统维护。

验收试验后的检测系统可交付使用方试用和使用，研制方的后续工作就是根据试用和使用情况对检测系统进行维护和修改完善。

（9）软件平台选择及仪器驱动程序开发。

软件平台选择及仪器驱动程序开发是选择软件平台，以及选择软件开发环境，在此基础上进行仪器驱动程序开发。

当然以上各步骤，往往需要根据系统的复杂程度多次反复修改，直到满足系统设计要求。

应该指出，如果选用现有的硬件平台，那么将省去硬件设计以及仪器驱动程序开发等环节，可以大大缩短开发周期。

16.3　检测系统设计步骤

检测系统设计的主要步骤有检测系统需求分析、系统总体方案设计、硬件设计、软件设计、系统集成和系统维护等。

16.3.1　检测系统需求分析

检测系统需求分析就是确定系统的功能、技术指标及设计任务，是设计检测系统最重要的环节。首先了解用户的检测需求，明确检测系统必须实现的功能和需要完成的测量任务，包括分析被测信号的形式与特点（电量还是非电量、数字量还是模拟量）、被测量的数量、变化范围、输入信号的通道数，性能指标（测量精度、测量速度、分辨率和误差等）要求，激励信号的形式和范围要求，测试系统所要完成的功能，测量结果的输出方式、显示器的类型、输出接口的配置、打印和操作要求，对系统的内部结构、外形尺寸、面板布置、研制成本、仪器的可靠性、可维护性及性能价格比及应用环境等的要求。

检测需求是在详细分析和理解被测对象功能和工作原理的基础上进行的，主要内容包括确定被测对象机械接口、电气接口、接口控制、检测项目、检测参数、检测方法、检测步骤等。

16.3.2　检测系统总体方案设计

在对检测系统需求分析的基础上，就可以提出总体设计方案。总体方案设计是关于全局的重要问题，一定要把握好。总体方案设计应从包括系统电气连接形式、控制方式、系统总线选择、系统结构等几个方面进行考虑。

1. 系统电气连接形式

根据检测系统的复杂程度，构成检测系统的模式主要有两种：在一般小型测试系统中，由于被测对象数量有限，其信号往往采用与测试仪器直接连接的模式。而对于像航空设备这样复杂的检测系统，往往采用集中互连模式，集中互连模式的核心是被测对象和通用仪器之间的信号按统一方式连接，测试系统中有一信号转接中枢，集中管理全系统的测试信号的输入、输出。

2. 控制方式

自动测试系统的控制方式根据被测对象测试需求确定，可分为自动控制、半自动控制和手动控制。被测对象在测试过程中无须人工干预的宜采用自动控制方式；而在测试过程中需要人工干预，如根据需要扳动开关、转接负载等，可采用半自动方式：在维修过程中，可能需要针对某一特定内容逐步检测时，手动控制方式将是必需的。

3. 系统总线选择

自动测试系统根据不同需求可采用不同的总线构型。对于小型测试系统可采用 PC、STD、GPIB、VXI 或 PXI 总线系统。而对于大型自动检测系统一般采用混合总线系统，即包含 VXI、GPIB、PXI 等多种总线形式。小型 VXI、PXI 等测试系统，一般分为内嵌式系统计算机结构和外置式系统计算机结构。内嵌式系统计算机插在 VXI 机箱内，常用于要求速度高、实时性好、体积小的单机箱系统，缺点是内嵌式计算机价格昂贵。外置式系统计算机需要利用各种总线（如 RS232、IEEE-488、MXlbus、IEEE-1394、LAN 等）将计算机与 VXI 机箱连接起来。

4. 系统结构

检测系统系统结构设计需要综合考虑散热、电磁兼容性、防冲振、维护性等。创造使设备正常、可靠工作的良好环境。具体要求如下：

（1）充分贯彻标准化、通用化、系列化、模块化要求。

（2）人机关系协调，符合有关人机关系标准，使操作者操作方便、舒适、准确。

（3）设备具有良好的维护性，需经常维修的单元必须具有良好的可拆性。

（4）结构设计必须满足设备对强度要求，尽量减少质量，缩小体积。

（5）尽量采用成熟技术，采用成熟、可靠的结构形式和零部件。

（6）造型协调、美观、大方、色彩宜人。

根据使用场地和用途的不同需求，可采用固定机柜式、移动方舱式和便携机箱式等多种结构形式。通过需求分析和对总体方案的论证，即可首先开展检测系统的总体设计工作。完成总体设计之后，才能将检测系统的研制任务分解成若干子课题（子任务），展开具体、深入的设计工作。

16.3.3　检测系统硬件设计

1. 传感器的选择

无论是传统传感器，还是新型传感器，不同类型的传感器的工作原理与结构千差万别，如何根据具体的检测目的、检测对象以及检测环境合理地选用传感器，是在进行某个量的测量时首先要解决的问题。当传感器确定之后，与之相配套的测量方法和测量设备也就可以确定了。测量结果的成败，在很大程度上取决于传感器的选用是否合理。虽然传感器选择时应考虑的事项很多，但根据传感器实际使用的目的、指标、环境条件和成本等限制条件，从不同的侧重点，优先考虑几个重要的条件就可以了。

例如，测量某一对象的温度，要求适应 0~15 ℃温度范围，测量精度为±1 ℃，且要多点测量，可以选择各种热电偶、热敏电阻、半导体 PN 结温度传感器、IC 温度传感器等，它们都能满足测量范围、精度等要求。在这种情况下，如果主要考虑成本、测量电路、相配设备是否简单等因素，则选用半导体 PN 结温度传感器最为合适。倘若上述测量范围为 0~400 ℃，其他条件不变，此时只能选用热电偶中的镍铬-康铜或铁-康铜等热电偶。

2. 主计算机的选择

微型计算机是自动检测系统的核心，对系统的功能、性能价格以及研发周期等起着至关重要的作用。对微机内置式检测系统，需要选择微处理器、外围芯片等构成嵌入在系统之中的微型计算机；而对微机扩展式检测系统，则需要选择个人计算机作为开发和应用平台，搭建自动检测系统、虚拟仪器系统等。

适合自动检测系统使用的计算机类型很多，一般可考虑单片机、单板机、个人计算机等。而单片机因其性价比高、开发方便、应用成熟等优点，在检测系统中被广泛使用。单片机是将微处理器、存储器、定时/计数器、I/O 接口电路甚至 A/D、D/A 电路等集成在一个芯片上的超大规模集成电路，本身即是一个小型化的微型计算机系统。由于单片机的硬件结构与指令系统的功能都是按工业控制要求而设计的，并常常将其用于工业检测及控制，因此也称之为微控制器（Micro Control Unit，MCU）。

目前市场上的单片机型号和种类很多。在我国应用最多、普及最广的应属美国 Intel 公司的 8 位 MCS-51 系列单片机，16 位 MCS-96（196）系列单片机、Microchip 公司的 PIC 单片机，以及我国台湾凌阳公司推出的带数字信号处理、语音处理等特殊功能的 8 位、16 位单片机等。尽管不同型号的单片机在其结构、字长、指令集、存储器组织、制造技术乃至功耗和封装等诸多方面存在着很大差别，但在选择时都需要重点考虑中央处理单元位数、存储器容量、定时/计数器和通用输入/输出接口等。

3. 输入、输出通道设计

输入通道数应根据需检测的参数的数目来确定，输入通道的结构应综合考虑采样频率的要求及电路的成本。输出通道的结构主要取决于对检测数据输出形式的要求，如是否需要打印、显示，是否有其他控制、报警功能要求等。

在检测系统中，传感器是第一个环节，对系统性能的影响较大。若各测点检测的物理量不同，使用了不同原理的传感器，则各传感器输出电压的范围会有所不同。因此，在信号进入 A/D 转换器之前，信号应经过不同增益的放大器进行调理。此外，还应考虑 A/D 转换器与其前置环节的阻抗匹配问题，以消除负载效应的影响。对公共的 A/D 转换器，其分辨率和位数应根据所有被测参数中的最高精确度要求来确定。所采用的 A/D 转换原理主要考虑转换时间的要求，转换时间根据数据采样时间间隔确定。在转换时间满足要求的前提下，应尽可能考虑线性度、抑制噪声干扰能力等方面的要求。A/D 转换器的极性方式由传感器输出电压变化的极性确定。

自动检测系统输入通道中的采样/保持器电路有单片形式，也有和 A/D 转换器等集成在同一芯片上的形式。在有些情况下可以简化电路，降低成本，如在被测信号变化相当缓慢的情况下，可以用一个电容并联于 A/D 转换器的输入端来代替采样/保持电路，或者根据具体要求而不用采样/保持器。

选择多路模拟开关电路主要根据信号源的数目和采样频率参数，当采样频率不高时，模拟开关的转换速度不必要求太高，以降低成本。

4. 自研硬件的设计方法

如果必须要进行自研硬件设计，也有一些方法可以遵循。

自研硬件设计一般从框图设计入手。框图设计应将自研硬件分成若干相对独立的部分，描述各部分的功能、技术指标要求以及各部分之间的相互作用和连接关系。硬件系统一般分为模拟和数字两大部分，模拟部分主要由传感器接口电路、信号放大与处理电路、信号变换电路以及信号源和精密电源等部分组成；数字部分以微型计算机为核心，包括数字输出接口、人机界面（显示器、开关、键盘等）和通信电路等。完成电路设计之后，即可制作相应的功能模板。在设计、制作功能模板时，要保证技术上可行、逻辑上正确，并注意布局合理、连线方便。一般先绘制逻辑电路图，经反复核对，线路无差错，才能制作印制电路板并进行电路的调试。有条件的场合，可以安排计算机仿真的设计阶段，然后再制作实际的样机。

16.3.4　检测系统软件设计

在检测系统开发过程中，在进行硬件设计的同时，也应该着手进行软件设计。硬、软件设计工作要相互配合，充分发挥计算机特长，尽可能缩短研制周期、提高设计质量。自动测试系统软件研制是一个十分复杂的开发过程，它涉及软件结构、软件平台、程序设计等。

1. 检测系统软件结构

将检测系统软件总框图中的各个功能模块具体化，逐级画出详细的框图和流程图，作为下一步开发平台选择和编制程序的依据。由于检测系统硬件组成形式有标准总线检测系统、专用计算机检测系统、混合型计算机检测系统和网络化检测系统四种，显然不同硬件组成形式的检测系统相应的软件系统结构也不一致。

2. 软件开发平台选择

开发环境的任务是提供用户编写程序代码，编译和连接程序并生成可执行程序的环境。由于不同硬件组成形式的检测系统相应的软件系统结构不一致，因此在进行软件开发时所选择的开发平台也不同。

（1）对于标准总线检测系统，硬件的控制通常是由制造厂提供的硬件驱动程序完成的，在编程时一般只需选择一种高级语言，一般直接采用现有的商品程序开发环境，如 Lab Windows/CVI、LabVIEW、VC++、VB 和 Matlab 等，或者多种语言和开发环境混合使用，各取所长。

（2）专用计算机检测系统，比如单片机系统，需要选择汇编语言（低级语言）或 C 语言进行开发。

（3）混合型计算机检测系统，由标准总线计算机系统（即主机，又称上位机），加上由 CPU 或单片机构成的专用计算机检测系统（子系统，又称下位机）组成。当然其软件开发平台应该既需要高级语言，又需要低级语言。

（4）网络化检测系统的软件最复杂，除了上述的软件开发平台外，还需要涉及计算机网络与数据库开发平台。

3. 软件程序开发

根据硬件组成形式以及事先确定的软件结构，利用选择的软件开发平台，进行程序代码编写。这一过程实际上是遵循“自底向上”的原则的。先实现最底层子功能模块，再向上实现上一级功能，直至整个软件系统。

16.3.5 系统集成与系统维护

在进行检测系统设计过程中，需要进行硬件电路和软件的调试与性能测试，以排除设计错误和各类故障，使所研制的检测系统（样机）符合设计要求。检测系统的调试包括硬件电路调试、软件调试和系统联调三部分。

检测系统硬件电路和软件的研制一般独立地平行进行。软件调试在硬件电路研制完成之前即应开始进行，硬件电路也需在无完整应用软件支持的情况下进行调试。这就必须借助各种开发工具和开发系统，以创造良好的硬件和软件调试环境。

在检测系统硬件、软件设计结束并分别进行调试通过后，需要进行硬件、软件系统集成，即将硬件系统和软件系统集成在一起进行联调：调试→找出设计错误和故障源→修改硬件电路和软件→再调试，此过程需反复进行，直至排除所有错误并达到设计要求，这个阶段必须对每个被测对象测试程序进行逐项试验，并进行验收试验。

对于“微机嵌入式”检测系统，只有通过系统联调后才可将软件固化并组装整机系统。当然，当检测系统验收试验后即可交付使用方试用和使用，研制方的后续工作就是根据试用和使用情况对检测系统进行系统维护和修改完善。

16.4　检测系统抗干扰设计

要保证检测系统安全、可靠地运行，必须进行抗干扰设计。由于工作环境的恶劣与复杂因素，各种各样的干扰通过某些耦合方式进入检测系统，可能使检测结果误差加大、数据受干扰发生变化、程序运行失常，严重时甚至使检测系统不能正常工作。因此，在设计检测系统时，必须要考虑各种干扰的影响，采取相关的抗干扰措施，使设计的检测系统能最大限度地消除干扰产生的后果。

16.4.1　产生干扰的因素与干扰分类

通常把影响检测系统正常工作和结果的各种内部和外部因素的总和，称为干扰，有时也称干扰为噪声。在检测系统中，除了有用信号，其他信号均可认为是干扰信号。干扰形成必须有三个条件：干扰源、受干扰体、干扰传播途径，其示意图如图 16.4.1 所示。

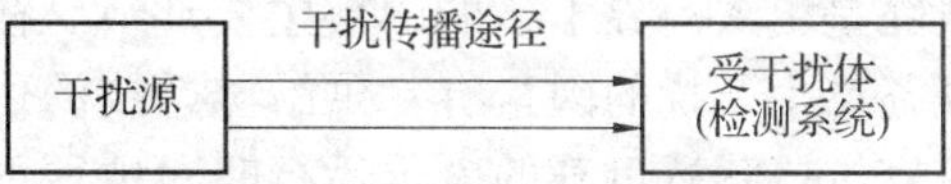

图 16.4.1　干扰形成示意图

干扰源产生干扰的因素，通常可分为外部干扰和内部干扰两大类，每一类又包括若干种，如图 16.4.2 所示。

- 干扰源
  - 外部干扰
    - 电磁干扰
    - 射线辐射干扰
    - 光干扰
    - 温度干扰
    - 湿度干扰
    - 振动干扰
    - 化学干扰
  - 内部干扰
    - 元器件干扰
    - 电源干扰
    - 信号通道干扰
    - 负载回路干扰
    - 数字电路干扰

图 16.4.2　干扰源产生干扰的因素

外部干扰主要来自于外部环境的影响，包括电磁干扰、射线辐射干扰、光干扰、温度干扰、湿度干扰、振动干扰、化学干扰等。内部干扰主要来自于检测系统内部，包括元器件、电源电路、信号通道、负载回路、数字电路等内部干扰因素。

(1) 元器件干扰。

若电阻、电容、电感、晶体管、变压器和集成电路等电路元器件选择不当、材质不对、型号有误、焊接虚脱和接触不良，就可能成为电路中最易被忽视的干扰源。

电阻分为固定电阻和可变电阻（电位器），具有降压、限流作用，同时，还有热效应。从结构上讲，电位器触点的接触不良容易造成接触噪声。电阻产生干扰的直接原因是：电阻工作在额定功率的一半以上，产生热噪声；电阻材质较差，产生电流噪声；电位器因触点移动产生的滑动噪声；电阻在交流信号的一定频率下会呈现电感或电容特性。

电容不仅具有电容值，还具有电阻和电感量。不同材质的电容会引起不同的噪声，如电容中铝电解电容易产生噪声；电路中电解电容的极性接反，也会产生较大的噪声。根据电容的自身特性，在电路中产生干扰的原因主要有：选型错误，对用于低频电路、高频电路、滤波电路以及作为退耦的电容，没有根据电路的要求合理选择型号；忽视电容的精度，在大多数场合，对电容的电容值并不要求很精确，但在振荡电路、时间型电路及音调控制电路中，电容的电容值需要非常精确；忽视电容的等效电感；忽略电容的使用环境温度和湿度。

电感分为应用自感作用的电感线圈和应用互感作用的变压器或互感器。选用电感件时，必须考虑电路的工作频率，由电感产生干扰的主要原因是忽视了电感线圈的分布电容（线匝之间、线圈与地之间、线圈与屏蔽壳之间以及线圈每层之间）。

信号连接器就是俗称的插头、插座，也就是接插件，接插件产生干扰的原因主要有：接触不良，增加了接触阻抗；绝缘电阻不足，产生“爬电”现象；缺乏屏蔽手段，引入电磁干扰；接插件相邻两脚的分布电容过大；接插件的插头与插座之间缺乏固定连接措施；接插件的材质等。

（2）电源干扰。

对于检测系统，电源电路是引入外界干扰的内部主要环节。检测系统的主要供电方式是工业用电网络。导致电源电路产生干扰的因素有：供给该系统的供电线缆上可能有大功率电器的频繁启动、停机；具有容抗或感抗负载的电器运行时对电网的能量回馈；通过变压器的初级、次级线圈之间的分布电容串入的电磁干扰等。这些都可能引起电源的过压、欠压、浪涌、下陷及尖峰等，这些电压噪声均通过电源的内阻，耦合到检测系统内部的电路，从而对系统造成极大的危害。

（3）信号通道干扰。

一般把检测系统中各种信号流过的回路称为信号通道，在进行检测系统设计时，信号通道的干扰不可忽视。电信号在输入回路中容易引入串模干扰和共模干扰。

差模干扰（又称串模干扰、线间干扰或横向干扰）：它使检测仪表的一个信号输入端子相对另一个信号输入端子的电位差发生变化，即干扰信号与有用信号按电压源形式串联起来作用于输入端。因为它和有用信号叠加起来直接作用于输入端，所以它直接影响信号通道电路。如图 16.4.3 所示，U_s 为输入信号，U_n 为干扰信号。产生差模干扰的主要原因为信号线分布电容的静电耦合，信号线传输距离较长引起的互感，空间电磁的电磁感应以及工频干扰等。差模干扰常常使放大器饱和、灵敏度下降和零点偏移。

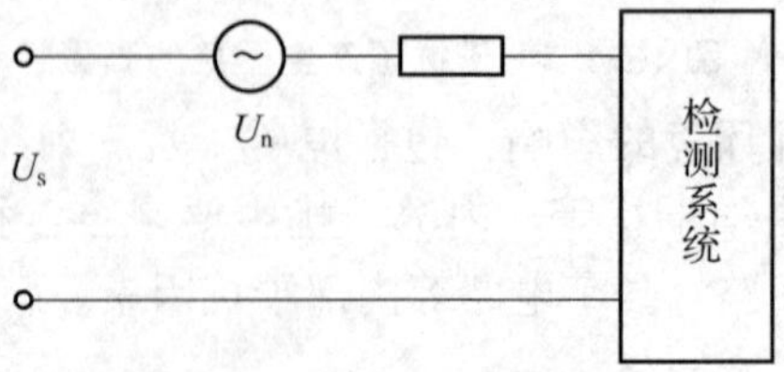

图 16.4.3　差模干扰示意图

共模干扰（又称对地干扰、纵向干扰）：它是相对于公共的电位基准点（通常为接地点），在检测系统的两个输入端子上同时出现的干扰。如图 16.4.4 所示，Z_{c1}、Z_{c2}分别为干扰源阻抗，Z_{s1}、Z_{s2}分别为信号传输线对地的漏阻抗。虽然干扰电压 U_n 不直接影响测量结果，但是当信号输入电路参数不对称时，它会转化为差模干扰，对测量产生影响，所以共模干扰对测量结果的影响更为严重。例如，在测量系统中信号源和数据采集系统分别在两点接地，由于两个接地点的对地电位不同，因此对地电位差就形成共模干扰源。

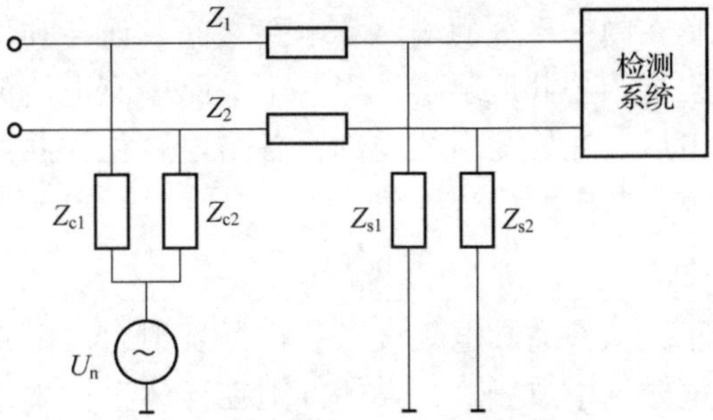

图 16.4.4　共模干扰示意图

（4）负载回路干扰。

继电器、电磁阀和晶体闸流管（简称晶闸管，原称可控硅）等动作性器件和电力电子器件对检测系统的干扰是不可忽视的。继电器与电磁阀均是开关型动作的执行器件，完成控制任务。它们在断开时，电感线圈会产生放电和电弧干扰；闭合时，由于触点的机械抖动，形成脉冲序列干扰。这种干扰不加以抑制，会造成器件损坏。

晶闸管等电力电子器件具有较强的干扰性。晶闸管是一种能做强电控制的大功率半导体器件，实际上是一个可控的单（双）向导电开关，把交流电变换成大小可调的直流电；可进行变频和电源逆变；能在弱小电信号控制下，可靠地触发导通或关断强电系统的各种电路。应用晶闸管时所产生的干扰影响有：晶闸管整流装置是电源的非线性负载，它使电源电流中含有许多高次谐波，使电源的端电压波形产生畸变，影响仪表的正常工作；采用晶闸管进行相位控制会增加电源电流的无功分量，降低电源电压，使之在相位调节时出现电源电压波动；晶闸管作为大功率开关器件，在触发导通和关断时电流变化剧烈，使干扰通过电源线和空间传播，影响周围的仪表正常工作。

（5）数字电路干扰。

数字电路的输入和输出信号均只有高、低电平两种状态，且两种电平的翻转速度很快，为几十纳秒，数字电路基本上以导通或截止方式运行，工作速率比较高，对供电电路会产生高频浪涌电流，对于高速采样与信道切换等高速开关状态电路，会形成较大的干扰，甚至导致系统工作不正常。

16.4.2　干扰传播的途径

干扰源产生的干扰必须经过一定的传播途径才能进入检测系统。在实际中，从干扰源到被干扰检测系统的途径很多，寻找干扰源时必须具体问题具体分析。

1. 静电耦合

静电耦合又称电场耦合或电容耦合，各种导线之间、元件之间、线圈之间以及元件与地之间均存在着分布电容（也称寄生电容），使一个电路的电荷变化影响到另一个电路，从而干扰电压经分布电容通过静电感应耦合于有效信号。

2. 电磁耦合

电磁耦合又称互感耦合，两个电路之间存在互感，使一个电路的电流变化通过互感影响到另一个电路。例如，检测系统内部线圈或变压器的漏磁是对邻近电路的一种很严重干扰；在检测系统外部当两根导线在较长一段区间平行架设时，也会产生电磁耦合干扰。

3. 公共阻抗耦合

公共阻抗耦合的干扰是在同一系统的电路和电路之间、设备和设备之间总存在着公共阻抗。地线与地之间形成的阻抗为公共地阻抗。当一个电路中有电流流过时，通过共有阻抗便在另一个电路中产生干扰电压。在检测系统内部，各个电路往往共用一个直流电源，这时电源内阻、电源线阻抗会形成公共电源阻抗。

4. 辐射电磁场耦合

辐射电磁场通常来源于大功率高频电气设备、广播发射台、电视发射台等在电能量交换频繁的地方。如果在辐射电磁场中放置一个导体，则在导体上产生正比于电场强度的感应电势。配电线特别是架空配电线都将在辐射电磁场中感应出干扰电势，并通过供电线路侵入检测系统的电子装置，造成干扰。

5. 传导耦合

在信号传输过程中，当导线经过具有噪声的环境时，有用信号会被噪声污染，并经导线传送到检测系统而造成干扰。最典型的传导耦合就是噪声经电源线传到检测系统中。事实上，经电源线引入检测系统的干扰是非常广泛和严重的。

16.4.3 抗干扰的基本措施

把消除或削弱各种干扰影响的全部技术措施，总称为抗干扰技术或称为防护。通常抗干扰技术包括屏蔽技术、隔离技术、接地技术、滤波技术、电路的合理布局和制作、软件抗干扰措施等。

1. 屏蔽技术

屏蔽技术是利用金属材料对于电磁波具有较好的吸收和反射能力来进行抗干扰的。根据电磁干扰的特点选择良好的低电阻导电材料或导磁材料，构成合适的屏蔽体。利用铜或铝等低电阻材料制成的容器，将需要防护的部分包起来或者利用导磁性良好的铁磁材料制成的容器将需要防护的部分包起来。屏蔽一般分为三种：静电屏蔽、磁场屏蔽和电磁屏蔽。

（1）静电屏蔽：用导体做成的屏蔽外壳处于外电场时，由于壳内的电场强度为零，可使放置其内的电路不受外界电场的干扰；或者将带电体放入接地的导体外壳内，则壳内电场不能穿透到外部。使用静电屏蔽技术时，应注意屏蔽体必须接地。

（2）磁场屏蔽：是用一定厚度的铁磁材料做成外壳，将仪表置于其内。由于磁力线很少能穿入壳内，因此可使仪表少受外部杂散磁场的影响。壳壁的相对磁导率越大，或壳壁越厚，壳内的磁场越弱。

（3）电磁屏蔽：是用一定厚度的导电良好的金属材料做成的屏蔽层外壳，利用高频干扰电磁场在屏蔽金属内产生的涡流，再利用涡流磁场抵消高频干扰磁场的影响，从而达到抗高频电磁场干扰的效果。电磁屏蔽依靠涡流产生作用，因此必须用良导体如铜、铝等做屏蔽层。将电磁屏蔽妥善接地后，其具有电场屏蔽和磁场屏蔽两种功能。

2. 隔离技术

隔离技术是抑制干扰的有效手段之一。隔离的目的是破坏干扰途径、切断噪声耦合通道。

常用的隔离技术分为两类：空间隔离及器件性隔离。

空间隔离技术包括：①功能电路之间的合理布局。由于仪表由多种功能电路组成，当彼此之间相距较近时会产生“互扰”，应间隔一定的距离。例如，数字电路与模拟电路之间，智能单元与负载回路之间，微弱信号输入通道与高频电路之间等。②信号之间的独立性。当多路信号同时进入仪表时，多路信号之间会产生“互扰”，可在信号之间用地线进行隔离。

器件性隔离一般有信号隔离放大器、信号隔离变压器和光电耦合器，这些是通过电-磁-电、电-光-电的转换达到有效信号与干扰信号的隔离。信号隔离变压器隔离方法是两端接地的系统，地电位差通过地环回路对检测系统形成干扰。减小或消除类似这种干扰的一种方法是在信号传输通道中接入一个变压器。变压器隔离法适用于传输交变信号的电路噪声抑制。光电耦合器隔离方法是在电路上接入一个光电耦合器，即用一个光电耦合器代替变压器，用光作为信号传输的媒介，则两个电路之间既没有电耦合，也没有磁耦合，切断了电和磁的干扰耦合通道，从而抑制了干扰。一般的光电耦合器广泛用于数字接口电路中的噪声抑制。

3. 接地技术

接地技术的目的包括安全性和抗干扰。在电力系统中，为了保护人身和设备安全，常把电网的零线及各种设备的外壳接大地，这种技术称为接地技术。接地方式包括工作接地、保护接地、保护接零、重复接地和保护零线等多种方式，具体方式请参考电工技术文献。

4. 滤波技术

（1）硬件滤波。

共模干扰并不直接对电路引起干扰，而是通过输入信号回路的不平衡转换成串模干扰来影响电路。对信号进行滤波是抑制串模干扰的常用方法之一。根据串模干扰的频率与被测信号频率的分布特性，选用低通、高通或带通滤波器等。滤波器有两种，一是由电阻、电容、电感构成的无源滤波器，二是基于反馈式运算放大器的有源滤波器。一般串模干扰的频率比实际信号大，因此可采用无源阻容低通滤波器或有源低通滤波器。

（2）软件滤波

由于经济和技术等因素，干扰不可能通过硬件措施完全消除掉，在信号数据进入计算机正式使用之前，经过软件抗干扰会取得更好的抗干扰效果。软件抗干扰通常是采用数字滤波方法，在检测系统中，比较常用的数字滤波方法如下：

①最小二乘滤波可滤除正态分布的零均值随机干扰。本方法是对某一测量值连续采样数次，取其平均值作为本次测试值。

②滤波系数法可消除一些瞬间干扰。本法是把上次采样值作为基础，加上或减去二次采样值，从而得到采样滤波后的数值。

③加权滤波法速度较快，实时性强，适用于快速测试系统。本方法是将前几次采样滤波后的数据和本次采样滤波前的数据各按一定的百分比计算后叠加，从而得到本次采样滤波后的数值。

④中位值滤波法对去除脉冲性噪声比较有效。这种方法是对某被测参数，连续采三次以上的值，取其不大、不小的中位值作为该参数的测试值。

⑤*RC* 低通数字滤波法是仿照模拟系统的 *RC* 低通滤波器的方法，用数字形式实现低通滤波。其计算公式如下：$Y_k=(1-\alpha)\,Y_{k-1}+\alpha X_k$，其中，$X_k$ 为第 k 次采样时滤波器输入值；Y_k 为第 k 次采样时滤波器输出值；Y_{k-1} 为第 $k-1$ 次采样时滤波输出值；$\alpha=1-e^{-T/c}$ 称为滤波平滑系

数；c 为数字滤波器的时间常数；T 是采样周期。

⑥滑动平均滤波法可削弱瞬态干扰的影响，对频繁振荡的干扰抑制能力强。此法是每采样一次就与最近的 $N-1$ 次的历史采样值相加，然后用 N 去除，得到的商作为当前值。

5. 电路的合理布局和制作

构成电路的基本单元是元器件，选择合适的元器件是抑制干扰的基本保证。

电阻应尽可能选用金属膜电阻，缩短接线长度。

用于低频、旁路场合的电容，可以采用纸介电容；在高频和高压电路中，应选用云母电容或陶瓷电容；在电源滤波或退耦电路中，用电解电容。铝电解电容易产生噪声，钽电容漏电小，长期稳定性好且频率稳定，是首选的电容件。

用接插件时应注意：①选用带金属壳的线缆接插件和喷镀金属的导电塑料垫。②对于屏蔽线缆的屏蔽金属网，弯折后缠绕上铝箔，用接插件的夹子夹紧，再固定到金属壳上。③要与仪表良好的固定，不会随振动而松动。

（1）电路的设计。

设计模拟电路时，要注意以下几点：①对输入信号，加设模拟滤波电路。②电压频率转换器中的积分电容需要屏蔽隔离，并单点接地。③将模拟电路和数字电路分开一定的距离安装，模拟地与数字信号地在线路板上不能短接。

设计数字电路时，要注意以下几点：①增加退耦电容，在数字集成电路的电源和地之间并入一个退耦电容。②时序匹配。③采用光电耦合器进行数字信号的传输。

为有效抑制共模干扰，增大共模抑制比，采用差动方式传输和接收信号，并采用光电耦合器或变压器对信号进行电气隔离。信号若在极为恶劣的环境中传输，可将有效信号转换成具有大电压和电流的强信号或者采用光纤传输技术。采用双绞线做信号传输线，并增设滤波器。采用双绞线做信号线，能使双绞线中各个小环路的感应电势互相呈反向抵消，减少电磁感应。

（2）印制电路板的制作。

①减少辐射干扰。

当电路中采用肖特基电路和动态数据存储器时，电源电流随工作状态的变化而产生辐射现象，应在集成电路附近增设旁路电容退耦，以降低电源线阻抗，缩小电流环路，使电路工作稳定。

②抑制电源线和地线阻抗引起的振荡。

每个集成电路的电源和地之间接旁路电容，缩短开关电流的流通途径；将电源线和地线布局成棋格状，缩短线路回路；将电路中的地线设计成封闭回路，将电源线和地线设置得粗一些。

③合理布局和走线。

以双层线路板为例，一面为水平走向，另一面为垂直走向；在线路必须折向时，以45°为宜，90°处会增加电压驻波；线路的粗细由线路的功能来定。

④采用最新技术。

若电路要求很高，建议采用多层线路板。多层线路板的特点是：①内层有专用的电源层和地线层，极大地降低了电源线路的阻抗，有效减少了公共阻抗干扰。②由于对信号线都有均匀的接地面，信号的特性阻抗稳定，减少了由反射引起的波形畸变。③加大了信号线和地线之间的分布电容，减少了信号的串模干扰。

印制电路板的制作还可采用小型母线和条型电源母线。小型母线是敷设于印制电路板上的向各个集成电路供电的导电线条，同时还可做地线使用，本身具有电容作用，既旁路噪声，又利于散热。采用小型母线技术的双面线路板，其线路板功能接近四层线路板。

6. 软件抗干扰措施

干扰不仅影响检测系统的硬件，而且对其软件系统也会形成破坏，如造成系统的程序弹飞、进入死循环或死机状态，系统将无法正常工作。因此，软件的抗干扰设计对计算机检测系统是至关重要的。

除了前面介绍的数字滤波软件抗干扰措施外，还有软件陷阱、“看门狗”技术等。

软件陷阱技术是通过指令强行将捕获的程序引向指定地址，并在此用专门的出错处理程序加以处理的软件抗干扰技术。前面提到干扰可能会使程序脱离正常的运行轨道，软件陷阱技术可以让弹飞了的程序安定下来。在程序固化时，在每个相对独立的功能程序段之间，插入转跳指令，如 LJMP 0000H，将程序存储器（EPROM）后部未用区域全部用 LJMP 0000H 填满，一旦程序“跑飞”进入该区域，自动完成软件复位。将 LJMP 0000H 改为 LJMPERROR（故障处理程序），可实现“无扰动”复位。

“Watchdog”俗称看门狗，即监控定时器，是计算机检测系统中普遍采用的抗干扰和可靠性措施之一。“Watchdog”有多种用法，其主要的应用则是用于因干扰引起的系统程序弹飞的出错检测和自动恢复。它实质上是一个可由 CPU 复位的定时器，原则上由定时器以及与 CPU 之间的适当的输入/输出接口电路组成，如振荡器加上可复位的计数器构成的定时、各种可编程的定时器/计数器（如 Intel 8253/8254 等）、单片机内部的定时器/计数器等。

16.5　检测系统设计实例

16.5.1　近红外光谱检测系统设计

1. 近红外光谱品质检测原理

通常称介于可见区和中红外区之间波长范围为 780 ~ 2 500 nm（波数范围 12 820 ~ 400 cm^{-1}）的一段电磁波为近红外光谱区。近红外光谱分析（Near Infrared Spectroscopy Analysis，简称 NIR 或 NIRS）已广泛应用于工业、农业、医学以及药物学等领域。在工业领域，近红外光谱分析技术已用于石油化工行业中汽油辛烷值的在线检测、卷烟行业中烟叶品质检测、生物制药行业中药品成分分析等。

在农业领域，近红外光谱分析可用于与蛋白质、氨基酸、脂肪、直链淀粉、水分以及其他营养成分有关的分析，适合于对各种农产品（小麦、大米、玉米、西红柿、西瓜等）进行品质分析。相对于传统化学分析方法，近红外光谱分析以其方便、快捷、无环境污染、成本低而越来越倍受重视。

近红外光谱分析利用物质对近红外辐射的吸收总量与成分总量呈线性关系的原理。如果预先知道一定数量样品的成分含量，同时采集了它们的光谱，就利用二者建立起光谱校正模型，以后新样品只需采集其光谱，代入前面建立的模型，即可预测出该样品的成分含量。由此可见，近红外光谱分析用于品质检测的流程分为两部分：光谱校正模型的建模和未知样品的组分浓度预测。

（1）光谱校正模型的建立。

建立近红外光谱预测模型的流程图如图 16. 5. 1 所示，首先选取一定数量的样品，采用标准化学方法测量出它们的组分浓度化学值（又称为标准值），并选用光谱仪测量出它们的近红外光谱信号；再运用各种定性分析方法（如聚类法等）把所选择的样品分为校正集和预测集，通过校正集的光谱信号（须经过预处理）和浓度值（也须经过预处理）的关系，利用各种多元校正方法，如主成分回归（Principle Components Analysis，PCA）、偏最小二乘法（Partial Least Squares，PLS）、人工神经网络（Artificial Neural Network，ANN）等，建立预测模型；进一步通过预测集的光谱信号（须经过校正集光谱信号相同的预处理方法）和建立的预测模型预测出对应的组分浓度化学值来检验预测模型，如果预测误差在允许范围内，就输出预测模型，否则，重新划分校正集和预测集再次建立模型，直到模型满足要求为止。

（2）未知样品的组分浓度预测。

未知样品组分浓度预测的流程图如图 16. 5. 2 所示，首先在与建模时相同的条件下测量未知样品的近红外光谱信号，并采用建模时相同的预处理算法；其次选择适当的预测模型，并进行模型适应度检验；选取与模型中光谱相同的波长区间，根据该模型的未知样品的近红外光谱信号预测出未知样品组分浓度值。

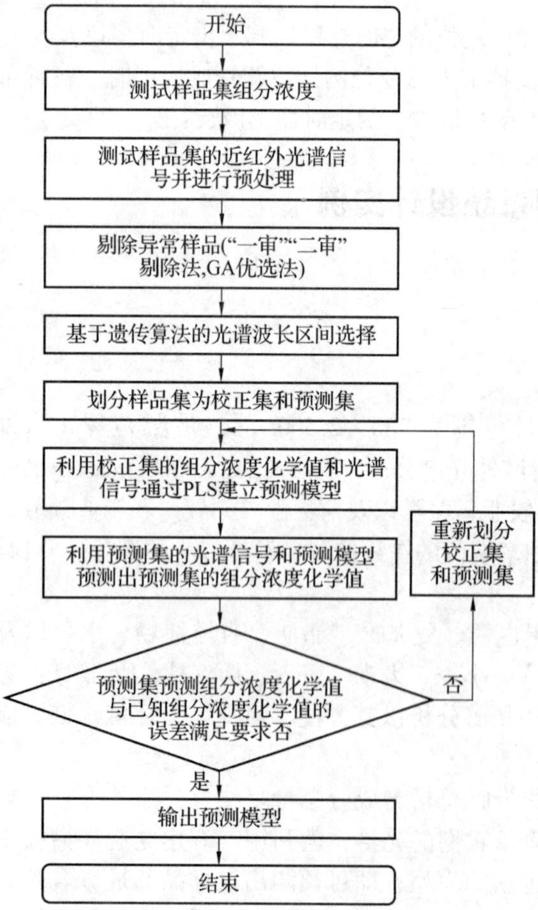

图 16. 5. 1　建立近红外光谱预测模型的流程图

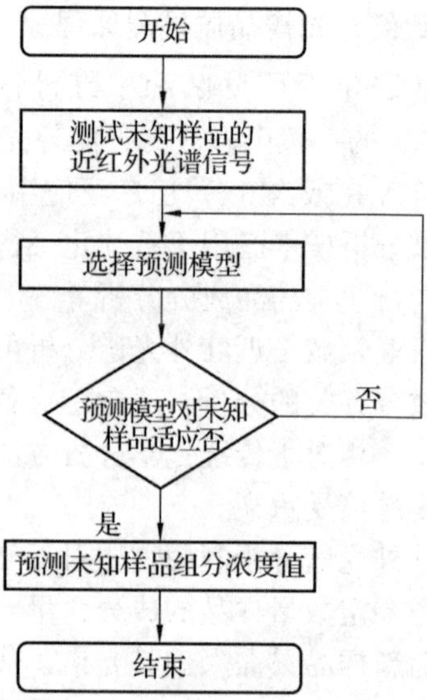

图 16. 5. 2　未知样品组分浓度预测的流程图

2. 近红外光谱品质检测系统设计

（1）系统目标。

系统目标是建立近红外光谱品质检测系统，包括近红外光谱采集硬件系统和近红外光谱分析软件系统。其功能是快速、准确地检测样品的品质。

（2）系统总体方案设计。

系统总体方案采用如图 16.5.3 所示的框图。系统总体方案采用典型的 PC 总线检测系统构成形式。

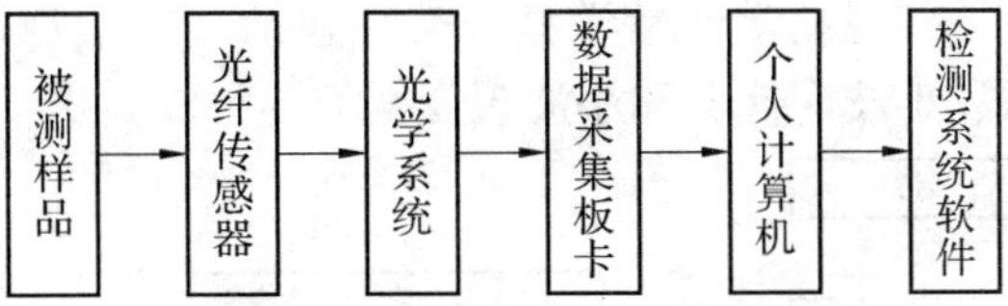

图 16.5.3 近红外光谱品质检测系统框图

（3）硬件系统设计。

近红外光谱品质检测硬件系统示意图如图 16.5.4 所示。光源 1 发出的光通过透镜 2 汇入光纤 3，传输到样品室 5 前，先通过透镜 4 变成平行光，该平行光透过样品后，会在近红外谱区被吸收一部分，然后经过透镜 6、光纤 7、透镜 8、透镜 9 进入封闭的分光系统；进入分光系统的光，经过狭缝 10、反光镜 11、准直镜 12、平面光栅 13、球面镜 14 后照射到电荷耦合器件（Charge Coupled Devices，CCD）检测器 15 上，输出电信号，最后通过 A/D 转换器采样后以数字信号形式输出，即可保存为所谓的光谱文件。

这里光源采用溴钨灯；分光元件采用平面光栅，其作用是将多色光转化为单色光，是一个核心部件。

另一重要器件为 CCD 检测器，其作用为检测近红外光与样品作用后携带样品信息的光信号，将光信号转变为电信号。CCD 检测器采用多通道检测方式，能同时接受指定光谱范围内的光信号。

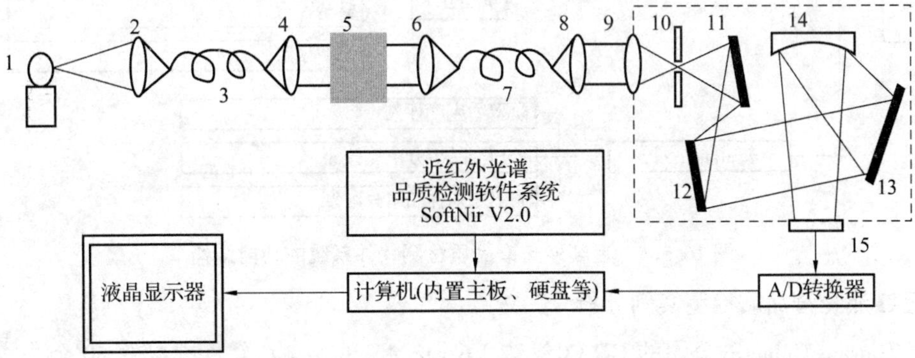

图 16.5.4 近红外光谱品质检测硬件系统示意图

1—光源；2，4，6，8，9—透镜；3，7—光纤；5—样品室；10—狭缝；11—反光镜；
12—准直镜；13—平面光栅；14—球面镜；15—CCD 检测器

（4）软件系统设计。

根据上述系统目标，近红外光谱品质检测软件系统的功能结构划分为光谱扫描、光谱文件管理、光谱显示、光谱信号处理、光谱校正模型的建立与管理、未知样品的组分浓度预测六大模块，如图 16.5.5 所示。

系统开发环境采用 Windows XP；开发工具为 Visual C++ 6.0。每个功能模块均建立独立的 C++类，并封装为动态链接库（DLL），方便维护与升级。

近红外光谱分析中，涉及大量的向量、矩阵运算。本系统在实现时，首先开发了 C++的向量类和矩阵类，封装了向量、矩阵的大量运算，如向量、矩阵的加、减、乘法、转置、求逆等运算。向量和矩阵运算的 C++实现，使得所有的近红外光谱分析算法都可以调用该向量类和矩阵类的函数，大大提高了开发算法的时间和效率，同时程序的可读性也大大增加。在向量类和矩阵类的基础上，实现化学计量学算法类（包括 MLR、PCA、PCR、PLS 等算法）、遗传算法类、神经网络类、小波变换类和小波包变换类。

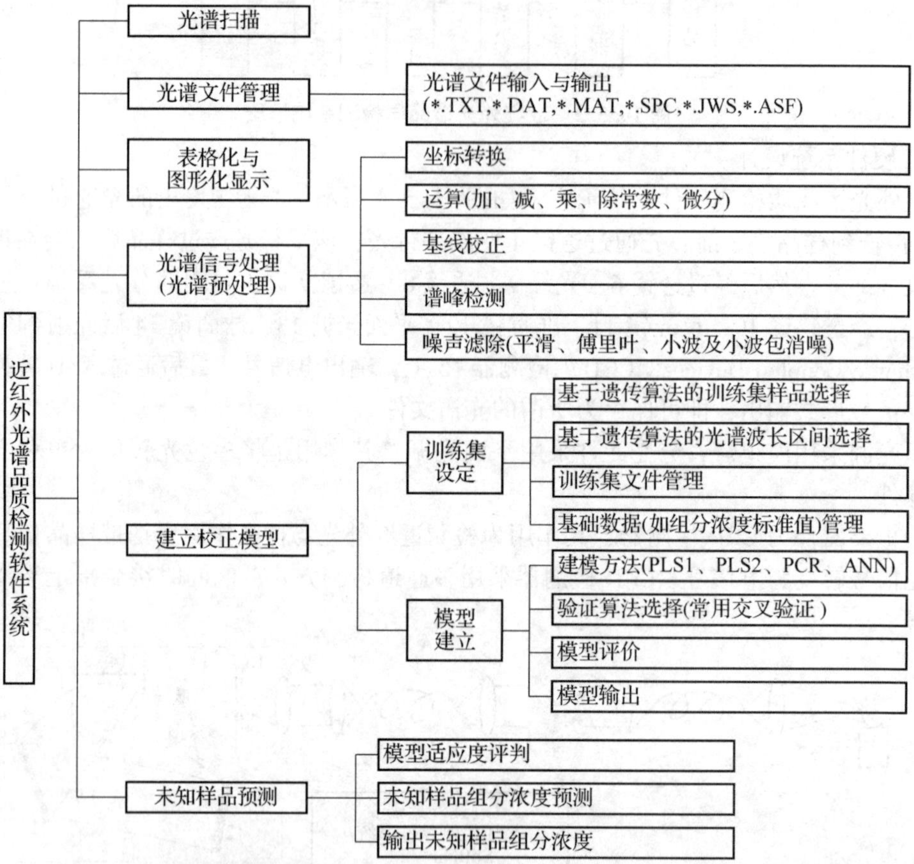

图 16.5.5 近红外光谱品质检测软件系统的功能结构

3. 近红外光谱品质检测实例分析

采用 Thermo Galactic 公司的 GRAMS/32 V6（try_ gala. exe）软件提供的 50 个小麦样品光谱数据和水分百分含量数据，波长范围为 1 000~2 617 nm，波长点数为 1 011。将该 50 个样品随机选出 40 个作为校正集，余下的 10 个作为预测集。

如将校正集 40 个样品，使用线性的 PLS-NIR 定量分析方法对水分含量建模，对预测集进行预测（最佳主成分数目为 4），预测值与标准值的相关系数尺、预测误差均方差（Root Mean Squared Deviation，RMSD）分别列于表 16.5.1。从表中可以看出，预测效果很好。

表 16.5.1　PLS-NIR 模型预测结果

类型	样品数目	R	RMSD
预测集	10	0.996 3	0.147 1

16.5.2　基于 GSM 网络的工业氯气远程监测系统设计

全球移动通信网（Global System for Mobile Communications，GSM）是近年来发展迅速的数字式移动通信网络，而短消息服务是其提供的一项重要业务。其简便、快捷的性能和相对低廉的收费赢得了广大用户的青睐，同时也为许多类型的无线远程监测提供了技术手段。

基于 GSM 网络的无线远程数据监测系统，主要由上位机（监测中心）和下位机（监测站）两部分组成。监测站的核心是单片机系统（此类单片机设置了全双工的串行口，可以同时进行接收和发送，可以选择多种通信模式），实现的功能是数据采集、发送等，控制 GSM 模块向监测中心发出打包后的数据；监测中心的核心是 PC 机以及由 Visual C++语言编写的监测软件，主要功能是数据接收、存储，参数比较，发送报警消息等。该系统不仅用于煤气/天然气、电力等能源系统设备及网络的远程监测，而且用于自动化工厂的生产过程，机器和设备的远程控制和监测，当然也能用于对人有害环境下的远程监测和化工厂周围的空气质量的远程监测。

本例是一个对工业氯气进行远程多点监测的系统。采用的是分布式数据采集原理，主要是把分散于各处的氯气体积分数采集到监测中心，以便于进行管理和监测。根据氯气分子在近紫外光区域对特定的紫外光波具有最大的单峰吸收的特性，本例中采用双波长紫外光吸收的方法，对氯气的体积分数进行检测。

1. 工业氯气远程监测系统的构成

如图 16.5.6 所示，由于检测点比较分散，且工业现场和监测中心之间的距离比较远，检测装置对氯气进行检测，然后将其浓度值按一定的时间间隔通过 GSM 网络传回监测中心的计算机。监测中心也可随时查看任意一个检测点的氯气的体积分数。一旦浓度值超标时可以通过 GSM 网络启动监测中心的报警系统或拨打报警电话。

（1）工业现场检测装置进行数据采集，然后按照双波长吸收分析的数学模型进行数据处理、计算和修正，获得氯气的浓度值。

（2）获得的氯气浓度值通过 GSM 收发电路将数据按一定格式传送到监测中心的计算机。

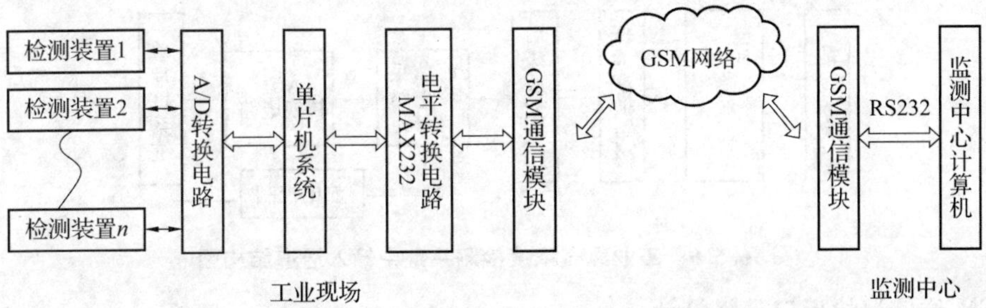

图 16.5.6　基于 GSM 网络的氯气无线远程监测系统结构图

（3）监测中心计算机通过 GSM 网络获取数据并进行显示，每隔半个小时对数据刷新。可以通过系统管理软件随时访问各个检测点的检测数据，同时提供趋势分析。

（4）系统软件建立数据库，对各点传回的数据进行存储，建立以小时为单位的氯气体积分数数据库，提供按日、月、年排列的检测数据报表，提供对数据的查询和分析。

（5）监测中心可以对检测点的检测装置进行远程控制，修改和设定检测装置的一些参数。

2. 光电检测系统的硬件结构

图 16.5.7 所示为光电检测系统结构原理图。它由光路系统、光阑、斩光器、采样气室、电机、光电倍增管和模拟信号处理电路、同步信号发生器、A/D 转换器和 GSM 收发电路等构成。

光路系统主要由光源和聚光准直系统构成。光源采用具有连续近紫外波谱辐射的氘灯，聚光准直系统由一片石英透镜产生平行光束。斩光器是由一小电机带动旋转的圆盘，上面装有对应于氯气吸收中心波长和非中心波长的两块滤光片。同步信号发生器由另外的两套发光二极管和光电三极管通过同一斩波器产生。

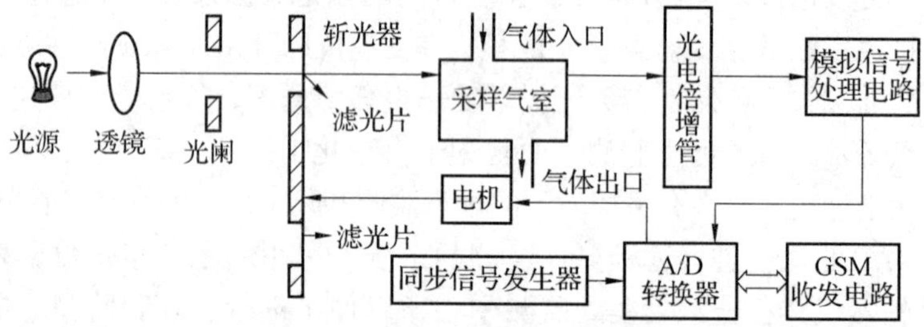

图 16.5.7　光电检测系统结构原理图

3. 数据采集通道的电路设计

数据采集的输入通道在一个检测系统设计中至关重要，它决定了整个系统的成败和性能。输入通道的设计与检测对象的状态、特征、所处的环境密切相关。在输入通道的设计时要考虑传感器或敏感元件的选择（包括灵敏度、响应特性、线性范围等）、通道的结构、信号的调节、电源的配置、抗干扰设计等。

在工业氯气浓度检测系统中，采用双波长分析方法。光电倍增管将检测到的紫外光穿过采样气室的光强转换为电流信号，通过前置放大、50 Hz 陷波器、低通滤波电路、后级放大电路、峰值采样/保持电路和 A/D 转换电路送入单片机系统进行处理。其通道结构图如图 16.5.8 所示。

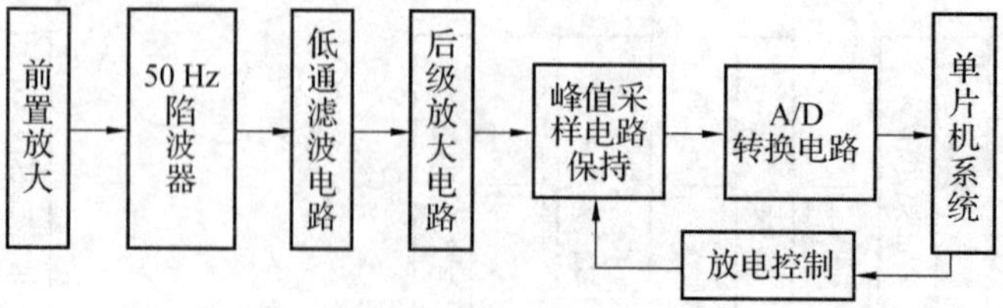

图 16.5.8　工业氯气浓度检测系统中输入通道结构图

4. GSM 通信模块接口电路设计

目前，在国内已经开始使用的通信模块有很多，这些模块的功能、用法差别不大。在本例中采用广州周立功单片机发展有限公司开发的嵌入式 GSM 短消息模块，它主要的优点是基于嵌入式实时操作系统的可靠性充分发挥了 32 位 CPU 的多任务潜力，而且其性价比很高。

监测中心的硬件部分设计较为简单，只需要在 GSM 模块和 PC 机之间加一个 RS232 电平转换芯片。在 GSM 短消息模块收到网络发来的短消息时，能够通过串口发送指示消息，数据终端设备可以向短消息模块发送各种命令。

5. 单片机程序设计

单片机主要完成三项任务：控制 A/D 转换，获取数据；对采集的数据求平均，计算氯气含量；将数据通过无线模块发送到监测中心计算机和接收监测中心的命令。每隔 30 s 自动通过 GSM 模块向监测中心发送数据，通过利用内部定时器 T0 和软件计数器来实现。定时器 TI 用于产生陷波器所需要的频率控制信号。内部定时器 T2 用作串口的波特率发生器。下面主要介绍主程序设计、数据采集程序设计和处理程序。

(1) 主程序设计。

主程序首先调用系统初始化函数，启动定时器 T0，定时器 TI，以及从串行 EEPROM 中读取短消息服务中心号码和报警号码及双波长吸收分析算法的线性回归方程的系数等任务。然后调用 A/D 数据采集函数，进行数据采集。在进行 20 次采样后，求出其平均值。根据通过试验获得的线性回归方程，求解对应的氯气的体积分数值，判断其浓度是否超过安全指标，如果超过则启动本地的声光报警信号，同时向监测中心发送相关的信息，然后从报警中心获取控制命令，或者是到 30 s 时，对监测中心的数据进行刷新。主程序的流程图如图 16.5.9 所示。

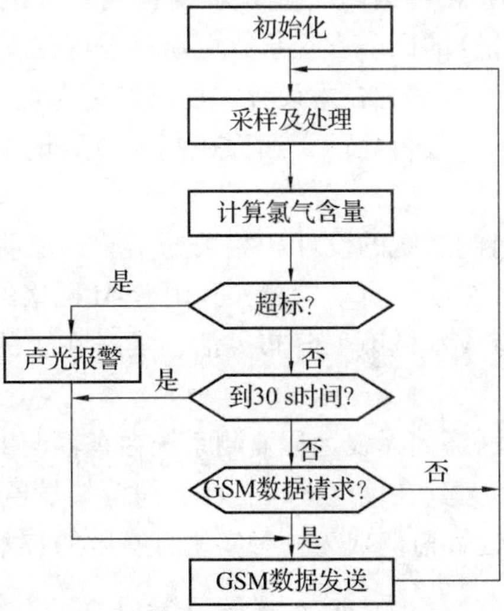

图 16.5.9　主程序的流程图

(2) 数据采集程序设计。

在数据采集部分，对与氯气中心吸收波长相对应的同步信号和氯气非吸收波长相对应的同步信号分别进行数据采集和存储。在数据采集中同时控制峰值电路的保持和放电，以确保采集的数据是对峰值吸收波长所对应的信号。

在系统设计时，不仅要对硬件系统进行抗干扰设计，还要注意采用软件抗干扰设计，否则不仅会降低数据采集的可靠性，而且干扰会侵入单片机系统的输入通道，并叠加在信号上，致使数据采集误差加大。

6. 监测中心的软件设计

监测中心的软件存在对远程检测点传送体积分数数据或报警信息的监听、对检测点回传数据进行分析、各检测点回传数据图形化显示、数据的存储管理与打印和监测中心对检测系统的远程控制等需求。

软件系统包含如下的软件模块：

（1）GSM 通信模块。

随时处于监听状态，响应检测装置发送来的数据，同时可以下传命令和数据。

（2）数据分析模块。

对接收到的体积分数数据做简单的趋势分析，求出给定时间内的最大值和最小值，判定监测点在一定周期内的氯气排放是否符合国家标准，并给出警告信息。

（3）显示模块。

将收到的浓度数据以彩色棒图的形式显示在计算机屏幕上，同时显示检测点的编号和浓度数据，也可显示给定检测点、给定周期内的趋势曲线图。

（4）数据管理模块。

数据记录可以有两种形式：一种是以数据文件（文本文件）方式保存数据；另一种是以数据库形式保存数据，同时提供将文本文件数据导入到数据库，以及将数据库数据导出到文本文件中的功能。

（5）远程控制模块。

监测中心系统软件通过 GSM 网络对工业现场的检测系统的采样平均次数、数据更新周期、斩光电机的转速及浓度计算的回归方程系数更新等进行控制。

实时监测系统采用 VC++6.0 编程技术设计，使操作更为直观、方便、灵活，视窗界面更为友好。能实现数据动态显示、分析处理、远程控制和数据记录与回放等功能，满足了监测中心系统软件设计的要求。

本例通过对工业氯气的监测系统的设计和相关的实验，证明采用双波长紫外吸收分析法可实现对工业排放气体中氯气浓度的自动检测；利用 GSM 网络的现有资源，可实现有害气体的远程多点监测。该系统具有成本低廉、分布灵活、实时在线的优点，具有一定的工业应用价值。

到目前为止，基于 GSM 网络的无线远程监测系统在车辆调度、安全、导航、监测等领域已经有了一定的研究和应用。尤其在偏远地区，江、海等架设通信线路困难或不经济的地方，利用 GSM 网络的短消息实现远程监测成为一种实用且有效的技术手段。

思考题与习题

1. 检测系统按硬件组成形式可分为哪几种类型？
2. 简述 PC、STD、GPIB、VXI 和 PXI 总线系统的构成方法。
3. 检测系统设计的一般原则有哪些？
4. 简述检测系统设计的一般开发过程。
5. 产生干扰的因素是什么？干扰如何分类？
6. 干扰有哪些传播的途径？
7. 抗干扰有哪几大基本措施？
8. 可靠性设计的方法有哪些？
9. 请选定生活中某种物理量，思考如何检测它，并给出一种检测系统的设计方案。

第 17 章 传感器在汽车中的应用

汽车传感器可以对汽车的发动机水温、油箱液面高度、轮胎气压、转速、加速度和振动等各种信息进行实时、准确的测量和控制，是汽车计算机系统的输入装置，以使车辆处于最佳工作状态。汽车传感器作为汽车电子控制系统的信息源，是汽车电子控制系统的关键部件，也是汽车电子技术领域研究的核心内容之一。

17.1 汽车传感器的分类

17.1.1 汽车传感器概述

衡量现代高级轿车控制系统水平的关键就在于其传感器的数量和水平。当前，一辆国内普通家用轿车上大约安装了近百个传感器，而豪华轿车上传感器的数量多达 200 个。

根据不完全统计，全球轻型汽车传感器市场的年均增长率为 7.4%，到 2010 年达到 140 亿美元的规模，其增长幅度远远超出汽车本身的年均增长率。全球 2002 年汽车传感器的市场需求量为 10.38 亿个，2005 年达到 12.83 亿个，年平均增长率为 7.3%。截止到 2017 年 12 月，我国现有汽车 2.1 亿辆，并且每年以 5%以上的速度递增，但是目前“电喷”汽车还只占 10%左右。我国现规定停止“化油器”汽车的生产，新出厂的汽车要求全部安装“电喷”系统。上海联合汽车电子公司现在年产 120 万套“电喷”系统传感器，约 4 000~6 000 元/套，其中，汽车传感器占 60%以上的产值。国内“电喷”系统应用传感器占系统的 70%以上，汽车防抱死制动系统（Anti-lock Braking System，ABS）传感器的成本为 50 元左右，国内产量为 100 万套，产值为 5 000 万元；安全气囊的传感器占系统成本的 70%以上，其售价为 2 000 元，需求量为 100 万套/年，则传感器的产值可达 20 亿元。

随着电子技术的发展和汽车电子控制系统应用的日益广泛，汽车传感器市场需求将保持高速增长，微型化、多功能化、集成化和智能化的传感器将逐步取代传统的传感器，成为汽车传感器的主流。近年来从半导体集成电路技术发展而来的 MEMS 技术日渐成熟，利用这一技术可以制作各种能敏感检测力学量、磁学量、热学量、化学量和生物量的微型传感器，这些传感器的体积和能耗小，可实现许多全新的功能，便于大批量和高精度生产，而且其单件成本低，易构成大规模和多功能阵列，非常适合在汽车上应用。微型传感器的大规模应用将不仅限于发动机燃烧控制和安全气囊，在未来 5~7 年内，包括发动机运行管理、废气与空气质量控制、ABS、车辆动力的控制、自适应导航、车辆行驶安全系统在内的应用，将为 MEMS 技术提供广阔的市场。多功能化是指一个传感器能检测两个或两个以上的特征参数或化学参数，从而减少汽车传感器的数量，提高系统的可靠性。集成化是指利用 IC 制造技术和精细加工技术制作 IC 式传感器。智能化是指传感器与大规模集成电路相结合，带有 CPU，具有智能作用，以减少 ECU 的复杂程度，减小其体积，并降低成本。

20 世纪 80 年代以来，国内汽车仪表行业引进国外的先进技术及与之相配套的传感器生产技术，基本满足了国内小批量、低水平车型的配套需求。但由于起步较晚，因此还没有形成系列化、配套化，尚未形成独立的产业，仍然依附于汽车仪表企业。众多轿车、轻型车及部分载货车中采用新的电子产品，需要大批量、高水平的汽车传感器，但国内现有最高水平的汽车传感器产品比国外同类产品落后 10 多年，每年要进口 50 万套以上的高性能汽车传感器。伴随着国内汽车产量的迅速增长，国内汽车工业对传感器及其配套变速器和仪表的需求也将大大增加，实现汽车传感器国产化势在必行。为适应这一形势，应重点开发新型压力、温度、流量、位移等传感器，尽快为汽车工业解决电喷系统、空调排污系统和自动驾驶系统所需的传感器，这是一项十分迫切的任务。

图 17.1.1 所示为传感器在汽车上的应用示意图。

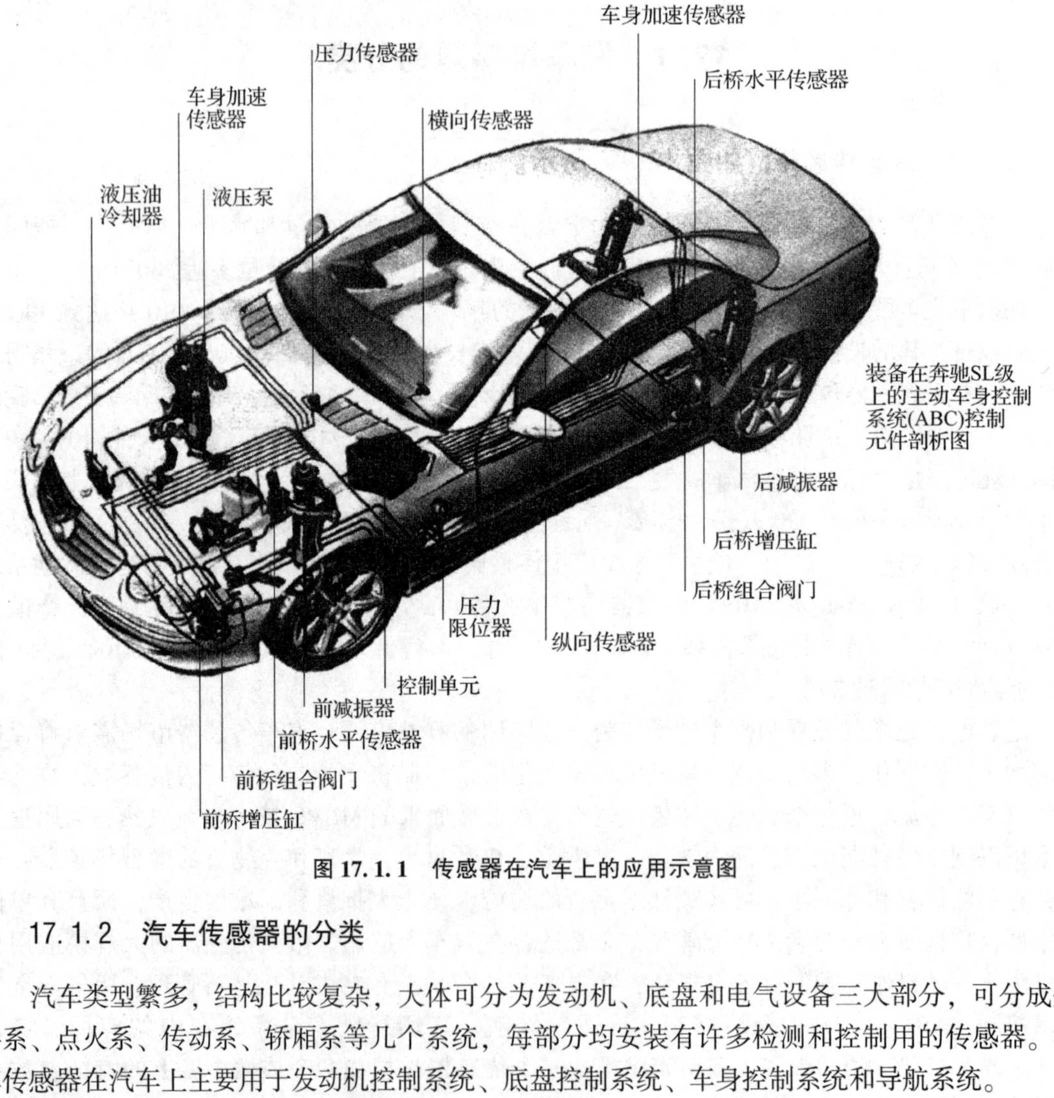

图 17.1.1　传感器在汽车上的应用示意图

17.1.2　汽车传感器的分类

汽车类型繁多，结构比较复杂，大体可分为发动机、底盘和电气设备三大部分，可分成燃料系、点火系、传动系、轿厢系等几个系统，每部分均安装有许多检测和控制用的传感器。汽车传感器在汽车上主要用于发动机控制系统、底盘控制系统、车身控制系统和导航系统。

汽车的工作过程均是在 ECU 控制下进行的，图 17.1.2 所示为汽车电子控制单元（ECU）的外形及原理框图。

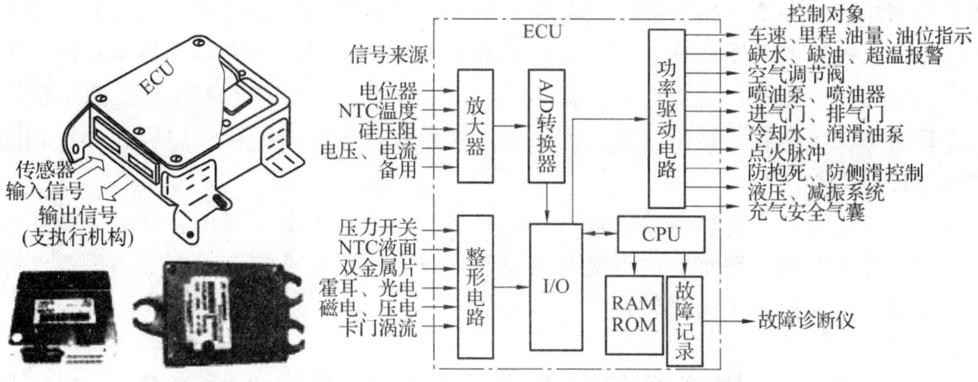

(a)外形　　(b)原理框图

图 17.1.2　汽车电子控制单元（ECU）的外形及原理框图

发动机是汽车的动力装置，其作用是使吸入的燃料燃烧而产生动力，再通过传动系统使汽车行驶。汽车发动机主要由气缸、燃料系统、点火系统、起动系统、冷却系统及润滑系统等组成。图 17. 1. 3 所示为汽车发动机的解剖图。汽车发动机控制系统用传感器是整个汽车传感器的核心，其种类很多，包括温度传感器、压力传感器、位置和转速传感器、流量传感器、气体浓度传感器和爆震传感器等，如图 17. 1. 4 所示。

图 17.1.3　汽车发动机的解剖图

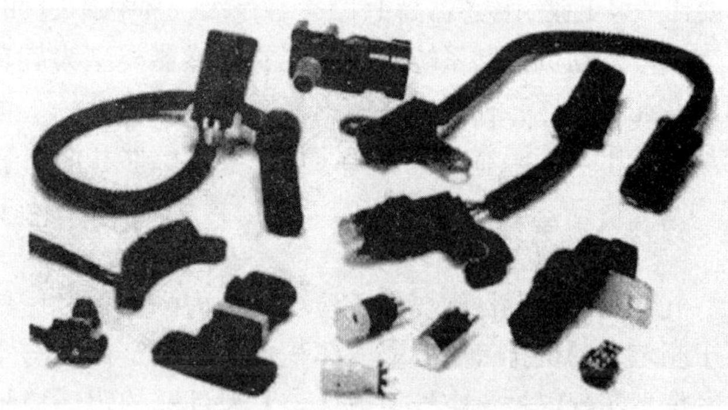

图 17.1.4　汽车发动机控制系统用传感器

底盘控制用传感器是指用于变速器控制系统、悬架控制系统、动力转向系统、防抱死制动系统等底盘控制系统中的传感器。图 17. 1. 5 所示为福特林肯 Navigator 底盘的结构示意图。

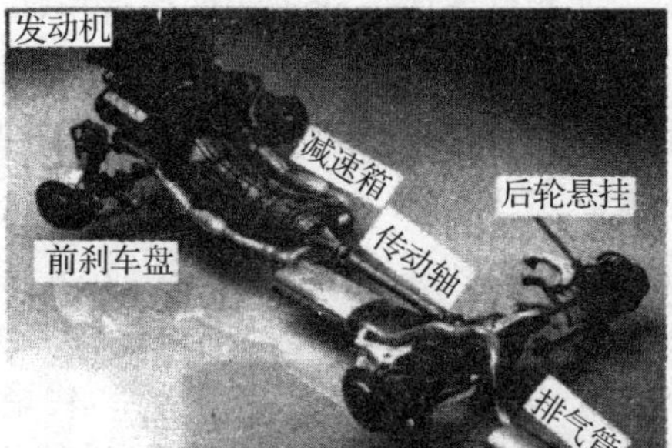

图 17.1.5　福特林肯 Navigator 底盘的结构示意图

车身控制用传感器主要用于提高汽车的安全性、可靠性和舒适性等。这类传感器主要有用于自动空调系统中的温度传感器、湿度传感器、风量传感器、日照传感器等；用于安全气囊系统中的加速度传感器；用于门锁控制中的车速传感器；用于亮度自动控制中的光传感器；用于倒车控制中的超声波传感器或激光传感器；用于保持车距的距离传感器；用于消除驾驶盲区的图像传感器等。

随着基于全球定位系统和地理信息系统的导航系统在汽车上的应用，导航系统用传感器这几年得到了迅速发展。导航系统用传感器主要有确定汽车行驶方向的罗盘传感器、陀螺仪和车速传感器、转向器转角传感器等。

17.2 传感器在汽车发动机控制系统中的应用

环保、油耗法规的要求不断严格，使得发动机越来越复杂，发动机电子控制系统的性能相应提高，这就要求不断提高传感器的用量和精度。在汽车发动机电子控制系统中，传感器处于十分重要的地位。这类传感器是整个车用传感器的核心，利用它们可提高发动机的动力性、降低油耗、减少废气、反映故障等。由于发动机工作在高温（发动机表面温度可达 150 ℃、排气歧管可达 650 ℃）、振动（加速度为 30 g）、冲击（加速度为 50 g）、潮湿（100%相对湿度，-40~120 ℃）及蒸气、盐雾、腐蚀和油泥污染的恶劣环境中，因此发动机控制系统用传感器耐恶劣环境的技术指标要比一般工业用传感器高 1、2 个数量级，其中最关键的是测量精度和可靠性。

汽车发动机控制系统应用的主要传感器类型为旋转位移传感器、压力传感器和温度传感器。在北美，这三种传感器的销售数量分别占第一、第二和第四位。近年来研制的新型传感器是气缸压力传感器、踏板加速计位置传感器和油质量传感器。

17.2.1 气体浓度传感器

气体浓度传感器主要用于检测车体内的气体和废气排放，其中最主要的是氧传感器，它用于测定发动机排气中的氧气体积分数，确定汽油与空气是否完全燃烧。电子控制系统根据这一信息实现以过量空气系数 $\lambda = 1$ 为目标的闭环控制，以确保三元催化转化器对排气中的碳氢化合物、一氧化碳和氮氧化合物三种污染物都有最大的转化效率。

氧传感器的传感元件是一种陶瓷管，外侧通排气，内侧通大气。陶瓷管是一种固态电解质，加热后依靠陶瓷管外壁的催化剂使排气中的各种成分发生化学反应，其中氧离子可通过陶瓷管扩散，从而造成管壁内、外侧之间的电势差，即信号电压，该电压与排气中的含氧量成正比。氧传感器具有抗铅、较少依赖于排气温度和启动后迅速进入闭环控制等特点。

汽车运转时的发动机所排放的一氧化碳和碳氢化合物是最多的，这就要求氧传感器尽快启动，进入闭环控制状态。NGK 火花塞有限公司研制出了一种新型氧传感器，它能在 15 s 内达到闭环控制状态。它通过缩小加热区和降低阻抗改进了传感器的加热装置，由于采用了新材料和新的温控系统，使得加热器的寿命与现有类型相近，从而改善了低温特性。实用化的有氧化锗传感器（使用温度为-40~900 ℃，精度为 1%）、氧化铬浓差电池型气体传感器（使用温度为 300~800 ℃）、固体电解质式氧化铬气体传感器（使用温度为 0~400 ℃，精度为 0.5%），另外还有二氧化钛氧传感器。和氧化锗传感器相比，二氧化钛氧传感器具有结构简单、轻巧，且抗铅污染能力强的特点。

图 17.1.1 所示为氧传感器及其在汽车中的安装位置。

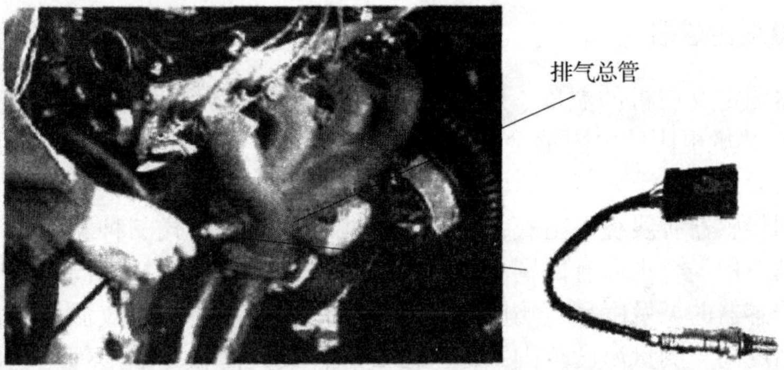

图 17.2.1　氧传感器及其在汽车中的安装位置

17.2.2　压力传感器

压力传感器能测量进气歧管的绝对压力、气缸的负压、大气压、涡轮发动机的升压比、气缸内压、油压等，提供发动机的负荷信息。吸气负压式传感器主要用于吸气压、负压、油压检测。压力传感器传感元件由一片硅芯片组成，在硅芯片中蚀刻出压力膜片，定值和整流电路也集成在硅片上。空气压力的改变使膜片受力变形，压阻效应使电阻改变，通过芯片处理后，形成与压力呈线性关系的电压信号。该传感器直接安装在进气歧管上，DS-S/TF 型还把压力和空气温度传感器组合在了一起。

压力传感器的特点是质量轻，结构紧凑，采用先进的电子传感技术，占用进气管的极小空间。日前，致力于汽车用压力传感器开发和生产的主要公司有摩托罗拉、德科电子仪器、Lucasnovasensor、Histat、Nippondenzo、西门子、德州仪器等。汽车用压力传感器应用较多的有电容式、压阻式、差动变压器式（Linear Variable Differential Transformer，LVDT）、表面弹性波式（Surface Acoustic Wave，SAW）。其中电容式压力传感器主要用于检测负压、液压、气压，其测量范围为 20~100 kPa，它具有输入能量高，动态响应特性好、环境适应性好等特点；压阻式压力传感器受温度影响较大，需要另设温度补偿电路，但适应于大量生产；LVDT 式压力传感器有较大的输出，易于数字输出，但抗干扰性差；SAW 式压力传感器具有体积小、质量轻、功耗低、可靠性高、灵敏度高、分辨率高、数字输出等特点，用于汽车吸气阀压力的检测，能在高温下稳定工作，是一种较为理想的传感器。Denso 公司最近研制出了一种浸入式高压传感器，这种传感器可用来检测机油、液压系统、汽油及空调制冷剂的压力，如制动器的液压控制系统、怠速下的空调机压缩器和动力转向泵、燃油控制系统、悬架控制系统及自动变速器中的液压换挡系统。这些系统的压力变化为 2~20 MPa，而传感器可耐压 38 MPa。这种传感器使用一种树脂胶而不是通常的金属和玻璃来封装，以形成足够大的油分子通道，从而实现了外形和元件间隙尺寸的优化设计。包括压力感应元件和放大电路在内的所有元件都集中在一块芯片上。德国 Infineon 公司研制的智能轮胎压力传感器 KP500 内部集成了压力和温度传感模块，它不需要在传感器模块中增加加速度传感器，可以在汽车启动时自动开机进入自检，能测量压力、温度和电压等。所有的功能都利用表面微机械加工技术集成在 0.8 μm 的双极互补金属氧化物半导体上。每个传感器模块中的电可擦可编程只读存储器中存储着唯一的 32 位芯片识别码。芯片识别码可以由同步串行接口读出，而且可以用于辨识各个轮胎压力传感器的位置。在接收数据时，首先要检查芯片识别码，如果发现芯片识别码不符，就放弃收到的数据帧。

17.2.3　温度传感器

温度传感器测定发动机的温度、吸入气体温度、冷却液温度、燃油温度及催化温度等。传感器内的 NTC 热敏电阻的电阻值会随着温度上升而减小。冷却液或进气温度的变化引起电阻值的变化，然后通过一个分压电路转换为电压信号送往电子控制器。

检测温度用传感器有线绕电阻式、热敏电阻式和热偶电阻式三种类型。三种类型的传感器各有特点，其应用场合也略有区别。线绕电阻式温度传感器的精度高，但响应特性差；热敏电阻式温度传感器的灵敏度高，响应特性较好，但线性度差，适应温度较低；热偶电阻式温度传感器的精度高，测量温度范围宽，但需要配合放大器和冷端处理一起使用。已实用化的产品有热敏电阻式温度传感器（通用型为-50~ 130 ℃，精度为 1.5%，响应时间为 10 ms；高温型为 600~1 000 ℃，精度为 5%，响应时间为 10 ms）、铁氧体式温度传感器（0N/0FF 型，-40~120 ℃，精度为 2.0%）、金属或半导体膜空气温度传感器（-40~50 ℃，精度为 2.0%、5%，响应时间为 20 ms）等。图 17.1.7 所示为汽车水温传感器的外形。

图 17.2.2　汽车水温传感器的外形

17.2.4　相位传感器

相位传感器即曲轴位置传感器，也称曲轴转角传感器，是 ECU 点火系统中最重要的传感器，其作用是检测上止点信号、曲轴转角信号和发动机转速信号，并将其输入 ECU，从而使 ECU 能按气缸的点火顺序发出最佳点火时刻指令。曲轴位置传感器有三种形式，分别为电磁脉冲式曲轴位置传感器、霍尔效应式曲轴位置传感器（桑塔纳 2000 型轿车和北京切诺基）、光电效应式曲轴位置传感器。曲轴位置传感器一般安装于曲轴皮带轮或链轮侧面，有的安装在凸轮轴前端，也有的安装在分电器（桑塔纳 2000 型轿车）。霍尔效应式曲轴位置传感器由一个霍尔传感器和一个半圆形的铁磁体组成，铁磁体安装在凸轮轴端部。凸轮轴的半转有信号，另半转没有信号。相应地，在一个工作循环中，曲轴的一转有信号，另一转没有信号，这就区分了两个不同的上止点。

相位传感器具有以下特点：信号质量高，输出电压不受转速影响；直接输出阶跃方波信号，闭合角小，控制精确；结构简单，体积小，质量轻。

17.2.5　爆震传感器

爆震传感器检测发动机缸体的振动情况，通过调整点火提前角控制和避免发动机发生爆震。可以通过检测气缸压力、发动机机体振动和燃烧噪声三种方法来检测爆震。爆震传感器是一种振动加速度传感器，有磁致伸缩式和压电式两种。磁致伸缩式爆震传感器的使用温度范围为-40~125 ℃，频率范围为 5~10 kHz；压电式爆震传感器的敏感元件为一个压电晶体，当发动机爆震时，发动机振动通过传感器内的质块传递到压电晶体上。压电晶体由于受质块振动产生的压力，在两个极面上产生电压，把振动转化为电压信号输出。压电式爆震传感器在中心频率 5. 417 kHz 处，其灵敏度可达 200 mV/g，在振幅为 0. 1~10 g 范围内具有良好的线性度。

爆震传感器的特点是结构牢固、紧凑，测量敏感度高。

17. 2. 6　机油黏度传感器

功能：通过测量液体所传递的切变波形来确定黏度。

原理：压电振动式机油黏度传感器的工作原理与振动式黏度计相近，振子（球型、片状或棒式）在受到黏滞阻尼时其振频会发生衰变，因此，依靠不同形状的振子就可以测出黏度和密度的一些参数。有一种振动式黏度计的振子是石英棒，它能被激发扭振，通过测量与液体黏度相对应的振幅和谐振频宽，就可以确定黏度（准确地说是黏度和密度的综合值）。

17. 2. 7　节气门位置传感器

功能：节气门位置传感器安装在节气门上，其功能是将发动机节气门的开度信号转变成电信号，并传递给电子控制单元，用以感知发动机的负荷大小和加减速工况。

原理：节气门位置传感器有三种形式，分别为开关触点式节气门位置传感器（桑塔纳 2000 型轿车和天津三峰客车）、线性可变电阻式节气门位置传感器（北京切诺基）、综合型节气门位置传感器（国产奥迪 100 型 V6 发动机）。最常用的是可变电阻式节气门位置传感器，它实际上是具有线性输出特性的转角电位计，它主要由一个电阻变位器和一个怠速滑动触点两部分组成。电阻变位器用陶瓷薄膜电阻制成，怠速滑动触点用复位弹簧控制，与节气门同轴转动。工作时，线形变位器的触点在电阻体上滑动，根据变化的电阻值可以测得与节气门开度成正比的线性输出电压信号。根据输出电压值，电子控制单元可获知节气门的开度和开度变化率，从而精确判断发动机的运行工况，提高控制精度和效果。怠速滑动触点是常开触点，只有在节气门全闭时才闭合，产生怠速触点信号，主要用于怠速控制、断油控制及点火提前角的修正。

图 17. 1. 8 所示为节气门及节气门位置传感器的示意图。

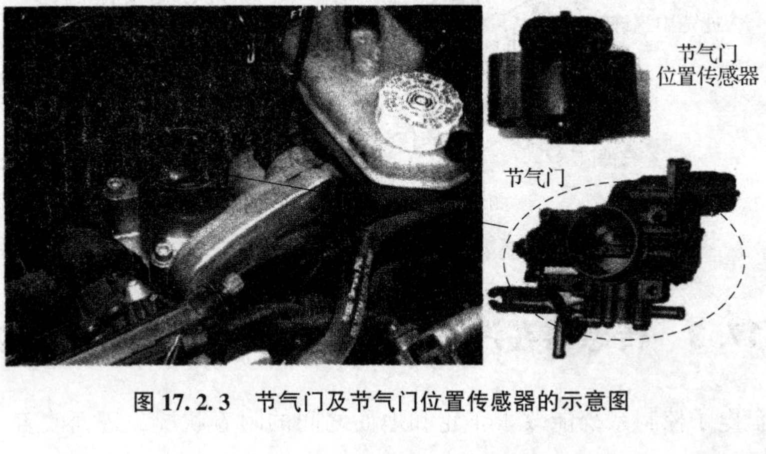

图 17. 2. 3　节气门及节气门位置传感器的示意图

17.2.8 流量传感器

功能：流量传感器用于测量空气流量，提供发动机负荷信息。燃料流量传感器用于检测燃料流量。

空气流量传感器如图 17.2.4 所示，空气流量的测量用于发动机控制系统确定燃烧条件、控制空燃比、启动、点火等。目前主要采用的传感器有热线式空气流量传感器和热膜式空气流量传感器两种。空气流量传感器有旋转翼片式（叶片式，丰田 PREVIA 旅行车）、卡门涡旋式（丰田凌志 LS400 轿车）、热线式（日产千里马车用 VG30E 发动机和国产天津三峰客车 TJ6481AQ4 装用的沃尔沃 B230F 发动机）、热膜式四种类型。前两者为体积流量型，后两者为质量流量型。旋转翼片式空气流量传感器结构简单，测量精度较低，测得的空气流量需要进行温度补偿；卡门涡旋式空气流量传感器无可动部件，反应灵敏，精度较高，也需要进行温度补偿；热线式空气流量传感器测量精度高，无须温度补偿，但易受气体脉动的影响，易断丝；热膜式空气流量传感器和热线式空气流量传感器的测量原理一样，但体积小，适合大批量生产，成本低。空气流量传感器的主要技术指标为：工作范围为 0.11～103 m^3/min，工作温度为-40～120 ℃，精度≤1%。Honey- well 的下属微开关（Microswitch）公司用热微细加工技术制作出了微桥式空气流量传感器芯片，它用微细加工技术在硅圆片上加工出空腔，将铂电阻悬挂在空腔之上。当空气流过器件时，发生了从空气流动方向下方到上方的热传输，因此下方电阻被冷却，上方电阻被加热，由电桥电阻变化可测量出空气流量。

燃料流量传感器用于检测燃料流量，主要有水轮式和循环球式，其动态范围为 0～60 kg/h，工作温度为-40～120 ℃，精度为 1%，响应时间小于 10 ms。

燃料流量传感器的特点是质量轻，成本低，响应迅速，测量精度高，测量结果不受空气密度的影响。

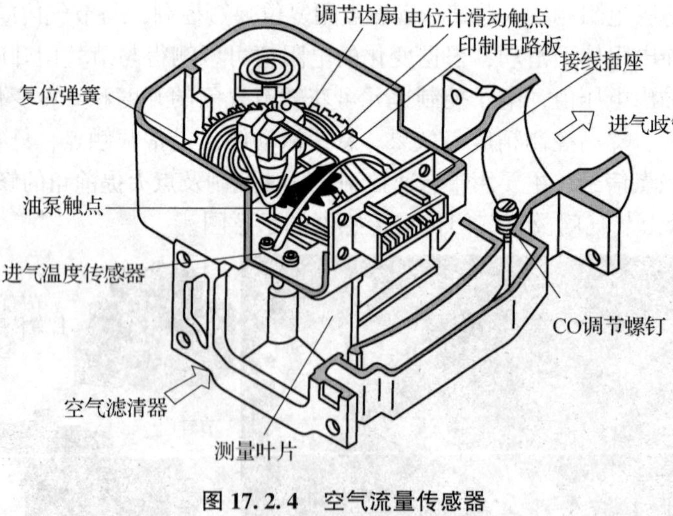

图 17.2.4 空气流量传感器

17.3 传感器在汽车底盘电子控制系统中的应用

良好的底盘电子控制系统能改善车轮和地面之间的附着状况，进而改善汽车的安全性、动力性和舒适性。常见的底盘电子控制系统有以下几种：牵引控制、制动控制、悬挂控制和转向控制。用于底盘控制的传感器指的是分布在变速器控制系统、动力转向系统、悬架控制系统、制动系统等中的传感器。

汽车底盘的主要功能是让汽车能根据驾驶员的意愿做相应的运动，如加速、减速和转向运动等。驾驶员是通过操纵汽车里的转向器、加速踏板和制动踏板等元件来表达自己的意愿的，相应于这些操纵的执行量是前轮的转向角及车轮上的驱动力矩或制动力矩，而真正起作用的是轮胎的纵向力和侧向力。

影响汽车轮胎力的主要因素有路面的附着系数、车轮的法向力、车轮滑动率和车轮侧偏角。汽车底盘控制设计的基本原理就是在给定了路面附着系数和车轮法向力的前提下，对车轮滑动率和车轮侧偏角进行适当的调整和控制，从而达到间接调控轮胎的纵向力和侧向力的目的，以及最大限度地利用轮胎和路面之间的附着力，达到提高汽车的主动安全性、机动性和舒适性的目的。汽车底盘的电子控制是一个多系统相互影响、相互作用的复杂系统工程，具体表现如下：

（1）同一个控制系统可能会拥有多个执行机构，并对多个变量同时进行控制。

（2）同一个控制目标可以由不同的控制系统单独控制或多个系统共同控制。

（3）同一个控制目标同时被不同的控制系统所控制。

（4）不同的控制系统可能共用同一传感器或控制单元。

17.3.1　传感器在汽车动力转向系统中的应用

在汽车动力转向系统中，传感器的控制对象是车轮转向角，通过对车轮转向角的电子控制，可以达到控制动力转向系统的目的。常见的动力转向系统有主动前轮叠加转向系统（Active Front Steering System，AFS）、电动助力转向系统（Electric Power Steering System，EPS）和主动后轮转向系统（Active Rear Wheel Steering System，RWS）。所用的传感器主要有发动机转速传感器、车速传感器、转矩传感器等，通过这些传感器发挥作用，动力转向电控系统在实现转向操纵轻便、提高响应特性的同时，增大了输出功率，减少了发动机损耗，从而也节省了燃油。

所有的动力转向系统（EPS、AFS 及 RWS）的工作原理都是由驾驶员发出指令，由传感器感知路面的状况，并以电信号的形式将路面状况通过网络传递给电子控制器及执行器。例如，在 EPS 系统中，这种微机控制的转向助力系统具有部件少、质量小、体积小等特点。当系统工作时，如果选择最佳传动比，就可以得到最快的反应，即当汽车调整行驶时，转向速度比就会变小，而转向力度会逐渐增大，这会使汽车方向更稳定、行车更安全。当汽车以很低的行驶速度驾驶时，转向速度比会变大，此时只需轻轻地小角度打转向盘，车身位移就会发生大幅度变化，这会使得很多工作变得轻松，如停车入位工作。该系统的特点在于它提高了汽车的转向能力和转向响应特性，同时它也增加了汽车高速行驶时的稳定性和低速行驶时的机动性。另外，由于 EPS 系统可根据需要给转向器施加一个额外力矩，因此驾驶员可以根据这个力矩的提示信号采取转向措施。该系统主要由电子控制器、电动机及运动传动机构、电机转速传感器、转向力矩传感器和转向器转角传感器组成。其他系统也都和 EPS 系统一样，各自发挥了不可替代的重要功能。

17.3.2 传感器在汽车悬架控制系统中的应用

汽车悬架控制系统主要包含车速传感器、节流阀开度传感器、加速度传感器、车身高度传感器、方向盘转角传感器等。汽车悬架控制系统由四个控制单元、CAN 总线、四个车轮垂直加速度传感器、四个车身垂直加速度传感器和四个阻尼器比例阀组成。工作时，系统综合汽车的运动状况和这些传感器检测到的信息，通过计算得出每个车轮悬挂阻尼器的最优阻尼系数，然后发出自动调整车高、抑制车辆姿势的变化等工作指令，从而实现对操纵稳定性、行车稳定性和车辆舒适性的控制。

17.3.3 传感器在汽车变速器控制中的应用

变速器控制用传感器主要有车速传感器、加速度传感器、发动机负荷传感器、发动机转速传感器、离合器传感器、水温传感器、油温传感器等。这些传感器检测所获得的信息经处理后使电控装置控制换挡点和变矩器锁止，从而实现最大动力和最大燃油经济性。

17.3.4 传感器在防抱死制动控制中的运用

防抱死制动系统用传感器主要利用车轮角速度传感器检测车轮转速，在各车轮的滑移率为 20%时控制制动油压，改善制动性能，确保车辆操纵性和稳定性。防抱死制动系统用传感器主要有轮速传感器、车速传感器。

17.4 传感器在车身上的应用

车身控制用传感器主要用于提高汽车的安全性、可靠性和舒适性等。由于其工作条件不像发动机和底盘那么恶劣，因此对一般工业用传感器稍加改进就可以应用。这类传感器主要有用于自动空调系统中的温度传感器、风量传感器、日照传感器等；用于安全气囊系统中的加速度传感器；用于门锁控制中的车速传感器；用于亮度自动控制中的光传感器；用于倒车控制中的微波传感器；用于保持车距的距离传感器；用于死角报警系统中的超声波传感器；用于消除驾驶员盲区的图像传感器等。

图 17.4.1 所示为汽车空调自动控制系统中的传感器及安装位置示意图。

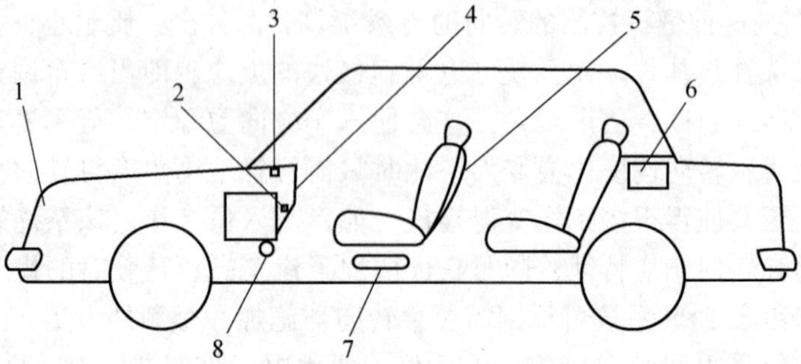

图 17.4.1 汽车空调自动控制系统中的传感器及安装位置示意图

1—车外空气温度传感器；2—车内空气温度传感器（前）；3—日照传感器；4—前控制板；5—后控制板；6—车内空气温度传感器（后）；7—计算机；8—功率伺服机构

17.4.1　传感器在汽车防盗系统中的应用

基于多传感器信息融合的防盗系统采用模块化结构。该系统主要由监测模块、中央处理模块、报警模块、执行模块和通信模块组成。其中监测模块由多组传感器及信号处理电路构成，用于车况信息的采集，并将采集的数据信号加以处理后传输至中央处理模块。

中央处理模块接收来自各个传感器的信息并进行数据融合，处理的结果是将警报分级。中央处理模块根据不同等级的警报触发不同的报警信号和操作，并通过通信模块将事态判定结果传输给车主；当判定态势严重时，可以控制执行模块直接阻断汽车的点火电路，使汽车不能发动。

报警模块接收中央处理模块的指令，利用声音、闪光进行报警。执行模块以通过通信模块接收的车主指令为最高优先权，车主可以方便地进行汽车锁死、警报解除等操作。

利用通信模块能够实现数据通信功能。系统将分级的报警信息以短信息形式通过 GSM/CDMA 网络传递给车主，以提醒车主留意汽车的安全，同时车主可以利用手机短信对汽车进行远程控制。

为了能够提取足够的信息，实现对监测目标的准确判断，选择传感器应遵循一些基本原则：合理选择传感器并加以优化组合，以实现系统高精度、低成本的需求；选用不同种类、不同功能的传感器，发挥各个传感器的优势，实现信息共享，降低虚报、漏报的可能性；选用多个同种类的传感器，合理布局，去除监测死角，提高系统的可靠性。

基于以上分析，汽车防盗系统用传感器包括以下几种：

（1）微波多普勒传感器。它是利用多普勒效应制成的传感器，可以用来探测人体或物体的移动，该传感器在人或物体靠近时，接收器接收的频率会发生变化，当频率变化至设定值时，可以判断为有人或物体进入防盗系统的预警范围。

（2）振动传感器。它是利用加速度检测器件制成的振动传感器，能够对车体特殊频段的振动进行监测，在车体被外力破坏的情况可以产生警报。

（3）倾角传感器。倾角传感器监测车体相对于初始位置是否出现倾角变化，如果这种角度的变化以特定频率出现或达到设定的阈值，就可以判断为汽车整体被搬运。

（4）热释电红外传感器。热释电红外传感器只对中心波长为 9～10 μm 的红外线辐射敏感，能够检测到人体辐射的红外信息，可以用作人体入侵车内的监测器件。

（5）霍尔开关器件。通过霍尔开关器件可以对汽车的车门、发动机舱盖及行李舱盖的非法开启进行监测。

17.4.2　传感器在汽车安全气囊中的应用

碰撞传感器是汽车安全气囊系统中主要的控制信号输入装置。其作用是在汽车发生碰撞时，检测汽车碰撞的强度信号，并将信号输入安全气囊计算机，安全气囊计算机再根据碰撞传感器的信号来判定是否引爆充气元件使气囊充气。

（1）碰撞传感器的分类。

电子控制式 SRS 安全气囊系统采用的碰撞传感器按功能可分为碰撞烈度传感器和防护碰撞传感器两大类。碰撞烈度传感器按安装位置分为前碰撞传感器和中央碰撞传感器，用于检测汽车受碰撞的程度。防护碰撞传感器又称为安全碰撞传感器或侦测碰撞传感器。防护传感器与碰撞烈度传感器串联，用于防止 SRS 气囊产生误爆。

碰撞传感器按结构分类可分为机电结合式、电子式和水银开关式。其中机电结合式碰撞传感器又可分为滚球式、滚轴式和偏心锤式碰撞传感器。

机电结合式碰撞传感器的工作原理是利用机械运动控制电器触点动作，再由触点的断开与结合控制气囊电路的通/断。

电子式碰撞传感器目前常用的有电阻应变式和压电效应式两种。电子式碰撞传感器没有电器触点，在发生碰撞时应变电阻发生变形，使电阻发生变化，传感器的输出信号电压发生变化，当电压值超过预定值时，气囊被触发；或者压电晶体在碰撞时发生变化而使输出电压变化，当变化的电压达到预定值时，气囊被触发。

水银开关式碰撞传感器是利用水银导电的特性来控制气囊电路的通/断的。

(2) 碰撞传感器的安装。

在 SRS 安全气囊系统中，一般安装使用有 3~4 个碰撞传感器，它们一般被安装在车身两侧的前翼子板内侧，或者安装在前照灯支架下面、发动机散热水箱支架左右两侧。安全碰撞传感器安装在驾驶室仪表板和手套箱的下方。

前碰撞传感器有 2~3 个，在车身的左前部和右前部分别安装一个，称为左前碰撞传感器和右前碰撞传感器。日本马自达轿车将前碰撞传感器称为 D 碰撞传感器或第一碰撞传感器。在车身前部中央位置的碰撞传感器称为中央碰撞传感器。丰田车系左、右碰撞传感器分别安装在车身前部左、右翼子板内。本田轿车也有将前部两个碰撞传感器安装在左、右前照灯支架下面的。林肯城市、凯迪拉克、沃尔沃、尼桑无限和马自达轿车的左前、右前碰撞传感器分别安装在发动机散热水箱支架左、右两侧。马自达和尼桑轿车的中央碰撞传感器安装在发动机散热器支架的中央。丰田汽车将中央碰撞传感器与 SRS 计算机安装在一起，而 SRS 计算机则安装在驾驶室变速杆前或后的装饰板下面。

防护碰撞传感器也称为防护传感器，丰田汽车公司称之为侦测传感器，本田汽车公司称之为触发传感器或触发开关，马自达汽车公司称之为 S 碰撞传感器或第二碰撞传感器。防护碰撞传感器一般与 SRS 计算机安装在一起，安装在驾驶室中央变速杆前、后的装饰板下面。

前碰撞传感器用于检测碰撞程度，其信号供计算机判定是否引爆点火剂而给气囊充气。当以车速 40 km/h 左右撞到一辆静止或同样大小的汽车时，前碰撞传感器会动作，使气囊打开。

防护传感器的作用是防止前碰撞传感器短路造成气囊误打开，它的信号供计算机确定是否发生碰撞。当 SRS 计算机连接的连接器端子短路时，由于防护传感器的作用，触点不闭合，会使气囊电路始终断开，从而可避免气囊误爆。一般情况下，防护传感器动作所需的惯性力或减速度值比前碰撞传感器动作所需的惯性力或减速度值要小。当防护传感器动作时，将 SRS 点火器的电源电路接通，以使气囊引爆。

17.4.3 24 GHz 雷达传感器

24 GHz 雷达传感器用于汽车防撞安装系统，通过发射雷达波来判断前方出现的物体大小、距离和移动速度，进而通过显示器或与汽车制动系统进行配合，避免汽车与前方物体相撞。传感器的发射频率在 24.125 GHz 左右，其可以调节的频率范围约为±50 kHz，其精度可以达到毫米级别。

17.4.4　胎压传感器

根据美国汽车工程师学会统计，美国每年约有 26 万起交通事故是由于轮胎气压偏低或漏气造成的，而每年 75%的轮胎故障是由轮胎漏气或充气不足所引起的。由于上述原因，美国立法规定新车必须安装轮胎压力监测系统。轮胎压力监测系统是在每个轮胎内安装微型压力传感器来测量轮胎的气压，并通过无线发射器将信息传到驾驶前方的监视器上。当轮胎压力太低时，系统会自动发出警报，提醒驾驶员及时处理，这样不但可以确保汽车在行驶中的安全，还能保护胎面，延长轮胎的使用寿命并达到省油的目的。

17.4.5　车辆监控和自诊断用传感器

在车辆监控和自诊断方面，MEMS 技术的一个主要应用是轮胎压力监测，其次是应用于冷却、刹车等系统的传感器。此外，还有在亮度控制系统中使用光传感器；在电子驾驶系统中使用磁传感器、气流速度传感器；在自动空调系统中使用室内温度传感器、吸气温度传感器、风量传感器、日照传感器、湿度传感器；在导向行驶系统中使用方位传感器、车速传感器等。

思考题与习题

1. 为什么要在汽车上装入传感器？
2. 汽车传感器主要用在汽车上的哪些部位？
3. 汽车雨量传感器有几种类型？工作原理如何？
4. 请举例说明国内外几家大型的汽车传感器公司。

参考文献

[1] 于淑霞．简述几种汽车发动机用热敏电阻式温度传感器［J］．内蒙古科技与经济，2018（2）：100-102.

[2] 颜重光．应变式传感器在汽车工业中的应用［J］．自动化仪表，1990（12）：1-4，41-42.

[3] 赵云堂．电控汽油发动机喷油量与进气量关系的实测分析［J］．汽车维修与保养，2016（6）：75.

[4] 刘成超．一种汽车燃油量测量及数字显示系统的设计［J］．装备制造技术，2011（1）：73-75.

[5] 周杰，林沂杰．基于CAV424的电容式汽车油位传感器测量系统［J］．工业控制计算机，2012（11）：60-61，63.

[6] 金敏福，尹千柱．车用传感器-空气流量传感器［J］．汽车维修技师，2003（3）：55-57.

[7] 徐巍巍，陈慧．汽车油位传感器及其发展动向［J］．柴油机设计与制造，2011，17（1）：1-5，12.

[8] 马修水．传感器与检测技术［M］．杭州：浙江大学出版社，2012.

[9] 刘红丽．传感与检测技术［M］．北京：国防工业出版社，2012.

[10] 唐文彦．传感器［M］．北京：机械工业出版社，2016.

[11] 朱洁．电容式电压互感器的理论与实践［J］．电力电容器，1986（4）：29-33.

[12] 赵修明．测量用互感器［M］．北京：机械工业出版社，1986，86-100.

[13] 林德杰，林均淳．电器测试技术［M］．北京：机械工业出版社，1999.

[14] 平邵勋，黄仁山．光电式互感器原理与结构［J］．变压器，2000，37：18-22.

[15] 袁希光．传感器技术手册［M］．北京：国防工业出版社，1992.

[16] 田裕鹏，姚恩涛，李开宇．传感器原理［M］．北京：科学出版社，2007.

[17] 钱显毅．传感器原理与应用［M］．南京：东南大学出版社，2008.

[18] 周杏鹏．传感器与检测技术［M］．北京：清华大学出版社，2010.

[19] 王雪文，张志勇．传感器原理及应用［M］．北京：北京航空航天大学出版社，2004.

[20] 徐科军．传感器与检测技术［M］．北京：电子工业出版社，2006.

[21] 沙占友，马洪涛，武卫东．LM135系列精密集成温度传感器的应用［J］．仪表技术，2002（4）：41-42，52.

[22] 周杏鹏．传感器与检测技术［M］．北京：清华大学出版社，2010.

[23] 李科杰．现代传感技术［M］．北京：电子工业出版社，2005.

[24] 森村正直，山崎弘朗．传感器技术［M］．黄香泉，译．北京：科学出版社，1990.

[25] 何道清，张禾，谌海云．传感器与传感器技术［M］．北京：科学出版社，2004.

[26] 张少锋，石山，任成燕，等．高准确度微电流传感器的研制［J］．传感器技术，2004（12）：55-58.

[27] 高敏．采用数据融合技术提高霍尔电流传感器测量精度的研究［D］．上海：东华大学，2009：20-41.
[28] 陈兴哲．霍尔元件不等位电势误差补偿方法探讨［J］．仪器仪表与分析监测，1992（2）：11-24.
[29] 陈中伟．电流传感器在巡线机器人夹紧力测量中的应用［J］．现代电子技术，2006（12）：1-5.
[30] 王明道，李建助．霍尔电流传感器在阀门电流测试中的应用［J］．微型电脑应用，2009（11）：17-19.
[31] 朱洁．电容式电压互感器的理论与实践［J］．电力电容器，1986（4）：29-33.
[32] 王德忠．500kV 电容式电压互感器［M］．北京：水利电力出版社，1985：137-139.
[33] 张宁．磁平衡式霍尔电传感器［J］．电力机车技术，1996（4）：21-23.
[34] 平绍勋，黄仁山．光电式互感器原理和结构［J］．变压器，2000，37：18-22.
[35] 曾庆禹．电力系统数字光电量测系统的原理及技术［J］．电网技术，2001，4（25）：1-5.
[36] 李海涛，叶妙元．无源光纤脉冲电压电场传感器的研究［J］．华中理工大学学报，2000，28（9）：38-39.
[37] MOULTON H. Light pulse system shrinks high-voltage protection device［J］. Electron-ics，1965，38（10）：71-75.
[38] 时德钢，刘晔，张丽平，等．高电压等级电压互感器综述［J］．变压器，2003，40（6）：11-14.
[39] CHAVEZ P P，JAEGER N A F. Integrated-optic voltage transducer for high voltage applications［J］. Proceedings of the SPIE-The International Society for Optical Engineering，2000（4087）：1229-1237.
[40] FESER K，GOCKENBACH E. Distortion-free measurement of high impulse voltages［J］. IEEE Transaction on Power Delivery，1988，3（3）：651-659.
[41] 周克宁，徐然．霍尔电压传感器纹波效应及非线性误差的综合校正［J］．传感技术学报，2008，21（9）：1571-1574.
[42] 周秀华，马鹏祥．基于磁场平衡原理设计的电流传感器和电压传感器［J］．电测与仪表，1992（4）：40-42.
[43] 瞿华富，唐涛．基于霍尔效应的可调式直流电压传感器的研制［J］．四川大学学报，2006，43（6）：1301-1304.
[44] 段武堂，熊正明．WB 系列霍尔电流传感器/变送器［J］．传感器研究与开发，2002，21（3）：21-23.
[45] 李开成，叶妙元，陈乔夫．从电磁式电压互感器到光学式光纤电压互感器［J］．变压器，1993，3（11）：6-8.